U0266331

现代页岩油气水平井压裂改造技术

李宗田　苏建政　张汝生◎编著

MODERN FRACTURING TECHNOLOGY OF HORIZONTAL WELL IN SHALE

中国石化出版社
HTTP://WWW.SINOPEC-PRESS.COM

内容提要

本书主要对页岩气水平井压裂改造技术及相关内容进行了研究探索，包括页岩储层基本特征、页岩体积裂缝形成机理、页岩气水平井压裂优化设计、水平井分段压裂管柱与施工工艺、压裂材料、页岩气压裂测试技术与压后评估方法、页岩油气压裂新技术和实例分析等内容。本书基本涵盖了当今页岩油气水平井分段压裂的全部技术，具有现实意义又有前瞻技术，既有理论又有实践，有很好的全面性、系统性和可操作性。

本书可供从事页岩油气水平井压裂技术的研究人员、从事现场作业的技术人员和管理人员参考或作为培训教材，也可供从事致密油气压裂的技术人员以及大专院校师生借鉴参考。

图书在版编目(CIP)数据

现代页岩油气水平井压裂改造技术 / 李宗田，苏建政，张汝生编著．
—北京：中国石化出版社，2015.12(2020.8 重印)
ISBN 978-7-5114-3661-0

Ⅰ.①现… Ⅱ.①李… ②苏… ③张… Ⅲ.①油页岩—水平井—分层压裂 Ⅳ.①TE243

中国版本图书馆 CIP 数据核字(2015)第 302972 号

中国石化出版社出版发行

地址:北京市东城区安定门外大街 58 号
邮编:100011 电话:(010)57512500
发行部电话:(010)57512575
http://www.sinopec-press.com
E-mail:press@sinopec.com
北京富泰印刷有限责任公司印刷
全国各地新华书店经销

*

787×1092 毫米 16 开本 23 印张 534 千字
2016 年 1 月第 1 版 2020 年 8 月第 2 次印刷
定价:98.00 元

水力压裂是勘探开发的灵魂
Hydraulic fracturing is the soul of
petroleum exploration and development

谨以此书献给水力压裂的先驱
Dedicate this book to the pioneers of
hydraulic fracturing

前　　言

根据美国能源信息署(EIA)的评价报告，全球页岩气技术可采资源量约为 $187.4\times10^{12}m^3$，基本相当常规天然气可采储量。中国、美国、阿根廷、墨西哥、南非、澳大利亚、加拿大、利比亚、阿尔及利亚和巴西等国家技术可采资源量约占全球的85%。美国、加拿大、中国等国页岩油气成功商业开发，证明了页岩油气资源丰富，开发前景广阔，影响深远，对解决未来人类能源问题有重要意义。

通过理论创新和技术的不断探索创新，使得“页岩气革命”取得巨大成功，改变了美国的能源结构。页岩油气的成功开发得益于水平井钻井技术和水平井分段压裂技术的不断创新发展。20世纪末，水平井分段压裂技术应用于美国巴肯页岩区块，使其开发具有了经济性。进入21世纪，相继采用水平井分段压裂段内多簇射孔、大规模滑溜水及大排量等压裂工艺，以“打碎”储层形成体积裂缝的创新开发思维，建立了页岩油气“体积压裂”概念，形成了以网络裂缝为目标的压裂改造模式，使得美国页岩气开发取得突破，产量快速提升。2007年美国页岩气产量 $366.2\times10^8m^3$，至2014年达到 $2727\times10^8m^3$，约占美国天然气总产量的40%。美国页岩气的成功开发改变了美国能源结构，这场“革命”也将会改变全球能源格局。

中国页岩油气资源丰富，勘探开发潜力大。以涪陵和威远为代表的页岩气田亦将成功开发，建成规模生产能力。2014年中国页岩气产量 $13\times10^8m^3$，预计2015年生产能力将超过 $60\times10^8m^3$，这将使中国成为继美国、加拿大之后世界上第三个实现页岩气商业开发的国家。中国页岩气水平井分段压裂技术在引进、吸收、消化、应用和自主创新的基础上，形成了具有自主特色的水平井分段压裂工艺技术、压裂液体系、支撑剂体系及管柱工具等，在很多方面取得了重大的技术创新与进步，有力地支撑了我国页岩油气的开发和长远发展。

中国页岩气的成功开发和国家对清洁能源需求的快速增长，将使中国页岩气进入一个快速发展时期。为了适应页岩气勘探开发形势的发展，满足广大从事页岩气勘探开发技术人员和关心页岩气发展人士的迫切需求，我们认真调研总结了多年来国内外页岩油气勘探开发的成功理念、先进技术和方法，探讨了理论认识创新与技术创新对页岩气成功开发和产量高速增长所起到的巨大作用，研究总结了近几年页岩油气水平井最新分段压裂技术和最新研究成果，进而编撰成书。

本书主要对页岩气水平井压裂改造技术及相关内容进行了研究探索。主要包括页岩储层基本特征、页岩体积裂缝形成机理、页岩气水平井压裂优化设计、水平井分段压裂管柱与施工工艺、压裂材料、页岩气压裂测试技术与压后评估方法、页岩油气压裂新技术和实例分析等内容。基本涵盖了当今页岩油气水平井分段压裂的全部技术，具有现实意义又有前瞻技术，既有理论又有实践，有很好的全面性、系统性和可操作性。本书可供从事页岩油气水平井压裂技术的研究人员、从事现场作业的技术人员和管理人员参考或作为培训教材，也可供从事致密油气压裂的技术人员以及大专院校师生借鉴参考。

本书由李宗田研究并拟定撰写提纲，由近几年参与页岩油气技术研究和实践的专业技术人员直接参加撰写，其中：绪论由李宗田撰写；第一章由孙志宇、李宗田撰写；第二章由李凤霞、刘长印撰写；第三章由刘长印、李凤霞撰写；第四章由孙良田、贺甲元、柴国兴撰写；第五章由郑承刚、孟祥龙、张汝生撰写；第六章由黄志文、苏建政撰写；第七章由贺甲元、李宗田撰写；第八章由杨科峰、杨道永、贺甲元、刘广仁撰写；前言和目录英文由孙志宇、张汝生、贺甲元翻译；全书由李宗田统稿审定完成。囿于编著者的学识和专业水平，书中某些观点或认识难免失之偏颇，甚至尚存不当之处，诚请广大读者不吝批评指正。

本书依托“页岩油气富集机理与有效开发国家重点实验室”和国家科技重大专项：2011ZX05002－005。

谨在此书付梓出版之际，特向各位进行研究和编撰、帮助和支持此书出版的同仁表示衷心感谢！

编著者

2015 年 12 月

Foreword

According to the evaluation report of US Energy Information Administration (EIA), global shale gas technical recoverable resources is about $187.4 \times 10^{12} m^3$, which is basically equivalent to conventional natural gas recoverable resources. The technical recoverable resources of these countries such as China, the United States, Argentina, Mexico, South Africa, Australia, Canada, Libya, Algeria and Brazil, can account for about 85% of the global shale gas resources. The successful commercial development of shale oil and gas in the United States, Canada, and China has proven that the development prospect of shale oil and gas is broad. And this will be important to solve the human energy problem in the future.

Through theoretical and technological innovation, the United States has achieved great success in "shale gas revolution". The successful exploitation of shale oil and gas is resulted from the development of horizontal well drilling technology and horizontal well fracturing technology. At the end of 20th Century, the horizontal well fracturing technology has been applied to in the United States, and this resulted that the Bakken shale was developed economically. Since 21th century, the new horizontal well fracturing technology including multi-cluster perforation, large scale slick water and big pump rate could break the reservoir formation more completely and form volume cracks. This technology have resulted in the rapidly development of shale gas. The shale gas production was up to at $366.2 \times 10^8 m^3$ in 2007 and raised up to $2727 \times 10^8 m^3$ in 2014 which accounted for about 40% of the total production of natural gas in the United States. The success of shale gas development have changed the energy structure of the United States, which will also change the global energy structure.

Shale oil and gas resource in China is rich and China has huge potentiality for exploration and development. China, the third country following the United States and Canada, has developed shale gas commercially. The typical representativeness of Fuling and Weiyuan shale gas have been developed successfully. The production of shale gas in China is $13 \times 10^8 m^3$ in 2014 and is estimated to exceed $60 \times 10^8 m^3$ in

2015. On the basis of introduction, absorption, digestion, application and independent innovation of horizontal well fracturing technology for shale gas, China has formed the technology series with advantage and competitiveness, such as horizontal well staged fracturing technology, fracturing fluid system, system of proppant, string tools and so on. These progresses powerfully supported the development and long-term growth of the shale oil and gas in China.

The successful development of shale gas and the rapid demand growth for clean energy in China will result that shale gas will enter a period of rapid development in China. This book carefully reviewed the successful concept, advanced technologies, and methods from overseas and domestic, and discussed the immense contribution of theoretical and technology innovation to the successful development and production of the shale gas, and summarized the editors' latest research achievements in recent years. We hope this book can meet the demand of technician and other people who concerns about the development of shale oil and gas exploration. The whole book centers on the research of shale gas horizontal well fracturing technology and other related content including the basic characteristics of shale reservoir, the formation mechanism of shale network fracture, optimization design of shale gas horizontal well fracturing, fracturing string and operation technology, material, testing technology and post fracturing evaluation method, new fracturing technology, case analysis and so on. This book almost covers all horizontal well fracturing technologies and the prospective technologies of shale oil gas at present which has a wonderful comprehensive, systemic and operability both in theory and practice. This book is designed and recommended to researchers who study the horizontal well fracturing technology of shale oil and gas, and to the technicians and managers who engaged in the field operation, and to the technicians who engaged in the tight oil fracturing, as well as to the college teachers and students.

Li Zongtian proposed the compilation and listed the outline of this book. The total 8 chapters have been written by the professional and technical persons who have done lots of researches in shale oil and gas in recent years. Specific division is as followed: the introduction by Li Zongtian, the chapter 1 by Sun Zhiyu and Li Zongtian, the chapter 2 by Li Fengxia and Liu Changyin, the chapter 3 by Liu Changyin and Li Fengxia, the chapter 4 by Sun Liangtian, He Jiayuan and Chai Guoxing, the chapter 5 by Zheng Chenggang, Meng Xianglong and Zhang Rusheng, the chapter 6 by

Huang Zhiwen and Su Jianzheng, the chapter 7 by He Jiayuan and Li Zongtian, the chapter 8 by Yang Kefeng, Yang Daoyong, He Jiayuan and Liu Guangren. Sun Zhiyu、Zhang Rusheng and He Jiayuan translated foreword and contents. The whole book is approved by Li Zongtian. In view of writers' limited knowledge, some idea in this book may be imperfect, please readers put forward to criticism and correction.

This book strongly and effectively supported by "State Key Laboratory of Shale Oil and Gas Enrichment Mechanisms and Effective Development" and the major projects of national science and technology(2011ZX05002 -005).

Special thanks to researches of SINOPEC and any persons for providing valuable information and critiques.

Author

December 2015

目　　录

Contents

绪论

20 世纪末，通过地质理论创新和实践探索，人们发现被长期“遗忘”的页岩中蕴藏着海量天然气，是一个深埋地下有待开发的“大金矿”；还发现页岩具有分布广、资源量大、物性差、自生自储、大面积连续成藏和开采难度大等特点。进入 21 世纪，随着开发理念创新和技术突破，破解了页岩密码，使密封在坚硬致密页岩中的天然气得以开发，随之页岩气产量呈指数关系快速递增，效益大幅提升，成为当代世界油气资源开发的最大热点。美国在页岩油气勘探开发方面走在了世界前列，成为页岩气目前大规模商业开发的第一个国家。由于北美“页岩革命”获得的巨大成功，掀动了世界能源行业对页岩气资源勘探开发“热”，页岩气的理论研究和开发实践进入一个新的阶段，页岩气即将成为世界能源结构中的一个重要组成部分。

页岩气是指以热成熟作用或连续的生物作用为主以及两者相互作用生成的聚集在烃源岩中的天然气。页岩气以游离状态赋存于天然微裂缝与粒间孔隙中，或吸附在干酪根或黏土颗粒表面。传统的地质学理论认为，页岩储集物性极差，不具有储集油气的能力，只能作为生源岩或盖层。由于页岩气的地质特性和产状不同，勘探开发的方法有别于常规天然气。而页岩气成藏特点又与常规油气一样，受控于如干酪根数量与类型、有机质富集带的分布规律，沉积厚度、成熟度、裂缝、断层等关键因素。页岩构造的主控因素有很大差别，需要依靠地质学、地球物理学、油藏工程学和石油工程学等学科的理论创新，对页岩气层加以识别，采取水平井钻井和体积压裂等技术进行改造，将坚硬致密页岩改造成能够供开发的“人造气藏”，这是一个系统研究和实践体系。因此，理论创新和技术创新必然是页岩气勘探开发的灵魂。

1. 地质理论认识与创新

传统地质理论认为有经济价值的油气藏必须具有“生储盖”条件，即有富含有机质的生源岩、物性良好的储层及封闭较好的盖层，这些是油气富集的基本条件。长期以来，有机质页岩一直作为烃源岩或盖层圈闭，只有极少数具有裂缝的页岩才被当做油气藏开发。随着北美页岩气的成功开发，打破了传统的地质理论认识，逐渐从被“遗弃”页岩中发现了大量的天然气资源，认识到这种灰黑色泥页岩既是烃源岩又是良好的储层和盖层，为典型的自生自储式非常规天然气藏，理论认识的创新拓宽了寻找油气的领域，很多前期常规油气“抛弃“的致密岩层也具有了开发价值。

页岩系统基质孔隙小，渗透率极低，不具有流动能力，无法实现油气运移。研究发现，页岩本身既是烃源岩又是储层，页岩内具有大量纳米级的孔洞和裂隙，以及黏土矿物类的超细微颗粒，表面积巨大，吸附能力强，页岩中的天然气就吸附在黏土表面和游离于微孔隙中，以吸附气和自由气的形式存在，没有聚集而是分布在整个页岩系统中，也就是说，整个页岩层系都是储层，面积大，分布广。这一发现进一步改变了传统认识，因为传统的找矿理论是找到油气富集的局限性圈闭，而页岩气是大面积的连续成藏。通俗地讲，常规油气储藏于“点”，页岩油气则储藏于“面”，或以“足球”与“足球场”来相对形容。

页岩多为沥青质或富含有机质，气源主要来自于热成熟作用或生物作用。页岩总孔隙度一般小于10%，而含气的有效孔隙度一般只有1%～5%，渗透率则随裂缝发育程度的不同而有较大变化。页岩具有广泛的饱含气性，天然气的赋存状态多变。页岩气成藏具有隐蔽性，成藏机理上具有递变过渡的特点，一般原生页岩气藏具有高异常压力。页岩气藏不以常规圈闭的形式存在，但页岩中裂缝发育有助于游离相天然气的富集和自然产能的提高。当页岩发育的裂隙达到一定数量和规模时，就成为勘探的有利目标。盆地内构造较深部位是页岩气成藏的有利区，页岩气成藏和分布的最大范围与有效气源岩的面积相当，当发生构造升降运动时，其异常压力相应升高或降低。因此，页岩气藏的地层压力多变，由此开发效果也存在较大的差异性。

2. 压裂理念颠覆性创新

在新的地质理论认识基础上，页岩气的勘探开发理念也在不断创新。由于页岩成藏构造生储一体、基质孔隙小、渗透率极低，无法实现油气运移，在勘探开发过程中钻井打开页岩层后而不能建产，因此用常规油气开发思路来开发页岩气不能奏效。在页岩气开发初期的20世纪末，由于人们创新思维还没有敞开，采用常规的低渗储层打直井和一般压裂改造方式进行开发，且受到了储藏条件、井型、井网、压裂工艺等多重限制，单纯增加储层的裂缝长度来提高页岩气产量的效果不明显，不能实现页岩气大规模商业开采。

为了实现页岩气有效开发，许多专家学者进行了不懈的研究探索。Maxwell 等人于2002 年总结了水力裂缝空间分布特征，第一次提出水力裂缝几何形态呈不对称分布；2004年，Fisher 在总结了 Barnett 页岩直井压裂裂缝特征的基础上，提出水力裂缝的“通道长度”和“通道宽度”概念；2006 年，Mayerhofer 在研究分析 Barnett 页岩水力压裂微地震监测资料时，首次提出 Stimulated Reservoir Volume（SRV）即“改造油藏体积”的概念；Mayerhofer 于2008 年通过对 Barnett 页岩气与压裂监测资料对比分析，进一步验证了其关于改造体积越大，增产效果越好的观点。所谓“体积压裂”是指通过水力压裂的方式将可以进行渗流的有效储集体“打碎”，使得天然裂缝不断扩张和脆性岩石发生剪切滑移，形成一个以水平井眼为中心的天然裂缝和次生人工裂缝相互交错的椭圆形“网络裂缝”体积，由此裂缝壁面与储层基质的接触面积最大，使得油气从任意方向的基质向裂缝的渗流距离最短，极大地提高储层整体渗流能力。“体积压裂”概念的提出，颠覆了经典的压裂理论，压裂形成的不再是简单的“双翼式“的对称缝，而是复杂的网络裂缝系统，裂缝的起裂和延伸不再是单纯的张性破坏，而是存在剪切、滑移、错断等复杂的力学行为，因此“体积压裂”成为开发页岩气最具有代表性的现代非常规油气压裂改造思想。

3. 工艺技术持续创新

1997年之前，水力压裂用压裂液主要采用冻胶压裂液技术，依据常规压裂理论，需要采用冻胶压裂液携带大量的支撑剂进入裂缝，起到支撑裂缝防止其闭合的作用。后来在页岩气的压裂实践与认识的基础上发现，对于页岩脆性指数较高、天然裂缝较发育且裂缝面粗糙的页岩气储层，采用大排量、大液量“清水压裂”，在压裂过程中的剪切作用能够使得天然裂缝发生错断滑移，停泵闭合后也不能恢复到初始状态，能够促使页岩产生次生裂缝而形成网络裂缝，裂缝能够保留较好的整体渗透性，提高裂缝网络的导流能力，减少了支撑剂的用量，同时还降低了由于冻胶压裂液残渣等造成的储层伤害，增产效果显著高于冻胶压裂液。所谓“清水压裂”是在清水中加入降阻剂、活性剂等添加剂的工作液，该液体只携带少量支撑剂，具有较好的流动性，容易进入微裂缝并使其张开，形成相互连通的裂缝网络。该液体体系具有很好的经济性，使得页岩气大规模低成本储层改造成为可能。

由于页岩气藏储集物性差，含气丰度低，直井开发一直无法获得理想产能。1992年在Barnett页岩打了第一口水平井，开展水平井开发页岩气的实践与研究，2000年有两口水平井，2006年有240口（占总井数的45%），2010年水平井已经占到总井数的92%。由于水平井可以穿越更长的储层范围，能够控制更多的资源量，有较大的机会与更多的裂缝相交，同时水平井还有单井产量高、稳产周期长等优势。水平井的成功，将页岩气层由常规“竖”着开发变成“横”着开发，这一理念的转变是巨大的。因此，水平井成为了开发页岩气的主要井型与关键技术。

在页岩气开发中与水平井同期发展起来的另一个关键技术就是水平井分段压裂技术。由于水平井段较长，需要采用分段压裂技术进行改造。依据“甜点”分析，将水平井优化分成若干段，通过分段压裂管柱对水平井实施逐级改造。20世纪90年代中后期水平井分段压裂取得快速发展，1996年桥塞分段压裂技术就已经应用于美国东北部的煤层气压裂作业，随后用于Barnett页岩气水平井分段压裂；1998年提出水力喷射分段压裂思想并得到广泛应用；2005年成功研制了投球滑套多级分段压裂技术，并于2008年在美国Willistonyt油田一次完成24段的压裂实践；2011年又研制出不受级数限制的多级固井滑套分段压裂技术，分段多级压裂能够根据储层特点进行有针对性的优化分段和压裂施工，目标准确，压裂效果显著。水平井分段压裂改造是实现“网络裂缝”和“体积压裂”的最关键技术。近几年，又不断对这些分段压裂工艺技术进行了发展和功能完善。其重点和难点是井下分段工具的研发，国内外在此方面不断进步创新，目前广泛应用于页岩气水平井分段压裂的主流井下分段工具是投球滑套、快速可钻桥塞和多级固井滑套。

在分段压裂施工工艺方面，页岩气压裂为了实现体积改造形成大规模缝网，创新形成了“甜点”分析、分段优化技术，多簇射孔、大液量大排量、段塞加砂等压裂施工工艺技术，创造了“工厂化”压裂、“同步”压裂、“拉链式”压裂等高效压裂模式。多簇射孔压裂一般在快钻桥塞工具应用时采用，利用段间多簇射孔创造多点起裂条件，形成多条裂缝，且可以促使裂缝间产生应力干扰，使得形成的裂缝网络更为复杂，改造体积更大。“工厂化”压裂即在多口井从钻井、固井、射孔、压裂、完井和生产实现整个作业批量化、流程化、标准化，实现各工序无缝衔接。这种压裂模式会促使井间的应力干扰使得压裂形成更为复杂的裂缝，而且有利于工作液体集中回收处理和再利用。"同步"压裂和"拉链式"压裂是为了压出尽可能多的裂缝提高裂缝导流能力的压裂模式。对2口或2口以上的相邻水平井同时压裂或交替压裂，使压裂液在高压条件下从一口井向另一口井运移距离最短，增加了裂缝网络的表面积和裂缝密度，利用井和井之间连通优势加大井区裂缝的密度和强度，提高页岩气井的产量。目前已经发展到3口甚至4口井进行"同步"压裂。

Barnett气田是美国最先获得成功开发的页岩气田，也是美国产量最高的页岩气田，成为美国乃至全球页岩气开发的典范。美国页岩气产量陡增是从2007年开始，到2014年产量已达到$2727\times10^8m^3$，不到10年时间，页岩气产量占到美国天然气总产量的40%。目前，商业开采主要集中在Barnett、Haynesville、Marcellus、Fayetteville、Woodfod和Eagle Ford共6个页岩区块，储量占页岩气总储量的93.7%，美国页岩气水平井钻完井和分段压裂的施工周期为20~30天，单井作业成本低于3000×10^4元人民币，在低油价情况下，页岩气勘探开发仍然具有足够的活力。实践证明，页岩气勘探开发成功是页岩地质理论创新、理念创新和水平井及分段压裂工艺技术的持续创新的结果，页岩气的产量和效益是随着理论和技术的不断创新而快速增长的重要体现。

第1章 页岩储层基本特征

页岩气是指主要以游离和吸附方式赋存于富有机质泥页岩及其他岩性夹层中的天然气。页岩气有不同成因类型及储集岩性，它可以是生物化学成因气、热成因气或两者的混合，储集岩性主要是富含有机质泥页岩，其中可以有砂岩和碳酸盐岩夹层而组成的含气泥页岩层段；页岩气主体是以游离态和吸附态赋存于泥页岩层段中，前者赋存于基质孔隙和裂缝中，后者主要赋存于有机质、黏土矿物表面上，此外还有少量以溶解态存在于有机质、液态烃以及残留水中；页岩气藏为典型的“自生自储”成藏模式，富含有机质泥页岩既是烃源岩又是储集岩，页岩气就是残留在富含有机质泥页岩层段中的天然气；与致密砂岩相比，泥页岩孔隙更小、渗透率更低，纳米孔隙、有机质孔隙、微裂缝是主要的储集空间；含气泥页岩层段主要位于盆地或凹陷中心及邻近斜坡带，属于源内聚集，构造上往往处于构造低部位。

1.1 页岩地质特征

页岩是一种广泛分布于地壳中的沉积岩。页岩气形成较为普遍，但并不是全部都具有开发价值，研究页岩气的地质特征是评价其商业价值的前提条件。气体在页岩内的吸附和游离等复杂赋存状态，以及页岩的岩相和含气量在空间的变化，为有利经济区的识别带来一定困难。现今页岩气的开发区块，大多满足一定的参数标准，如页岩埋深、厚度、有机质丰度和热成熟度等，因此地质与地化相结合是页岩气勘探评价的重要方法。

1.1.1 页岩沉积特征

富有机质泥页岩发育是页岩气形成的物质基础。在安静、缺氧的水下环境中通常具有生物供给的充足条件，经过相对长时间的稳定沉积，易于形成富含有机质的暗色泥页岩。

这些富含有机质泥页岩的分布和特征明显受到沉积作用的控制，它们在平面上分布稳定，内部非均质性强烈。泥页岩中富含的有机质为气的形成提供了必备的物质基础，为页岩气的赋存和储集提供了空间和吸附条件。海相、海陆过渡相及陆相都具有形成富含有机质泥页岩的基本条件，但不同类型沉积相形成的泥页岩也各具特点。

1. 海相页岩

海相页岩通常发育于陆棚、半深海、深海以及碳酸盐台内盆地、台地凹陷、台地前缘斜坡等沉积环境。这些沉积环境通常是稳定且沉积水深较大的还原环境，沉积稳定且速率较大，形成分布广泛且厚度较大的暗色页岩。海相碳酸盐岩的伴生存在使得页岩常含有较多的钙质成分，大量浮游水生生物供给提供了丰富的有机质来源，为生烃提供了物质基础。

海相页岩发育广泛，分布稳定，单层厚度较大(见表1-1)；多呈黑色、灰黑色、深灰色，富含分散状分布的有机质，干酪根类型多为腐泥型(Ⅰ型)和混合型(Ⅱ型)；黏土矿物含量较少，脆性矿物以钙质和硅质为主，且含量较高；常见薄层状、莓状黄铁矿。

表1-1　中国海相、海陆过渡相及陆相页岩地质特征对比

沉积环境	海相	海陆过渡相	陆相
地质时代	震旦系—下古生界	上古生界	中生界—新生界
主要岩性	黑色页岩	暗色泥页岩	暗色泥页岩
伴生地层	粉砂质岩类、碳酸盐岩	煤层、粗碎屑岩类	粗碎屑岩类、火山岩
泥页岩产出	厚层状，相对独立发育	与粗碎屑岩类、煤层薄互层	薄层状，与粗碎屑岩类互层频繁
有机质类型	以Ⅰ型、Ⅱ型为主	Ⅲ型为主	Ⅰ型、Ⅱ型、Ⅲ型
热演化程度	成熟—过成熟	成熟	低熟—高成熟
天然气成因	热解、裂解(R_o>1.3%)	热解、裂解(R_o>1.0%)	生物化学、热解(R_o>0.4%)
地层压力	低压—常压	常压—高压	常压—高压
发育规模	区域分布，局部被叠合于现今的盆地范围内	区域分布	局部发育，受现今盆地范围影响较大(中生界差异较大)
主体分布区	南方、西北、青藏	华北、南方	东部、西北
游离气储集介质	以裂缝、微孔隙为主	孔隙及层间碎屑岩夹层	裂缝、孔隙及层间碎屑岩夹层

在中国南方、华北及塔里木地区，古生代时期形成了广泛的海相沉积，发育了多套海相富有机质页岩。经历了多期构造变形，南方地区古生界页岩抬升和破坏严重，但四川盆地、华北盆地和塔里木盆地古生界页岩则埋藏较深。在南方上扬子地区，早寒武纪经历了大规模海侵，海水逐渐上升，上扬子地区大部分处于陆棚环境，发育了一套分布广泛、厚度稳定的海相富有机质黑色页岩、硅质页岩与含磷质粉砂岩的组合。下寒武统牛蹄塘组页岩发育大面积的水平纹理，富含分散状有机质及黄铁矿，显示为缺氧的静水还原环境。页岩中的干酪根类型以Ⅰ型和Ⅱ型为主，有机质含量高，但由于形成时代久远，热演化程度相对较高，受后期多期构造运动影响较大，抬升和破坏强烈，导致页岩气保存条件较差。

2. 海陆过渡相泥页岩

海陆过渡相的暗色泥页岩主要发育在三角洲、滨岸沼泽及潟湖等沉积环境中，水深相对较浅，前三角洲及滨岸沼泽、淡水潟湖的底部常常是低能、安静的封闭还原环境，有利于陆源细粒碎屑物质及部分化学沉积物质的沉积。由于距物源区相对较近，海陆过渡相富有机质泥页岩常与较粗粒碎屑岩呈互层出现，且陆生植物碎片化石居多。海陆过渡相沉积环境受气候条件影响较大，即在温暖潮湿的气候条件下，水深相对较大，泥页岩厚度和分布面积更大，且有利于陆生植物及水生生物的生长，为泥页岩油气的生成提供了丰富的有机质来源。

在海陆过渡相沉积环境中，前三角洲、三角洲平原沼泽和淡水潟湖等相带内的富有机质泥岩发育，分布相对局限，且单层厚度较小，岩性一般为灰黑色、黑色页岩，炭质页岩夹煤层及灰色粉砂岩，细砂岩。特别是平原沼泽相暗色泥页岩，单层厚度较薄，多与粉砂岩、细砂岩薄互层，并夹有煤层。有机碳含量较高。干酪根以Ⅲ型为主，部分是Ⅱ型，Ⅰ型较少见。黏土矿物含量较高，脆性矿物以硅质为主且含量可达50%以上，碳酸盐矿物含量较低，莓状、球粒状黄铁矿及自形黄铁矿较为常见。

海陆过渡相富有机质暗色泥页岩主要分布在我国西北、华北地区及南方部分地区。其中，鄂尔多斯盆地石炭系本溪组、太原组和下二叠统山西组，准噶尔盆地石炭系滴水泉组、巴塔玛依内山组和二叠系芦草沟组、红雁池组，塔里木盆地二叠系芦草沟组，华北地区石炭系太原组和二叠系山西组，南方地区二叠系龙潭组等均是典型的海陆过渡相富有机质泥页岩层系。从中石炭世开始，辽河地区结束了加里东运动造成的长期整体抬升，开始沉降遭受海侵并重新接受沉积，形成了一套陆表海台地相、有障壁海岸相碎屑岩沉积。至晚二叠世山西组沉积时期，由于气候变化，陆表海收缩转化为海陆交互相，辽河地区沉积了以潮坪—潟湖相和三角洲相为主的细粒碎屑岩地层。山西组暗色泥页岩多夹粉砂岩，泥页岩内发育水平纹层、波状层理，粉砂岩夹层内可见小型沙纹层理，夹数套煤层，富含黄铁矿，显示相对平静的还原环境。干酪根显微组分以镜质组和惰质组为主，干酪根类型主要为Ⅲ型，有机碳含量较高。黏土矿物以伊蒙混层和伊利石为主，脆性矿物多为石英，微孔隙较发育。

3. 陆相泥页岩

陆相富有机质泥页岩主要形成于半深湖—深湖环境，水深较大，受湖浪等作用微弱，为安静低能的还原环境。由于水域面积相对较小，水深变化较大，湖相暗色泥页岩单层厚度一般较小，常与粉砂岩、砂岩频繁薄互层出现，夹陆源生物化石碎片。湖相沉积环境受区域气候条件影响明显，气候温暖潮湿，湖泊面积广阔，深湖区水深较大，有利于细粒物质的沉积和还原环境的保持。另外，适宜的气候有利于陆生植物和水生生物的生长和繁育，保证了有机质供给充足。

陆相富有机质泥页岩具有相变快、分隔性较强、累积厚度大、单层厚度薄、垂向上砂泥岩薄互层变化频率快等沉积特点。岩性一般为黑色—灰黑色泥页岩、粉砂质泥页岩夹粉砂岩或碳酸盐岩透镜体，多发育水平层理，间有细波状层理，有机碳含量高。含油页岩层段干酪根类型主要以Ⅰ型和Ⅱ型为主，黏土含量高，脆性矿物以石英、长石等为主，自生矿物主要为菱铁矿。

我国陆相富有机质页岩主要发育在松辽盆地白垩系、渤海湾盆地古近系、鄂尔多斯盆地三叠系延长组、四川盆地三叠系—侏罗系自流井组、准噶尔盆地—吐哈盆地侏罗系水西沟群、塔里木盆地三叠系—侏罗系以及柴达木盆地新近系等。渤海湾盆地新生界古近系是陆相页岩沉积的典型代表，有机质丰富的始新统湖相泥页岩与砂岩交替变化频率快，薄层泥页岩发育，累积厚度大。辽河坳陷沙河街组是典型的湖相泥页岩沉积，以沙三下亚段—沙四上亚段最为发育，具有有机质类型多、有机碳含量高、热演化程度适中、生气能力强等特点。

1.1.2 页岩气赋存特征

1.1.2.1 页岩气赋存特征

页岩气是指主要以游离和吸附方式赋存于富有机质泥页岩及其他岩性夹层中的天然气。因此，页岩气既存在于泥页岩中，也包括存在于夹层状粉砂岩、粉砂质泥岩、泥质粉砂岩、甚至砂岩、碳酸盐岩等地层中的天然气，为天然气生成之后在源岩层内就近聚集的结果，表现为典型的“原地”成藏模式，这一概念丰富了页岩气的内涵。

页岩气作为一种非常规天然气聚集，具有区别于常规气藏的显著特征。

(1)成因类型多样：泥页岩中的有机质类型可以为Ⅰ型、Ⅱ型或Ⅲ型。页岩气可以是生物化学成因气、热裂解成因气或两者的混合，具体可能包括通常所指的生物气、低熟—未熟气、成熟气、高熟—过熟气、二次生气、过渡带作用气(生物再作用气)以及沥青生气等多种类型。这一特点为页岩气的形成提供了广泛的物质基础。

(2)赋存介质：页岩中的天然气主体以游离态和吸附态存在于泥页岩层段中，前者主要赋存于页岩孔隙和裂缝中，后者主要赋存于有机质、干酪根、黏土矿物及孔隙表面上。此外，还有少量天然气以溶解态存在于泥页岩的干酪根、沥青质、液态原油以及残留水等介质中。

(3)储集物性：泥页岩孔隙度一般小于10%，属于典型的致密储层，其中有效含气孔隙度一般只有泥页岩总孔隙度的50%左右，具有工业价值页岩气的有效含气孔隙度下限可降至1%。

(4)赋存方式：页岩气主要以吸附和游离方式赋存于页岩空隙介质中，其吸附态天然气可占页岩气赋存总量的20%~85%，相对比例主要取决于有机质类型及成熟度、裂缝及孔隙发育程度、埋藏深度以及保存条件等。这一特点决定了页岩气通常具有较好的稳定性和较强的抗构造破坏力，在不具备常规天然气成藏条件的地质背景中，有可能发现并生产页岩气。

(5)“成藏”过程：泥页岩储集物性致密，除裂缝非常发育情况外，外来的天然气难以运聚其中。从某种意义上来说，页岩气就是烃源岩生排气作用后在泥页岩层段中形成的天然气残留，或者是气源岩在生气阶段早期形成但尚未来得及排出的天然气(见图1-1)。页岩本身既是源岩又是储层，为典型的“自生自储”成藏模式。

(6)“成藏”条件：由于页岩聚气的特殊性，页岩气的成藏下限明显降低，如泥页岩的有机碳含量最低可降至0.3%，有机质成熟度可降至0.4%，总含气量可降至0.4m^3/t，天然气聚集的盖层厚度条件可降至0m等，这一特点为页岩气的形成和发育提供了广阔的空间。

(7)成藏与分布序列：在基本条件具备的典型盆地中，从盆地中心向盆地边缘、从埋藏深部位向埋藏浅部位，在盆地的平面和剖面上依次可形成煤层气、页岩气、致密砂岩气、水溶气、常规储层气以及天然气水合物等。页岩气是盆地内完整天然气系统的重要构成，是序列中天然气的重要提供者。在平面和剖面上，页岩气可与其他类型天然气藏形成多种组合共生关系。

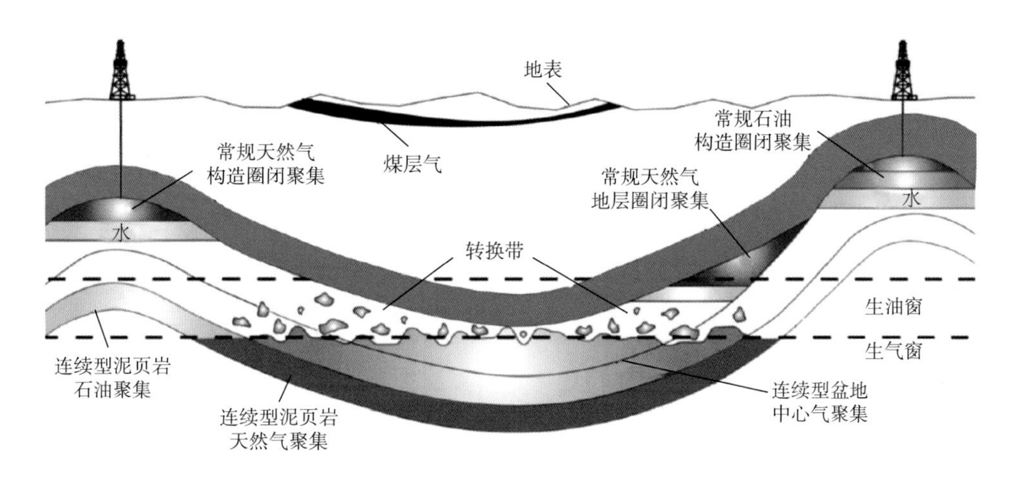

图 1-1　油气资源类型及分布

(8)开发工艺：页岩气储层的低孔低渗特点明显，开发需要特殊的工艺和技术，核心的技术主要是水平井及储层压裂改造。页岩气的开发早期产量递减较快，但后期稳产时间较长。页岩气井生产周期一般可达 30 ~ 50 年，且产水少，这与煤层气、致密气有显著区别。

总之，页岩气聚集机理特殊，具有源岩储层化、储层致密化、聚气原地化、机理复杂化和分布规模化等特点。从勘探实践角度看，页岩气分布广泛，资源量大、“成藏”门限条件低；从开发角度看，页岩气单井产能低、生产周期长、需要特殊的工艺和技术。

页岩气类型多种多样，可分别从盆地特征、沉积相特点、天然气生成机制、埋藏深度条件、含气量水平、地表工程状况以及勘探开发程度等许多方面进行类型划分。页岩中天然气的生成既受地质条件的约束，又对页岩气的勘探开发方法和技术具有重要影响，故基于泥页岩地层中天然气生成条件的分类具有重要作用和意义。

按照母质来源，天然气有油型和煤型之分；依据热演化阶段和产生机理，天然气可划分为生物气、热裂解气、高过成熟气等。据此可将页岩气划分为 6 种基本类型(见表 1-2)。

表 1-2　页岩气成因类型划分

热演化阶段	油型气	煤型气
生物化学生气 (热演化程度 R_o：小于 0.6%)	油型生物气	煤型生物气
热裂解生气 (热演化程度 R_o：0.6% ~2.0%)	油型热解气	煤型热解气
高过成熟生气 (热演化程度 R_o：大于 2.0%)	油型裂解气	煤型裂解气

油型生物气以Ⅰ型、$Ⅱ_1$型干酪根为主，热演化程度处于未熟、低熟的生物气阶段($R_o<0.6\%$)。虽然产气程度较低，但特殊地质情况下仍可形成大规模页岩气，成熟开发的典型代表是美国的Michigan盆地Antrim页岩气；油型热裂解气以Ⅰ型、$Ⅱ_1$型干酪根为主，目前处于有机质成熟生气阶段($R_o=0.6\%\sim2.0\%$)，常可形成页岩气与页岩油的共伴生发育，美国Fort Worth盆地的Barnett页岩气即为该类的典型代表；油型高过成熟气以Ⅰ型、$Ⅱ_1$型干酪根为主，热演化达到高过成熟阶段($R_o>2.0\%$)，页岩气以甲烷为主，干燥系数高。四川盆地下志留统的龙马溪组页岩气即属此类；煤型生物气以偏生气的$Ⅱ_2$型、Ⅲ型干酪根为主，热演化程度较低($R_o<0.6\%$)，该类型以陆相和海陆过渡相为主，中国北方地区有大量存在；煤型热裂解气以$Ⅱ_2$型、Ⅲ型干酪根为主，热演化程度处于生气高峰阶段($R_o=0.6\%\sim2.0\%$)，美国San Juan盆地的Lewis页岩气、我国沁水盆地的石炭系—二叠系页岩气可作典型代表；煤型高过成熟气以$Ⅱ_2$型、Ⅲ型干酪根为主，热演化程度高($R_o>2.0\%$)，有机质生、含气能力下降，如美国Arkoma盆地的密西西系Fayetteville页岩气等。

无论是从有机质类型还是从热演化程度来看，各盆地均会在平面和剖面中存在不同程度的过渡类型(或称混合型)，美国Illinois盆地New Albany页岩气就是生物成因气与热解因气的混合气。

1.1.2.2 页岩油赋存特征

与页岩气相似，页岩油是指主要以游离和溶解等方式赋存于富有机质泥页岩及其夹层中的石油，是泥页岩地层所生成的原油未能完全排出而滞留或仅在页岩层段内短距离运移而就地聚集的结果，属于典型的自生自储型原地聚集油气类型。页岩油所赋存的主体介质是曾经有过生油历史或现今仍处于生油状态的泥页岩地层，也包括泥页岩地层中可能所夹的致密砂岩、碳酸盐岩，甚至火山岩等薄层。

页岩油不以浮力作用为聚集动力，具有储集物性致密、不受常规圈闭控制和源内分布等典型非常规油气特点，故也称页岩油为致密油。

(1)赋存状态：页岩油以游离、溶解或吸附等状态赋存于有效生烃泥页岩层系中，主要赋存于泥页岩及其他岩性夹层的微孔隙和微裂缝中，其赋存状态主要受介质条件、原油物性和气油比等因素控制。

(2)储层物性：泥页岩基质孔隙度小、孔喉半径小、渗透率低，属于典型的致密物性储层。微孔隙和微裂缝，特别是有机质微孔隙是页岩油赋存的主要空间类型，当裂缝发育时，渗透率可有较大增加。

(3)形成条件：形成于深水、半深水环境中的富有机质泥页岩以偏生油的Ⅰ型和Ⅱ型干酪根为主，当热演化程度适中时，宜于形成页岩油。

(4)地层压力：在密闭系统中，干酪根向原油的转化过程易于高异常地层压力的形成。虽然页岩油可形成多种地层压力特点，但典型的页岩油常具有高异常地层压力特征。

(5)聚集模式：页岩层系中，原油没有运移，仅具有初次运移或极短距离的二次运移，属于典型的原地或自生自储聚集模式。

(6)分布规律：由于不受浮力作用控制，页岩油的发育和分布不需要常规圈闭的发育和存在。页岩油没有明显的物理边界，其形成条件不需要考虑输导体系和运移等。盆地或凹陷沉降—沉积中心及斜坡带常是页岩油形成与分布的有利部位，页岩油常与稠油及天然气等形成共生过渡关系(如南得克萨斯州的Eagle Ford页岩油),向沉降—沉积中心方向,湿气、凝析气及干气逐渐增多;向盆地斜坡及边缘方向,轻质油、中质油及稠油逐渐增多。

(7)开发工艺:与常规油藏相比,页岩油聚集门槛低,具有广泛的形成与分布意义。由于形成赋存机理相似,页岩油(特别是轻质油)常与页岩气形成伴生关系。与页岩气相似,页岩油开发也需要特殊的技术,裂缝型和孔隙型“甜点”是页岩油开发的重要目标,水平井分段压裂工艺是页岩油开发的关键技术。

依据页岩油赋存空间、开发生产条件及开发经济效果,可将页岩油划分为基质含油型、夹层富集型和裂缝富集型3类(见表1-3)。

表1-3 页岩油主要富集类型(张金川等,2012)

含油类型	富集模式	主要赋存介质	典型实例
基质含油型		基质微孔隙(含缝)	福特沃斯盆地Barnett页岩
夹层富集型	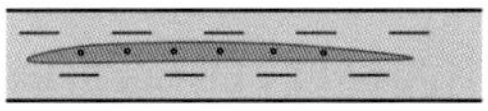	粉砂质透镜体	泌阳凹陷核三段页岩,美国Bakken页岩、Niobrara页岩、Eagle Ford页岩等
	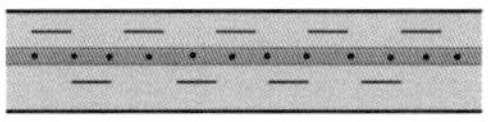	粉砂质夹层	
	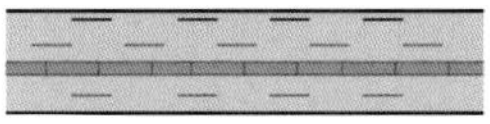	碳酸盐岩、火山岩等其他岩性夹层	
裂缝富集型	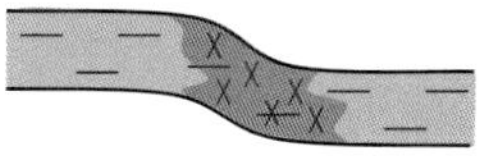	构造转折带	沾化凹陷罗家沙三下页岩、圣华金盆地Monterey页岩
	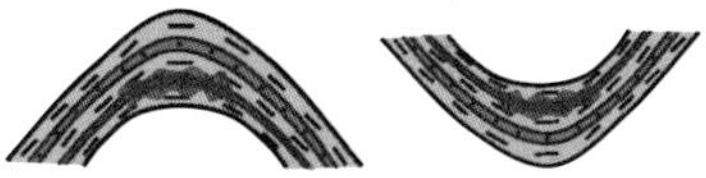	褶皱带	
	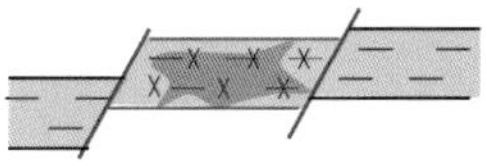	保存条件良好的断裂带	

(1)基质含油型:处于生油窗内的富有机质页岩,其基质含油现象普遍存在。页岩油主要赋存在泥页岩基质的有机质微孔与微缝中,也存在于碎屑矿物的粒间孔、粒内孔以及溶蚀孔等各类微孔隙(微裂缝)中,页岩的含油性与有机质丰度、类型、成熟度等因素密切相关。该类页岩油的开发相对困难,当含油率较高、气油比较高、地层压力系数较高时可具备工业开发价值。

(2)夹层富集型:相对于泥页岩层段,其中的粉砂质泥岩、粉砂岩、粉细砂岩、碳酸盐岩以及火山岩等夹层虽然单层厚度较薄,但孔隙度和渗透率等物性条件相对较好。泥页岩主体层段中的有机质含量高,生油窗内的富有机质页岩生油能力强,所生成的原油仅经过极短距离的初次运移即可进入储集物性较好的夹层聚集。进一步来说,夹层的岩性较脆且易于进行储层改造,易于提高开发过程中页岩油的可流动性。因此,夹层是原油赋存富集及勘探开发的有利场所，层数多、物性好、脆性强的夹层是页岩油勘探开发的有利目标。

(3)裂缝富集型：主要以游离相赋存富集于泥页岩层系的裂缝及微裂缝中，页岩油的富集和采出条件好、可开采程度高。该类页岩油的富集主要受控于裂缝及裂缝体系的发育，当富有机质泥页岩层系的脆性条件较好时，易于形成按一定规律发育的构造裂缝，构造裂缝带主要发育在构造挠曲、褶皱轴部及构造转折端等断裂带系统中。虽然裂缝是页岩油的主要甜点类型，但由于断裂带的发育范围通常有限，故裂缝富集型页岩油的高产区分布也相对有限。与传统的“泥页岩裂缝油气藏”不同，裂缝富集型页岩油来源于富有机质泥页岩本身而不是经过二次运移后的异地来源。

1.1.3 页岩油气有机地化特征

泥页岩有机地化属性是制约其生烃及赋存油气能力的最关键因素。其中，有机质类型、丰度和成熟度是页岩油气地球化学评价的重要指标。

有机质类型是评价泥页岩生烃潜力的重要方面，有机质丰度是评价泥页岩中生成油气的物质基础优劣的基本指标，有机质成熟度是判断泥页岩能否满足生油气条件的基本参数，主要通过镜质体反射率作为判断依据。不同的盆地、不同的页岩类型，甚至在同一页岩内部，上述指标变化可有较大变化。

以美国典型的几套海相页岩为例，密执安盆地 Antrim 页岩有机碳含量分布范围为 0.3% ~24%，镜质体反射率分布范围为 0.4% ~0.6%；伊利诺斯盆地 New Albany 页岩有机碳含量分布范围为 1% ~25%，镜质体反射率分布范围为 0.4% ~0.8%；阿巴拉契亚盆地 Ohio 页岩有机碳含量分布范围为 0.5% ~23%，镜质体反射率分布范围为 0.4% ~4.0%；福特沃斯盆地 Barnett 页岩有机碳含量分布范围为 1.0% ~13%，镜质体反射率分布范围为 1.0% ~2.1%；圣胡安盆地 Lewis 页岩有机碳含量分布范围为 0.5% ~3.0%，镜质体反射率分布范围为 1.6% ~1.9%(见图 1-2)。

在 Barnett 页岩沉积初期，有机碳含量高可达 20%，现今总有机碳含量为 3% ~13%，平均 4.5%，为Ⅰ型—Ⅱ型干酪根。在 Barnett 页岩层系中，有机质页岩和磷质页岩的有机碳含量最高，两者平均值分别为 5.0% 和 5.1%，明显高于普通页岩(有机碳含量为 3.8%)和白云质页岩(有机碳含量为 2.7% ~3.2%)。

中国不同沉积盆地的含气页岩有机地化特征变化范围较大，有机碳含量分布范围为 0.3% ~17%，镜质体反射率多处于 0.5% ~4% 的区间内。值得注意的是，我国南方海相页岩由于时代较老，经历多期构造改造，热成熟度普遍较高，大多数位于 1.5% ~4.5% 的范围内，高者可达 5%，甚至 6% 以上，基本上处于过成熟状态，具有明显区别于国外海相页岩的特点。相比而言，我国中生界陆相页岩则以Ⅲ型干酪根为主，有机碳含量和成熟度较低。

四川盆地东部龙马溪组页岩为腐泥型(Ⅰ型)—腐殖腐泥型($Ⅱ_1$型)干酪根，有机碳含量在 1.0% ~5.0% 之间。现今埋深在 2000 ~4000m 之间。热成熟度为 2.4% ~4%，一般为 2.4% ~3.6%，处于高成熟晚期—过成熟期。

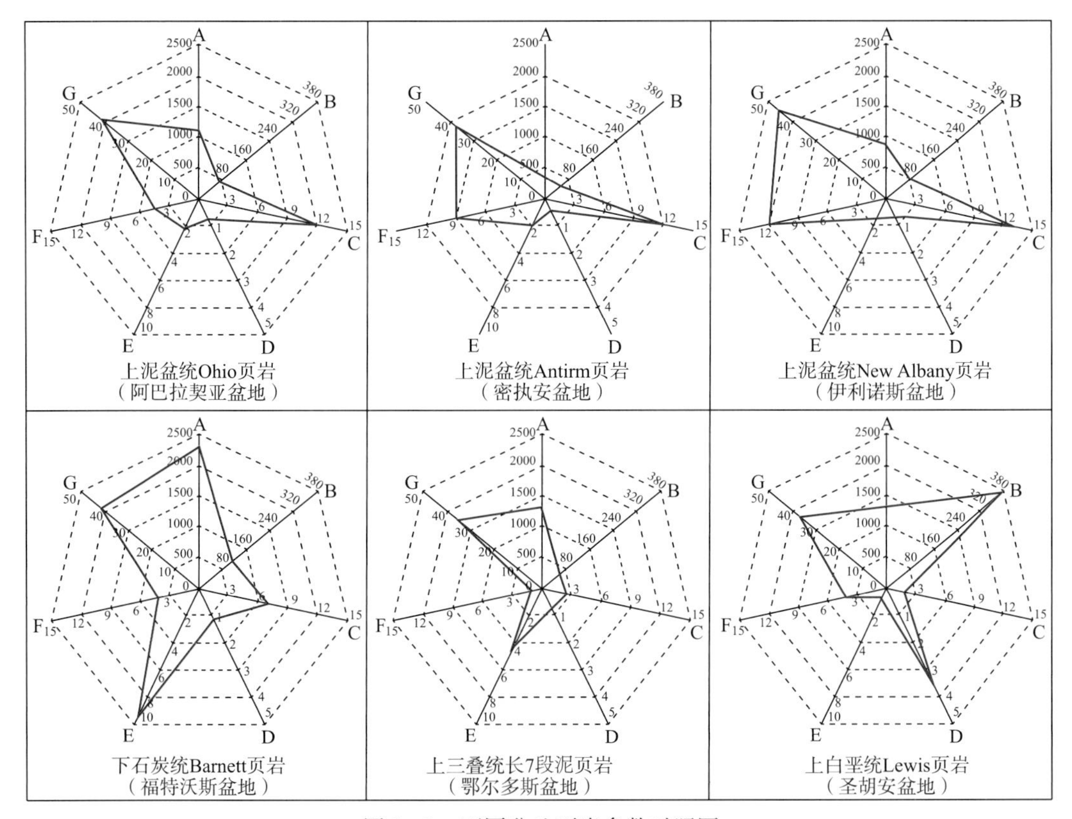

图 1－2　不同盆地页岩参数对照图

A—埋藏深度/m；B—厚度/m；C—有机碳含量/%；D—镜质体反射率/%；

E—含气量/(m^3/t)；F—孔隙度/%；G—石英含量/%

1.1.4　页岩油气形成机理、条件及主控因素

1.1.4.1　页岩油气形成富集机理

页岩油气生成机理包括页岩油气生成的物质来源、成因机制及生成产物等。在成因方面，页岩气包括生物成因气、热成因气及其混合；从有机质类型看，页岩气包括油型气、煤型气及过渡类型；从形成过程和动力学过程看，页岩气涉及生物化学、热催化及高温裂解等作用；从有机质成熟阶段看，从未熟低熟油气、成熟油气到高成熟的凝析油、湿气，到过成熟干气等，在泥页岩层中均有不同程度地出现。

1. 页岩气生成机理

(1)生物成因气：生物气来源广泛，腐殖型和腐泥型有机质均可以被微生物降解而生成生物气。广义上的生物气是指在微生物作用下生成的所有的天然气，包括原生生物气和次生生物气(生物再作用气)。生物气成分以甲烷为主，含量一般在 99% 以上，C_2^+ 重烃含量极低，天然气干燥系数高密度低。生物气的碳同位素在天然气系列中最轻，甲烷碳同位素($\delta^{13}C_1$)一般小于 －55‰，以腐殖型有机质为主、具有还原水介质环境。

(2)原生生物气：在成岩作用阶段(有机质演化的早期阶段)的低温、厌氧条件下，微生物对沉积有机质进行生物化学作用而形成以甲烷为主的天然气。生物气产生的基础是烃源岩中的有机质和产甲烷菌的繁育，产甲烷菌生存于温度(深度)适宜、盐度适宜的还原环

境中。产甲烷菌出现的温度范围较宽，在低于70°C的环境中均可检测到它的存在。在柴达木盆地，2000m深处仍然检测到一些产甲烷菌的存在。盐度是控制生物气生成的重要条件，随盐度增高，微生物的多样性逐渐减少。统计资料表明，3mol/kg或更高的氯离子浓度是许多微生物发育的极限浓度，产甲烷菌在氯离子浓度高于4mol/kg地层水中将不能存活(李本亮等，2003)。

(3)生物再作用气：指曾经埋深较大，经过一定程度热演化的有机质及其产物(包括煤、石油、重烃气等)。由于构造抬升而使泥页岩再次进入微生物作用带内，在适当的条件下由于微生物的作用而再次产生生物气。目前美国发现的生物成因页岩气基本上均属于该种类型，即有机质在深埋生气后又被抬升至较浅部位，经微生物作用而形成烃类气体(Martini等，2003；Curtis，2002)。在密执安盆地的边缘部位，Antrim页岩的镜质体反射率仅为0.4%～0.6%(Rullkötter等，1992)，地球化学和同位素指标表明，这些页岩中的天然气大部分是生物成因的。更新世以来的冰山加载、卸载及冰川融水等作用对地层岩石的力学性质产生了重要影响，提高了页岩裂缝的发育程度。在更新世冰川的消失过程中，地表水和大气降水不断充注到密执安盆地上泥盆统Antrim页岩中，极大地促进了盆地边缘浅层生物气的形成(Martini等，1998)。在伊利诺斯盆地东部和西加拿大盆地也有类似的情况发生。因此，任何富含有机质的页岩层系都可能是潜在的页岩气藏。

(4)热成因气：是目前页岩气聚集中最常见的一种。与传统的有机质热解生气模型一样，有机质需要达到足够高的热成熟度时才能形成页岩气($R_o \leqslant 2.0\%$)。对于Ⅲ型干酪根来说，随着温度升高，有机质逐步发生热降解作用，可直接生成天然气，这样的过程只要热成熟度>0.5%即可发生。对于Ⅰ型、Ⅱ型干酪根，随着温度升高，有机质首先形成石油、沥青等产物，当热演化程度加深，热成熟度$R_o > 1.2\%$时，原油进一步发生热裂解而形成天然气。圣胡安盆地Lewis页岩气和福特沃斯盆地Barnett页岩中的天然气主要来源于有机质的热裂解作用。

(5)混合成因气：通常表现为有机质高、低热演化程度同时存在。盆地复杂的演化历史往往会在不同阶段形成不同成因类型的天然气，它们都会在泥页岩中滞留并最终形成混合成因页岩气。在阿巴拉契亚盆地和中国南方古生界页岩地层中，残留热裂解气常可与生物再作用气混合存在。伊利诺斯盆地南部深层页岩中的天然气是热成因的，但盆地北部浅层页岩中的天然气则为热成因和生物成因的混合。此外，不同类型有机质所生成的天然气也可在部分地区同时存在，也属于混合成因气范畴。

2. 页岩油生成机理

目前发现并进行开采的页岩油主要属于热成因的轻质油，当沉积物埋藏深度超过1500～2500m，有机质经受的地温升至60～180℃时，干酪根进入生油窗，开始大量生成石油。在黏土矿物的热催化作用下，干酪根中的化学键开始断裂，从而形成大量的烃分子，成为主要的生油期。此阶段的镜质体反射率通常介于0.5%～1.2%。

3. 页岩气游离与吸附机理

1)页岩气游离机理

天然气的运聚动力具有多样性和复杂性，尤其是不同成熟度条件下的页岩表面属性不同，导致页岩气的运聚机理和过程更加复杂化。在较低的有机质成熟度条件下，泥页岩常表现为亲水性表面特点，而在高成熟度条件下，有机质则完全可能表现为憎水性。再加上泥页岩储集介质的非均质性强，天然气在其中的运移方式可能就会分别表现为活塞式、置换式或两者之间的任意过渡形式。

页岩中的游离气也包括泥页岩中的游离气以及隔夹层状粉砂质岩中的游离气。在以粉砂质为主的隔夹层状致密储集层中，游离相天然气的运移以活塞式为主；在物性条件较好的砂岩地层及裂缝中，游离相天然气主要以置换方式进行运移(见图1-3)。

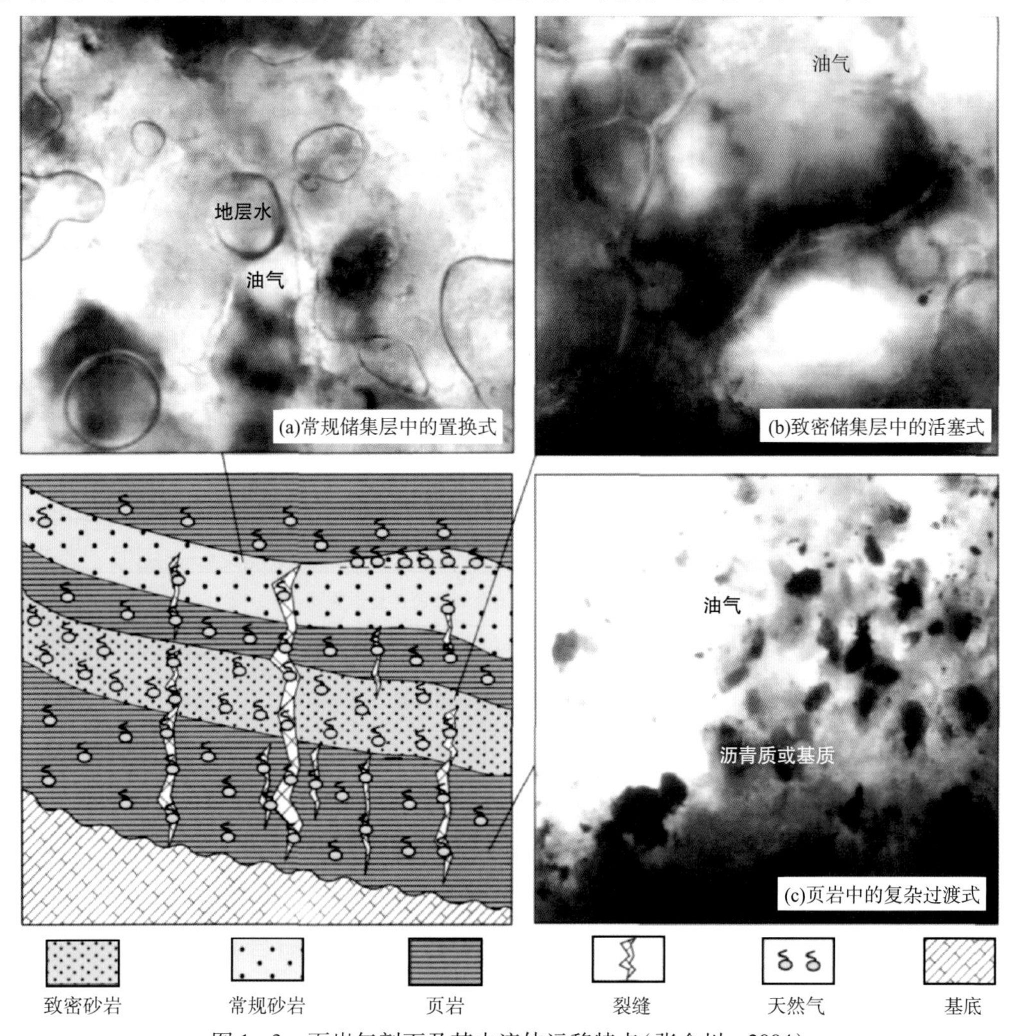

图1-3　页岩气剖面及其中流体运移特点(张金川，2004)

2)页岩气吸附机理

甲烷气体在泥页岩有机质表面和黏土物质表面的吸附属于物理吸附，其本质是有机质分子、黏土矿物分子与甲烷气体分子之间的相互吸引。有机质和黏土矿物在它们的表面产生吸附力场，在这种力场的影响下，周围的甲烷分子非常容易凝结在其表面。位能(势能)理论认为固体吸附剂表面存在一个位能场，而越远离固体表面位能越高，越接近固体表面，则位能越低，被吸附质趋向于出现在低位势区。当压力增大时，甲烷气体分子撞击孔隙表面的概率增加，吸附速度加快。目前广泛应用的理论模型是单分子层吸附(Langmuir等温吸附理论)。影响吸附的因素主要有吸附机理(物理或化学吸附)、吸附剂表面性质(多孔或无孔)以及吸附剂和吸附质作用的相对强度(Drew，2005)。页岩气有很大比例以吸附态存在，其吸附特性是估算页岩气含量、页岩气资源量的重要依据，也是评价页岩气可采性和产能预测的主要参数。

4. 页岩油赋存机理

页岩油因储集体不同而具有不同的赋存机理特征。在裂缝大规模发育的页岩储层中，石油主要以游离相态聚集在微孔隙和微裂缝中，只有少部分石油以溶解或吸附方式存在于干酪根或黏土矿物表面。在裂缝欠发育的页岩中，石油则以游离、溶解和吸附等多种相态同存。在页岩的碳酸盐岩或粉砂岩夹层中，页岩油以游离相为主。

1.1.4.2 页岩油气形成条件

1. 页岩气构造条件

构造作用能够直接影响页岩的沉积作用和成岩作用，进而对页岩的生烃过程和储集性能产生影响，构造活动对页岩油的生成和聚集具有重要影响。

(1)构造作用对页岩沉积的影响作用。沉积盆地所在板块构造位置在宏观上控制着页岩的沉积和发育，后期构造运动控制着页岩的保存和分布。具上升洋流的大陆边缘、正常大陆边缘、裂陷槽盆、稳定克拉通等是有利的页岩发育构造背景。以美国为例，阿巴拉契亚褶皱带、马拉松—沃希托和科迪勒拉褶皱带等从整体格局上控制页岩的分布(见图1-4)。阿巴拉契亚盆地是早古生代的前陆盆地，三期大的构造事件形成了三套沉积旋回，每一套旋回的底部均为炭质页岩，中部为碎屑岩，顶部为碳酸盐岩。

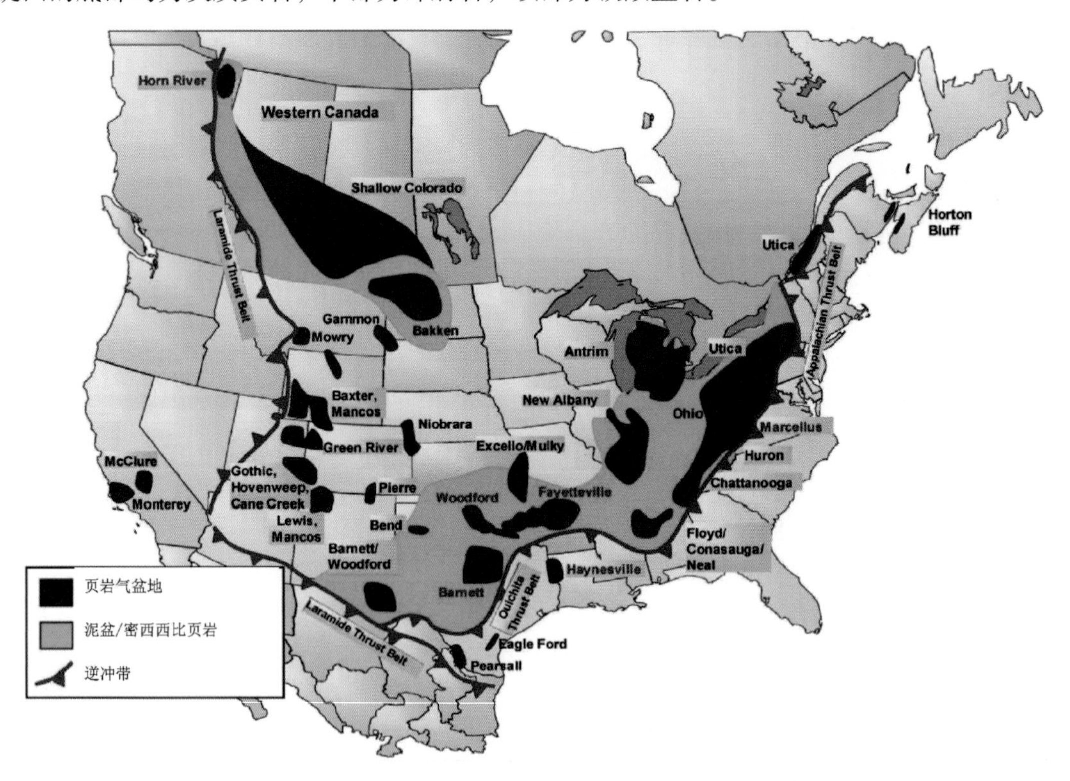

图1-4 美国页岩气盆地分布(据Curtis，2006；David，2010)

(2)构造作用泥页岩层系的埋藏控制和对页岩气的形成制约。构造活动影响富有机质页岩的埋藏和生烃史，对页岩生烃过程产生影响。现今高产的页岩油气类型主要还是热成因类型页岩气，热演化程度的高低是其最关键性的决定因素。对页岩气而言，需要烃源岩层系整体到达生气窗，因而需要的埋深较大。但如果没有经过后期抬升，则现今难以经济开发，因而 Barnett 页岩类似的埋深和生烃过程是普遍的规律(见图 1-5)。同样热成因页岩油藏常形成于烃源岩成熟—过成熟阶段，并以成熟阶段为主。如果源岩被构造运动抬升，长期处于较浅的埋深将会导致源岩的成熟度不足，在没有达到生油窗的情况下，很难大规模生成石油，形成页岩油藏。相反，长期埋深于较大深度的源岩在时间和高温共同作用下有可能达到高演化阶段，从而导致石油裂解成气等其他反应过程，也不利于页岩油成藏。因此，适当的埋藏史对页岩油气的形成有着十分重要的意义。

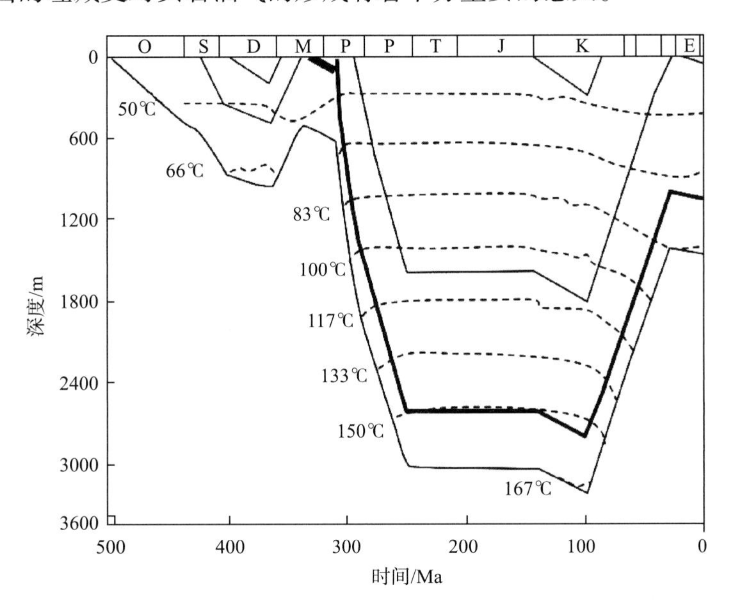

图 1-5　美国福特沃斯盆地 Barnett 页岩埋藏和生烃史(Montgomery 等，2011)

(3)构造裂缝的发育程度和分布特征对页岩气聚集保存的影响。热成因型页岩气藏主要靠微裂缝运聚，断层和宏观裂缝起破坏作用，因此强烈的构造活动不利于该类型气藏的保存。生物成因气藏的形成与活跃的淡水交换密切相关，裂缝不仅是地层水的通道，也是页岩气的运聚途径，故构造运动反而起积极作用。

2. 页岩气沉积条件

(1)沉积条件对有机质富聚和输入的控制。沉积条件控制有机质的输入和有机质的保存，只有在特定的沉积环境下才能形成有机质的富集。海相高丰度页岩常发育于半深海—深海相、浅海陆棚相、滞流海湾相、斜坡相和局限台内潟湖相环境。海相黑色页岩中有机质丰度取决于表层海水中所产生的有机质数量与其在水体中沉积和埋藏过程中被氧化速度之间的平衡。诸如缺氧条件、高有机质产率和快速埋藏等条件可有效地抑制有机质的氧化和微生物降解，从而有利于有机质的保存和富集。因此，人们长期以来一直认为富有机质黑色页岩的形成是缺氧沉积环境的证据，并把它作为全球缺氧事件的标志。但后来的研究发现，一些生物扰动构造和非常轻的 S 同位素比值($\delta^{34}S$)在次氧化条件下也可形成富有机质页岩(Erbacher 等，1998)。我国在海相、陆相和海陆过渡相中都可发育富有机质页岩，但其分布特点各异。在塔里木、华北和扬子板块上发育的古生界黑色富有机质页岩在全球都具有很好的对比性。

(2)沉积条件对页岩岩性组合形式的控制。海相沉积环境常常具有页岩与高脆性矿物层的互层，或者高脆性矿物与黏土矿物的共生。页岩层系中具有较高孔渗性的其他岩层往往构成页岩层系中的“甜点”和高产层。通常页岩油中的薄夹层虽较薄，但由于其孔渗性远大于泥页岩，因此具有一定的储集能力。特别是致密夹层在上下源岩之间不仅有着充足的石油供应，往往饱含油，而且具有相当好的保存条件，在开发阶段可能对产能贡献较大。以 Bakken 页岩为例，在上下 Bakken 页岩之间的碳酸盐岩是页岩油的主要产层。因此，在勘探开发中对泥页岩中的致密夹层应当特别重视。

(3)沉积条件页岩油气保存的影响。当页岩的邻层为致密储层或其他封盖层时，会对页岩油气的保存起一定作用。页岩油藏的保存条件主要包括页岩本身的裂缝发育程度、规模以及盖层的封堵能力。通常来说有一定厚度和范围发育的高有机质含量页岩是形成页岩油气的前提，页岩的较致密邻层可以对页岩油的保存起到较好作用。较厚的泥页岩层不仅能生成较多数量的石油，更能很好地将石油保存于其间的裂缝中。

此外，沉积条件还制约了页岩油气的开发条件。不同沉积条件中的矿物组成差异很大，海相沉积往往在泥岩中具有比较丰富的脆性矿物，对页岩油气压裂和开发比较有利。陆相沉积黏土矿物含量较高，可能对页岩的压裂造成困难。页岩的厚度对开发而言也是重要的考察参数。

3. 页岩油气保存条件

页岩油气的赋存方式与常规油气具有明显差别，导致两类油气聚集对保存条件的要求也存在较大差异。

1)盖层条件

页岩是一种致密的细粒沉积岩，它本身就具有可以作为页岩气盖层的特点，页岩上覆或下伏的致密岩类也可对页岩气产生封盖作用。由于大约半数的页岩气以吸附方式存在，页岩又具有最优先的聚集和保存条件，因此页岩气具有一定的抗构造破坏能力，能够在一般常规气藏难以形成或保存的地区形成工业规模聚集。即使在构造作用破坏程度较高的地区，只要有天然气的不断生成，就仍会有页岩气的持续存在。

页岩气边形成边赋存聚集，不需要特殊的构造背景。如果页岩外围有致密岩性作为上覆围岩，则页岩气保存条件变好。福特沃斯盆地 Barnett 页岩顶部被碳酸盐岩所覆，形成优良的页岩气富集和保存条件，导致页岩地层含气量明显偏高。

在断裂破碎带，由于裂缝太过发育，易于造成游离气的散失和吸附气的扩散。因此，在大型断裂带附近，保存条件有可能对页岩气的富集和高产带来不利影响。

具有工业开采价值的页岩油往往都发育在盆地中心或斜坡部位，因而具有工业开采价值的页岩油保存条件往往较好。

2)构造运动

尽管页岩气由于吸附态的赋存方式而具有一定的抗构造破坏能力，但构造运动对页岩气保存条件的影响还相当巨大，其突出表现在构造活动对有机质成熟度的影响。页岩层系的埋藏历史导致了页岩大规模生烃时间的不同，页岩生气时间越早，对页岩气的保存越不利；页岩生气高峰到来的时间越晚，对页岩气的保存越有利。构造运动对储集性的影响，主要表现为构造应力对页岩裂缝形成的影响。

页岩气产层一般含水量都比较低，甚至不含水，与煤层气形成明显差异。地层水分析可为页岩气保存条件研究提供参考信息。聂海宽等(2012)利用油田水指标对四川盆地页岩气的保存条件进行了评估。在保存条件良好的地区，油气逸散量低；但在保存条件较差的地方，页岩气易于受到外部流体的影响。

4. 有机地球化学条件

构造和沉积条件作为页岩气最基本的形成条件，为页岩提供了物质基础和过程条件，但是能否形成工业性的页岩气聚集，还取决于页岩的有机地球化学条件。页岩气生、储、保存等条件具有一体化特点，因而页岩有机地球化学条件制约了页岩气生、储、保存等各个环节。

通过美国页岩气盆地的统计，页岩气形成条件对页岩本身具有明确要求。即有机碳含量一般 >2%，最好在 2.5% ~3.0% 之间；热成熟度一般在 1.1% 以上，美国主要页岩气层段热成熟度 R_o 一般为 1.1% ~3.5%；厚度一般在 15m 以上，有机碳含量低的页岩厚度一般在 30m 以上；页岩中脆性矿物发育、微裂缝发育，其中石英、方解石、长石等矿物含量大于 35%。当然，这个标准并不是绝对的，根据具体地层会提出更加符合自己实际的校准，例如斯伦贝谢(2006)提出来的页岩气地质评价和开发下限指标要求更高(见表 1-4)。

表 1-4　页岩气地质评价和开发下限指标

参数	最低值	参数	最低值
孔隙度/%	>4	含水饱和度/%	<45
渗透率/$10^{-3}\mu m^2$	>100	总有机碳含量/%	>2

5. 页岩气和页岩油的富集条件差异

1) 富集条件差异

页岩油气在构造、沉积等基础条件上具有很好的相似性。油气均赋存于页岩及夹层之中，同时具有相似的稳定构造背景，富集空间主要是页岩中的微孔隙和微裂缝等，保存条件差别也不大。

页岩油和页岩气的区别主要表现在成因上。页岩气的成因多样，可以是生物成因气，也可以是热成因气，只要有机碳含量达到一定水准(有机碳含量 >2.0%)即可。页岩有机质的成熟度范围广泛，对于生物成因页岩气，成熟度较低，一般热成熟度为 0.3% ~ 0.5%；对于热成因页岩气则要求页岩成熟度达到过成熟阶段，R_o 一般大于 1.2%。对于页岩油来说，必须是进入生油窗后形成的，因而页岩油成熟度一般位于 0.7% ~1.2% 之间。

2) 富集特征差异

成藏特征主要表现为油气藏的静态特征，即生、储、盖、圈、运、保，也表现为动态特征，即成藏要素的匹配关系。

页岩气较页岩油分布范围更广。页岩气在平面上分布更广。根据第一轮页岩气资源评价结果，我国富有机质页岩分布广泛，层系多，从东部地区新生界地层到南方地区古生界地层都有分布。相比较而言，页岩油主要分布在东部地区裂陷盆地和中部地区克拉通盆地中。层系上主要分布在中生界以来的地层中，尤其以东部裂陷盆地古近系目前勘探最为活跃。

页岩气较页岩油时间跨度更大。对应于页岩的空间分布，其时间跨度也就更大。这其中具有两层基本含义，即页岩气分布的时代从前震旦系、古生代一直到新生代，页岩气聚集从页岩有机质刚刚埋藏时的微生物作用阶段就已经开始，一直持续到有机质进入高演化阶段，有机质或者石油裂解形成干气。而页岩油的形成阶段主要还是发生在有机质进入生烃门限到生油高峰结束这一段所谓的“生油窗”阶段。

页岩气较页岩油有机质成熟范围更广。只要有机质丰度足够，有机质成熟度可以从0.35%～3.5%的范围都有页岩气的产生；页岩油主要生油窗集中在0.7%～1.2%。相比较而言，成熟度限制更强。

页岩气较页岩油赋存相态多样，赋存空间类型更丰富。页岩气可以以游离相、吸附相和溶解相等多种相态赋存，因而可以储存在页岩基质孔隙、裂隙和有机质微孔中，甚至可以以溶解态存在于干酪根和油当中。页岩油主要为游离态，可能少量为气溶态，赋存在页岩大孔隙和裂隙当中。

1.1.4.3　页岩油气形成主控因素

页岩油气形成主要受控于3个方面9种因素，指代气源、储集性和埋藏环境3个方面。气源条件包括气源岩的空间分布和规模、有机质类型及含量，有机质成熟度；页岩储集条件包括页岩比表面、孔隙和裂缝发育程度；环境因素包括温度、深度和压力(见图1－6)。

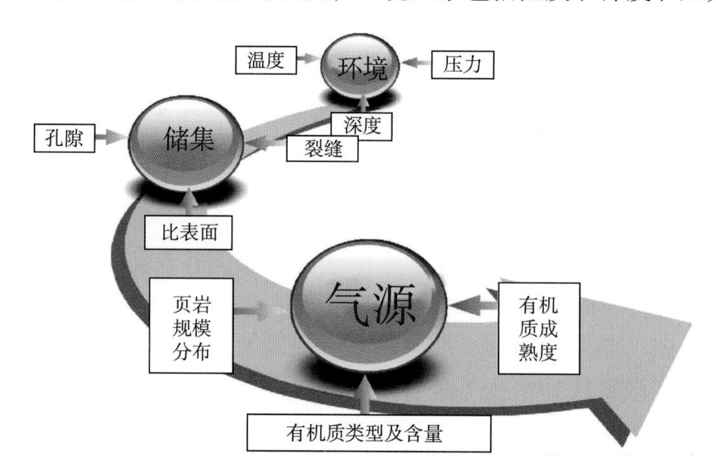

图1－6　页岩气形成主控因素概念图

1. 页岩发育规模

作为自生自储的油气富集，页岩又充当着储层的角色，与常规油气藏一样，要形成工业性页岩油气聚集，页岩储层就需要达到一定的有效厚度和分布面积。根据美国页岩油气烃源岩厚度估计，美国五大产油气页岩层厚度为30～600m。若远离常规储层，其生成的大量油气就有可能在烃源岩内部“原地”成藏。页岩的分布面积往往控制着页岩油气的分布面积。美国许多盆地页岩气研究表明，页岩油气成藏和分布的最大范围与有效烃源岩的面积相当。页岩厚度和分布面积是保证页岩拥有足够有机质及储集空间的基本规模条件。

2. 有机碳含量

高有机质丰度既是成烃的物质基础，也是页岩油气吸附存在的重要载体，决定了页岩的吸附能力大小。有机碳含量是页岩油气藏评价中的一个重要指标，有机碳含量愈高，油气富集程度愈高。商业性页岩油气藏需要达到页岩有机碳含量最低界限标准。生产实践表明，页岩总有机碳含量大于2%时才有工业价值。美国主力产油气页岩有机质丰度均较高，其中产生物气页岩的有机碳含量平均达到6%，热成因气页岩有机碳含量平均为3%，富含页岩油的页岩层系有机碳含量一般也在3%～6%之间。页岩吸附油气量与页岩中有机碳含量呈明显的正相关关系，有机碳的含量是含气量的决定性因素，也是页岩油评价最为关键的指标。

3. 有机质成熟度

有机质热成熟度也是评价页岩油气的重要参数。页岩气可来源于生物作用、热成熟作用及其混合作用。在热成因的页岩气中，有机质成熟度用来评价烃源岩的生烃潜能，热成熟度介于1.2%～3%的范围是热成因型页岩气藏的有利分布区。对于生物成因的页岩气，生烃受成熟度的影响较小，页岩热成熟度越高，有机碳含量就越低，越不利于生物气的形成。根据 Michigan 盆地 Antrim 页岩气藏和 Illinois 盆地 New Albany 页岩气藏的分布规律，生物成因型页岩气藏主要分布在热成熟度 $R_o \leqslant 0.8\%$ 的范围内。

按照常规的烃源岩评价指标，有机碳含量0.5%和成熟度0.5%是有效烃源岩的底限边界，由于页岩气的成藏机理和过程特殊，其中天然气的聚集不需要考虑运移、圈闭等复杂条件。因此页岩气的有机碳含量和成熟度等条件要求不再苛刻。

4. 裂缝发育程度

页岩储层基质孔渗性非常低，孔隙度一般为4%～6%，渗透率小于 $0.001\times10^{-3}\mu m^2$，裂缝的存在可大大增加页岩的孔渗性，游离相状态油气主要储集在页岩基质孔隙和裂缝等空间中，因而裂缝的发育程度控制着页岩中油气的富集程度。页岩孔隙与微裂缝越发育，油气富集程度就越高。控制页岩油气产能的主要地质因素为裂缝的密度及其走向的分散性，裂缝条数越多，走向越分散，连通性就越好，页岩油气产量就越高。除了页岩地层中的自生裂缝系统以外，构造裂缝系统的规模性发育也为页岩油气丰度的提高提供了条件保证。因此，构造转折带、地应力相对集中带以及褶皱—断裂发育带通常是页岩油气富集的重要场所。但裂缝太过发育，尤其是裂缝如果连接到断层或者破碎带而形成通天断裂，或者在高陡地区，裂缝网状密集发育，则易于形成地下水的流动通道，对于页岩油气尤其是页岩气的富集具有不利影响。

1.2 页岩物理性质

全球页岩油气资源十分丰富，至今尚未得到广泛勘探开发，其根本原因在于页岩的基质渗透率低（小于 $0.001\times10^{-3}\mu m^2$），开发难度增大（见表1-5）。在已经投入商业性开发的页岩油气田中，页岩的天然裂缝系统通常都比较发育，如密执安盆地北部 Antrim 页岩生产带，主要发育北西向和北东向两组近垂直的天然裂缝，福特沃斯盆地 Newark East 气田 Barnett 页岩气产量高低与岩石内部微裂缝发育程度密切相关。裂缝既可以作为页岩油气的储集空间，也可以成为油气的渗流通道，构成页岩油气从基质孔隙流入井底的重要通道。页岩油气可采储量的大小最终取决于储层内裂缝的产状、密度、组合特征以及张开程度等。

表 1－5　页岩储层与砂岩储层特征对比表

对比项目	页岩储层	砂岩储层
岩石成分	矿物质、有机质	矿物质
生气能力	页岩本身有生气能力	无
储气方式	吸附、游离	游离
孔隙度	一般小于 10%	一般大于 5%
孔隙大小	多为中微孔	大小不等且以宏孔为主
孔隙结构	双重孔隙结构	单孔隙或多孔隙结构
裂隙	发育裂隙系统	发育或不发育
渗透率	小	大
比表面积	大	小
开采范围	较大面积	圈闭以内
压裂	一般需要压裂	低渗透储层需要压裂

为了满足非常规油气储层精细刻画的要求，开发阶段对岩石物性特征的研究与勘探阶段相比，除了需要高密度采样之外，还需要包括岩石的孔隙性、渗透性及流体饱和度等实验分析项目。主要物性参数包括：岩石渗透率、孔隙度、矿物组分、岩脆性材料、岩石表面能等及有关岩石孔隙结构特征的孔隙分布、孔喉半径等。

1.2.1　页岩物理性质

1.2.1.1　页岩孔隙度与渗透率

泥页岩矿物粒径通常小于 63μm，微孔隙、微裂隙小于 50μm，孔隙度极小，有效孔隙度一般小于 10%，渗透率一般为 $1\times10^{-9}\sim1\times10^{-7}\mu m^2$ 之间，储集能力和渗流能力均较差。由于天然气中的主要成分甲烷分子的直径约 0.38nm，可以以吸附的方式存在于有机质及黏土矿物表面，或以游离方式赋存于微孔隙、微裂隙中，因而页岩中的微孔隙、微裂隙也是有效的储集空间。从孔隙度与渗透率的关系来看，未经改造的原始泥页岩储层孔隙度与渗透率之间总体成正相关关系，储层内裂缝的发育对渗透率的影响较大。当有裂缝发育时，较小的孔隙度也可以有较高的渗透率。反之，当裂缝不发育时，尽管孔隙度较大，但由于孔隙间的连通性较差而可能导致储层渗透率很低。泥页岩层系中粉砂质岩类、细砂质岩类、碳酸盐岩夹层以及开启或未完全充填的天然裂缝也可提高储层渗透性。

非常规油气储集体的岩石特征与常规油气储集体相比，在岩石孔渗特征、储集特征等方面有很大差别，主要表现在渗透率远远低于常规油气藏岩石的渗透率、平均孔隙半径远远小于常规岩石的平均孔隙半径，可应用脉冲衰竭法超低渗透率测试方法测定纳达西级别的岩石渗透率(IDT，1998)。

1.2.1.2　孔隙结构

孔隙结构是指储层中孔隙、喉道以及微裂缝之间的配置结构和关系，不同孔隙(裂缝)

结构的储层具有不同的储集特征。根据毛管压力曲线形态及主要参数，可对泥页岩的微观储集特征进行分析。压汞饱和度是反映岩石颗粒大小、均一程度、胶结类型、孔隙度、渗透率及裂缝的一个综合指标。以我国南方渝东南地区渝页 1 井剖面龙马溪页岩为例，对近 50 块岩样的压汞曲线进行了分析，均表现为排驱压力高、细歪度和孔喉直径小等特点。从曲线形态、退汞效率和孔喉分布来看，存在 3 种主要类型，反映出泥页岩储层的 3 类储集特点(见图 1－7、图 1－8)。

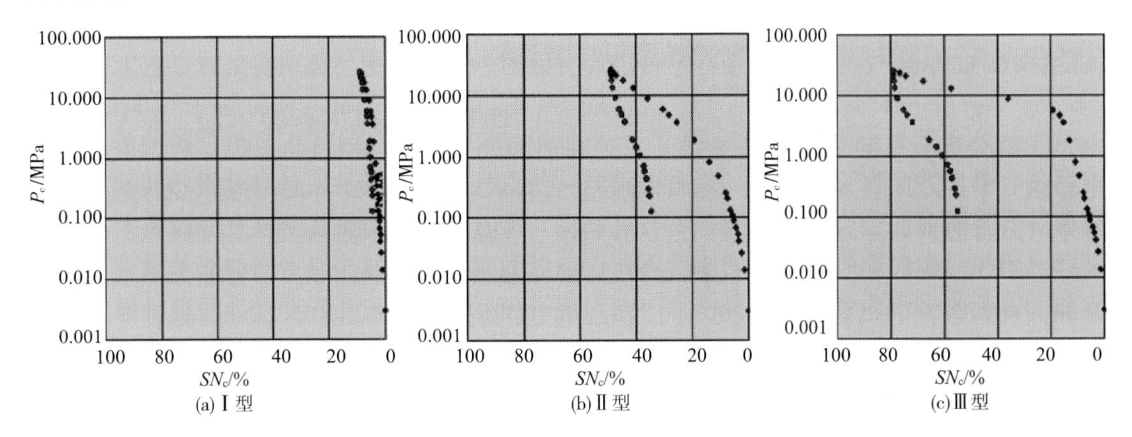

图 1－7 渝东南地区渝页 1 井龙马溪组黑色页岩 3 类压汞曲线

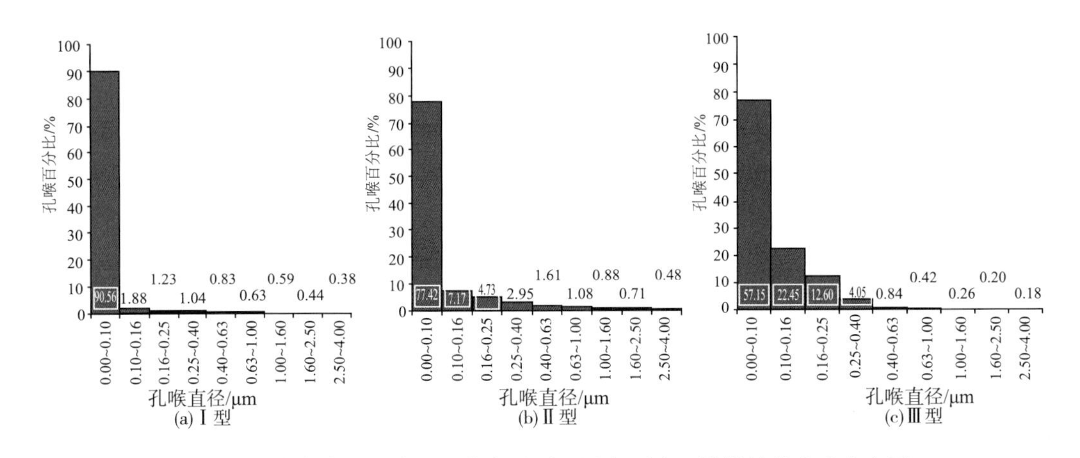

图 1－8 渝东南地区渝页 1 井龙马溪组黑色页岩 3 类样品的孔喉直方图

1.2.1.3 天然裂缝

泥页岩内的微裂缝是游离相石油和天然气聚集的重要场所，微裂缝发育程度是决定泥页岩油气藏品质的重要因素。一般来说，泥页岩油气藏内微裂缝越发育，其天然储集和渗流条件就越优越，后期改造效果也就较好，所形成的油气藏品质也就较高。泥页岩微裂缝发育同时受到外因与内因的控制。外因主要与生烃过程、地层孔隙压力、地应力特征、断层与褶皱特点等地质因素相关，内因主要取决于成岩作用、页岩矿物学及岩石力学等特征。脆性矿物(如硅质、碳酸盐等)富集的泥页岩比主要由黏土矿物构成的岩石更容易压裂并产生裂缝。一般认为，当力学背景相同时，泥页岩中的矿物成分及含量是影响裂缝发育程度的主要因素。那些富含有机质且石英含量较高的富有机质泥页岩脆性较强，容易在外力的作用下形成构造裂缝，有利于油气富集程度的提高。当塑性矿物含量较高时，裂缝发育程度相对较低。Nelson(1985)认为，石英、长石和白云石含量的增加将导致页岩可压裂程度的提高。

目前，井壁成像测井和阵列声波测井是评价页岩地层裂缝的最佳测井手段，其次是双侧向测井、微球形聚焦测井以及孔隙度测井。

1. 井壁成像测井

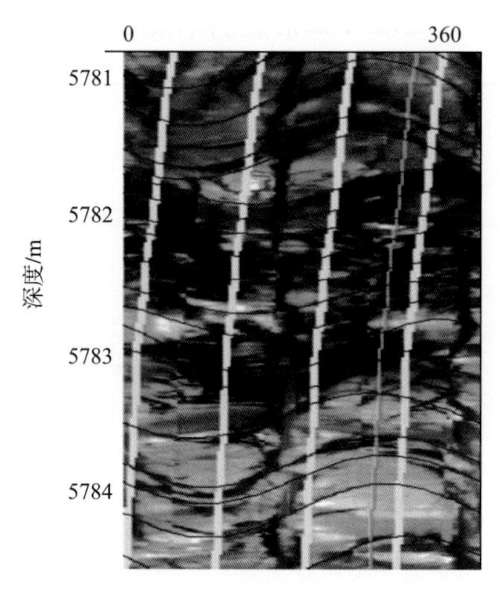

图1-9　利用井壁成像测井识别致密砂岩储层裂缝(FMI井壁图像)

在井壁图像上能够方便地确定裂缝产状，判断裂缝类型(见图1-9)。同时，利用井壁成像图可以计算出裂缝孔隙度、裂缝长度、裂缝宽度和裂缝密度。

虽然井壁成像测井是定量评价裂缝的最佳手段，但测量成本高，目前还只是在少数重点勘探开发井中测量，其应用受到限制。利用成像测井成果对常规测井(一般为双侧向测井)进行刻度，得到基于常规测井方法的裂缝定量评价模型，借此对裂缝进行定量评价。

2. 双侧向测井

常用双侧向电阻率差异性质及其程度来定性判断裂缝产状和裂缝发育程度(见图1-10)。对于致密砂岩储层来说，由于粒间孔隙的存在，受泥浆侵入的影响也可造成双侧向电阻率差异，而且传统方法正是根据这种差异程度和性质来判断储层物性和流体性质的。因此，在利用双侧向差异分析裂缝时必须区分泥浆侵入粒间孔隙的响应和泥浆侵入裂缝造成的响应。

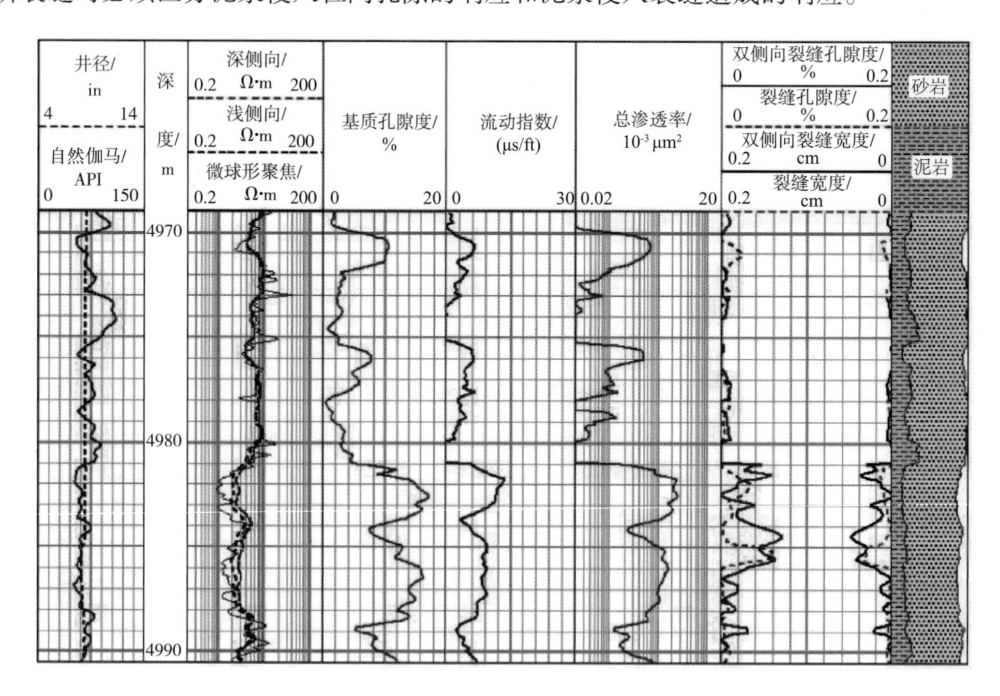

图1-10　利用常规测井资料识别与评价裂缝

3. 微球形聚焦测井

微球形聚焦测井(MSFL)采用贴井壁方式测井，且电极尺寸较小，能够灵敏地反映井壁附近微电阻率的变化。在页岩层段，MSFL呈相对高背景值，背景值与深探测电阻率接近，而裂缝层段MSFL为低背景值，且呈尖峰状异常低值变化。

4. 孔隙度测井

就裂缝响应而言，密度测井采用贴井壁方式测量，对裂缝及其造成的不规则井眼响应较灵敏，在裂缝层段密度测值减小或呈尖峰状；中子测井一般对纯裂缝性地层响应较差，但当裂缝非常发育且次生孔隙空间较大时，中子孔隙度也增大；声波时差对高角度裂缝响应不灵敏，在低角度缝和网状缝发育段，出现声波时差增大或者周波跳跃现象。由于孔隙度测井反映岩石孔隙性侧面不同，比较它们之间的差异可以提取一些定量参数来评价裂缝。

5. 阵列声波测井

阵列声波测井能够同时提供地层纵波、横波和斯通利波等传播特征。通常利用斯通利波信息，分析裂缝及其连通性。斯通利波在渗透性地层传播时，由于井眼中流体与地层流体的交换作用，造成斯通利波频散和幅度衰减。频散引起斯通利波时差增大，幅度衰减引起频率降低，也就是说相对于致密层弹性介质来说，由于渗透性的存在造成斯通利波走时滞后(滞后程度TD)和中心频率向低频方向偏移(频移幅度FS)。可以根据TD和FS帮助判断识别渗透性层(包括孔隙地层和裂缝地层)，进而定量评价其渗透率。

1.2.2 岩石矿物学特征

1.2.2.1 *岩石学特征*

泥页岩一般被认为岩性比较单一，但事实上泥页岩层系并不仅仅由泥岩或者页岩组成。在空间上泥页岩层系常与细粒砂岩或碳酸盐岩呈一定的组合关系，如上下叠置、薄互层存在或页岩中夹有砂岩及碳酸盐岩薄互层或透镜体等。泥页岩中夹层的存在对页岩气的储集和后期开发都具有一定的积极作用。较为粗粒的碎屑岩或碳酸盐岩夹层具有较好的孔渗条件，为页岩油气的储集提供了相对丰富的空间；同时砂岩及碳酸盐岩主要以脆性矿物为主，有利于水力压裂造缝对页岩油气进行开采。

泥页岩可具有页理状结构、块状结构、粉砂泥状结构、鲕粒或豆粒结构和生物泥状结构等。鲕粒和豆粒结构外貌上与碳酸盐岩鲕粒、豆粒结构相似，内部多为隐晶质致密状。

泥页岩层理多为水平层理，厚薄不一，厚度在1cm以下的层理称为页状层理或页理，常有干裂、雨痕、晶体印模及水下滑动构造。岩石颜色变化大，主要由其中的色素物质决定。不含色素物质的较纯页岩常常呈现灰白色，含铁呈红色、紫色和褐色，含绿泥石、海绿石等呈绿色，含黄铁矿或者有机质较多时呈黑色或者灰褐色。它们既是指示环境的标志，也能反映沉积介质的氧化还原条件，有利于页岩油气发育的页岩主要为还原环境下的黑色泥页岩。

1.2.2.2 *矿物学特征*

泥页岩的矿物成分较复杂，矿物组成主要包括黏土矿物、石英、长石和碳酸盐等。常见的黏土矿物主要是高岭石、伊利石和蒙脱石等。自生矿物有铁的氧化物(褐铁矿、磁铁矿)、碳酸盐岩矿物(方解石、白云石和磷铁矿)、硫酸盐矿物(石膏、硬石膏会和重晶石等），此外还有海绿石、绿泥石和有机质等。泥页岩中矿物组成的变化会影响页岩的岩石力学性质和孔隙结构等，对天然气的吸附能力也会产生重要影响。与石英、方解石等脆性矿物相比，黏土矿物通常具有较多的微孔隙和较大的比表面积，因此对天然气有较强的吸附能力。但在饱和水的情况下，黏土矿物对天然气的吸附能力明显降低。

石英和碳酸盐矿物含量的增加可提高岩石的脆性，有利于天然裂缝的形成，为游离气提供了储集空间，提高了泥页岩的储集和渗流性能，但在埋藏成岩过程中可能产生的石英次生加大现象和方解石胶结作用又可能使页岩孔隙度降低。因此在评价泥页岩储层时，需要综合考虑黏土矿物、含水饱和度、石英及碳酸盐含量等因素。由于泥页岩相对孔隙度和渗透率较低，有利目标的选择必须考虑储层的含气量（游离气量和吸附气量）与可压裂程度之间的匹配关系。

X射线衍射分析结果表明，Barnett页岩中的矿物以硅质、黏土质和钙质矿物为主，分别占34.3%、24.2%和16.1%，长石、白云石/铁白云石、黄铁矿、磷酸盐和菱铁矿等矿物含量分别为6.6%、5.6%、9.7%、3.3%和0.3%。至Barnett层最底部，炭质含量最低，但黏土质含量最高（见图1－11），这种矿物组成的分层性为实施工程压裂提供了有利条件。

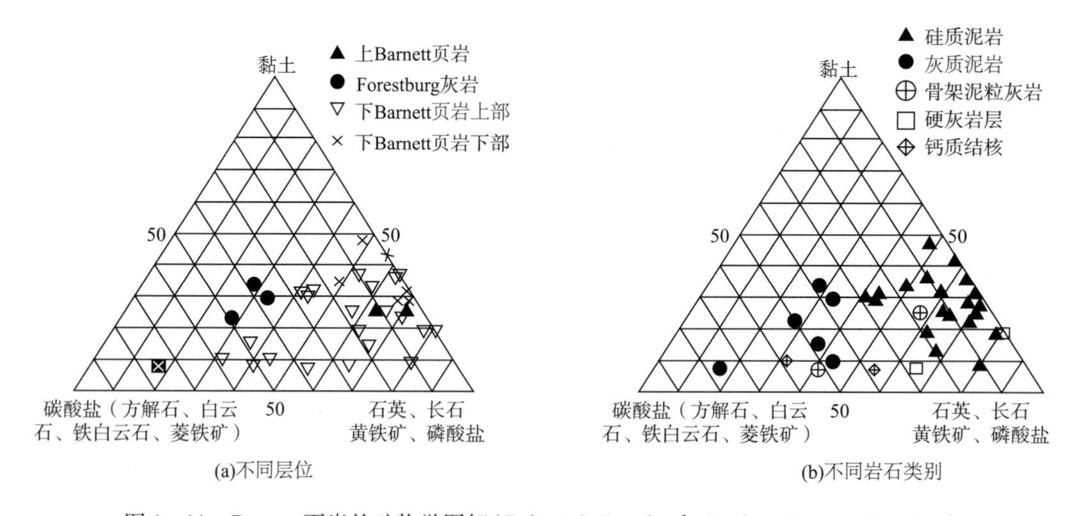

图1－11　Barnett页岩的矿物学图解（Robert G. Loucks和Stephen C. Ruppel，2007）

我国南方古生界海相黑色页岩的石英含量较高，可以达到40%～70%，黏土矿物含量较少，主要为伊利石（30%～83%，平均57%）、伊/蒙混层（6%～69%，平均35%），次要黏土矿物为高岭石（1%～20%，平均5%）、绿泥石（1%～22%，平均6%）和蒙脱石（10%～70%，平均17%），黄铁矿普遍存在。

1.3　页岩力学性质

页岩地层基本岩石力学特性是水平井钻井、储层体积压裂设计与施工的重要基础数据。目前岩石力学性质的测定方法主要有两种：一是现场通过声波测井的方法，二是室内的物理实验方法。声波测井可以得到沿井筒连续的声波特征，通过声波速度和密度，由波动方程计算得到岩石力学分析所用的力学参数。声波测井的最大优点是能得到沿井深连续的声波特征，从而可以得到沿井筒岩层的力学特性，但由于声波测井的频率一般在几千赫兹，远高于工程实际情况，所以由此得到的力学参数不能直接应用于工程设计；室内物理实验方法通过模拟地层应力状态，测量岩石加载过程中的形变和应力，计算岩石的力学参数。物理实验方法的优点是测试的数据直观、真实、可靠，但也有其明显的不足，即实验用岩样尺寸小，不一定具有代表性；还存在尺寸效应等问题；因为实验费用高，不可能通过室内实验得到连续的地层力学参数。所以目前还是通过室内实验结果来校核现场测井数据，从而得到校核后的连续的地层岩石力学参数。

1.3.1 物理实验方法

1.3.1.1 *岩石力学参数实验方法*

岩石力学实验包括压缩试验、抗拉试验、剪切试验和连续刻划试验几种方式，通过这些试验可以直观测试得到页岩石的抗压强度、弹性模量、泊松比、黏聚力、内摩擦角、抗拉强度、剪切强度等参数，并且根据应力—应变—时间关系可以评价页岩的力学属性(弹性、塑性、黏性)，结合页岩的变形与破坏关系，还可以评价页岩脆性特征。

1. 岩石压缩试验

岩石压缩试验是通过压缩标准试验岩样的形式测试岩石力学基本特性，是最常见的室内测试方式。该类试验一般是在液压伺服控制下的试验机上进行的，先进的试验机包括轴压加载系统、围压系统、孔隙压力及渗透率系统、温度和自动数据采集与控制系统等，图1－12为美国 TerraTek 公司生产的岩石力学三轴应力测试系统。试验过程中通过实时采集岩样的轴向与径向变形、承受载荷等信息，采用有关方法针对这些信息进行处理即可得到岩石力学参数。根据试验条件，岩石压缩试验又分为单轴压缩试验和常规三轴压缩试验，单轴压缩试验是在无围压和无孔隙压力条件下直接加轴向载荷测试，三轴压缩试验则是在施加围压或施加围压和孔隙压力条件下进行岩石压缩试验。页岩力学参数对岩样发育的裂缝、非均匀性、取心或岩心处理过程中所产生的裂缝极为敏感，从而产生很大的随意性，可以在较小的围压下做常规三轴抗压试验，这样可以消除岩石中非固有裂隙的影响。

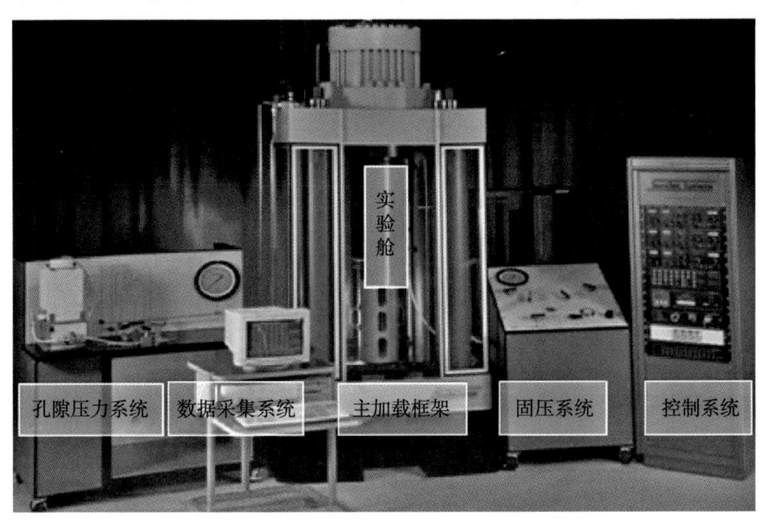

图1－12 岩石力学三轴测试系统

2. 连续刻划试验

连续刻划试验是利用具有一定宽度的金刚石刀片沿岩石表面以一定速率和切削深度沿着岩样表面刻划出一条沟槽并获得岩石抗压强度等参数的测试方法，如图 1－13 所示。连续刻划试验已在国外页岩气等非常规领域得到推广应用，该测试方法能够提供连续、高分辨率的岩石强度剖面，既克服了复杂地层标准岩样不易加工等难题，又能对岩石强度非均质性进行评价。页岩地层裂缝发育，脆性显著，岩石压缩试验需要的标准岩样加工成功率极低，造成页岩岩石压缩试验的很多岩样带有很多缺陷，影响了页岩力学特性的评价准确度，因此页岩的岩石强度非常适合连续刻划测试。

3. 抗拉试验

岩石拉伸破裂试验可分为直接法和间接法两种。直接法抗拉试验是将圆柱形岩石试件的两端用黏合剂使之与固定在压机压盘上的金属前面板（压机上的帽套）黏合以传递压力，若设最大破坏拉力值为 F_c，原试件截面积为 A，则试件的抗拉强度 $S_t = F_c/A$。由于对岩石进行直接单轴拉伸试验比较复杂，不易取得准确数据，一般采用间接试验方法确定拉伸强度。间接拉伸试验是在压机压盘之间对岩石圆柱体施加径向压力，使试件在加载平面内以拉伸破裂的方式发生破坏，通常采用巴西劈裂仪（见图 1－14）进行测试，该试验也被称为巴西试验。

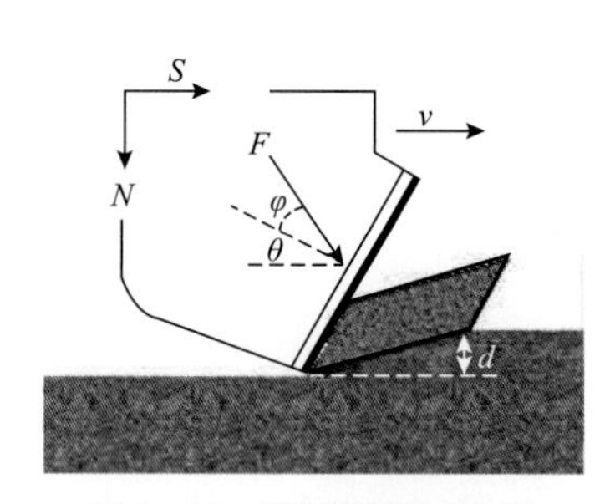

图 1－13　连续刻划试验及刀片受力示意图

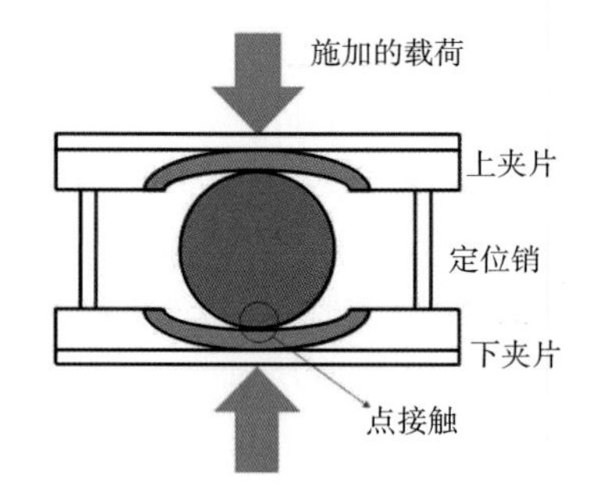

图 1－14　巴西劈裂试验装置示意图

4. 岩石剪切试验

岩石的抗剪断强度可以在岩石剪切仪上进行直接剪切试验获得，如图 1－15 所示，先在试件上施加法向压力 F_n，然后在水平方向逐级施加水平剪力 F_s，直至试件破坏。

1. 3. 1. 2　*岩石力学参数实验分析*

结合岩石力学实验过程采集的力学、变形与时间等信息，利用实验分析技术可以得到岩石的抗压强度、抗拉强度、剪切强度、弹性模量、泊松比、黏聚力、内摩擦角等参数。

1. 页岩岩石弹性参数

岩石压缩试验可以得到应力—应变曲线，图 1－16 为岩石在正常加载速率单轴加压条件下的应力—应变全过程，大致可分为 5 个阶段：$o-a$ 段体积随压力增加而压缩，$a-b$段岩石的应力–轴向应变曲线近呈直线（线弹性变形阶段），$b-c$ 段岩石的体积由压缩转为膨胀，$c-d$ 段岩石变形随应力迅速增长，d 点往后残余应力阶段。以上 5 个阶段可对应 4 个特征应力值：弹性极限（b 点）、屈服极限（c 点）、峰值强度（或单轴抗压强度）（d 点）及残余强度。应指出的是，岩石由于成分、结构不同，其应力—应变关系不尽相同，并非所有岩石都可明显划分出 5 个变形阶段。页岩脆性特征显著，且岩石裂缝等发育，应力—应变曲线一般都难以划分出这 5 个变形阶段，通常具有明显线弹性变形阶段，可以分析得到页岩的弹性模量，结合变形量可以确定页岩的泊松比大小。

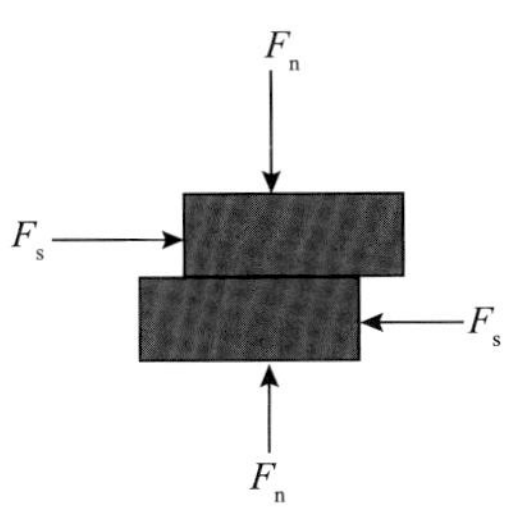

图 1－15　岩石直接剪切试验示意图

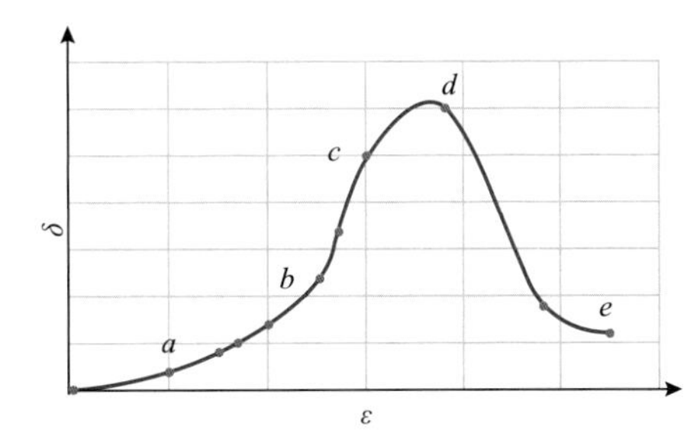

图 1－16　岩石单轴压缩应力—应变全过程曲线

1）泊松比

在压缩试验中，岩样在径向和轴向方向都会发生变形，试验前后岩样直径的相对变化称为径向应变，岩样长度的相对变化则为轴向应变。泊松比 ν 为径向应变 ε_r 与相应载荷下轴向应变 ε_z 之比，即：

$$\nu = -\frac{\varepsilon_r}{\varepsilon_z} \tag{1-1}$$

$$\varepsilon_r = \frac{D_1 - D_0}{D_0} \tag{1-2}$$

$$\varepsilon_z = \frac{l_0 - l_1}{l_0} \tag{1-3}$$

式中　D_1——岩样变形后直径，mm；

D_0——岩样初始直径，mm；

l_0——岩样初始长度，mm；

l_1——岩样变形后长度，mm。

事实上，由于泊松比是由弹性理论引入的，故只适用于岩石弹性变形阶段，即只有在荷载不会使裂隙发生或发展的有限范围内，这种比例性才能保持。公式中引入负号，是由于考虑到当岩石轴向缩短时，侧边是伸长的，这样可定义泊松比为一个正值。

2）杨氏模量

岩石杨氏模量 E（也称为弹性模量）是应力—应变曲线的斜率，即单轴应力时，应力相对应变的变化率，即：

$$E = \frac{\Delta\sigma_z}{\Delta\varepsilon_z} \tag{1-4}$$

式中　$\Delta\sigma_z$——轴向应力增量，MPa；

$\Delta\varepsilon_z$——岩样轴向应变增量，mm/mm。

3）剪切模量与体积模量

对于各向同性线弹性情况，只有两个独立弹性常数 E 和 v，利用 E 和 v 还可以引申得到剪切模量 G 和体积模量 K。

剪切模量 G：

$$G=\frac{E}{2(1+\nu)} \tag{1-5}$$

体积模量 K：

$$K=\frac{E}{3(1-2\nu)} \tag{1-6}$$

在单轴压缩破坏试验中，大多数岩石表现为脆性破坏，因此可以直接测得抗压强度 σ_c。但是由于应力—应变曲线通常是非线性的，所以 E 和 v 的值会随轴向应力值的不同而不同。在实际工作中，通常在50% σ_c 处取定 E 和 v 值。从理论上讲，试件上的最大裂缝和裂纹决定了单轴抗压强度值，而且 σ_c 的试验结果值对试件的非均匀性、取心或岩心处理过程中所产生的裂缝极为敏感，从而产生很大的随意性。为了减少这种不确定性，可以在较小的围压下做三轴抗压试验，这样可以消除岩石中非固有裂隙的影响。

2. 页岩岩石的强度参数

在外荷载作用下，当荷载达到或超过某一极限时，岩石就会产生破坏。岩石破坏的类型可以根据破坏形式分为张性破坏、剪切破坏和流动破坏3种基本类型。破坏发生时岩石所能承受的最高应力称为岩石的强度，它包括单轴抗压强度、三轴抗压强度、抗张强度、剪切强度等。

1)岩石单轴抗压强度及三轴抗压强度

单轴压缩试验岩石破坏发生时所承受的最高应力称为岩石的单轴抗压强度，常规三轴压缩试验对应的最高应力则为三轴抗压强度，两种抗压强度均为最大轴向载荷与岩样横截面积之比，通常用 σ_c 表示。

$$\sigma_c=\frac{F}{A} \tag{1-7}$$

式中 σ_c——抗压强度，MPa；

F——轴向载荷，N；

A——岩样横向截面积，mm^2。

对于连续刻划试验，Detournay 和 Defourny 于1992年建立了塑性破坏模式下刀片受力模型，在该模型下刀片底部摩擦忽略不计，在刻划过程中刀片受到力 F 的作用，水平方向(即切向力方向)定义为 F_s，垂直方向(即正应力方向)定义为 F_n，F 可分解表述为：

$$F_s=\varepsilon A \tag{1-8}$$

$$F_n=\zeta\varepsilon A \tag{1-9}$$

$$A=wd \tag{1-10}$$

ζ 为正应力 F_n 与切应力 F_s 的比值，其值为常数，由下式得到：

$$\zeta=\tan(\theta+\varphi) \tag{1-11}$$

式中 ε——岩石固有破碎比功，kJ/m^3；

A——刻划面横切面积，m^2；

w——刀片的宽度，m；

d——刻划深度，m；

θ——刀片后倾角，(°)；

φ——界面摩擦角，(°)。

由岩石塑性破坏的破碎比功可以得到岩心连续的单轴抗压强度剖面，见图 1－17。

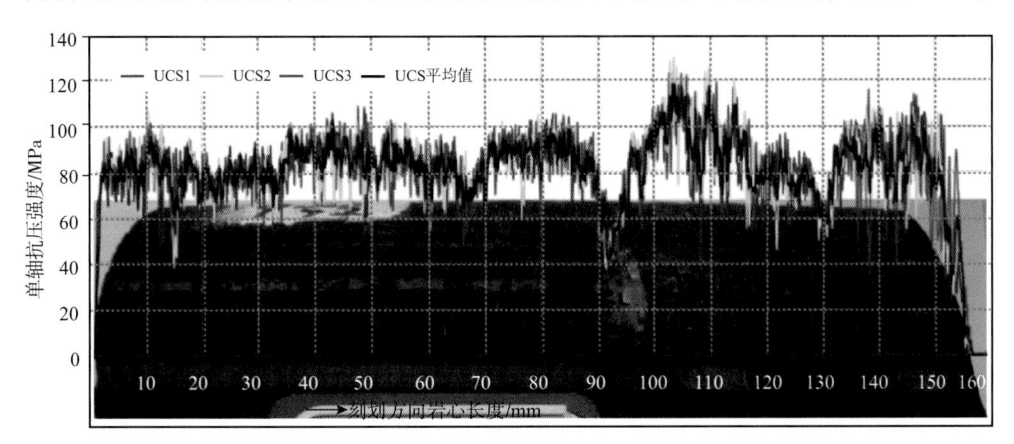

图 1－17　页岩岩石强度刻划测试结果

2）页岩的黏聚力和内摩擦角

针对取自同一岩心的一组平行岩样，开展不同围压下的常规三轴压缩试验，可以绘制如图 1－18 所示的应力圆包络线，即为强度曲线。强度曲线上的每一个点的坐标值表示某一面破坏时的正应力 σ 和剪应力 τ。

破坏包络线的切线与纵轴的交点值称为岩石内聚力，以 C 表示；其与水平轴的夹角 ϕ 为摩擦角，如图 1－19 所示。它们之间的相互关系可以用下式描述：

$$\tau = \sigma \tan\phi + C \tag{1-12}$$

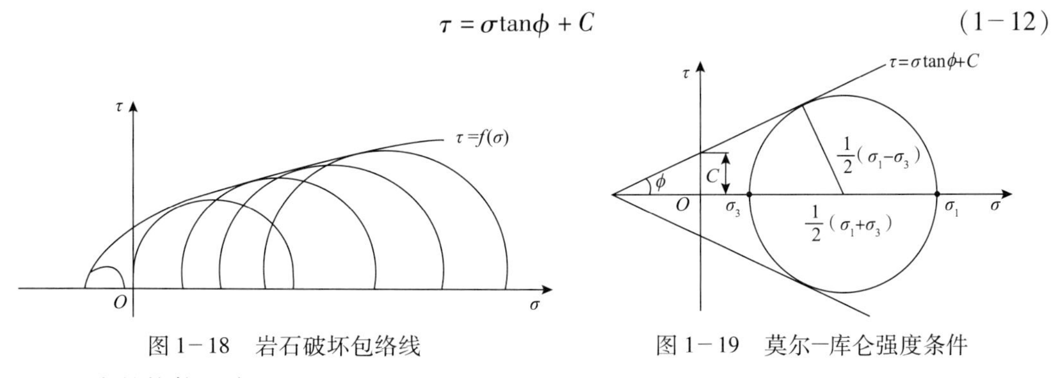

图 1－18　岩石破坏包络线　　图 1－19　莫尔—库仑强度条件

3）页岩的抗拉强度

采用巴西劈裂的方式进行页岩抗张测试，如试验破坏时荷载为 P，样品厚度为 T，一般样品厚度 T 小于直径 D，则试件的抗拉强度按下式计算：

$$S_t = \frac{2P}{\pi DT} \tag{1-13}$$

4）页岩的剪切强度

在剪切荷载作用下，岩石抵抗剪切破坏的最大剪应力，称为剪切强度。剪应力 τ 按照下式进行计算：

$$\tau = \frac{F_s}{A} \tag{1-14}$$

式中　A——试件的剪切面面积，mm^2；

F_s——试件产生剪切破坏时对应的水平剪力，N。

3. 川东南地区页岩气地层岩石力学实验分析

针对川东南地区彭水、南川及丁山区块的龙马溪组页岩进行了岩石力学实验，由于页岩微裂缝发育，标准实验岩样加工处理成功率低，大多样品裂缝开启或产生机械损伤，压缩试验测试得到的岩石抗压强度普遍较低，连续刻划试验则克服了以上不足之处测试得到较高的抗压强度，实验结果(见表1－6)分析表明龙马溪组页岩具有明显的高弹性模量、低泊松比的脆性特征。

表1－6　川东南地区龙马溪组页岩岩石力学实验分析结果

区块	岩性	试样编号	围压/MPa	抗压强度/MPa		杨氏模量/MPa	泊松比	黏聚力/MPa	内摩擦角/(°)	备注
				压缩试验	刻划试验					
彭水	黑色页岩	垂1	0	121.6		31929	0.228	31.68	38.98	
		垂2	30	123.39		33600	0.253			
		垂3	40	188.69		35157	0.267			
		水平1	0	101.12		34905	0.251			
南川	黑色泥岩	垂1	0	125.99	135.47	31503	0.192			1条不贯穿水平微裂缝
丁山	灰黑色页岩	垂1	0	30.02	119.52	13821	0.206	9.03	27.94	3条水平贯穿缝
		水平1	0	23.883		17003	0.207			内部有缺陷

1.3.2　测井解释方法

深部地层岩石的强度和弹性参数可对钻井取心进行室内实验测试获得，但由于钻井取心的不连续性及高成本，掌握地层每一深度处的岩石力学参数全部靠室内实验测试是不切实际的。对于这一问题通常通过声波测井资料、密度测井资料和自然伽马测井资料来获得。结合室内实验和相应的测井数据，建立或选择合适的岩石弹性和强度参数测井模型可真实地反映地层特性，为解决石油工程问题提供基础数据。

1.3.2.1　弹性力学参数

依据弹性介质纵横波传播理论，可以利用测井资料中的声波纵、横波时差与密度计算岩石的泊松比、弹性模量等动态弹性力学参数。

泊松比：
$$\nu_{\mathrm{d}}=\frac{1}{2}\left(\frac{\Delta t_{\mathrm{s}}^{2}-2\Delta t_{\mathrm{p}}^{2}}{\Delta t_{\mathrm{s}}^{2}-\Delta t_{\mathrm{p}}^{2}}\right) \tag{1-15}$$

杨氏模量：

$$E_d = \frac{\rho_b}{\Delta t_s^2} \frac{3\Delta t_s^2 - 4\Delta t_p^2}{\Delta t_s^2 - \Delta t_p^2} \tag{1-16}$$

剪切模量：

$$G = \frac{\rho_b}{\Delta t_s^2} \tag{1-17}$$

体积模量：

$$K = \rho_b \frac{3\Delta t_s^2 - 4\Delta t_p^2}{3\Delta t_s^2 \Delta t_p^2} \tag{1-18}$$

式中 ν_d——动态泊松比；

Δt_s——横波时差，μs/ft；

Δt_p——纵波时差，μs/ft；

E_d——动态杨氏模量，MPa；

ρ_b——地层密度，g/cm^3；

G——剪切模量，MPa；

K——体积模量，MPa。

由测井得到的动态力学参数必须经过实验室测得的静态力学参数校核才能应用到工程设计中，一般动静态杨氏模量 E_s 和泊松比 ν_s 之间存在如下关系：

$$\begin{aligned} \nu_s &= a + b\nu_d \\ E_s &= c + dE_d \end{aligned} \tag{1-19}$$

式中，a、b、c、d 均为转换系数，与岩石所受的应力有关。

1.3.2.2 *岩石强度参数*

(1)岩石的抗压强度：

$$\sigma_c = 0.0045E_d(1 - V_{cl}) + 0.008E_d V_{cl} \tag{1-20}$$

(2)岩石抗拉强度：

$$S_t = \frac{0.0045E_d(1 - V_{cl}) + 0.008V_{cl}}{K} \tag{1-21}$$

(3)黏聚力：

$$C = A(1 - 2\nu_d)\left(\frac{1 + \nu_d}{1 - \nu_d}\right)^2 \rho^2 V_p^4 (1 + 0.78V_{cl}) \tag{1-22}$$

(4)内摩擦角：

$$\phi = a\lg\left[M + (M^2 + 1)^{\frac{1}{2}}\right] + b \tag{1-23}$$

$$M = a_1 - b_1 C \tag{1-24}$$

式中 V_{cl}——泥质含量，%；

K——15 ~ 18 之间的常数；

A——与岩石性质有关的常数；

a、b、a_1、b_1——与岩石有关的常数。

以通过岩石力学实验分析得到的岩石力学参数结果为基础，逐步确定页岩的弹性参数和强度参数测井解释模型的系数，即可利用测井资料解释岩石力学参数剖面，图1－20为利用测井资料解释的川东南地区某口井的岩石力学参数剖面，可以有效指导钻井、压裂的设计和施工。

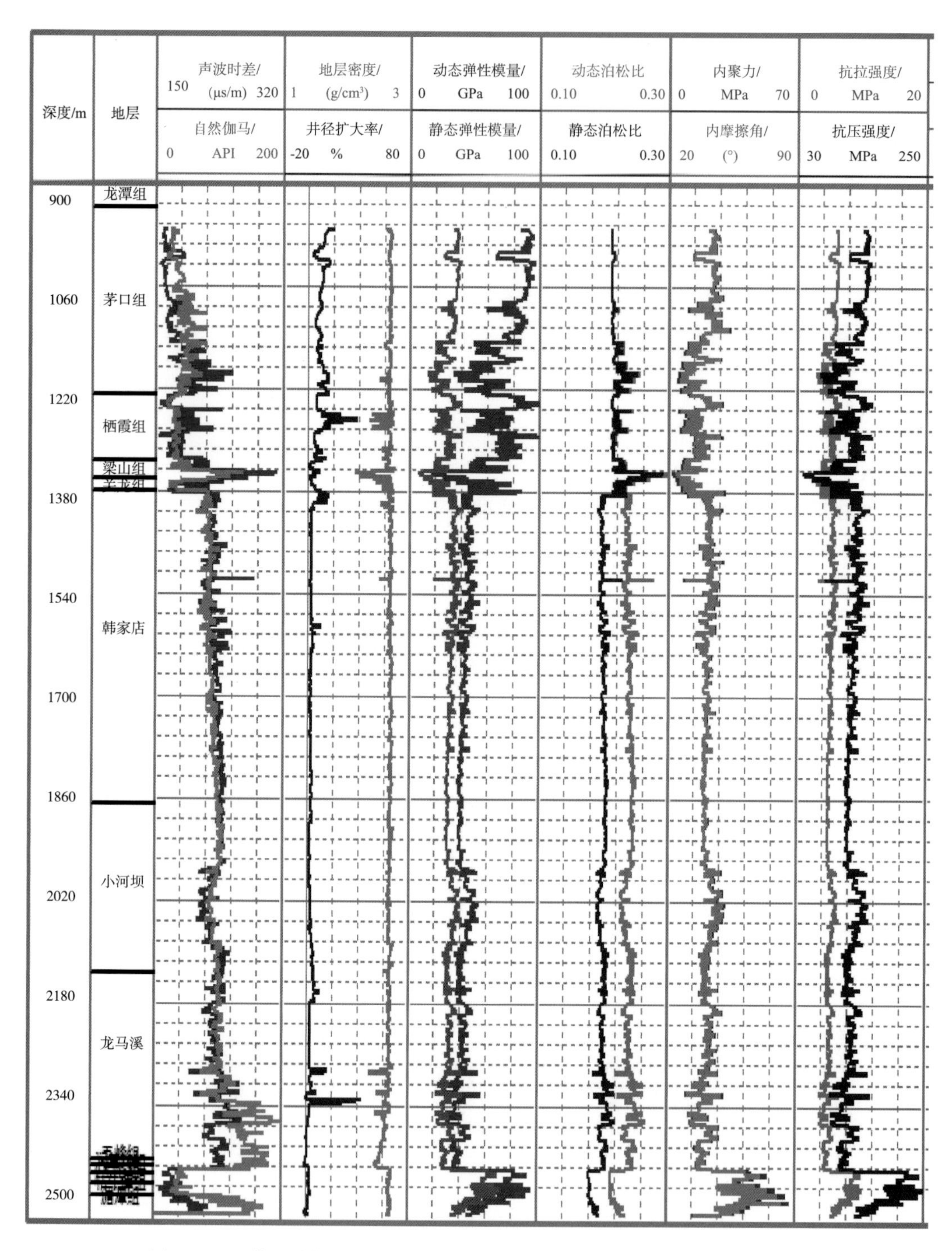

图 1-20　利用测井解释的川东南地区某页岩气井的的岩石力学参数剖面

(5)脆性指数:

脆性指数是评价页岩储层岩石力学性质的又一重要参数。脆性评价的方法有十几种，它们对脆性评价的出发点不一，目前常见有以下几种计算方法。

①Jarvie 等(2007)和 Rickman 等(2008)通过对 Barnett 页岩脆性指数计算方法的研究，

提出基于计算得到的硅质含量、泥质含量、钙质含量等矿物含量计算方法：

$$BI = Quartz/(Quartz + Carb + Clays) \tag{1-25}$$

式中 $Quartz$——硅质含量；

$Carb$——钙质含量；

$Clays$——泥质含量。

②Rickman 等(2008)提出利用常规测井曲线和纵横波时差计算的杨氏模量和泊松比计算脆性指数，公式如下：

$$YM_{\mathrm{BRIT}} = \frac{E-1}{8-1} \times 100 \tag{1-26}$$

$$PR_{\mathrm{BRIT}} = \frac{\nu - 0.4}{0.15 - 0.4} \times 100 \tag{1-27}$$

$$BRIT_{\mathrm{avg}} = \frac{YM_{\mathrm{BRIT}} + PR_{\mathrm{BRIT}}}{2} \tag{1-28}$$

式中 YM_{BRIT}——利用杨氏模量计算的脆性指数；

PR_{BRIT}——利用泊松比计算的脆性指数；

E——测井曲线计算的静态杨氏模量，10^6psi；

ν——测井曲线计算的静态泊松比；

$BRIT_{\mathrm{avg}}$——最后的脆性指数。

③Grieser 等(2007)提出利用在一定深度段内读取杨氏模量和泊松比的最大值和最小值，并用以下公式计算计算脆性指数。

$$YM_{\mathrm{BRIT}} = \frac{E - E_{\mathrm{min}}}{E_{\mathrm{max}} - E_{\mathrm{min}}} \times 100 \tag{1-29}$$

$$PR_{\mathrm{BRIT}} = \frac{\nu - \nu_{\mathrm{min}}}{\nu_{\mathrm{max}} - \nu_{\mathrm{min}}} \times 100 \tag{1-30}$$

$$BRIT_{\mathrm{avg}} = \frac{YM_{\mathrm{BRIT}} + PR_{\mathrm{BRIT}}}{2} \tag{1-31}$$

式中 YM_{BRIT}——利用杨氏模量计算的脆性指数；

E——测井曲线计算的静态杨氏模量，10^6psi；

E_{min}——计算井段内杨氏模量最小值，10^6psi；

E_{max}——计算井段内杨氏模量最大值，10^6psi；

PR_{BRIT}——利用泊松比计算的脆性指数；

ν——测井曲线计算的静态泊松比；

ν_{min}——计算井段内泊松比最小值；

ν_{max}——计算井段内泊松比最大值；

$BRIT_{\mathrm{avg}}$——最后的脆性指数。

④V. Hucka 和 B. Das 根据强度提出的脆性指数 B 的计算公式为：

$$B = \frac{\sigma_{\mathrm{c}} - S_{\mathrm{t}}}{\sigma_{\mathrm{c}} + S_{\mathrm{t}}} \tag{1-32}$$

式中 σ_{c}——岩石抗压强度，MPa；

S_{t}——岩石抗拉强度，MPa。

(6)可压性:

页岩可压裂性的影响因素彼此之间相互影响，页岩矿物组分、天然裂缝、脆性、地应力差异、成岩作用是可压裂性的主要影响因素，此外还可能受沉积环境、内部构造、原始地层压力等其他因素影响。在进行可压裂性评价时，要考虑到参数的普遍性和可操作性。

借助工程数学方法，将各影响因素进行归一化处理后结合各影响因素权重进行权重系数的加权，最后得到唯一无量纲值，即为可压性指数。其数学计算公式为:

$$FI = (S_1, S_2, S_3, \cdots, S_n)(W_1, W_2, W_3, \cdots, W_n)^{\mathrm{T}} = \sum_{i=1}^{n} S_i W_i \tag{1-33}$$

式中 FI——可压裂系数;

S_i——页岩储层参数的归一化值;

W_i——储层参数的权重系数。

1.4 页岩气资源评价

美国页岩气勘探开发程度较高，页岩气资源评价方法相对成熟，主要包括静态法(成因法、类比法和体积法等)和动态法(动态分析法、历史数据统计法和生命周期法等)。结合我国油气资源评价特点，按照方法所基于的原理，页岩气资源评价可划分为类比法、成因法、统计法及综合法四大类(见表1-7)。各类方法相互独立，在实际应用中结合应用多种方法，相互验证和对比，以提高页岩油气资源评价结果的可靠性。

表1-7 页岩气资源评价方法

评价方法	方法列举	主要影响因素
类比法	丰度法、密度法、沉积速度法、工作量分析法、综合类比法等	被类比对象和类比系数
成因法	物质平衡法、地化参数法、模拟分析法等	地球化学指标及含气性等
统计法(含体积法)	历史趋势分析法、地质统计法、动态分析法、FORSPAN法等，体积法为其中的一种	有效体积参数及含气量
综合法	蒙特卡罗法、特尔菲综合分析法、专家系统法等	评价模型及权重分析

1.4.1 类比法

类比法是根据评价区和参照区页岩气富集条件的相似性，由参照(已知)区的页岩气资源丰度估算评价(未知)区页气资源丰度和资源量的评价方法，可分为面积丰度类比法、体积丰度类比法等。

类比参数是类比评价的基础，目前我国页岩气勘探开发程度低，类比参数以静态地质参数为主，主要包括有机质类型、有机质含量(TOC)、有机质成熟度(R_o)、页岩厚度(h)、页岩埋深(H)、裂缝发育情况、矿物组成、地层压力等。随着勘探程度提高，类比参数还应包括页岩含气性、页岩气产量、动态变化等方面。

研究得到各类比参数后，将各类比参数按一定的标准分级，每个级别赋予不同的分值，建立各项参数的类比评分标准(可采用绝对标准或相对标准)，以此评分标准为依据，可确定评价区与参照区各类比参数的相似系数，综合分析后即得到评价区和类比区的地质类比总分，并求出总类比系数。

1.4.2 成因法

从油气的地质过程角度考虑，页岩气是泥页岩在生排气过程中残留在烃源岩中的天然气，为生气量与排气量之差，即：

$$Q = Q_{生} - Q_{排} \tag{1-34}$$

$$Q_{生} = \rho AhCK_c \tag{1-35}$$

$$Q_{排} = Q_{生}\ k \tag{1-36}$$

$$Q = \rho AhCK_c(1-k) \tag{1-37}$$

式中 Q——页岩气资源量，10^8m^3；
ρ——泥页岩密度，g/cm^3；
h——泥页岩厚度，m；
C——有机碳含量，%；
K_c——单位有机碳生气量，m^3/t；
k——排气系数，无量纲。

成因法是按照油气成因机理，通过分别估算某一地区泥页岩生/排油量、生/排气量以及原油二次裂解生气量来计算泥页岩中残余油气资源的方法。张金川等(2008)曾应用成因法初步估算了我国页岩气资源潜力，叶军等(2009)应用成因法对川西须家河组泥页岩气进行了资源潜力评价。

成因法评价页岩油气资源主要是基于大量的地球化学参数，包括有机碳含量、热解参数以及干酪根数据。评价过程主要分为 3 个主要步骤：①获得代表性页岩有机碳含量(TOC)、热解参数以及干酪根分析数据，确定平均有机碳含量(TOC)、氢指数(HI)、干酪根类型(Ⅰ、Ⅱ、Ⅱ/Ⅲ或Ⅲ)以及热成熟度(R_o、T_{max})；②恢复原始有机碳含量(TOC_o)、原始氢指数(HI_o)、原始热解生烃潜力(S_{2o})；③利用第 1 步和第 2 步求出的数据计算页岩中残留的天然气资源并评价其在地球化学方面的风险。

初次生油量：

$$Q_{油1} = ShS_{2o}K_o\alpha \tag{1-38}$$

初次生气量：

$$Q_{气1} = ShS_{2o}K_g(1-\alpha) \tag{1-39}$$

排油量：

$$Q_{排油} = Q_{油1}e \tag{1-40}$$

排气量：

$$Q_{排气} = Q_{气1}e \tag{1-41}$$

初次残留石油量：

$$Q_{残留油} = Q_{油1} - Q_{排油} \tag{1-42}$$

初次残留天然气量：

$$Q_{残留气} = Q_{气1} - Q_{排气} \tag{1-43}$$

石油二次裂解生气：

$$Q_{裂解气} = Q_{残留油}K\beta \tag{1-44}$$

页岩资源量：

$$Q_{页岩气} = Q_{残留气} + Q_{裂解气} = ShS_{2o}(1-e)[K_g(1-\alpha) + K_o\alpha K_g\beta] \tag{1-45}$$

页岩油资源量：

$$Q_{页岩气} = ShS_{2o}K_o\alpha(1-e)(1-K\beta) \tag{1-46}$$

式中 $Q_{油1}$——初次生油量，10^8t；

$Q_{气1}$——初次生气量，$10^8 m^3$；

$Q_{排油}$——排油量，10^8t；

$Q_{排气}$——排气量，$10^8 m^3$；

$Q_{残留油}$——初次残留石油量，10^8t；

$Q_{残留气}$——初次残留天然气量，$10^8 m^3$；

$Q_{裂解气}$——石油二次裂解生气，$10^8 m^3$；

$Q_{页岩气}$——页岩中残留气资源量，$10^8 m^3$；

S——面积，km^2；

h——厚度，m；

S_{2o}——原始生烃潜量，mg. HC/g rock；

K_o——初次生油率，t/m^3；

K_g——初次生气率，m^3/m^3；

α——生油百分比，%；

e——排烃率；

K——二次裂解生气率，m^3/m^3；

β——二次裂解率，%。

Jarvie 等(2007)使用该方法对 Barnett 页岩中残留天然气资源量进行了定量评价，在原始有机质含量为 6.41%，原始生烃潜量 S_{2o} 为 27.84mg. HC/g rock，厚度约 106m，面积为 $2.5\times10^6 m^2$ 的 Barnett 页岩残余天然气资源为 $5.8\times10^8 m^3$；Suhas C Talukdar 等(2008)使用该方法建立了 Haynesville 页岩地球化学模型来评价其残余天然气资源。

1.4.3 统计法

统计法须基于大量的地质参数统计、历史数据和资料统计、储量规模等方面的统计，是国外页岩油气资源评价发展相对完善的方法。目前我国受勘探程度及数据资料所限，主要应用的是对静态地质资料的统计法，例如体积法等。

1. FORSPAN 法

美国地质调查局(USGS)早在 1995 年开始使用连续性油气资源评价的 FORSPAN 模型对页岩气资源进行评价。该方法以页岩油气的每一个含气单元为评价对象，每一个评价单元均具有生产油气的能力，每一个评价单元的含油气类型及地质特征可以相差很大。评价单元可以分为 3 种类型，即已被钻井证实的单元、未被证实的单元以及未证实但有潜在可增储量的单元。评价单元的划分主要依据地质、地球化学、热成熟度、勘探及开发历史数据。地质背景图件及数据包括：①热成熟度确定生气窗、生油窗边界；②泥页岩地表露头分布范围；③厚度平面分布图。页岩油气资源潜力以概率统计的形式表达。

评价过程分4个阶段：①将连续性油气聚集分布分成若干个评价单元，作为资源评价的基本单位；②确定每个评价单元的估算最终储量(*EUR*)；③油气地质风险和开发风险评价，评价未来30年有潜在可增加储量的预测单元的数量和储量；④预测潜在未发现资源分布。

具体评价步骤为：①把要评价的连续性油气聚集分布划分为若干评价单元。其中，未被钻井证实(未打井)但有潜在未发现油气资源的单元是FORSPAN模型的直接关注对象。②对每个评价单元的估算最终储量，低于下限值的那部分油气在预测年限内不计入资源量计算。③在地质风险评估过程中，保证至少存在一个具备充足储集层、充注量且*EUR*大于下限值的评价单元。④开发风险评估：保证未来30年内至少在评价区域某个评价单元区块可进行油气开采。⑤计算未来30年内有潜在未发现资源的未打井单元数量的概率分布。⑥计算未来30年内有潜在未发现资源的未打井单元*EUR*的概率分布。⑦预测油气副产品或者联产品最终可采储量。以油为主的单元，评价气油比和凝析油气比；以气为主的单元，评价油水与气的比值。⑧评价单元中的潜在未发现油气资源量及其副产品资源量。

FORSPAN模型适合于已开发单元的未发现资源量预测。已有的钻井资料主要用于储层参数(如厚度、含水饱和度、孔隙度、渗透率)的综合模拟、权重系数的确定、最终资源量和采收率的估算。如果缺乏足够的钻井和生产数据，评价参数也可采用类比的方式进行。FORSPAN模型评价未发现页岩油气资源的输出结果包括不同评价单元在95%、50%、5%概率条件下的值以及平均值。

2. 体积法

由于页岩中所含的溶解气量极少，故页岩气总资源量可近似分解为吸附气总量与游离气总量之和。

$$Q_{总} = Q_{吸} + Q_{游} + Q_{溶} \tag{1-47}$$

$$Q_{总} \approx Q_{吸} + Q_{游} \tag{1-48}$$

式中 $Q_{总}$——页岩气资源量；

$Q_{吸}$——吸附气资源量；

$Q_{游}$——游离气资源量；

$Q_{溶}$——溶解气资源量(总量不足1%)。

页岩气地质资源量为页岩总重与单位重量页岩所含天然气的乘积。

$$Q_{总} = Ah\rho q \tag{1-49}$$

式中 $Q_{总}$——页岩气地质资源量，$10^8 m^3$；

A——含气页岩分布面积，km^2；

h——有效页岩厚度，m；

ρ——页岩密度，t/m^3；

q——总含气量，m^3/t。

考虑单位换算关系，资源量可表示为，

$$Q_{总} = 0.01Ah\rho q \tag{1-50}$$

$$q \approx q_{吸} + q_{游} \tag{1-51}$$

式中 $q_{吸}$——吸附含气量，m^3/t；

$q_{游}$——游离含气量，m^3/t。

计算过程中可根据资料及含气量数据获取情况，采用总含气量或游离含气量与吸附含气量分别计算的方法进行页岩气地质资源量计算。

吸附气资源量：

当资料程度较高，且能够分别获得吸附与游离含气量数据时，可采用吸附气与游离气分别计算的方法进行页岩气资源量计算，

$$Q_{吸} = 0.01Ah\rho q_{吸} \tag{1-52}$$

式中 $q_{吸}$——吸附含气量，m^3/t，可由实验分析法获得。当使用等温吸附法时，可考虑下式：

$$q_{吸} = V_L P/(P_L + P) \tag{1-53}$$

式中 V_L——Langmuir(兰氏)体积，m^3；

P——地层压力，MPa；

P_L——Langmuir(兰氏)压力，MPa。

当采用等温吸附法计算时，所得的含气量数值可能较之实际含气量数值为大，需校正使用。

游离气资源量：

$$Q_{游} = 0.01Ah\Phi_g S_g / B_g \tag{1-54}$$

式中 Φ_g——(裂隙)孔隙度，%；

S_g——含气饱和度，%；

B_g——体积系数，无量纲。

地质资源量：

页岩气地质资源量可由下式获得：

$$Q_{总} = 0.01Ah(\rho q_{吸} + \Phi_g S_g / B_g) \tag{1-55}$$

当获得总含气量数据时，也可按下式进行计算：

$$Q_{总} = 0.01Ah\rho q_{总} \tag{1-56}$$

影响体积法页岩气资源量计算结果的因素较多，主要包括计算单元的地质条件及其复杂程度、资料的质量和精度、评价参数的获取方式及精度、含气量等关键参数的数据分布、评价的时间和背景等。但一般来说，数据量越大，数据的空间分布越均匀，资源量计算的结果就可能越可信。

3. 概率体积法

由于非常规储层天然气的聚集机理和过程复杂，故一般采用体积法进行资源量计算。但对于页岩气来说，由于它本身没有唯一确定的物理边界，加之我国的页岩气类型多且地质条件复杂，相关计算参数难以准确把握，又由于我国页岩气勘探地质资料少、认识程度低，故需要使用概率法原理对计算参数进行筛选赋值、分析计算和结果表征，即概率体积法。

应用体积法计算页岩油气资源量过程中，所有的参数均可表示为给定条件下事件发生的可能性或条件性概率，表现为不同概率条件下地质过程及计算参数发生的概率可能性。可通过对取得的各项参数进行合理性分析，确定参数变化规律及分布范围，经统计分析后分别赋予不同的特征概率值(见表1-8)。

表 1-8 参数条件概率的地质含义

置信度条件	参数条件及页岩气聚集的可能性	把握程度	赋值参考	
P_5	非常不利，机会较小	基本没把握	勉强	乐观倾向
P_{25}	不利，但有一定可能	把握程度低	宽松	
P_{50}	一般，页岩气聚集或不聚集	有把握	中值	
P_{75}	有利，但仍有较大的不确定性	把握程度高	严格	保守倾向
P_{95}	非常有利，但仍不排除小概率事件	非常有把握	苛刻	

在体积法基础上的概率赋值分析法需要在计算时，对计算单元区内的各项参数进行系统整理和掌握，依据参数分析、概率分布。统计规律及地质经验等方法对各项参数分别进行条件概率赋值。为约束评价结果的合理性，并提高计算精度，概率分析法中的参数赋值采用五级赋值法，即包括了从 P_5 到 P_{95} 的 5 个概率赋值。

概率体积法资源量计算结果与一定阶段内的认识程度和技术水平有关，计算结果的可靠性和准确度依赖于参数概率赋值的把握程度，计算结果受资料掌握程度影响较大，所得的资源量计算概率结果具有一定的时效性，有效时间依赖于资料和勘探进度的变化。

按照蒙特卡洛法对评价结果进行计算和汇总后，以概率(期望值)形式对页岩油气资源量进行表征(见图 1-21)。

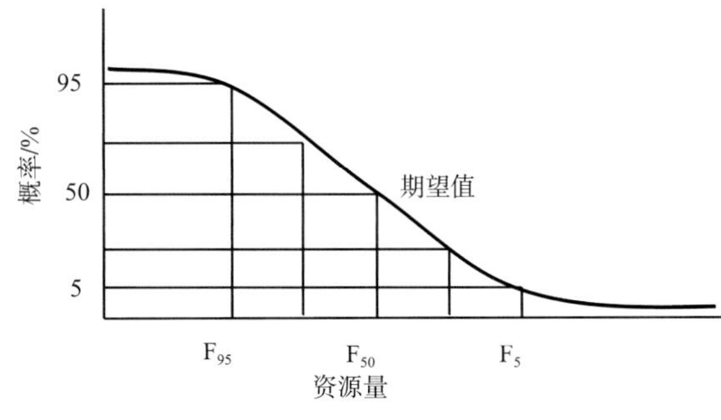

图 1-21 资源量的概率表示方法

4. 综合法

综合法包括特尔菲法、蒙特卡洛法等。

特尔菲法是将不同专家或不同方法得到的评价区页岩油气资源评价结果按照权重进行综合：

$$Q = \sum_{i=1}^{n} Q_i R_i \left(\sum_{i=1}^{n} R_i = 1 \right) \tag{1-57}$$

式中 Q——页岩油气资源量，$10^8 m^3$；

Q_i——第 i 个资源量，$10^8 m^3$；

R_i——第 i 个资源量的权系数。

蒙特卡洛法可表示为页岩油气富集地质要素与经验系数的连乘，即：

$$Q = K \prod_{i=1}^{n} f(X_i) \tag{1-58}$$

式中 $f(X_i)$——第 i 个地质要素的值；

Q——页岩油气资源量；

K——经验系数的乘积。

蒙特卡洛法回避了结构可靠度分析中的数学困难，只要模拟的次数足够多，就可得到一个比较精确的可靠度指标。

第2章 页岩体积裂缝形成机理

页岩层一般具有一定的厚度和较大的平面展布，具有分布广、比表面大、规模大、储量大等特点。但页岩又具有孔隙度小、渗透率低、连通性差等特点，页岩气以吸附和游离状态赋存于页岩微小孔隙空间中。因此，依据常规油气成藏理论，页岩是不能形成气藏的，也不具备开采的经济价值。随着认识和工艺技术的进步，特别是水平井钻井和分段压裂技术的发展与成熟，在页岩储层采用水平井多级分段压裂技术，“打碎”岩石，制造体积裂缝，沟通天然裂缝和储层中不连通的细微孔隙空间，形成“人造气藏”。因此，水平井分段压裂技术成为开发页岩气最为关键的技术。

根据页岩的性质，页岩储层需要人工制造体积裂缝才能有效获得产能，水平井多级分段压裂和段内多簇射孔是实现体积裂缝的主要手段。通过水力压裂的方式，使天然裂缝不断扩张和脆性岩石产生剪切滑移，形成天然裂缝与人工裂缝相互交错的裂缝网络，从而增加改造体积，形成体积裂缝，增大裂缝壁面与储层基质的接触面积，使得油气从任意方向的基质向裂缝的渗流距离最短，降低渗流时间和压降损失，达到流体流动体积最大化。施工中利用直井分层压裂技术和水平井分段压裂技术，采用大排量、大液量、低黏液体以及转向材料等工艺技术，形成体积裂缝，最大限度提高储层动用率，提高页岩油气单井产能。

2.1 体积裂缝概念

常规水力压裂技术是建立在以线弹性断裂力学为基础的经典理论下形成的，该技术的最大特点就是假设水力压裂人工裂缝起裂模式为张开型，且沿井筒射孔层段形成双翼对称裂缝，如图2-1所示。这种常规认识的压裂裂缝形态以一条高导流的人工裂缝实现对储层渗流能力的改善，人工裂缝的垂向上仍然是基质向裂缝的“长距离”渗流，该方式最大的缺点是储层垂向主裂缝的渗流能力未得到改善，仅以人工裂缝为主要流动通道，无法改善储层的整体渗流能力。后期的研究中尽管研究了裂缝的非平面扩展，但也仅限于多裂缝、弯曲裂缝、T 型缝等复杂裂缝的分析与表征，基本理论方面没有突破。

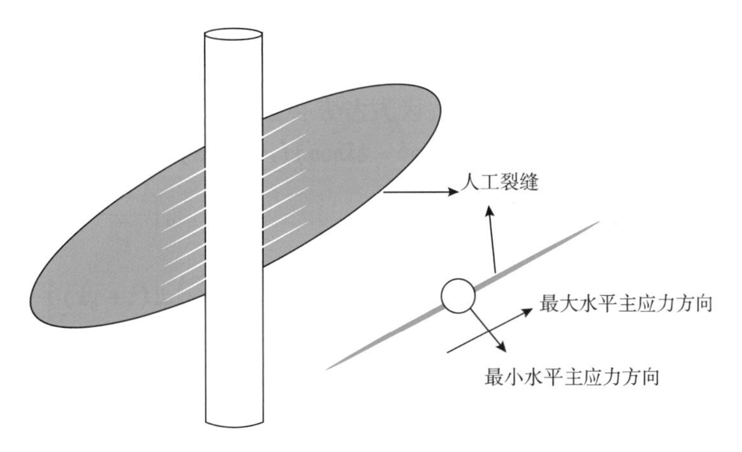

图 2-1　常规压裂裂缝形态示意图

水力压裂时，延伸过程中当裂缝的净压力大于两个水平主应力的差值与抗张强度之和时，在人工裂缝延伸的同时容易产生分叉缝，多个分叉缝存在时就会形成“缝网”系统，如图 2-2 所示。主裂缝为“缝网”系统的主干，分叉缝在距离主裂缝延伸一定长度后又恢复受应力方向的进一步延伸，最终形成纵横交错的“网状缝”系统，这就是现在说的“体积裂缝”。

图 2-2　压裂裂缝形态示意图

目前，体积压裂具有广义和狭义区分，广义的体积压裂概念为：提高储层纵向动用程度的分层压裂和提高储层渗流能力及增大储层泄油面积的水平井分段改造技术。狭义的体积压裂概念为：通过水力压裂对储层实施改造，在形成一条或者多条主裂缝的同时，使天然裂缝不断扩张和脆性岩石产生剪切滑移，实现对天然裂缝、岩石层理的沟通，以及在主裂缝的侧向强制形成次生裂缝，并在次生裂缝上继续分支形成二级次生裂缝，以此形成天然裂缝与人工裂缝相互交错的裂缝网络，从而进行渗流的有效储层打碎，实现对储层在长、宽、高三维方向的“立体改造”，增大渗流面积及导流能力，提高初始产量和最终采收率。

因此，页岩气的体积压裂是以改造出的裂缝体积为目标，压裂改造体积(SRV)是 Mayerhofer 于 2006 年提出的概念，是指由微地震波监测到的增产区面积与页岩气储藏厚度的乘积。这些相互连通的裂缝成为天然气的储集空间及渗流通道，根据部分裂缝监测数据表明，形成的裂缝体积与压后的效果呈明显的正相关性，这也就是页岩气储层体积压裂的意义所在(见图2-3～图2-5)。

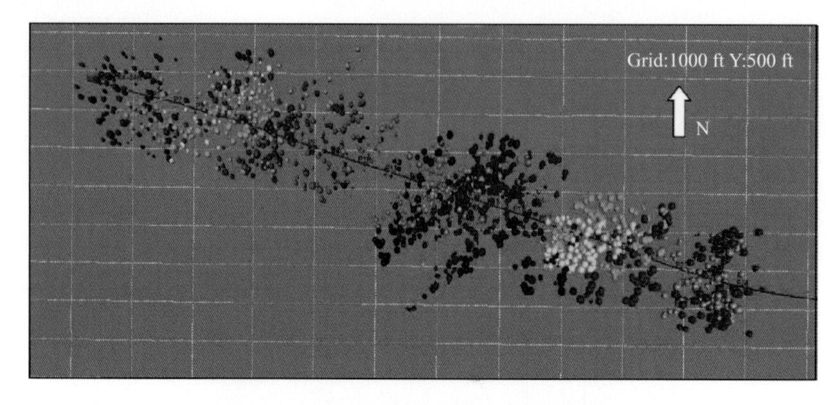

图2-3　水平井分段压裂微地震裂缝监测

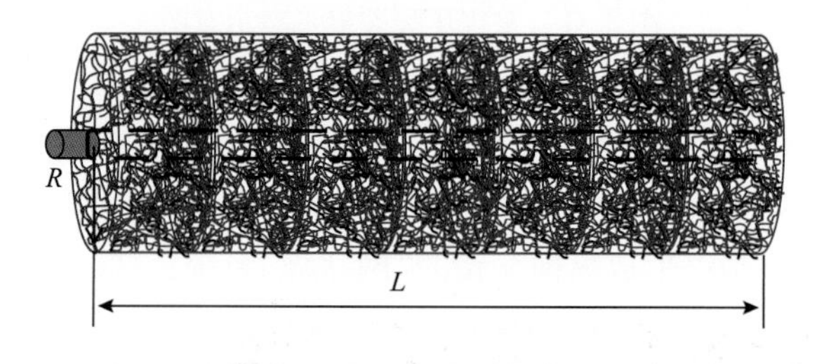

图2-4　体积压裂形成裂缝体积SRV示意图

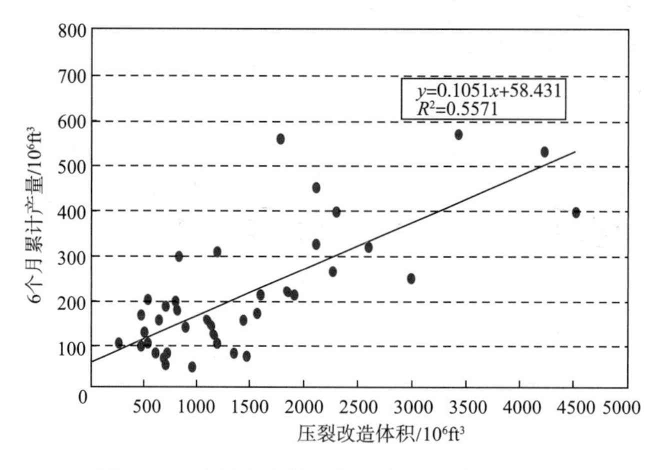

图2-5　压裂改造体积与6个月累计产量关系

2.2　体积裂缝形成机理

页岩储层的水力裂缝呈现出非平面、多分支的复杂延伸模式，这与常规压裂理论认为的对称平面双翼裂缝从形成机理上存在着本质区别。基于室内物理实验、矿场压裂实践、理论分析和数值模拟等研究成果，系统分析了页岩储层压裂缝成网延伸的受控因素。研究表明：页岩储层复杂裂缝的延伸形成受到地质因素和工程因素的双重影响。从储层地质属性上看，岩石的脆性矿物含量越高、岩石的力学弹性特征越强、水平应力差越小以及天然裂缝越发育，越有利于水力裂缝呈网状形态延伸与扩展；从压裂作业的工程条件来说，施工中高净压力、低压裂液流体黏度、大液量、大排量及多点起裂等是形成充分扩展缝网的有利条件。长期以来，对远井区域水力裂缝几何形态的认识与理解是水力压裂的最新前沿理论之一。传统的经典压裂理论认为，远井区域的水力裂缝是沿最大主地应力方向延伸的平面对称双翼裂缝。近些年来，不少研究者已经认识到水力裂缝存在复杂的裂缝延伸形态。Warpinski 等开展矿场试验首次发现压裂时存在主裂缝与复杂分支裂缝同时延伸，由此提出了裂缝延伸带的概念。而后，Blanton 和陈勉等通过物理模拟实验发现，水力裂缝相交天然裂缝后可能存在穿过、转向、穿过和转向同时发生的三种状态。Mahrer 认为天然裂缝性地层压裂将形成网络裂缝。后来，Beugelsdijk 等通过室内实验证实了网络裂缝的存在。Fisher 和 Maxwell 等通过微地震监测发现页岩储层压裂将形成裂缝网络。Mayerhofer 等提出了对于页岩储层需要提高油藏改造体积，形成最大化的缝网展布才能取得好的措施效果，压裂裂缝成网状延伸是页岩储层改造成功的关键。

2.2.1 体积裂缝破裂机理

对于天然裂缝发育储层，缝网压裂的重点在于先形成具有一定缝长的主裂缝，而后采取一些手段提升缝内净压力，使得天然裂缝或储层弱面张开，进而达到实现缝网的目的。对于天然裂缝发育储层的裂缝扩展，目前广泛应用的是线性准则。缝网压裂的分支缝形成的力学条件可以在天然裂缝性储层裂缝扩展的基础上进行分析，形成缝网需要天然裂缝开启，包括天然裂缝的剪切破坏和张开。如果天然裂缝不发育，形成缝网需要在岩石基质破裂形成分支缝，破裂形式为岩石基质破裂。

2.2.1.1 天然裂缝的剪切破裂

Warpinski 和 Teufel 对压裂过程中天然裂缝发生剪切破坏的研究认为在页岩储层中实施压裂，水力裂缝很可能会遇到天然裂缝。假设水力裂缝在远场沿着水平主应力方向与一条中等程度的闭合天然裂缝(见图 2-6)相遇，逼近角为 θ；σ_H 和 σ_h 分别为水平最大主应力和水平最小主应力。

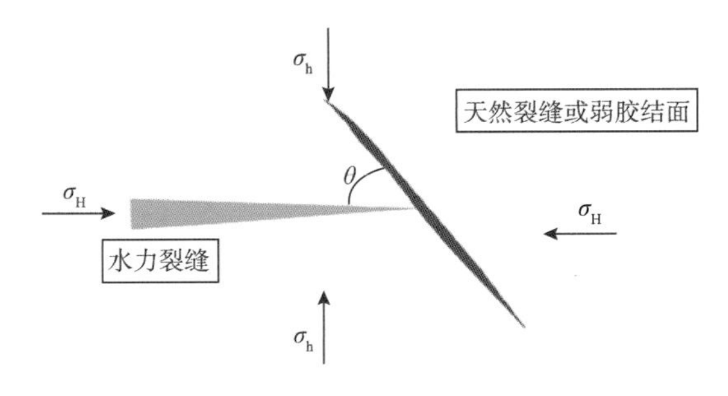

图 2-6 天然裂缝与水力裂缝相互干扰图

当天然裂缝的剪应力增加到一定程度后，天然裂缝会发生剪切滑移，在此条件下：

$$|\tau| > \tau_0 + K_f(\sigma_n - p_0) \tag{2-1}$$

式中 τ_0——岩石的内聚力，MPa；

τ——作用在天然裂缝面上的剪应力，MPa；

K_f——天然裂缝面的摩擦系数，无因次；

σ_n——作用于天然裂缝面的正应力，MPa；

p_0——天然裂缝近壁面的孔隙压力，MPa。

根据二维线弹性理论，正应力和剪应力可用下式表示：

$$\tau = \frac{\sigma_H - \sigma_h}{2}\sin 2\theta \tag{2-2}$$

$$\sigma_n = \frac{\sigma_H + \sigma_h}{2} + \frac{\sigma_H - \sigma_h}{2}\cos 2\theta \tag{2-3}$$

式中，$0 < \theta \leqslant \frac{\pi}{2}$。

两条裂缝相交时，水力裂缝缝端与天然裂缝连通，压裂液大量进入天然裂缝，天然裂缝壁面的孔隙压力为：

$$p_0 = \sigma_h + p_{net} \tag{2-4}$$

式中 p_0——天然裂缝剪切破坏之前缝内最大的流体压力，MPa；

p_{net}——裂缝内净压力，MPa。

把式(2-2)、式(2-3)和式(2-4)代入式(2-1)后，整理得：

$$p_{net} > \frac{1}{K_f}\left[\tau_0 + \frac{\sigma_H - \sigma_h}{2}(K_f - \sin 2\theta - K_f\cos 2\theta)\right] \tag{2-5}$$

由上式可知，当 $\theta = \frac{\pi}{2}\arctan K_f$时，净压力存在最小值，为：

$$p_{min} = \frac{\tau_0}{K_f} + \frac{\sigma_H - \sigma_h}{2K_f}\left[K_f\sin(\arctan K_f) - K_f\cos(\arctan K_f)\right] \tag{2-6}$$

当 $\theta = \frac{\pi}{2}$时，有最大值：

$$p_{max} = \frac{\tau_0}{K_f} + (\sigma_H - \sigma_h) \tag{2-7}$$

因此，天然裂缝或地层弱面天然裂缝是否会发生剪切破裂的影响因素包括水平地应力差、逼近角和天然裂缝面的摩擦系数。

一般认为，天然裂缝$\tau_0 = 0$，天然裂缝或地层弱面发生剪切断裂的最大值同样为水平主应力差值。

2.2.1.2 天然裂缝的张性破裂

当水力裂缝与天然裂缝相交后，如果

$$p_0 > \sigma_n \tag{2-8}$$

则原先闭合的天然裂缝便会张开。将式(2-3)、式(2-4)代入式(2-8)，整理得天然裂缝张性断裂所需的裂缝净压力为：

$$p_{net} > \frac{\sigma_H - \sigma_h}{2}(1 - \cos 2\theta) \tag{2-9}$$

由上式可知，当 $\theta = \pi/2$ 时，得到天然裂缝或弱胶结面发生张性断裂的最大值为 $\sigma_H -$

σ_h，由此看出天然裂缝或地层弱面发生张性断裂时的最大值同样为水平主应力差值。

2.2.1.3　岩石基质破裂

如果储层天然裂缝不发育，要形成缝网则必须在岩石本体破裂形成分支缝。假设平面上无限域中有一条椭圆形裂缝，长半轴为 l_f，短半轴为 w，长轴方向受压应力 σ_H 作用，短轴方向受 σ_h 作用，缝内有均匀净压力 p_{net} 作用，如图2-7所示。

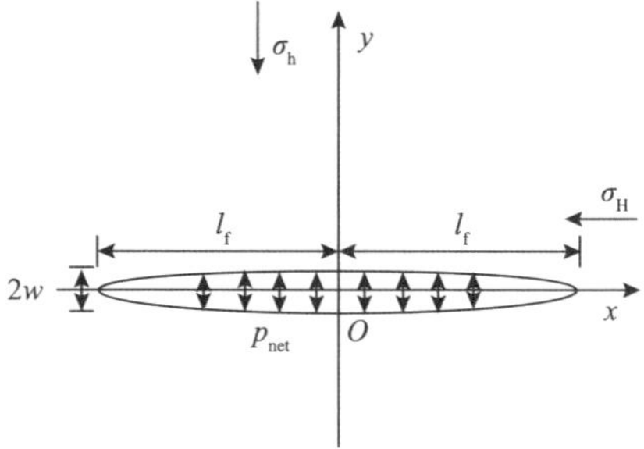

图2-7　岩石基质破裂形成分支缝的平面力学模型示意图

其边界条件为：

当 $y=0$、$|x|<l_f$ 时，$\sigma_y=-p_{net}$，$\tau_{xy}=0$。

在 $\sqrt{x^2+y^2}\to\infty$ 处，$\sigma_x\to\sigma_H$，$\sigma_y\to\sigma_h$，$\tau_{xy}\to 0$。

根据弹性力学平面问题的求解方法，可求得裂缝面上的应力分布为：

$$\sigma_\theta=-\frac{1-3m^2+2m\cos2\theta}{1+m^2-2m\cos2\theta}p_{net}+\frac{1-m^2-2m+2\cos2\theta}{1+m^2-2m\cos2\theta}\sigma_h+\frac{1-m^2+2m+2\cos2\theta}{1+m^2-2m\cos2\theta}\sigma_H$$

$$\sigma_p=-p_{net}$$

$$\tau_{p\theta}=0 \tag{2-10}$$

式中　θ——裂缝边界上任意一点与 O 点连线和 x 正半轴的夹角，rad。

$$m=\frac{l_f-w}{l_f+w}$$

因为 $l_f\gg w$，所以 $m\approx1$，代入式(2-10)，得

$$\sigma_\theta=p_{net}-\sigma_h+\sigma_H \tag{2-11}$$

根据弹性破坏准则，令 $\sigma_\theta=-S_t$，得到：

$$p_{net}=-(\sigma_H-\sigma_h)-S_t \tag{2-12}$$

式中　S_t——岩石的抗张强度，MPa。

由上式可知，如果要使裂缝在岩石基质破裂，裂缝内的净压力在数值上应至少大于两个水平主应力的差值与岩石的抗张强度之和。

2.2.2　体积裂缝延伸规律

缝网压裂技术是利用储层两个水平主应力差值与裂缝延伸净压力的关系，当裂缝延伸净压力大于储层天然裂缝或胶结弱面张开所需的临界压力时，会产生分支缝或净压力达到某一数值能直接在岩石本体形成分支缝，形成初步的“缝网”系统；以主裂缝为“缝网”系统的主干，分支缝可能在距离主缝延伸一定长度后又恢复到原来的裂缝方位，或者张开一些与主缝成一定角度的分支缝，最终都可形成以主裂缝为主干的纵横交错的“网状缝”系统，这种实现“网状”效果的压裂技术统称为“缝网压裂”技术。缝网有两层含义：一是主裂缝支撑缝长达到预期目标；二是在主缝基础上形成多缝直至形成“缝网”系统。

“缝网”系统的形成，是基于裂缝破裂与扩展沿垂直于最小水平主应力的原理。实际上，目前在重复压裂中研究与应用的暂堵剂转向压裂技术也是基于同样的力学原理。

2.2.2.1　影响裂缝延伸的主要因素

根据国外研究表明，每个页岩储层都有自身的特性，如 Barnett 页岩具有明显的脆性特征，岩石损伤破坏时会产生复杂的缝网，容易达到体积改造的目的；而有的页岩储层，如加拿大西部的 WCSB 页岩储层具有延展性，塑性较强，像海绵或软泥，压裂时不会形成裂缝网络，即常说的页岩储层可压性较差，压后效果较差(见图2-8)。因此，页岩气压裂时受到多个因素的影响。

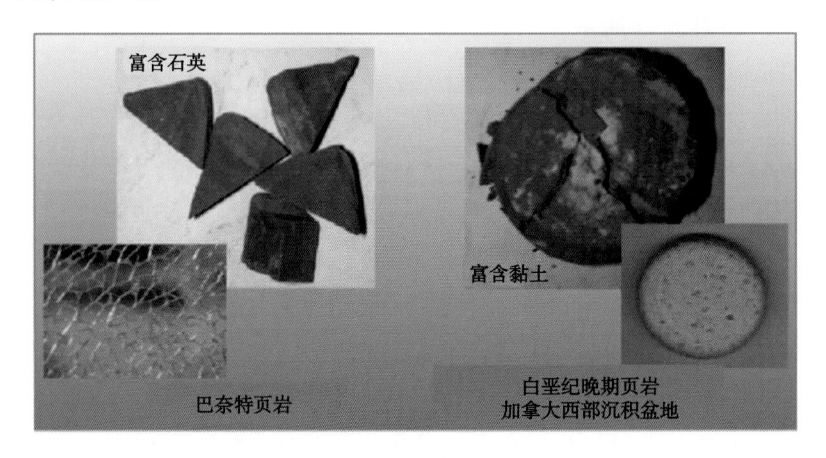

图2-8　不同页岩特性储层裂缝对比图

1. 成岩作用的影响

页岩在不同的成岩作用阶段，其矿物形态、黏土矿物组成以及孔隙类型都有所不同，从而使页岩可压裂性不同。对页岩来说，有机质镜质体反射率R_o是热成熟度的指标，反映了成岩作用的最大古地温和页岩的生烃条件，是反映成岩作用最合适的参数。

当$R_o<0.5\%$时，页岩处于早成岩阶段，岩石的成熟度较低，生烃能力较差，从油气开采角度来看，压后油气的开发程度较低，在地质上不具有可压性。

当$0.5\%<R_o<1.3\%$时，页岩处于中成岩阶段 A 期。黏土矿物包含伊利石、绿泥石、伊蒙混层，高岭石向绿泥石转化，页岩石英颗粒裂缝愈合，能见少量裂缝及粒内溶孔等次生孔隙，在中成岩阶段 A 期后期，由于晚期碳酸盐岩胶结、交代作用，孔隙度下降。

当$1.3\%<R_o<2.0\%$时，页岩处于中成岩阶段 B 期。页岩中高岭石、伊蒙混层含量减少，伊利石、绿泥石含量升高，孔隙以裂缝为主，含少量溶孔，随着页岩的生烃排烃，孔隙度增加。

当$2.0\%<R_o<4.0\%$时，页岩处于晚成岩阶段。页岩孔隙以裂缝为主，不稳定的长石向稳定的正长石、斜长石和石英转化，蒙皂石、高岭石等塑性黏土矿物向伊利石、绿泥石转化，岩石矿物向脆而稳定的组分转化，其中脆性增强有利于压裂。

当$R_o>4.0\%$时，页岩达到过成熟阶段，储层黏土矿物更稳定，裂缝发育更好，可压裂性较其他成熟度阶段更高。

从有机质生烃的全部过程来看，在成熟度较低阶段，页岩脆性主要受黏土矿物组成的影响，随着成熟度增加，在页岩矿物脆性增加的同时，由于生烃排烃，储层孔隙度增加，裂缝更加发育，因此可压裂性进一步提高，成熟度越高，可压裂性提高的速度越快(见图2-9)。

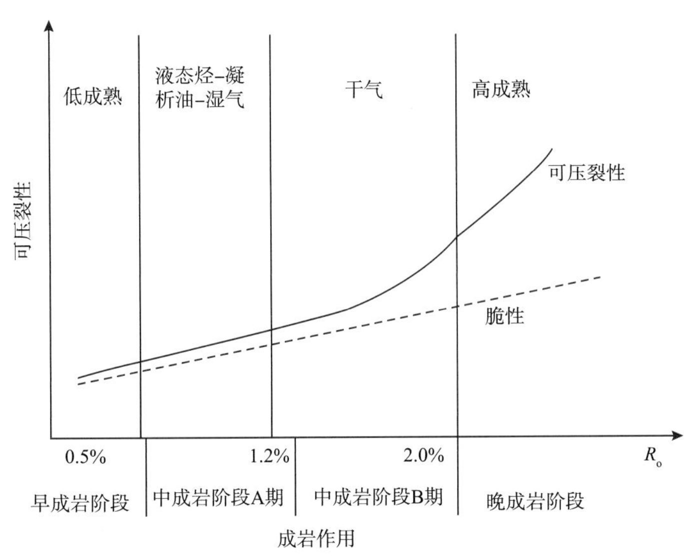

图2-9　页岩脆性、可压裂性随成岩作用变化关系图

（Wang等，SPE 124253；Jarvie等，2007年AAPG）

2. 天然裂缝的影响

鉴于页岩物性较差，传统认为大裂缝对热成因页岩气成藏起积极的作用，实际上这种观点是不正确的。如Barnett页岩肉眼可识别的裂缝数量有限，大裂缝均被方解石和石英等矿物充填，且大裂缝越发育产气量越低，说明大裂缝不利于页岩气的保存，此时真正对储层起改善作用的是微裂缝。由于Barnett页岩石英含量很高，岩层脆性大，微裂缝极为发育，它们是天然气聚集和运移的主要空间。

天然裂缝的存在是地应力不均一的表现，其发育区带往往是地层应力薄弱的地带，天然裂缝的存在降低了岩石的抗张强度，并使井筒附近的地应力发生改变，对诱导裂缝的产生和延伸产生影响。因此，储层天然裂缝越发育，可压裂性越高。在Barnett页岩中天然裂缝数量是比较多的，只是由于成岩胶结而被封堵，因胶结而封闭的裂缝是力学上的薄弱环节，它增加了压裂的有效性，因此Barnett页岩不是裂缝性页岩层带，而是一个能够压裂的页岩层带。天然裂缝同样是力学上的薄弱环节，能够增强压裂作业的效果，其破裂压力可以低至不含裂缝页岩层的50%。在压裂过程中，天然裂缝和诱导裂缝也会相互影响，对页岩气开发来说，裂缝系统是压裂液进入储层的主要通道。压裂液通过天然裂缝进入储层产生诱导裂缝，诱导裂缝的生成又能够引起天然裂缝的张开，从而使压裂液更容易进入。页岩储层中，天然裂缝与诱导裂缝一起构成页岩气产出的高速通道，最终形成复杂缝或网络裂缝。

天然裂缝的发育程度是影响页岩气开采效益的直接因素，因此页岩气水力压裂应该尽量选择天然裂缝发育程度高的层位。Bowker通过对Ft. Worth盆地Barnett页岩天然裂缝的研究认为，充填的天然裂缝是力学上的薄弱环节，能够增强压裂作业的效果，开启的天然裂缝对页岩气产能并不重要；Gale研究认为尽管大多数小型裂缝都是封闭的，储存能力较低，但是由于在距离相对较远的裂缝群中存在大量开启裂缝，因此也可以提高储层局部的渗透率。Barnett页岩不是裂缝性页岩层带，但由于其天然裂缝系统发育，使其成为一个可以被压裂的页岩层带。

天然裂缝系统在水力压裂中的作用还表现在其对诱导裂缝的影响上，天然裂缝对诱导裂缝既有促进作用，又有抑制作用。一方面，压裂液通过天然裂缝注入储层从而产生诱导裂缝，而当天然裂缝周围富集诱导裂缝后，储层渗透性发生改变，随着气体的产出地层压力下降，原先开启的裂缝又会发生闭合；另一方面，天然裂缝开启效应导致的局部滤失增加，消耗诱导裂缝扩展的部分能量，从而抑制诱导裂缝的增长。在水力压裂前，需要结合储层的特点和压裂参数来预测裂缝发育的宽度、长度和方向，在压裂过程中通过微地震来随时监测裂缝的方位和尺寸。

3. 页岩的矿物组分的影响

页岩中脆性矿物含量是影响页岩基质孔隙和微裂缝发育程度、含气性及压裂改造方式等的重要因素，脆性矿物含量越高，岩石脆性越强，在构造运动或水力压裂过程中越易形成天然裂缝或诱导裂缝，从而形成复杂的网络，有利于页岩气的开采。石英是页岩储层的主要脆性矿物，Nelson 等认为除石英之外，长石和白云石也是页岩储层中的易脆组分。富含石英的黑色页岩段脆性较强，裂缝的发育程度比富含方解石且塑性较强的灰色页岩更高，因此不同矿物对页岩水力压裂形成的诱导裂缝的发育影响程度不同，石英含量是影响裂缝发育的主要因素。一般情况下，石英含量越高，页岩的脆性越大，裂缝就越发育。

从岩石破裂机理来看，石英主要成分是二氧化硅，具有较高的脆性，在外力作用下容易破碎产生裂缝。储层中石英含量高，天然裂缝往往比较发育，在水力压裂作业时也容易产生较多的诱导裂缝，从而沟通基质孔隙与天然裂缝，形成天然气运移和产出的通道。由此，石英含量定义为确定页岩脆性系数的主要因素，研究认为页岩储层石英含量最小为 25%，最优值为 35% 以上。北美典型页岩石英含量多超过 50%，有些高达 75%，中国含气页岩石英含量平均在 40% 左右，最高可达 80%（见表 2－1）。

表 2－1　中国部分页岩储层与北美页岩储层石英含量表（邹才能等，2010）

国家	页岩	盆地	地层	石英含量/%
美国	Barnett	Forr Worth	密西西比亚	35～50
	Ohio	Appalachian	泥盆系	45～60
	Antrim	Michigan	泥盆系	20～41
	New Albany	Illinois	泥盆系	50
	Lewis	San Juan	白垩系	50～75
加拿大	White Speckled	WCSB	白垩系	50～70
	Gordondale	WCSB	侏罗系	10～92（平均 40）
中国	牛蹄塘组	四川盆地及周缘	寒武系	16～58（平均 39）
	龙马溪组	四川盆地及周缘	志留系	13～80（平均 44）
	须家河组	四川盆地	二叠系	33～53
	沙河街组	渤海湾盆地	古近系	7～66（平均 29）
	延长组	鄂尔多斯盆地	二叠系	27～47（平均 40）

与石英和方解石相比，由于黏土矿物有较多的微孔隙和较大的表面积，因此对气体有较强的吸附能力，但是在水饱和的情况下，吸附能力要大大降低。石英含量的增加将提高岩石的脆性，其对增产措施有良好响应，这种脆性与矿物成分有关。石英和碳酸盐矿物含量的增加，将降低页岩的孔隙度，使游离气的储集空间减少，特别是方解石在埋藏过程的胶结作用，将进一步减少孔隙，因此对页岩气储层的评价，必须在黏土矿物、含水饱和度、石英、碳酸盐矿物含量之间寻找一种平衡。由于页岩相对孔隙度和渗透率较低，有利目标的选择必须考虑储层的潜力（游离气+吸附气）与可压裂性的匹配关系。页岩钙质、石英含量较高，黏土含量却相对较低，具有较好的易压裂性匹配关系；而黏土矿物含量较高，当超过40%时，一般不具可采性或可压性。如Barnett页岩钙质、石英含量较高，黏土含量却相对较低，具有较好的易压裂性匹配关系；而Mancos黏土矿物含量较高，一般不具可采性或可压性。

4. 岩石脆性的影响

页岩脆性的大小对压裂产生的诱导裂缝的形态产生很大的影响。塑性页岩泥质含量较高，压裂时容易产生塑性变形，形成简单的裂缝网络；脆性页岩石英等脆性矿物含量较高，压裂时容易形成复杂的裂缝网络。因此，页岩脆性越高，压裂时形成的裂缝网络越复杂。关于脆性的表征方法主要分强度比值法、全应力—应变特征法、基于硬度或坚固性评价法等。

实际压裂设计中，主要采用矿物组分计算方法以及弹性模量与泊松比归一化后均值计算两种方法。

随着泊松比的减少，岩石脆性系数增大，而随着杨氏模量增加，岩石脆性系数也增大。但值得注意的是，利用矿物组分和岩石力学参数两种方法计算的脆性指数在高伽马、低密度段存在明显差异，需要根据压裂时施工压力表征和页岩破裂特征加以验证。总体上，页岩矿物组分不同，表现出来的脆性及压后效果也存在较大差别，如表2-2所示。

表2-2　页岩脆性及对压裂裂缝效果的影响

韧性页岩裂缝效果	脆性页岩裂缝效果
天然裂缝和诱导裂缝趋于消除	趋于天然形成裂缝，天然裂缝增加油气储藏和流动能力
应力各向异性高	容易压裂
高扭曲	低扭曲
支撑剂高嵌入度	支撑剂低嵌入度
双翼（单）裂缝	复杂的裂缝网络
裂缝与储藏接触面积小	裂缝与储藏接触面积大

国外页岩脆性单从岩石力学参数表征上看比国内好，尤以Barnett页岩最为突出。国内四大页岩气区块中涪陵和彭水，根据岩石力学参数计算，脆性指数相对较高，压裂施工

中有利于形成复杂裂缝(见表2-3)。

表2-3 主要页岩气藏岩石力学参数

页岩	杨氏模量/GPa	泊松比	页岩	杨氏模量/GPa	泊松比
Barnett	48~62	0.15	Haynesville	3.4~20.7	0.23
Eagleford	31~41.4	0.26	Marcellus	27.6~48	0.20
焦石坝	38	0.198	彭水	32	0.26
元坝	18~32	0.218~0.35	涪陵	30	0.178

5. 地应力的影响

精确的地质力学模型，包括地应力大小和方位、岩石力学性质，以及天然裂缝的方位和特征描述，这些参数对于了解页岩油气藏改造后的效果和生产是至关重要的。因为改造后的效果和生产主要由天然裂缝和水力裂缝网控制，而这些缝网又取决于就地应力、裂缝分布、缝宽以及地层刚度和强度。

裂缝性质(强度、分布和走向)相同，当两个水平地应力都低时，即使压力低于最小主应力，页岩油气藏中的天然裂缝也都可以得到改造，这种情况可以大大增加地层渗透率。另外一种情况，如果最大水平主应力近似垂向应力，则在地层被压开和裂缝延伸前仅有一部分天然裂缝得到改造。由此可见，压裂裂缝的形态直接取决于应力各向异性，因此，地应力各向异性决定了裂缝的形态。地应力各向异性越小(0~5%)，裂缝越容易发生扭曲/转向，同时产生多裂缝，越容易形成复杂裂缝；地应力各向异性增大(5%~10%)，可能产生大范围的网络裂缝；应力各向异性进一步增大(>10%)，裂缝会发生部分扭曲，以形成两翼裂缝为主。

以上分析看出，页岩矿物组分、天然裂缝、脆性、地应力差异、成岩作用等是页岩压裂裂缝延伸的主要影响因素。在地层条件下，页岩除了受这些因素影响之外，还可能受沉积环境、内部构造、原始地层压力等其他因素影响，均为不可控因素。这些因素对可压裂性的影响可能是直接的，也可能是间接的，各因素之间还存在相互影响。

6. 压裂工程参数影响

页岩储层压裂除了与上述的储层及岩石特性有关外，还与压裂工程参数有关。页岩具有页状或薄片状层理，页岩储层由于储层本身的渗透性能极差，为了提高该类非常规储层的产量，改变储层改造模式和思路，需使用低黏度的液体、优化施工规模和施工排量，以形成体积裂缝。压裂过程中的微地震监测结果和压后效果对比分析研究显示，页岩储层压裂后的产量与改造时所形成的网络裂缝的复杂程度和网络裂缝的波及体积具有正相关关系，也就是说，页岩裂缝越复杂、网络裂缝的波及体积越大，则压后的效果越好，但并不是所有的页岩储层压裂都容易形成这种网络裂缝，是否形成网络裂缝与储层本身的天然裂缝发育条件、岩性特征以及水平井最大最小主应力等众多因素有关，同时与压裂工程参数息息相关。

通过调研发现，储层参数相差较大的页岩气储层的压裂方式差异也较大，如表2-4

所示，主要体现在压裂段数、泵注排量、支撑剂浓度及类型和压裂液的类型的选择等工程条件方面。如Barnett页岩，脆性矿物含量高，地应力差异系数较低，采用滑溜水、低浓度支撑剂施工，能形成网络裂缝；Haynesville页岩，脆性矿物含量低，水平地应力差异系数较高，属于偏塑性地层，主要形成单一裂缝，通常采用混合压裂液、较高浓度支撑剂施工；Marcells页岩，属于中等脆性地层，水平地应力差异系数较低，通过一定的工程参数优化可以形成复杂裂缝，基本采用混合压裂液体系、高浓度支撑剂等施工，如表2-4、表2-5所示。所以针对不同的储层需要进行细致的压前评价工作，以得到储层的基本参数及裂缝破裂模式，再根据不同的破裂模式采取不同的施工方式。

表2-4 美国6个主要页岩气储层压裂改造施工参数

盆地	Barnett	Haynesville	Marcells	Woodford	Bakken	Eagleford
储层深度/m	1981~2590	3200~4115	1219~2590	1828~3353	1892~2796	1524~3302
水平段长度/m	762~1270	1016~1930	1016~1397	762~1270	965~2489	889~1143
施工段数	4~6	12~14	6~19	6~12	5~37	7~17
阶段液量/m^3	2719	1590	1590	2703	1288	1988
泵注速率/(m^3/min)	11~12.7	11	12.7	11~14	3~10	5.5~16
平均压力/MPa	20.7~34.5	75.9~103.5	44.9~60	34.5~89.7	19.3~55.2	62.1~86.3
支撑剂浓度/(kg/m^3)	68.3	119.8	299.6	119.8	389.4	119.8~179.7
压裂液类型	滑溜水 线性胶	滑溜水 线性胶 冻胶	滑溜水 线性胶 冻胶	滑溜水 线性胶	滑溜水 线性胶 冻胶	滑溜水 线性胶 冻胶
支撑剂类型	100目粉砂 40/70石英砂 30/50石英砂	100目粉砂 40/70陶粒 30/50陶粒	100目粉砂 40/70石英砂 30/50石英砂	100粉砂 40/70石英砂 30/50石英砂	100目粉砂 40/70石英砂 30/50石英砂	100目粉砂 40/70石英砂 30/50石英砂

无论是在页岩气开发，还是在常规油气开发的压裂过程中，压裂液及其性能都是影响压裂最终效果的重要因素，对能否造出一条足够尺寸的、有足够导流能力的裂缝有直接关系。清水压裂液组成以水和砂为主，含量占总量的99%以上，其他添加剂成分占压裂液总量的不足1%。添加剂在压裂液中所占的比例很小，但对提高页岩气井的产量来说却至关重要。压裂作业中，应该根据储层的实际情况选择合适的添加剂类型。据国外的经验，压裂液添加剂选择要考虑泵速及压力、黏土含量、硅质和有机质碎屑的生成潜力、微生物活动以及压裂液返排等因素。当储层水敏性矿物含量高时，应该提高黏土稳定剂的比例以防止矿物溶解堵塞裂缝；在一些浅井中，由于微生物较发育，应适当增加杀菌剂的比例，从而减少微生物对裂缝的封堵以及清除细菌产生的腐蚀性产物；在一些充填裂缝发育的层位，增加酸的比例有助于溶解矿物和造缝。

表 2-5　页岩脆性特征与工艺方式选择

脆性指数	液体体系	裂缝几何形状	裂缝闭合宽度轮廓
70%	滑溜水		Barnett Haynesvile
60%	滑溜水		
50%	混合		
40%	线性胶		
30%	泡沫		
20%	交联瓜胶		
10%	交联瓜胶		
压裂规模设计			
脆性指数	支撑剂浓度	液　量	支撑剂用量
70%			
60%	低	高	低
50%			
40%			
30%			
20%	高	低	高
10%			

2.2.2.2　页岩储层压裂缝扩展特征

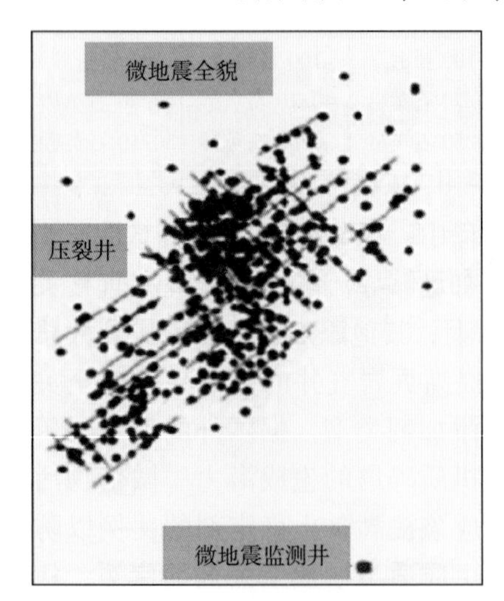

图 2-10　微地震监测图证实页岩储层复杂的裂缝延伸模式

裂缝监测技术获取的监测数据表明，页岩地层的水力裂缝不是像均质砂岩地层呈 180°对称两翼方向延伸的单一平面裂缝，而是不规则的多条裂缝连在一起形成由各种不同长、宽、高裂缝组合而成的复杂裂缝网络体系，是一个裂缝带，如图 2-10 所示。

基于页岩储层裂缝延伸形态，将水力裂缝从简单到复杂分为四大类，如图 2-11 所示，分别为单一平面双翼裂缝、复杂多裂缝、天然裂缝张开下的复杂多裂缝和复杂的缝网，认为页岩储层压裂将形成复杂的缝网。

例如，Barnett 页岩天然裂缝的总方向是西北—东南，而水力诱导裂缝的趋势一般是东北一西南方向，为此，在该页岩储层中形成了水力裂缝与天然裂缝相互交错的复杂裂缝系统。

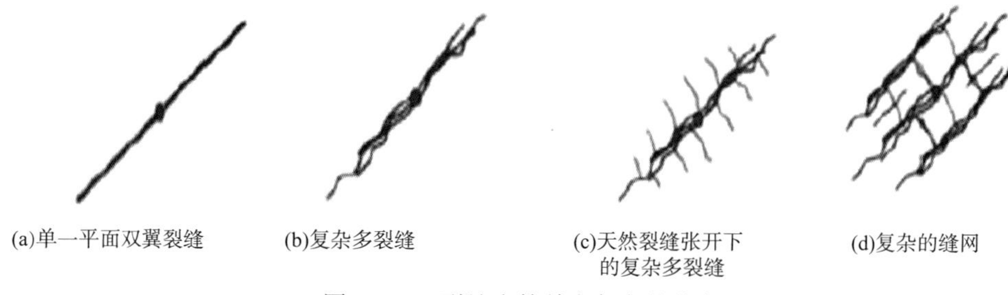

图2-11　裂缝由简单向复杂的分类

2.2.3　体积裂缝扩展计算模型

水平井分段压裂技术是页岩油气开发的一项重要技术，目前的页岩油气水平井分段压裂工艺主要以簇式射孔方式实现多点起裂，同时压开多条裂缝。水力裂缝的产生存在着先后顺序，初始裂缝产生后会对井筒周围的地应力造成影响，形成诱导应力场，后续压裂裂缝的起裂和延伸必然受到此诱导应力场的作用。基于对初次裂缝诱导应力场的分析，建立诱导应力场中井筒地应力分布模型和破裂压力计算模型，分析影响破裂压力的因素和破裂压力的变化规律。

2.2.3.1　水力裂缝诱导应力场

由于水力裂缝沿最大主应力方向延伸，在主应力方向上，水力裂缝面不受剪应力作用，只受张应力作用。假设裂缝面受均匀内压作用，在无穷远不受任何作用力，采用如图2-12所示的物理模型：平板中央一直线状裂缝(可以当作短半轴趋于0的椭圆的极限情形)，长为$2a$，裂缝穿透板厚，作用于裂纹面上的张力为$-p$，边界条件：

$$\begin{cases}\sqrt{x^2+y^2}\to\infty：\sigma_x=\sigma_y=\sigma_{xy}=0\\ y=0，0<x<\infty：\sigma_{xy}=0\\ y=0，|x|\leqslant a：\sigma_y=-p\\ y=0，x>a：u_y=0\end{cases}\tag{2-13}$$

式中　σ_x——x方向受到的应力，MPa；

σ_y——y方向受到的应力，MPa；

σ_{xy}——x对y方向的剪切力，MPa；

μ_y——y方向的位移，m。

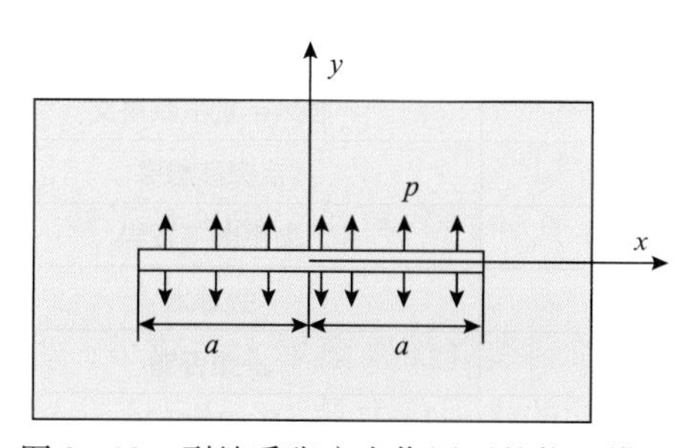

图2-12　裂缝受张应力作用下的物理模型

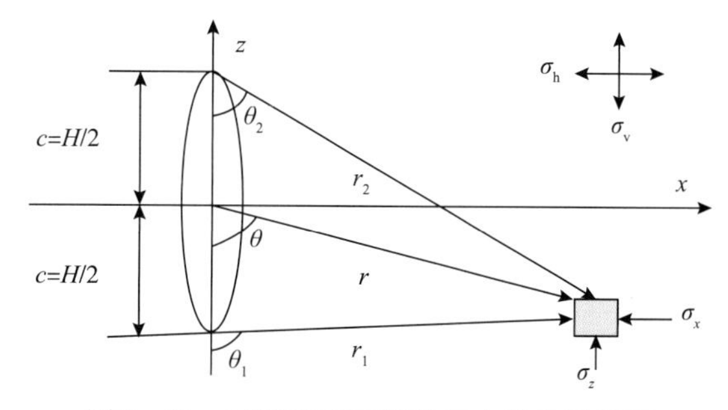

图2-13　二维垂直裂缝的应力转化示意图

把如图2-12所示裂缝的长度方向看作高度方向，即把$x-y$平面换作$x-z$平面，则可得如图2－13所示的二维垂直裂缝所诱导的应力场，上面所求出的σ_y、σ_x分别就是如图2－14所示情形的σ_x、σ_z。

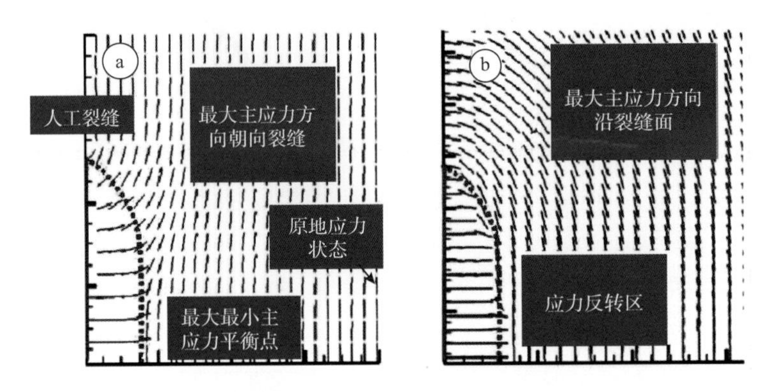

图2－14　缝内应力转向示意图

则二维垂直裂缝所诱导的应力场为：

$$\Delta\sigma_x = p\left\{\frac{r}{\sqrt{r_1 r_2}}\left(\cos\theta - \frac{\theta_1 + \theta_2}{2}\right) + \frac{c^2 r}{\sqrt{(r_1 r_2)^3}}\sin\theta\sin\left[\frac{3}{2}(\theta_1 + \theta_2)\right] - 1\right\} \tag{2-14}$$

$$\Delta\sigma_z = p\left\{\frac{r}{\sqrt{r_1 r_2}}\left(\cos\theta - \frac{\theta_1 + \theta_2}{2}\right) - \frac{c^2 r}{\sqrt{(r_1 r_2)^3}}\sin\theta\sin\left[\frac{3}{2}(\theta_1 + \theta_2)\right] - 1\right\} \tag{2-15}$$

$$\Delta\tau_{zx} = p\left\{\frac{c^2 r}{\sqrt{(r_1 r_2)^3}}\sin\theta\cos\left[\frac{3}{2}(\theta_1 + \theta_2)\right]\right\} \tag{2-16}$$

由虎克定律：

$$\Delta\sigma_y = v(\Delta\sigma_x + \Delta\sigma_y) \tag{2-17}$$

式中　p——裂缝面上受到的净压力，MPa；

H——裂缝高度，m；

$c = H/2$。

同时，各几何参数间存在以下关系：

$$\begin{cases} r = \sqrt{x^2 + y^2} \\ r_1 = \sqrt{x^2 + (z+c)^2} \\ r_2 = \sqrt{x^2 + (z-c)^2} \end{cases} \tag{2-18}$$

$$\begin{cases} \theta = \tan^{-1}(x/-z) \\ \theta_1 = \tan^{-1}[x/(-z-c)] \\ \theta_2 = \tan^{-1}[x/(-z+c)] \end{cases} \tag{2-19}$$

如果θ、θ_1和θ_2为负值，那么应分别用$\theta+180°$、$\theta_1+180°$和$\theta_2+180°$来代替。利用式(2－17)～式(2－19)可以计算裂缝诱导应力大小。

通过计算可以得出(见图2－14)，诱导应力大小随到裂缝面距离增大而减小；垂直于裂缝方向所诱导的水平应力最大，在裂缝方向上所诱导的水平应力最小。由于产生的水力裂缝在地层中产生了诱导应力场，在原来的应力上均附加诱导应力。在垂直于裂缝方向附加的诱导应力大，在裂缝方向上附加的诱导应力小，因此有可能使原来的最小水平主应力大于原来的最大水平主应力，从而改变以前的应力状态。随着裂缝距离的增加，诱导应力迅速减小，距裂缝一定距离后，地应力场仍为初始状态。

2.2.3.2 水力裂缝与天然裂缝相交作用准则

基于弹性力学理论，建立水力裂缝与天然裂缝之间的相交作用准则及模型，定量分析水力裂缝相交天然裂缝后的扩展路径。

定义水力裂缝与天然裂缝相交处的流体压力为 $p_i(t)$，水力裂缝和天然裂缝相交初始时刻的流体压力等于最小地应力，有 $p_i(0)=\sigma_3$；随着流体的不断泵注，相交点的流体压力将逐渐上升，中间如果不发生任何裂缝破裂和延伸行为，在 t_0时刻相交点的流体压力将等于天然裂缝面上的正应力，有 $p_i(t_0)=\sigma_n$。

水力裂缝与天然裂缝之间所有可能存在的作用方式有：

1）当 $t\leqslant t_0$，$p_i(t)\leqslant\sigma_n$

水力裂缝与天然裂缝相交点流体压力在不高于作用在天然裂缝面上正应力的情况下，天然裂缝处于闭合状态，天然裂缝将不会膨胀而发生张开破裂，因此，当 $p_i(t)\leqslant\sigma_n$时只可能发生沿天然裂缝剪切破裂或穿过天然裂缝继续延伸这两种作用结果。

模型Ⅰ：天然裂缝处于闭合状态，天然裂缝与水力裂缝在相交点发生剪切破裂，这种模式的发生虽然并不会对水力裂缝的延伸路径产生影响，但会造成压裂液的大量滤失，图2－15 描述了这种作用结果的裂缝延伸图。

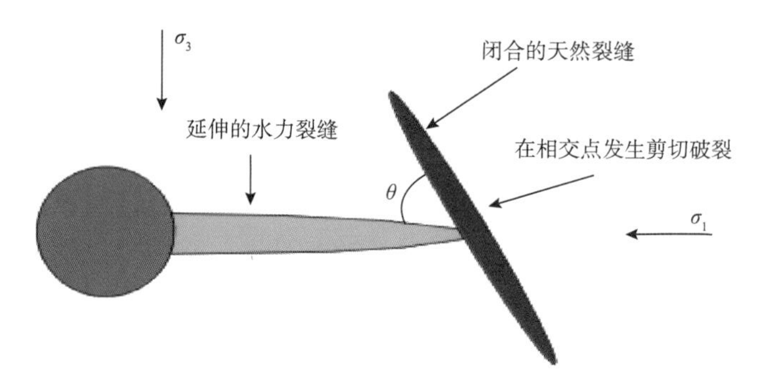

图2－15 天然裂缝发生剪切破裂情况下的水力裂缝延伸示意图

在天然裂缝发生剪切破裂的同时，其唯一可能发生的作用模式就是水力裂缝将穿过天然裂缝，如果该作用模式也不发生的话，就会导致水力裂缝的延伸存在暂时性的停顿，后面随着泵注的持续进行，交点处的流体压力将不断升高，最终交点处的流体压力将超过作用在天然裂缝面上的正应力，这时水力裂缝与天然裂缝之间的作用将转换到 $p_i(t)>\sigma_n$情况下模型Ⅲ和模型Ⅴ的判别模式。

模型Ⅱ：天然裂缝处于闭合状态，水力裂缝从天然裂缝面直接穿过，图2－16 描述了这种作用结果的裂缝延伸图。

由前面 $p_i(t)\leqslant\sigma_n$情况下模型Ⅰ的分析可知，在天然裂缝闭合情况下，天然裂缝的剪切破裂从实质上不会改变水力裂缝的延伸路径，水力裂缝延伸可能出现的结果就是穿过天然裂缝，或者发生暂时性的延伸停止。

在前述条件下，水力裂缝穿过天然裂缝的判断准则如下：当在天然裂缝另一侧面的破裂压力低于天然裂缝张开压力时，穿过将会发生，为了在天然裂缝面的另一边重新起裂，天然裂缝与水力裂缝交点处的流体压力 p 必须克服应力σ_τ与岩石的抗张强度 T_0 之和，其中应力σ_τ为平行于天然裂缝面的正应力部分，水力裂缝穿过天然裂缝的张开破裂准则的数学表达式为：

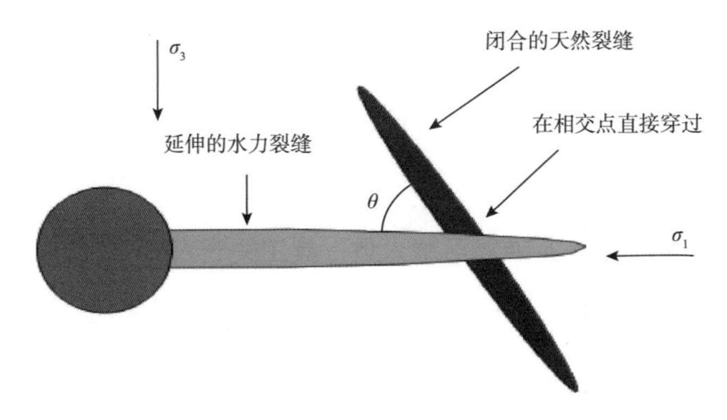

图 2-16　在天然裂缝闭合情况下水力裂缝直接穿过天然裂缝示意图

$$p > \sigma_\tau + T_0 \tag{2-20}$$

式中　p——天然裂缝与水力裂缝交点处的流体压力，MPa；

σ_τ——平行天然裂缝面的正应力，MPa；

T_0——岩石的抗张强度，MPa。

σ_τ不仅取决于远场应力和天然裂缝内的压力，还取决于作用带的几何形状，如图 2-17所示，天然裂缝在 $-l < x < l$ 这个区间内是张开的，缝内流体压力等于远场正应力σ_n，超出这个张开区间部分到 $\pm(l+a)$位置，存在一个摩擦滑动带，在这个区间内剪切应力持续增加，直到等于远场剪切应力σ_s，这个剪切应力增加的斜率将受天然裂缝摩擦特性和天然裂缝内流体压力降落的控制。

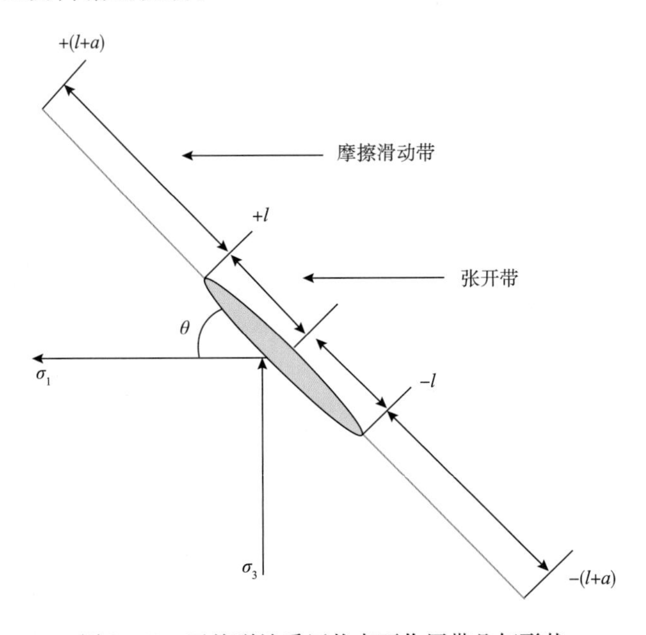

图 2-17　天然裂缝受压状态下作用带几何形状

因此，σ_τ由作用在天然裂缝面上的远场应力引起的σ'_τ和作用在天然裂缝面上的剪切应力引起的σ''_τ组成，式(2-20)可表达为：

$$p(x) > T_0 + \sigma'_\tau + \sigma''_\tau \tag{2-21}$$

式中 σ'_τ—— 远场应力引起的平行裂缝面的正应力，MPa；

σ''_τ—— 裂缝面受到剪应力引起的平行裂缝面的正应力，MPa。

求解式(2-21)可得穿过准则的最终表达式为：

$$(\sigma_1 - \sigma_3)(\cos2\theta - b\sin2\theta) < -T_0 \tag{2-22}$$

式中 $b = \frac{1}{2a}\left[v(x_0) - \frac{x_0 - l}{K_f}\right]$。

$$v(x_0) = \frac{1}{\pi}\left[(x_0 + l)\ln\left(\frac{x_0 + l + a}{x_0 + l}\right)^2 + (x_0 - l)\ln\left(\frac{x_0 - l - a}{x_0 - l}\right)^2 + a\ln\left(\frac{x_0 + l + a}{x_0 - l - a}\right)^2\right] \tag{2-23}$$

其中

$$x_0 = \left[\frac{(1 + a)^2 + e^{\frac{\pi}{2K_f}}}{1 + e^{\frac{\pi}{2K_f}}}\right]^{1/2}$$

式中 σ_1——远场水平最大主应力，MPa；

σ_3——远场水平最小主应力，MPa；

θ——天然裂缝面与水平最大主应力的夹角，(°)；

K_f——天然裂缝的摩擦系数，无因次；

l——天然裂缝张开带一半长度，m；

a——天然裂缝面剪切带一半长度，m。

通过式(2-22)可以看出，方程的左边必须为负值才能满足不等式关系，因此它也可以写成如下关系式：

$$\frac{\sigma_1 - \sigma_3}{T_0} > -\frac{1}{\cos2\theta - b\sin2\theta} \tag{2-24}$$

通过 Blanton 准则，可判断水力裂缝相交天然裂缝后是否直接穿过天然裂缝。

在方程中，在决定准则形式时，b 为重要的参数。当 a 趋近于 0 时，意味着没有滑动，b 趋近无限大时，穿过准则将无条件满足。然而，当 a 从 0 逐渐增加时，意味着滑动带逐渐增加，b 的值降落得非常快。当 a 趋于无穷大时，b 的值将接近于下面的值：

$$b_x = \frac{1}{2\pi}\left\{\frac{l + [l + e^{\pi/(2\pi K_f)}]^{1/2}}{l - [l + e^{\pi/(2K_f)}]^{1/2}}\right\}^2 \tag{2-25}$$

2）当 $t > t_0$，$p_i(t) > \sigma_n$

当水力裂缝与天然裂缝相交时的流体压力高于作用在天然裂缝面上的正应力时，天然裂缝将膨胀而发生张开破裂，这种状态是否能稳定完全取决于压裂施工净压力 p_{net}、地层主应力差 $\sigma_1 - \sigma_3$和水力裂缝与天然裂缝之间的逼近角之间的相对大小关系。天然裂缝张开破裂后会导致压裂液的滤失量增加，裂缝延伸净压力将会先下降一段时间后继续增加。假设整个天然裂缝面的岩石力学性质相同，则水力裂缝的继续延伸可能出现以下两种情况：

模型Ⅲ：天然裂缝膨胀，水力裂缝在相交点直接穿过天然裂缝，继续沿原方向就是垂直最小主应力方向延伸，图 2－18 描述了这种作用结果的裂缝延伸图。

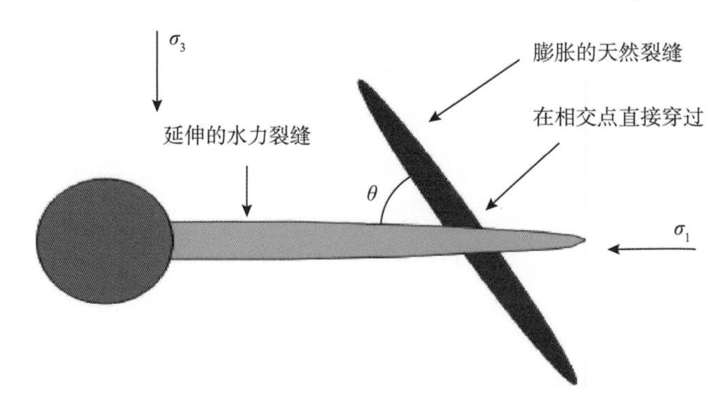

图 2－18　水力裂缝直接穿过天然裂缝示意图

为了在天然裂缝的另一侧壁面重新起裂，保证水力裂缝的继续延伸，交点处的流体压力 $p_i(t)$ 必须克服应力平行于天然裂缝的正应力 σ_t 与岩石的抗张强度 T_0 之和。模型Ⅲ这种情况的发生，需要满足在交点处从天然裂缝另一侧壁面起裂比从天然裂缝端部起裂更容易。

模型Ⅳ：天然裂缝膨胀，水力裂缝沿天然裂缝走向延伸，从天然裂缝的端部破裂而转向，继续沿垂直最小主应力方向延伸，图 2－19 描述了这种作用结果的裂缝延伸图。

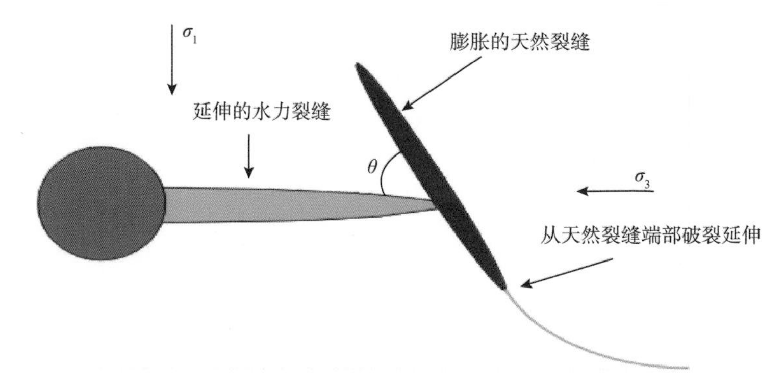

图 2－19　水力裂缝从天然裂缝端部破裂转向延伸示意图

此时天然裂缝端部的流体压力必须大于从天然裂缝端部起裂的门限压力。假如天然裂缝沿天然裂缝走向延伸，从天然裂缝端部起裂延伸需要满足：

$$p_i(t) - \Delta p_{nf} > \sigma_n + T_0 \tag{2-26}$$

式中　Δp_{nf}——交点与最近裂缝端部之间的流体压力降，MPa。

对于 Δp_{nf}，可采用天然裂缝内流体渗流方程式计算，得

$$\sigma_1 - \sigma_3 < \frac{2\left[p_{net}(t) - T_0 - \Delta p_{nf}\right]}{1 - \cos 2\theta} \tag{2-27}$$

由模型Ⅲ和模型Ⅳ的发生条件可知，在天然裂缝膨胀张开后，要保证从天然裂缝的端部起裂，就需要满足在交点处流体压力不能压开交点处另一侧壁面而同时又能压开天然裂缝的端部，因此需要满足：

$$\sigma_\tau + T_0 > p_i(t) > \sigma_n + T_0 + \Delta p_{nf} \tag{2-28}$$

整理该式得：

$$\Delta p_{nf} < \sigma_{\tau} - \sigma_{n} \tag{2-29}$$

因此：

$$\Delta p_{nf} < (\sigma_1 - \sigma_3)\cos 2\theta \tag{2-30}$$

模型Ⅰ~模型Ⅳ为建立的水力裂缝与天然裂缝相交情况下的作用准则，该准则涵盖了水力裂缝与天然裂缝相交作用下的各种模式以及相交点流体压力从小到大变化过程中可能出现的各种破裂方式。

2.2.3.3　水力裂缝与天然裂缝不相交转向准则

除了水力裂缝与天然裂缝相交作用会发生转向、穿过、转向和穿过并存以外，还存在水力裂缝与天然裂缝不相交的相互作用。不相交作用分析的物理模型见图 2－20。

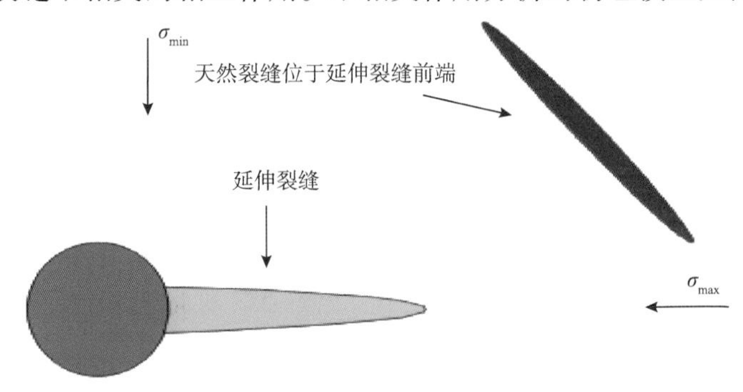

图 2－20　不相交作用分析的物理模型

天然裂缝与水力裂缝不相交对水力裂缝的延伸也存在影响，由于天然裂缝诱导应力的存在，水力裂缝可能发生转向，其模型见图 2－21。

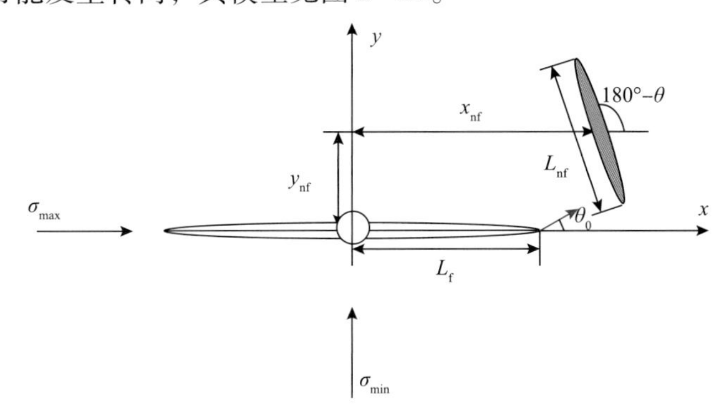

图 2－21　水力裂缝与天然裂缝非相交情况下水力裂缝转向模型

水力裂缝转向角的计算与水力裂缝与天然裂缝的距离和方位有关，定义θ_0为转向角，计算如下：

$$\tan\frac{\theta_0}{2} = \frac{1}{4}\left[\frac{K_1}{K_2} - \sqrt{\left(\frac{K_1}{K_2}\right)^2 + 8}\right] \tag{2-31}$$

其中：

$$K_{\mathrm{I}}(\pm L_f) = \frac{1}{\sqrt{\pi L_f}}\int_{-L_f}^{L_f}\sqrt{\frac{L_f \pm x}{L_f \mp x}}\sigma_{n1}(x)\,dx$$

$$K_{\mathrm{I}}(\pm L_{nf}) = \frac{1}{\sqrt{\pi L_{nf}}}\int_{-L_{nf}}^{L_{nf}}\sqrt{\frac{L_{nf} \pm x'}{L_{nf} \mp x'}}\sigma_{n2}(x')\,dx'$$

$$K_{\text{II}}(\pm L_{\text{f}}) = \frac{1}{\sqrt{\pi L_{\text{f}}}}\int_{-L_{\text{f}}}^{L_{\text{f}}}\sqrt{\frac{L_{\text{f}} \pm x}{L_{\text{f}} \mp x}}\sigma_{\tau 1}(x)\,\mathrm{d}x$$

$$K_{\text{II}}(\pm L_{\text{nf}}) = \frac{1}{\sqrt{\pi a_2}}\int_{-L_{\text{nf}}}^{L_{\text{nf}}}\sqrt{\frac{L_{\text{nf}} \pm x'}{L_{\text{nf}} \mp x'}}\sigma_{\tau 2}(x')\,\mathrm{d}x'$$

经计算表明，水力裂缝与天然裂缝距离越小，相互作用越强，转向角越大，则水力裂缝与天然裂缝之间越易相交。为此，储层中天然裂缝分布密度越大，天然裂缝与水力裂缝之间的作用距离越小，越容易形成缝网(见图2－22、图2－23)。

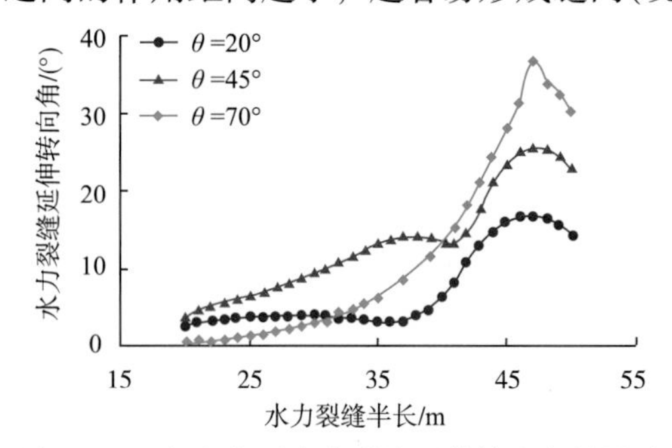

图2－22　相交角对水力裂缝延伸转向角的影响

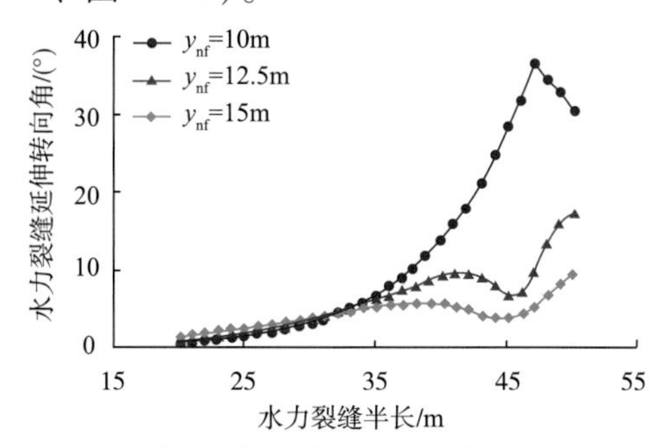

图2－23　纵向距离对水力裂缝延伸转向角的影响

2.3　体积裂缝形成条件

2.3.1　地质条件

要形成一定的体积裂缝，首先考虑储层地质条件。影响页岩储层压裂缝延伸的地质因素包括储层的岩矿成分、岩石力学性质、水平应力场以及天然裂缝分布等重要方面。

2.3.1.1　*岩石矿物成分的作用*

岩石的脆性在很大程度上由岩石的矿物成分所控制，即由岩石中硅质和钙质与黏土之间的相对含量所决定。页岩中黏土矿物含量越低，石英、长石、方解石等脆性矿物含量越高，岩石脆性越强，储层的天然裂缝越发育，在水力压裂外力作用下越易形成诱导裂缝网络，有利于页岩气开采。而高黏土矿物含量的页岩塑性强，水力压裂时以形成单裂缝为主，不易形成体积裂缝网络。美国产气页岩储层的石英含量为28%～52%、碳酸盐含量为4%～16%，总脆性矿物含量为46%～60%，分析美国页岩压裂室内矿物组成与矿场的水力裂缝延伸模式对应关系，认为页岩中40%的脆性矿物含量是形成缝网的岩石矿物门限条件。关于脆性指数评价计算方法见表2－6。

表2－6　脆性指数评价计算方法汇总表

计算公式	公式含义及变量说明	测试方法	文献来源
$B_1 = \sigma_c / \sigma_t$	抗压强度 σ_c 与抗张强度 σ_t 之比	强度比值	V. Hucka 和 B. Das
$B_2 = (\sigma_c - \sigma_t)/(\sigma_c + \sigma_t)$	抗压强度 σ_c 与抗张强度 σ_t 函数	强度比值	V. Hucka 和 B. Das

续表

$B_3=\sigma_c\sigma_t/2$	抗压强度 σ_c 与抗张强度 σ_t 函数	应力—应变测试	R. Altindag
$B_4=\varepsilon_{11}\times 100\%$	ε_{11} 为试样破坏时不可恢复轴应变	应力—应变测试	G. E. Andreev
$B_5=\varepsilon_r/\varepsilon_t$	可恢复应变 ε_r 与总应变 ε_t 之比	应力—应变测试	V. Hucka 和 B. Das
$B_6=\sin\phi$	ϕ 为内摩擦角	莫尔圆	V. Hucka 和 B. Das
$B_7=45+\phi/2$	破裂角关于内摩擦角 ϕ 的函数	应力—应变测试	V. Hucka 和 B. Das
$B_8=W_r/W_t$	可恢复应变能 W_r 与总能量 W_t 之比	应力—应变测试	V. Hucka 和 B. Das
$B_9=(YM_{\_BRIT}+PR_{\_BRIT})/2$	弹性模量与泊松比归一化后均值	应力—应变测试	R. Rickman 等
$B_{10}=(\zeta_p-\zeta_r)/\zeta_p$	关于峰值强度 ζ_p 与残余强度 ζ_r 函数	应力—应变测试	A. W. Bishop
$B_{11}=(\varepsilon_p-\varepsilon_r)/\varepsilon_p$	峰值应变 ε_p 与残余应变 ε_r 函数	应力—应变测试	H. Vahid 和 K. Peter
$B_{12}=(H_m-H)/K$	宏观硬度 H 和微观硬度 H_m 差异	硬度测试	H. Honda 和 Y. Sanada
$B_{13}=H/KIC$	硬度 H 与断裂韧性 KIC 之比	硬度与韧性	B. R. Lawn 和 D. B. Marshall
$B_{14}=HE/KIC2$	E 为弹性模量	陶制材料测试	J. B. Quinn 和 G. D. Quinn
$B_{15}=q\sigma_c$	q 为小于 0.60mm 碎屑百分比，σ_c 为抗压强度	普式冲击试验	M. M. Protodyakonov
$B_{16}=S_{20}$	S_{20} 为小于 11.2mm 碎屑百分比	冲击试验	J. B. Quinn 和 G. D. Quinn
$B_{17}=P_{inc}/P_{dec}$	荷载增量与荷载减量的比值	贯入试验	H. Copur
$B_{18}=F_{max}/P$	荷载 F_{max} 与贯入深度 P 之比	贯入试验	S. Yagiz
$B_{19}=(W_{qtz}+W_{carb})/W_{total}$	脆性矿物含量与总矿物含量之比	矿物组分分析	R. Rickman 等

2.3.1.2 岩石力学性质

岩石力学参数对页岩储层的可压性具有重要作用和影响，泊松比反映了岩石在应力作用下的破裂能力，而弹性模量反映了岩石破裂后的支撑能力。弹性模量越高、泊松比越低，页岩的脆性越强，Rickman 提出了采用弹性模量与泊松比计算岩石脆性的数学方程。

$$B_{RIT-E}=(E-1)/(8-1)\times 100 \tag{2-32}$$

$$B_{RIT-V}=(\nu-0.40)/(0.15-0.40)\times 100 \tag{2-33}$$

$$B_{RIT-T}=(B_{RIT-E}+B_{RIT-V})/2 \tag{2-34}$$

式中 E——岩石弹性模量，MPa；
ν——岩石泊松比，无因次；
B_{RIT-E}——弹性模量对应的脆性特征参数分量，无因次；
B_{RIT-V}——泊松比对应的脆性特征参数分量，无因次；
B_{RIT-T}——总脆性特征参数，无因次。

依据式(2-32)~式(2-34)，可计算得到岩石脆性参数特征与岩石力学参数的相关关系，如图2-24所示，脆性特征参数是弹性模量和泊松比的二元函数，总体来说，高弹性模量和低泊松比下岩石脆性特征参数高。由图2-24看出，脆性特征函数要达到50以上，当弹性模量为 1×10^4MPa 时，泊松比要求小于0.15；当弹性模量为 3×10^4MPa 时，泊松比要求小于0.22；当弹性模量为5×10^4MPa时，泊松比要求小于0.295。

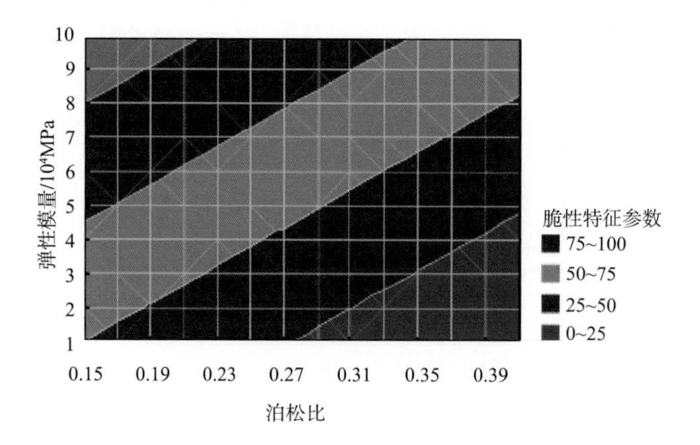

图2-24　岩石脆性参数特征与岩石力学参数的相关关系图

从杨氏模量和泊松比等反映页岩脆性的力学参数上来看，杨氏模量越大，泊松比越小，页岩的脆性和压裂裂缝的复杂程度越高，反之则越低。

Rickman首先提出脆性特征参数的概念，认为岩石脆性特征参数越大，岩石的脆性越高，岩石越容易发生断裂形成网络裂缝。而岩石的脆性特征参数与岩石的弹性模量和泊松比有关。图2-25给出了岩石弹性模量和泊松比与岩石脆性特征参数之间的相关关系，岩石的弹性模量越大，岩石的脆性越高；泊松比越小，岩石的脆性也越高。

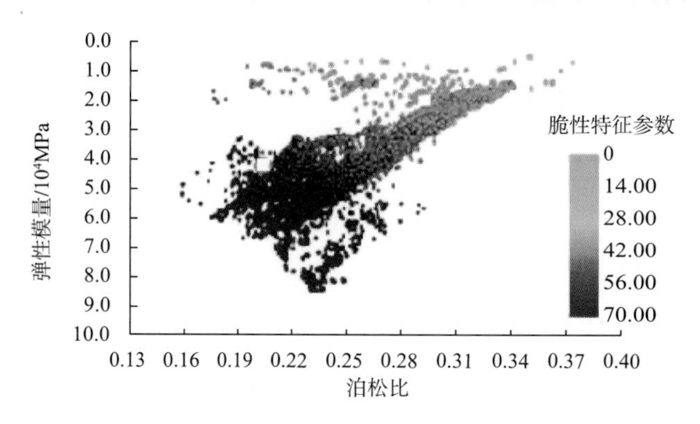

图2-25　岩石力学参数与岩石脆性的相关性

当岩石的脆性特征参数大于50时，水力裂缝的起裂与扩展不仅仅是张性破坏，同时还存在剪切、滑移、错断等复杂的力学行为，水力压裂形成剪切缝或张性和剪切缝组合裂缝，大量剪切缝或组合缝交叉形成裂缝网络，如表2-5所示。

2.3.1.3　天然裂缝的作用

在页岩储层压裂过程中，天然裂缝被水力激活后拓宽储层中的裂缝带是取得措施效果的关键。事实上，任意裂缝性储层中的水力裂缝延伸都会受到天然裂缝的作用和影响，矿场试验为观测裂缝性油气藏中复杂水力裂缝的几何形态提供了依据，如图2-26所示，压裂后几乎观察不到单裂缝的延伸，而更多观察到的是多分支复杂裂缝的延伸。

依据试验结果分析认为，水力裂缝的几何形态一般为宽度约6~9m的裂缝带，因此提出了远井缝网的构想图，如图2-27所示，水力裂缝呈现出多条平行的带状延伸形态，同时推断：天然裂缝越发育，对水力裂缝的影响程度将越大，延伸形态将越复杂。

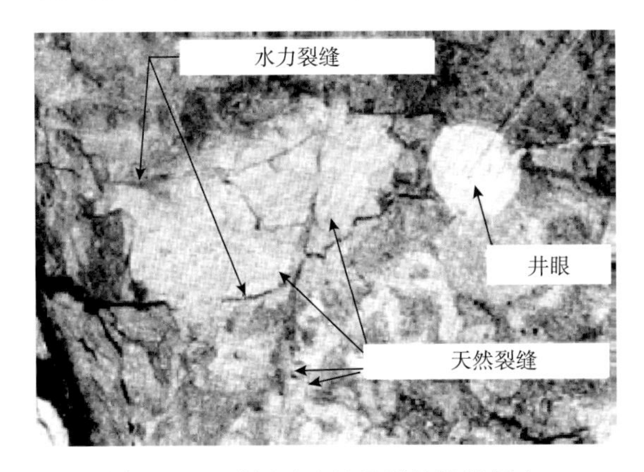

图2－26　矿场试验显示裂缝性储层中复杂裂缝延伸形态

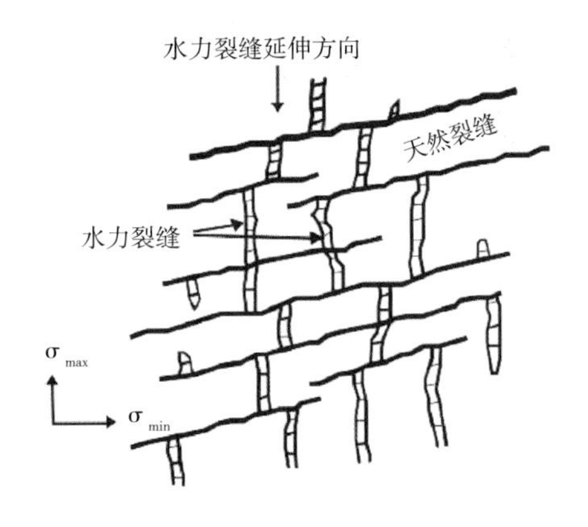

图2－27　水力裂缝与天然裂缝缝网延伸构想示意图

2.3.1.4　应力场的作用

1. 地应力各向异性对裂缝形态的影响

不同水平应力差异系数表征了页岩可压性及通过压裂产生裂缝复杂程度(见图2－28)，可采用下式计算：

$$K_h = (\sigma_H - \sigma_h)/\sigma_h \tag{2-35}$$

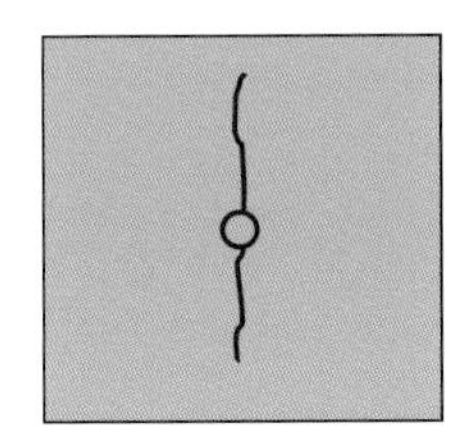

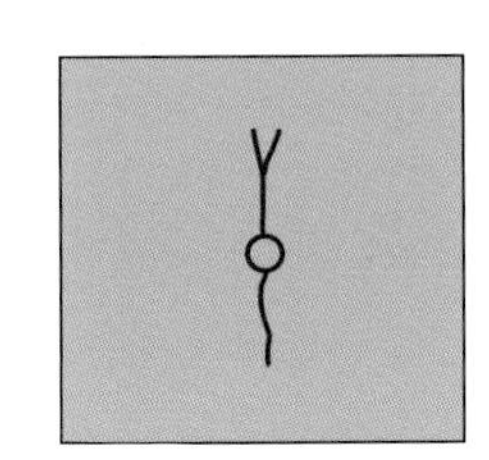

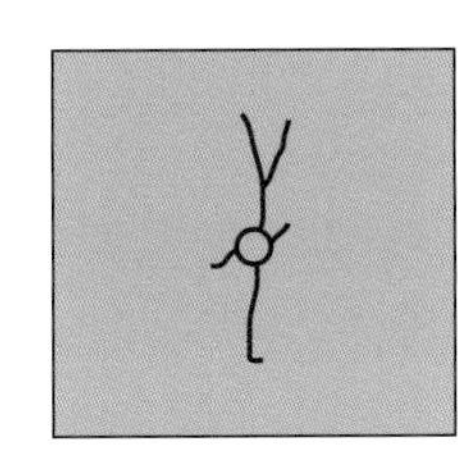

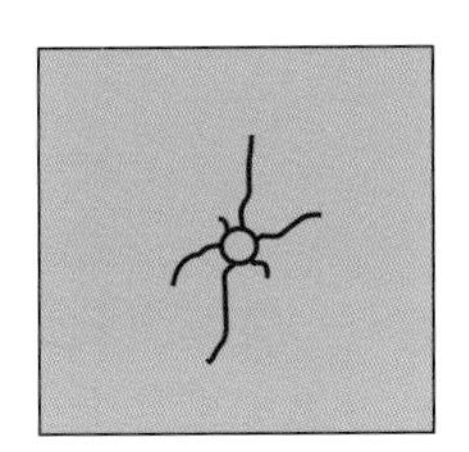

图2－28　不同水平应力差异系数对应的裂缝复杂程度

依据如图2－28所示的缝网扩展模式，缝网从本质上看主要由水力裂缝与天然裂缝之间的相交力学作用决定。早期开展了三轴实验系统条件下天然裂缝对水力裂缝扩展路径影响的模拟实验，实验结果发现，在低逼近角或在中逼近角低应力差下，水力裂缝沿天然裂缝延伸；在高逼近角低应力差下，水力裂缝将发生沿天然裂缝延伸或穿过天然裂缝的混合模式，可见低水平应力差下水力裂缝倾向沿天然裂缝转向延伸。后来采用大尺寸真三轴实验系统，同样证实了缝网扩展模式与水平主应力差有关，在高水平主应力差下将形成以主缝为主的多分支缝扩展模式；而在低水平主应力差下将形成径向网状缝网扩展模式，如图2－29所示。综合以上分析，较低的水平应力差储层更易实施缝网压裂。

2. 原地应力大小对压裂效果的影响

裂缝性质(强度、分布和走向)相同，当两个水平地应力都低时，即使压力低于最小主应力，气藏中的天然裂缝也都可以得到改造，这种适度压力和长泵注时间往往可以大大增加地层渗透率。另外一种情况，如果最大水平主应力近似垂向应力，则在压开和裂缝延伸前仅有一部分天然裂缝得到改造。

(a)主缝多分支扩展模式（应力差为10MPa）

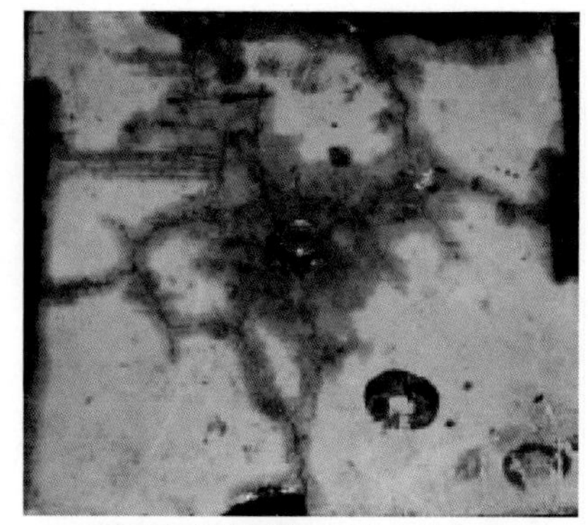
(b)径向网状扩展模式（应力差为5MPa）

图 2－29　不同应力差下裂缝扩展模式实验对比

2.3.2　工程条件

页岩储层形成体积裂缝除受到地质条件制约外，工程条件也是重要的控制因素。影响页岩储层压裂缝延伸的工程因素包括施工净压力、压裂液黏度和压裂规模等方面。

2.3.2.1　净压力的作用

针对裂缝性储层压裂时，多裂缝同时延伸过程中，水力裂缝与天然裂缝之间相互作用，采用边界元法进行延伸模拟研究，提出了采用净压力系数R_n来表征施工净压力对裂缝延伸的影响。

$$R_n = \frac{p_f - \sigma_{min}}{\sigma_H - \sigma_h} \tag{2-36}$$

式中　p_f——裂缝内的流体压力，MPa；

σ_H、σ_h——水平最大主应力和水平最小主应力，MPa。

考虑天然裂缝沿水平主应力方向分布，方位与人工裂缝延伸方向垂直，从水平井段的5个射孔点同时延伸，由图2－30对比可见，施工净压力系数越大，动态扩展裂缝的延伸形态越复杂。

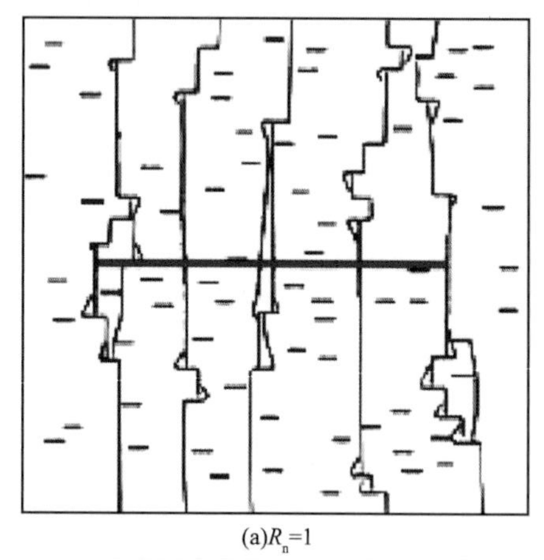
(a)R_n=1

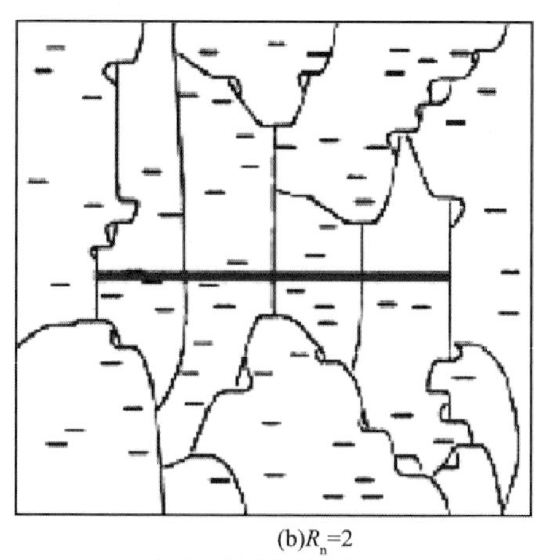
(b)R_n=2

图 2－30　不同施工净压力下裂缝性储层水平分段压裂模拟的水力裂缝延伸形态

由图2－31可以抽象出水力裂缝与天然裂缝相交作用的平面构架。水力压裂时，水力裂缝相交天然裂缝后如果沿天然裂缝端部起裂扩展，将会导致水力裂缝的分支和转向从而形成复杂的裂缝网络，这时相交点的流体压力需要克服从相交点到天然裂缝端部的流体压力降，同时需要满足端部破裂条件。

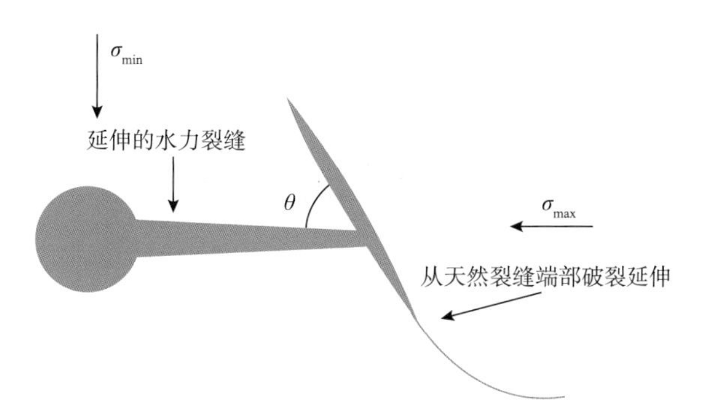

图2－31　水力裂缝从天然裂缝端部破裂转向延伸示意图

根据弹性力学理论，考虑水力裂缝沿天然裂缝延伸，从天然裂缝端部起裂延伸需要满足以下数学表达式：

$$p_i - \Delta p_{nf} > \sigma_n + T_0 \tag{2-37}$$

式中　σ_n——作用在天然裂缝上的正应力，MPa；

T_0——岩石抗张强度，MPa；

Δp_{nf}——交点与裂缝端部间的流体压力降，MPa；

p_i——交点处的流体压力，MPa。

考虑水力裂缝在相交点被天然裂缝钝化，在水力裂缝与天然裂缝相交点的流体压力为：

$$p_i = \sigma_h + p_{net} \tag{2-38}$$

式中　p_{net}——施工净压力，MPa。

作用在天然裂缝面上的正应力为：

$$\sigma_n = \frac{\sigma_H + \sigma_h}{2} + \frac{\sigma_H - \sigma_h}{2}\cos(180° - 2\theta) \tag{2-39}$$

式中　θ——水力裂缝与天然裂缝的夹角，(°)。

将式(2－38)和式(2－39)代入式(2－37)可得：

$$p_{net} > \frac{1}{2}(\sigma_H - \sigma_h)(1 - \cos 2\theta) + T_0 + \Delta p_{nf} \tag{2-40}$$

Δp_{nf}可由天然裂缝内流体的流动方程计算得到：

$$\Delta p_{nf} = \frac{4(p_i - p_0)}{\pi}\sum_{n=0}^{\infty}\frac{1}{2n+1}\exp\left[-\frac{(2n+1)^2\pi^2 k_{nf} t}{4\varphi_{nf}\mu C_t L_{nf}^2}\right]\sin\frac{(2n+1)\pi}{2} \tag{2-41}$$

式中　k_{nf}——天然裂缝渗透率，$10^{-3}\mu m^2$；

φ_{nf}——天然裂缝孔隙度，无因次；

μ——地层流体黏度，mPa·s；

C_t——天然裂缝综合压缩系数，MPa^{-1}；

p_0——储层的初始流体压力，MPa；

t——时间，s；

L_{nf}^2——天然裂缝长度，m。

依据式(2-39)，可计算不同水平应力差和逼近角下水力裂缝沿天然裂缝转向延伸的净压力分布，如图2-32所示。

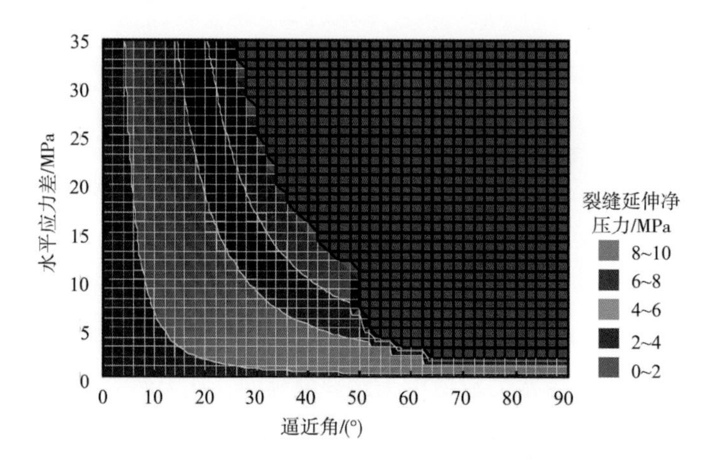

图2-32　不同逼近角和水平应力差下水力裂缝沿天然裂缝转向延伸的施工净压力分布图

由图2-32可以看出，施工净压力越高，水力裂缝沿天然裂缝转向延伸的逼近角和水平应力差涵盖范围越大，水力裂缝越容易发生转向延伸，且更容易形成复杂的裂缝网络。

基于数值模拟计算和理论分析结果可见，对于页岩储层压裂改造，采用大排量施工是提高施工净压力的手段。排量越高，整个裂缝内的流体压力越高，说明提升排量能增加转向段的流动能力，降低转向段的节流效应；排量越高，包括转向延伸段在内，整个缝内的缝宽越大。对于缝网压裂来说，提高排量能增加转向裂缝段的缝宽，提升支撑剂通过转向延伸裂缝段的能力，降低支撑剂桥塞的风险；同时也可以提高施工净压力，促进缝网的形成。

2.3.2.2　流体黏度的作用

页岩储层的压裂施工作业流体黏度对裂缝扩展复杂度具有重要影响，压裂流体黏度越高，裂缝扩展的复杂度将显著降低。部分研究机构分别从室内实验、矿场压裂实践和理论分析等方面分析压裂液流体黏度对缝网扩展复杂度的影响。针对缝性储层，进行压裂液流体黏度对水力裂缝延伸影响的室内实验研究，其结果如图2-33所示。实验发现，注入低流体黏度时施工压力曲线没有裂缝起裂特征显示，岩石体观察发现在延伸裂缝方向上没有主裂缝存在，裂缝沿天然裂缝起裂延伸；而注入高流体黏度时存在明显的主裂缝扩展，水力裂缝几乎不与相交的天然裂缝发生作用。从实验结果可见，低流体黏度更易形成复杂的裂缝延伸形态；高流体黏度更易形成平直的单一裂缝。

矿场施工数据表明，采用高黏流体将降低缝网的复杂度。基于一口Barnett页岩水平井采用不同作业流体两次施工的微地震监测结果，分析对比计算滑溜水和冻胶压裂液的油藏改造体积(见图2-34)，由图可以看出，滑溜水的改造体积比冻胶压裂液要大得多，更易形成复杂的裂缝展布，这为页岩体积改造优选低黏液体提供了重要的矿场依据。

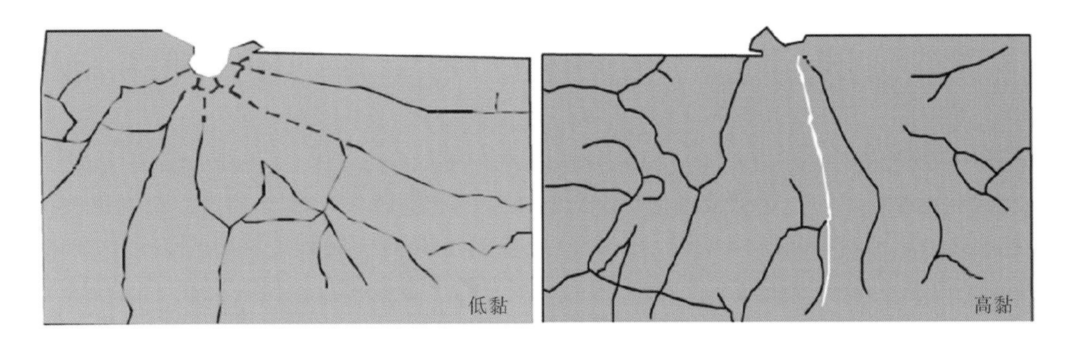

图2－33　流体黏度对裂缝延伸形态的室内实验结果对比

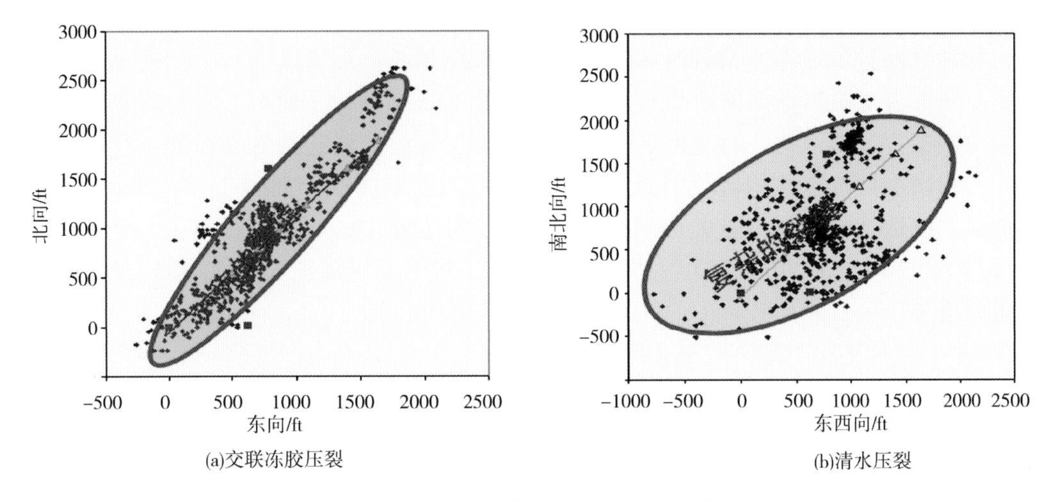

图2－34　冻胶与滑溜水对页岩储层改造体积对比

基于理论模型，图2－35和图2－36分别给出了滑溜水压裂液体系和弱交联压裂液体系水力裂缝相交天然裂缝后转向延伸的净压力分布图。通过研究发现，作业流体的黏度越低，在相同逼近角和水平应力差条件下，水力裂缝沿天然裂缝转向需要的延伸净压力越低，水力裂缝沿天然裂缝转向延伸越容易。这主要是由于压裂液黏度越低，流体压力在天然裂缝内的传播越容易，天然裂缝缝内流体压力降越小，天然裂缝端部的压力越容易达到天然裂缝端部起裂压力门限值，因此采用低黏压裂液更容易形成复杂的网络裂缝系统。

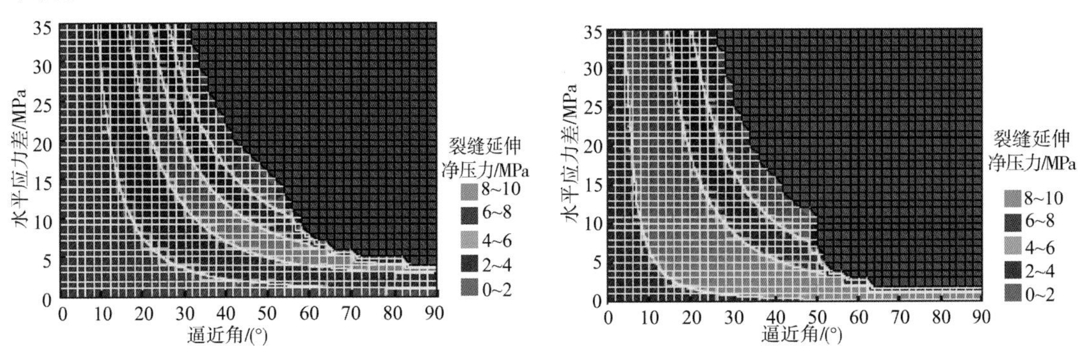

图2－35　滑溜水压裂液裂缝转向延伸净压力分布　　图2－36　弱交联压裂液裂缝转向延伸净压力分布

综合以上室内实验、矿场压裂实践和理论分析可见，压裂液流体黏度对缝网扩展复杂度具有重要作用和影响，选择低黏度的压裂流体更加有利于形成复杂的缝网体系，更易形成体积裂缝。

2.3.2.3 压裂规模的作用

经典压裂理论认为，对于常规地层，压裂改造的规模越大，水力裂缝半长就越长。然而，对于页岩储层的缝网压裂来说，压裂改造规模与缝网扩展程度同样存在较大的相关性。Meyer 通过 Barnett 页岩的微地震监测与压裂裂缝形态变化特征研究提出了油藏改造体积(SRV)概念，研究表明，SRV 越大，页岩井产量越高，进而提出了页岩储层通过增加改造体积提高改造效果的技术思路。结合 Barnett 页岩 5 口井的实践，绘制压裂规模与裂缝网络总长度之间的相关关系，如图 2－37 所示。由图看出，页岩储层改造注入压裂液体积越多，增加缝网扩展形态复杂程度，裂缝网络总长度越长。

不少研究者对页岩储层的改造规模对压后产量的影响进行了研究，通过微地震监测结果和数值模拟方法的对比，对缝网展布下的页岩储层压后产量进行定量分析，形成产能计算模型，得出不同改造体积与缝网压裂井压后产量的关系曲线，如图 2－38 所示。曲线表明，储层的改造体积(SRV)越大，产量越高。对于页岩储层，压裂规模越大，缝网在储层中的改造体积越大，则相应的压后井产量就越高，采用大规模压裂增加 SRV 是提高井产量的重要措施。

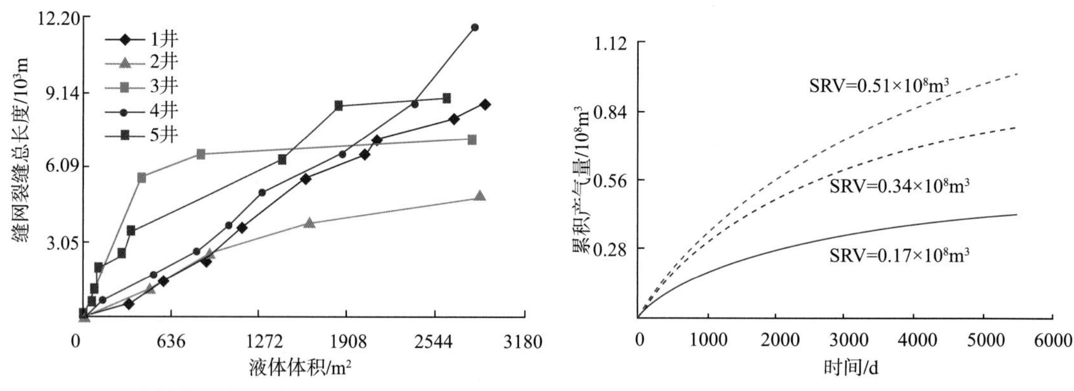

图 2－37 液体体积与网络裂缝延伸长度的相关性　　图2－38 改造体积对缝网压裂井压后产量的影响

综上所述，页岩要形成体积裂缝，首先要考虑储层条件，即裂缝延伸净压力大于两个水平主应力的差值与岩石抗张强度之和。但务必在主裂缝支撑缝长达到预期目标要求时再进一步增加净压力，在远场提高裂缝延伸复杂性，力争达到形成“缝网”系统。压裂注入排量、压裂液黏度也是改变缝内压力分布的主要因素，工程条件在体积压裂中是要考虑的重要因素。

2.4 体积压裂工艺设计

页岩气储层改造，考虑其与常规储层的差异，经过 30 多年的发展才逐渐形成自己的特色技术，在完井方式、压裂工艺、压裂材料、压裂规模等方面逐渐走向成熟。页岩储层压裂工艺大体经历了 4 个阶段：

第1阶段：1997年之前，页岩储层开展大规模水力压裂试验；1981年，Mitchell Energy公司进行了第一口页岩气井氮气泡沫压裂；1985年，22口直井进行了常规压裂；1986年，开始以氮气助排的大型压裂技术[1900m^{3}瓜胶压裂液，44～680t支撑剂(20/40目，排量≥6m^3/min]；1990年，所有Barnett页岩气井都采用大型压裂技术，产量达到1.55×10^4～1.94×10^{4}m^3/d；1992年，美国第一口水平井进行压裂实施。

第2阶段：1997年以后，美国页岩气开始大规模滑溜水压裂技术。1997年，首次采用清水压裂(用水6000m^{3}以上，支撑剂100m^{3}以上，成本降低25%)；1998年，采用大规模滑溜水压裂和重复压裂，发现滑溜水压裂比大型冻胶压裂效果好，产量增加25%左右，达到3.54×10^{4}m^3/d。

第3阶段：2002年以后，水平井分段压裂技术开始试验。2002年，许多公司尝试水平井压裂(水平段长450～1500m)，水平井产量达到垂直井的3倍以上；2004年，随着水平井分段压裂工具与工艺技术的日渐成熟，水平井分段改造和滑溜水压裂快速普及，水平井多段水压裂能获得更好的效果，产量达6.37×10^{4}m^3/d。

第4阶段：2005年以后，页岩气开发“井工厂”的模式逐渐出现，并试验两井同时压裂技术，即初期的同步压裂，实现了压裂开发管理与压裂工艺的思想转换，体积裂缝的设计理念形成。目前，国外以水平井分段压裂和同步压裂为主，水平段长1000～1500m，采用多簇射孔方式，每段2～4簇射孔，每段液量在1000m^{3}以上，支撑剂采用40/70目支撑剂。经实践，同步压裂产量比单独压裂提高20%～55%。

2.4.1 体积压裂工艺特征与方法

非常规油气藏岩石力学性质及其矿物组成是压裂设计中的主要考虑因素，它们大都可以通过测井及实验室测试相结合的方法获得。如测井资料与页岩气藏岩石力学特征、矿物组成、酸溶解度、毛管压力密切相关，而储层岩性、脆性、酸溶解度、毛管压力及储层流体敏感性有助于页岩气藏完井方式选择与优化。

对于页岩油气藏、致密砂岩油气藏及煤层气藏等非常规储层，表2-7列出了压裂设计考虑的因素。这些信息是非常规油气藏压裂设计所必需的，但在具体设计方法及理念上这三类非常规油气藏却具有各自的特点，结合页岩储层、设计原则和工艺方法具有特殊性。

表2-7 压裂设计考虑的因素

岩石力学相关因素	关联性	确定的方法
岩石脆性	压裂液的选择	岩石物理模型
闭合应力	支撑剂的选择	岩石物理模型
支撑剂用量与尺寸	避免砂堵	岩石物理模型
裂缝起裂点	避免砂堵	岩石物理模型
岩石矿物组成	压裂液的选择	X光衍射(XRD)
水敏性	水基压裂液盐度	毛管吸收时间测试(CST)
能否酸化	酸蚀程度	酸溶解度测试(AST)
支撑剂返排	气体产量	现场测试
表面活性剂的使用	裂缝导流能力	流动测试

2.4.1.1 页岩气油气藏体积压裂设计原则

页岩气储层的压裂改造不同于常规气藏，页岩气储层完井后依靠自身能量无法实现产能，故必须经过压裂投产。另外，改造时压裂模式、加砂规模等均与常规压裂不同，页岩气储层改造的主要目的是在沟通天然微裂缝系统的同时形成新的水力裂缝，以尽量增大改造体积，因此在工艺参数上需结合体积裂缝设计模型进行优化设计。

在整个页岩气开发过程中，美国形成的主体工艺为滑溜水压裂、水平井多级分段压裂、重复压裂及同步压裂等。页岩储层水力压裂工艺技术根据其完井方式、井下工具及工艺形式的不同而各具特点，且有其适用性(见表2－8)。

表2－8 压裂工艺技术特点与适用性

技术类型	技术特点	适用性
水平井多级压裂	多段压裂，分段压裂；技术成熟，使用广泛	产层较多，水平井段长的井
滑溜水压裂	减阻水为压裂液主要成分，成本低，但携砂能力有限	适用于天然裂缝系统发育的井
水力喷射压裂	定位准确，无需机械封隔，节省作业时间	尤其适用于裸眼完井的生产井
重复压裂	通过重新打开裂缝或裂缝重新取向增产	对老井和产能下降的井均可使用
同步压裂	多口井同时作业，节省作业时间且效果好于依次压裂	井眼密度大，井位距离近
氮气泡沫压裂	地层伤害小、滤失低、携砂能力强	水敏性地层和埋深较浅的井
大型水力压裂	使用大量凝胶，完井成本高，地层伤害大	对储层无特殊要求，使用广泛

页岩储层极低的渗透率决定了其一般采取网络压裂优化设计方法，这就涉及“体积压裂”的概念，它可简单定义为裂缝网所能沟通区域的整体储层体积。针对脆性和塑性页岩，一般分为“三高两低”和“两高一低”的两种技术模式：

脆性地层：“三高两低”——高排量、高液量、高砂量、低黏度、低砂比；

塑性地层：“两高一低”——高黏度、高砂比、低排量。

具体技术对策：网络裂缝控近扩远(见图2－39)(射孔优化、变排量、变黏度、多段塞、二次/多次停泵、诱导转向测试等)。

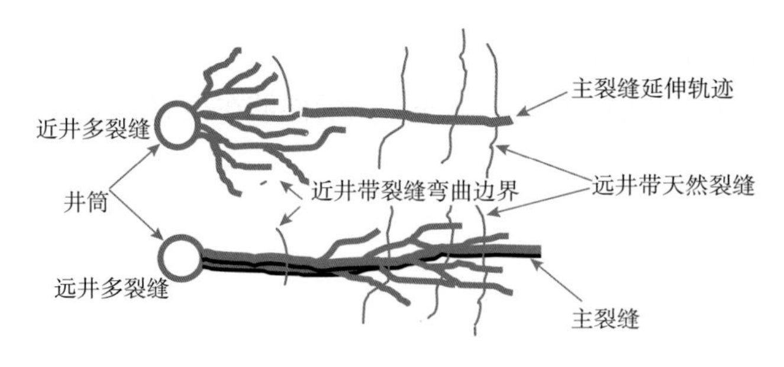

图2－39 网络裂缝控近扩远理念示意图

图2－40为Barnett页岩“压裂体积”(SRV)与压力分布关系，从图中可以看出，SRV与页岩气藏产量呈正相关，由于页岩基质渗透性较差，15年后泄流区域并没有超过压裂体积波及的范围。

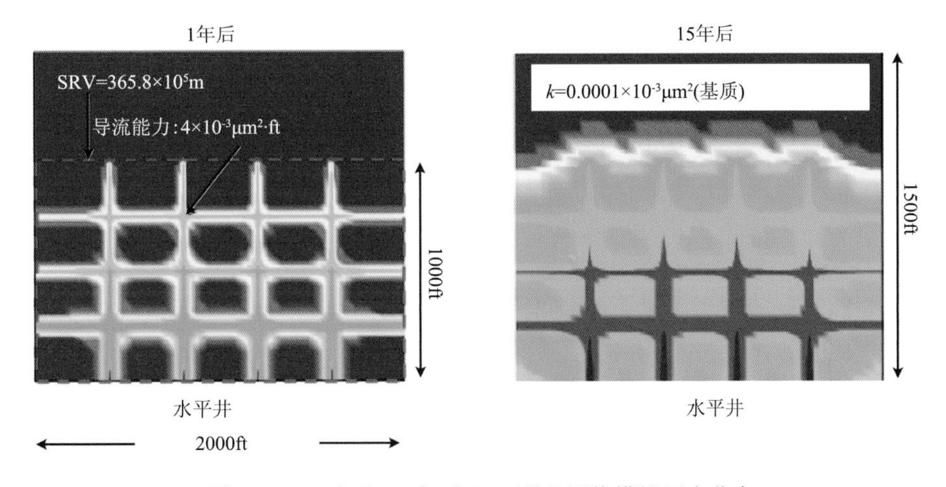

图2-40 1年和15年后SRV裂缝网络模拟压力分布

2.4.1.2 水平井体积压裂工艺

目前页岩气井水平井分段压裂开发技术已成为国外开发页岩气的重要工艺技术。水平井多段压裂技术的广泛运用，使原本低产或无气流的页岩气井获得较大的裂缝体积，使其具有工业化生产价值，极大地延伸了页岩气在横向与纵向的开采范围，是目前美国页岩气快速发展最关键的技术。我国水平井分段压裂已有一定的技术基础，用于页岩气压裂是一项可行的技术。

水平井分段压裂由于其应力场的不同可以产生纵向缝、斜交缝和横截缝，其中横截缝为最优形态。横截缝有利于提高水平段整体渗流能力，扩大改造体积，因此水平井布井时要了解储层地应力场，使得水平井水平段部署方位与地层最小主应力方位一致，这样在后期改造时容易实现横截缝。根据不同的水平井分段工具，目前主要形成了以下几种水平井分段压裂工艺。

1. 可钻式桥塞封隔分段压裂工艺

可钻式桥塞封隔分段压裂技术可实现逐段射孔、逐段压裂、逐段坐封，压后连续油管一次钻除桥塞并排液，是目前页岩储层应用较多的压裂改造工艺。

该工艺主要特点为套管完井压裂、多段分簇射孔、快速可钻式桥塞封隔，压裂施工结束后快速钻掉桥塞进行测试、生产。

由于该技术射孔和坐封桥塞联作，压裂结束后能够在很短的时间内钻掉所有桥塞，大大节省了时间和成本，同时缩短了液体在地层中的滞留时间，降低外来液体对储层的伤害，通过分簇射孔，每段可以形成3~6条裂缝，同时分簇射孔方式使得裂缝间的应力干扰更加明显，压裂后形成的裂缝网络更加复杂。另外，水平井水平段被分成多段，改造完成后整个水平井段可形成多段裂缝簇，改造体积更大，因此压裂后的效果也更好。目前该技术已经成为页岩气开发的主体技术。

2. 水平井多级滑套封隔器分段压裂

水平井多级滑套封隔器分段压裂技术通过井口落球系统操控滑套，其原理与直井应用的投球压差式封隔器相同。该技术具有显著降低施工时间和成本的优点，其关键在于每一级滑套的掉落以及所控制的级差，级数越多，滑套控制要求越精确。

3. 水平井膨胀式封隔器分段压裂

由于部分水平井裸眼完井，使得常规的封隔器难以满足后期压裂施工的需要，为此研制了遇油（遇水）膨胀式封隔器（也称反应式封隔器），它是将一种特殊的可膨胀橡胶材料直接硫化在套管外壁上，将其下入井底预定位置后，遇到油气或水后可膨胀橡胶即可快速膨胀，至井壁位置后继续膨胀，从而产生接触应力，胶筒膨胀完毕后不收缩，始终贴紧井壁达到密封效果，实现水平井分段改造。

4. 固井压差式滑套多级分段压裂

套管滑套固井分段压裂技术是指根据气藏产层情况，将滑套与套管连接并一趟下入井内，实施常规固井，再通过下入开关工具、投入憋压球或飞镖，逐级将各层滑套打开，进行逐层改造的一种储层改造技术。该技术可广泛应用于低渗油气藏、薄油藏、页岩气以及煤层气等非常规油气藏的增产改造，具有开阔的应用前景。与传统的裸眼分段压裂、水力喷射压裂、射孔压裂等技术相比，套管滑套固井不论在结构原理上，还是施工工艺上都有很大的区别，它具有施工压裂级数不受限制、管柱内全通径、无需钻除作业、利于后期液体返排及后续工具下入、施工可靠性高等优点，如遇产层出水的情况，还可通过下入连续管开关工具将滑套关闭达到封堵底水的目的。套管滑套固井的关键技术是“打得开、关得住、密封严”，即要求滑套具有高开关稳定性、高密封性能和高施工可靠性。

5. 水平井水力喷射分段压裂

当页岩储层发育较多的天然裂缝时，如果用常规的方式对裸眼井进行压裂，大而裸露的井壁表面会使大量流体损失，从而影响增产效果。水力喷射压裂能够在裸眼井中不使用密封元件而维持较低的井筒压力，迅速、准确地压开多条裂缝。该技术不用封隔器与桥塞等隔离工具，实现自动封隔。通过拖动管柱，将喷嘴放到下一个需要改造的层段，可依次压开所需改造井段。适用于产层初期改造，具有用时少、成本低、定位准确等优点，在北美地区应用广泛。其示意图如图2－41所示。

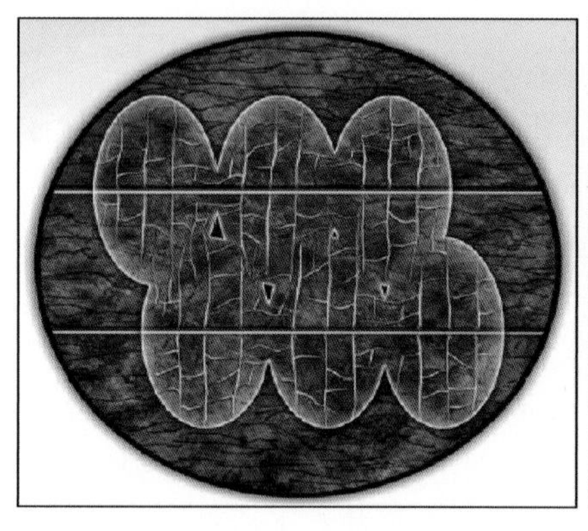

图2－41　水平井同步压裂技术示意图

6. 水平井多井同步压裂

同步压裂是在Barnett页岩储层改造过程中逐渐发展起来的另一项重要技术，其在相邻井之间同时用两个压裂施工车组实施多段分簇压裂，或者在相邻井之间进行拉链式交替压裂，利用相邻井之间裂缝开启产生的应力变化和干扰，最终改变近井地带的应力场，进而产生更加复杂的裂缝网络系统，增加裂缝密度和裂缝壁面的表面积形成“三维裂缝网络”，从而增加改造体积，提高产量。同步压裂技术不仅能够提高产量，还可以提高该类低孔、极低渗透地层的最终采收率。

2.4.1.3 体积压裂工艺选择

并不是所有的页岩气藏都适合滑溜水压裂、大排量施工，世界上没有完全相同的页岩，脆性地层（富含石英和碳酸盐岩）容易形成网络裂缝，而塑性地层（黏土含量高）容易形成双翼裂缝，因此不同的页岩储层所采用的工艺技术和液体体系是不一样的。压裂所使用的液体体系、工艺技术要根据实际地层的岩性、敏感性、塑性以及微观结构进行选择。脆性地层一般采用低黏度滑溜水、大排量、低砂比的施工方式，压裂后容易形成网络裂缝，实现网络裂缝；塑性地层一般采用高黏度液体、小排量、高砂比的施工方式，压裂后容易形成双翼对称缝。塑性地层可采用增加射孔簇数和分段段数来扩大体积改造。

调研发现，储层参数相差较大的页岩气储层的压裂方式差异也较大，主要体现在压裂段数、泵注排量、支撑剂浓度及类型和压裂液的类型的选择方面。Barnett 页岩的脆性矿物含量高，地应力差异系数较低，采用滑溜水、低浓度支撑剂施工，能形成网络裂缝；Haynesville 页岩的脆性矿物含量低，水平地应力差异系数较高，属于偏塑性地层，主要形成单一裂缝，通常采用混合压裂液、较高浓度支撑剂施工；Marcells 页岩属中等脆性地层，水平地应力差异系数较低，通过一定的施工方式可以形成复杂裂缝，基本采用混合压裂液、高浓度支撑剂施工。针对不同的储层需要进行细致的压前评价工作，以得到储层的基本参数及裂缝破裂模式，以至于根据不同的破裂模式采取不同的施工方式。

2.4.2 压裂材料特性与优化方法

页岩气压裂液包括：泡沫压裂液、CO_2和 N_2、交联压裂液、表面活性压裂液、滑溜水压裂和不同的混合压裂。尽管气体和泡沫压裂液对于页岩似乎是理想的压裂液，但是相比滑溜水压裂获得的产量较差。滑溜水可以进入并扩大页岩天然裂缝体系且尽可能接触大量的页岩面积。泡沫有较高的黏度和贾敏效应，可以很好地控制天然裂缝内的滤失。氮气压裂和二氧化碳压裂能够进入页岩的结构内，然而气相缺乏携带较多支撑剂的能力。交联烃类压裂使用丙烷和丁烷可能在水敏严重的页岩里是一个技术上的突破。

由前面研究可知，页岩储层压裂不同于常规储层压裂，是基于体积改造的设计思路，目前通常采用滑溜水压裂液、线性胶等低黏压裂液及复合压裂液。

2.4.2.1 压裂液类型

1. 滑溜水压裂液体系

滑溜水是针对页岩气储层改造发展起来的一项新的液体体系，通过使用极少量稠化降阻剂来降低摩阻，其用量一般小于0.2%，高效降阻剂用量能够降到0.018%以下，该类液体体系主要依靠泵注排量携砂而不是液体黏度，适用于无水敏、储层天然裂缝较发育、脆性较高的地层，其优点包括：适用于裂缝型储层；提高剪切缝形成的概率，有利于形成网状缝，可以大幅度增大裂缝体积及提高压裂效果；使用少量稠化剂降阻，对地层伤害小，支撑剂用量少；在相同作业规模的前提下，滑溜水压裂比常规冻胶压裂的成本降低40%~60%。

1997年，Mitchell 能源公司首次将滑溜水压裂应用在 Barnett 页岩的开发作业中，滑溜水压裂不但使压裂费用较大型水力压裂减少65%，而且使页岩气最终采收率提高了20%。

采用滑溜水压裂具有几个特点，即可以减少交联聚合物对储层的伤害，且成本较低；较好的流动性可以进入和开启交联压裂液不能进入的小裂缝和微裂缝；较大的使用规模能够扩展裂缝体系，形成大的体积裂缝，增加页岩气流动通道，大幅度提高产量。

2. 复合压裂液体系

复合压裂液主要由高黏度冻胶和低黏度滑溜水组成，支撑剂采用不同粒径陶粒，适用于黏土含量高、塑性较强的页岩气储层。高黏度冻胶保证了一定的携砂能力和人工裂缝宽度，低黏度滑溜水在冻胶液中发生黏滞指进现象的同时具有较好的造缝能力，最终使得交替注入的不同粒径支撑剂具有较低的沉降速度和较高的裂缝导流能力。统计结果显示，Barnett 黏土含量较高的页岩气藏采用复合压裂液体系的井与邻井相比产量提高了 27%。

复合滑溜水压裂结合了冻胶压裂和滑溜水压裂的优点，短期压力恢复测试和长期产量数据曲线下降类型表明，复合滑溜水压裂能获得更长的有效裂缝半长和更高的裂缝导流能力。其工艺是用滑溜水造一定的缝长及缝宽后，继以高黏度压裂液携带 20/40 目、40/70 目支撑剂进入裂缝，从而产生较高导流能力的水力裂缝。复合压裂液压裂与滑溜水压裂的不同点在于：①滑溜水作前置液；②线性凝胶或胶联液用于输送支撑剂；③20/40 ~ 40/70 目支撑剂浓度达到 $480kg/m^3$ 或更高。

2.4.2.2 压裂液选择原则

一般来说，滑溜水或者交联压裂液的选择主要是依据滤失控制要求和裂缝导流能力需求进行评价优选。非交联或者滑溜水压裂液一般在以下几种情况会优先考虑：岩石是脆性的、黏土含量低和基本与岩石无反应情形。如 Fayetteville 页岩现场压裂中主体采用滑溜水压裂液体系，而交联压裂液一般在以下几种情形有用：塑性页岩、高渗透率地层和需要控制流体滤失的情形。

对于页岩储层压裂，目标是形成网缝，提高导流能力，增加有效改造体积，增加产量，通过国外文献的调研，可知脆性页岩所用压裂液黏度越低，如降阻水，越易现成网络缝，黏度越高，越易形成两翼裂缝，而对于塑性页岩，则适宜采用较高黏度压裂液，如线性胶压裂液。根据不同脆性指数，进行压裂液选择的标准见表 2－5。

页岩压裂在压裂液和支撑剂的选择上，与储层脆性相关，与之相适应的施工参数见图 2－42。

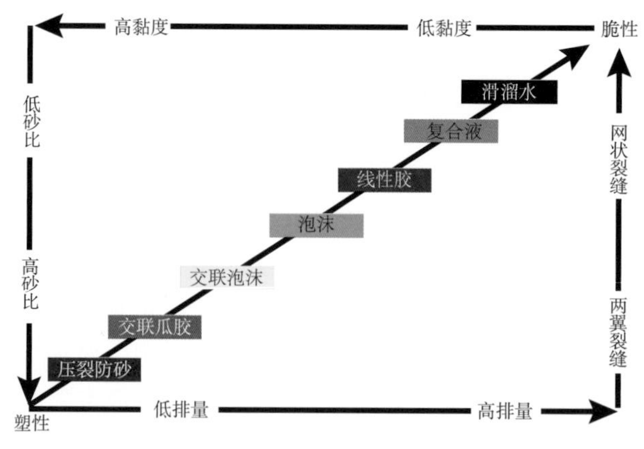

图 2－42 与储层岩石脆性有关的压裂液、施工参数选择

由图可知，脆性地层，宜采用低黏度压裂液，施工采用大排量、低砂比。压裂材料选择反映在储层渗透率上，随着储层渗透率的降低，压裂液黏度也降低。

页岩压裂液选择主要考虑了矿物组分、岩石力学，具体用脆性矿物、杨氏模量、泊松比、脆性矿物指数、水平应力差异系数、岩石硬度等参数进行合理划分，一般选择滑溜水压裂液需满足：①石英、碳酸盐等脆性矿物较多(50%以上)，黏土含量较少(40%以下)，水敏性弱；②三轴岩石力学试验：杨氏模量大于24GPa，泊松比小于0.25；③三轴岩石力学试验：脆性指数大于50%；④水平应力差异系数小于13%。

对于杨氏模量高、埋藏深的脆性页岩，推荐使用低聚压裂液，压后易于获得高产；对于杨氏模量低、埋藏浅的塑性页岩，推荐使用滑溜水+可降解纤维压裂液，选择低密度支撑剂。

2.4.2.3 支撑剂类型

在大多数页岩气压裂中，使用的支撑剂是不同特性的石英砂、覆膜砂和陶粒等，特别是小尺寸支撑剂(100 目、40/70 目)较常使用，较大尺寸的支撑剂如 30/50 目或 20/40 目常用在复合压裂液体系、储层需要较高的导流能力等情形中。调查发现，在埋藏较深的页岩中，石英砂在较高应力条件下破碎率高、长期导流能力较小，此情形下通常需要高强度的支撑剂，如陶粒、覆膜砂等。较小粒径的支撑剂如 100 目砂常用来作为支撑剂段塞使用，一方面可阻止裂缝过度延伸，降低滤失，特别在减少前置液的体积和降低排量时更为有效；另一方面 100 目砂会在人工裂缝内形成一个楔形结构，起到一定支撑作用。

最近出现了一种密度较低的支撑剂，该类支撑剂具有独有的特点，将改变现行压裂作业的方式方法和效果。与常规支撑剂相比，超低密度支撑剂可以降低支撑剂在裂缝中的沉降速率，改善铺置效果，从而提高裂缝导流能力，因此能减小对设计标准和参数的限制，尤其在页岩压裂使用活性水压裂时，液体黏度较低，用低密度支撑剂一定程度上能降低砂堵风险，且可以提高砂比。室内实验研究表明超低密度支撑剂与同粒径传统支撑剂相比，有效支撑裂缝面积可提高 5 倍以上，与小粒径的常规支撑剂相比，有效支撑裂缝面积可提高 4 倍以上；超低密度支撑剂单层分布与常规支撑剂多层分布相比，裂缝导流能力更高。

2.4.2.4 支撑剂选择原则

通过岩石物理模型得到的岩石脆性、闭合应力和裂缝宽度有助于确定支撑剂尺寸与类型等。在页岩中支撑剂的选择如前面所述，首先要满足页岩较窄裂缝支撑的目的，而且强度应满足闭合应力条件要求。图 2-43 为与闭合应力有关的支撑剂类型，随着闭合应力的增加，选择支撑剂由低强度逐渐增加到高强度，当压应力作用于支撑剂时，支撑剂破碎会造成裂缝导流能力降低，因此首先选择强度合适的支撑剂。

支撑剂尺寸的选择主要依赖于与排量和压裂液黏度有关的最小缝宽(见图 2-44)。图 2-44为通过计算岩石脆性而选择的压裂液类型，随着脆性的增加，裂缝形态变得更加复杂，缝宽变窄，因此页岩压裂支撑剂的选择易选用小粒径支撑剂。

对于支撑剂密度的选择，在满足强度和尺寸的条件下，支撑剂的密度越小越好。其原因一是密度低，利于携带，可实现支撑剂合理铺置；二是对压裂黏度要求低，降低储层伤害。Barrnett 页岩目前应用最轻的支撑剂视密度仅为 0.75，图 2-45 为低密度支撑剂与常规密度支撑剂在裂缝中铺置的对比模拟示意图及增产原理图，从图中可以看出，低密度支撑剂在储层中铺置均匀、且铺置距离远，从而形成更大的裂缝导流面积，增大裂缝长度及其导流能力，进而增大产量。

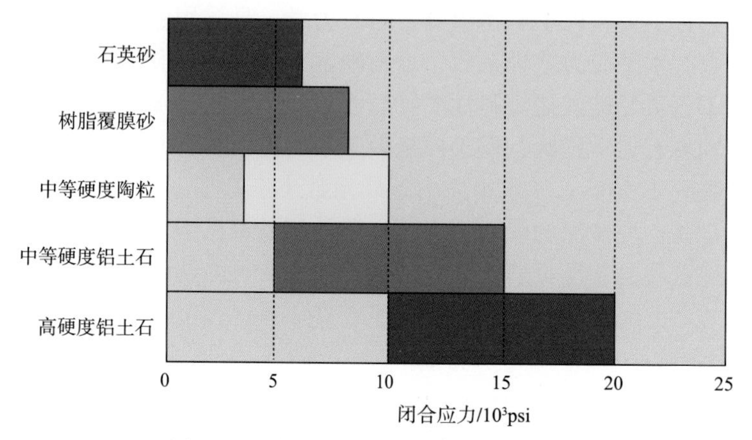

图 2－43　与闭合应力有关的支撑剂类型

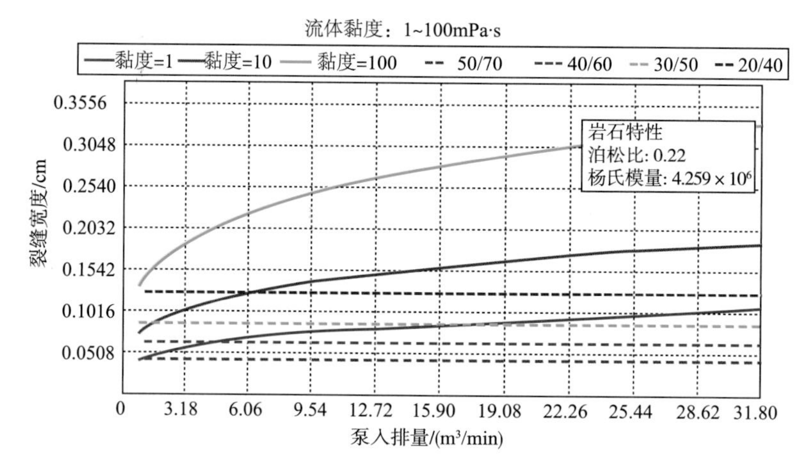

图 2－44　裂缝宽度与泵入排量关系及对支撑剂尺寸的影响

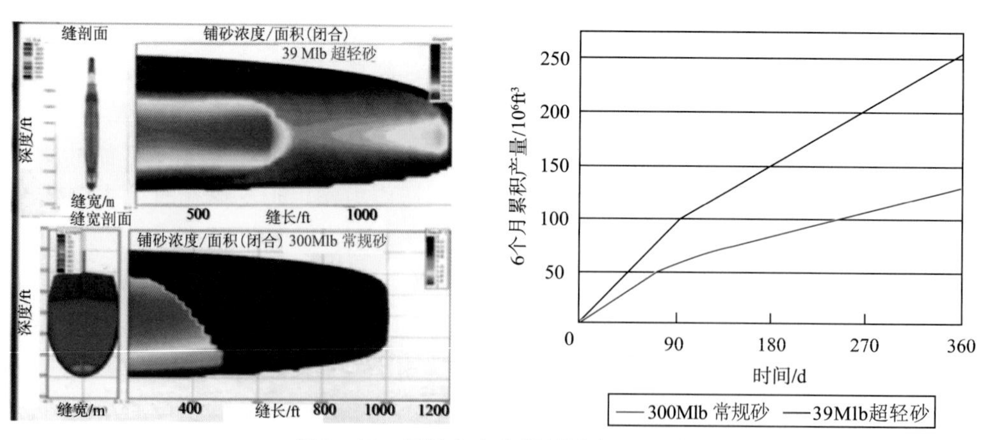

图 2－45　超低密度支撑剂增产原理图

有数据证明，Barnett 页岩气藏使用超低密度支撑剂的井比使用常规石英砂口井平均产量增加 50% ~100% 。

支撑剂的铺置浓度选择与压裂设计理念息息相关，在页岩储层，通常采用较低支撑剂浓度进行设计，通过在 Barrnett 页岩气藏使用低密度支撑剂时发现，并非砂量越多产量越大，页岩气藏产量主要与支撑裂缝导流能力有关，由于页岩压裂产生复杂裂缝或网络裂缝，裂缝的导流并非全靠支撑剂支撑实现，还有部分依靠交错裂缝不完全闭合形成的导流，因此逐渐形成了裂缝单层铺砂理论(见图 2-46)，该理论强调在粒子周边有空隙，从而增加了支撑后导流率。

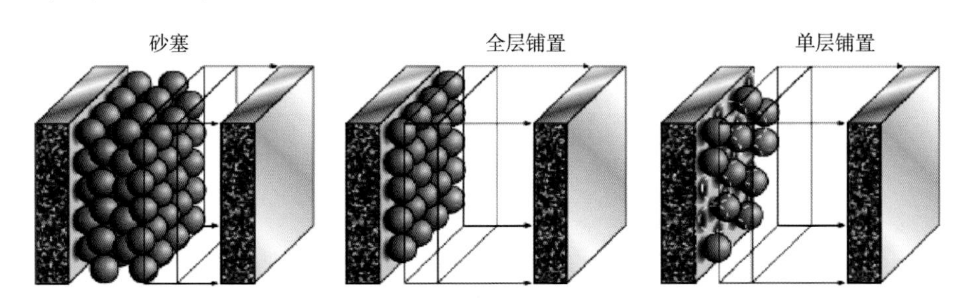

图 2-46　裂缝不同铺砂方式示意图

第3章 页岩气水平井压裂优化设计

页岩储层渗透率特低，油气在其中的渗流距离很短，只有通过体积压裂，把地层“打碎”，形成复杂缝网，使天然气分子能够通过人工裂缝开采出来。但是如何形成复杂缝网，成为“人造气藏”，既要考虑其地质条件，又要从压裂优化设计上去做工作，分析页岩的可压性、应力大小及分布，合理布孔，优化设计参数等，优化页岩气的地质“甜点”和工程“甜点”。

3.1 压裂“甜点”分析

据对美国Eagle Ford页岩气区压裂的100余口水平井产能测试统计分析，几乎2/3的射孔段对产量没有贡献，而1/3射孔段贡献了全部；另据Barnett页岩产液剖面监测结果表明，全井段70%以上的产气量来自50%低应力射孔段。说明页岩气水平井段内并非都对产能有贡献，如果提前预知这些段对产能无贡献，就可以放弃压裂，减少巨额压裂投入，降低页岩气开发成本，所以说，压裂“甜点”分析具有重要意义。

3.1.1 “甜点”概念及影响因素

3.1.1.1 “甜点”概念

页岩气压裂“甜点”通常是指在页岩气层水平井完井井段内，通过水力压裂改造而获得较高产能的井段，称为压裂“甜点”。

页岩气的压裂主要是寻找油气显示较好区、裂缝区或是具有较好脆性而易形成破碎带和裂缝的区，即油气甜点区、脆性甜点区，既是油气甜点又是脆性甜点的区称之为压裂“甜点”，通过在这样的“甜点”区实施压裂，可达到提高压裂效果、节约施工成本的目的。

页岩油气甜点区、脆性甜点区的选取要根据页岩的有机碳TOC含量和矿物组成进行合理选取评价。钙质页岩有机质含量少，吸附气、游离气含量也少，易受压破裂，属于脆性甜点区；砂质页岩中孔隙和生油岩近源，往往有油气储存，兼有油气甜点区和脆性甜点区的特征；黑色黏土质页岩则有机质丰富，根据热演化的程度往往赋存有丰富的吸附气和游离气，多为油气甜点区。据以上页岩的不同特性可知，钙质页岩"脆而不甜"，砂质页岩"既脆又甜"，黑色黏土质页岩"甜而不脆"。依据页岩类型初步判定页岩脆性，同类页岩脆性比较则依据脆性矿物总量。压裂段、点的选取要"甜、脆"结合、均衡选取。

3.1.1.2 "甜点"影响因素

影响页岩气层"甜点"的因素较多，包括页岩渗透率与孔隙度、有机碳TOC含量与有机质成熟度 R_o、天然裂缝发育程度等，影响页岩脆性甜点的因素主要包括脆性矿物含量、应力差大小及场分布体和岩石力学参数等。

1. 页岩渗透率与孔隙度

页岩基质渗透率是表征页岩气层内渗流能力，影响页岩气产能的重要因素。由于页岩气藏基岩渗透率极低，且天然微裂缝发育，因此页岩渗透率的测量存在以下问题：①在外围压力作用下，压汞法和脉冲法都不会使页岩气发生解吸，使测量渗透率比实际渗透率偏低；②通常假设基岩渗透率是岩石固有的性质，忽略了气体滑脱效应的影响；③通常的页岩渗透率测量方法不能表征出页岩层内气体吸附的特点。

页岩中的孔缝既是游离气储藏的重要空间，又是页岩气运移的重要通道，因此页岩物性参数评价成为页岩含气量定量评价的重要基础。通过岩心进行扫描电镜(SEM)(见图3-1)、压汞液氮联测、核磁共振等专项实验分析，可将页岩微观孔隙分为4种，分别是有机孔、黏土孔、碎屑孔和裂缝孔隙。黏土孔隙一般是页岩气储层束缚水的主要赋存空间，有机孔隙及碎屑孔隙成为了页岩气重要的储集空间，泥岩中裂缝的发育大大提高了流体渗滤能力，是形成高产页岩气的重要地质因素。

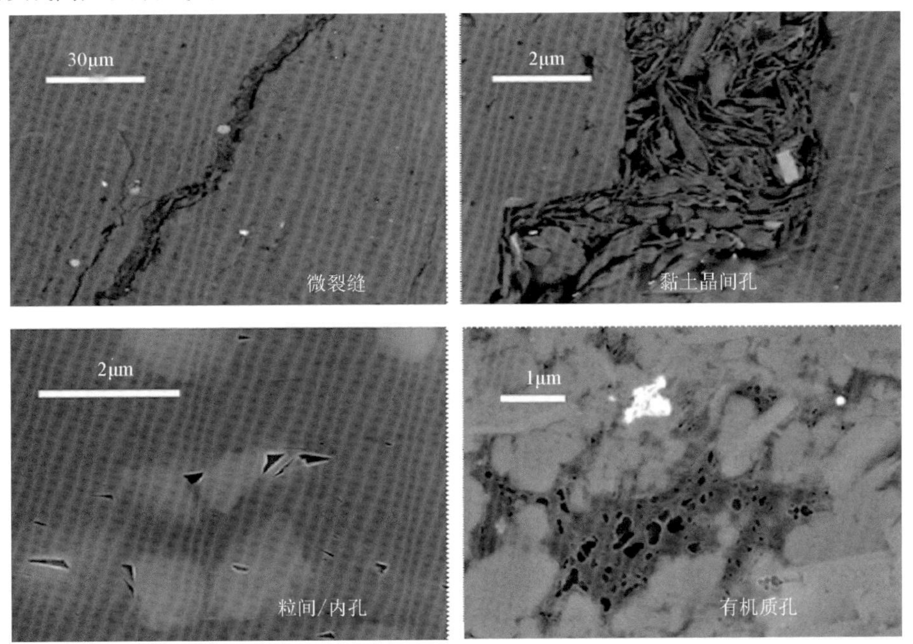

图3-1 页岩四种微观孔隙组分扫描电镜照片

2. 有机碳 TOC 含量与有机质成熟度 R_o

从页岩气成藏机理的特点可知，有机质既是页岩生烃的物质基础，也是页岩气吸附的重要载体。研究表明，有机碳 TOC 含量与页岩产气率有良好的正相关关系，有机质内含有大量微孔隙，地层中有机碳含量 TOC 的值越大，甲烷的吸附量越大。

由图 3-2 可以看出，对于不同的页岩储层，含气量与有机碳含量的关系也不相同，一般含气量随有机碳含量增加而增加，另外有机碳含量还有以下两方面的影响：①有机碳含量决定着生烃量的多少；②有机碳含量是影响页岩的吸附能力的直接因素，它的大小变化会使页岩吸附气量产生数量级的变化。

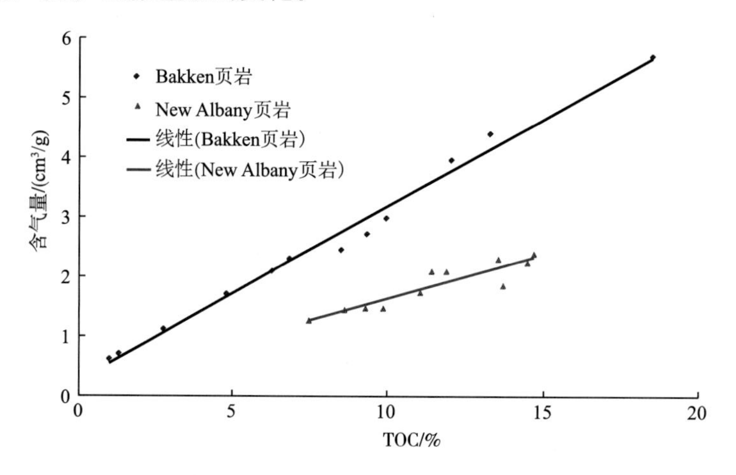

图 3-2　有机碳含量与含气量的关系

有机质成熟度 R_o 是评价烃源岩的生烃潜力的重要参数。页岩气藏有机质成熟度越高，赋存的页岩气越多。当 $R_o<0.5\%$ 时为未成熟阶段；当 $0.5\%\leqslant R_o\leqslant 2.0\%$ 时为成熟阶段；当 $R_o>2.0\%$ 时为过成熟阶段。

页岩气从开始形成、富集和运移的过程，主要分为 3 个阶段(见图 3-3)：①低成熟度生物气逸散阶段；②高成熟度裂解气富集阶段；③页岩气运移阶段。

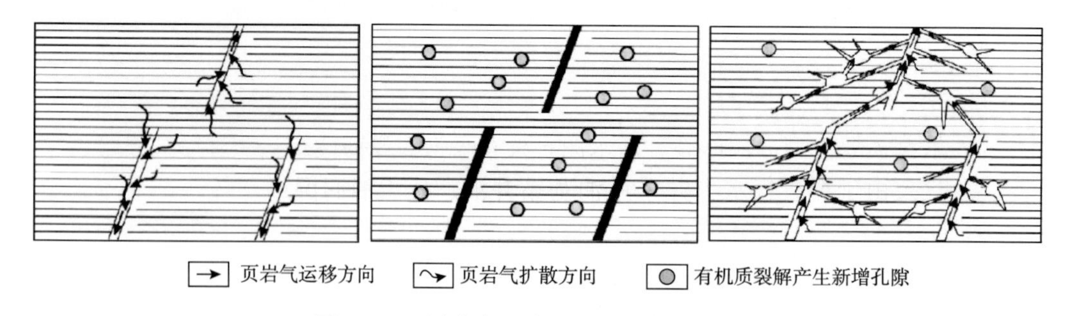

图 3-3　页岩气解吸与运移的地质过程模型

3. 天然裂缝发育程度

裂缝是岩石中没有明显位移的断裂，它既是油气储集空间，也是渗流通道。随着国内外大量页岩裂缝油气藏不断被发现和近年来北美地区在海相页岩中对天然气勘探获得的巨大成功表明，在低孔、低渗富有机质泥页岩中，当其发育有足够的天然裂缝或岩石内的微裂缝和纳米级孔隙及裂缝，经压裂改造后能产生大量裂缝系统时，泥页岩完全可以成为有效的油气储层。故在泥页岩油气藏勘探与开发中，对泥页岩裂缝的研究显得非常重要。裂缝既是页岩气的储集空间，也是渗流通道：①天然裂缝为页岩气提供了储集空间，有助于页岩气的聚集；②裂缝是页岩气从基质孔隙运移到井底的必经途径。

4. 地应力场

由弹性力学理论和岩石破裂准则，裂缝的启裂面总是垂直于最小主应力方向，由于一般的最小主应力方向和最大主应力方向垂直，因此裂缝沿最大主应力方向启裂。在常规压裂中，当处理区域最大主应力值与最小主应力值相差较大时，压裂结果通常是一条沿着最大应力方向的对称的主缝。但是如果地层应力场中的最大和最小主应力值相差很小或相等时，裂缝的启裂方向就很难确定，这时的裂缝启裂受到射孔方向和地层中天然裂缝的影响，在不考虑射孔时，压裂裂缝会沿无规则天然裂缝向各个方向延伸，从而形成网状裂缝（当使用低黏度的压裂液进行施工时，缝网的效果将更加明显）。

根据美国多个盆地页岩气开发的经验，由于地应力状态不同，压裂后岩石破裂程度也不同。当水平应力较弱时，压裂后裂缝分布呈短而宽的形态，因此在这种情况下，水平井井距应小一些，分段压裂每段可以长一些；当水平应力较强时，压裂后裂缝分布呈窄而长的特点，因此水平井的井距应大一些，分段压裂每段的长度要小一些。

5. 岩石力学参数

岩石力学性质主要是指岩石在应力作用下表现的弹性、塑性、脆性等力学性质，包括泊松比、杨氏模量、剪切模量、体积模量、体积压缩系数、抗压强度、抗剪强度以及抗张强度等参数。由于各种岩石的组分和结构各异，形成年代不同，裂隙体系也存在差异，致使不同岩石在力学性质、应力应变关系及破裂条件等方面各不相同。其中，杨氏模量和泊松比是评价页岩气可压性的岩石力学参数。杨氏模量是表征在弹性限度内物质材料抗拉或抗压的物理量，它是沿纵向的弹性模量，横向应变与纵向应变之比值称为泊松比，也叫横向变性系数，它是反映材料横向变形的弹性常数。高杨氏模量和低泊松比的页岩是脆性页岩（通常是增加了二氧化硅和减少了方解石的原因），脆性页岩更容易被压裂，开启的流动通道能在压裂压力释放后仍保持较好的稳定性，有利于气体流动。塑性页岩可能需要更多的支撑剂来支撑形成的裂缝。

6. 固井质量

目前，页岩气水平井固井主要包括三个问题：①水泥石力学性能难以满足要求，页岩气水平井一般都需要大型分段压裂，需水泥石具有高强的弹韧性及耐久性。②第二界面封固质量差，这要由于页岩气水平井采用油基钻井液，处于油润湿的环境，下水泥浆与井壁、套管壁的胶结不易。③水平段套管居中度差，影响顶替效率，主要由于套管居中度差，底边窜槽。

良好的固井胶结质量和水泥石性能是页岩气井长期生产寿命和水力压裂有效性的重要保证。页岩气井水泥浆设计不仅要考虑层间封隔和支撑套管，而且要考虑到后续的压裂增产措施。页岩气固井要求水泥浆稳定性好、无沉降，不能在水平段形成水槽；失水量小，储层保护能力好；具有良好的防气窜能力，稠化时间控制得当；流变性控制合理，顶替效率高；水化体积收缩率小等。

水泥石属于硬脆性材料，形变能力和止裂能力差、抗拉强度低。页岩气水平井的储层地应力高且复杂，套管居中度低引起水泥环不均匀，射孔和压裂施工时水泥环受到的冲击力和内压力大，这些因素易引起水泥环开裂破坏。被破坏后水泥环将失去层间封隔和保护套管的作用，将严重影响压裂效果和产能。因此，页岩气井固井不仅要求水泥环有适宜的强度，而且要有较好的抗冲击能力和耐久性，在井的整个生命周期中都能保证力学完整性。此外，高温高压条件下，地层腐蚀介质对水泥石的长期腐蚀也是需要重视的一个问题。

另外，脆性矿物含量也是压裂"甜点"的主要影响因素，在2.2.2.1中有详细介绍，这里不再重述。

3.1.2 "甜点"测评方法

3.1.2.1 测井方法

测井技术主要用于对页岩气层、裂缝、岩性的定性与定量识别。成像测井可以识别出裂缝和断层，并能对页岩进行分层。声波测井可以识别裂缝方向和最大主应力方向。地层元素测井通过对测量的图谱进行分析，可以确定岩石黏土、石英、碳酸盐、黄铁矿等含量，可准确判断岩性，进而识别储层特征。应用声波扫描、中子密度、成像测井来综合计算岩石力学参数，有利于确定有利层段，优选射孔位置、合理设计压裂工艺。此外，通过岩心与测井对比建立解释模型，还可获取含气饱和度、含水饱和度、含油饱和度、孔隙度、有机质丰度、岩石类型等参数。

近年来，以成像、核磁共振、阵列声波、高分辨率感应等为代表的测井新技术正在非常规油气藏的勘探中发挥越来越重要的作用。目前应用效果较好的测井新技术系列有元素俘获能谱测井(ECS)、阵列声波测井、井壁成像测井、核磁共振测井、自然伽马能谱测井、感应测井等(Shim 等，2010)(见表3-1)。

表3-1　不同测井系列评价参数

技术系列	技术项目	评价页岩储层的参数
录井技术系列	地化录井	页岩 TOC 含量
	核磁录井	页岩总孔隙度、有效孔隙度、渗透率、可动流体饱和度、含油饱和度
	XRF 及 XRD 录井	页岩脆性矿物、黏土矿物含量
测井技术系列	自然伽马能谱	页岩 TOC 含量、黏土矿物成分及含量
	核磁成像	孔隙结构、有效孔隙度、渗透率、含油饱和度等
	偶极子声波	研究页岩岩石力学参数、各向异性、地应力
	微电阻率扫描成像(FMI)	研究页岩沉积、构造、裂缝、地应力方向、岩性等
	元素俘获(ECS)	计算页岩矿物组成、岩性、脆性矿物含量、TOC 含量、含气量等

元素俘获能谱测井(ECS)可以定量确定地层中的硅(Si)、钙(Ca)、铁(Fe)、硫(S)、钛(Ti)、钆(Gd)等元素的含量，进而精确分析页岩的矿物成分。此外，ECS 与常规测井结合，还可以确定干酪根类型，计算有机碳含量(Spears 等，2009)。

阵列声波可提供纵波、横波和斯通利波等信息。其中，纵、横波时差结合常规测井资料，可求取岩石泊松比、杨氏模量、剪切模量、破裂压力等岩石力学参数，可为压裂方案设计、优化提供依据；利用快慢横波分离信息，可以评价由于裂缝(或地应力)引起的地层各向异性；利用斯通利波信息可以分析裂缝及其连通性。

声、电井壁成像测井能够提供高分辨率井壁图像，可用于裂缝类型与产状分析、定量计算裂缝孔隙度、裂缝长度、宽度、裂缝密度等评价参数。另外，利用井壁成像进行的沉积学分析和纵向非均质性评价，对指导页岩气的储层改造和高效开发具有重要的意义。

自然伽马能谱测井能够得到地层中铀、钍、钾的含量。通常情况下，干酪根含量与铀含量呈正相关关系，而放射性元素钍和钾的含量与干酪根含量没有相关性，因此常用钍铀比来评价地层有机质含量和生烃潜力。

核磁共振测井可以排除复杂岩性的影响，得到更加准确的页岩储层孔隙度、孔隙流体类型以及流体赋存方式等信息，从而更精确地评价页岩油气藏。“核磁共振”中的“核”是指氢原子核，“磁”是指磁性，包括氢核的磁性和外加磁场的磁性，而“共振”是用与 Larmor 相同频率的射频脉冲磁场 B_1 激发它，此时发生核磁共振现象。核磁共振测井是在井眼所在测量区域内，地层中磁性氢核(^1_1H)被外加静磁场 B_0进行磁化，氢核绕 B_0以 Larmor 频率进动产生宏观磁化矢量 M；用相同频率的射频脉冲磁场 B_1激发它，使之发生核磁共振并用线圈对其信号加以接收，从而获得地层的有关信息(如孔隙度、孔隙结构、流体等)。

油、气、自由水、束缚水等中的氢核在外部磁场作用下，核磁响应特征有差异，表现为横向迟豫时间(T_2时间)分布差异，采用共振的办法可以测量井筒周围不同距离的差异信息(见图3-4)。T_2 分布的形态指示了储层的孔隙结构，对 T_2 分布进行分析和计算孔吼半径等，并且能判断复杂岩性的储集空间类型。

核磁共振测井直接探测地层中氢核的磁响应特征，借以直接确定孔隙度大小、并区分油、气、水层。

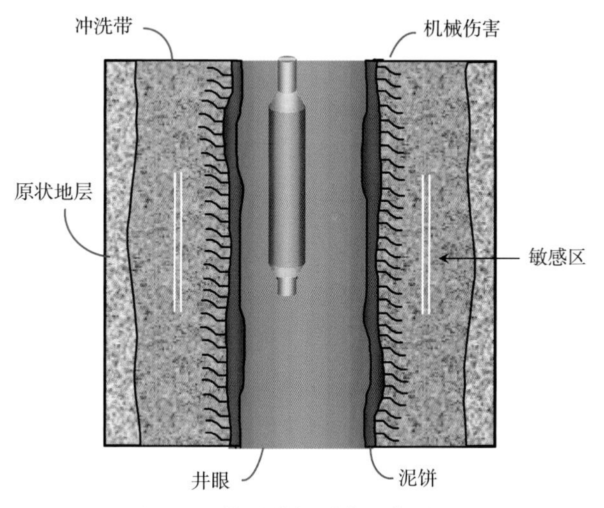

图3-4　核磁共振测井示意图

3.1.2.2　室内物理实验方法

通过岩心实验、流体性质分析，分析页岩层物性特征(孔隙度、渗透率、流体饱和度等)和岩性特征，包括全岩矿物成分与含量、脆性矿物成分与含量、黏土矿物成分与含量、脆性指数。开展酸溶性实验、流体敏感性实验，孔隙压力、三轴应力分析，有利于识别有利层段，标定测井，优化完井和压裂设计。

1. 岩石薄片签定和化学分析技术

通过粉碎后均一化岩石样品的 X 射线衍射分析，确定岩石中常见矿物的相对组成。通过岩石薄片的透射光和正交偏光光学鉴定，了解岩石中碎屑矿物、自生矿物和成岩胶结物的共生关系。通过岩石光片(或薄片)的透射光和荧光签定、镜质体反射率测定，明确岩石中有机质类型和成熟度。

2. 天然气组分和稳定碳同位素分析技术

针对页岩中不同赋存状态的气体，通过不同的物理化学方法使之解吸出来，分析气体成分和单体碳、氢同位素组成特征，进而对页岩气组成、成因类型、分布规律和赋存机理进行研究。美国休斯顿 GeoMark Research 实验室研究指出利用页岩气的组分含量与同位素的变化规律还可进行页岩气潜力评价及高含气量区块预测；基于同位素分馏效应，检测页岩中游离气和吸附气之间同位素的差异可判识页岩基质孔隙度和渗透率较好的地区(Zumberge，2009)。

3. 页岩含气量测试技术

页岩含气量是确定页岩气有无开采价值的决定性参数，为页岩储层评价、有利区优选提供依据。目前可采用直接测试技术和分类测定方法(李玉喜，2011)。直接测试通过保压取心和密封取心方式，保存大部吸附气和部分游离气，防止岩心中油气水散失，所取得的数据资料更能真实反映地层情况。而目前通过分别计量页岩中的解吸气量、残余气量和损失气量来获取页岩气的总含气量的分类测定方法应用较为广泛。其中，损失气量特指钻遇页岩层后到岩样被装入样品解吸罐密封之前从页岩样中释放的气体量；解吸气量是指将岩样放入热稳压解吸罐中密封后，从页岩样中解吸出来的气体量，而残余气量定义为解吸后仍残留在样品中的气体量，通过岩石破碎提取。其中，损失气含量是影响含气量测试精度的最主要部分，常用 USBM 直线回归法进行估算，避免或少用不稳定数据点进行计算可以更准确地求得损失气量(刘洪林，2010)。针对当前页岩解吸实验装备的缺陷，中国地质大学(北京)提出一种改进的解吸气测量设备及其实验方法，能够更准确地测定解吸气量。而依据井场作业环境，对热稳压解吸罐、岩石密闭破碎装置以及体积计量设备进行系统设计整合，实现页岩含气量的现场快速、准确测试是其技术发展的必然趋势。

4. 页岩油气资源岩石物性特征

页岩主要物性参数包括：岩石渗透率、孔隙度、流体饱和度、岩石润湿性、比表面、岩石表面能等参数及有关岩石孔隙结构特征的孔隙分布、最大孔喉半径、平均孔喉半径、迂曲度等参数。非常规油气储集体的岩石特征与常规油气储集体相比，在岩石孔、渗特征以及储集特征等方面有很大差别，主要表现在渗透率远远低于常规油气藏岩石的渗透率、平均孔隙半径远远小于常规岩石的平均孔隙半径，但是比表面和表面能远远高于常规油气藏岩石的表面能，针对常规岩石分析而建立的岩心分析方法不能完全适用于非常规油气藏岩心分析，针对非常规油气藏岩心分析的相关方法、技术设备主要包括：

(1)脉冲衰竭法超低渗透率测试研究。利用该方法可以测定渗透率为纳达西级别的岩石渗透率(IDT，1998)。

(2)BET 吸附法(GB. T 19587—2004)孔隙结构及比表面测定。利用该方法可以测定岩石的孔隙度、孔径分布、比表面，并以此推算其表面能，该方法只能测定半径小于 200nm 的孔隙分布，大于该尺寸的孔径分布应用压汞法或者离心毛管压力法进行测定。

(3)页岩孔隙结构微观可视化研究。页岩孔隙结构的微观特征可以通过高清晰光学显微镜和扫描电镜等手段进行直接观测，也可以通过核磁共振成像、X 射线 CT 成像技术进行观测。

(4)页岩油气微观赋存特征与岩石物性相关性研究。直接测定方法难以获得有关流体在致密砂岩和页岩中油气的微观赋存状态的可靠结果。最恰当的方法是将带压取心技术、高压核磁共振成像、岩石润湿性分析、色谱分析等多种手段结合。

5. 页岩岩石力学特性

页岩的岩石力学特性不同于砂岩和碳酸盐岩，主要表现在微观和宏观非均质性及裂缝对油气产量的影响：

(1)页岩岩石力学参数测试。通过岩石力学系统测定岩石的杨氏模量、泊松比、脆性、破裂压力、应力应变曲线等岩石力学参数，目前常用的岩石力学系统有单轴加载岩石力学机、两轴向岩石力学机及三轴向岩石力学系统等。

(2)页岩开发过程中的应力敏感性特征研究。在研究开发条件下随着储层压力下降，裂缝闭合和孔隙喉道压缩对渗透性的影响。

3.1.2.3 地球物理与地球化学方法

1. 地球物理方法

地球物理评价重点描述页岩段的地应力场(包括最大水平主应力、最小水平主应力、地应力方位、地应力剖面)和天然裂缝特征(密度、方位、原地状况等)。

1)页岩应力场分析

通过研究表明，拉梅常数 λ 能够反映地下应力场的分布。因此可以通过 AVO(Amplitude Versus Offset，振幅随偏移距的变化)反演分析地下应力场的变化，从而预测有利的压裂区域。通过将孔隙压力和构造运动等因素整合到水平方向上的主应力计算中，将其称为水平方向上的最小闭合压力，即岩石破裂产生裂缝所需要的最小压力。水平闭合压力越小，工程压裂时越容易产生裂缝，从而提高页岩的产量。如果想利用 AVO 反演结果来预测最小闭合压力的空间分布，需要将弹性性质项、孔隙压力和构造运动项与介质的拉梅常数建立一定的联系。利用这种联系进行过渡，从而通过拉梅常数能够直接反映储层的最小闭合压力分布(孙赞东等，2011)。Perez(2011)详细地讨论了拉梅常数对最小闭合压力的影响、孔隙压力对最小闭合压力的影响和构造运动对最小闭合压力的影响，并将这种关系转换到了 $\lambda\rho-\mu\rho$ 域，用来研究 $\lambda\rho$、$\mu\rho$ 与岩石的弹性性质项、孔隙压力和构造运动项之间的关系。

通过综合分析得出：①低 λ/μ 值对应较小的最小闭合压力；②低 $\lambda\rho$ 值意味着较高的孔隙压力，从而预示较小的最小闭合压力；③高 $\mu\rho$ 值和低 $\lambda\rho$ 值的方向对应于裂缝走向垂直的方向，因而预示着较小的最小闭合压力。在井约束条件下，可以对它们之间的关系进行控制和校正。因此，利用计算可以对 AVO 反演结果进行直接解释，从而预测最小闭合压力的空间分布。综合脆性预测结果和最小闭合压力的预测结果，能够更好地圈定有利的压裂区域(Goodway，2010)。图3-5 显示了最小闭合压力的空间分布预测结果，图中冷色表示闭合压力较小的区域，暖色表示闭合压力较大的区域。

2)页岩裂缝预测

利用地震资料进行裂缝检测的研究，先后经历了横波勘探、多波多分量勘探和纵波裂缝检测等几个阶段。近几年来，在用纵波地震资料进行裂缝勘探方面取得了长足的进步，并开始由以前的定性描述向利用纵波资料定量计算裂缝发育的方位和密度方向发展。在利用三维地震资料进行构造、断层(包括小断层)的精细解释基础上，采用三维可视化技术、泥岩裂缝储层特征反演技术、地震资料相干分析和曲率分析技术、全方位地震信息进行的 AVAZ 和 VVAZ 技术、地震频率、振幅变化率、波形、地震层速度等多种方法，综合识别和预测泥页岩裂缝发育区(丁文龙等，2011)。

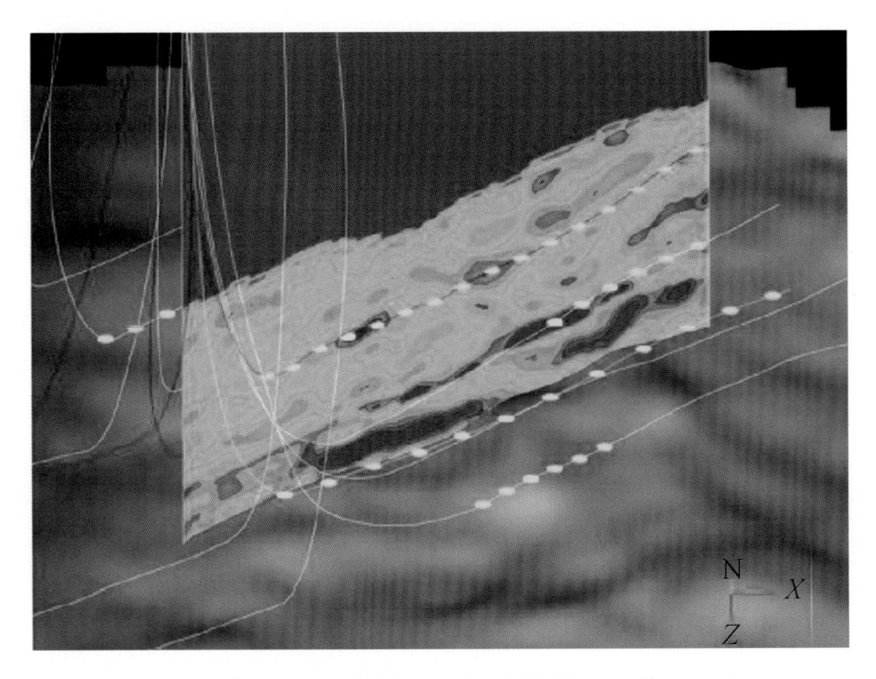

图3-5　最小闭合压力的空间预测分布图(Monk 等，2011)

2. 地球化学方法

利用地球化学分析技术，在页岩生烃潜力评价方面，分析有机碳含量、有机质类型、有机质热演化程度，在页岩岩心实验和评价方面，分析自由气、吸附气含量，分析岩相和流体关系，间接识别储层流体性质和有利目的层段。

泥页岩有机地化属性是制约其生烃及赋存油气能力的最关键因素。其中，有机质类型、丰度和成熟度是页岩油气地球化学评价的重要指标。不同的盆地、不同的页岩类型，甚至在同一套页岩内部，上述指标可有较大变化。

以美国典型的几套海相页岩为例，密执安盆地 Antrim 页岩有机碳含量分布范围为0.3%～24%，镜质体反射率分布范围为0.4%～0.6%；伊利诺斯盆地 New Albany 页岩有机碳含量分布范围为1%～25%，镜质体反射率分布范围为0.4%～0.8%；阿巴拉契亚盆地 Ohio 页岩有机碳含量分布范围为0.5%～23%，镜质体反射率分布范围为0.4%～4.0%；福特沃斯盆地 Barnett 页岩有机碳含量分布范围为1.0%～13%，镜质体反射率分布范围为1.0%～2.1%；圣胡安盆地 Lewis 页岩有机碳含量分布范围为0.5%～3.0%，镜质体反射率分布范围为1.6%～1.9%。

中国不同沉积盆地的含气页岩有机地化特征变化范围较大，有机碳含量分布范围为0.3%～17%，镜质体反射率多处于0.5%～4%的区间内。值得注意的是，我国南方海相页岩由于时代较老，经历多期构造改造，热成熟度普遍较高，大多数位于1.5%～4.5%的范围内，高者可达5%甚至6%以上，基本上处于过成熟状态，具有明显区别于国外海相页岩的特点。相比而言，我国中生界陆相页岩则以Ⅲ型干酪根为主，有机碳含量和成熟度均较低。

在 Barnett 页岩沉积初期，有机碳含量高达20%，现今总有机碳含量为3%～13%，平均4.5%，为Ⅰ型—Ⅱ型干酪根。在 Barnett 页岩层系中，有机质页岩和磷质页岩的有机碳含量最高，两者平均值分别为5.0%和5.1%，明显高于普通页岩(有机碳含量为3.8%)和白云质页岩(有机碳含量为2.7%~3.2%)。

四川盆地东部龙马溪组页岩为腐泥型(Ⅰ型)—腐殖腐泥型($Ⅱ_1$型)干酪根，有机碳含量值在1.0%~5.0%之间，现今埋深在2000~4000m之间，热成熟度为2.4%~4%，处于高成熟晚期—过成熟期。

3.1.3 “甜点”综合分析

页岩气压裂“甜点”综合评价是在以上“甜点”测评基础上，综合考虑地层岩性、测井(自然伽马GR、声波时差AC、中子孔隙度CNL和地层密度DEN)评价、地化(TOC、地化特征分级)评价、储层(孔隙度、渗透率)评价、页理缝发育级别、可压性(长石石英质含量、碳酸盐岩含量、黄铁矿、赤铁矿、硅质含量)评价和含气量(游离气含量、吸附气含量)评价结果(见图3-6)，针对个别进行过核磁测井的重点井，要结合核磁测井计算高分辨率的孔隙度及孔隙结构信息(见图3-7)，进行地质“甜点”选择；另外还要结合水平井井眼轨迹，计算水平井段岩石力学等参数(见图3-8)，结合固井质量进行工程“甜点”选择。

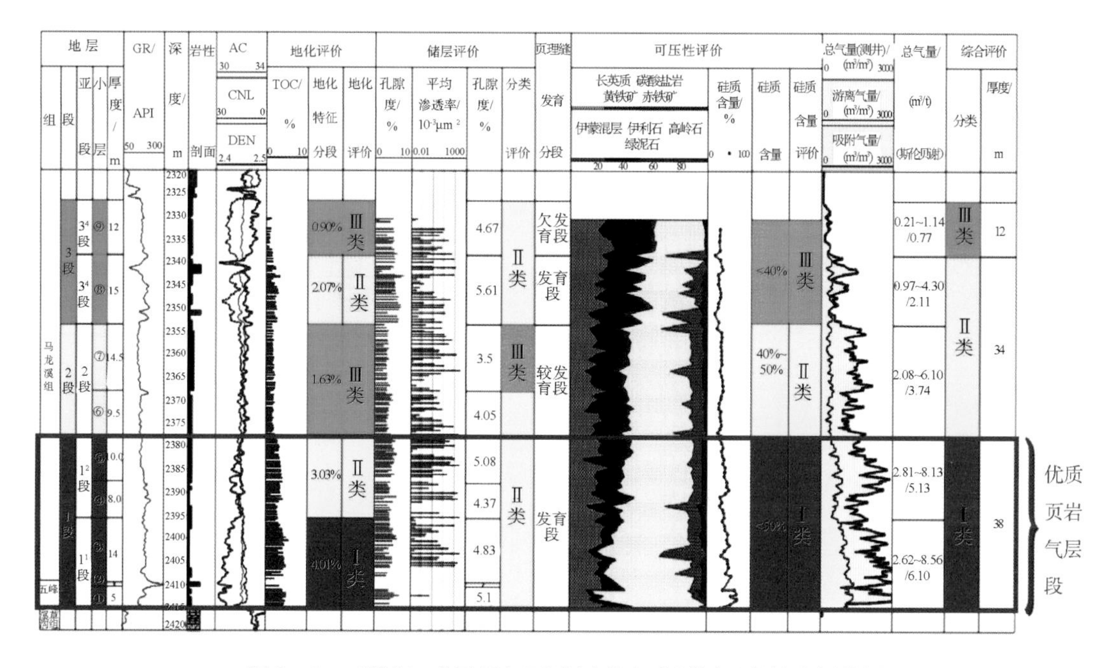

图3-6 五峰组—龙马溪组页岩压裂地质“甜点”段综合评价图

3.1.3.1 地质“甜点”评价

页岩压裂地质“甜点”在常规测井曲线上具有“四高两低”的典型响应特征(见图3-9)，即高自然伽马、高电阻率、高声波时差、高中子、低体积密度、低光电吸收指数(谭茂金等，2010)。

(1)自然伽马测井呈高值。其原因包括两方面：①页岩中泥质、粉砂质等细粒沉积物含量高，放射性强度随之增强；②页岩中富含干酪根等有机质，干酪根通常形成于一个放射性铀元素富集的还原环境，因而导致自然伽马测井响应升高。

(2)电阻率测井表现为低值背景上的相对高值。一般来说，页岩中泥质含量高，且含有较多束缚水，导致储层呈现低阻背景；而有机质和烃类具有的高电阻率物理特性，致使含油气页岩电阻率测井值升高。

(3)声波时差测井呈高值。随着页岩中有机质及含气量的增加，声波速度降低、声波时差增大，在含气量较大或含气页岩内发育裂缝的情况下，声波测井值将急剧增大，甚至出现周波跳跃现象。

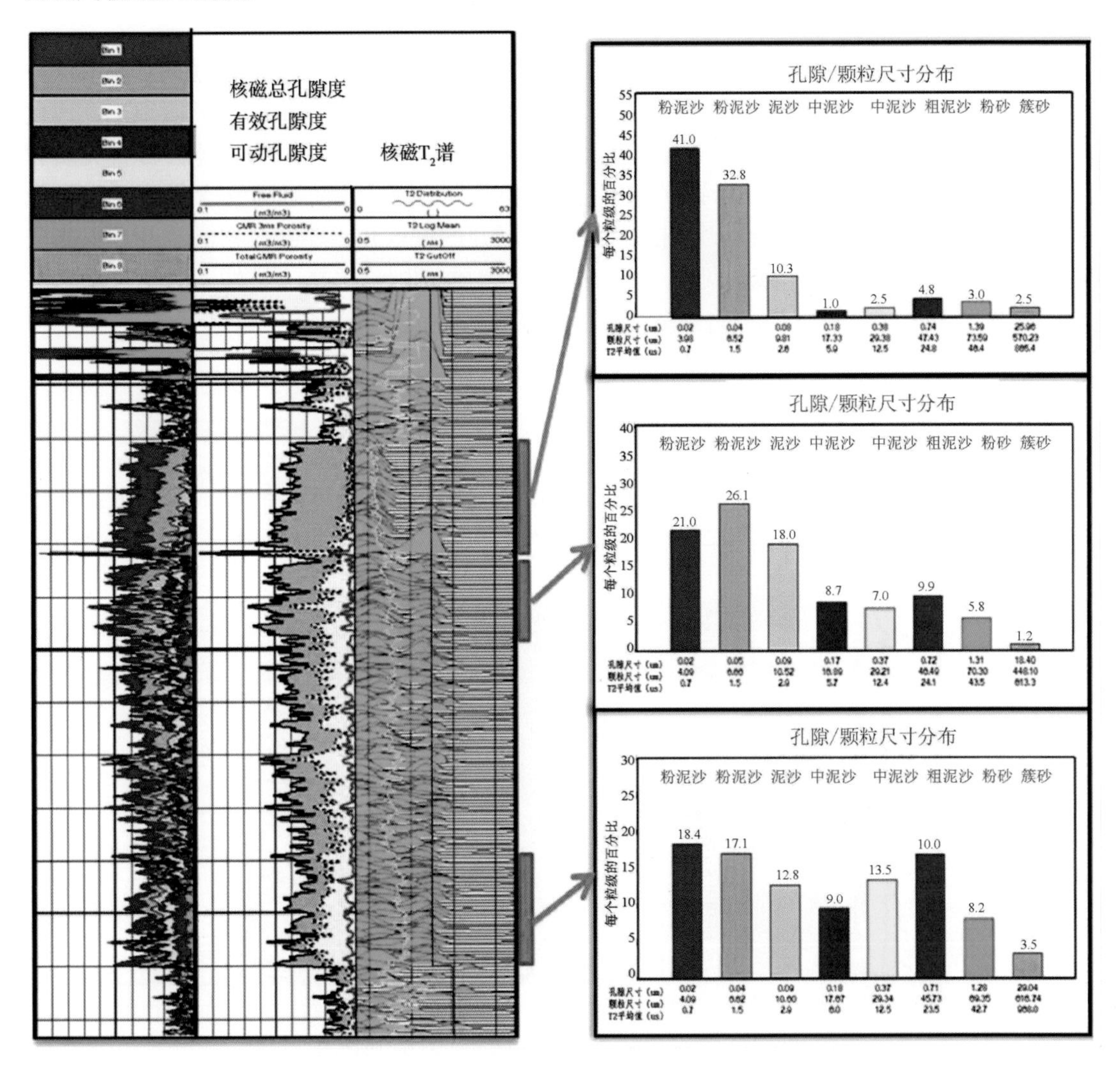

图 3-7 五峰组—龙马溪组页岩核磁测井提供的高分辨率的孔隙度及孔隙结构信息

(4)中子测井响应呈高值。页岩中束缚水及有机质含量较高，可以显著抵消由于天然气造成的氢含量下降，致使含油气页岩中子测井响应表现为高值。

(5)密度测井呈低值。一般页岩密度较低，随着页岩中有机质(密度接近于1.0g/cm^3)和烃类气体含量增加，密度测井值将进一步减小；如遇裂缝段，密度测井值将变得更低。

另外，页岩段一般出现扩径现象，且有机质含量越高、脆性越好的页岩段，扩径越明显。

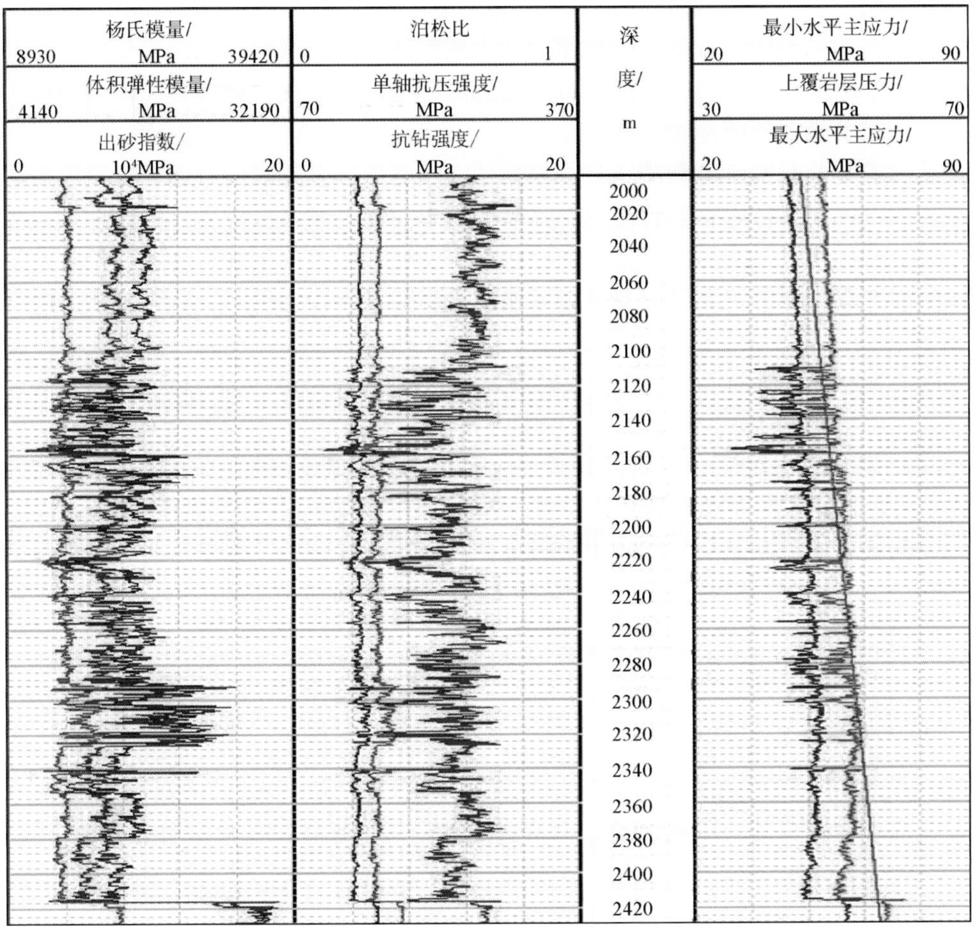

图 3－8　五峰组—龙马溪组页岩岩石力学与应力场剖面

页岩压裂地质“甜点”在地化、储层评价和脆性评价方面的表现为：①有机碳含量 TOC 较高。有机碳含量对于非常规页岩地层开发来说是其物质基础，它决定了一个储层是否有开采价值。②天然裂缝发育。天然裂缝的发育程度直接与压后产量相关，储层中的天然裂缝不仅储藏着大量的自由气，同时也是页岩气产出的通道。③孔隙度和渗透率高。孔隙度极大地影响着烃类的总含量，它直接决定着储层中最终能开采的气量。④气测显示较高。气测是一种直接的方法来显示储层中含气量的多少，气测含气量较高的部位应该是 TOC、孔隙度、渗透率都较高的部位。⑤水平井穿行在储层中的有利位置（见图 3－10）。水平井在储层中的中间有利部位，有利于压裂时纵向沟通更多的页岩气，它也决定着储层中最终能开采的气量。

3.1.3.2　工程“甜点”评价

页岩压裂工程“甜点”表现为：①地应力差异较小。压裂时，希望储层中能产生较多裂缝，并能形成缝网，获得较好改造效果。研究表明地层中最大水平应力和最小水平应力的差值越小，形成缝网的可能性越大。②高杨氏模量和低泊松比。高杨氏模量和低泊松比的页岩是脆性页岩（见图 3－8），脆性页岩更容易被压裂。③固井质量好，避开套管节箍和扶正器。好的固井质量能够很好地实现分簇和分段压裂，避免压裂时簇与簇或段与段之间压窜。

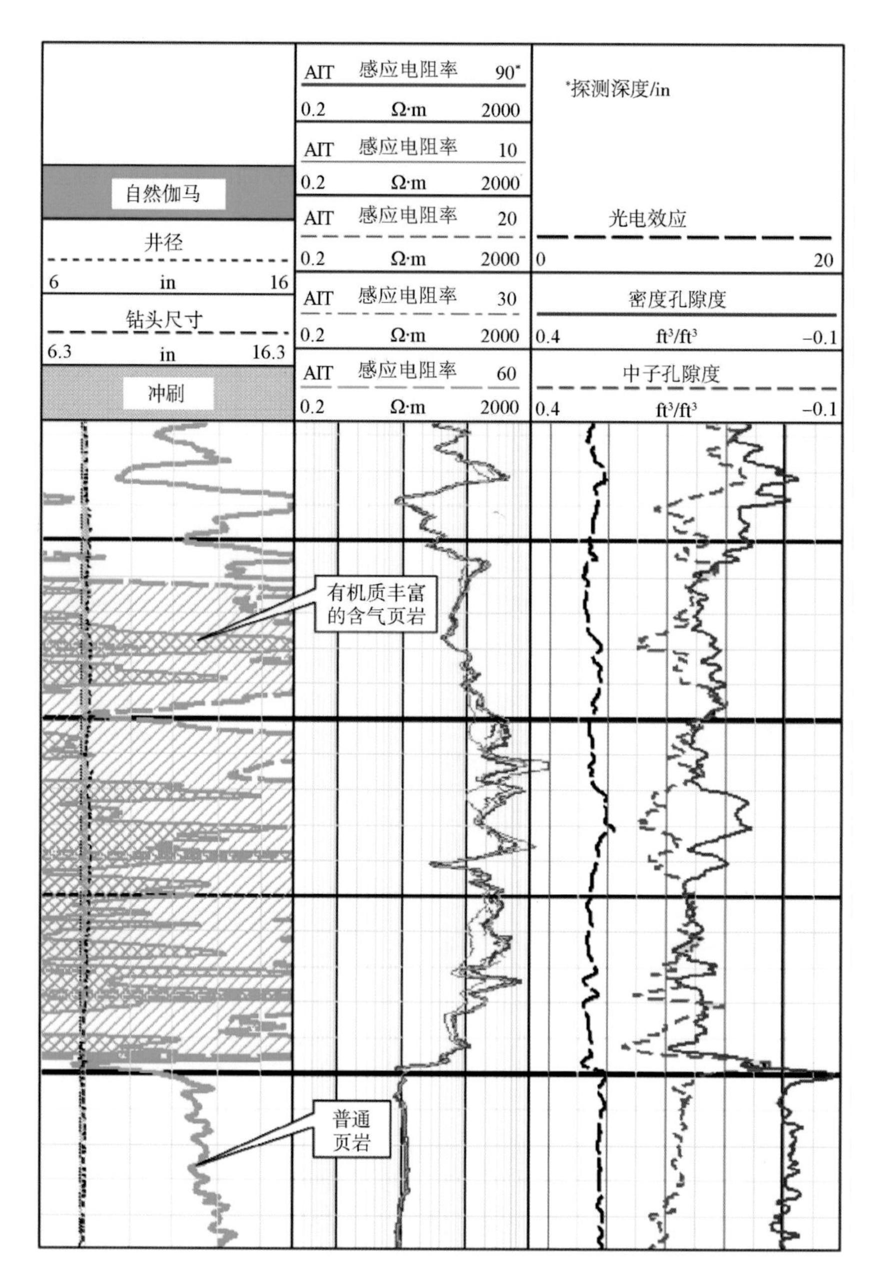

图 3-9 含气页岩测井响应曲线(Shell，2006)

3.2 水平井分段压裂方案设计

页岩气水平井分段压裂技术大幅度提高了气产量，在对水平井进行分段压裂改造时，水力压裂方案设计非常关键。根据气藏储层特点，以裂缝扩展规律研究、储层可压性评价为基础，以形成复杂缝或网缝、扩大泄气面积为目标，确定压裂主导工艺，选择射孔位置，优化压裂工艺参数，筛选、评价适用的压裂液体系和支撑剂组合。

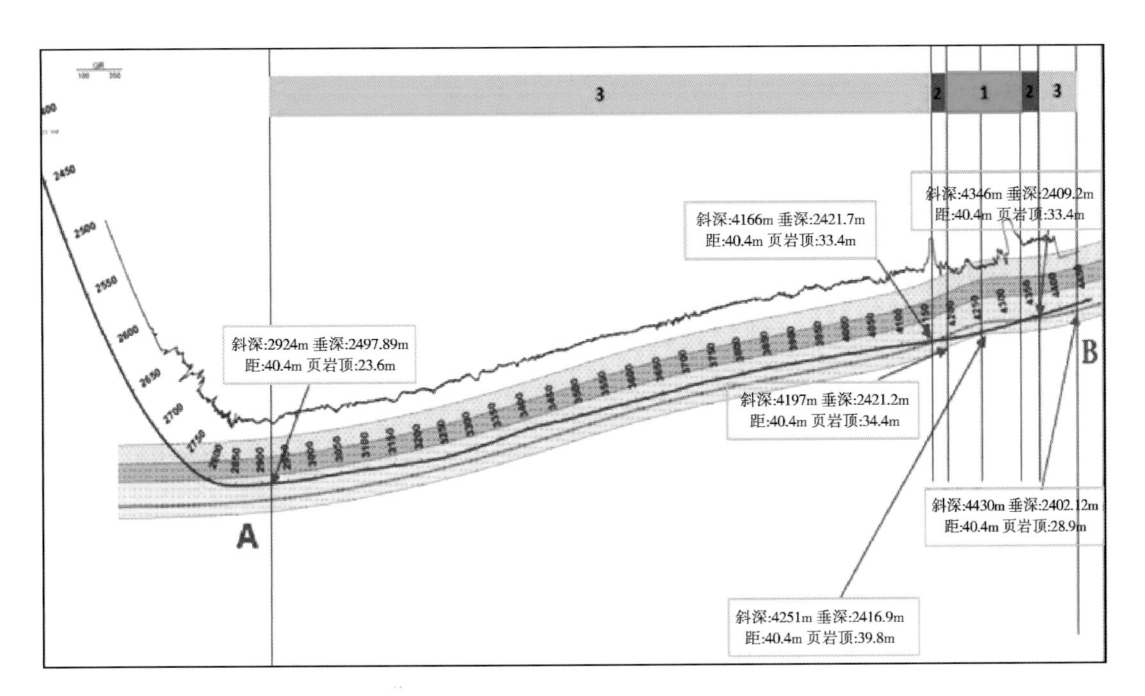

图3－10　井眼在储层中的穿行轨迹

3.2.1　射孔方案设计

页岩基岩渗透率极低，页岩气必须通过复杂的裂缝系统才能有效产出，压裂改造的目的就是要形成缝网，将页岩压碎，为页岩气产出提供尽可能多的渗流通道，所以在压裂起裂点选择时就需要考虑井筒内多点起裂，为形成复杂缝网创造条件。

1. 射孔方式

目前页岩气水平井多采用套管固井完井方式，采用电缆射孔与桥塞联作分段进行压裂，其特点为一次装弹、电缆传输、液体输送、桥塞脱离、分级引爆，主要包括桥塞以及射孔枪定位技术、桥塞与射孔枪分离技术、分级引爆技术。压裂第一段时，由于是在水平井趾端，采用电缆射孔无法泵送到位，只能采用连续油管输送射孔枪到位，射孔压裂第一段，其余压裂段均采用减阻水泵送推动桥塞和射孔枪下行，到预定位置后，点火坐封桥塞，然后上提射孔枪到指定位置进行簇射孔、压裂。目前在段内采取多簇射孔，压裂时多个位置同时进液，能够实现多点起裂，缝间干扰。每段的射孔孔眼数以施工中孔眼摩阻最小为选择标准。

2. 射孔位置选择及簇间距优化原则

具体起裂点位置，应结合地质“甜点”和工程“甜点”进行选择，选择在TOC含量较高，天然裂缝发育，孔隙度、渗透率高、地应力差异较小、气测显示较好、固井质量好的部分，避开套管节箍和扶正器，非均匀布簇射孔，非等长裂缝布置。

利用缝间干扰，优化缝间距，以形成复杂裂缝。“分段多簇”射孔实施应力干扰是实现体积改造的技术关键。常规水平井分段压裂进行段间距优化时采用单段射孔，单段压裂模式，避免缝间干扰。体积压裂改造时，优化段间距则采用“分段多簇”射孔（见图3－11），实现多点起裂，利用缝间干扰促使裂缝转向，产生复杂缝网。

图 3－11　水平井分段压裂簇射孔

缝间距的优化即为簇间距优化。在优化设计中，需通过数值模拟首先确定簇间距，然后根据簇间距确定分簇数，再根据分簇数确定每次压裂段的长度，进而根据水平段的长度来确定每口井压裂段数。由此可见，簇间距的优化至关重要。

例如，根据焦石坝地层参数进行模拟，不同净压力、不同裂缝间距会产生不同的诱导应力(见图 3－12)，净压力大于 10MPa，缝间距 20～30m 时产生大于原地应力差的诱导应力，消除原地水平主应力差，利于裂缝转向、裂缝复杂化。龙马溪裂缝间距 25～25m，诱导应力 9.1～12.3MPa；五峰组裂缝间距 30～40m，诱导应力 9.6～12.9MPa，利于在端部附近形成应力干扰，进而促进裂缝延伸发生转向。过小的簇间距会产生较强的缝间干扰，最大的应力增加出现在裂缝中部和端部，裂缝间距接近 40m 时，缝间应力干扰迅速降低。

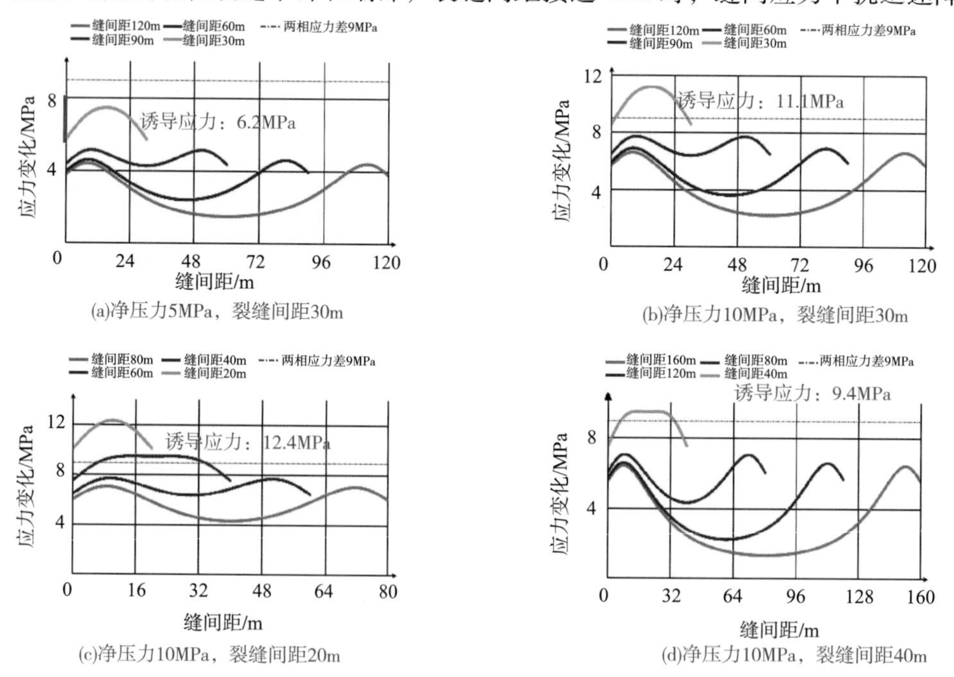

图 3－12　不同净压力、不同裂缝间距产生的诱导应力

我国的焦石坝区块主要考虑射孔簇数对净压力、裂缝波及范围影响，根据不同层段对单段进行簇数优化，详见表3-2和图3-13。簇数增加，净压力降低，相同簇数条件下，相比龙马溪组，五峰组净压力更低。优化结果为：五峰组2簇射孔，龙马溪组3簇射孔，横向波及宽度及缝长均适宜。

表3-2　不同簇数和排量条件下的净压力计算表

簇数 / 排量/(m^3/min)	4簇射孔	3簇射孔	2簇射孔
	净压力/MPa	净压力/MPa	净压力/MPa
6	3.0	4.9	5.2
8	4.4	6.0	7.9
10	5.1	6.5	8.6
12	6.9	8.5	10.2
14	7.7	9.7	12.1
15	8.9	10.9	13.2
16	10.1	12.2	13.9

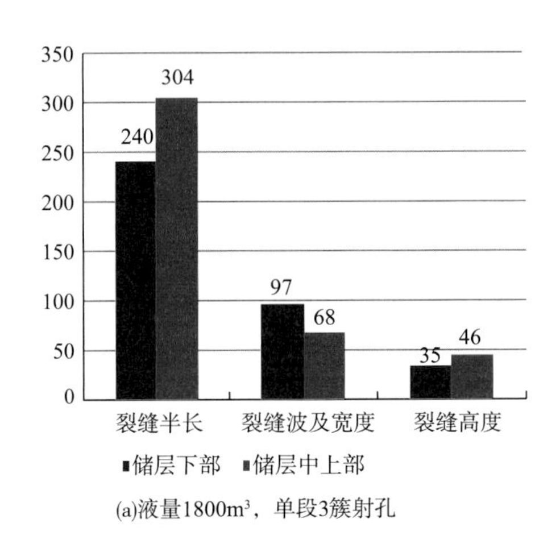

(a)液量1800m³，单段3簇射孔

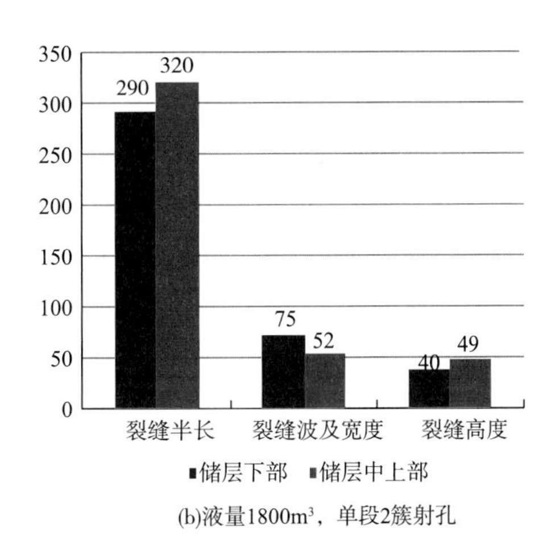

(b)液量1800m³，单段2簇射孔

图3-13　不同簇数计算的裂缝几何参数

3. 非均匀布孔

近期研究与实践表明，高产水平井中有产量贡献的射孔簇通常多于邻井，高产水平井有产量贡献的射孔簇大于80%，而低产井中有产量贡献的射孔簇小于65%，甚至仅占30%。可见优化射孔簇的位置及分簇数对改善措施效果影响巨大，因此提出了选择“甜点”，非均匀布段(簇)的设计理念。例如，美国Eagle Ford致密油气藏不仅采用非均匀布段，还采用非均匀分簇，某些段采用4簇，某些段采用3簇，改造后，每米段长产量比邻井高20%。

结合焦石坝地区页岩储层特点，根据渗流机理，水平井两端裂缝供给范围最大，结合井距和井眼穿行轨迹，采取非均匀“W”型裂缝布局模式，详见图3-14。

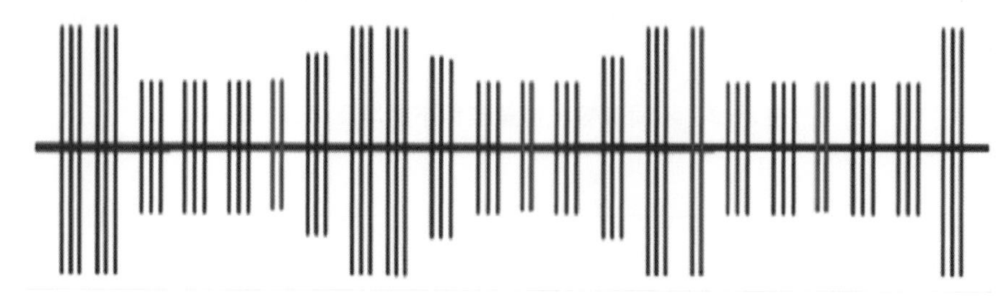

图3-14　非均匀“W”型裂缝布局模式

3.2.2　裂缝形态模拟

目前对裂缝形态的模拟主要通过压裂设计软件进行，包括 FracproPT、Stimplan、Meyer 商业化压裂软件，这些软件功能大同小异(见表3-3)，涵盖了二维、拟三维、三维压裂裂缝模型(见图3-15)。具体到非常规油气藏模拟，由于页岩、煤岩及致密裂缝性储层是孔隙和裂缝的双重介质，天然裂缝及层理发育，大排量施工时容易沟通天然裂缝以及形成剪切裂缝，最终形成较大规模的裂缝网络。因此，针对非常规油气藏压裂一般使用 Meyer 软件进行设计，该软件采用离散化裂缝网络模型，对于缝网压裂具有很强的针对性。图3-16是裂缝网络模型示意图。

表3-3　常用的压裂设计软件及其功能

软件名称	公司名称	主要功能						
		压裂模拟	自动设计	小型压裂	压裂防砂模拟	酸化压裂模拟	产能预测	净现值优化
Meyer	Meyer	√	√	√	√	√	√	√
FracCADE	Schlumberger	√	√	√	√	√	×	√
Gohfer	LabMarathon	√	√	√	√	√	√	√
TerraFrac	TerraTek	√	×	×	×	×	×	×
FracproPT	Pinnacle	√	√	√	√	√	√	√
Stimplan	NSI	√	√	√	√	×	√	√

根据北美页岩压裂实践经验，一般根据地应力差异系数、岩石力学参数、脆性指数等方面来分析评估裂缝形态。

焦石坝地区水平应力差异系数平均为0.11，可形成复杂裂缝。另根据单井2380.70m处地应力测定结果，水平应力差异系数为0.34，说明局部也有形成双翼裂缝的可能。

参考国外学者提出的岩石脆性与压裂裂缝形态的关系，焦石坝地区静态岩石力学参数计算的脆性指数为50.42%，动态岩石力学参数计算的脆性指数为50%～60%，矿物成分计算的脆性指数为50%，形成复杂裂缝的可能性较大。

通过上述分析和实验井组实施情况证明，焦石坝地区主体区域的五峰组—龙马溪组页岩气层形成复杂裂缝的可能性较大，在较高的净压力下易实现网络裂缝。

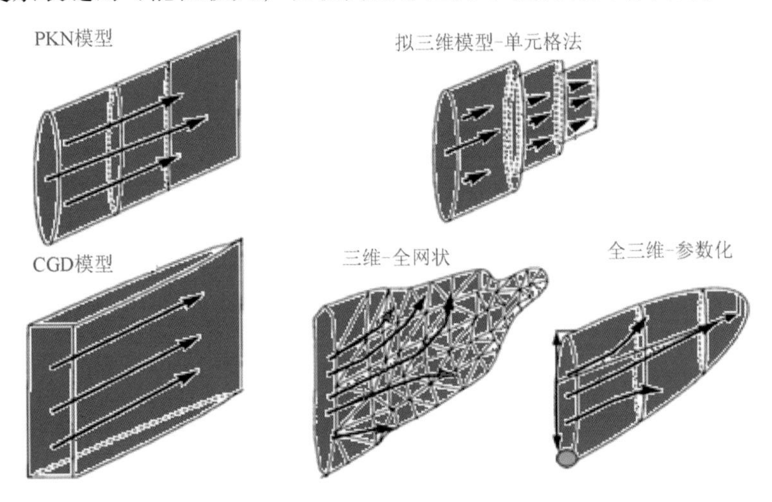

图3－15 不同裂缝形态计算模型

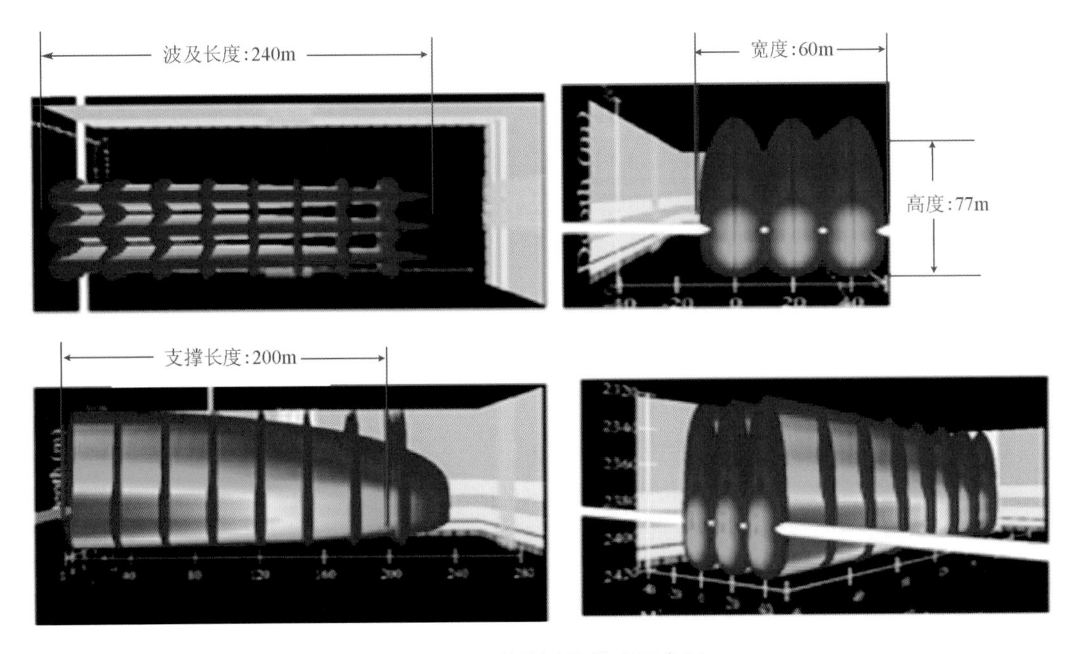

图3－16 裂缝网络模型示意图

3.2.3 压裂工艺参数优化

1. 压裂工艺优化

通过压裂软件模拟、施工参数拟合、统计数据分析、现场实时优化等多种方法和技术手段，不断细化工艺参数，形成针对不同小层的压裂工艺模式。

焦石坝大套的页岩段可根据有机碳含量和脆性矿物含量细分为8个岩石相(见图3－17)，自上而下编号与类型分别为⑧含碳低硅页岩相、⑦高碳低硅页岩相、⑥中碳中硅粉砂质页岩相、⑤中碳中硅含粉砂质页岩相、④高碳高硅页岩相、③高碳中硅页岩相、②富碳高硅页岩相1、①富碳高硅页岩相2。其中，下部38m包含了①②③④和⑤号岩石相。五缝组为富碳高硅有利页岩相，龙马溪组为③④和⑤号岩石相。针对不同组、不同岩石相采取不同的压裂工艺，详见表3-4。

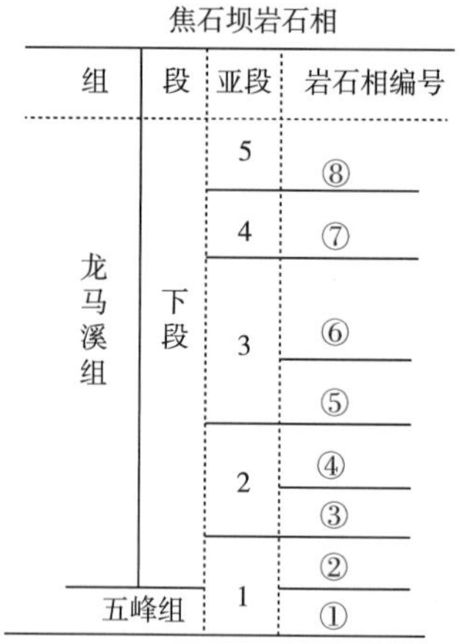

焦石坝岩石相

组	段	亚段	岩石相编号
龙马溪组	下段	5	⑧
		4	⑦
		3	⑥
			⑤
		2	④
			③
		1	②
五峰组			①

图3-17　焦石坝岩石相细分

表3-4　焦石坝根据不同组和岩石相优化的压裂工艺

小层	施工工艺
五峰组	两种施工工艺： 酸液+减阻水+胶液 酸液+前置胶液+减阻水+胶液
龙马溪组(③④小层)	三段式施工工艺： 酸液+减阻水+胶液
龙马溪组(⑤小层)	四段式施工工艺： 酸液+前置胶液+减阻水+胶液

2. 施工规模优化

针对页岩储层及岩石相特征，采用离散裂缝网络(DFN)模拟法开展压裂规模优化，结合缝长及导流能力要求，根据气藏工程井距规划，优化压裂规模。

五峰组：单段液量为1500~1900m^3，单段砂量为55~65m^3。以网络裂缝形成为主，层理开启较多，缝高和缝长延伸相对受限，主要以泵入液量为目标，促使裂缝的剪切滑移。

龙马溪组：单段液量为1600~2000m^3，单段砂量为60~80m^3。以复杂裂缝形成为主，层理开启较少。

3. 施工排量优化

优化施工排量需从以下几个方面考虑：

(1)当每孔排量达到0.16m^3/min时，才会出现分流转向。按每段射孔3簇，每簇20孔计算，60孔需排量大于10m^3/min。为充分开启天然裂缝，促使裂缝复杂化，需尽可能提高排量，提高缝内净压力。天然裂缝开启所需净压力大约为10MPa。

(2)主要受单车功率、压裂车数量、混砂车排量、场地等因素影响。

(3)考虑井口、套管、桥塞的耐压能力。

3.3　测试压裂分析

为了解页岩地层参数，为主压裂设计方案选择及调整提供依据，需要进行测试压裂设计。目前主要有微注测试、平衡测试+校正压裂测试和诱导注入小型压裂等几种测试方式。

3.3.1　微注测试

射孔测试后，进行微注测试，采取低排量小体积泵注，长时间关井测压降，数据反演地层及裂缝参数，获取参数主要包括渗透率、破裂压力、闭合压力、滤失系数等。微注测试可在小型压裂测试前 20 ~ 30 天进行，读取解释井口/井下存储式电子压力计数据，并调整小压测试方案。

图 3－18 显示了一个理想的微注测试过程，呈现在双对数诊断图中。压降导数呈现了一定趋势，主要包括：

(1)弹性闭合流动过程(压差导数曲线斜率为 3/2)；

(2)主裂缝闭合时期(偏离压差导数曲线斜率为 3/2 处的点)；

(3)闭合后地层线性流(压差导数曲线斜率为 1/2)；

(4)后期拟径向流动(曲线斜率为 0)。

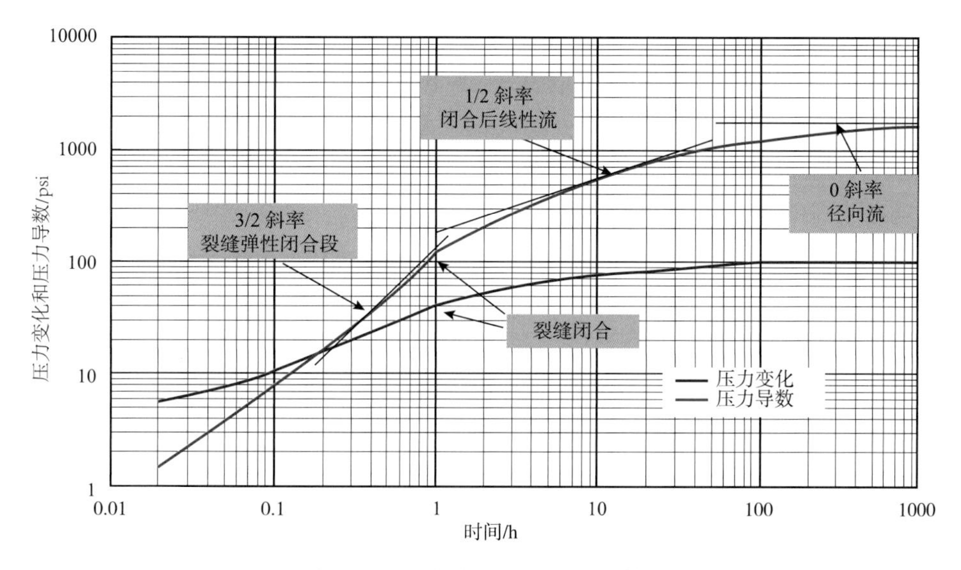

图 3－18　理想的微注测试双对数图

1. 闭合前理论

分析和模拟闭合前压降阶段，是以 Cater 滤失模型、Nolte 针对裂缝增长的理论及地层地应力之下闭合裂缝壁面符合弹性理论为基础，在此假定关井后裂缝立即停止扩展。压降主要由缝宽控制：

$$p_w = p_c + S_f \overline{\dddot{W}}$$

裂缝刚度 S_f和 α 值取值方法见表 3－5。

表 3－5　几种模型下的裂缝刚度 S_f和 α 值

参数	PKN 模型	KGD 模型	径向模型
α	4/5	2/3	8/9
S_f	$\dfrac{2E'}{\pi h_f}$	$\dfrac{E'}{\pi x_f}$	$\dfrac{3\pi E'}{16R_f}$

给出注入时间 t_e，可以由下式得到无因次关井时间：

$$\Delta t_D = \frac{\Delta t}{t_e} \tag{3-1}$$

任意关井时间 Δt 时裂缝宽度表达式，式中考虑了地层和裂缝扩展时注入流体的滤失，结果如下：

$$\overline{W_{t_e+\Delta t}} = \frac{V_i}{A_e} - 2S_p - 2C_L\sqrt{t_e}g(\Delta t_D,\alpha) \tag{3-2}$$

结合方程(3－1)和方程(3－2)，可以得到闭合前压力压降模型表达式：

$$p_w = (p_c + S_f V_i/A_e - 2S_f S_p) - (2S_f C_L\sqrt{t_e})g(\Delta t_D,\alpha) \tag{3-3}$$

式中 V_i——单翼裂缝的注入流体体积，m^3；

A_e——单翼裂缝壁面的表面积，m^2；

S_p——初滤失量，m^3；

C_L——滤失系数，$m/min^{1/2}$。

方程(3－3)表明直到裂缝闭合结束前，井底压力会随着 G 函数线性降低，闭合后压降会偏离原先的线性趋势。该模型的线性特性按照下列方程显示更直观。

$$p_w = b_N + m_N g(\Delta t_D,\alpha) \tag{3-4}$$

式中，$b_N = P_c + S_f V_i/A_e$，$m_N = -2S_f C_L\sqrt{t_e}$。

假设初滤失忽略不计，由这些方程可以计算滤失系数、裂缝尺寸、裂缝平均宽度和压裂液效率等。所有这些方程均在表3－6中列举，其中 b_N 和 m_N 是必要的输入参数。

表3－6 注入压降测试模型

参数＼模型	PKN 模型 $\alpha=4/5$	KGD 模型 $\alpha=2/3$	径向模型 $\alpha=8/9$
滤失系数	$\frac{\pi h_f}{4\sqrt{t_e}E}(-m_N)$	$\frac{\pi x_f}{2\sqrt{t_e}E'}(-m_N)$	$\frac{8R_f}{3\pi\sqrt{t_e}E'}(-m_N)$
裂缝长度	$x_f = \frac{2E'V_i}{\pi h_f^2(b_N - p_C)}$	$x_f = \sqrt{\frac{E'V_i}{\pi h_f(b_N - p_C)}}$	$R_F = \sqrt[3]{\frac{3E'V_i}{8(b_N - p_C)}}$
裂缝宽度	$\overline{w}_e = \frac{V_i}{x_f h_f} - 2.830C_L\sqrt{t_e}$	$\overline{w}_e = \frac{V_i}{x_f h_f} - 2.956C_L\sqrt{t_e}$	$\overline{w}_e = \frac{V_i}{R_f^2\frac{\pi}{2}} - 2.754C_L\sqrt{t_e}$
液体效率	$\eta_e = \frac{\overline{w}_e x_f h_f}{V_i}$	$\eta_e = \frac{\overline{w}_e x_f h_f}{V_i}$	$\eta_e = \frac{\overline{w}_e R_f^2\frac{\pi}{2}}{V_i}$

实际上，如果考虑 G 函数上限为压裂液效率100%的情形，即：

$$g(\Delta t_D,\alpha=1) = \frac{4}{3}\left[(1+\Delta t_D)^{\frac{3}{2}} - \Delta t_D^{\frac{3}{2}}\right] \tag{3-5}$$

指数3/2表示计算的压力导数会随着叠加时间的对数呈现3/2的斜率。当压差不再由这种行为控制时，可以认为裂缝闭合。根据该方法可从诊断图中挑出斜率偏离3/2线时的闭合时间和闭合应力点。

方程(3－5)重新排列，得到：

$$g(\Delta t_D,\alpha-1) - \frac{4}{3}\Delta t_D^{3/2}\left(\tau^{\frac{3}{2}} - 1\right) \tag{3-6}$$

其中，t_p 使用注入时间 t_e 替代，将方程(3－5)代入方程(3－6)，取导数可得：

$$\Delta p' = \frac{dp}{d\ln\tau} = \frac{dp}{d\tau}\cdot\tau \tag{3-7}$$

$$\Delta p' = 2m_N \Delta t_D{}^{5/2} \tau \left(1 - \tau^{1/2}\right) \tag{3-8}$$

重新排列方程(3－8)，可得两个必要参数的值

$$m_N = \frac{\Delta p'}{2\Delta t_D{}^{5/2} \tau (1 - \tau^{1/2})} \tag{3-9}$$

$$b_N = p_w - m_N \frac{4}{3} \Delta t_D{}^{3/2} \left(\tau^{3/2} - 1\right) \tag{3-10}$$

其中，$p_w = ISIP - \Delta p$。

这就可使用Δt_c、Δp_c和闭合时间处的$\Delta p'_c$值计算b_N和m_N值。

2. 闭合后理论

尽管在扩展过程中裂缝半长会增加，但闭合后响应主要由闭合时间处呈现的裂缝几何形状控制。近似将滤失速度考虑成两个注入速度，第一个是裂缝扩展过程中假定滤失速度为平均滤失速度，第二个是闭合中的平均滤失速度。假定平均滤失速度为常数，其值为闭合时间滤失的总体积与注入时间和闭合时间之和的比值。基于该假设获得无因次井底压力的值：

$$\Delta \bar{p}_{wD} = \left[1 - e^{-(t_{eD} + t_{cD})s}\right] \frac{\overline{q_D}}{s} k_0 \left(\frac{1}{2}\sqrt{s}\right) \tag{3-11}$$

k_0为修正的第二类零阶贝塞尔函数。对于无因次压力、时间、速率需借助Stehfest反演进行处理。

其无因次压力的Laplace变换式为：

$$\bar{p}_{wD} = \frac{k_0}{s^{3/2} k_1} \frac{r_{wD}{}^{\sqrt{s}}}{r'_w} \tag{3-12}$$

k_1为修正的第二类一阶贝塞尔函数。为了定义无因次压力、时间、速率，认为裂缝为无因次导流能力裂缝，等效井眼半径表示为：$r'_w = x_f/2$(Prats，1961)。

该式仍需借助Stehfest反演进行处理。最终，类似于Horner函数。

3. 数据分析方法

分析现场数据，最好可以直接测量出地层厚度、裂缝高度、平面应变弹性模量、孔隙度、地层流体黏度和压缩性、气层温度和气体相对密度。为了创建双对数诊断图，有必要确定瞬时停泵压力和计算压差。在双对数图中，可以发现压降测试中呈现4种特征：3/2斜率、3/2斜率趋势末端显示闭合时间、1/2斜率趋势可以得到裂缝大小，最后导数不变阶段可以得到地层渗透率。对于这些输入参数接下来的解释是：

(1)初始假设裂缝几何形态，有两种合适的选择，如PKN模型和径向模型。当注入的体积很小或者当产层与周围地层的应力差很小时，产生的裂缝可能是径向的。当岩性表明存在一个较强的裂缝高度限制时，需要注入足量的液体保证裂缝半长超过其高度，就应用PKN模型。

(2)导数3/2斜率趋势末端上定义闭合时间点($\Delta p'_c$，t_c)，闭合应力在该时间处给出。根据式(3－9)和式(3－10)可以确定m_N和b_N的值。确定m_N和b_N后，接下来的步骤取决于假定的裂缝几何形态。

第一种选择：PKN几何形态。

(3)储层渗透率可由最后拟径向流阶段不变的导数值确定，$\Delta p_c'$针对油，$\Delta m(p)'$针对

气，使用方程如下所示：

$$k = \frac{70.6qB_o\mu_o}{m'h} \text{——油}$$

$$k = \frac{711qT}{m'h} \text{——气} \tag{3-13}$$

(4)初始储层压力也可由拟径向流阶段导数估计出，使用以下方程即可：

$$P^* \sim P_i = -m'\ln\left(\frac{t_e + \Delta t_{slo=\hat{pe}}}{\Delta t_{slo=\hat{pe}}}\right) - \Delta p(\Delta t_{slo=\hat{pe}}) + ISI \tag{3-14}$$

裂缝半长可选择闭合后1/2斜率线上一个点(Δt，$\Delta p'$)确定：

$$x_f = \left(\frac{4.064qB}{m_{1f}h}\right)\left(\frac{\mu}{k\phi c_t}\right)^{0.5} \text{——油}$$

$$x_f = \left(\frac{40.592qT}{m_{1f}h}\right)\left(\frac{1}{k\phi \mu_g c_t}\right)^{0.5} \text{——气} \tag{3-15}$$

其中，$m_{1f} = 2\Delta p'/\sqrt{\Delta t}$。

(5)裂缝长度可用来估算缝高，随后使用表3-6中方程可估算出滤失系数、注入末期的平均缝宽和计算压裂液效率。

第二种选择：径向裂缝几何形态。

(3)该情形只有裂缝半径得到后才可估算出渗透率。使用表3-6中方程计算出裂缝半径、滤失系数、注入末期的平均缝宽和压裂液效率。

(4)如果裂缝半径$2R_f <$缝高h，渗透率可在$h = 2R_f$的条件下估算出。而当$2R_f > h$时，使用真实的储层厚度可估算出渗透率。

(5)初始储层压力可由方程(3-14)得到。

最后，我们产生分段Global模型匹配这些数据。

4. 微注测试应用

Haynesville页岩气井：

Haynesville页岩气地层位于Louisiana西北部、Texas东部，并延伸至Arkansas。Haynesville页岩具备异常高压和较大的厚度，地层埋藏深度在3048~4267m范围内。

对其中一口套管完井垂深为3749m水平井端部位置进行了微注测试。通过TCP枪打开了3个射孔簇，间距为27m；射孔密度为39孔/m，3个射孔簇的长度分别为1.2m、1.2m和0.6m，结果产生了120个孔。

注入测试共计3.18m^3清水，排量为0.477m^3/min，共计6.6min。井底压力监测时长为67h。表3-7显示了分析中使用的储层和流体数据。

表3-7 Haynesville页岩压裂微注测试输入参数

SG_q	0.7	μ_q/mPa·s	0.038
c_t/psi^{-1}	2.98×10^{-5}	E'/psi	6×10^{-6}
ISIP/psi	14668	ϕ/%	7
S_w/%	30	h/ft	150
地层温度/℉	320		

图3－19显示了压力压降数据呈现真实气体 $m(p)$ 函数形式的双对数图。闭合前3/2斜率和闭合应力很容易确定，但闭合后特征不符合1/2斜率趋势。然而，闭合后导数很快趋平。这种情形因为缺乏1/2斜率趋势，意味着不能指示裂缝半长和半径。结合闭合前和闭合后分析，仅能估算出渗透率和裂缝几何形态。

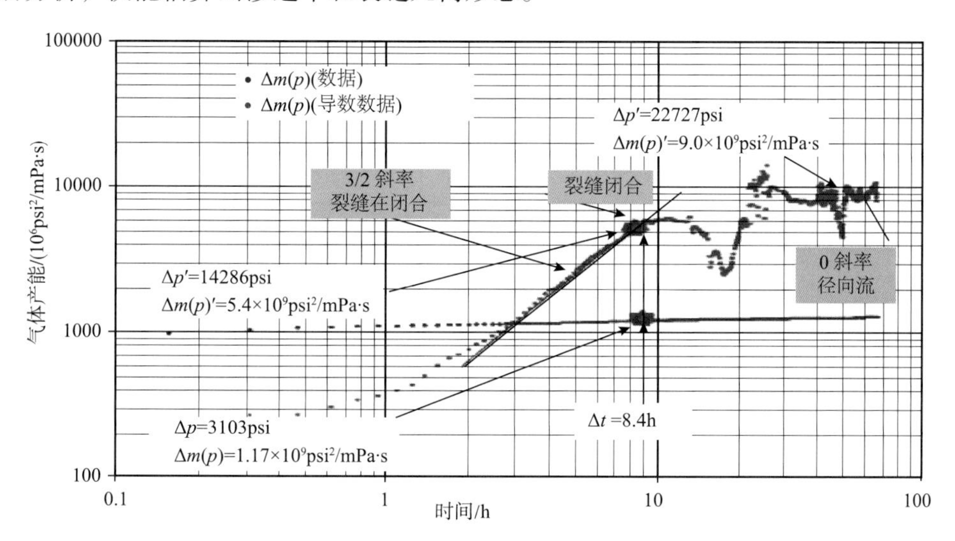

图3－19　Haynesville页岩微注测试双对数图

图3－20显示了微注测试得到渗透率结果和生产解释结果，通过微注测试计算出渗透率的结果与生产解释结果在一个数量级上，比较接近(见表3－8)。

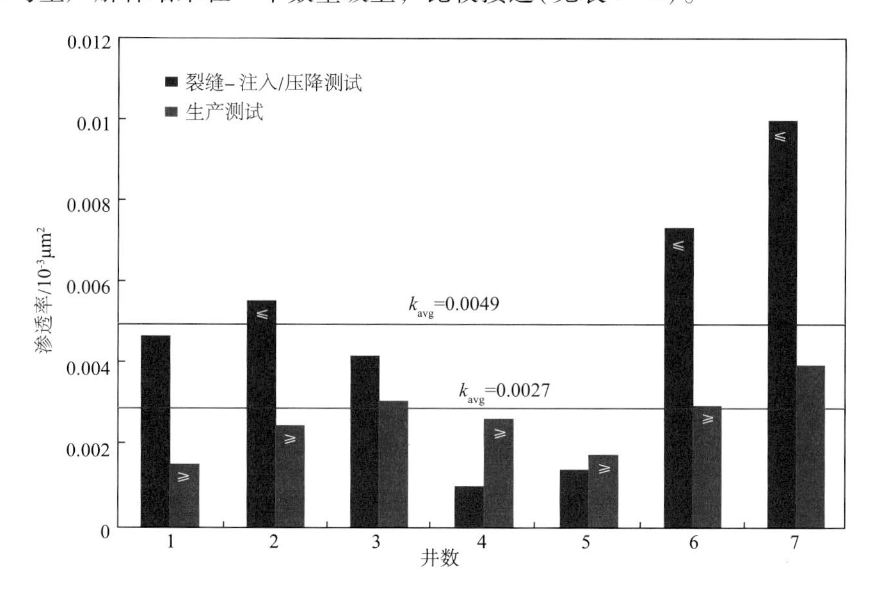

图3－20　Haynesville页岩微注测试和生产测试渗透率的比较结果

3.3.2　平衡测试+校正压裂测试

在阶梯降排量测试之后，所采取的平衡测试以及与主压裂排量相当的校正测试，目的是获取相对准确的闭合点，继而确定地层最小水平主应力和调整主程序。

表 3-8 Haynesville 页岩典型微注测试泵注程序

注入排量/(m^3/min)	注入时间/min	注入体积/m^3	累计注入体积/m^3
0.25	0.25	0.063	10.338
0.56	0.6	0.336	
0.89	0.4	0.356	
1.1	1.43913	1.583	
1.6	5	8	

1. 平衡测试+校正测试压裂原理

注入测试包含3个步骤：阶梯升排量到设计值、阶梯降排量和平衡测试。

阶梯升排量在渗透性地层中是常用的方法。液体被不断增加的排量注入地层，直到裂缝产生并延伸。压力和排量关系图通常呈现两种不同的斜率，而交叉点就是裂缝的延伸压力(见图3-21)。图中斜率的改变是由于地层基质滤失和裂缝在较高排量下开启产生的不同压力响应所造成的。由于液体在裂缝内的摩阻和裂缝刚性的影响，该压力通常比闭合压力高出0.35～1.38MPa。

在阶梯降排量测试之后，立即进入平衡测试阶段。该测试用于确定闭合压力——岩石的最小主应力。精确地确定闭合压力是非常重要的，因为所有的压裂分析都需要参考它。

按照常规的做法，闭合压力将由压力降落曲线确定。其中，有很多算法可以利用，例如时间平方根、G函数等。但尝试在曲线上找到闭合点时通常会遇到麻烦，因为在整个裂缝闭合过程中，储层滤失还在继续，这样裂缝会出现多种异常的闭合过程，从而在曲线上出现多个具有闭合特征的曲线位置，如图3-22所示，闭合过程中会有高度减少和长度增加等过程，都会出现压力曲线的异常波动，该方法具有一定的局限性。

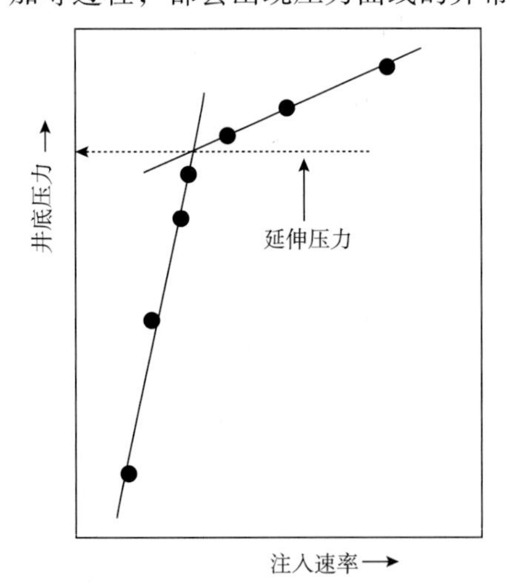

图3-21 利用阶梯升排量与压力响应关系确定裂缝延伸压力

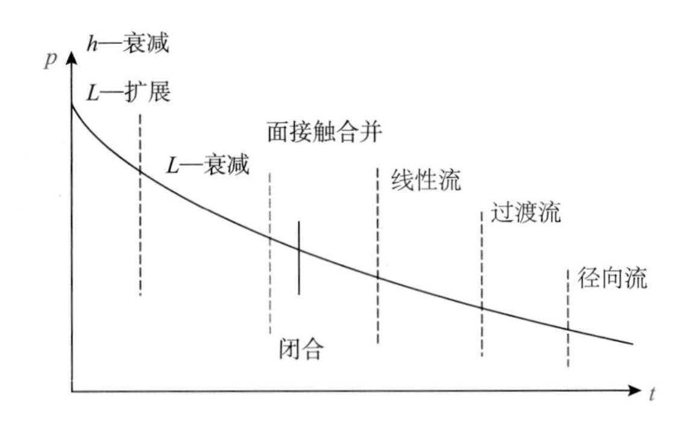

图3-22 裂缝闭合过程中压力随时间的响应

为避免常规小型测试压裂解释工程中闭合点的不确定性，该井引入了“平衡测试方法”，较容易找到一个相对准确的闭合点。

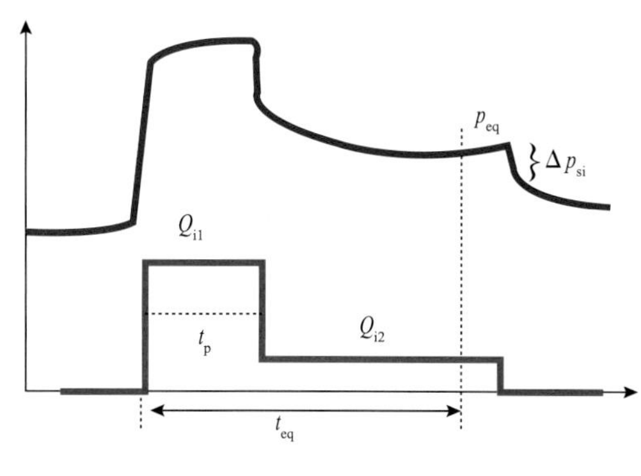

图3－23　平衡压降测试原理图

平衡测试的基本过程如图3－23所示。测试过程中，液体首先以施工排量 Q_{i1} 泵入地层一段时间以制造一个水力裂缝，然后泵速降到很低（Q_{i2}）并维持一段时间。施工压力开始会像停泵一样下降，当压裂液滤失率大于注入率时，裂缝体积和压力随时间降低。当裂缝体积下降到一定程度时裂缝趋于闭合，裂缝长度也随之缩减。压裂液滤失率将随时间减少，直到最后压裂液的滤失率等于注入率。这时裂缝体积达到稳定，井眼压力达到平衡并开始逐步上升，因为从这时起压裂液滤失率随时间下降而注入率保持不变。压裂液注入率与滤失率达到平衡时（t_{eq}）的最小压力即为平衡压力 t_{eq}。在压力达到平衡后立即关井，测试结束。

平衡压力是裂缝闭合压力的上限。通过减去最后关井时的瞬时压力变化 Δp_{si}，可以消除摩擦和扭曲成分。校正后的平衡压力（$t_{eq}-\Delta p_{si}$）与裂缝的闭合压力只相差裂缝中的净压力，由于注入率 Q_{i2} 较小，净压力相对较小，因此校正后的平衡压力近似等于裂缝闭合压力。如果把校正后的平衡压力再减去净压力，则得到更准确的裂缝闭合压力。

通过平衡测试方法，已经获得了一个唯一的闭合压力。再追加一个校正测试以进一步获得裂缝半长、裂缝宽度、裂缝高度、液体滤失系数、液体效率等参数。

校正测试是一个注入/关井/压降程序。利用与主压裂相同的液体以设计的压裂排量泵入地层，然后关井监测压力降。

2. 平衡测试＋校正测试压裂试实施方法

平衡测试泵注方案：

下面结合中石化方深1井压裂现场试验来进一步说明平衡测试方法及应用，平衡测试压裂基本步骤见表3－9。

表3－9　方深1井小型测试压裂泵注程序

步骤	泵速/(m^3/min)	液体	泵注体积/m^3	备注
起泵灌注井筒	0～0.3	2% KCl	—	
开启裂缝/注入	2.5	2% KCl	15	
降低泵速	2.0	2% KCl	0.5	需要至少3步
降低泵速	1.5	2% KCl	0.4	
降低泵速	1.0	2% KCl	0.3	
平衡测试	0.5	2% KCl	5	
关井	0	—	—	～60min监测
校正注入/压降	10.0	2% KCl	50	
顶替	10.0	2% KCl	20	
关井	0	—	—	～60min压降监测

3.3.3 诱导注入小型压裂测试

主压裂前2～3天，进行诱导注入测试，阶梯升/降排量测试，加大测试压裂用液规模至整体规模的10%，最高排量提升至主压裂施工排量，获取裂缝发育、摩阻等参数。

常规压裂前的小型测试压裂规模一般在60m³以下。但页岩气压裂不同，如小型测试压裂规模过小，则难以反映远井的储层状况，因此，页岩气网络压裂前的小型测试压裂，用液规模一般应在200m³左右。

提高用液规模的另一个好处是形成的诱导应力相对较大，如两个水平主应力差值不大，可能更易形成网络裂缝。如裂缝更易向下延伸，还可在小型测试压裂中适当加些粉陶或粉砂，利用停泵测压降时机沉降缝底控制缝高下窜。

1. 主要目的

(1)地层破裂，有主通道；

(2)了解每个排量对应的压力；

(3)了解储层的地应力、滤失及天然裂缝情况；

(4)加粉陶段塞，沉降，控缝高；

(5)主压裂裂缝转向。

2. 设计原则

(1)规模的确定，按正式压裂的10%左右确定；

(2)排量的设计按经验取逐步递增及递减模式，只有设备能力和井口承压允许，可试验最大的排量；

(3)升降排量时以尽量短时间达到预期值；

(4)裂缝产生的诱导应力以大于水平应力差值为宜。

3. 诱导测试压裂总体方案设计

(1)阶梯升排量测试。除去灌注井筒和开启裂缝/注入，注入测试时间持续5～8min，在理想情况下，设置两步阶梯压力低于破裂压力，两步阶梯压力高于破裂压力。整个注入阶段，需要维持稳定的排量逐步上升到12m³/min。

(2)稳定注入。根据物质平衡关系，通过实施小规模的稳定注入阶段有助于评估裂缝扩展状态。经典的Nolte-Smith分析方法认为，在稳定注入阶段的净压力可以用来解释压力的变化趋势，从而预防端部脱砂、携砂液脱砂以及过高的缝高等状况的发生。

(3)阶梯降排量测试。用以确定孔眼摩阻以及近井筒扭曲摩阻，孔眼摩阻与q_i^2成比例，近井筒摩阻与$q_i^{1/2}$成比例。这个关系表明在阶梯降排量测试中，高排量下孔眼摩阻能更明显地降低压力，而近井筒摩阻在低排量的情况下影响较为明显。当排量降低有恒定的压降时孔眼摩阻不明显，当排量下降时，近井筒摩阻越来越明显。此阶段采取逐车停泵，排量逐级降至1m³/min，每一级排量持续15～20s。

(4)停泵测压降。关井、测压降120min。之所以不采取注入/回流测试方案，主要是因为此类测试通常遇到页岩压裂过程中天然裂缝发育或大量张开而引起严重滤失的情况时很难控制测试压裂回流速度，现场实施相对复杂。根据北密歇根盆地Antrim页岩小型测试压裂实践应用情况来看，注入/压降测试基本能满足测试解释要求：①不会由于固井质量差而使得小体积、低排量测试分析受到影响。②高注入速率确保压开地层或缩短滤失时间以提升液体效率；再则，较大体积注入允许关井到裂缝闭合时间延长，反过来简化了利用压降数据对压力传导特征的解释。③较大体积注入压裂(一般为压裂管柱体积的一半)允许对与裂缝闭合压降有关的所有压力传导时期进行强制诊断。

4. 诱导测试压裂参数优化

诱导测试压裂区别于传统阶梯升/降排量测试，其排量、用液量普遍较高，一方面是获取对地层破裂压力、延伸压力、闭合情况、液体效率、摩阻等参数的认识，为主压裂施工设计及方案调整提供依据；另一方面是想通过小型测试压裂预先打开因胶结而封闭的裂缝，并使局部裂缝脆弱面产生剪切，或理想状态下依靠清水起到一定的裂缝支撑作用，为后续主压裂施工裂缝转向创造一定的地层通道。

(1)合适的用液规模，满足创造剪切缝体积和部分张开微裂隙的滤失层状页岩在测试压裂过程中可能会产生张性缝、剪切缝和天然微裂隙的张开。剪切滑移缝和天然微裂隙是期望得到的，这有利于后续主压裂的实施。然而，天然裂缝的张开对裂缝内净压力的需求较大，同时会消耗更多的压裂液体积(见图 3-24)。考虑地层水力裂缝张开/剪切特征及天然裂缝发育情况，根据主压裂用液规模设计，选择诱导测试压裂用液量为主压裂用液量的 8% ~10%。

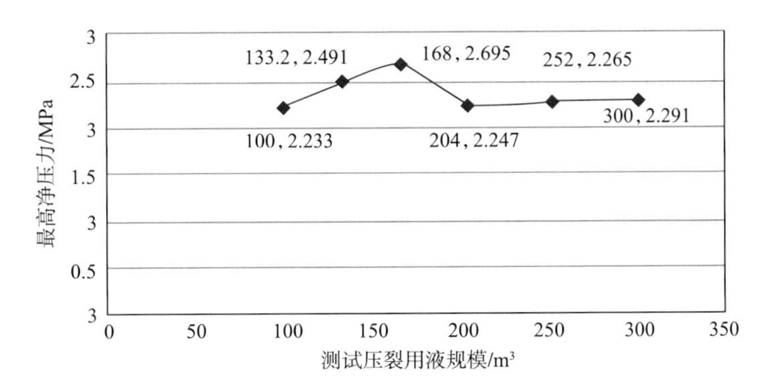

图 3-24　诱导测试压裂用液量优化

(2)合理的排量，以争取最高净压力获得更多微裂隙张开的概率。

由式(3-15)可知：净压力与排量成正比，适当增加排量有利于裂缝延伸和开启天然裂缝，最高排量设计应与主压裂施工排量(稳定)相当。

$$p_n \propto \left[\frac{K'}{{c_f}^{2n+1}} \left(\frac{q_i}{h_f} \right)^n x_f \right]^{\frac{1}{2n+2}} \tag{3-16}$$

式中　p_n——井筒净压力，MPa；

c_f——裂缝韧度系数；

q_i——泵注排量，m^3/min；

K'——稠度系数，$Pa \cdot s^n$；

n——流态指数，无因次；

h_f——裂缝高度，m；

x_f——裂缝半长，m。

在排量优化过程中，需同时考虑地层的滤失性、注入液体流变特性以及裂缝缝长、缝宽、净压力与排量的匹配关系。图 3-25 给出了安深 1 井诱导测试压裂所需排量的优化方案，由图可见，尽管排量增加能弥补一部分由于压裂液滤失增加而引起的净压力降低，但是总体趋势是不同排量下净压力随滤失系数的增加而降低。同时，由图3－25还可以看到，12m³/min排量产生的净压力反而小于10m³/min排量产生的净压力，其原因在于：地层部分天然裂缝发育，未到达诱导注入排量时，天然裂缝会不同程度地被打开，反映在整个提升排量过程中滤失增加而导致净压力下降幅度有所差异，优化设计排量为10m³/min。

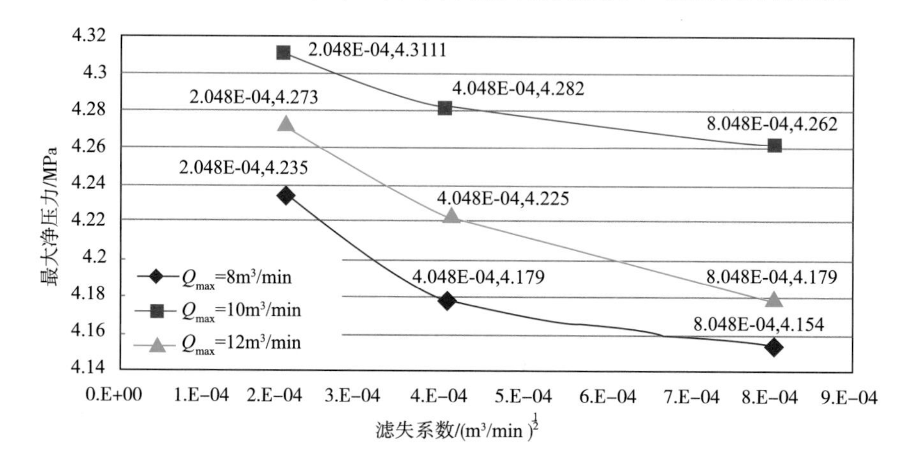

图3－25　诱导测试压裂最高排量优化

(3)使用一定粉陶，降低多裂缝滤失和近井摩阻，预防主压裂阶段过早脱砂。

常规测试压裂一般不考虑加入支撑剂，而根据该页岩气井测试压裂的设计理念，加入一定比例的支撑剂(中等抗压强度陶粒，70～140目，砂液比控制在2%左右)，有利于降低测试压裂阶段产生的多裂缝滤失，并能减小近井筒摩阻，对后续主压裂阶段防止过早脱砂起到一定预防作用且同时有助于裂缝转向，但可能会以牺牲部分裂缝内净压力为代价。最终形成的诱导注入测试压裂方案见表3－10。

表3－10　诱导测试压裂典型方案

泵注类型	排量/(m³/min)	净液体积/m³	阶段时间/min	液体类型	备注
起泵	0～0.5			滑溜水	灌注井筒
升排量测试	1	2	2	滑溜水	稳步提升排量，尽量保持各排量下压力平稳
	2	4	2	滑溜水	
	3	6	2	滑溜水	
	5	10	2	滑溜水	
	7	14	2	滑溜水	
	9	18	2	滑溜水	
诱导注入	10	60	6	滑溜水	
降排量测试	8	4	0.5	滑溜水	根据实际情况可采用逐级降低泵车挡位和逐台停车方式
	6	3	0.5	滑溜水	
	4	2	0.5	滑溜水	
	2	1	0.5	滑溜水	
	1	0.5	0.5	滑溜水	

续表

泵注类型	排量/(m^3/min)	净液体积/m^3	阶段时间/min	液体类型	备注
停泵	0	0	60	停泵	
校正注入/压降	10	50	5	滑溜水	若闭合点不明显，则附加校正注入
停泵			60		如果压力降落缓慢，无法识别闭合点，增加停泵时间
合计		174.5	145.5		

3.4 压裂液及支撑剂优选

3.4.1 压裂液优选

为了满足前期大排量造缝和中后期携砂的要求，压裂液采用混合压裂液体系，选用滑溜水+线性胶或交联液液体组合。

根据体积压裂工艺要求、页岩储层特点，滑溜水主要由降阻剂、助排剂和防膨剂构成。滑溜水的选择、配制主要是依据标准Q/SH 0619—2014页岩气压裂用降阻水技术条件，其技术要求见表3-11。现场工艺一般要求滑溜水压裂工艺需求：减阻效果好、利于形成缝网、低伤害、配制简单、成本低。

表3-11 页岩气压裂用降阻水技术要求

序号	项目	技术指标
1	外观	透明或乳白色均匀液体
2	密度(25℃)/(g/cm^3)	0.96~1.08
3	pH值	6.5~7.5
4	表观黏度/mPa·s	≥1.5
5	表面张力/(mN/m)	≤28.0
6	膨胀率/%	≥65
7	基质渗透率损害率/%	≤25
8	与地层水配伍性	地层温度下，与地层水混合后放置12h无沉淀物，无絮凝物，无悬浮物
9	放置稳定性	常温下存放10d不出现聚合物颗粒聚沉或分层
10	降阻率(平均流速6.5m/s条件下)/%	≥65

早期的滑溜水中不含支撑剂，产生的裂缝导流能力较差，后来的现场应用及实验表明，添加了支撑剂的减阻水压裂效果明显好于不加支撑剂时的效果，支撑剂能够让裂缝在压裂液返排后仍保持开启状态。

3.4.2 支撑剂优选

页岩储层压裂通常选择100目支撑剂在前置液阶段做段塞，打磨降低近井摩阻，为了增加裂缝导流能力，降低砂堵风险，中后期选择40/70目 + 30/50目支撑剂组合。由于页岩地层杨氏模量较低，地层偏软，采用树脂覆膜砂，可有效降低支撑剂嵌入程度，一般树脂覆膜砂破碎率小于5%可满足施工要求(见表3-12)。

表3-12 不同类型支撑剂破碎率实验测定结果

闭合压力/MPa	支撑剂破碎率/%	
	30/50目树脂覆膜砂	40/70目树脂覆膜砂
35	3.3	1.0
52	3.8	1.6
69	4.3	2.4
86	5.4	3.4

考虑支撑剂耐压性、支撑剂嵌入情况及价格等因素，根据支撑剂选择导图(见图3-26)，采用100目粉陶+40/70目树脂覆膜砂+30/50目树脂覆膜砂，体积密度如表3-13所示。

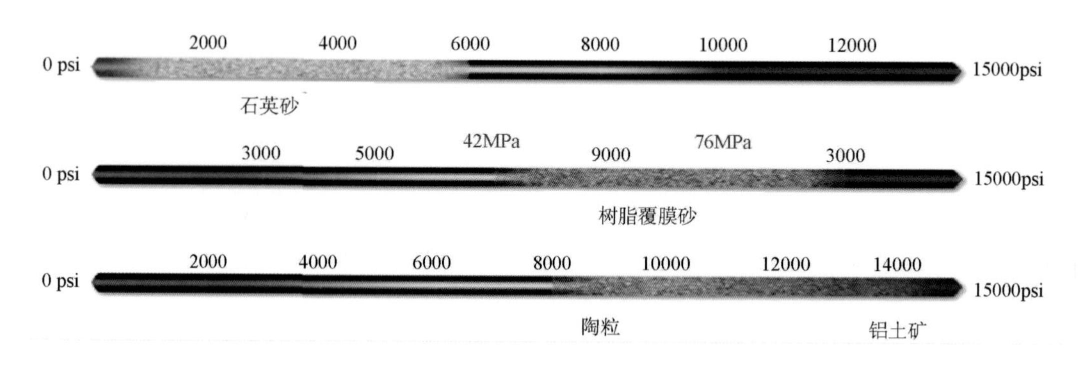

图3-26 支撑剂优选

表3-13 支撑剂体积密度

支撑剂名称	粒径/目	体积密度/(g/cm³)
粉陶	100	1.78
树脂覆膜砂	40/70	1.6
树脂覆膜砂	30/50	1.6

在支撑剂总量一定时，如果裂缝复杂性增加，平均支撑剂浓度就会降低，从而导致裂缝导流能力下降，支撑剂嵌入效应增加。业已证实，对于常压和相对硬地层而言，支撑剂强度、支撑剂粒径以及防嵌入能力是低浓度支撑剂保持导流能力的关键因素；对于高压或较软地层而言，当支撑剂浓度较低时，应力集中、支撑剂破碎以及嵌入会导致裂缝有效支撑不够而影响改造效果。因此，不同缝网特征需要不同的支撑剂铺置方式来支撑。

当渗透率为$(0.01\sim1.0)\times10^{-3}\mu m^2$时，裂缝网络对产量的贡献占10%，由于压裂液效率相对较低，多采用高黏压裂液体系确保主裂缝的快速延伸，以形成高导流主裂缝为主要目的，因此支撑剂铺置多以高砂比、连续加砂为主。

当渗透率为$(0.0001\sim0.01)\times10^{-3}\mu m^2$时，裂缝网络对产量的贡献可以达到40%，复杂缝网对产量的贡献大幅度增加，可考虑主缝与裂缝网络匹配的模式，支撑剂铺置以中低砂比、段塞式注入为主。

当渗透率小于$0.0001\times10^{-3}\mu m^2$时，裂缝网络对产量的贡献将达到80%，因此必须形成大型裂缝网络才能提高增产效果。此时，多采用滑溜水压裂技术，部分储集层结合复合压裂技术应用。通过大液量、大排量、低砂比、小粒径支撑剂来增大裂缝网络规模，之后通过线性胶以及较高砂比、较大粒径支撑剂来形成高导流主裂缝。

施工用砂浓度和加砂模式取决于页岩的脆性以及渗透性等。岩石脆性、射孔模式、加砂模式、施工排量等决定形成裂缝网络的复杂程度。而裂缝宽度取决于排量、压裂液黏度、岩石脆性、地应力以及是否存在有效遮挡层等。通常，初始砂浓度为$24\sim40kg/m^3$，压力稳定后依次增加$40kg/m^3$。滑溜水压裂液的砂浓度上限取决于支撑剂的尺寸：采用0.150mm(100目)的砂，浓度上限为$300kg/m^3$；采用$0.419\sim0.211mm$($40\sim70$目)的砂，浓度上限为$240kg/m^3$。

3.5 段塞设计

3.5.1 液体段塞数优化

3.5.1.1 段塞注入基本方案

压裂施工过程中，为了确保水力压开缝的正常延伸，尤其在天然裂缝发育的地层，应在裂缝起裂初始尽量避免和减小天然裂缝造成的压裂液滤失。为了达到这一目的，通常需要进行前置液阶段间断加入100目或70/140目小粒径支撑剂进行天然裂缝封堵，相对于这些间断加入的小粒径支撑剂而言，所有前置液阶段注入的压裂液有3种目的：一是用来携带支撑剂对天然裂缝进行封堵；二是满足部分天然裂缝滤失饱和以确保主裂缝内足够的净压力；三是为之前加入的小粒径支撑剂打磨裂缝迂曲提供动力。因此，合理的液体段塞优化应当满足几点基本原则：①在一定液量造缝后加入第1段；②两段段塞之间的间隔液量应至少大于1倍井筒容积，以便于观察段塞进层时的压力变化；③加入段塞的段数应根据压力变化及设计目的而定；④段塞液量可设计在$20\sim40m^3$不等，无严格规定；⑤总段塞数还应结合液体效率和前置液百分比加以考虑；⑥不影响支撑剂剖面的连续性。

典型的前置液段塞泵注程序见表3-14。

表 3-14　典型段塞施工设计表

名称	排量/ (m^3/min)	砂浓度/ (kg/m^3)	支撑剂类型 (粒径)	液量/ m^3	阶段砂量/ t
前置液	10	0		100	0
段塞	10	40	100 目	15	0.6
前置液	10	0		20	0
段塞	10	80	100 目	15	1.2
前置液	10	0		20	0
段塞	10	120	100 目	15	1.8
前置液	10	0		40	0
……	……	……	……	……	……

3.5.1.2　段塞数优化方案

图 3-27、图 3-28、图 3-29 和图 3-30 分别描述了不同用液量/段塞数下，裂缝支撑剖面的变化情况(分 3 簇射孔，排量 $10m^3/min$)。

1. 滤失系数为 $5\times10^{-4}m/min^{0.5}$

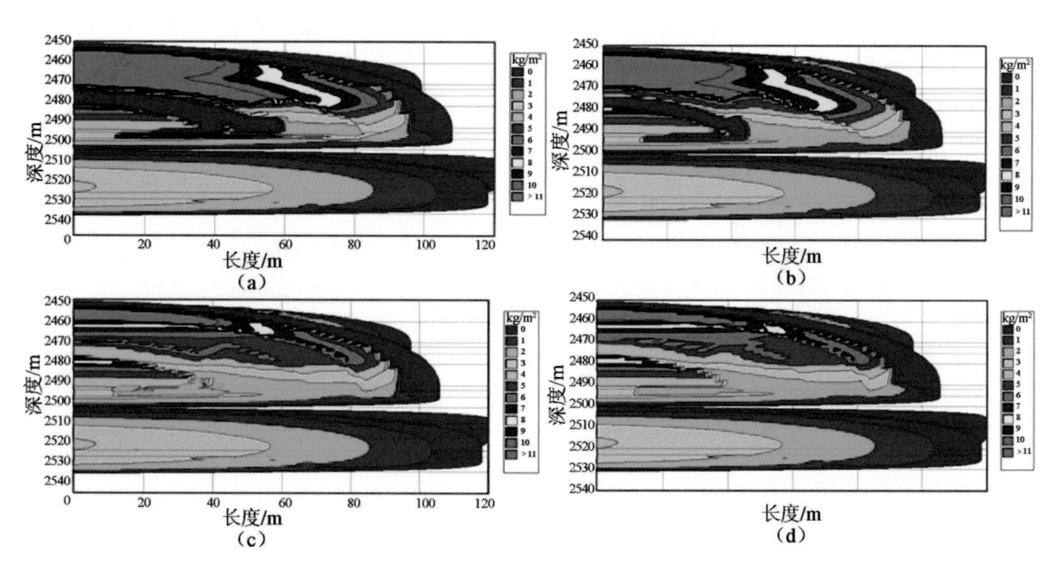

图 3-27　滤失系数为 $5\times10^{-4}m/min^{0.5}$ 时不同用液量/段塞数下裂缝支撑剖面的变化

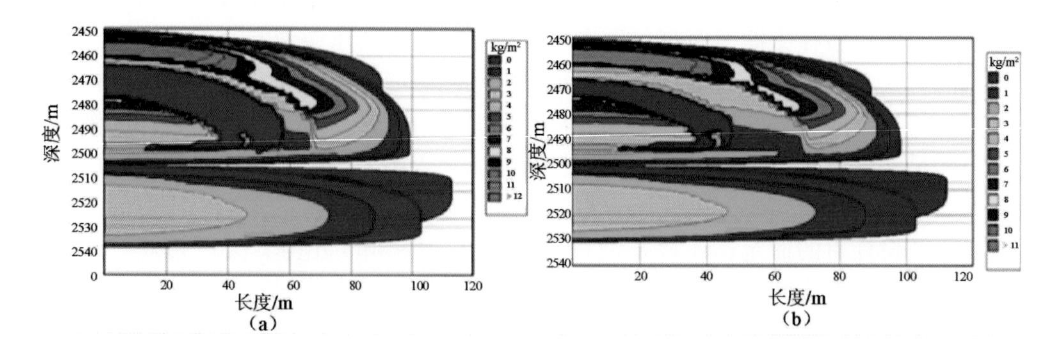

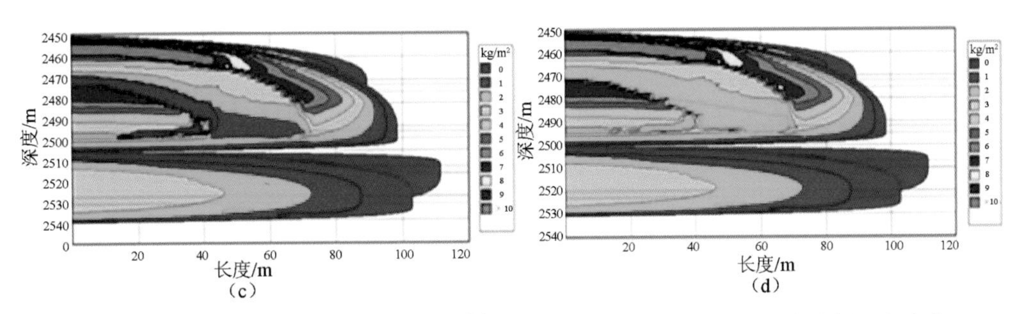

图3-28　滤失系数为$10\times10^{-4}m/min^{0.5}$时不同用液量/段塞数下裂缝支撑剖面的变化

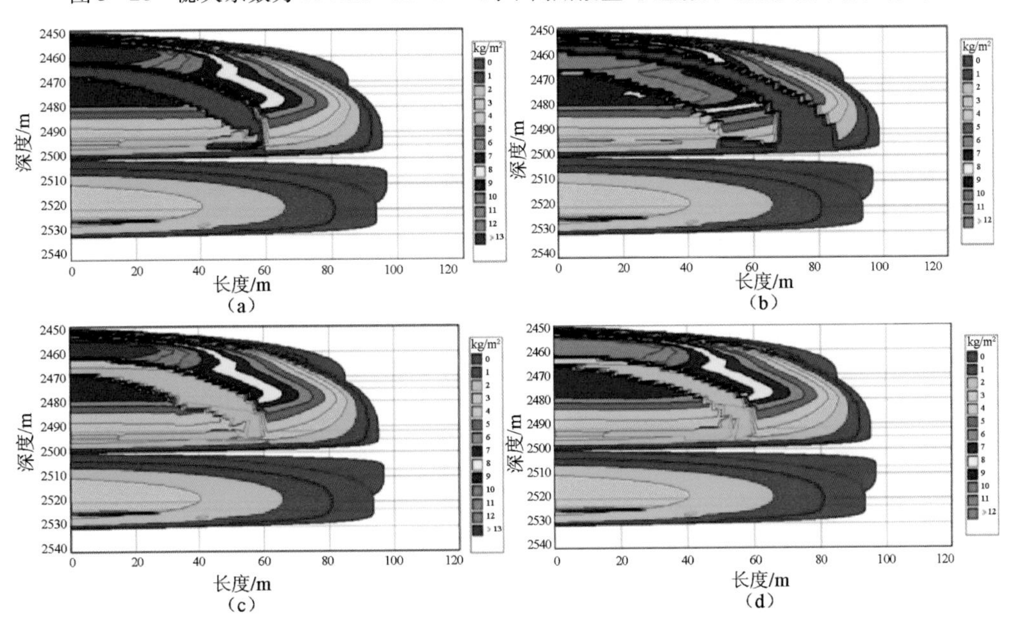

图3-29　滤失系数为$15\times10^{-4}m/min^{0.5}$时不同用液量/段塞数下裂缝支撑剖面的变化

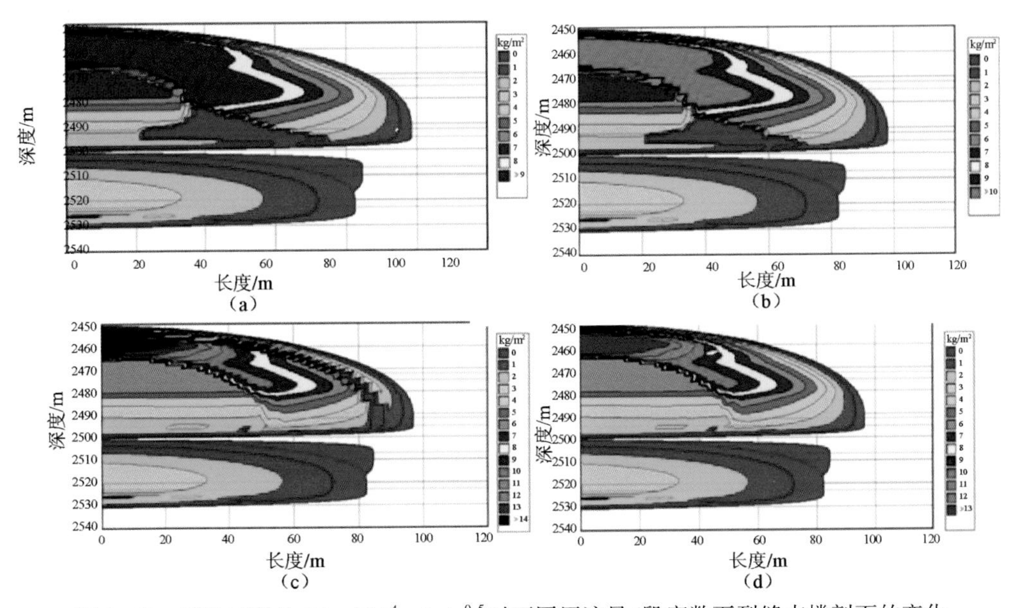

图3-30　滤失系数为$20\times10^{-4}m/min^{0.5}$时不同用液量/段塞数下裂缝支撑剖面的变化

在滤失系数为 $5\times10^{-4}m/min^{0.5}$时考察不同液体段塞量下的支撑剂剖面，以不影响支撑剂剖面的连续性进行段塞量的优化。图3-27(a)~图3-27(d)分别为段塞量是100m³、80m³、60m³和40m³时的支撑剂剖面，可见在段塞量超过60m³时就会出现明显不连续，确定段塞量为60m³左右。

2. 滤失系数为 $10\times10^{-4}m/min^{0.5}$

在滤失系数为 $10\times10^{-4}m/min^{5}$时考察不同液体段塞量下的支撑剂剖面，以不影响支撑剂剖面的连续性进行段塞量的优化。图3-28(a)~图3-28(d)分别为段塞量是150m³、120m³、100m³和80m³时的支撑剂剖面，可见在段塞量超过80m³就会出现明显不连续，确定段塞量为80m³左右。

3. 滤失系数为 $15\times10^{-4}m/min^{0.5}$

在滤失系数为 $15\times10^{-4}m/min^{0.5}$时考察不同液体段塞量下的支撑剂剖面，以不影响支撑剂剖面的连续性进行段塞量的优化。图3-29(a)~图3-29(d)分别为段塞量是150m³、120m³、100m³和80m³时的支撑剂剖面，可见在段塞量超过100m³时就会出现明显不连续，确定段塞量为100m³左右。

4. 滤失系数为 $20\times10^{-4}m/min^{0.5}$

在滤失系数为 $20\times10^{-4}m/min^{0.5}$时考察不同液体段塞量下的支撑剂剖面，以不影响支撑剂剖面的连续性进行段塞量的优化。图3-30(a)~图3-30(d)分别为段塞量是200m³、180m³、150m³和100m³时的支撑剂剖面，可见在段塞量超过150m³时就会出现明显不连续，确定段塞量为150m³左右。

3.5.2 支撑剂段塞量优化

3.5.2.1 模型描述

支撑剂在纵向上沉降，减小了裂缝高度而未改变裂缝宽度。因此，根据平行板理论，天然裂缝的渗透率不发生变化。在主裂缝净压力、天然裂缝渗透率不变的情况下，段塞颗粒一直处于沉降状态，直到封堵整个裂缝高度。

假设天然裂缝为垂直缝，且宽度和高度处处相等，忽略天然裂缝在短距离内的流体压降。在段塞颗粒沉降的过程中，天然裂缝高度随着进入的段塞体积增加而减小。沉降高度的减小缩短了颗粒在天然裂缝内的运移时间，因而减小了颗粒的水平运移距离，形成了梯度递减的段塞沉降分布剖面，如图3-31所示。

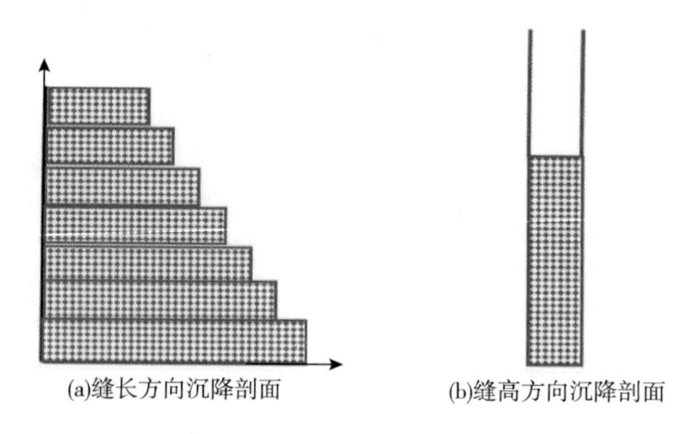

图3-31　段塞颗粒沉降剖面示意图

将天然裂缝高度分成 n 等分，每个等分作用一个研究单元进行分析。在裂缝高度方向上，段塞颗粒由下向上逐渐形成封堵。对于第 i 个单元，裂缝最上层颗粒的沉降高度下降为：

$$H_i = H_f - (I-1)H_f/n$$

式中 H_i——第 i 单元沉降高度，m；

H_f——裂缝高度，m。

最大沉降时间为：

$$\Delta t_i = H_i/V_s \tag{3-17}$$

式中 V_s——段塞颗粒沉降速率，m/s；由以下公式确定：

$$\begin{cases} V_s = \dfrac{2n+1}{9n}\left[\dfrac{g(\rho_s-\rho_l)d_p{}^{n+1}}{6K}\right]^{1/n} & N_{Re}<2 \\ V_s = \dfrac{2n+1}{9n}\left[\dfrac{4g(\rho_s-\rho_l)d_p{}^{n+1}}{18.5K}\right]^{1/n} & 2<N_{Re}<500 \\ V_s = 1.74\sqrt{\dfrac{g(\rho_s-\rho_l)d_p}{\rho_l}} & N_{Re}\geqslant 500 \end{cases}$$

式中 n——流态指数，无因次；

K——稠度系数，$Pa\cdot s^n$；

ρ_s、ρ_l——分别为段塞颗粒和压裂液密度，kg/m^3；

d_p——段塞颗粒直径，m。

颗粒最大水平运移距离为：

$$L_i = V_{px}\Delta t_i = V_{px}(H_i/V_s) \tag{3-18}$$

式中 L_i——颗粒最大水平运移距离，m；

V_{px}——颗粒水平速率，m/s。

第 i 单元的段塞用量为：

$$V_i = L_i\Delta H \times W = V_{px}\left(\frac{H_i}{V_s}\right)\left(\frac{H_f}{n}\right)W \tag{3-19}$$

式中 W——裂缝宽度，m。

则天然裂缝内总的段塞用量为：

$$V = \sum_{i=1}^{n}(L_i \times \Delta H \times W) = \sum_{i=1}^{n}\left\{V_{px}\left[\frac{H_f-(i-1)H_f/n}{V}\right] \times \frac{H_f}{n} \times W\right\} \tag{3-20}$$

考虑天然裂缝密度，得到设计主裂缝长度上总的段塞体积为：

$$V_t = L_{fD}L_H V \tag{3-21}$$

式中 L_{fD}——线性裂缝密度，条/m；

L_H——主裂缝长度，m。

3.5.2.2 计算分析

图3－32给出了颗粒密度及颗粒粒径对段塞用量的影响，图3－33分别给出了稠度系数及段塞浓度对段塞用量的影响。

从图3－32可以看出：颗粒密度和粒径的增加均会加大沉降速率从而缩短沉降时间，减少支撑剂运移距离，最终减小段塞用量。因此，在天然裂缝开度允许的情况下，可适当提高段塞颗粒粒径以减小段塞用量，尽可能减小段塞颗粒对主裂缝导流能力的影响。

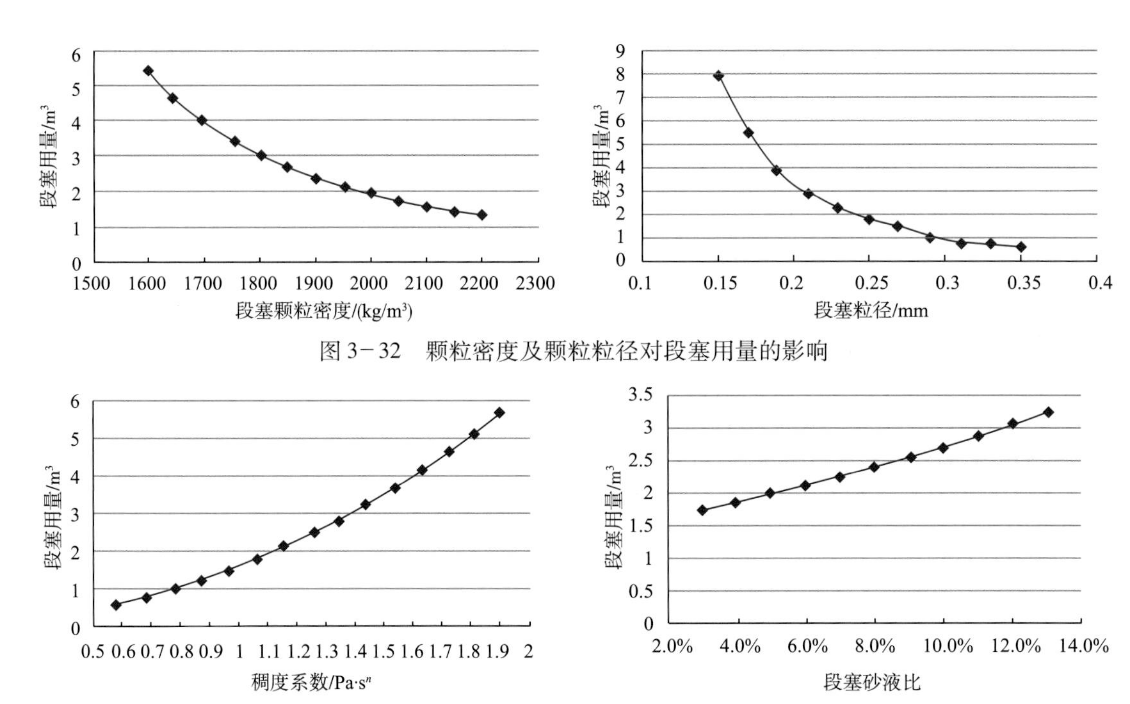

图 3－32　颗粒密度及颗粒粒径对段塞用量的影响

图 3－33　稠度系数及段塞浓度对段塞用量的影响

从图 3－33 可以看出：稠度系数和段塞浓度的增加都将减小颗粒的沉降速率，延长沉降时间，加大颗粒的水平运移距离，增加封堵单元裂缝高度所需的段塞用量，最终增加段塞总用量。

3.6　施工设计

3.6.1　压裂设计思路

为了便于读者熟练掌握页岩气压裂施工设计，在此以一口具体井为例进行介绍。

根据井的地质条件，确定压裂施工设计思路如下：

(1)水平应力差异系数大，低净压力下易形成双翼裂缝，因此应增加压裂分段段数、射孔簇数、裂缝长度(形布缝模式)和净压力，以压开弱面缝形成复杂裂缝，增大有效改造体积。

(2)选用组合支撑剂和对储层伤害程度低、携砂能力强、易返排破胶的活性胶液，以增加主裂缝长度和支撑缝高，提高裂缝导流能力。

(3)采用平衡顶替，以防顶替过量导致缝口导流能力降低过大，影响压裂效果。

3.6.2　分段设计

岩石力学试验结果分析表明，应力差异系数 0. 34，低净压力下形成单一长缝的可能性较大。要通过增加水平段分段段数、射孔簇数、裂缝长度来提高导流能力。在保持较高净压力的条件下，当缝内净压力超过天然裂缝临界开启压力就可压开天然裂缝，就有可能形成裂缝网络。根据JY1井最大、最小水平主应力，泊松比和模拟诱导应力计算出该井天然裂缝临界开启压力为16.18MPa（见图3－34），对应该缝内净压力，裂缝间距为20m时，诱导应力可以达到天然裂缝开启压力。假定每簇压后能形成一条主裂缝，界定簇间距为20m，每段分3簇射孔，分段长度60m，长1007m的水平段分15段压裂最佳。

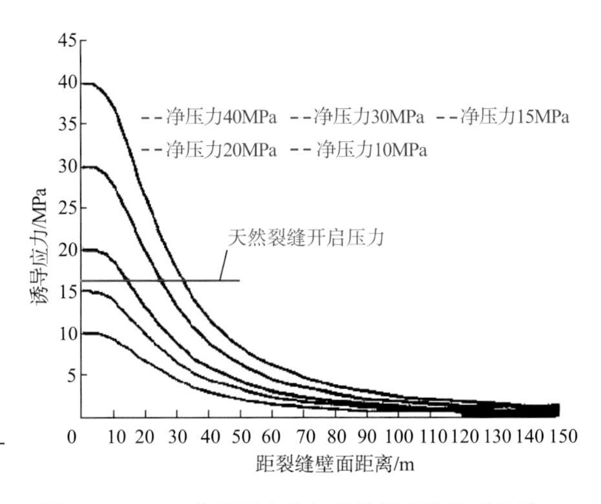

图3－34　JY1井诱导应力与裂缝距离的关系曲线

3.6.3　裂缝长度与压裂规模设计

采用Meyer压裂设计软件模拟计算压裂15段、每段分3簇射孔，压裂液用量为$1000m^3$、$1200m^3$、$1400m^3$和$1600m^3$，支撑裂缝半长为320m、340m、360m和410m时的产量，详见图3－35。结果表明，产量随裂缝半长增长而增大，但存在最优的支撑裂缝半长，最优支撑裂缝半长为350m，压裂液用量每段为$1200 \sim 1400m^3$。

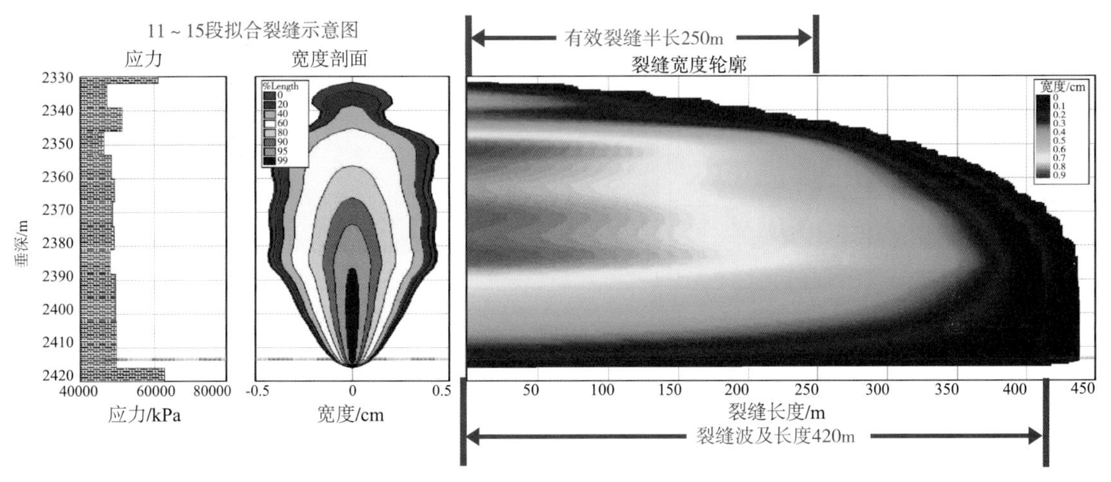

(a)模拟$1303m^3$液体时的支撑裂缝半长250m

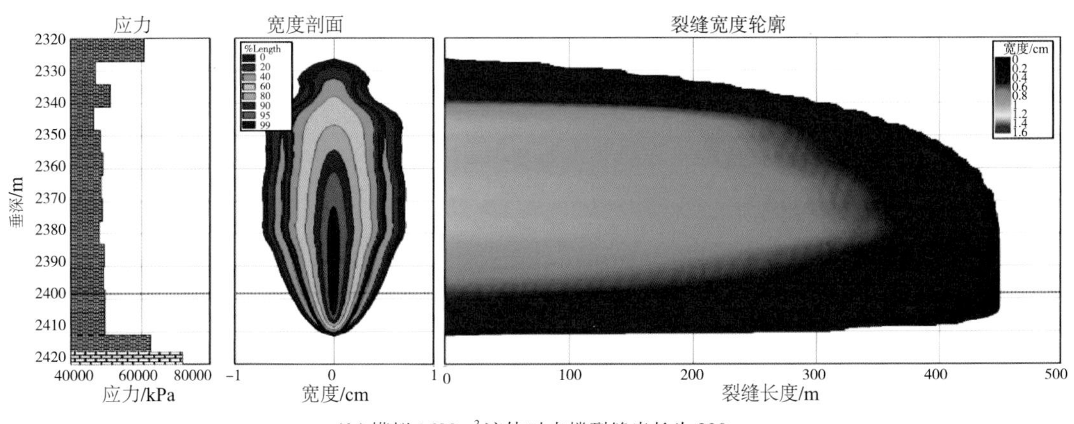

(b)模拟$1600m^3$液体时支撑裂缝半长为320m

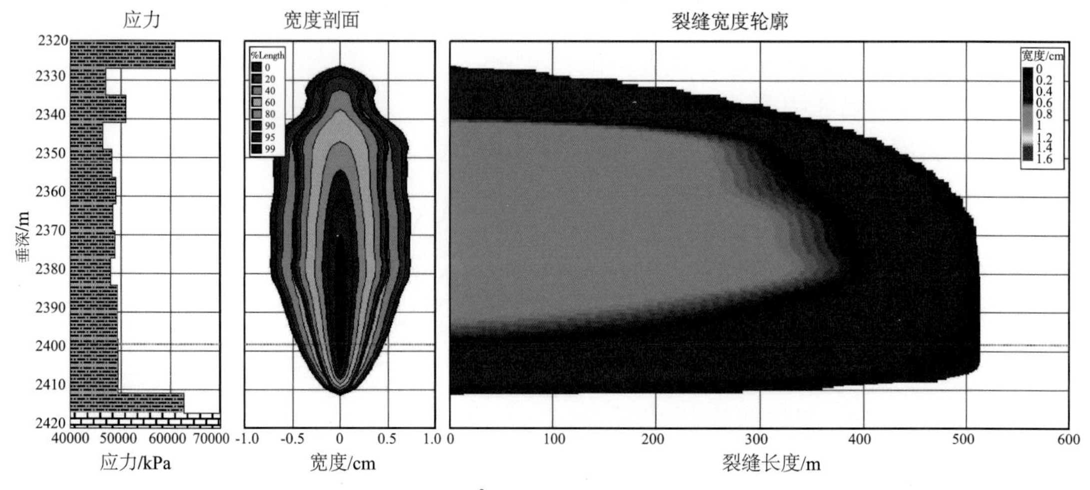

(c)模拟 1800m³ 液体时支撑裂缝半长为 340m

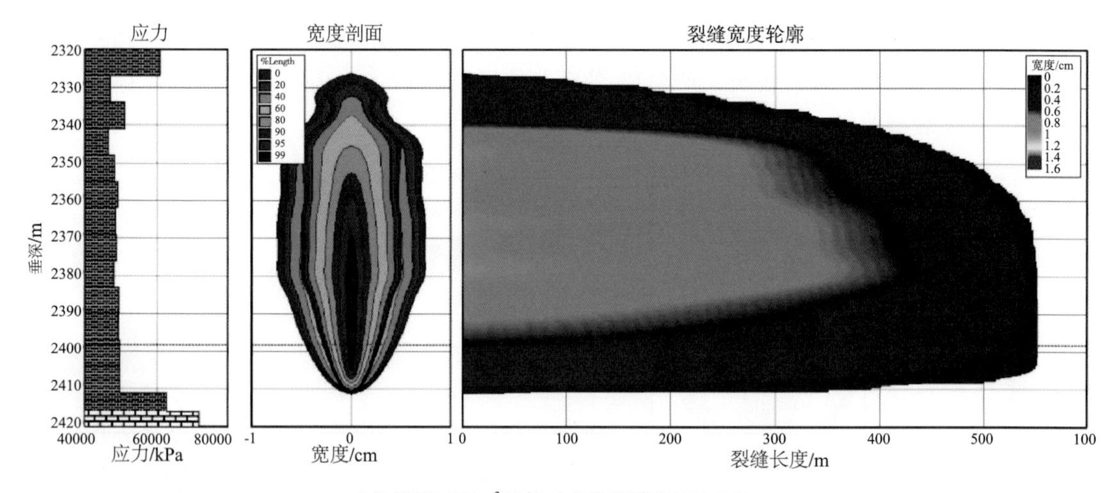

(d)模拟 2000m³ 液体时支撑裂缝半长为 360m

图 3－35　不同支撑裂缝半长时的模型

3.6.4　射孔参数设计

具体射孔位置应根据测录井资料进行选择，射孔位置选择原则：①总有机碳含量较高；②天然裂缝发育；③孔隙度大，渗透率高；④地应力差异较小；⑤气测显示较好；⑥固井质量好。参照北美和国内前期页岩气水平井射孔成功经验，设计该井射孔参数为：射孔 15 段，每段射孔 3 簇，每簇射 16 孔，每簇长 1m，孔密 16 孔/m，相位角 60°，簇间距 20m。

3.6.5　施工压力预测

一般情况下，页岩气压裂效果与排量呈正相关性，在满足限压的条件下排量应尽可能高。JY1 井现场管线和井口等设备最高限压 95MPa，预测破裂压力梯度 0.0231MPa/m，目的层破裂压力 55MPa。按照优化的压裂液用量 1200～1400m³，综合考虑以下问题：页岩非均质性较强，压裂施工过程中易出现压力急剧上升并易造成砂堵；现场压裂装备能力、井场条件、供液能力；前期超低排量泵酸和低排量控缝所需时间较长；一般页岩气水平井至少需要 2h 以上连续作业时间。因此，压裂设计要求保留 20MPa 的压力窗口以确保施工安全顺利。同时，为了避免套管在长时间高压施工中出现变形等现象，现场施工时，在满足排量要求的情况下，应尽量降低泵压。通过模拟得知，施工排量在 $12m^3/min$ 以上，泵压在 80MPa 以下能够满足长时间连续供液和安全施工的需求。

3.6.6 压裂液

借鉴北美页岩储层选择压裂液的经验，选用 SRFR－1 滑溜水作为压裂液。SRFR－1 滑溜水的配方：0.1% ~0.2% 高效减阻剂 SRFR－1 +0.3% ~0.4% 复合防膨剂 SRC －2 + 0.1% ~0.2% 高效助排剂 SRSR －2。其性能要求：降阻率 50% ~78%，对储层的伤害率小于 10%；黏度 2 ~30mPa·s 可调；能满足连续混配要求；可连续稳定自喷返排。

3.6.7 支撑剂

小型测试压裂井底闭合压力为 52 MPa，为防止支撑剂嵌入，提高裂缝闭合后的导流能力，支撑剂选用树脂覆膜砂。树脂覆膜砂的破碎率相对石英砂低，嵌入程度也较低，其支撑裂缝的导流能力较高。为形成更多的主裂缝和网缝，应适当控制缝高，减少压裂裂缝的闭合。支撑剂选用 100 目砂 +40/70 目树脂覆膜砂 +30/50 目树脂覆膜砂的组合。

3.6.8 施工参数与泵注程序

针对页岩气，其储层特征不同，所要求的压裂改造工艺技术也有区别，应根据目标储层的岩性特征、脆性特征、敏感性特征以及储层微观结构特征进行合理选择。压裂施工排量、加砂浓度等与地层破裂以及延伸特征有密切联系。常规压裂及缝网压裂设计的对比见表 3－15。

表 3－15 常规压裂及缝网压裂设计对比表

项目	常规压裂模式	网络压裂模式
压裂液	高黏，降滤，造主缝	低黏/复合压裂，沟通天然裂缝，交错缝网
射孔	小射孔段，单段，避免多裂缝	分段分簇，创造多裂缝
缝间干扰	单段压裂，增大缝间距，避免干扰	分段分簇压裂，同步压裂，缩短缝间距，利用干扰
粉陶段塞	降阻，封堵天然缝，降滤	沿次生缝运移，随机封堵天然缝，促使裂缝转向
支撑剂	小粒径，高砂比，高导流	小粒径，低砂比，大砂量低导流
排量	适度排量	大排量

分析 Barnett 页岩气藏压裂效果表明：压后产量与网络裂缝控制的区域密切相关，即主要受控于注入压裂液体积。注入压裂液体积越多，产生的缝网形状越大且越复杂，压后产量也越高。基于此，Soliman M Y 等提出了基于诱导应力思想，采用分步施工的方法改善天然裂缝与主裂缝之间的连通程度，从而增加缝网的复杂性，提高缝网的有效性。

根据具体的地层情况，设计的具体施工参数见表3-16。

表3-16 压裂施工参数

施工项目		参数
压裂段数/段		15
射孔	单段簇数/簇	3(第一段为2)
	总簇数/簇	36
	簇间距/m	20
	相位角/(°)	60
	孔密/(孔/m)	16
	每段总孔数/孔	48
前置酸/m^3		8
压裂液	滑溜水	828.3
	活性胶液	475
支撑剂	100目粉陶/t	7.56
	40/70目覆膜砂/t	89.91
	30/50目覆膜砂/t	8.93
排量/(m^3/min)		10～12

根据具体的地层情况，每段采取不同的施工规模和泵注程序，表3-17为其中一段的泵注程序。

表3-17 某段泵注程序

阶段	液体类型	排量/(m^3/min)	液量/m^3	阶段时间/min	携砂液量/m^3	支撑剂类型	支撑剂浓度/(kg/m^3)	支撑剂量/t	累积时间/min
预处理	15% HCl	1.2	8	6.70	8.00		0		6.7
前置液	滑溜水	10	130	13.00	130.00		0		19.70
段塞	滑溜水	10	45	4.55	45.51	100目粉陶	30	1.35	24.25
前置液	滑溜水	10	75	7.50	75.00		0	0	31.75
段塞	滑溜水	10	45	4.60	46.02	100目粉陶	60	2.7	36.35
前置液	滑溜水	10	85	8.50	85.00		0	0	44.85
段塞	滑溜水	10	35	3.63	36.32	100目粉陶	100	3.5	48.49
前置液	滑溜水	10	75	7.50	75.00		0	0	55.99
段塞	滑溜水	12	35	2.96	35.54	40/70目	50	1.75	58.95
前置液	滑溜水	12	75	6.25	75.00		0	0	65.20

续表

阶段	液体类型	排量/(m^3/min)	液量/m^3	阶段时间/min	携砂液量/m^3	支撑剂类型	支撑剂浓度/(kg/m^3)	支撑剂量/t	累积时间/min
段塞	滑溜水	12	45	3.84	46.10	40/70 目	80	3.6	69.04
前置液	滑溜水	12	60	5.00	60.00		0	0	74.04
段塞	滑溜水	12	40	3.46	41.47	40/70 目	120	4.8	77.49
前置液	线性胶	12	60	5.00	60.00		0	0	82.49
携砂液	线性胶	12	45	3.92	47.06	40/70 目	150	6.75	86.42
携砂液	线性胶	12	40	3.54	42.45	40/70 目	200	8	89.95
携砂液	线性胶	12	45	4.10	49.17	40/70 目	250	11.25	94.05
携砂液	线性胶	12	35	3.25	39.02	40/70 目	310	10.85	97.30
携砂液	线性胶	12	50	4.71	56.48	40/70 目	350	17.5	102.01
中顶液	线性胶	12	60	5.00	60.00		0	0	107.01
携砂液	线性胶	12	30	2.64	31.67	40/70 目	150	4.5	118.58
携砂液	线性胶	12	25	2.24	26.85	40/70 目	200	5	124.15
中顶液	线性胶	12	35	2.92	35.00		0	0	115.94
携砂液	线性胶	12	35	3.22	38.63	40/70 目	280	9.8	110.23
携砂液	线性胶	12	30	2.80	33.56	40/70 目	320	9.6	113.02
中顶液	线性胶	12	40	3.33	40.00		0	0	121.91
携砂液	线性胶	12	35	3.19	38.24	30/50 目	250	8.75	127.34
顶替液	滑溜水	12	55	4.58	55.00		0	0	131.92
			1373					109.7	131.92

3.7 产能预测

页岩储层是由裂缝系统和基质孔隙系统构成的典型双重介质系统，裂缝是主要的流通通道，基质孔隙是页岩气的主要储集空间。页岩气赋存运移机理特殊，通常以吸附状态存在于页岩的基质孔隙中，其渗流过程主要包括 3 个方面，如图 3-36 所示。

(1)储层内压力降低，页岩表面吸附气体脱离，页岩气解吸，解吸出的气体进入裂缝孔隙系统成为游离气；

(2)由于浓度差的作用，游离的页岩气由基质系统向裂缝系统扩散，直至气体浓度趋于平衡；

(3)在流动势的作用下，游离气体通过裂缝孔隙系统向生产井筒的渗流过程。

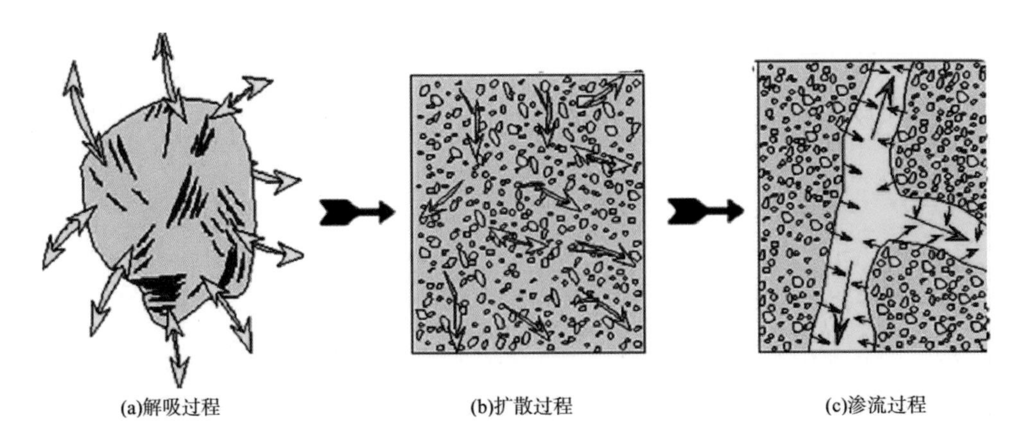

图 3－36　体积改造网络裂缝渗流示意图

页岩气藏中的气体主要赋存在岩石基质以及天然裂缝当中，页岩储层的孔隙结构比较复杂，孔隙直径较小，纳米级孔隙普遍发育，大量的页岩气是以吸附态储存于页岩中，这给页岩气吸附气的描述带来困难。目前，只能通过岩心实验分析来得到地层中吸附气的含量。因此，吸附气的含量在页岩气中占有很大的比例，对其产能会产生巨大的影响。为了了解页岩气产能分析的研究进展，采用数值模拟法对页岩气产能进行分析及计算。

数值模拟法主要分为两种：①在各种直井模拟软件的基础上，通过准确描述页岩气的解吸附机理来模拟页岩气的开发动态；②应用数值模拟方法建立页岩气压裂水平井的产能预测模型。目前关于数值模拟模型主要包括双重介质模型、多重介质模型以及等效介质模型。

在数值模拟法中，Carlson 和 Williamson 等主要是基于基本的双重介质模型的模拟研究对已开发气藏的生产情况进行历史拟合来进行产能预测以及分析产能的相关影响因素。其中，Carlson 的模型中并未考虑到吸附气的影响，所以模型的使用范围有限，只能用于开发的初期。之后 Bustin 等建立的模型在双重介质的基础上，考虑了气水两相流动和气体的解吸附，分析裂缝的间距以及基岩扩散对产能的影响。但这一模型仍未考虑气体的滑脱效应以及应力敏感。Wu 等在随后的研究中建立了考虑这些因素的裂缝性气藏多重介质模型，并对比了该模型与双重介质模型的区别。Moridis 等在 Bustin 和 Wu 的研究基础上，考虑多组分吸附，建立了页岩气等效介质模型，研究了吸附曲线、裂缝类型对产能的影响，通过对比等效介质、双孔隙、双渗透率模型的模拟情况，发现双渗透模型与实际情况拟合较好。但以上的研究均认为流体为达西流动，但是在实际生产过程中，裂缝中存在非达西流动，因此 C. M Free－man 等在考虑了这一因素的前提下，结合多组分吸附和克努森扩散的基础上，用 Langmuir 等温吸附方程探讨了油藏各种参数及其物理现象对多重裂缝水平井在超低渗油藏条件下的影响。Schepers 等建立了页岩气藏三重介质模型，针对页岩吸附气和游离气并存的特点，综合考虑了气体的解吸附扩散和达西流动的渗流模式以及气水两相渗流规律，进而对产能进行准确的预测。孙海成利用数值模拟手段分析了页岩气储层的基质渗透率、裂缝连通性、裂缝密度(改造体积)、页岩气储层主裂缝与次裂缝对产量的影响，研究发现，页岩气储层渗透率都很低，必须通过水平井完井以及压裂改造形成相互连通的有效裂缝。钱旭瑞以室内实验为基础，运用数值模拟方法，研究了页岩储层性质和压裂后裂缝性质对页岩气产能的影响规律，研究发现影响页岩气产能的主要因素为脆性矿物的含量、黏土的含量以及网状裂缝的复杂程度，其中裂缝网络的总体积对气井的产能影响最大。程元方等借鉴适用于非常规煤层气藏双重孔隙介质模型和考虑溶洞情况的三重孔隙介质模型，基于页岩气储层特征和成藏机理，提出了页岩气藏三孔双渗介质模型，研究了页岩气解吸扩散渗流规律，提出考虑储层流体重力和毛细管力影响的渗流微分方程，并利用数值模拟软件对页岩气井产能进行了预测，结果表明基质渗透率和裂缝导流能力是页岩气开采的主控因素，只有对储层进行大规模压裂改造形成连通性较强的裂缝网络后才能获得理想的页岩气产量和采收率。

任俊杰等考虑页岩气解吸、扩散和渗流特征，建立页岩气藏压裂水平井产能模型，具体如下。

3.7.1 物理模型

页岩气藏压裂水平井物理和简化模型见图3－37。

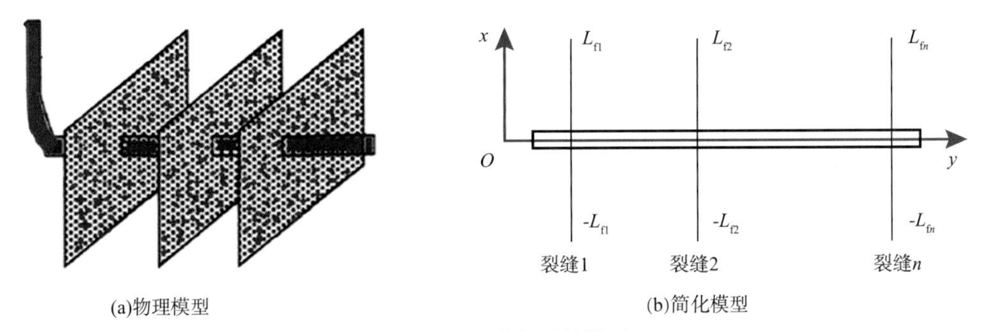

图3－37 压裂水平井模型

假设条件：

(1)页岩气藏厚度为h，在初始条件下，地层各处的压力为p_i，储层具有双孔介质特征；

(2)无限大页岩气藏中的一口压裂水平井，人工裂缝垂直于井筒且关于井筒对称，人工裂缝条数为n且完全贯穿储层，各条人工裂缝的长度分别为$2L_{f1}$、$2L_{f2}$、$2L_{f3}$、…、$2L_{fn}$；

(3)人工裂缝为无限导流裂缝，各条人工裂缝内压力均匀分布，沿着人工裂缝方向，地层气体以不同流率流入人工裂缝；

(4)页岩气微可压缩，压缩系数恒定；

(5)页岩气解吸满足Langmuir等温吸附方程，扩散满足Fick第一定律，渗流满足达西定律；

(6)考虑表皮效应和井筒储集效应影响，忽略重力和毛细管力影响。

3.7.2 数学模型

考虑页岩气在储层中解吸、扩散和渗流情况，由质量守恒定律得到：

$$\frac{1}{r}\frac{\partial}{\partial r}\left(r\frac{p}{\mu Z}\frac{\partial p}{\partial r}\right)=\frac{\phi C_g p}{Zk}\frac{\partial p}{\partial t}+\frac{p_{SC}T}{kT_{SC}}\frac{\partial V}{\partial t} \tag{3-22}$$

式中 p——地层压力，MPa；

r——径向距离，m；

μ——气体黏度，mPa·s；

Z——气体偏差因子；

ϕ——孔隙度，%；

C_g——气体压缩系数；

k——渗透率，$10^{-3}\mu m^2$；

t——时间，t；

p_{SC}——地面标准状况下的压力，MPa；

T——储层温度，K；

T_{SC}——地面标准状况下的温度，K；

V——页岩气浓度，kg/m^3。

式(3-22)右边第二项反映页岩气解吸和扩散作用的影响，常规气藏的渗流方程忽略该项。

为降低式(3-22)的非线性，使用拟压力为

$$\Psi(p) = \frac{\mu_i Z_i}{p_i}\int_{p_o}^{p}\frac{p}{\mu Z}dp \tag{3-23}$$

式中 Ψ——拟压力；

μ_i——原始地层压力下气体黏度，mPa·s；

Z_i——原始地层压力下气体偏差因子。

将式(3-23)代入式(3-22)，得：

$$\frac{1}{r}\frac{\partial}{\partial r}\left(r\frac{\partial \Psi}{\partial r}\right) = \frac{\phi\mu C_g}{k}\frac{\partial \Psi}{\partial t} + \frac{p_{sc}T}{kT_{sc}}\frac{\mu_i Z_i}{p_i}\frac{\partial V}{\partial t} \tag{3-24}$$

根据 Fick 第一定律，单位时间内单位体积球形页岩基质的扩散量为

$$\frac{\partial V}{\partial t} = \frac{6\pi^2 D}{R^2}(V_E - V) \tag{3-25}$$

式中 D——扩散系数；

R——球形页岩基质半径，m；

V_E——平衡状态下页岩气浓度，kg/m^3。

(1)无因次拟压力：

$$\Psi_D = \frac{kh}{1.842\times10^{-3}q_{sc}B_{gi}\mu_i}(\Psi_i - \Psi)$$

(2)无因次时间：

$$t_D = \frac{3.6kt}{\Lambda L^2}$$

其中

$$\Lambda = \phi\mu c_g + \frac{kTZ_i h p_{sc}}{1.842\times10^{-3}q_{sc}T_{sc}B_{gi}p_i}$$

(3)无因次距离：

$$r_D = \frac{r}{L},\ x_D = \frac{x}{L},\ y_D = \frac{y}{L},\ x_{iD} = \frac{x_i}{L},\ y_{iD} = \frac{y_i}{L},\ L_{iD} = \frac{L_i}{L},\ d_D = \frac{d}{L}$$

(4)无因次产量：

$$q_{iD} = \frac{2q_i L}{q_{sc}},\ q_D = \frac{1.842\times10^{-3}q_{sc}B_{gi}\mu_i}{kh(\Psi_i - \Psi_w)}$$

(5)无因次储容系数：

$$\omega = \frac{\phi\mu c_g}{\Lambda}$$

(6)无因次解吸时间：

$$\lambda = \frac{3.6k\tau}{\Lambda L^2},\ \tau = \frac{R^2}{6\pi^2 D}$$

(7)解吸系数：

$$a = \frac{1.842\times10^{-3}q_{sc}B_{gi}\mu_i}{kh}\frac{V_L\Psi_L}{(\Psi_L+\Psi)(\Psi_L+\Psi_i)}$$

(8)无因次浓度：

$$V_D = V - V_i$$

(9)无因次井筒储集系数：

$$C_D = \frac{0.159C}{\phi c_g hL^2},\ L = \frac{L_{f1}+L_{f2}+\cdots+L_{fn}}{n}$$

式中　下标 D——无因次；

h——储层厚度，m；

q_{sc}——地面标准状况下的产量，m^3/d；

B_{gi}——原始地层压力下的体积系数；

Ψ_i——原始地层拟压力，MPa；

L——人工裂缝平均半长，m；

x，y——空间坐标，m；

x_i，y_i——裂缝单元 i 中心的空间坐标，m；

L_i——第 i 个裂缝单元半长，m；

d——人工裂缝间距，m；

q_i——裂缝单元 i 的线密度流量，kg/m；

Ψ_w——井底拟压力，MPa；

r——解吸时间，t；

V_L——Langmuir 体积，m^3；

Ψ_L——Langmuir 拟压力，MPa；

C——井筒储集系数；

L_{fi}——第 i 条人工裂缝半长，m。

式(3-24)和式(3-25)的无因次形式为

$$\frac{1}{r_D}\frac{\partial}{\partial r_D}\left(r_D\frac{\partial\Psi_D}{\partial t_D}\right) = \omega\frac{\partial\Psi_D}{\partial t_D} - (1-\omega)\frac{\partial V_D}{\partial t_D} \tag{3-26}$$

$$\frac{\partial V_D}{\partial t_D} = \frac{1}{\lambda}(V_{ED} - V_D) \tag{3-27}$$

根据 Langmuir 等温吸附公式得到：

$$V_{ED} = -\alpha\Psi_D \tag{3-28}$$

考虑页岩气藏压裂水平井点源渗流模型的初始条件和边界条件：

$$\Psi_{\mathrm{D}}(r_{\mathrm{D}},t_{\mathrm{D}}=0)=0 \tag{3-29}$$

$$\lim_{r_{\mathrm{D}}\to 0} r_{\mathrm{D}}\frac{\partial \Psi_{\mathrm{D}}}{\partial r_{\mathrm{D}}}=-1 \tag{3-30}$$

$$\Psi_{\mathrm{D}}\mid_{r_{\mathrm{D}},t_{\mathrm{D}}}=0 \tag{3-31}$$

对式(3-26)~式(3-31)进行 Laplace 变换，得到页岩气藏压裂水平井的点源解：

$$\Psi_{\mathrm{D}}=\frac{1}{s}K_0 f(s)r_{\mathrm{D}} \tag{3-32}$$

式中 上标——Laplace 空间；

s——Laplace 变量；

$f(s)=\sqrt{\omega s+\frac{\alpha(1-\omega)s}{1+\lambda s}}$；

K_0——修正的第二类柱贝塞尔函数。

对于无限导流压裂水平井，各条人工裂缝内压力均匀分布，但是沿着人工裂缝方向地层气体流入人工裂缝的流率不同，把每条人工裂缝离散化为 m 个裂缝单元，共有 $H(m\times n)$ 个裂缝单元(见图 3-38)。当裂缝单元足够小且各裂缝单元流率保持不变时，设裂缝单元 i 的中心为($x_{i\mathrm{L}}$，$y_{i\mathrm{L}}$)，无因次半长为 $L_{i\mathrm{L}}$，在 Laplace 空间的无因次线密度流量为 $q_{i\mathrm{D}}$，则裂缝单元 i 对裂缝单元 j 中心产生的压力干扰为

$$\overline{\Psi}_{ij\mathrm{D}}=\overline{q}_{i\mathrm{D}}\times G_{ij};\ i=1,2,\cdots,H;\ j=1,2,\cdots,H \tag{3-33}$$

其中，

$$G_{ij}=\frac{1}{2}\int_{-L_{i\mathrm{D}}}^{L_{i\mathrm{D}}}K_0\left[f(s)\sqrt{(x_{i\mathrm{D}}-x_{j\mathrm{D}}-\alpha)^2+(y_{i\mathrm{D}}-y_{j\mathrm{D}})^2}\right]\mathrm{d}\alpha \tag{3-34}$$

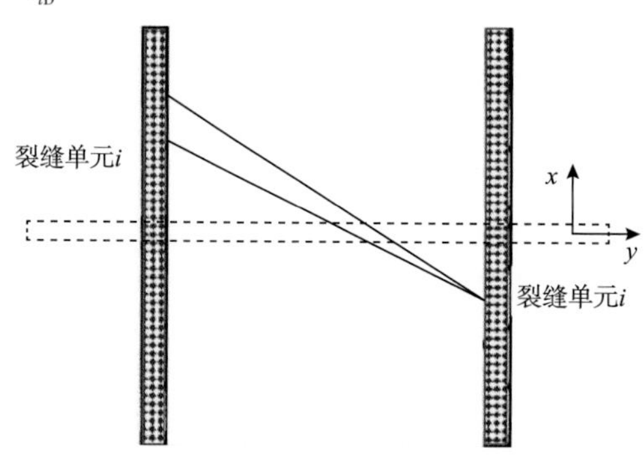

图 3-38 人工裂缝的数值离散化示意图

根据叠加原理，裂缝单元中心处的压力 $\overline{\Psi}_{j\mathrm{D}}$ 应该为裂缝单元对其自身裂缝单元 j 中心的压力干扰与其他各个裂缝单元对裂缝单元中心产生的压力干扰之和，即：

$$\overline{\Psi}_{j\mathrm{D}}=\sum_{i=1}^{H}\overline{q}_{i\mathrm{D}}G_{ij} \tag{3-35}$$

考虑表皮效应对裂缝单元 j 压力的影响，裂缝单元 j 中心压力 $\overline{\Psi}_{j\mathrm{D}}$ 为

$$\overline{\Psi}_{j\mathrm{D}}=\sum_{i=1}^{H}\overline{q}_{i\mathrm{D}}G_{ij}+q_{i\mathrm{D}}S_{\mathrm{f}} \tag{3-36}$$

式中 S_i——裂缝表皮系数。

压裂水平井的人工裂缝为无限导流，裂缝内部各处压力相等且等于井筒压力 $\overline{\Psi}_{w\mathrm{D}}$，分

别得到 H 个裂缝单元的压力方程：

$$\sum_{i=1}^{H}\bar{q}_{iD}G_{ij}+\bar{q}_{jD}S_{f}-\bar{\Psi}_{wD}=0,j=1,2,\cdots,H \tag{3-37}$$

考虑流量约束，得

$$\sum_{i=1}^{H}(\bar{q}_{iD}L_{iD})=\frac{1}{s} \tag{3-38}$$

联立式(3-37)和式(3-38)，得到由 $H+1$ 个方程构成的线性方程组，进而通过数值方法求得$\bar{\Psi}_{wD}$，$\bar{q}_{1D}$，$\bar{q}_{2D}$，…，$\bar{q}_{(H-1)D}$，$\bar{q}_{HD}$。

考虑井筒储集效应影响，根据 Duhamel 原理，井底压力为

$$\bar{\Psi}_{wD}=\frac{\bar{\Psi}_{wD}}{1+s^{2}C_{D}\bar{\Psi}_{wD}} \tag{3-39}$$

Van Everdingen A F 等研究表明，在 Laplace 空间中定压生产时的无因次流量$\bar{q}_{D}$ 和定产生产时的无因次拟压力间存在关系：

$$\bar{q}_{D}=\frac{1}{s^{2}\bar{\Psi}_{wD}} \tag{3-40}$$

利用 Stehfest 方法对$\bar{q}_{D}$ 进行数值反演，得到实空间无因次产量 q_{D}与无因次时间 t_{D}的关系，绘制页岩气藏压裂水平井的产能递减曲线，分析其影响因素。

3.7.3 页岩气井产量递减规律

与常规气井类似，页岩油气井的产量递减速度通常用递减率来表示，即单位时间内的产量变化率，或单位时间内产量递减的百分数。页岩油气井产量递减规律可以分为直线递减、双曲递减、调和递减和指数递减等。

页岩气井在生产初期的产气主要来源于体积压裂裂缝中的自由气，在投产初期的1~1.5年内的递减率达到30%~80%左右，此后进入漫长的低产稳产阶段，年递减率一般在2%~5%左右，这个阶段基质中的自由气和解吸气是主要产气来源。

目前，页岩油气井产量递减一般采用递减分析方法来评价。页岩气井产量递减分析方法主要有 Arps 递减法、幂律指数递减法（D. Ilk，2008）、扩展指数递减法（Valko，W. J. Lee，2010）以及现代递减分析法等。下面对这几种方法做以简单介绍。

1. Arps 递减法

Arps 递减模型有双曲、指数和调和3种递减类型，其一般形式为：

$$q_{g}(t)=\frac{q_{gi}}{(1+bD_{i}t)^{1/b}} \tag{3-41}$$

式中 q_{gi}——初始产气量，m^{3}/d；

D_{i}——初始递减率，d^{-1}；

b——递减指数，且 $0\leqslant b\leqslant 1$；

t——时间，d。

双曲递减是页岩气井产量 Arps 递减分析中使用最多的递减类型，但该方法预测的结果具有较大的不确定性。例如，当用 Arps 模型拟合页岩气井的产量数据时，经常会出现最佳拟合对应的 $b>1$，预测的产气量和储量偏高（见图3-39）。这是由于页岩气基

质渗透率极低，即使经过几年的生产也很难达到拟稳态流动阶段，这与 Arps 方法要求的拟稳态流动条件不符。Arps 方法拟合的页岩气井递减指数 b 是随着时间变化的，只有生产时间足够长，b 值才会渐趋于 1，此时预测的产量及储量渐趋可靠（W. J. Lee，2010）。

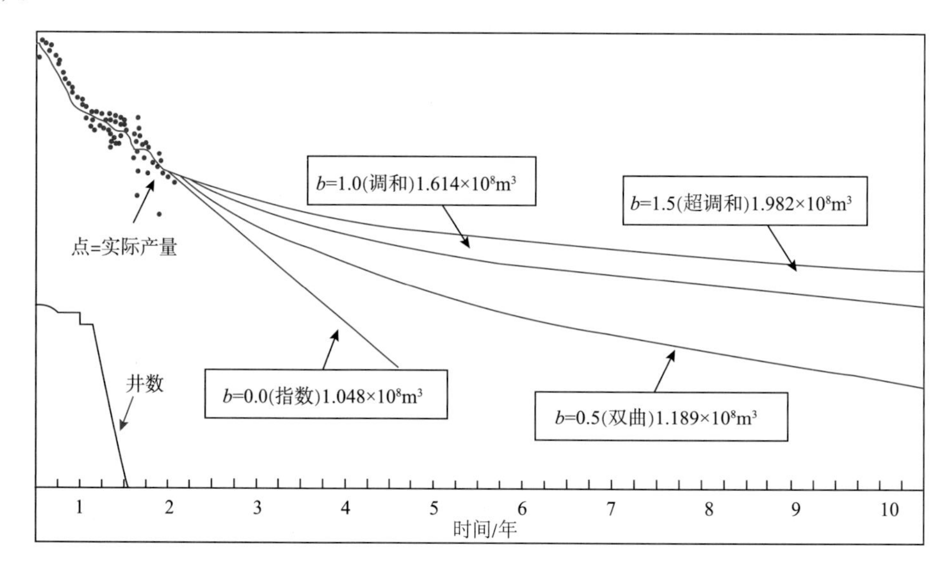

图 3－39　Arps 方法对 1.5 年页岩气井生产数据拟合预测结果比较（M. A. Miller 等，2010）

2. 幂律指数递减法

幂律指数递减法最初由 D. Ilk 等（2008）提出，并且由 Mattar（2008）、R. Mcneil（2009）、Johnson（2009）及 S. M. Currie（2010）等用来预测页岩气井产量递减。该方法可以在不稳定流、过渡流及拟稳态流阶段对产量数据进行拟合，使用的模型为：

$$q = \hat{q}_i \exp(-D_\infty t - \hat{D}_i t^n) \tag{3-42}$$

式中　$\hat{q}_i$——初始产量（$t=0$），m^3/d；

D_∞——无限大时间时的递减常数，如 $D(t=\infty)$，d^{-1}；

D_i——递减常数，d^{-1}；

n——时间指数。

D. Ilk 认为引入 D_∞ 项可以更好地对产气数据拟合及未来产量预测，当时间足够大时，$Dt \gg D_i t^n$，模型近似于指数递减。

幂律指数递减法能够根据早中期的生产数据进行产量拟合和递减预测，能在不稳定渗流生产阶段快速确定井控动态储量（EUR）的上、下限值。随着开发时间延长，这两者之间的差异越来越小，预测的结果比 Arps 方法更为可靠（见表 3－18）。

3. 现代递减分析法

由于页岩气储层中一般没有自由水，在平衡解吸（即在储层压力变化时基质吸附气能瞬时达到平衡）的假设条件下，可以通过引入解吸压缩系数来考虑页岩吸附气的解吸扩散，将页岩气储层渗流微分方程整理成与常规气藏类似的形式（Gerami，2007）。为了内容简化起见，此处将页岩简化为均质储层（该假设适合于自然裂缝和基质孔隙渗流达到系统径向流阶段）：

表3-18 Arps递减法与幂律指数递减法预测的页岩气井储量对比(据Currie，2010)

时间/d	Arps递减法(双曲) q_{gi}/(m³/d)	D_i/d⁻¹	b	$EUR_{(hyp)}$/10⁸m³	幂律指数递减法 $\hat{q}_{gi}$/(m³/d)	D_i/d⁻¹	n	D_∞/d⁻¹	EUR/10⁸m³
50	357089	0.142	1.85	1.11	2044760	1.684	0.16	0	0.66
100	357089	0.1635	2.06	1.37	1881950	1.684	0.15	0	0.86
250	357089	0.1607	2.08	1.42	1881950	1.684	0.15	0	0.86
500	290471	0.0756	1.79	1.16	1881950	1.684	0.15	0	0.86
1000	240069	0.0408	1.59	1.04	1881950	1.684	0.15	0	0.86
1500	194676	0.0225	1.4	0.92	1881950	1.684	0.15	0	0.86
2000	194676	0.0225	1.4	0.92	1881950	1.684	0.15	0	0.86
2500	194676	0.0222	1.39	0.92	1881950	1.684	0.15	0	0.86
3000	194676	0.0213	1.37	0.91	1881950	1.684	0.15	0	0.86
3191	194676	0.0215	1.36	0.90	1881950	1.684	0.15	0	0.86

$$\frac{1}{r}\left[\frac{\partial}{\partial r}\left(r\frac{\partial \Psi}{\partial r}\right)\right]=\frac{\phi\mu_i C_{ti}^*}{k}\frac{\partial \Psi}{\partial t_a^*} \tag{3-43}$$

式中，t_a^*为归整化拟时间，定义为：

$$t_a^*(\bar{p})=\mu_i C_{ti}^*\int_0^t \frac{dt}{(\mu C_t^*)_{\bar{p}}} \tag{3-44}$$

$C_t{}^*$为综合压缩系数，$C_t^*=C_f+C_g+C_d$，其中C_d为解吸压缩系数，该参数由Bumb、Mckee(1988)首次提出：

$$C_d=\frac{p_{sc}TV_Lp_LZ}{T_{sc}\phi p(p+p_L)^2} \tag{3-45}$$

式中 V_L——兰氏体积，m³/t；
p_L——兰氏压力，MPa；
p_{sc}——标准大气压力，MPa；
T_{sc}——标准状态下的温度，K；
Z——气体偏差因子；
P——气藏压力，MPa；
ϕ——孔隙度，%；
T——气藏温度，K。

微分方程式(3-43)的形式与常规气藏渗流微分方程完全相同，因此可以利用常规气藏的现代递减分析法(Palacio-Blasingame，1991；Fetkovich，1987；Agarwal-Gardner，1999)来对页岩气井的产气量进行分析，获取储层动态参数及单井控制储量。

页岩气井产量递减分析法不仅可以对气井产量进行递减预测，还可以预测单井控制的动态储量(EUR)。

第4章 井下分段压裂管柱与施工工艺

水平井分段压裂管柱是实现井下分段压裂的重要环节，依据实现完井方式和实施工艺的差异，典型的水平井井下分段压裂管柱可分为射孔—桥塞联作管柱系统、裸眼滑套封隔器管柱系统、套管滑套固井管柱系统、免钻桥塞多级分段压裂管柱系统、丛式滑套多级分段压裂管柱系统、连续油管水力喷射分段压裂管柱系统与分支水平井分段压裂管柱系统等类型，本章从各种管柱工艺原理、结构组成和现场施工步骤，剖析水平井分段压裂管柱特征，并结合水平井分段压裂管柱力学计算，分析压裂管柱强度与通过性能。

4.1 射孔—桥塞联作水平井分段压裂管柱系统

射孔—桥塞联作水平井分段压裂技术是目前页岩气水平井分段压裂应用最多的一项技术，其主要特点是适用于套管完井的水平井，由多簇射孔枪和可钻式桥塞组成。该压裂管柱系统的优势是适用于大排量大液量长水平井段连续压裂施工作业，多簇射孔有利于诱导储层多点起裂，有利于形成复杂缝网和体积裂缝。

4.1.1 工艺原理

4.1.1.1 整体工艺原理

整个工艺的原理是利用液体投送由电缆、射孔枪、连接器和可钻桥塞组成的井下分段压裂管柱至预定坐封位置；点火坐封桥塞，连接器分离，上提射孔枪至预定第一簇射孔位置并射孔，拖动射孔枪依次完成其他各簇射孔；起出射孔枪，进行压裂作业。根据设计段数，用同样方式，依次完成其他各段压裂改造。全部分段压裂完成后，用连续油管和螺杆钻具一次性快速钻铣全部桥塞。

4.1.1.2　桥塞工作原理

通电点火引燃复合材料桥塞坐封工具内的火药，使燃烧室内产生高压气体。在高压气体的作用下，上活塞下行推动液压油通过延时缓冲嘴流出，从而推动下活塞，使下活塞连杆通过外壳推力杆使推筒下行挤压桥塞上卡瓦。与此同时，由于反作用力使得外推筒与芯轴之间发生相对运动，芯轴带动推筒连接套向上做相对运动，从而带动桥塞中心管向上挤压下卡瓦。在上行与下行的双向力作用下，上下锥体压缩胶筒膨胀，达到封隔井筒的目的。当上下卡瓦在锥体作用下张开紧紧啮合套管，胶筒、卡瓦与套管的配合紧到不可压缩且压力达到一定值时，剪断释放销钉，使得坐封工具与桥塞脱开，完成丢手动作。

4.1.1.3　电缆工作原理

位于电缆坐封工具上端的点火器通电后，引燃位于点火器下端的药柱。药柱燃烧所产生的高压气体用来驱动坐封工具运行。高压气体向下通过上活塞的中心孔进入下缸套，驱使坐封工具外部上、下缸套和上接头下行，同时上、下活塞保持稳定。高温高压气体产生的推力达到一定程度后(约28kN)，剪切接头上的剪切销被剪断，压力持续增大，推力不断增大，使得上、下缸套等部件下行推动坐封套，因而与下接工具释放栓(环)产生相对位移，坐封下接工具。药柱持续燃烧推力不断增大，当其达到下接工具释放力时，坐封工具与下接工具脱离，实现丢手。丢手后，上、下缸套下行达到行程极限，压力从上缸套的泄压孔泄出，工具内腔自动泄压。

4.1.2　管柱结构

射孔—可钻桥塞水平井分段压裂管柱结构如图4-1所示，主要由电缆坐封工具、射孔枪、坐封工具和复合材料桥塞组成。其关键部件为电缆坐封工具和复合材料桥塞。

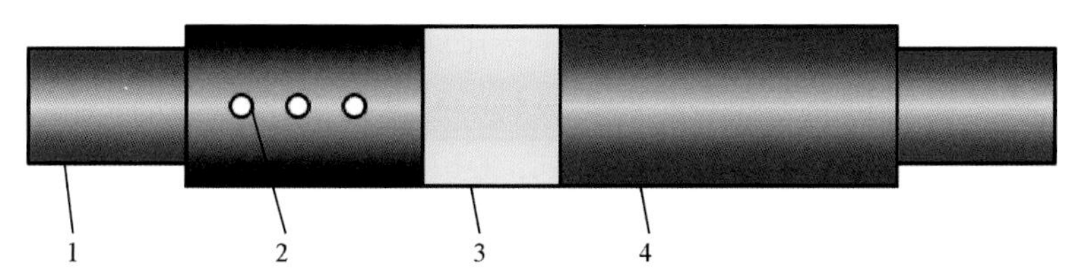

图4-1　射孔—桥塞连作分段压裂管柱示意图

1—电缆；2—射孔枪；3—连接器；4—桥塞

4.1.2.1　电缆坐封工具

电缆坐封工具主要由点火头、燃烧套、多级活塞及缸套组成，其结构如图4-2所示。

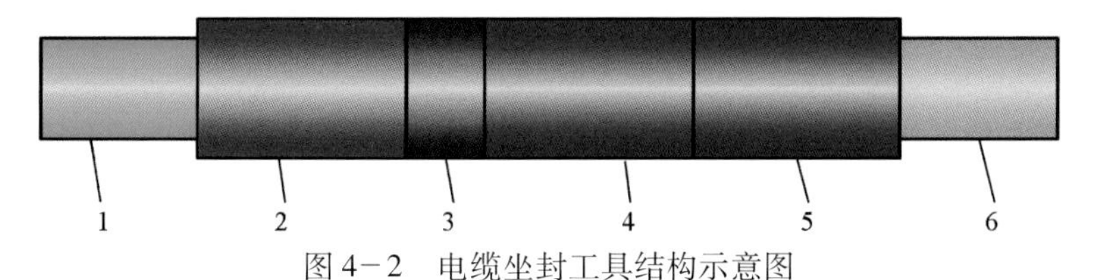

图4-2　电缆坐封工具结构示意图

1—点火器接头；2—燃烧筒；3—剪切接头；4—上缸套；5—下缸套；6—下活塞

4.1.2.2 复合材料桥塞

复合材料桥塞主要由中心管、卡环、卡瓦、锥体、密封组件、导鞋、推进机构和压裂树脂球等组成，其结构如图 4－3 所示。

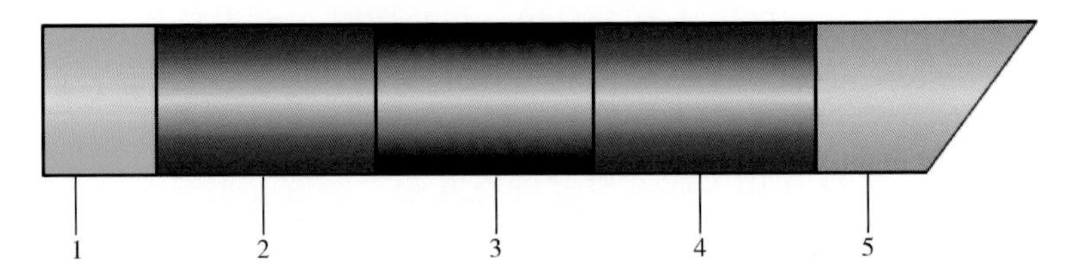

图 4－3 复合材料易钻桥塞结构示意图

1—球座；2—上卡瓦；3—胶筒；4—下卡瓦；5—推进机制

复合材料桥塞主要技术参数：桥塞耐压差 86.0MPa，耐温 232℃，适用范围：适用于套管尺寸 3½in、4½in、5½in、7in。桥塞类型根据密封结构可分为 4 类：全堵塞式复合材料桥塞、单流阀式复合材料桥塞、投球式复合材料桥塞和单向阀＋降解球式复合材料桥塞。全堵式桥塞可直接坐封，顶部有泄压阀，在钻铣过程中可以平衡上下压力。单流阀式复合材料桥塞当底部压力大于上部压力时，单向阀可以平衡上下压力，作业中可以单独处理每层，在钻铣过程中可以单次钻铣掉多个桥塞。投球式复合材料桥塞坐封后，桥塞具有流体通道，方便其他作业；当从井口投球后，球会落在球座，密封并隔离井底。单流阀＋降解球式复合材料桥塞带有单向阀和可降解的球，降解球可以阻止地层砂子堵塞孔道或移动至上层，当降解球被温度或液体溶解后，单向阀可以平衡上下压力，并可一次钻铣多个桥塞。

4.1.3 关键技术

4.1.3.1 高性能复合材料桥塞

目前，国内外复合材料可钻桥塞技术已比较成熟，贝克休斯公司的 QUICK Drill 桥塞、Halliburton 公司的 Fast Drill 桥塞等都是非常成熟的复合材料桥塞。这种复合材料桥塞具有可钻性强、耐压耐温指标比较高的特点，例如，QUICK Drill 桥塞耐压可达 86MPa，耐温达到 232℃；Fast Drill 桥塞耐压可达 70MPa，耐温达到 177℃。由于该技术射孔—桥塞联作，压裂结束后能在很短时间内钻铣掉所有桥塞，不但节省了时间和成本，而且减少了压裂液体在地层中的滞留时间，降低了外来液体对储层的伤害。

(1) 由于在不同规格套管固井的施工井中，要使用与之大小相匹配的复合材料桥塞，使得复合材料桥塞与套管之间的空隙较小，单边间距基本在 5～8mm 左右，所以要求复合材料桥塞要具有良好的可下入性，在下入过程中不能因桥塞原因遇阻遇卡，特别是不能发生桥塞中途动作、提前坐封事故。

(2) 当桥塞下到设计位置后，首先要坐封桥塞，坐封完成后继续进行丢手操作，将桥塞与整个工具串脱离。只有坐封和丢手动作都完成后，桥塞才能固定在预定位置，形成对下部已压裂层段的暂堵，继续后续作业。要求桥塞具有可靠的坐封及丢手性能，只能在点火动作后才能坐封，不能提前坐封或点火后不坐封；当坐封完成后丢手动作必须随后完成，使桥塞与工具串分离，才能上提工具串进行下步作业。

(3) 该技术是通过复合材料桥塞对已压裂层段进行暂堵，所以桥塞的密封性能是关键指标之一。要求桥塞在压裂施工过程中，在一定的工作压差下，具有良好的密封性，能够对已压裂层段进行有效的暂堵，不影响后续的压裂施工。

(4)当全部压裂施工结束后，利用连续油管加螺杆钻将桥塞全部钻铣，恢复全井筒的畅通，便于后续作业(下工艺管柱、测产出剖面等)。为了及时排液、减小对储层的伤害、提高作业效率，要求桥塞具有良好的快速可钻性，能够在较短的时间内完成钻铣，钻铣形成的钻屑尺寸较小，可以较容易地被液体携带出井口。

4.1.3.2 多簇射孔技术

由于受电缆防喷管长度的限制，整个桥塞坐封工具加上射孔枪的长度不能大于电缆防喷管长度，所以射孔枪的长度不可能很长，在大段施工段中有必要选择较好的储层段进行射孔，使好储层段得到有效的改造，这就要求射孔枪在井下能够实现多次点火，通过上提工具串，实现多簇选择性射孔。

4.1.3.3 桥塞坐封和射孔联作技术

射孔—桥塞联作水平井分段压裂技术是由下而上逐段压裂施工，一段压裂施工完成后，通过下入复合材料桥塞对下部已压裂段进行暂堵，然后对上一段进行射孔和压裂施工，逐段上返，最终完成全井段的分段压裂改造。一趟管柱下井即可完成桥塞坐封和多簇射孔，减少了电缆入井作业次数和时间，提高了作业效率，降低了作业成本。桥塞坐封和射孔联作要求首先点火对桥塞进行坐封，待桥塞丢手完成后，上提工具串再进行多簇选择性点火射孔，最后将工具串起出，进行套管加砂压裂施工。

4.1.4 施工步骤

(1)地面设备准备，连接井口设备；
(2)连续油管钻铣桥塞管串模拟通井；
(3)第一段采用油管或连续油管传输射孔；
(4)提出射孔枪；
(5)通过套管进行第一段压裂；
(6)液体泵送电缆 + 射孔枪 + 可钻桥塞工具入井；
(7)坐封桥塞，射孔枪与桥塞分离，试压；
(8)拖动电缆带射孔枪至射孔段，簇式射孔；
(9)提出射孔枪；
(10)进行第二段压裂；
(11)重复(6)~(10)，实现逐段上返压裂；
(12)待压裂施工全部完成后，对连续油管所有复合材料桥塞进行钻磨；
(13)钻铣完所有桥塞后，进行后续测试作业及排液投产；
(14)一般设计每一压裂水平段长度为50~100m，每段射孔3~6簇，每个射孔簇长度为0.46~0.77m，簇间距一般15~30m。

4.1.5 工艺优缺点分析

4.1.5.1 优点

(1)通过这种射孔压裂方式，每段可以实现3~6条裂缝，裂缝间的应力干扰更加明显，压裂后形成的缝网更加复杂，改造体积裂缝更大，压裂后的效果也更好。

(2)分压段数不受限制。

(3)可进行大排量、大液量连续施工。

(4)压裂后可快速钻掉桥塞，且易排出(一般 <30min 钻掉，常规铸铁 >4h)。

(5)下钻风险小，施工砂堵容易处理。

(6)节省作业时间。

(7)受井眼稳定性影响相对较小。

4.1.5.2 缺点

(1)对套管和套管头抗压性能要求高。

(2)对电引爆坐封等配套技术要求高。

(3)分段压裂施工周期相对较长。

(4)动用施工设备多，费用较高。

4.2 裸眼滑套封隔器分段压裂管柱系统

裸眼滑套封隔器分段压裂管柱一般是设计为 ϕ177.8mm × ϕ114.3mm 悬挂压裂完井管柱的结构。常见的管柱结构由悬挂器、裸眼封隔器、滑套开关、单向阀等工具组成，其中裸眼封隔器和滑套开关的数量由压裂段数决定。

4.2.1 工艺原理

裸眼滑套封隔器分段压裂采用多级封隔器对裸眼水平井进行机械封隔，根据起裂位置分布多级滑套，多级压裂管柱一次下入，压裂前对油管正打压实现封隔器坐封或封隔器浸泡坐封，施工中依次投入尺寸不同的球憋压打开多级滑套，实现由下而上逐级压裂。压裂液从滑套进入地层直至完成加砂，压裂后合层返排生产。水力压裂施工时水平段趾端滑套为压力开启式滑套，其他滑套通过投球打开，从水平段趾端第二级开始逐级投球，进行针对性的压裂施工。根据所用封隔器坐封原理和滑套打开方式差异，形成了多种裸眼滑套封隔器分段压裂管柱系统。下面简单介绍几种典型的裸眼滑套封隔器分段压裂管柱系统。

4.2.1.1 QuickFRAC 和 StackFRAC HD 压裂管柱系统

QuickFRAC 压裂管柱系统原理是一次投入一个封堵球开启多个滑套的多级压裂批处理系统，已实现 15 次投球进行开启 60 级滑套的多级压裂的施工，每级之间由 RockSEAL Ⅱ封隔器封隔，滑套为 QuickPORT 滑套。

StackFRAC HD(High Density)高密度多级压裂系统可以多次投入同一尺寸封堵球开启多级滑套 RepeaterPORT，有效增加压裂级数，每级之间用 RockSEAL Ⅱ封隔器封隔。

4.2.1.2 FracPoint™系统

FracPoint™多级投球滑套压裂系统可以实现快速、连续的水力压裂。每两级滑套之间可以选用液压坐封裸眼封隔器或自膨胀封隔器。压裂完成一级后投球泵送打开下级滑套，如此逐级进行压裂。将整体压裂完毕，密封球被从井内返排至地面。

FracPoint™分段压裂系统主要部件有：大扭矩悬挂器系统、液压坐封裸眼封隔器或自膨胀封隔器、抗高速冲蚀的投球打开滑套、压力打开滑套、耐高温高压封堵球、井筒隔绝阀。

4.2.1.3 DeltaStim Plus 20 系统

DeltaStim Plus 20 完井工具包括：DeltaStim 滑套、DeltaStim 压力开启滑套和 Swellpacker 隔离系统。DeltaStim 完井可与 VersaFlex 尾管悬挂器一起下入井中。根据地层条件可使用 Swellpacker 隔离系统或 Wizard Ⅲ封隔器实现裸眼完井的隔离，Swellpacker 封隔器膨胀胶筒可膨胀至 200%，可密封不规则裸眼井和套管井，也可以采用注水泥固井完井隔离。DeltaStim Plus 20 完井技术服务系统在 4½in 套管中可以分 21 级，5½in 套管中可以分 26 级，7in 套管可以多达 30 级，开启球级差达到⅛in。机械开关滑套可实现多次开关，并可实现无限级数压裂。

4.2.2 管柱结构

裸眼滑套封隔器分段压裂管柱主要由悬挂封隔器、裸眼封隔器、投球滑套、球座及筛管引鞋等组成（见图 4－4）。用水力坐封或遇油（遇水）膨胀坐封的套管外封隔器代替水泥固井来隔离各层段，生产时不需起出或钻铣封隔器，利用滑套工具在封隔器间的井筒上形成通道，来代替套管射孔。

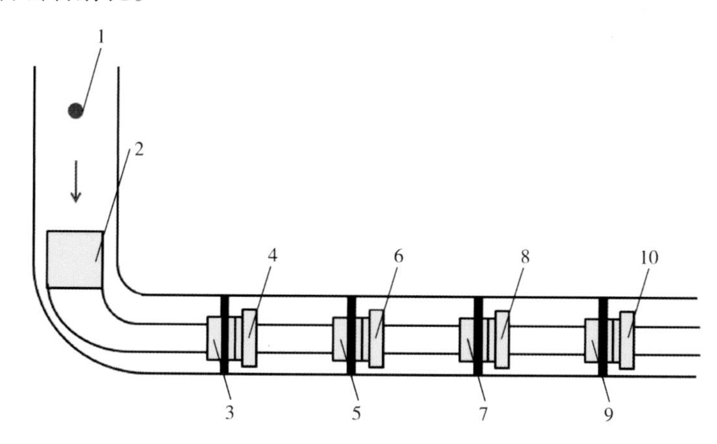

图 4－4 裸眼滑套封隔器分段压裂完井管柱图

1—可钻球；2—悬挂封隔器；3、5、7—投球滑套；4、6、8、10—裸眼封隔器；9—压差滑套

4.2.3 关键技术

裸眼水平井多段压裂技术在于封隔器和滑套的可靠性、安全性能，尤其是管外封隔器和多级滑套的开启可靠性是决定技术成功与否的关键。

4.2.3.1 管外封隔器

裸眼水平井压裂分段用的封隔器有水力坐封和遇油（遇水）膨胀坐封两种类型。

1. 遇油（遇水）膨胀坐封封隔器

遇油（遇水）膨胀坐封又称自膨胀式封隔器。该类封隔器可根据地层不同的油气含量、井筒条件、作业要求，胶筒在遇油或遇水自主膨胀来封隔地层。

(1)结构。

遇油自膨胀封隔器结构简单，组装方便，主要由接箍、基管、挡环和胶筒组成，其结构如图4－5所示。

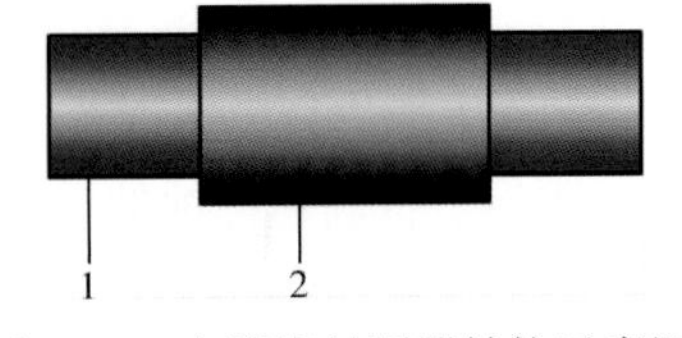

图4－5　自膨胀封隔器结构示意图

1—基管；2—可膨胀胶筒

(2)工作原理。

自膨胀封隔器可以随完井管柱一同下入井内，当封隔器到达指定位置后，橡胶在井筒内液体或注入液体(油类或水)的浸泡下缓慢膨胀，直到紧紧地贴住井壁或套管内壁，实现隔离井段的目的。

2. 水力坐封封隔器

(1)结构。

水力坐封封隔器由中心管、组合防突部件、胶筒和液压坐封机构组成(见图4－6)。该类封隔器根据坐封原理分为水力压缩式和水力扩张式两种。扩张式封隔器胶筒较长，压缩比例大，密封裸眼可靠性高，胶筒内部有钢片支架；压缩式封隔器胶筒较短，一般由2～3个组合而成，胶筒两端设计组合式防突结构，密封可靠性较好，承压能力高。

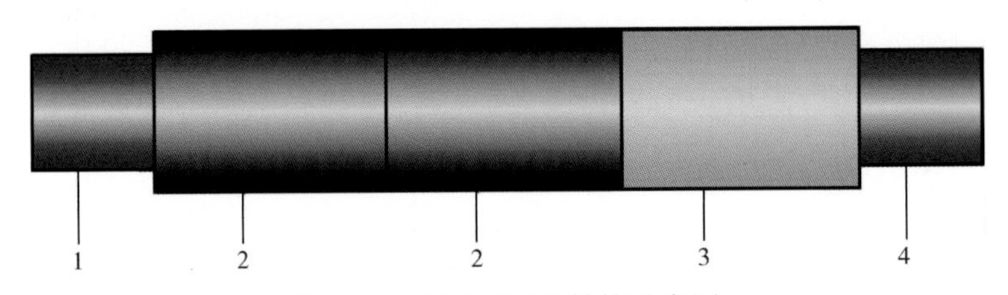

图4－6　裸眼封隔器结构示意图

1—上接头；2—胶筒；3—液压坐封机构；4—下接头

(2)工作原理。

①压缩式封隔器工作原理：封隔器下至设计位置后，内部加液压，液压力升至封隔器启动压差时，液压坐封机构启动，液压力推动液压坐封机构的内部活塞压缩封隔器胶筒膨胀，封隔环形空间，同时锁紧机构启动锁紧，保持胶筒处于持续密封状态，完成封隔器坐封。

②扩张式封隔器工作原理：封隔器下至设计位置后，内部加液压，液压力升至封隔器启动压差时(一般设计为8～10MPa)，封隔器开启阀芯上的销钉被剪断，开启阀被打开；液体经过中心管的进液孔把单流阀推开，进入中心管与胶筒之间的环形腔内使胶筒膨胀坐封，封隔井筒的环形空间，当液压力达到坐封设定值时，封隔器坐封完毕，坐封机构的单流阀阻止腔内液体回流，保持胶筒处于持续密封状态。

4.2.3.2　裸眼压裂滑套

裸眼压裂滑套包括压差滑套和投球滑套两种。

1)压差滑套

(2)结构。

压差滑套主要由上接头、内滑套、外筒、下接头、锁紧机构等组成，其结构如图4－7所示。

(2)工作原理。

压差滑套装配后处于关闭状态，需要开启时，下接头连接丝堵，内部加液压，当液压

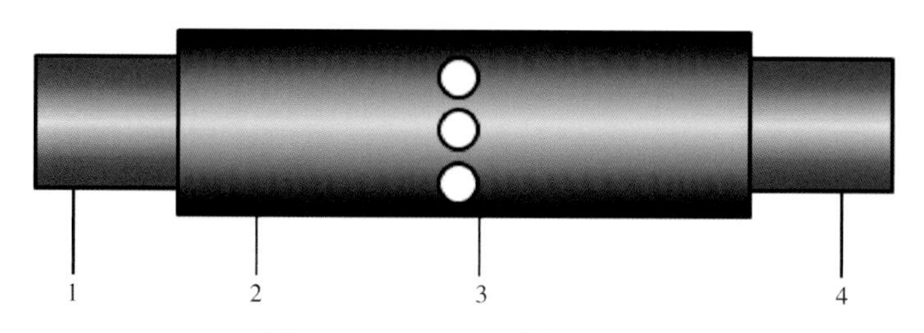

图4－7　压差滑套结构示意图

1—上接头；2—外筒＋内滑套；3—过液孔；4—下接头

力达到坐封设定值时，液压力推动内滑套剪断剪钉后移动，露出过液孔，完成滑套开启，同时锁紧机构启动锁紧，然后进行压裂施工。

2)投球滑套

(1)结构。

投球滑套主要由上接头、球座、内滑套、外筒、下接头、锁紧机构等组成，其结构如图4－8所示。

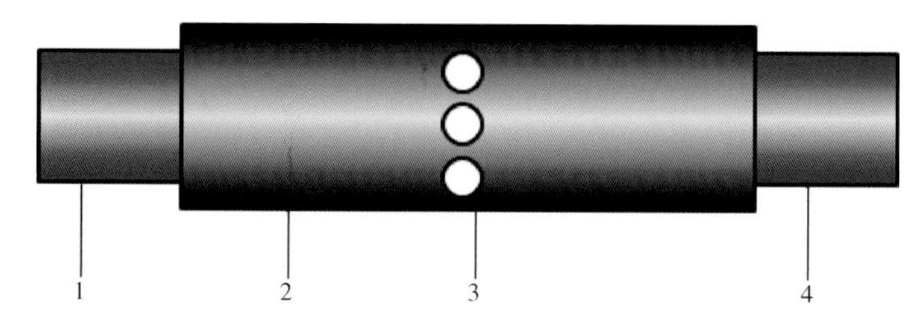

图4－8　投球滑套结构示意图

1—上接头；2—外筒＋球座＋内滑套；3—过液孔；4—下接头

(2)工作原理。

压差滑套装配后处于关闭状态，需要开启时，内部投球坐于球座上，内部加液压，当液压力达到坐封设定值时，液压力推动内滑套剪断剪钉后移动，露出过液孔，完成滑套开启，同时锁紧机构启动锁紧，然后进行压裂施工。

4.2.3.3　悬挂封隔器

(1)结构。

根据锚定卡瓦和密封胶筒布局方式，悬挂封隔器结构有以下三种：①锚定卡瓦在密封胶筒的两边，其结构见图4－9；②密封胶筒在上部，锚定卡瓦在下部，其结构见图4－10；或者密封胶筒在下部，锚定卡瓦在上部；③密封胶筒在两边，锚定卡瓦在中间，其结构见图4－11。

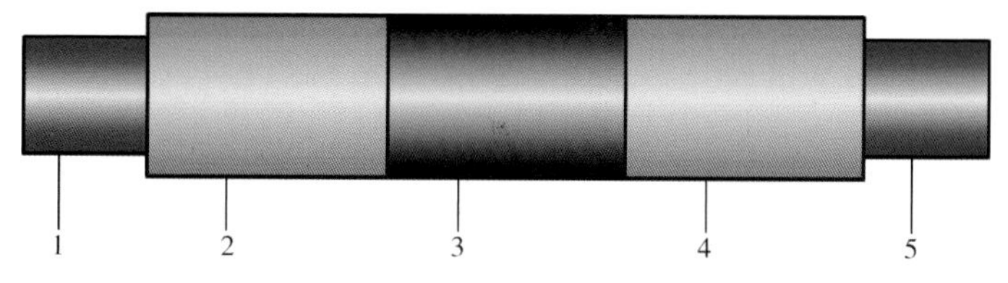

图4－9　悬挂封隔器结构示意图(一)

1—上接头；2—锚定卡瓦；3—密封胶筒；4—卡瓦；5—下接头

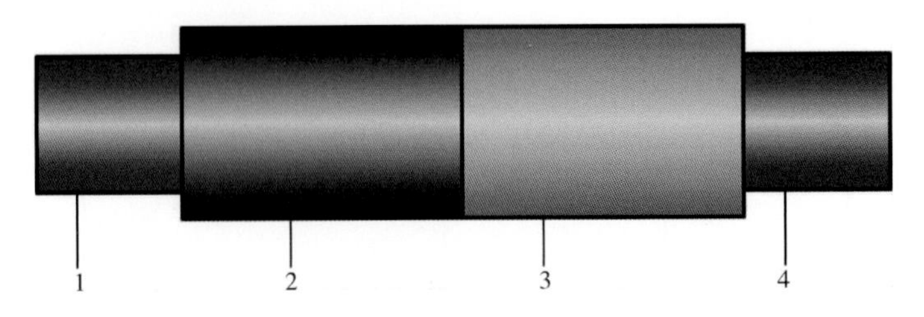

图 4-10　悬挂封隔器结构示意图(二)
1—上接头；2—胶筒；3—卡瓦；4—下接头

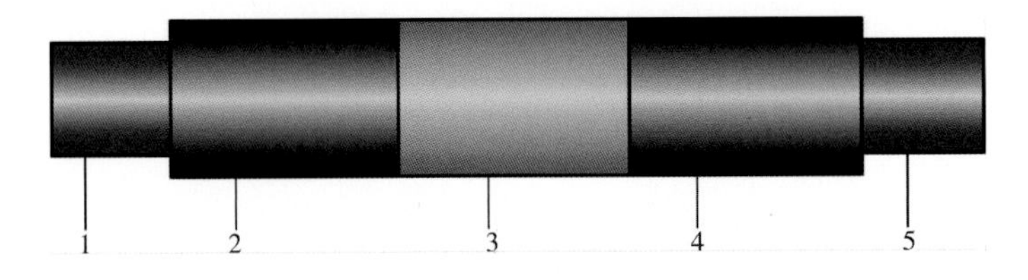

图 4-11　悬挂封隔器结构示意图(三)
1—上接头；2、4—胶筒；3—双卡瓦；5—下接头

为了满足工作时悬挂封隔器能够承受双向作用力，图 4-9 悬挂封隔器锚定卡瓦一般设计为单向卡瓦、组合式双向锚定方式，图 4-10 和图 4-11 悬挂封隔器锚定卡瓦一般设计为单向卡瓦、双向锚定方式。为了满足耐高压性能(一般设计为温度 150℃下承压 70MPa)，密封胶筒采用压缩式胶筒，胶筒两端设计有组合防突装置，保证封隔器的密封性能。

脱接丢手结构通常采用马牙扣的形式，满足下压插入、右旋丢手的工艺要求。为了满足丢手后插入密封的工艺要求，插入密封段设计为多组 V 形密封圈组合密封的结构；为了消除压裂管柱蠕动对密封的影响，V 形密封圈组合密封长度要有足够的安全余量；根据工作温度的高低和密封介质的不同，选取不同的 V 型密封圈材质组合，满足插入密封的可靠性。

(2)工作原理。

悬挂封隔器位于工具串的上部，工作位置一般选在直井段或斜井段完井套管的下端，集悬挂与密封功能与一体；承载下部压裂完井管柱的重力，并封隔油套环空，承受压裂施工的高压差，保护上部套管。悬挂封隔器采用液压坐封、倒扣丢手的方式，丢手后上部插入压裂管柱进行压裂施工，压裂施工结束后丢手下部管柱留在井内作为生产管柱。

①悬挂功能。悬挂封隔器坐封后双向承受力的作用，因而悬挂封隔器必须双向锚定可靠。为保证锚定效果，一般设计为双向卡瓦、永久锁紧方式，封隔器坐封后不可解封。

②脱接丢手和二次插入功能。目前裸眼水平井的长度越来越长，整个裸眼段的管柱质量越来越大，为了保障管柱的投送成功率，一般用钻杆进行工具的投送。管柱投送到位，加液压完成封隔器坐封、悬挂器坐挂后，进行管柱旋转、丢手，起出钻杆。然后下入压裂油管柱，下部连接插入短节进行二次插入，形成完整的压裂措施管柱，进行分段压裂施工，完井投产。

4.2.4　施工步骤

4.2.4.1　井眼处理

(1)清理上部完井套管。钻具组合：通径规 + 钻杆 1 根 + 刮管器 + 钻柱。刮管通井时，如果遇阻力较大的井段可反复活动2~3次；刮管至距套管末端10m处停止，并进行泥浆循环，直到出口泥浆与钻井设计的泥浆性能相同。循环泥浆时必须过筛，滤掉可能存在的颗粒状杂质。

(2)全井段通井，下入螺旋扶正器通井，清理岩屑床，使水平裸眼段井眼更平缓，利于压裂管柱下入井底。钻具组合：牙轮钻头+钻杆1根+螺旋扶正器+钻柱+加重钻柱+钻柱。遇阻时原则上不建议划眼。管柱通过后在遇阻井段上下通井2~3次，并进行泥浆循环，直到可以顺利下钻。

4.2.4.2 下入管柱丢手

将压裂管柱接上钻杆，顺利下入设计位置，投球至坐封球座并加压，实现悬挂封隔器、其他液压封隔器坐封，验封合格后，旋转管柱实现丢手，后丢手，丢手后起出丢手上部钻杆。

4.2.4.3 回插生产管柱实施压裂

将压裂油管柱下接循环阀、水力锚以及插入密封管下入井内，二次插入悬挂的回接密封装置中；内部加液压验证插入密封可靠后，井口安装压裂生产井口。

加压，压力开启滑套，即建立起第1层压裂通道，压裂第1层；投压裂可钻球，投球滑套1开启，即建立起第2层压裂通道，压裂第2层；依次投球，压裂剩余层段。

4.2.5 工艺优缺点分析

4.2.5.1 优点

(1)完井和分段压裂一体化，可以有效节省完井时间和费用；能较好避免固井作业对油气层的污染伤害。

(2)泵注时间短，井口配套有投球装置，压裂施工时可以连续泵注；一般情况下，整个压裂施工作业可以在一天内完成，与其他分段压裂工艺相比，可以缩短分段压裂的时间，加快返排时间，有效降低入井液对油层的伤害。

4.2.5.2 缺点与不足

(1)多级封隔器的验封问题：多级封隔器应用中的验封问题在国内外都没有被很好地解决，一口井中要下入5~6级，甚至10多级的管外封隔器，多级封隔器验封的问题无法解决。

(2)封隔器密封失效问题：压裂施工以及随后的油气生产，会改变地层应力，造成地层结构和裸眼井壁的不稳定性，各种因素综合作用很容易造成封隔器的密封失效，出现窜层和水淹油气层的发生，影响后期的油气生产。

(3)工艺技术应用的局限性：该工艺装置作为完井尾管悬挂装置，后期起出困难，可能影响油气采收率；多级封隔器、滑套等留井工具内通径大小不一，即使压裂完成后用钻铣方式去掉压裂球座，与油套管内径相比，内通径相对变小，影响后期工艺措施的实施。

4.3 多级滑套固井分段压裂完井管柱系统

套管滑套固井分段压裂技术是在固井技术的基础上结合开关式滑套固井而形成的分段

压裂完井技术。该技术分段压裂级数不受限制，通径大、压裂施工摩阻低，可以选择性地开关目的层。

4.3.1 工艺原理

根据油气藏产层情况，将滑套与套管连接并一趟下入井内，实施常规固井。压裂施工时，下入滑套开关工具，或者投入憋压球、飞镖，逐级将各层滑套打开，实施分段压裂，压裂完成后冲砂返排。

4.3.2 管柱结构

套管滑套固井分段完井管柱主要由悬挂封隔器和系列固井压裂滑套组成，其结构如图4－12所示。

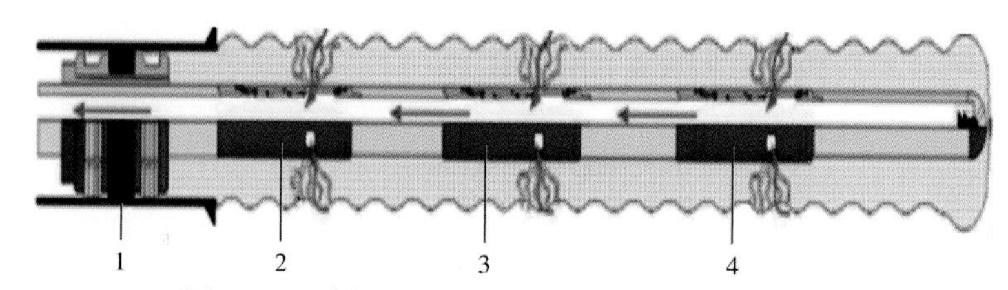

图4－12 套管滑套固井分段压裂管柱结构示意图

1—悬挂封隔器；2、3、4—固井压裂滑套

4.3.3 关键技术

套管滑套固井分段压裂的关键技术是滑套“打得开、关得住、密封严”，即要求滑套具有高开关稳定性、高密封性能和高施工可靠性。滑套的打开方式和内套定位机构决定了滑套的开关稳定性，目前打开方式和定位机构有多种，结构各具特色，同样对应的施工工艺也存在不同。由于结构及使用工况的特殊性，滑套固井的密封方式与其他类型滑套的密封方式有所不同，滑套固井密封组件不仅要求有耐高温、耐高压性能，还要求在滑套反复开关后仍具有良好的密封能力。另外，滑套内残留水泥浆会直接影响滑套的打开性能，通过设计滑套包覆层技术和改进胶塞顶替技术可以有效提高滑套的开、关可靠性。

4.3.3.1 滑套固井类型及打开方式

按照工具结构和施工工艺的不同，滑套固井可分为投球打开式滑套固井、飞镖打开式滑套固井、液压打开式滑套固井和机械开关式滑套固井。

1. 投球打开式滑套固井工艺原理

常规固井后进行分段压裂，井口内依次投入尺寸由小到大的憋压球，当憋压球到达滑套位置时与滑套内的球座形成密封，实现憋压，压力达到一定值时剪断控制剪钉，球座下行，打开泄流孔，为压裂液提供过流通道(见图4－13)。

2. 飞镖打开式滑套固井工艺原理

压裂施工时在井口投入固定尺寸的飞镖，坐入滑套C形环内，加压打开滑套并进行压裂施工。与此同时，通过导压管线将压裂压力传导至下一层滑套活塞上，活塞挤压C形环形成球座，以接收下级飞镖，从而实现不同产层间的连续分段压裂。该滑套分段压裂级数不受限制，后期可利用配套的连续管开关工具将滑套关闭(见图4－14)。

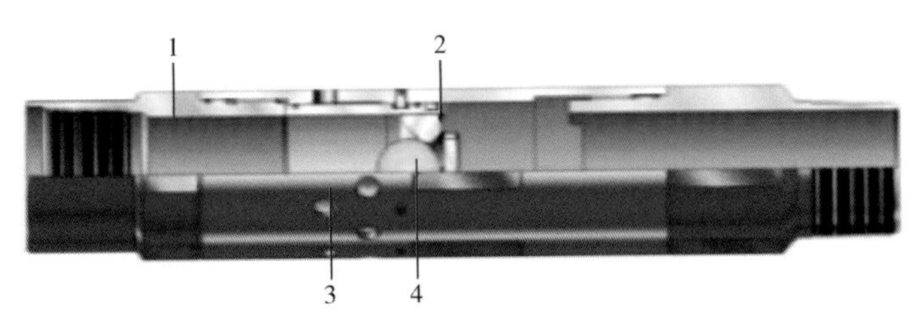

图4-13　投球式滑套固井

1—外筒；2—球座；3—过流孔；4—球

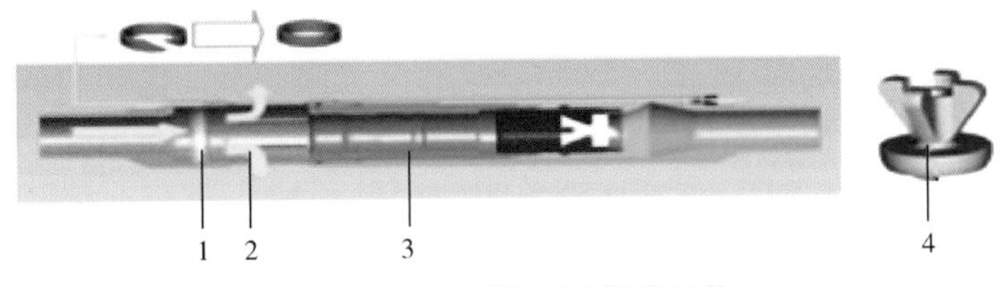

图4-14　飞镖打开式滑套固井

1—C形环；2—过流孔；3—外筒；4—飞镖

3. 压差打开式滑套固井工艺原理

压差打开式滑套固井主要包括压裂滑套和井下组合工具(BHA)，如图4-15所示。滑套采用液压开启方式，外壳与本体之间形成液缸，内滑套在液压力驱动下滑动，开启滑套。BHA工具主要包括接箍定位器、节流阀、锚定装置和管内封隔器，主要功能是实现压裂管串定位、锚定以及管串与套管环空封隔。

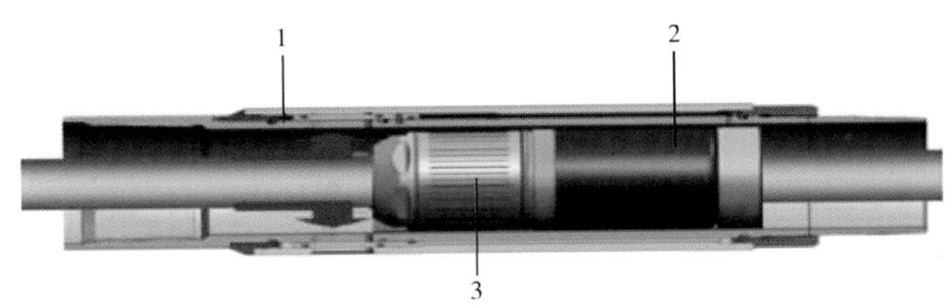

图4-15　压差式滑套固井

1—压差式滑套固井；2—管内封隔器；3—BHA管串

常规固井后，用连续管将BHA工具串送入井内；接箍定位器确定滑套所在位置，然后向连续管内加液压，坐封封隔器，锚定装置坐挂，锚定BHA管串；再往连续管与套管环空内加压，在封隔器密封条件下，在滑套上下形成压差，移动滑套露出过液通道，开启滑套，接着对该段储层进行压裂改造。该层段压裂结束后，停泵泄压，封隔器解封，锚定装置解卡。上提管柱，重复以上步骤进行下一段压裂，直至全井段压裂完成。全井段压裂施工完成以后，仍保持一个完整井筒，不影响生产和后期作业。

4. 机械开关式滑套固井工艺原理

机械开关式滑套固井(见图4-16)与套管连接并一趟下入井内，实施常规固井后，通过油管或连续管下入开关工具，在油管内加压，开关工具锁块外凸，与滑套台肩配合，上提管柱，将滑套泄流孔打开，进行压裂施工。当一级压裂施工结束后下入开关工具关闭该级滑套，并开启下一级滑套，直至施工结束。全井段压裂施工完成后，再次下入开关工具打开全部滑套，进行排液生产。

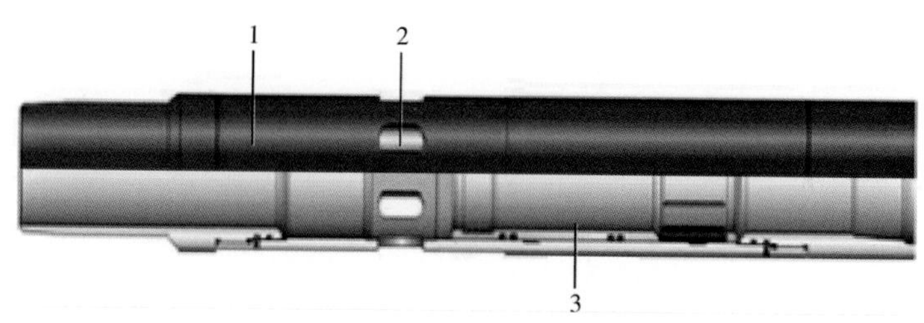

图 4-16 机械开关式滑套固井

1—外筒；2—过流孔；3—内活塞套

4.3.3.2 滑套固井内套定位机构

套管滑套固井根据现场需求需要多次开、关作业，因此设计内套定位机构，使滑套固井在施工过程中到达打开或关闭位置时，保持打开或关闭状态，而当施工结束后还可以通过相应的工具使其由打开(关闭)位置回到关闭(打开)位置。滑套上常见的内套定位机构有两种：卡簧式定位机构和弹性爪定位机构。

1. 卡簧式定位机构

卡簧式定位机构结构如图 4-17 所示。卡簧在滑套中主要起轴向定位作用，其工作原理是：卡簧两端设有倒角，初始状态下，卡簧外侧位于本体卡簧槽内，内侧位于内套卡簧槽内，实现内套的定位；当内套受到一轴向拉力时，卡簧会与本体卡簧槽的斜面接触，拉力足够大时，卡簧将发生收缩变形完全进入内套卡簧槽内，从而滑出本体卡簧槽，当卡簧移动到下一个本体卡簧槽时，会重新弹入卡簧槽内，实现定位，完成滑套的打开(关闭)操作。

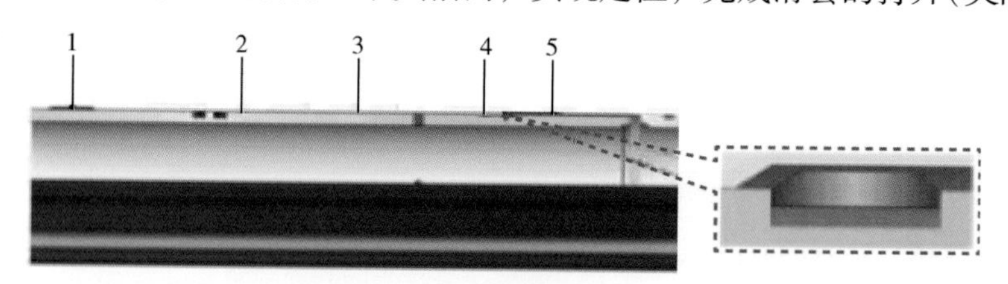

图 4-17 卡簧式定位机构

1—卡簧槽 2；2—本体；3—内套；4—卡簧；5—卡簧槽 1

2. 弹性爪定位机构

弹性爪定位机构的结构形式有两种，如图 4-18 所示，其工作原理是相同的。弹性爪设计在内套的一端，本体的内表面在滑套开启、关闭位置均设计限位槽，当滑套处于打开或关闭位置时，弹性爪嵌入限位槽内，以防止内套位于开、关位置时发生移动。弹性爪上有沿周向排布的槽，使得弹性爪在进出限位槽时具有弹性，防止卡死；当内套受到设定的轴向拉力时，弹性爪会收缩变形，而滑出限位槽；当到达另一个限位槽时，弹性爪重新嵌入限位槽内，实现锁紧和定位。

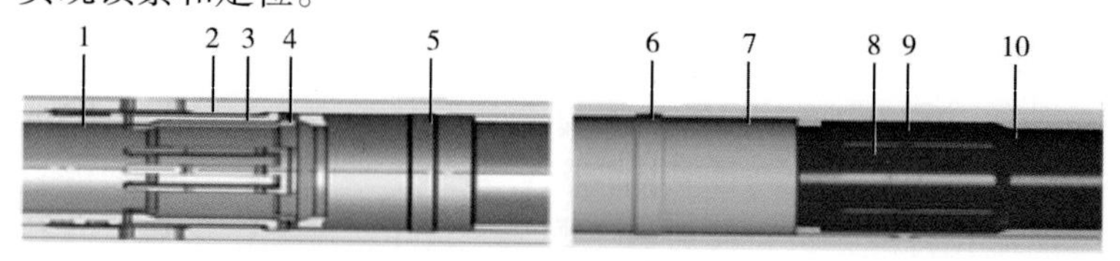

图 4-18 弹性爪定位机构

1、10—内套；2、7—本体；3、8—弹簧爪；4、5、6、9—限位槽

4.3.3.3 滑套固井密封方式

由于结构及使用工况的特殊性，滑套固井的密封方式与其他类型滑套的密封方式有所不同。滑套固井密封组件不仅要求具有耐高温、耐高压性能，还要求在滑套反复开关后仍具有良好的密封能力。目前常用的密封方式多为组合密封，即由多个单一密封部件组合在一起实现密封功能，如特殊密封圈组合密封、V形圈与O形圈组合密封等。

4.3.3.4 滑套包覆层技术

在入井及固井过程中，井内碎屑及水泥浆会通过滑套固井压裂口(过流孔)进入滑套内，进而影响滑套的密封性能及开关性能。通常在滑套内涂抹油脂，防止水泥浆进入滑套内。然而，在滑套下入过程中或者注水泥前，油脂也有可能在压力作用下被挤出。解决这一问题的主要方法是在本体压裂孔外侧覆盖复合材料包覆层，这样可以有效防止井内碎屑及水泥浆进入滑套，大大提高施工的可靠性。滑套的包覆层形式主要有两种：可降解高分子材料包覆层和水泥式暂堵材料包覆层。

图4-19为滑套固井和可降解高分子材料包覆层。该包覆层的性能要求为：①不密封，但能防止井内固井材料进入滑套压裂孔内；②具备一定的强度和耐磨性，在入井过程中防止滑脱和损坏；③可在较低压力下顺利击碎，不能影响地缝起裂压力；④入井后至固井候凝期间不降解，一旦压裂滑套打开，压力通过压裂口(过流孔)后进入复合材料包覆层，使其分层降解纤维化，消除包覆层对地层压裂的影响。

图4-19 滑套固井和包覆层

1—包覆层；2—过流孔(压裂口)

图4-20为Baker Hughes公司的滑套固井，采用在过流孔眼内部填充水泥的方式防止井内碎屑进入滑套内。水泥固化后具备一定的脆性，当滑套打开时，管内压力可将其击碎，并与水泥环和地层进行有效沟通，后期压裂施工和油气井生产均不受影响。水泥式暂堵材料包覆层研制成本低，容易实现。

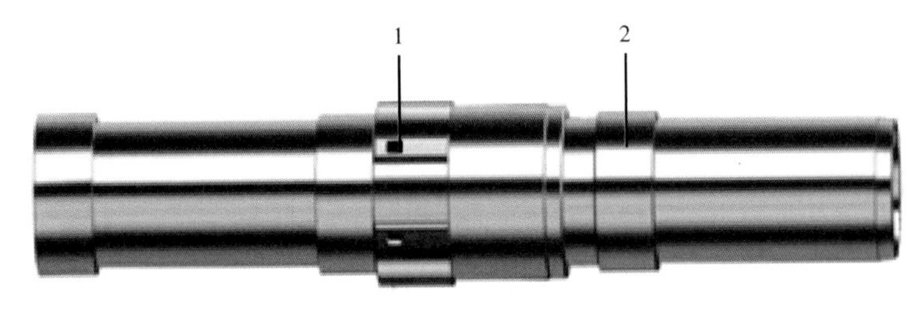

图4-20 Baker Hughes公司的OptiPort滑套固井

1—过流孔(压裂口)；2—OptiPort滑套固井

4.3.3.5 胶塞顶替技术

固井胶塞的主要作用是刮削套管内壁水泥浆、防止混浆、碰压显示。由于套管滑套固井为全通径设计，滑套处内径大于套管内径，常规固井胶塞不能有效刮拭滑套处残留的水泥浆，内部残留的水泥凝结后会增大滑套的打开载荷，影响开关工具与滑套的配合，进而影响滑套的开关性能及施工可靠性，所以常规固井胶塞已不能满足套管滑套固井分段压裂工具的施工要求，需要设计新型的具有较好刮拭效果的特殊固井胶塞。

新型固井胶塞多为复合一体式多胶碗结构。Halliburton 公司的固井胶塞胶碗角度设计为90°，与套管内壁垂直，可提高胶塞的刮壁能力，有效刮拭球座下方残留的水泥浆。Schlumberger 公司的固井胶塞采用大小胶碗复合结构，大胶碗分别位于胶塞体首末两端，小胶碗位于胶塞体中部，胶塞在管柱中下行时，小胶碗刮削套管内壁，大胶碗同时可对滑套内壁刮削，实现对全管柱内壁进行刮削和清洗的目的。

4.3.4 施工步骤

4.3.4.1 压前准备

根据油藏产层情况，设计各滑套固井位置，组装下井压裂完井管柱系统。按照确定的深度将滑套和套管管柱一趟下入井内，刮削清洗，候凝，完成固井。

4.3.4.2 压裂施工步骤

(1)下入连续油管，携带封隔器和定位器，定位器在第一级定位，连续油管打压，封隔器锚定坐封。

(2)连续油管与套管环形空间注入压裂前置液，当滑套固井上下形成压差时，剪断滑套锁钉，滑套下移，露出过液通道。

(3)进行第一段压裂施工，施工顺利后，停泵泄压，封隔器解封。

(4)上提连续油管，定位器在第二段定位。

(5)进行第二段压裂施工，重复步骤(2)～(4)，直至全井段压裂完成。

(6)完成全井段压裂后，起出连续油管，放喷排液，油气生产。

4.3.5 工艺优缺点分析

4.3.5.1 优点

(1)随套管一趟下入，无需射孔。

(2)无需额外的封隔器卡层，节省了成本。

(3)压裂完成之后套管内保持全通径，方便后期作业。

(4)分级打开滑套工艺方便快捷，压裂段间作业衔接紧凑，压裂作业进度较快，可以实现连续压裂作业。

(5)节约作业费用。

4.3.5.2 缺点

(1)套管滑套内径变化大，固井配件通用性差。

(2)套管压裂无法使用分级箍，全井段封固对固井胶塞密封性能提出了更高的要求。

(3)滑套外径大，可能对滑套附近固井质量产生不利影响。

4.4 免钻桥塞多级分段压裂管柱系统

4.4.1 工艺原理

免钻桥塞多级分段压裂工艺与普通快钻桥塞工艺原理基本一样，不同点在于用免钻可溶桥塞代替快钻桥塞，压裂施工完毕后，通过放喷将桥塞剩余部件返排出地面，不用钻塞，施工效率高，可保持套管大通径，便于油气井的后期措施作业。由于不需钻塞，可以降低作业成本。

4.4.2 管柱结构

免钻桥塞多级分段压裂系统是一种可溶桥塞压裂工艺管柱，其组成见图4-21。管柱结构为：电缆绳帽+CCL定位仪+快换接头+射孔枪+隔离短节+滚轮短节+坐封工具+推筒+可溶桥塞。

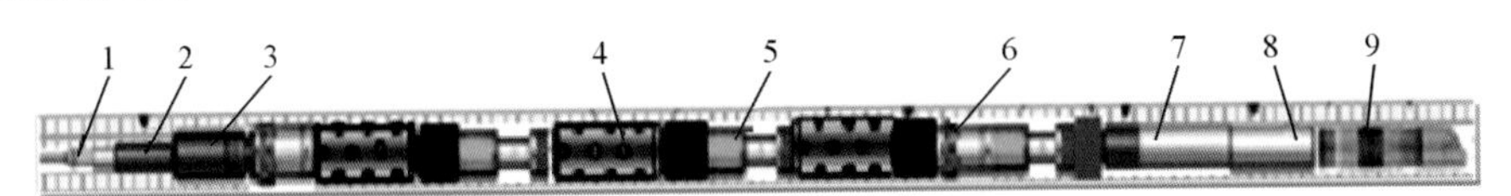

图4-21 免钻桥塞多级分段压裂管柱示意图

1—电缆绳帽；2—CCL定位仪；3—快换接头；4—射孔枪；5—隔离短节；6—滚轮短节；7—坐封工具；8—推筒；9—可溶桥塞

4.4.3 关键技术

系统的关键技术是可溶部件的设计，除了桥塞胶筒和密封圈采用橡胶材料、锚定卡瓦采用球墨铸铁材料，其余部件均采用可溶材料；可溶材料在60℃以下的水中，16h内初溶，48h内完全溶解。表面硬度可以达到HV3000陶瓷硬度，耐温150℃。压裂完毕后，主体部件自动溶解，不需要专门钻磨。

4.4.4 施工步骤

(1)通井、洗井。

(2)第一段采用油管或者连续油管传输射孔，提出射孔枪。

(3)套管内进行第一段压裂。

(4)下入可溶桥塞工具串，下至设计位置后，磁定位仪定位校准；一级点火器点火桥塞坐封，坐封工具与桥塞分离；桥塞试压合格后，上提电缆，用一级射孔枪抵达第一簇射孔位置并校深；第一簇射孔，上提射孔枪至第二簇射孔位置，第二簇射孔，依次完成其余各簇的射孔；第二段射孔完成后，起出工具串，从套管注入压裂液，对第二段进行压裂施工。

(5)重复步骤(4)，完成其余各段压裂作业。

(6)全井段压裂结束后，放喷排液，把可溶桥塞的剩余部件返排出地面。

(7)下入生产管柱，排液生产。

4.4.5 工艺优缺点分析

4.4.5.1 优点

(1)无需压裂后进行钻塞。
(2)压裂完成后套管内保持全通径，方便后期作业。
(3)没有钻塞程序，施工效率高。
(4)可保持套管大通径。
(5)节约作业费用。

4.4.5.2 缺点

(1)对桥塞性能要求高。
(2)压裂作业需依据桥塞溶化及溶解时间需严格实施，现场作业的可调整性差。

4.5 丛式滑套多级分段压裂管柱系统

4.5.1 工艺原理

常规水平井分段压裂工艺中，对应每一封隔段内只安装一个滑套，在压裂施工中可能只形成一条主裂缝，不能达到最佳储层改造效果。丛式滑套多级分段压裂管柱系统能够在每一封隔段内，对应设置多个滑套，投一个封堵球可以同时开启一个封隔段内对应的多个滑套；压裂时形成多点起裂，对储层改造力度大，压裂效果会更好。

在每个封隔段内安装4～6个滑套，安装完成后，投放一个球，随着液体持续注入，球受到的推力逐渐增大，当推力超出滑套剪钉的断裂极限时，均布的剪钉全部被剪断，内滑套向下移动。随着内滑套的相对移动，当组合球座运动到外筒的开启槽位置时，组合球座就会扩张，受孔径限制的球被释放，并随着液体流向外筒的下部，最终进入下端工具。当多个滑套内部液体的压力升高到暂堵片的承压极限时，外筒上的各暂堵片破裂，多个滑套内部和外部实现连通，多个滑套完全同时开启。不同封隔段内滑套采用的球的尺寸不同。

4.5.2 管柱结构

丛式滑套多级分段压裂管柱(见图4－22)管柱组成：套管、布置在套管内部的油管、悬挂器、设置在油管上的系列裸眼封隔器、系列投球开启式滑套、压力开启式滑套、坐封球座、浮鞋、插入密封。

4.5.3 关键技术

丛式滑套多级分段压裂管柱系统关键技术是投球开启式滑套的设计，实现投一个球一次开启多个滑套的功能。

4.5.4 施工步骤

(1)裸眼段完钻后，经过通井、刮削、模拟管柱通井等工序，保证井眼光滑，为下入

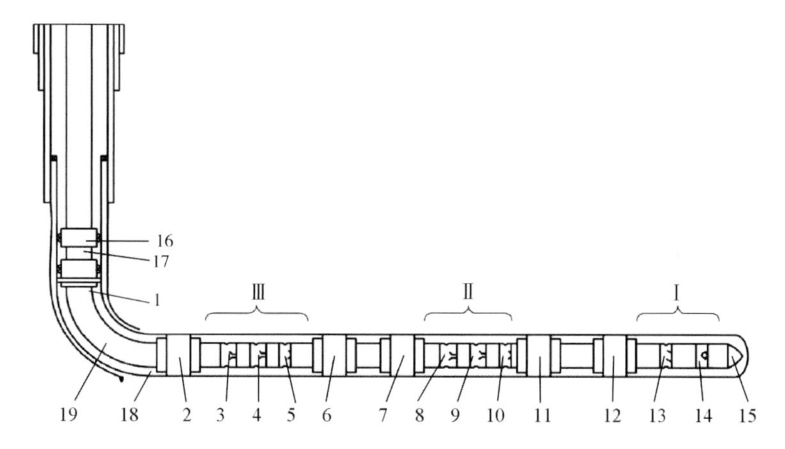

图4-22 多压裂点多滑套分段压裂管柱示意图

1—悬挂器；2、6、7、11、12—裸眼封隔器；3、4、5、8、9、10—投球开启式滑套；
13—压力开启式滑套；14—坐封球座；15—浮鞋；16—水力锚；
17—插入密封装置；18—套管；19—油管

完井管柱做好井筒准备。

(2)用钻杆下入完井管柱。

(3)替泥浆：用KCl水溶液顶替井筒内全部泥浆至泥浆罐，直到进出口水溶液性能一致。

(4)替完泥浆后，投球，用水泥车泵送球至坐封球座处，钻杆内加压坐封系列裸眼封隔器和悬挂器。

(5)环空加液压检验悬挂器的密封性，验封合格后，丢开悬挂器，起出钻杆。

(6)下插入密封装置，回接油管至井口，完成压裂施工管柱，并进行回接管柱的验封。

(7)验封合格后，套管不泄压，油管内加压打开压力开启式滑套，安装压裂井口，等待压裂。

(8)压裂车组摆放、连接完成后，地面高压管线试压，合格后方可进行压裂施工。

(9)开始进行第Ⅰ段压裂施工时，套管先打平衡压力15MPa，随着第Ⅰ段施工压力的升高，平衡压力随之升高，控制平衡压力不超过30MPa。

(10)第Ⅰ段加砂完成后，投球。当支撑剂顶替到位前$2\sim3m^3$时降低排量至$1.5m^3/min$泵送球，待球落入投球开启式多个滑套内的组合球座后，加压打开第一级投球开启式多个滑套，进行第Ⅱ段的压裂施工。

(11)重复步骤(10)，完成第Ⅲ段、第Ⅳ及后续层段的压裂施工。

(12)压裂施工完成后，放喷排液。

4.5.5 工艺优缺点分析

4.5.5.1 优点

丛式滑套多级分段压裂能够在每一封隔段内形成多条主裂缝，对储层改造力度大，同时扩大了泄流体积，解决了目前裸眼水平井分段压裂中每一封隔段内安装一个滑套只形成一条主裂缝的不足，提高了压裂效果，同时能最大程度地提高油气井的产量。

4.5.5.2 缺点

现场实施中无法验证多个滑套是否全部打开。

4.6 连续油管水力喷射分段压裂管柱系统

连续油管水力喷射分段压裂是利用水力射流原理，用连续油管能下入水力喷射工具实现压裂，是集射孔、压裂、隔离一体化的压裂技术。

该技术按层段封隔形式分为砂塞封隔、可钻桥塞封隔和封隔器封隔三种。完成喷砂射孔作业后，砂塞封隔需要第二趟管柱完成冲砂作业，可钻桥塞需要第二趟管柱完成钻塞作业，而封隔器封隔只需解封封隔器，因此具有工艺简单、时间短、成本低、效率高等优点。下面重点介绍封隔器隔离连续油管水力喷射分段压裂技术。

4.6.1 水力喷砂射孔原理

4.6.1.1 水力喷砂射孔原理

水力喷砂射孔是将高压工作液经喷嘴将高压势能转换成动能，产生高速喷射流体切割井下套管及岩石，形成一定直径和深度的孔眼(见图4-23)。为了达到较好的射孔效果，一般工作流体中加入石英砂、陶粒等磨料。当质量为 m 的含砂液流以速度 v_0 运动时，磨料液流的动量为 mv_0，磨料与套管、岩层或其他障碍物接触时，速度突然降为0，含砂射流以冲量做功。

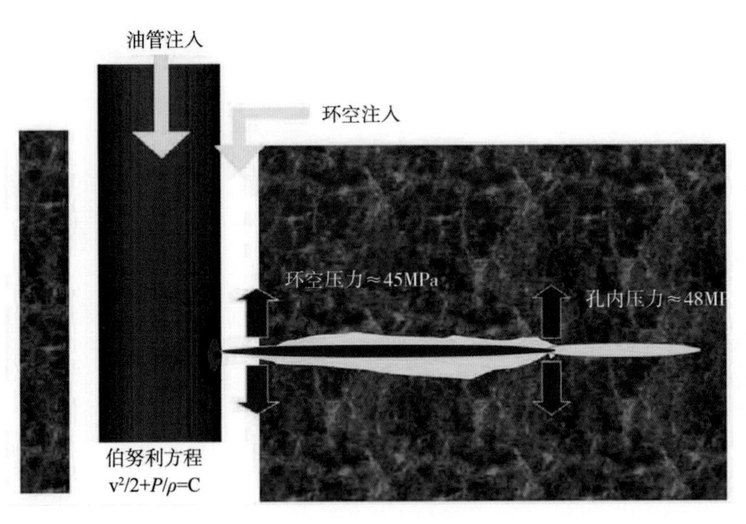

图4-23 水力喷砂射孔示意图

水力喷砂射流动量公式如下：

$$P = mv_0 \tag{4-1}$$

式中 m——磨料射流的质量，kg；

v_0——磨料射流的速度，m/s。

而磨料射流的质量 m 为：

$$m = \gamma / gAv_0 \tag{4-2}$$

式中 γ——磨料射流的重率，$N \cdot s/m^3$；

g——重力加速度，m/s^2；

A——喷嘴截面积，m^2。

所以磨料射流的冲量值为：

$$P = \gamma / gAv_0^2 \tag{4-3}$$

只要其能够在喷射面上垂直形成的冲击力大于套管和地层的强度，就可以在套管和地层上形成孔眼。

4.6.1.2 影响因素分析

影响水力喷砂射孔孔径和孔深的因素很多，主要有喷射压力、围压、砂比、砂粒直径等。随着压力的升高，射孔深度明显增加，孔径也随着压力的升高而明显增大。随着排量的增加，射孔深度显著增加，可以通过增加排量来增大射孔深度，低压力大排量不容易产生憋压现象。不同磨料材料影响射孔效果，一般来说硬度较大的磨料带棱角的要比不带棱角的切割能力大。射孔效果与磨料的重复切削有很大关系。当孔洞冲洗及时且清洁性好时，不仅水力喷砂射流的冲击深度会加深，而且达到相同冲蚀深度所需的时间也将大大降低。在一定的压力和排量下，磨料浓度对射孔深度的影响存在着一个最佳磨料浓度范围，而且随着压力的增高，最佳磨料浓度也相应增加，最佳浓度值范围为6%～8%。增加磨料浓度虽然可以增加磨料在岩样上的单位时间内的冲击次数，但是在一定范围的排量和压力下，磨料在较高浓度时的速度比在较低浓度时的速度低，最佳的磨料粒度值约为0.4～0.6。不同压力下，射孔深度随射孔时间的增加而迅速增加，一定时间后射孔深度达到稳定最大值，此后继续延长射孔时间，孔眼深度几乎不再增加，孔眼的直径会有所扩大。在实际应用时，射流射孔时间控制在10～20min为宜。围压对射流射孔深度有重要影响，有围压时的射孔深度要大大低于无围压时的射孔深度。不同的岩性对水力喷砂射孔能力有较大的影响，一般来说，在灰岩地层中实施水力喷砂射孔时，需要比在砂岩地层中更高的水力施工参数才可以达到预期效果。

室内实验和数值模拟结果分析表明，与聚能炮弹射孔相比，水力喷砂射孔未形成压实带污染，可减轻近井筒地带应力集中，喷射出的孔道较深，容易实现射孔方向与最大水平主应力方向一致，避免多裂缝和裂缝弯曲，可以提高射孔和压裂效率。与常规聚能弹射孔相比，水力喷砂射孔在地层中形成的纺锤形孔眼最大直径可超过50mm、深度达到约800mm。室内实验和现场数据显示，水力喷射孔眼直径一般为喷嘴直径的4～8倍，每一个水力喷射孔眼的过液面积是用射孔枪获得孔眼的5～10倍。

4.6.2 水力喷射分段压裂工艺原理

如图4-24所示，连续油管连接水力喷射工具和重复坐封封隔器下入井内底，管柱定位校核，坐封封隔器封隔下层段。以一定排量将具有一定砂浓度的射孔液通过喷射工具的喷嘴进行喷砂射孔；射孔完成后通过环空进行加砂压裂，压裂结束后上提管柱解封封隔器，移动管柱进入下一层段，定位并二次坐封封隔器，开始第二段压裂，以此循环完成所有层段的压裂。

4.6.3 管柱结构

连续油管水力喷射分段压裂管柱结构组成：连续油管安全接头、扶正器、水力喷射工具、平衡阀/反循环接头、封隔器、锚定装置、机械式节箍定位器等，示意图见图4-24。

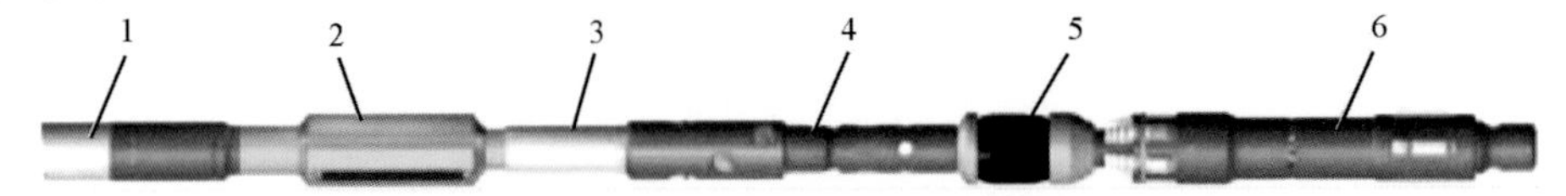

图4-24 连续油管水力喷射分段压裂管柱结构示意图

1—连续油管安全接头；2—扶正器；3—水力喷射工具；4—平衡阀/反循环接头；5—封隔器和锚定装置；6—机械式套管接箍定位器

4.6.4 流体摩阻计算

连续油管是流体从地面传递至井下的通道，在作业过程中，由于流体与管壁之间存在摩擦力，将会产生摩擦阻力损失。在连续油管作业中，流体的摩擦压力损失由两部分组成，一部分来自直管中的摩擦压力损失；另一部分来自流体流经卷绕在卷筒上的连续油管时产生的摩擦压力损失(简称螺旋管摩阻损失)。流体在螺旋管内流动时，由于受到离心力的作用，会使流体在垂直主流方向沿管截面产生二次流，其摩阻比直管内要大得多，所以螺旋管摩阻产生的压降远大于流经直管时产生的压降。

4.6.4.1 连续油管管内流体摩阻计算模型

1. 雷诺数及流态判别

早在1883年，雷诺在大量实验的基础上，发现在管流中存在着两种截然不同的流态，并找出了划分两种流态的判别标准，即雷诺数 Re。

对于牛顿流体，雷诺数可用下式计算：

$$Re = \frac{vd\rho}{\mu} \tag{4-4}$$

式中 ρ——流体密度，kg/cm³；

v——流体平均速度，m/s；

d——管子内径，m；

μ——流体动力黏度，Pa·s。

习惯上取 $Re_c = 2000$ 作为标准，若 $Re \leqslant 2100$ 时即认为是层流，$Re > 2900$ 时则认为是紊流，当介于二者之间时称之为过渡流。

对于幂律流体，雷诺数的计算公式为：

$$Re = \frac{\rho v^{2-n} d^n}{K\,8^{n-1}} \left(\frac{4n}{3n+1}\right)^n \tag{4-5}$$

一般地，当 $Re < (3470 - 370n)$ 时认为是层流，$Re > (4270 - 1370n)$ 时则认为是紊流。

2. 流体摩擦系数的确定

由于在连续油管作业中，一部分是来自直管中的摩擦压力损失，另一部分是来自流体流经卷绕在卷筒上的连续油管时产生的螺旋管压力损失，所以需要分别确定直管和螺旋管中的流体摩擦系数。

1）直管中的流体摩擦系数

不论流体是牛顿流体，还是非牛顿流体，其在直管中的摩擦系数均可用下式计算：

$$f = \frac{a}{Re^b} \tag{4-6}$$

对于层流而言，$a=16$，$b=1.0$。

对于紊流而言，a、b的值可分别由流态指数n确定。其中：

$$a = \frac{\lg n + 3.93}{50} \tag{4-7}$$

$$b = \frac{1.75 - \lg n}{7} \tag{4-8}$$

对于牛顿流体和宾汉流体，流态指数$n=1$。

2）螺旋管中的流体摩擦系数

1927年，Dean开创性地对流体在弯管中的流动进行了实验和理论研究。在其研究基础上，国内外学者对牛顿流体在弯管中的流动特性进行了大量研究。1996年，McCann和Islas分别给出了牛顿流体和幂律流体通过卷绕在卷筒上的螺旋连续油管时的摩擦系数计算公式。

当管内流体为牛顿流体时，螺旋管中流体摩擦系数为：

$$f = \frac{0.084}{Re^2}\left(\frac{d}{D}\right)^{0.1} \tag{4-9}$$

当管内流体为幂律流体时，螺旋管中流体摩擦系数为：

$$f = \frac{1.069a}{Re^{0.8b}}\left(\frac{d}{D}\right)^{0.1} \tag{4-10}$$

式中　D——卷筒心轴直径，m。

3. 连续油管流体摩擦压力损失

根据范宁(Fanning)方程，流体在管中流动的压力损失可由下式计算得到：

$$\Delta p = \frac{2fv^2L}{d} \tag{4-11}$$

式中　v——连续油管内流体平均速度，m/s；

d——连续油管内径，m；

L——连续油管长度，m；

Δp——流体在长度的连续油管内的摩擦压力损失，Pa。

4.6.4.2　环空流体压力损失计算模型

流体在沿直环空圆管中流动时，其过流断面的水力要素与圆管的稍有不同，因此，前面所述的直管流体压力损失计算模型不能直接应用于计算环空流体压力损失，必须经过转换才能应用。

由于环空的几何条件与圆管存在一定差异，因此要将圆管中的研究结果扩展到环空中，就必须先求出环空的水力特性尺度，即等效直径D_e。

过流断面面积是过流断面的第一水力要素，这一水力要素对流动阻力的影响是很明显的，而过流断面上与流体相接触的那一部分固体边界的长度（湿周）对流动阻力的影响也是不可忽略的。一般来说，湿周越大，固体壁面对流体流动阻力的影响越大，对于不同截面几何形状的管线来讲，很难用这两个水力要素中的一个来单独衡量其阻力特性，因此将二者组合成一个水力要素，即水力半径：

$$R=\frac{A}{X} \tag{4-12}$$

式中 R——水力半径，m；

A——过流断面面积，m^2；

X——湿周，m。

直径为 D 的圆管的水力半径为：

$$R=\frac{A}{X}=\frac{\frac{\pi}{4}D^2}{\pi D}=\frac{D}{4} \tag{4-13}$$

对环空来说，环空外管的内径为 D_o，环空内管的外径为 D_i，则水力半径为

$$R=\frac{A}{X}=\frac{\frac{\pi}{4}(D_o^2-D_i^2)}{\pi(D_o-D_i)}=\frac{1}{4}(D_o-D_i) \tag{4-14}$$

参照圆管的直径与水力半径的关系，可得环空的等效直径应为：

$$D_e=4R=D_o-D_i \tag{4-15}$$

通过以上公式的转换，就可以将计算直管压降的方法应用到垂直环空圆管中。

4.6.4.3　流体压力损失计算算例

1. 连续油管流体摩阻压力损失计算算例

如果连续油管外径50.8mm，壁厚3.96mm，内径42.88mm，连续油管总长2100m。工作液密度 $1.08\times10^3kg/m^3$，动力黏度1.005mPa·s。

根据建立的连续油管流体摩阻计算模型开展计算，图4-25、图4-26分别给出了不同排量下连续油管直管内压降、螺旋管内压降与长度的关系曲线。

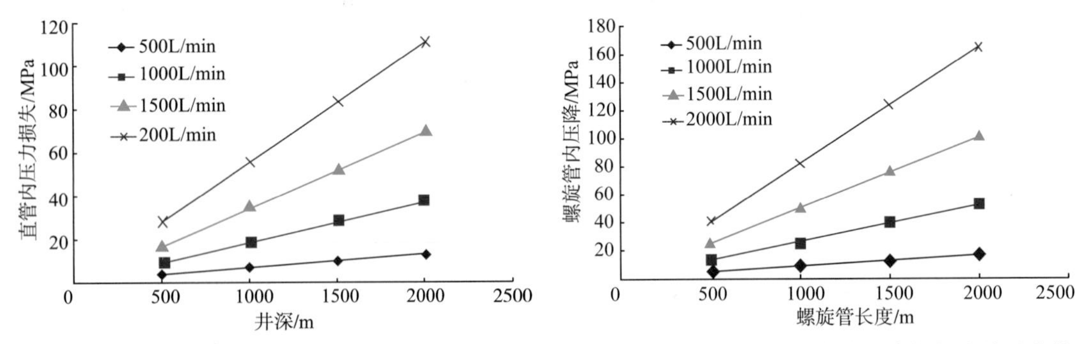

图4-25　不同排量下直管压降与井深关系曲线　　图4-26　不同排量下螺旋管压降与长度关系曲线

从图4-25和图4-26可以看出，连续管内的流体摩擦压力损失有其本身的特点。在相同流量下，直管段的压力损失随井深的增加而增加。流量越大，在相同深度的直管段的压力损失越大。连续油管的压力损失的一个特点是在螺旋段产生的摩擦压力损失较大，其中很大一部分流体压力消耗在螺旋段。螺旋段长度越长，其压力损失呈线性增长。且连续管内的流量越大，螺旋段的压力损失增长越剧烈。连续管螺旋段的摩擦压力损失对整个连续管内流体的摩擦压力损失影响很大。当井深位置为710m，流量为0.9L/s时，直管段的摩擦压力损失为11.3MPa，螺旋段的摩擦压力损失为30.4MPa，总压力损失为41.7MPa；

井深位置为915m时，流量为0.9L/s时，直管段的摩擦压力损失为14.5MPa，螺旋段的摩擦压力损失为25.9MPa，总压力损失为40.4MPa。两个计算结果比较看出，流量相同，但是井深位置915m比710m的压力损失小，这主要是因为在915m时螺旋段的长度比井深位置710m处的短，而螺旋段的流体摩擦阻力损失比直管段的大得多。因而使用连续油管作业，需要考虑采取措施降低摩擦阻力损失，特别是螺旋段的摩擦阻力损失。

2. 环空压降损失算例

根据井身结构设计，射孔段套管外径177.8mm。井深1000m，工作液密度为1.08g/cm^3，工作液黏度15mPa·s。应用以上计算步骤，可以计算出不同油套环空压耗与排量关系曲线，环空压耗计算结果如图4-27所示。选用3种常用油套环空，如表4-1所示，套管内外径如表4-2所示。

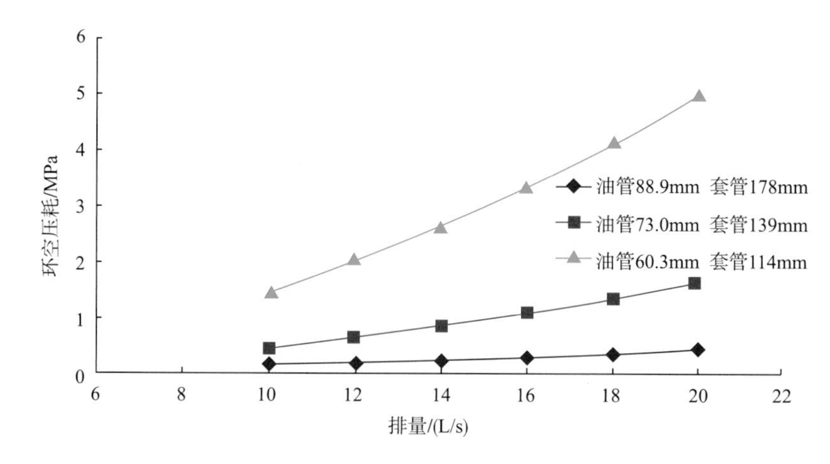

图4-27 不同油套环空压降与排量关系曲线

表4-1 不同油套环空尺寸

油套环空1		油套环空2		油套环空3	
套管外径/mm	油管外径/mm	套管外径/mm	油管外径/mm	套管外径/mm	油管外径/mm
114.3	60.3	139.7	73.0	177.8	88.9

表4-2 不同套管内外径

套管1		套管2		套管3	
外径/mm	内径/mm	外径/mm	内径/mm	外径/mm	内径/mm
114.3	101.6	139.7	124.3	177.8	161.7

4.6.5 关键技术

连续油管水力喷射分段压裂技术关键技术是封隔器重复坐封的可靠性、准确定位以及喷射工具优化设计。

4.6.5.1 准确定位技术

准确定位是指利用连续油管的特殊工具，结合测井资料，准确确定待压裂的层位，并对其进行高效作业。连续油管准确定位工具是机械式套管接箍定位器。其主要结构如图4－28所示。

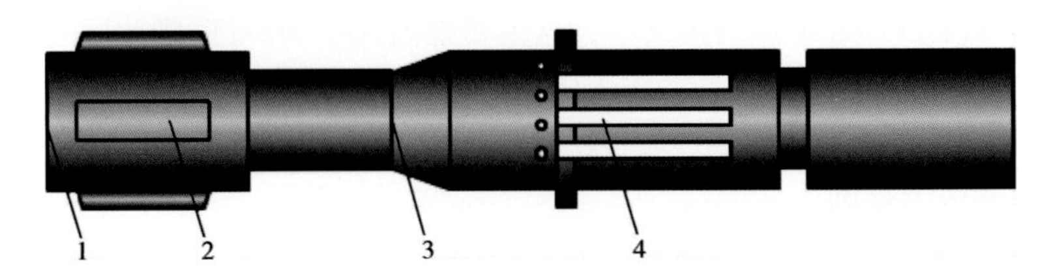

图4－28　定位器系统结构示意图

1—堵头；2—扶正器；3—定位器；4—触片

定位器工作原理：定位器利用监测套管接箍空隙引起的拉力变化来测量连续油管的下入深度。当定位器通过一个接箍位置时，拉力将突变增大，拉力记录曲线显示明显差异，从而可以明显记录连续油管下入位置。典型的拉力曲线如图4－29所示，当定位器通过一个接箍位置，触片的弹性使得其与接箍位置的空隙充分接触，导致连续油管悬重增加0.8～1.5t，从而在拉力曲线表现出显著突变。

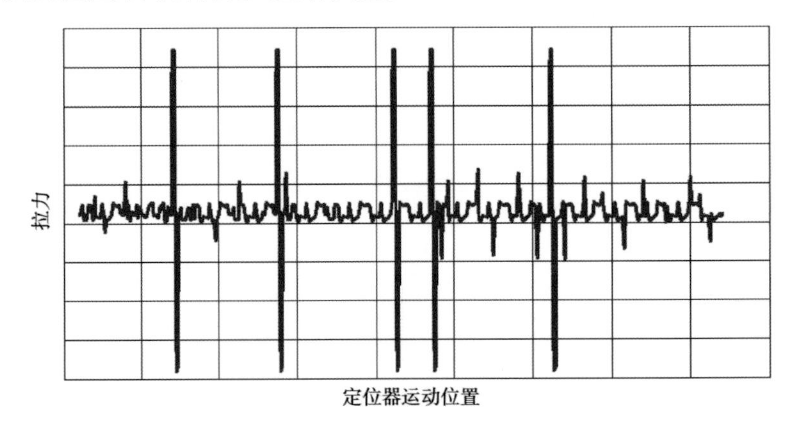

图4－29　连续油管拉力曲线显示

4.6.5.2　连续油管压裂封隔器

连续油管喷砂压裂用封隔器要求重复坐封和解封，一次下入可完成多次喷砂射孔和压裂作业；特殊材质和结构的胶筒可反复利用上百次。

1. 坐封单元结构及工作原理

坐封单元主要部件包括：过滤器、顶环、软橡胶筒、硬橡胶筒、弹簧和下部短节。

坐封单元的密封件包含两个环形并相连的密封元件，主密封件为软橡胶材质密封筒，硬橡胶筒位于软橡胶筒下部，硬橡胶筒中嵌入了环形螺旋弹簧。硬橡胶筒和弹簧用来防止高压坐封时软橡胶筒被挤入下部环空，弹簧可以协助软橡胶筒和硬橡胶筒在解封时快速恢复原状，提高解封效率、有效避免卡钻。软橡胶可以采用腈或高饱和腈材料，硬橡胶的硬度要高于95HD，通常是由几种原料混合制成，如腈和氢化丁腈橡胶等。

坐封步骤：

(1)管串锚定后，下压连续油管，使中心管相对外壳向下移动，关闭了截流阀，直至扶正单元下表面与过滤外壳上表面接触，继续下压便将软橡胶筒压入环空实施初步坐封，初封压力约为6.9MPa。

(2)循环液经过滤器流入软胶筒内部形成液压，液压向外扩张软橡胶筒、硬橡胶筒和弹簧原件实现完全坐封。

(3)实施压裂作业时高压压裂液会通过过滤器进入软橡胶筒内腔，压力可达到13.18~48.3MPa，进一步增强密封效果。

解封时，通过上提连续油管打开截流阀，流体从管串尾部流出，释放封隔器密封组件的压力，实现初步解封。中心管随连续油管向上移动后，坐封单元顶环与下部短节间距离将大于胶筒长度，从而使胶筒内部产生拉应力，强制胶筒解封，加快解封速度，并有效降低卡钻风险。

2. 坐封辅助组件结构及工作原理

1)锚组件

锚组件结构如图4－30所示，主要部件包括：锚定原件(活塞、卡瓦等)和控制元件(弹簧、活塞、短节等)。

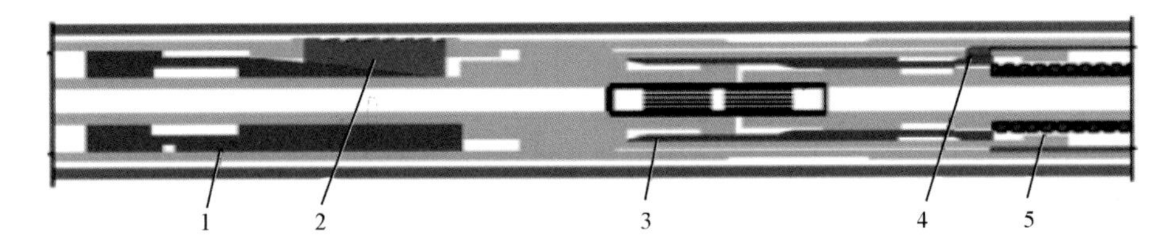

图4－30 锚组件

1—活塞；2—卡瓦；3—活塞；4—短节；5—弹簧

锚活塞上有对应于卡瓦的斜面，如图4－31所示。在液压作用下锚活塞向下运动，推动卡瓦锚定于套管。卡瓦斜面倾角可设置为8.13°，产生7倍于轴向力的径向力。

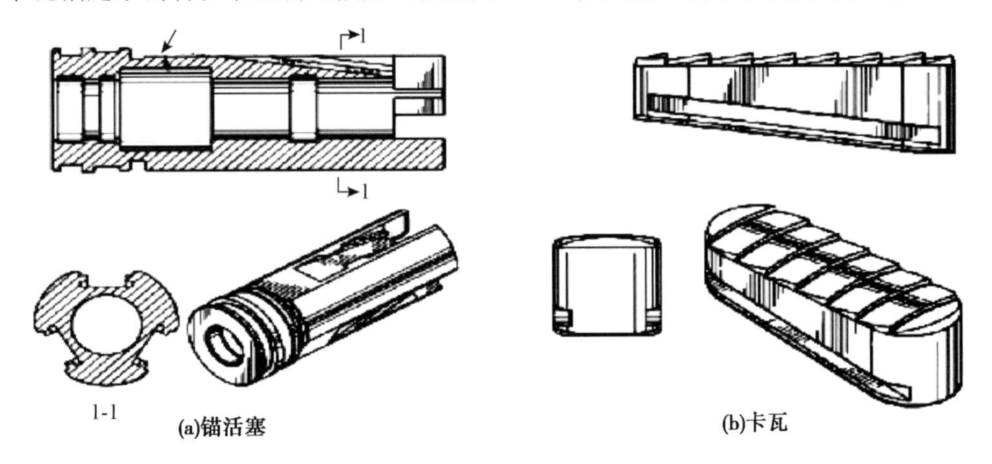

图4－31 锚活塞与卡瓦

控制元件的短节有一些圆锥面，当短节被固定在特定位置时，锥面在液压作用下与活塞和弹簧相互作用，控制着锚定结构的锚定与解锚。控制元件结构简单，无剪钉、投球等限制作业次数的结构设计，因此可在一次入井后不限次数反复锚定。

压裂作业时，含支撑剂的压裂液从环空高压注入地层中由射孔形成的孔洞中，环空压力比地层压力高34.5～69.0MPa，同时连续油管和管串中的循环液体流速降为0.1m³/min，流速的下降导致工具中的压差从3.5 MPa下降到0.7 MPa，但依然足够提供锚定力。

2）节流阀

节流阀组件通过将密封件压入内部缩径实现密封截流，主要部件为密封组件，包括：密封圈、第一阻塞环、第二阻塞环、帽螺钉。第一阻塞环硬度最高，可采用热塑性材料；第二阻塞环硬度适中，可采用光纤填充的聚四氟乙烯；密封环硬度最低，可采用人造橡胶。第一阻塞环采用相对较硬的材料，可以避免沙粒对密封件的磨损，阀关闭时液体中夹杂了很多固体颗粒，这些固体颗粒进入第二阻塞环中保护了密封环。阻塞环要足够软，以吸收固体颗粒，保证整个密封件不被卡在缩径里，特别是在阀多次开关以后，软质材料更容易实现密封。帽螺钉由钢制成，与中心管螺纹连接，帽螺钉固定了第一阻塞环、第二阻塞环和密封圈。

3. 连续油管压裂封隔器特点

（1）密封元件是由软橡胶筒、硬橡胶筒、弹簧组合而成。该设计一方面在保证密封可靠的前提下提供足够的膨胀比例，解决封隔器半径过大、易卡钻的问题；另一方面加快了解封速度，保证完全解封。

（2）可重复坐封解封，使用安全可靠。

（3）橡胶筒上部增加过滤器元件，保证了实施高压力作业时的安全坐封。

（4）解封时封隔器外壳设计为分段上提。该设计在解封上提管串时能够使橡胶筒内部产生拉应力，保证解封完全，避免卡钻。

（5）三层结构的节流阀密封件能够有效降低固体颗粒对密封圈的磨损，保证多次开关后节流阀依然能够有效工作。

4.6.5.3 喷射工具参数优化

喷嘴直径和喷嘴个数的确定原则：在保证水力射孔穿深的情况下喷嘴压降最低，同时在油管中获得较大排量。

1. 喷嘴压降和流量计算

水力喷射压裂工具的喷嘴压降用下式表示：

$$P_{jet}=\frac{513.559\,Q_n^2\rho}{A^2C^2} \tag{4-16}$$

工作排量表示为：

$$Q_n=\left(\frac{P_{jet}C^2A^2}{513.559\rho}\right)^{0.5} \tag{4-17}$$

式中 P_{jet}——喷嘴压降，MPa；

Q_n——单个喷嘴排量，L/s；

ρ——流体密度，g/cm³；

A——喷嘴面积，mm²；

C——喷嘴流量系数，一般取0.9。

2. 确定地面排量和泵压

油管地面工作排量为：

$$Q = n Q_n \quad (4-18)$$

式中　n——喷嘴个数。

根据确定的油管中的排量，计算油管内流体摩阻损失，在允许油管承压和最大排量的情况下，确定最大地面泵压。

地面泵压可由下式计算：

$$P_t = P_{frac} + P_{jet} + P_{hyd} + P_{fric} \quad (4-19)$$

式中　P_t——油管地面压力，MPa；

P_{frac}——起裂压力，MPa；

P_{jet}——喷嘴压降，MPa；

P_{hyd}——静水压力，MPa；

P_{fric}——油管中流体摩阻，MPa。

通过计算可以确定不同喷嘴个数、不同排量的方案设计。

3. 确定喷砂射孔参数

选择目的是确定磨料类型、射孔砂浓度、喷嘴压降、喷砂射孔时间等。射孔液一般选择基液，选择石英砂或陶粒为磨料，磨料最佳浓度值范围为6%～8%，喷砂射孔时间控制在10～20min为宜。在确定的方案中选择适合的喷嘴数量、喷嘴排量及地面油管排量、泵压。计算所需喷砂射孔液量及砂量。

4.6.6　施工步骤

(1)连续油管带机械式套管节箍定位器进行定位。

(2)通过连续油管循环射孔液，达到一定排量后开始加入石英砂进行喷砂射孔。

(3)喷砂射孔完成后，进行反循环洗井，此时平衡阀打开，将射孔液和石英砂洗出井口。

(4)进行该层段的主压裂施工。

(5)第一层段压裂完成后，上提连续油管解封封隔器，移动管柱进入第二层段，定位、封隔器坐封及解封，开始进行第二层施工。重复以上步骤完成所有层段施工。

4.6.7　工艺优缺点分析

4.6.7.1　优点

(1)起下压裂管柱快，移动封隔器总成位置快，从而大大缩短作业时间；

(2)一次下管柱逐层压裂的段数多，可以多达十几段；

(3)降低摩阻，提高排量，环空压裂可大大提高喷嘴寿命；

(4)降低了对压裂液的性能要求。

4.6.7.2　缺点

(1)不适宜于裸眼井；

(2)油层打开程度较低，摩阻较大；

(3)通过套管压裂对套管损伤大，连续油管内压裂排量受限；

(4)套管抗内压要求较高。

4.7 分支水平井分段压裂管柱系统

多分支井是指在一口主井眼的底部钻出两口或多口进入油气藏的分支井眼(二级井眼)，甚至再从二级井眼中钻出三级子井眼。主井眼可以是直井、定向斜井，也可以是水平井。分支井眼可以是定向斜井、水平井或波浪式分支井眼。

应用分支水平井技术可以开发单一储层或不同深度储层，可显著扩大单井储量控制范围，提高单井产量，大幅度降低地面井口数量，相应的钻井设备搬迁、地面工程、单井生产管理等费用也大大降低。分支水平井结合水平井分段压裂更能扩大单井泄流面积，增大单井控制产能，对于大幅度降低开发成本具有重要意义。

4.7.1 完井技术

1997 年，世界主要石油公司和专业服务公司的分支井技术专家共同交流经验，指定一个多分支井的分类体系，即 TAML(Technology Advancement Multi Laterals)分级。TAML 是按多分支井的三个特性，即连通性、隔离性、可达性来评价其技术和分级的。将多分支井完井方法分为 1 ~6S 级：

(1)一级完井：主井眼和分支井眼都是裸眼，完井作业不对不同产层进行分隔，也不对层间压差进行任何处理。

(2)二级完井：主井眼下套管并注水泥完井，分支井裸眼完井或只放筛管而不注水泥。

(3)三级完井：主井眼和分支井眼都下套管，主井眼注水泥而分支井眼不注水泥。

(4)四级完井：主井眼和分支井眼都在连接处下套管并注水泥。

(5)五级完井：具有三级和四级分支井连接技术的特点，还增加了可在分支井衬管和主套管连接处提供压力密封的完井装置，主井眼全部下套管且连接处是水力隔离。

(6)六级完井：连接处压力整体性连接部压力与井筒压力一致，是一个整体性压力，可通过下套管取得，而不依靠井下完井工具。

(7)6S 级(即六级完井的次级)完井：使用井下分流器或者地下井口装置，基本上是一个地下双套管头井口，把一个大直径主井眼分成两个等径小尺寸的分支井筒。

4.7.2 井身结构优化

目前分支井技术以 9⅝in、7in 两大系列为主，各有优缺点。

4.7.2.1 9⅝in 系列压裂井身优缺点

1. 优点

(1)在 9⅝in 技术套管开窗，采用 8½in 钻头造斜可以提高钻速，并下入 7in 的套管固井，保证了造斜段的井壁稳定性和窗口的安全性。

(2)在第二分支井水平段采用 6in 钻头及动力钻具，可以进一步地提高效率和井眼质量，为后续压裂施工提高保证。

2. 缺点

多一层套管，钻完井成本增加约 20% 。

4.7.2.2 7in 系列压裂井身优缺点

1. 优点

井身结构与现有水平井井身结构相同，钻井成本相对较低。

2. 缺点

(1)第二分支压裂管柱如果下不到位将影响分支井窗口悬挂及贯通。

(2)小尺寸钻具处理井筒复杂事故风险大。

4.7.3 管柱结构

4.7.3.1 主井眼下入压裂管柱

钻完主井眼后，下入水平井裸眼分段压裂管柱。下入的水平井裸眼分段管柱结构及下入过程和目前常规水平井裸眼分段压裂一样，这里不再重复叙述。

4.7.3.2 主井筒的密封

主井筒密封是用封隔器密封，密封封隔器带有耐压 70MPa 的陶瓷托盘(见图 4－32)。该密封封隔器由钻杆输送，液压坐封，可以验封。待密封封隔器验封合格后，密封封隔器上面注入一些高黏液体，避免岩屑、水泥块掉到下面的下分支井筒中。

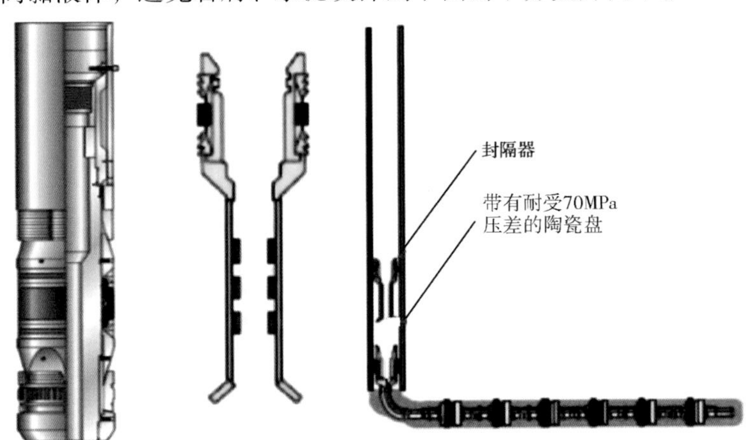

图 4－32 主井筒密封结构示意图

4.7.3.3 分支井眼的压裂管柱系统

分支井眼的压裂管柱主要由液压式下入工具、坐封工具、壁挂式悬挂器、导向密封筒、旋转接头、封隔器、压裂滑套、引鞋等组成，如图 4－33 所示。

4.7.4 关键技术

4.7.4.1 压裂次序与分支井钻完井次序有机结合

根据分支井钻完井工艺和压裂工艺，有三种压裂方案：

(1)主井眼钻完后立即对其进行分段压裂，然后用桥塞将主井眼封隔，进行第二分支井钻进；第二分支井完钻后对第二分支井进行分段压裂。如果还有第三分支井，依次下桥塞封隔第二分支井，钻完第三分支井后进行分段压裂，最后进行主次分支合采。

(2)主次分支井都钻完后，先对分支井压裂，然后应用回插管柱对主井眼进行压裂。

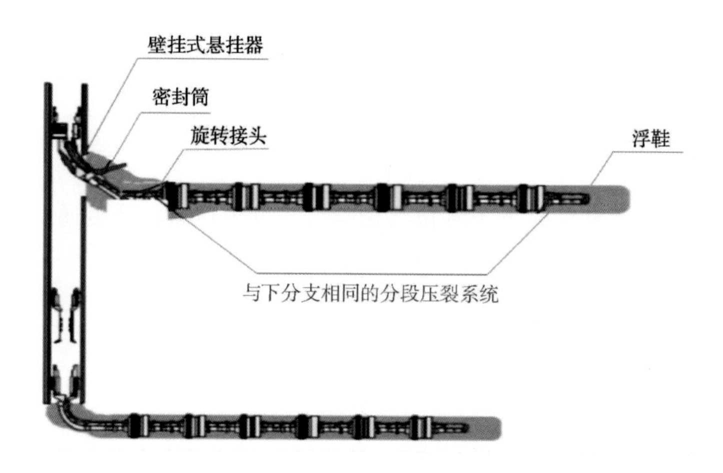

图 4-33 分支井眼压裂管柱结构示意图

(3)主次分支完钻后，先对主井眼分段压裂，再应用投球滑套对分支井眼进行压裂。

第一种方案的优点在于主、分井眼压裂相对独立，不存在相互干扰，及无需防止井下落物而造成压裂失败；缺点是需要多次动管柱和钻井设备，因此井控要求较高，管柱结构要求也相对复杂。

第二种和第三种方案施工步骤较为简单，井控问题也容易控制，但是必须要解决井下落物干扰压裂实施的问题。

4.7.4.2 防止落物影响压裂实施

压裂管柱是由滑套来控制开启和关闭的，岩屑或其他落物容易进入井眼而影响滑套正常工作，因此要防止落物掉进各个分支井眼。目前，采用的措施有：及时循环岩屑；设计防屑、挡屑工具来阻止岩屑或其他落物进入井眼。

4.7.4.3 分支井和主井眼的连接

分支井眼的压裂管柱与主井眼的连接也是分支井压裂关键技术之一。其技术水平主要体现在接口支撑、接口密封和支井重入三个方面。

4.7.5 实例分析

鄂尔多斯盆地 X 井是一口双支水平井，主、分井眼都进行了分段压裂改造。

4.7.5.1 X 井基本信息

X 井基本信息见表 4-3。

表 4-3 X 井基本信息表

井型	分支水平井	开钻日期	2010 年 7 月 15 日	完钻日期	2010 年 12 月 8 日
设计层位	主井眼 A 段	实际井深	斜深：4248m，垂深：3264.23m		
	分支井眼 B 段	实际井深	斜深：4242m，垂深：3212.7m		
地面海拔	1274.23m	补心海拔	1283.73m	完井方法	裸眼完井

4.7.5.2 X 井井身结构

主井眼一开采用 ϕ346mm 钻头表层钻进，二开采用 ϕ241.3mm 钻头钻至造斜点即石千峰地层顶部换 ϕ215.9mm 钻头定向，入窗后下 ϕ177.8mm 技术套管，水平段采用 ϕ152.4mm 钻头完成。分支井眼在主井眼 ϕ177.8mm 套管内开窗侧钻，ϕ152.4mm 钻头完成分支斜井段及水平段，裸眼完钻。X 井井身结构见图 4-34。

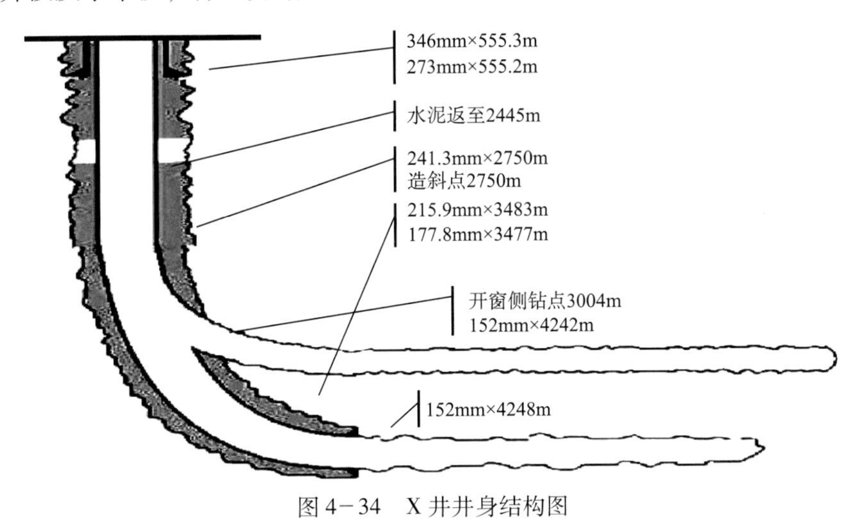

图 4-34 X 井井身结构图

4.7.5.3 X 井压裂管柱和主要施工步骤

X 井压裂施工管柱见图 4-35。

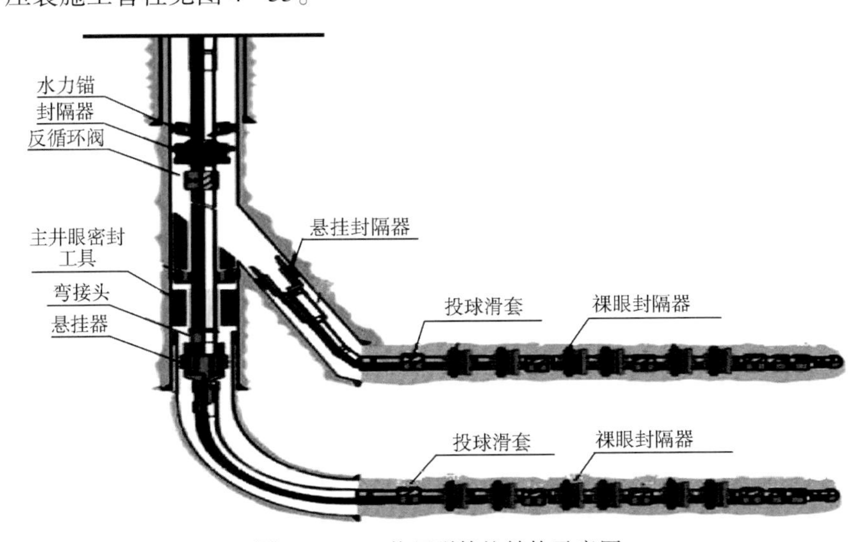

图 4-35 X 井压裂管柱结构示意图

X 井压裂施工主要步骤：

(1) 主井眼完井，下入压裂管柱；

(2) 分支井眼开窗，钻进，固井；

(3) 分支井眼下入完井压裂管柱；

(4) 贯通窗口；

(5)分支井眼压裂；

(6)主井眼压裂。

4.7.5.4　X井压裂效果

该井经过5个月的钻完井和压裂施工，取得了很好的应用效果。调整产量$20\times10^4 m^3/d$，对应油压稳定在21.9MPa，无阻流量最高达$316.51\times10^4 m^3/d$。

4.8　水平井分段压裂管柱力学计算模型

水平井分段压裂管柱作为联系储层与地面的机械系统在压裂施工过程中传递载荷与动力，管柱要承受多种载荷的联合作用：自重、管内外流体压力、管内外流体流动时的黏滞摩阻、管柱弯曲后与井壁之间的支反力、摩擦力及弯曲弯矩，这些载荷使管柱在一定的应力下发生变形，若应力或变形过大，会导致管柱破坏、封隔器失效、控制头上移等作业事故。压裂过程中的管柱受力已经成为影响措施施工成败的关键因素之一。

4.8.1　动力学基本方程

分段压裂管柱力学分析采用以下基本假设：井内压裂管柱处于线弹性变形状态，无塑性变形破坏；管柱横截面形状为圆形或圆环形；不考虑压裂管柱的动力效应；忽略剪力对压裂管柱变形的影响。

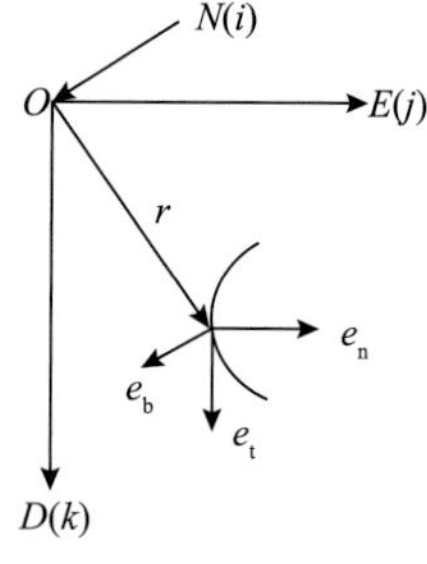

图4-36　坐标系

1. 运动方程

设定压裂管柱变形线任意一点的矢径为$r=r(l, t)$，其中l和t分别为管柱变形前的弧长和时间变量。自然曲线坐标系为(e_t, e_n, e_b)，其中e_t、e_n、e_b分别为管柱变形线的切线方向、主法线方向和副法线方向的单位向量，见图4-36，若用$s=s(l, t)$表示管柱发生位移和变形后的曲线坐标，由微分几何可知：

$$\begin{cases} e_t = \dfrac{\partial r}{\partial s} \\ \dfrac{\partial e_t}{\partial s} = k_b e_n \\ \dfrac{\partial e_n}{\partial s} = k_n e_b - k_b e_t \\ \dfrac{\partial e_b}{\partial s} = -k_n e_n \end{cases} \tag{4-20}$$

式中：

$$\begin{cases} k_b^2 = \dfrac{\partial^2 r}{\partial s^2} \cdot \dfrac{\partial^2 r}{\partial s^2} \\ k_n = \dfrac{\left(\dfrac{\partial r}{\partial s}, \dfrac{\partial^2 r}{\partial s^2}, \dfrac{\partial^3 r}{\partial s^3}\right)}{k_b^2} \end{cases} \tag{4-21}$$

k_b和k_n分别为r点的曲率和挠率。

2. 平衡方程

取管柱微元受力分析（见图4－37），运动状态见图4－38，其中F表示管柱的内力，h表示单位长度上的外力，M表示管柱的内力矩，m表示单位长度管柱上的外力对管柱中心O_2的矩，H表示单位长度管柱对井眼中心O_1的动量矩。通过受力分析，建立运动平衡方程：

$$\begin{cases}\dfrac{\partial F}{\partial s}+h=\dfrac{\partial^2(A\rho r)}{\partial t^2}\\ A=\pi(R_o^2-R_i^2)\\ \dfrac{\partial M}{\partial s}+e_t\times F+m=\dfrac{\partial H}{\partial t}\\ H=A\rho(r-r_o)\times[\Omega\times(r-r_o)+I_{o\omega}]\\ I_o=\dfrac{A\rho}{2}(R_o^2-R_i^2)\end{cases} \tag{4-22}$$

式中 A——管柱的截面积，m^2；

r——管柱材料密度，kg/m^3；

t——时间，s；

Ω——管柱绕井眼中心公转角速度矢量，rad/s；

ω——管柱自转角速度矢量，rad/s；

I_o——单位长度管柱绕自身轴线的转动惯量，m；

R_o——管柱外半径，m；

R——管柱内半径，m；

r_o——井眼中心的矢径，m。

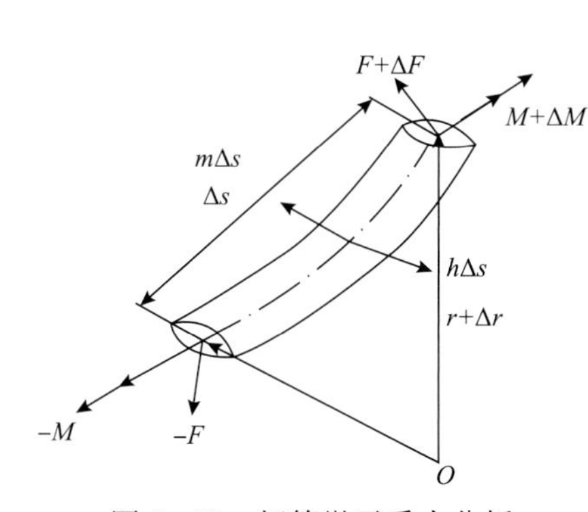

图4－37　杆管微元受力分析

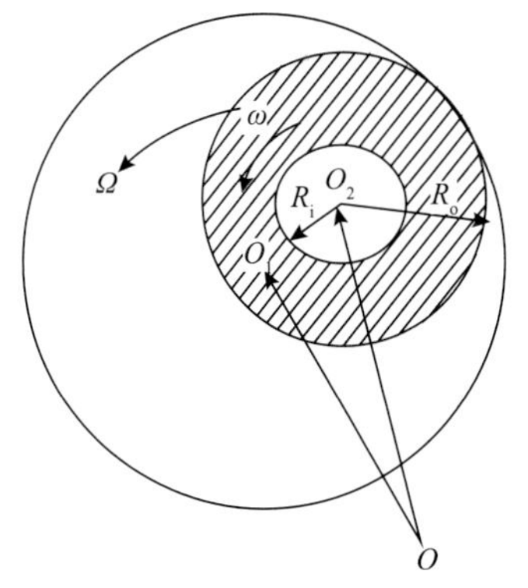

图4－38　杆管运动状态示意图

3. 本构方程

管柱的抗弯刚度以EI表示，抗扭刚度为GJ，忽略剪力的影响，本构方程为：

$$\begin{cases}M=EI\left(e_t\times\dfrac{\partial e_t}{\partial s}\right)+GJ\dfrac{\partial r}{\partial s}e_t\\ F_t=ea\left(\dfrac{\partial s}{\partial l}-1-T\varepsilon\right)\\ M_t=GJ\dfrac{\partial r}{\partial s}\end{cases} \tag{4-23}$$

式中 E——弹性模量，Pa；
I——截面惯矩，m^4；
G——剪切弹性模量，Pa；
J——截面极惯矩，m^4；
g——杆管柱的扭转角，rad；
F_t——管柱的轴向拉力，N；
T——温度的增量，℃；
ε——线膨胀系数，1/℃；
M_t——杆管柱的扭矩，N·m。

4.8.2 数学力学模型分析

4.8.2.1 管柱轴向力数学力学模型

水平井管柱轴向力是指油管柱沿轴向的拉力或压缩力，一般情况下，油管柱存在一个中性点，管柱中性点以上直至井口，管柱承受压力作用，中性点以下至管柱底部，将承受压缩力的作用。油管柱有效轴向力主要是油管自重产生的拉力、浮力、摩擦力、摩阻力、弯矩和完井后井内温度、压力变化产生的附加轴向力以及封隔器引起的压缩力等的综合作用轴向力。

图4-39为水平井井眼轨迹垂直剖面示意图。B点为造斜点，H_k为造斜点深，H_v为井的垂深(垂直深度)，入靶点(D点)处水平位移为L_1，靶体DE段长度为L_2。整个井眼斜深为L。

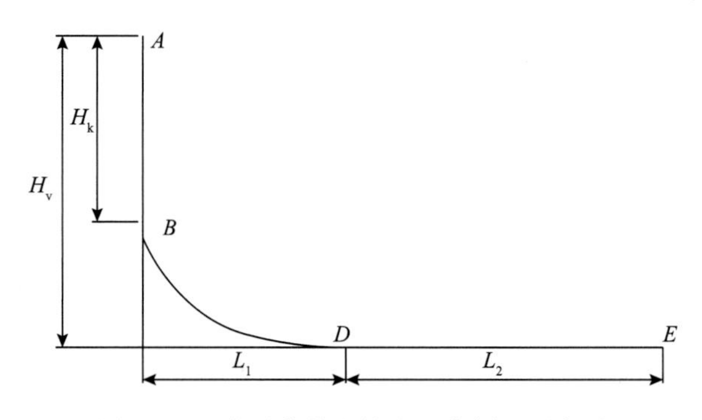

图4-39 水平井井眼轨迹垂直剖面示意图

$$W = L q_s \tag{4-24}$$

$$T_s = W_s \tag{4-25}$$

式中 W——整个油管在空气中的自重，N；
T_h——井口拉力，N；
q_s——油管段重，N/m。

油管柱在水平段产生的垂向拉力为0，造斜段产生的垂向拉力也小于造斜段油管的总重量。在造斜段和水平段BDE曲线上任意取一微小段ΔL_i，其重量为W_i，则沿井眼轨迹线的轴向拉力为T_i，与井壁法向正压力为N_i，井斜角为α_i。图4-40是其压裂管柱力学模型，则其关系有：

$$T_i = W_i \cos\alpha_i \tag{4-26}$$

$$N_i = W_i \sin \alpha_i \tag{4-27}$$

则：

$$T_B = \sum_{i=1}^{n} W_{i\cos\alpha_i} = \int_{BED} q_s \cos \alpha_i \mathrm{d}l \tag{4-28}$$

$$T_A = q_s(H_k + \int_{BDE} \cos \alpha_i \mathrm{d}l) \tag{4-29}$$

式中 T_B——B点油管的轴向拉力，N；

T_A——井口A点油管在空气中的实际拉力，N。

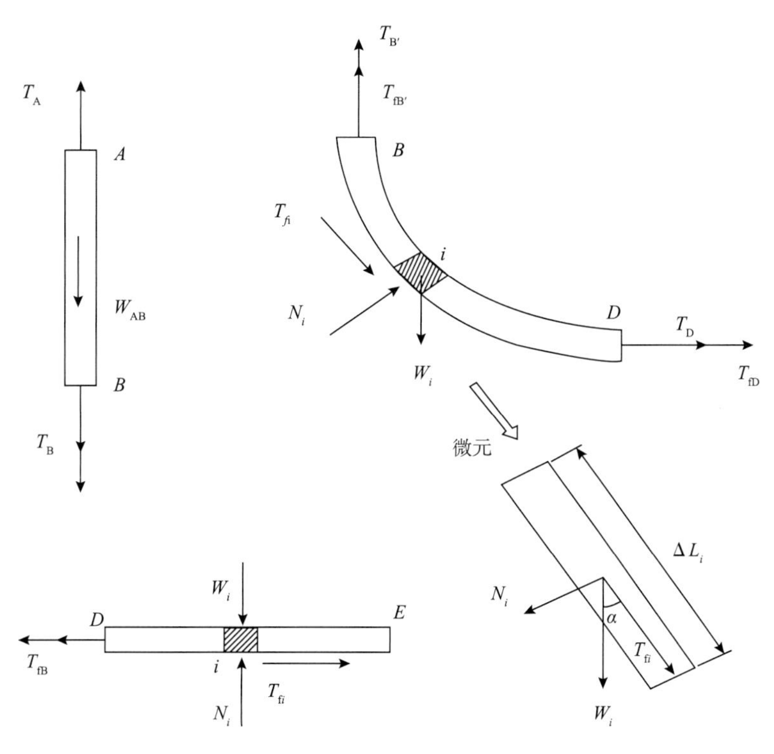

图4-40 水平井压裂管柱力学模型

水平井压裂管柱抗拉强度设计按式(4-29)设计更经济、更合理。计算中要考虑浮力的影响，保守计算，油管可以按在空气中的重量设计。

4.8.2.2 动态附加力数学模型

1. 压裂管柱与套管壁摩擦力引起的附加力

水平井油管在井眼中运动时，将产生动态的附加拉力，当油管中不存在流体时，动态附加拉力由造斜段和水平段油管与套管壁或井壁间的法向力产生的摩擦力构成，其摩擦系数用f_k表示，则任意段(见图4-40)所产生的摩擦力方向为油管轴向方向，其大小为：

$$T_{fi} = N_i f_k = f_k W_i \sin \alpha_i \tag{4-30}$$

当油管上提或下放时，最大累计摩擦力发生在图4-39或图4-40中B点，即造斜点附近，其计算式为：

$$T_{fB} = \sum_{i=1}^{n} T_{fi} = \sum_{i=1}^{n} N_i W_i \sin \alpha_i \tag{4-31}$$

即：

$$T_{\mathrm{fB}} = f_{\mathrm{k}} q_{\mathrm{s}} \int_{\mathrm{BDE}} \sin \alpha_i \mathrm{d}l \tag{4-32}$$

式(4－32)为油管上提或下放时的附加动态拉力，当油管上提时，T_{fB}对油管是拉伸力($+T_{\mathrm{fB}}$)，与图4－40中T_{fB}的方向一致。当油管下放时，T_{fB}对油管是压缩力($-T_{\mathrm{fB}}$)，与图4－38中T_{fB}的方向相反。因此井口的动态拉力为：

$$T_{\mathrm{A1}} = T_{\mathrm{A}} \pm T_{\mathrm{fB}} \tag{4-33}$$

以上各式中，f_{k}为油管与套管或井筒之间的摩擦系数；W_i为第i段微元油管重量，N；T_i为第i段微元ΔL_i油管上沿轨迹线的轴向拉力，N；N_{i}为第i段微元ΔL_{i}油管外壁与套管壁或井壁法向正力，N；a_i为第i段微元ΔL_i油管井斜角，弧度；$T_{\mathrm{A}i}$为由于油管上提或下放时在井口引起的总的拉力，N。

2. 管内液体流动引起的附加力

当油管柱中有流动液体时，将在油管内壁产生摩擦阻力，石油井筒流体的流变性主要符合通用宾汉流体的流变性公式，其雷诺数的计算式为：

$$Re_{\mathrm{B}} = \frac{Dv\rho}{\eta P + \frac{\tau_{0\mathrm{D}}}{6v}} \tag{4-34}$$

式中，管柱中注入高密度液体(加砂压裂液)时，静切应力$t_0 \neq 0$(见图4－41)；注入低密度流体(如清水)，则静切应力$t_0 = 0$。此时式(4－34)变为牛顿流体的计算公式：

$$Re_{\mathrm{B}} = \frac{Dv\rho}{\eta_{\mathrm{P}}} \tag{4-35}$$

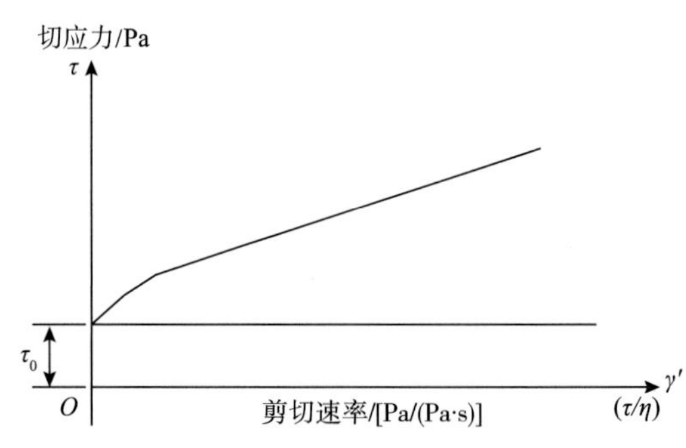

图4－41　流体流变曲线关系图

当$Re_{\mathrm{B}} < 2000$时，流体流动属于层流，则水头损失h_{f}为：

$$h_{\mathrm{f}} = \lambda \frac{L}{D} \frac{v^2}{2g} \tag{4-36}$$

当$Re_{\mathrm{B}} > 2000$时，流体流动属于紊流，则水头损失h_{f}为：

$$h_{\mathrm{f}} = \frac{125}{6\sqrt{Re_{\mathrm{B}}}} \frac{L}{D} \frac{v^2}{2g} \tag{4-37}$$

油管中流体沿程压降损失Δp为：

$$\Delta p = \gamma h_{\mathrm{f}} = \rho g h_{\mathrm{f}} \tag{4-38}$$

管壁上的切应力τ_{w}(见图4－42)：

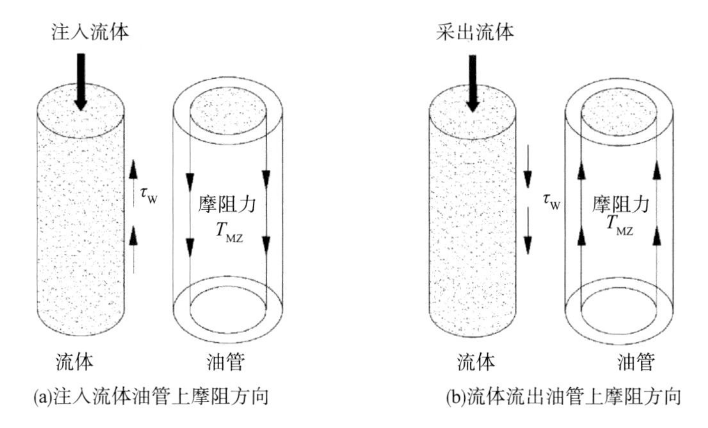

(a)注入流体油管上摩阻方向
(b)流体流出油管上摩阻方向

图 4－42　油管壁面上流体摩阻力的力学模型图

$$\tau_w = \frac{\Delta p D}{4L} \tag{4-39}$$

$$T_{mz} = \tau_w (L\pi D) = \frac{\pi D^2 \Delta p}{4} \tag{4-40}$$

$$T_{A1} = T_A \pm T_{mz} \tag{4-41}$$

式中，注入流体时取“＋”号，其摩阻力 T_{mz}的方向与图 4－42(a)中油管上 T_{mz}的方向一致。流出时取“－”号，其摩阻力 T_{mz}的方向与图 4－42(b)中油管上 T_{mz}的方向一致。无流体流动时，即无摩阻力为 0。因此，在考虑附加动态力时，油管柱抗拉强度设计应按式(4－33)和式(4－41)进行设计，最恶劣情况考虑两者动态附加拉力同时存在进行设计。

式中　Δp——油管中流体沿程压降损失，Pa；
T_{mz}——整个油管内由流体产生的附加动态摩阻力，N；
T_{A1}——井口的动态拉力，N；
t_w——管壁上的切应力，Pa；
h_f——压头损失，m；
D——油管内径，mm；
v——流体流速，m/s；
τ_0——静切应力，Pa；
η_p——黏度，Pa·s；
ρ——流体密度，kg/m；
Re_B——雷诺数，无量纲。

3. 曲率半径引起的轴向附加力

根据材料力学，由曲率半径(R)引起的弯曲应力(σ_T)为：

$$\sigma_T = \frac{D_o E_X}{2R} \tag{4-42}$$

由弯曲应力所产生的附加拉力 F_T为：

$$F_T = A_s \sigma_T = \frac{D_o E_X A_s}{2R} \tag{4-43}$$

式中　A_s——油管横截面积，m^2；

D_o——油管外径，m；

E_X——油管材料弹性模量，一般为 2.07×10^5 MPa；

R——曲率半径，m。

4.8.3 管柱基本效应的力学分析模型

4.8.3.1 管柱活塞效应

活塞效应主要是由于管柱内外压力作用在管柱直径变化处和管柱密封端面上引起的作用力，活塞效应力的大小由下式计算：

$$F_1=(A_p-A_i)\Delta P-(A_p-A_o)\Delta P_o \tag{4-44}$$

式中 F_1——活塞效应力，N；

A_p——封隔器孔径面积，mm^2；

A_i——油管内圆面积，mm^2；

A_o——油管外圆面积，mm^2；

ΔP_i——油压变化，MPa；

ΔP_o——套压变化，MPa。

活塞效应引起的管柱伸长可由下式计算：

$$\Delta L_1=\frac{F_1 L}{E A_s} \tag{4-45}$$

式中 ΔL_1——活塞效应引起的管柱长度变化，m；

L——封隔器下入深度，m；

E——油管弹性模量，$E=2\times10^8 N/m^2$；

A_s——油管截面积，m^2。

以上计算是针对单级封隔器管柱而言，对于多级封隔器管柱，则需要对每一级管柱应用上式，然后进行数据迭加。

4.8.3.2 螺旋弯曲效应

螺旋弯曲主要因压力作用在管柱密封端面和管柱内壁上而引起的，可由下式计算螺旋弯曲力：

$$F_2=A_P(\Delta P_i-\Delta P_o) \tag{4-46}$$

式中 F_2——螺旋弯曲力，N。

由于螺旋弯曲效应引起的管柱长度变化由下式计算：

$$\Delta L_2=0.25r^2A_p(\Delta P_i-\Delta P_o)/[EI(q_s-q_i-q_o)] \tag{4-47}$$

式中 ΔL_2——螺旋弯曲长度变形，m；

r——油、套管径向间隙，m；

I——油管截面积转动惯量，m^4；

q_s——单位长度油管在空气中重量，N/m；

q_i——单位长度油管在液体中重量，N/m；

q_o——单位长度油管所排开液体重量，N/m。

当 $\Delta P_i<\Delta P_o$ 时，管柱不产生螺旋弯曲。

4.8.3.3 鼓胀效应

鼓胀效应主要是由于压力作用在管柱的内、外壁面上引起的。鼓胀效应由下式计算：

$$F_3 = 2\mu(A_i \Delta P_i - A_o \Delta P_o) \tag{4-48}$$

式中 F_3——鼓胀效应力，N；

μ——材料泊松比，油管 $\mu = 0.3$。

鼓胀效应引起的管柱长度变化由下式计算：

$$\Delta L_3 = 2\mu L(\Delta P_i - R\Delta P_o)/[E(R^2 - 1)] \tag{4-49}$$

式中 ΔL_3——鼓胀效应长度变化，m；

R——油管外径于内径的比值。

4.8.3.4 温度效应

温度效应主要由油管周围环境温度变化引起的，温度效应力由下式计算：

$$F_4 = \beta E A_S \Delta T \tag{4-50}$$

式中 F_4——温度效应力，N；

β——管柱材料热膨胀系数，油管管材 $\beta = 1.2 \times 10^{-5}/℃$；

ΔT——井内油管平均温度变化，℃。

温度效应引起的长度变化由下式计算：

$$\Delta L_4 = \beta L \Delta T \tag{4-51}$$

4.8.3.5 四种效应引起油管柱总的受力和变形

油管柱总的受力：

$$F = F_1 + F_2 + F_3 + F_4 \tag{4-52}$$

管柱总长度变形：

$$\Delta L = \Delta L_1 + \Delta L_2 + \Delta L_3 + \Delta L_4 \tag{4-53}$$

4.8.4 管柱强度校核模型

压裂管柱下入过程中，主要受拉应力、接触支反力产生的剪应力、管柱随井眼弯曲的弯曲应力和螺旋屈曲应力的作用。

4.8.4.1 轴向力产生的轴向应力

轴向拉压应力 σ_z 在油管横截面上均匀分布，计算公式如下：

$$\sigma_z = \frac{F_z}{A} \tag{4-54}$$

式中 F_z——管柱轴向力，N。

4.8.4.2 内压、外压产生的径向应力

$$\sigma_r = -P_{id} \tag{4-55}$$

式中 P_{id}——油管内压，MPa。

4.8.4.3 内压、外压产生的环向应力

$$\sigma_\theta = \frac{P_{od}(d_o^2 - d_i^2) - 2P_{id}d_i^2}{d_i^2 - d_o^2} \tag{4-56}$$

式中 P_{od}——油管外压，MPa。

4.8.4.4 接触支反力产生的剪切应力 τ

$$\tau = \frac{4N_D}{\pi(d_o^2 - d_i^2)} \tag{4-57}$$

式中 N_D——油套管的接触支反力，N。

4.8.4.5 米塞斯应力

Von Mises(米塞斯)屈服准则的值通常称为等效应力，习惯称 Mises 等效应力，它遵循材料力学第四强度理论，用应力等值线来表示材料模型内部的应力分布情况，可以清晰描述出一种结果在整个模型中的变化，快速确定模型中的最危险区域。在一定的变形条件下，当受力物体内一点的等效应力达到某一定值时，该点就开始进入塑性状态，根据第四强度理论，Mises 应力为：

$$\sigma_{Mises} = \sqrt{\sigma_z + \sigma_r + \sigma_\theta - \sigma_r\sigma_\theta - \sigma_z\sigma_r + 3\tau^2} \tag{4-58}$$

4.8.4.6 安全系数 k_s

假设压裂管柱的需用应力为[σ]，则危险截面的安全系数为：

$$k_s = \frac{[\sigma]}{\sigma_{Mises}} \tag{4-59}$$

假设设计的压裂管柱许用安全系数为 k_s，各种工况条件下所取危险截面的最小安全系数都大于它，那么该趟管柱是安全的，否则就需要对施工过程中的参数进行调整或者重新进行压裂管柱的设计，确保施工作业成功。

4.8.5 管柱通过性计算模型

4.8.5.1 多封隔器组合压裂管柱的弯曲变形计算

压裂管柱在弯曲井眼内其受力与变形如图 4-43 所示。

有横向均布载荷、集中力、端部力偶和轴向载荷联合作用时，将弯曲井段中的管柱简化成约束在弯曲圆柱形筒内的梁柱，梁的两端受轴向载荷。为了对管柱在弯曲井眼中进行受力分析及弯曲变形进行研究，特做如下的基本假设：

(1)用梁的挠曲变形描述弯曲井眼内多封隔器组合的压裂管柱变形问题；

(2)在分析中，压裂管柱端部处理为铰支，封隔器为单面约束；

(3)封隔器与井壁之间的接触为点接触；

(4)两封隔器之间的压裂管柱为等截面管柱；

(5)上切点以上的压裂管柱因自重与下井壁接触；

(6)不考虑压裂管柱的纵向振动的影响；

(7)井壁或套管壁为刚性；

(8)弯曲井段中心线为一铅垂平面上的曲线。

1. 横向均布载荷作用下的管柱变形

图 4-44 表示压裂管柱上作用横向均布载荷 q，P 为轴向载荷，穿过梁柱的截面形心，其数值沿长度不变。

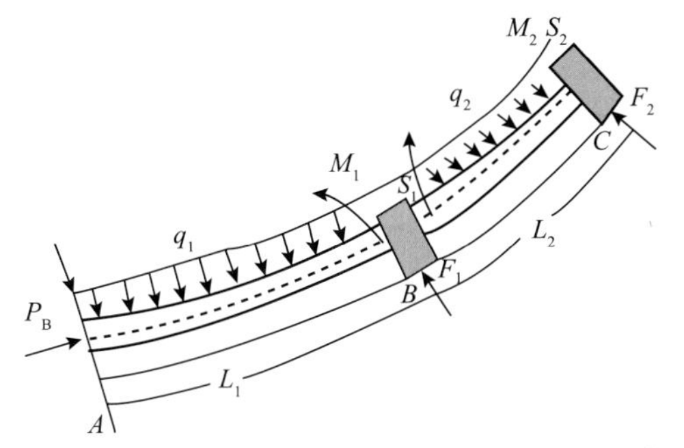

图4－43　多封隔器组合压裂管柱变形及受力示意图

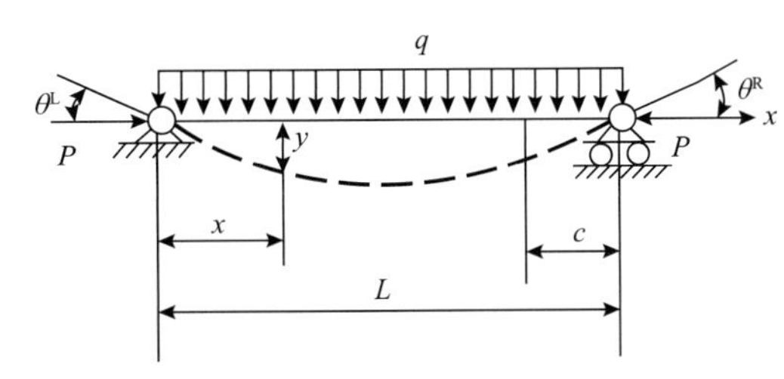

图4－44　轴向载荷与横向均布载荷联合作用的情况

由材料力学可知，在轴向载荷与横向均布载荷的作用下压裂管柱任意截面 x 处弯矩为：

$$M(x)=\frac{qL}{2}x-\frac{qx^2}{2}+Py \tag{4-60}$$

式中　M——截面处的弯矩，N·m；

q——横向均布载荷，N；

L——封隔器之间的长度，m；

P——轴向载荷，N；

y——管柱的挠度，m。

$$\frac{1}{\rho(x)}=\frac{M(x)}{EI}$$

式中　ρ——任意截面处的曲率半径，m

EI——梁的抗扭刚度，N·m^2。

可知，曲线 $y=f(x)$ 上任意一点处的曲率为：

$$\frac{1}{\rho(x)}=\pm\frac{\dfrac{\mathrm{d}^2y}{\mathrm{d}x^2}}{\left[1+(\dfrac{\mathrm{d}y}{\mathrm{d}x})^2\right]^{3/2}}$$

$$y''=\frac{M(x)}{EI}$$

$$y=\frac{EIq}{P^2}(t\tan u\sin kx+\cos ks-1)-\frac{q}{2P}x(L-x)$$

式中　P——轴向载荷，N；

q——横向均布载荷，N；

k——系数；

u——系数；

y——挠度，m。

将上式化简，可得：

$$y=\frac{qL^4}{16EIu^4}\left[\frac{\cos\left(u-\dfrac{2u}{L}x\right)}{\cos u}-1\right]-\frac{qL^2}{8EIu^2}-x(L-x) \tag{4-61}$$

管柱的最大挠度发生在中点处，将 $x=L/2$ 代入上式并化简，得：

$$y_{\max} = \frac{5qL^4}{384EI} \times \frac{24\left(\sec u - 1 - \frac{1}{2}u^2\right)}{5\,u^2} \tag{4-62}$$

由材料力学可知，管柱的挠度是由横向均布载荷与轴向载荷共同作用产生的，两载荷与挠度是线性关系，因此根据迭加原理可以分别解出横向均布载荷与轴向载荷分别单独作用时产生的挠度，两结果相加就可以计算出管柱的总挠度。当 $P=0$ 时，由式(4-62)所求得的 $y_{\max}$ 是只有横向载荷作用时管柱的最大挠度；随着 u 增加，$y_{\max}$ 加大，表明轴向力对横向弯曲的影响很大；当 $u \to \frac{\pi}{2}$ 时，$y_{\max} \to \infty$，此时所对应的轴向载荷即为临界载荷 P_{cr}。

$$P_{cr} = \frac{\pi^2 EI}{L^2}$$

对式(4-61)求导数，可得：

$$y' = \frac{q\,L^2}{8EIu^2} q\left[\frac{L\sin\left(u - \frac{2u}{L}x\right)}{u\cos u} - (L-2x)\right] \tag{4-63}$$

将 $x=0$ 代入式(4-63)，可求出管柱左端转角 θ^R 为：

$$\theta^R = -y'\mid_{x=L} = \frac{q\,L^3}{24EI} \times \frac{3(\tan - u)}{u^3}$$

由计算模型可知，压裂管柱的挠度、端部转角、最大弯矩都受到均布载荷与轴向载荷联合作用的影响，但轴向载荷对管柱的稳定状态有决定性的影响，当轴向载荷接近临界载荷时，管柱处于失稳状态，随着轴向载荷继续增大，管柱出现正弦屈曲状态。这时 $u \to \pi/2$，上述各项的值均趋向于无穷大。

2. 横向集中载荷作用下的管柱变形

压裂管柱在井筒内受力情况复杂，在水平井眼中随着井眼曲率的增大，压裂管柱弯曲程度增大，就会出现某一点与井壁接触的现象。此时管柱受到轴向载荷与横向集中载荷的联合作用。图4-45表示压裂管柱上作用一个横向集中力 Q，P 为轴向载荷，P 穿过梁柱的截面形心，其数值沿长度不变。

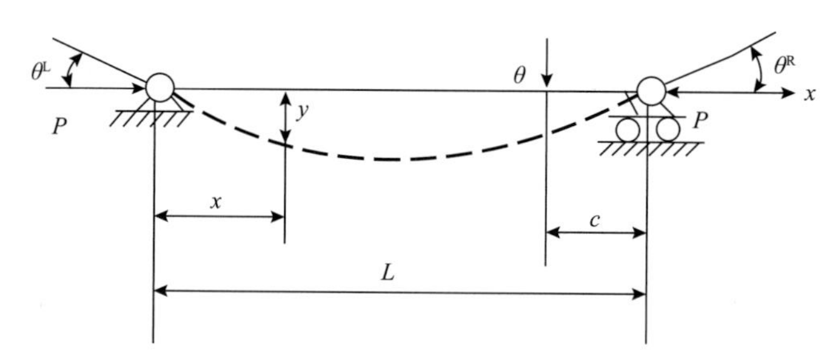

图4-45 轴向载荷与横向集中载荷联合作用的情况

管柱左段弯矩($0 \leqslant x \leqslant L-c$)，有：

$$M(x) = \frac{Qc}{L}x + Py$$

管柱右段弯矩($L-c \leqslant x \leqslant L$)，有：

$$M(x) = \frac{Q(L-c)(L-x)}{L} + Py$$

则挠曲线近似微分方程为：

左端
$$y''=\frac{Qc\,x^2}{EIL}-k^2y \tag{4-64}$$

右端
$$y''=\frac{Q(L-c)(L-x)}{EIL}-k^2y \tag{4-65}$$

$$k=\sqrt{\frac{P}{EI}}$$

式(4－64)和式(4－65)均为二阶线性非齐次微分方程，可得

左端挠度曲线方程为：

$$y=\frac{Q\sin kc}{P\sin kl}\times\sin kx-\frac{Qc}{PL}x(0\leqslant x\leqslant L-c) \tag{4-66}$$

右段挠度曲线方程为：

$$y=\frac{Q\sin k(L-C)}{P\sin kl}\times\sin k(L-c)-\frac{Q(L-c)(L-x)}{PL}(L-c\leqslant x\leqslant L) \tag{4-67}$$

对式(4－66)和式(4－67)求导数，可得挠度曲线上任意截面(x)处的转角。

$$y'=\frac{Q\sin kc}{P\sin kL}\cos kx-\frac{Qc}{PL}(0\leqslant x\leqslant L-c)$$

$$y'=\frac{Q\sin k(L-c)}{P\sin kL}\cos k(L-c)-\frac{Q(L-c)}{PL}(L-c\leqslant x\leqslant L)$$

于是，可得左侧转角值 θ^{L} 和右侧转角值 θ^{R} 分别为：

对集中载荷作用在中点的特殊情况，挠曲线对称，最大挠度发生在中点，左右两端的转角相等。

即
$$y_{\max}=\frac{3QL^3(\tan u-u)}{48u^3EI}$$

$$\theta^{L}=\theta^{R}=\frac{Q}{2P}(\sec u-1)$$

3. 在端部有力偶作用时的管柱变形

在水平井筒中压裂管柱组合受到水力锚和封隔器的影响，在管柱端部会产生力偶，这时压裂管柱在轴向载荷与端部力偶的联合作用下产生弯曲变形，影响管柱的通力。如图 4－46 所示，压裂管柱在两端有轴向载荷 P，右端 B 处有力偶 M_B 作用的变形情况。可建立相应的微分方程得：

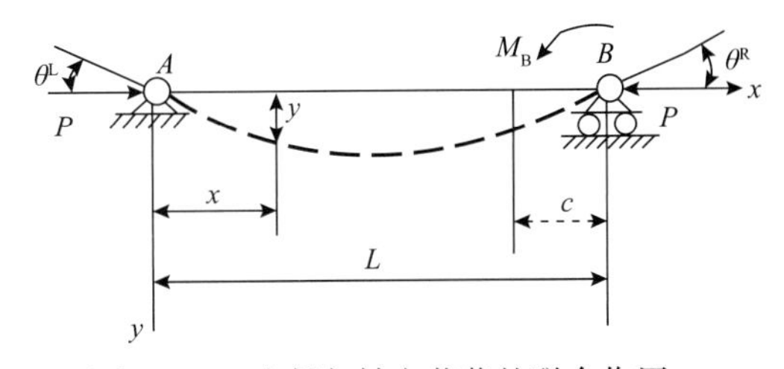

图 4－46　力偶与轴向载荷的联合作用

$$M(x)=M_B+Py$$

$$y''=\frac{M_B+Py}{EI}$$

积分后，将 $\sin kc=kc$ 得挠度曲线为：

$$y=\frac{M_B}{P}\left(\frac{\sin kx}{\sin kL}-\frac{x}{L}\right) \tag{4-68}$$

或
$$y=\frac{M_B L}{4EIu^2}\left(\frac{L\sin\frac{kx}{kL}x}{\sin 2u}-x\right) \tag{4-69}$$

对式(4-69)求导，并将 $x=0$ 和 $x=L$ 代入，即可求出此时左、右两端转角。

$$\theta^L=y'|_{x=0}=\frac{M_B L}{6EI}\frac{3}{u}\left(\frac{1}{\sin 2u}-\frac{1}{2u}\right)$$

$$\theta^R=y'|_{x=L}=\frac{M_B L}{3EI}\frac{3}{2u}\left(\frac{1}{2u}-\frac{1}{\tan 2u}\right)$$

令：

$$y(u)=\frac{3}{2u}\left(\frac{1}{2u}-\frac{1}{\tan 2u}\right)$$

$$z(u)=\frac{3}{u}\left(\frac{1}{\sin 2u}-\frac{1}{2u}\right)$$

则转角公式可写为

$$\theta^L=\frac{M_B L}{6EI}z(u)$$

$$\theta^R=\frac{M_B L}{3EI}y(u)$$

其中，$\frac{M_B L}{3EI}$是压裂管柱单独在端部力偶的作用下产生的转角值，而 $y(u)$则是轴向载荷在压裂管柱上产生的端部转角。

端部转角的产生与管柱挠度的产生具有相似性，都是由管柱上的各种载荷共同作用产生的，通过迭加原理可以计算出总的端部转角。端部转角的产生有利于压裂管柱穿过井筒中的造斜段、增斜段及降斜段。但转角过大也会造成管柱的上提下放受阻。因此，准确计算压裂管柱的端部转角对确定管柱的通过性能力至关重要。

对于管柱左端作用力有力偶 M_A的情况，只须将式(4-68)、式(4-69)中的 M_B用 M_A代换，便可得到相应的挠度公式：

$$y=\frac{M_A}{P}\left[\frac{\sin k(L-x)}{\sin kL}-\frac{L-x}{L}\right]$$

$$y=\frac{M_A L^2}{4EI\,u^2}\left[\frac{\sin\frac{2u(L-x)}{L}}{\sin kL}-\frac{L-x}{L}\right]$$

其端部转角为：

$$\theta^L=\frac{M_A L}{3EI}y(u)$$

$$\theta^R=\frac{M_A L}{6EI}z(u)$$

在轴向载荷 P 不变的情况下，管柱的变形与横向载荷(集中力、均布载荷、力偶等)呈线性关系，下述迭加原理成立。

当有多个横向载荷同时作用于轴向受压的压裂管柱时，管柱的总变形(挠度与转角)可由每个横行载荷分别与轴向载荷共同作用所产生的变形(挠度与转角)线性迭加得到。

4. 挠度计算与接触点问题

确定两封隔器间的压裂管柱是否同套管壁有新的接触点，需要计算每段压裂管柱的累计挠度。由式(4-61)、式(4-64)、式(4-65)、式(4-68)可得，第 i 段梁柱在 x 处的挠度 y_i 为：

$$y_i(x_i)=y_{i1}(x_i)+y_{i2}(x_i)+y_{i3}(x_i)$$

其中，$y_{i1}(x_i)$ 表示第 i 段管柱在轴向载荷 P 作用下因受横向均布载荷 Q 作用而在两封隔器之间任意一点 x_i 处所产生的挠度；$y_{i2}(x_i)$ 表示第 i 段管柱在轴向载荷 P 作用下因受横向集中载荷 Q 作用而在两封隔器之间任意一点 x_i 处所产生的挠度；$y_{i3}(x_i)$ 表示第 i 段管柱在轴向载荷 P 作用下因受两端集中力偶 M 作用而在两封隔器之间任意一点 x_i 处所产生的挠度；x_i 表示挠度计算点距管柱左端支座的距离，$o\leqslant x_i\leqslant L_i$。

判断压裂管柱同套管壁是否产生新的接触，可检验两个封隔器之间的管柱变形最大挠度是否超过了套管壁的许可范围，故产生新接触点的判据为：

$$|y_{i\max}|>\frac{1}{2}(D_i-d_i)$$

式中　$y_{i\max}$——第 i 段压裂管柱的最大变形挠度，m；

D_i——套管直径，m；

d_i——压裂管柱的直径，m。

由于确定发生最大挠度的位置及最大挠度值的计算比较繁杂，故在实际计算中采用管柱中点 $x_i=L_i/2$ 挠度值 y_{im} 近似地作为最大挠度值。

4.8.5.2　多封隔器压裂管柱摩阻力计算模型

由于井眼弯曲，封隔器对压裂管柱所产生的附加支持力引起了附加摩阻。为使理论分析更接近于井下工作状况，假设各封隔器都紧贴下套管壁，该压裂管柱可简化为如图4-47所示的力学模型。

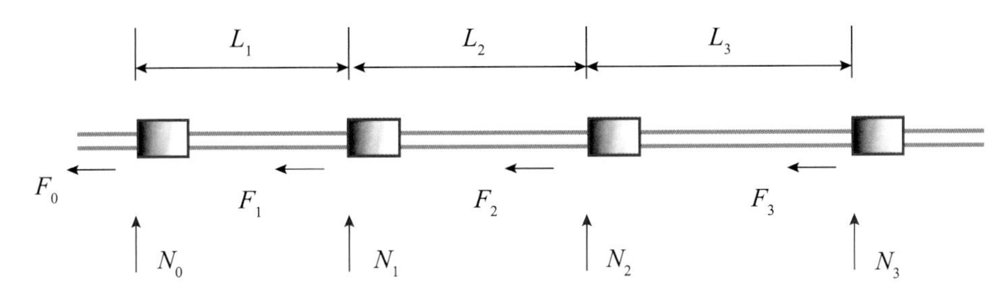

图4-47　带封隔器的压裂管柱力学模型

如图4-47所示，L_i 为封隔器间距，N_0、N_1、N_2、N_3 分别为套管壁对各封隔器的支持力，F_0、F_1、F_2、F_3 分别为各封隔器上产生的摩阻力。

设压裂管柱外径为 D(m)，压裂管柱内径为 d(m)，封隔器间距为 L_i(m)，压裂管柱材料弹性模量 E(MPa)，压裂管柱所在井段平均狗腿度为(°/30m)，平均井斜角为α(°)。

由于井斜角及井眼狗腿度的影响，封隔器1、封隔器2、封隔器3将产生相对于封隔器0的横向(y 向)位移，若用 δ_1、δ_2、δ_3 分别表示这些位移，则有：

$$\delta_1=\frac{1718.87}{\gamma}\left(1-\sin\frac{L_1\gamma\pi}{5400}\right)$$

$$\delta_2 = \frac{1718.87}{\gamma}\left[1 - \sin\frac{(L_1 + L_2)\gamma\pi}{5400}\right] \tag{4-70}$$

$$\delta_3 = \frac{1718.87}{\gamma}\left[1 - \sin\frac{(L_1 + L_2 + L_3)\gamma\pi}{5400}\right]$$

如图 4－48 所示，由迭加原理和位移协调条件可知：

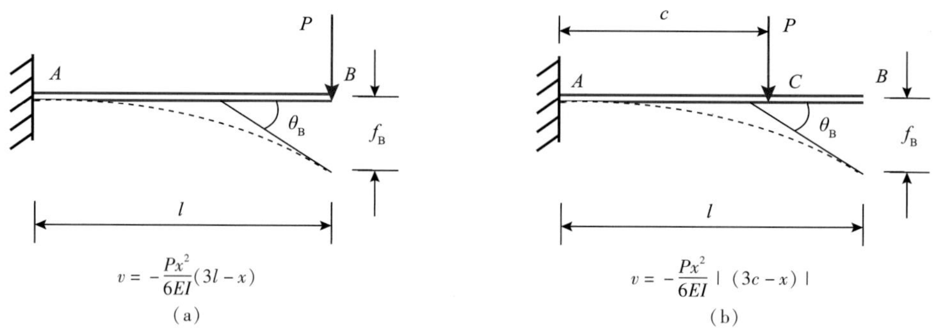

图 4－48　迭加原理示意图

$$\left.\begin{aligned}\delta_1 &= \delta_{11} + \delta_{21} + \delta_{31}\\ \delta_2 &= \delta_{12} + \delta_{22} + \delta_{32}\\ \delta_3 &= \delta_{13} + \delta_{23} + \delta_{33}\end{aligned}\right\} \tag{4-71}$$

经计算推导可得：

$$\left.\begin{aligned}\delta_1 &= \frac{L_1^2}{6EI}\left[2N_1L + N_2(2L_1 + 3L_2) + N_3(L_1 + L_2)\right]\\ \delta_2 &= \frac{1}{6EI}\left\{N_1L_1^2(2L_1 + 3L_2) + 2N_2L_1^2(2L_1 + 3L_2)\right.\\ &\qquad \left. + N_3(L_1 + L_2)^2[2(L_1 + L_2) + 3L_3]\right\}\\ \delta_3 &= \frac{1}{6EI}\left\{N_1L_1^2\left[2L_1 + 3(L_2 + L_3)\right] + N_2(L_1 + L_2)^2\left[(2L_1 + 3L_2)\right.\right.\\ &\qquad \left. + N_3(L_1 + L_2 + L_3)^3\right\}\end{aligned}\right\} \tag{4-72}$$

$$\left.\begin{aligned}N_1 &= A\left[(2D - Ed)\lambda_1\right] - 2D\lambda_2 + Eb\lambda_3\\ N_2 &= B\left[-kb\lambda_1 + Hd\lambda_2 + 2(aK - Hb)\lambda_3\right]\\ N_3 &= C\left[(2F - Gd)\lambda_1 - F\lambda_2 + Gb\lambda_3\right]\\ N_0 &= \left[A(Ed - 2D) + BKb + C(Gd - 2F)\lambda_1\right] + (aAD - BHD + CF)\lambda_2\\ &\quad + \left[-AEb + 2B(Hb - aK) - CGb\right]\lambda_3\end{aligned}\right\} \tag{4-73}$$

式中　$A = \dfrac{1}{(4a - b)(cd - bf) - (2ad - eb)(2c - d)}$

$B = \dfrac{1}{(bd - 2e)(cb - 2ad) - (b^2 - 4ab)(d^2 - 2bf)}$

$$C=\frac{1}{(2ad-ed)(2c-d)-(4a-b)(cd-bf)}$$

$$D=(cd-bf),\ E=(2c-d),\ F=(2ad-eb),\ G=(4a-b)$$

$$I=\pi(D^2-d^4)/64$$

$$\lambda_i=6EI\delta_i(i=1,\ 2,\ 3)$$

$$a=L_1{}^3$$

$$b=L_1{}^2(2L_1+3L_2)$$

$$c=2L_1+3(L_1+L_2)$$

$$d=(L_1+L_2)^2\left[2(L_1+L_2)+3L_3\right]$$

$$e=L_1{}^2\left[2L_1+3(L_2+L_3)\right]$$

$$f=(L_1+L_2+L_3)^3$$

采用式(4−73)计算套管壁支持力时，若N值计算结果为正，则表明该封隔器与下套管壁接触，与假设方向相同；若计算结果为负，则表明该封隔器与上套管壁接触，与假设方向相反，但无论N值取正或负，所产生的摩阻都沿同一方向，即井眼轴线方向。

设摩阻系数为μ，则压裂管柱结构力学模型由于井眼弯曲作用封隔器所产生的总摩阻为：

$$F_1=\mu(|N_0|+|N_1|+|N_2|+|N_3|) \tag{4-74}$$

4.8.5.3 管柱通过能力分析

通过上面的分析可知，保证水平井压裂管柱顺利下入的影响因素很多，在这里主要考虑在下入时影响管柱摩阻的主要因素。

(1)压裂管柱通过弯曲段时随井眼弯曲承受弯曲应力作用。弯曲应力随井眼曲率半径的减小而增加，有可能超过其钢材强度的极限，引起压裂管柱的破坏。

(2)压裂管柱随井眼弯曲变形时，即使弯曲应力未超过钢材的屈服极限，但由于压裂管柱丧失稳定性而形成椭圆状管柱截面；压裂管柱弯曲严重时也有可能产生屈曲变形破坏。

(3)因封隔器之间压裂管柱的长度影响，进入水平段后压裂管柱会完全贴在下套管壁上，此时压裂管柱与套管壁接触段很长，套管壁对压裂管柱的摩擦阻力相当大，使压裂管柱受阻；也可能因为封隔器间距小，由于局部刚性原因使压裂管柱卡在井眼的弯曲段而无法下入或提出。

在水平井中，井眼的曲率半径越小，上述问题出现的概率越大，问题越严重。因此，压裂管柱在水平井中能否通过弯曲段并继续下至预定井深，要看井眼曲率、套管壁摩阻、压裂管柱直径等因素的影响。在长半径水平井中，下压裂管柱一般不会遇到太大的困难。在中、短半径水平井中，压裂管柱受弯曲应力和摩擦阻力较大，能否顺利下入或是否下入预定井深，就应加以判断。一般下入时不会存在太大难度，往往上提时遇阻，严重时会发生管柱拉断的现象。

在实际计算中，应满足下列条件：

(1)强度条件：管柱的工作应力必须小于材料的许用应力，确保管柱不发生断裂破坏。

(2)摩阻条件：管柱在井口的轴向力应保持拉伸状态，确保管柱能够靠自重下放到井底。

(3)几何条件：管柱的弯曲变形应小于其许用变形值，确保其正常工作。

根据这三个条件，结合前述的压裂管柱力学计算，就可以建立起水平井压裂管柱通过能力判别式：

$$\begin{cases}\sigma_{\max}=\max(\sigma_i)\leqslant[\sigma]\\ F_u=F(dp,\ wt,\ sg,\ lq)\geqslant 0\\ \theta\leqslant[\theta]\end{cases} \tag{4-75}$$

式中，第一式为强度条件判别式；第二式为摩阻力条件判别式，F_u为压裂管柱上端截面轴向力，是压裂管柱以及与封隔器配套参数 dp、井眼轨迹参数 wt、施工参数 sg、压裂液性能参数 lq 的函数；第三式为几何条件判别式。

第5章 压裂材料

在最近的一二十年时间里，由于非常规油气藏的开采得到快速发展，滑溜水压裂液被广泛应用于压裂施工中。1997 年，Mitchell 能源公司首次将滑溜水压裂液体系应用于 Barnett 页岩气的压裂作业中并取得了成功。随着美国福特沃斯盆地 Barnett 页岩的开发，人们发现对于石英矿物含量高、天然裂缝发育的页岩储层，低黏度液体使天然裂缝更容易沟通，从而形成复杂的网络裂缝体系；由于缝网体系十分复杂，远井端形成的主裂缝往往较窄，因此需要更小粒径的支撑剂。

5.1 压裂液与添加剂

作为水力压裂改造油气层过程中的工作液，压裂液起着传递压力、形成地层裂缝、携带支撑剂进入裂缝的作用。选择和制备压裂液应综合考虑岩石特征、储层特征及所含流体的物理和化学性质以及施工作业过程中的技术和经济要求。

5.1.1 主要类型

页岩储层一般具有厚度大、基质渗透率低的特点，为了沟通更多的天然裂缝以获取更大泄流面积往往需要提高排量，所以对泵注液体的摩阻要求十分严格。页岩储层压裂改造规模大、液量大，压裂液成本对整体开发效益影响巨大。因此，高效降阻、低成本的滑溜水压裂技术在美国的页岩油气及致密油气压裂改造中得到了广泛应用，截至 2014 年底，滑溜水压裂液的使用量已占美国压裂液使用总量的 30% 以上。

虽然滑溜水压裂液体系在页岩气的开发中获得了极大成功，但由于滑溜水压裂液对支撑剂悬浮效能差，多通过提高排量的方式来减缓支撑剂的沉降。而在现场施工中，为了提高近井裂缝的导流能力，通过使用线性胶或交联冻胶协同使用的方法来缓解支撑剂的沉降和铺置问题。

5.1.1.1 滑溜水压裂液

滑溜水压裂液指的是伤害低、黏度低、摩阻低的液体。滑溜水一般由降阻剂、黏土稳定剂、表面活性剂及杀菌剂等组成。与清水相比可将摩阻降低70%以上，黏度一般在10mPa·s以下。早期的滑溜水压裂不携带支撑剂，产生的裂缝导流能力较差，后来的现场应用实践表明，添加一定比例支撑剂的滑溜水压裂效果明显好于不加支撑剂的效果，支撑剂的添加能够保证裂缝在压裂液返排后保持开启状态。滑溜水压裂技术的主要特点为大排量、大液量、低砂比、小粒径、大砂量。借鉴Barnett页岩经验，页岩油气的开发选择以滑溜水水平井分段压裂为主的体积压裂，从而获得较大的改造体积(Stimulated Reservoir Volume，SRV)，通过国内外资料调研及分析，应用于体积压裂的滑溜水应具有以下性能：

(1)降阻率>65%；

(2)室内试验返排率>50%；

(3)CST比值<1.0。

5.1.1.2 线性胶压裂液

线性胶压裂液即稠化水压裂液，由水稠化剂和其他添加剂组成，其携砂能力强于滑溜水压裂液。北美Barnett、Marcellus、Haynesville页岩气以及我国四川长宁—威远和涪陵等页岩气区块，均采用了以滑溜水压裂液为主，结合线性胶压裂液的复合压裂液体系。这样既满足了形成复杂缝网的需要，又提高了液体的携砂性能，改善了支撑剂的铺置效果，提高了储层整体改造水平。通过国内外资料调研及分析，应用于页岩油气的线性胶压裂液应具有以下性能：

(1)降阻率>50%；

(2)伤害率<10%；

(3)黏度20~50mPa·s。

5.1.1.3 交联冻胶压裂液

交联冻胶压裂液即交联了的线性胶压裂液，拥有更强的黏弹性和可塑性，特点是黏度高、携砂能力强、滤失低等，可适用于大部分油水井的增产和增注。美国北达科他巴肯油藏于1950年开始采油，20世纪80年代开始对直井采用支撑剂压裂，1990年才开始采用原油凝胶作为压裂液，但油基压裂液的操作安全性限制了其使用范围。1990~2000年开始，巴肯页岩油的压裂液主要采用由瓜胶或羟丙基瓜胶制成的冻胶压裂液，2000年初开始以水平井多分段压裂技术配合冻胶压裂液并开始大规模采用。目前，巴肯致密油储层68%采用了锆交联冻胶压裂液体系，其他采用硼交联冻胶压裂液体系。两种液体增产效果都比较好，经统计对比发现：硼交联冻胶体系比锆交联冻胶体系增产效果高8%以上。低稠化剂浓度压裂技术是近些年压裂液技术的新进展。其技术思路是通过降低稠化剂浓度和使用特定交联剂，达到降低压裂液成本和低伤害的目的。稠化剂浓度已低至0.24%~0.36%。

低浓度稠化剂的交联冻胶的主要优点是：①低成本；②低伤害；③缝高控制好。适用的地层条件相对广泛，但对深井压裂而言，风险偏大。应用于页岩油气的交联冻胶压裂液应具有以下性能：

(1)降阻率>50%;

(2)伤害率<30%;

(3)黏度60~100mPa·s。

5.1.2 添加剂种类与特性

目前，国内外页岩气压裂施工中广泛使用的滑溜水压裂液主要包括降阻剂、助排剂、黏土稳定剂、阻垢剂和杀菌剂等。线性胶压裂液中的主要添加剂可沿用滑溜水压裂液体系添加剂，通过提高降阻剂浓度或使用瓜胶线性胶或添加流变调节剂的方式提高液体黏度，从而提高线性胶的携砂性能。页岩油气开发中所使用的冻胶压裂液与通常的冻胶压裂液类似，主要通过优化冻胶性能、降低稠化剂用量等方式降低对页岩储层的伤害。

5.1.2.1 降阻剂

1. 作用机理

液流状态可分为层流和紊流两种形态，如果流体质点的轨迹是有规则的光滑曲线，这种流动叫层流。而流体的各个质点作不规则运动，流场中各种矢量随时空坐标发生紊乱变化，仅具有统计学意义上的平均值，这种流动称作紊流。

降阻剂的降阻机理非常复杂，目前尚未完全定论。在紊流流态下，由于流体流动中的径向扰动会产生漩涡，漩涡与管壁之间的动量传递及大漩涡向小漩涡的转化均伴随着能量耗散，宏观表现为摩阻压降损失。降阻剂降阻原理的主要观点有：①抑制紊流。降阻剂分子依靠自身黏弹性，使分子长链顺着液体流动方向延伸，利用分子间引力抵抗流体微元的扰动影响，改变流体微元作用力的大小和方向，使一部分径向力转化为轴向推动力，抑制漩涡的产生及大漩涡向小漩涡的转化，从而降低能量损失。②黏弹性与漩涡相互作用。湍流漩涡的一部分动能被聚合物分子吸收，以弹性能的形式储存起来，使漩涡消耗的能量减少，从而达到降低摩阻损失的目的。

降阻剂在水基压裂液中降阻的主要机理就是抑制紊流。通过向水中加入少量高分子直链聚合物，能减轻和减少液流中的漩涡和涡流，因而有效地抑制湍流效应，降低摩阻。在流体中加入少量的高分子聚合物，在湍流状态下降低流体的流动阻力(减少边界微单元漩涡内摩擦)，这种方法称为高聚物减阻，水中加入适量的聚合物降阻剂，可使泵送摩阻比清水摩阻减少75%以上。

2. 评价方法

由于现场使用的降阻剂往往相对分子质量较高，因此鉴于页岩油气施工的特点，降阻剂的分散和溶解性能至关重要。为了达到最佳的降阻效果，滑溜水在进入套管或油管之前必须先使降阻剂充分溶解。降阻剂的分散、溶解性能可以用起黏时间来表征，起黏时间定义为降阻剂聚合物完成溶解、破乳并且聚合物分子完全展开达到最大黏度所需要的时间。目前，尚无标准的降阻剂起黏时间的测定方法，因此建立如下测试方法：①配制一定浓度的降阻剂溶液(350mL)，30℃水浴下溶胀4h，用六速旋转黏度仪测量其稳定ϕ600读数；②按照测量黏度时所需溶液的体积(350mL)及降阻剂溶液浓度，计算并称取一定质量的降阻剂；③将350mL清水加入到混调器中，在高速转动过程中快速加入降阻剂，搅拌后快速倒入黏度计液杯中，然后开始计时；④当黏度计读数达到步骤①所测得的ϕ600读数时停止计时，所测得的时间即为起黏时间。一般来说，乳液型降阻剂的分散和溶胀性能明显优于粉末型降阻剂，乳液型聚丙烯酰胺类的降阻剂起黏时间小于1min，能够满足现场连续混配的泵送需要。

降阻剂的降阻性能具体表现为滑溜水流速加快和摩阻压降减少程度。当输送压力一定时，降阻效果表现为流速的增加；当流量一定时，降阻效果则表现为摩阻压降的减少。因此，可以使用增速率和降阻率两个指标来评价降阻剂的降阻性能。目前，国内外常用降阻率这一指标。降阻率可通过下式计算：

$$DR = \frac{P - P_{\mathrm{DR}}}{P} \times 100\% \tag{5-1}$$

式中 DR——降阻率；

P——未加降阻剂时流体的摩阻压降，MPa；

P_{DR}——加入降阻剂后流体的摩阻压降，MPa。

只要能够得到同一流速下加入降阻剂前、后摩阻压降的大小，就可以计算出降阻率的值。实际中往往采用环道评价装置(见图5-1)评价降阻剂降阻性能。

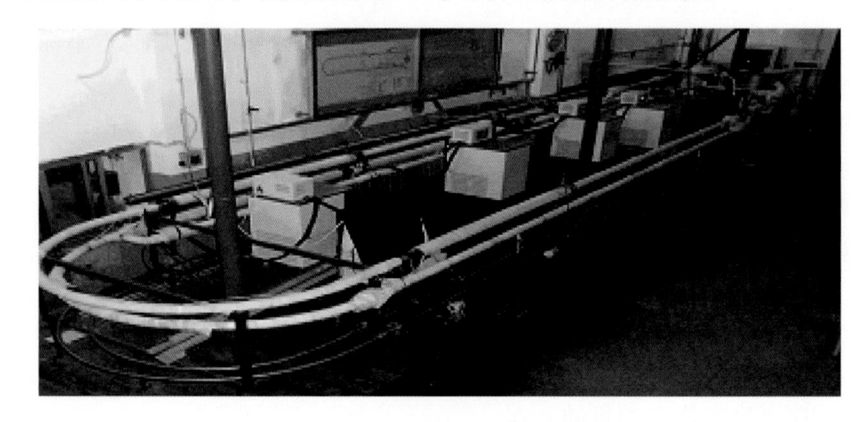

图5-1　多功能管路流动测试系统

流体的流态对于降阻率影响很大，为了更好地模拟现场施工中压裂液的流态，有必要对现场压裂液流态进行拟合，从而确定更为科学的实验条件，页岩气压裂液施工中的雷诺数计算：

$$Re = \frac{\rho v d}{\mu} \tag{5-2}$$

式中 Re——雷诺数；

ρ——流体密度，kg/m^3；

v——流体的过流流速，m^3/min；

d——特征长度(圆形管道直径)，m；

μ——流体的黏度，Pa·s。

页岩气现场流体密度约$1.0 \times 10^3 kg/m^3$，流体排量$10 \sim 20m^3/min$，管道内径(5½in套管)139mm，流体黏度约1.0×10^{-3}Pa·s，则页岩气压裂施工中雷诺数Re约为$1.5 \times 10^6 \sim 3.0 \times 10^6$，为典型的湍流状态。不考虑节、阀等，在几何尺寸规则的管流中，雷诺数近似，则流体流动状态几何相似，这一相似规律可以作为流体力学流态标准化的基础。

3. 降阻剂类型

水基压裂液常用降阻剂有聚丙烯酰胺(Polyacrylamide，PAM)及其衍生物，聚乙烯醇(Polyvinylalcohol，PVA)等。植物胶及其衍生物和各种纤维素衍生物也可以降低摩阻。在众多的降阻剂中，聚丙烯酰胺类降阻剂具有降阻性能高、使用浓度低、经济效益突出等优点。聚丙烯酰胺类降阻剂，依据其电性特点，可分为阳离子聚丙烯酰胺、阴离子聚丙烯酰胺、非离子聚丙烯酰胺和两性聚丙烯酰胺。阳离子型降阻剂价格较高；要达到相同的降阻效果，非离子型降阻剂用量要比阴离子型降阻剂高一个数量级，因此工业上通常选用阴离子型降阻剂。根据其产品外观，作为降阻剂的聚丙烯酰胺类聚合物又可分为粉末型聚丙烯酰胺(固体)和乳液型聚丙烯酰胺(液体)。国外页岩体积压裂中所使用的降阻剂主要是乳液型聚丙烯酰胺类。线型高分子链的伸展长度正比于它的相对分子质量的大小，即相对分子质量大者其分子链伸展时的长度也大，它的均方根末端距值也大。在诸多因素中，相对分子质量对降阻剂使用效果的影响是极为明显的，相对分子质量增加，降阻性能提高。

5.1.2.2　黏土稳定剂

1. 作用机理

在对泥页岩储层进行水力压裂时，压裂液使得储层岩石结构表面性质发生变化，水相与黏土矿物的接触、或地层水相与压裂液水相的化学位差，引起黏土矿物各种形式的水化、膨胀、分散和运移，对储集层的渗透率造成伤害，甚至堵塞孔隙喉道，对压裂处理效果产生极大的影响，因此压裂液中必须加入黏土稳定剂，以提高压后效果。

黏土矿物有两种基本构造单元，即硅氧四面体和铝氧八面体，其基本结构层是由硅氧四面体和铝氧八面体按不同比例结合而成。以1∶1结合的硅铝酸盐黏土矿物是最简单的晶体结构，硅氧四面体片中的顶氧构成铝氧八面体片的一部分，取代了铝氧八面体片的部分羟基。因此1∶1层型基本构造有五层原子面，即一层硅面，一层铝面和三层氧(羟基)面，这种构型以高岭石为代表。以2∶1结合的为由两个硅氧四面体片夹一个铝氧八面体片，两个硅氧四面体片中的顶氧分别取代铝氧八面体片的两个氧(或羟基)面上的羟基，因此2∶1层型基本构造有六层原子面，即两层硅面、一层铝面和三层氧(羟基)面，这种构型以蒙脱石为代表。当两个基本结构层重复堆叠时，相邻的基本结构层之间的空间为层间域。由于不同的黏土矿物有不同性质、不同的层间域，譬如高岭石其晶层之间由于氢键联结紧密，所以水不容易进入其中，很少晶格取代，因而表面交换的阳离子很少，属于非膨胀型黏土；而蒙脱石晶层的两面全部由氧组成，层间作用力为分子间力，因而水容易键入其中，而且大量晶格取代的结果导致晶体表面结合大量的可交换阳离子，晶层中的水解离后形成扩散双电层，使得晶层表面反转为负电性而相互排斥，产生黏土膨胀。

黏土矿物表面具有带电性(不单单是阳离子交换的结果)，表面有吸附性(物理和化学吸附)、膨胀性和凝集性。凝聚性是指在一定电解质浓度时，黏土矿物颗粒在水中发生联结的性质。正是由于黏土稳定剂成分和浓度的不同，黏土矿物的联结方式就不同，防止黏土膨胀、分散、运移效果也大不一样。一般黏土中的蒙脱石和伊蒙混层黏土是引起水化膨胀乃至分散的主要起因，即通常所说的水敏矿物。由于层间分子作用力不一样，蒙脱石水化膨胀后体积可达原始体积的几倍甚至10倍以上，可造成孔隙喉道被封堵，渗透率大幅下降；非膨胀型的高岭石在砂岩孔隙中常以填充物的形式存在，并且与砂粒之间的作用力较弱，因此被认为是储层中产生微粒运移的基础物质，即通常所谓的速敏矿物。除此之外，黏土矿物还存在着一定的碱敏、盐敏等。一般来说，蒙脱石易发生层间水化，表现出明显的膨胀性。高岭石是比较稳定的非膨胀性的黏土矿物，但在机械力的作用下，会解离裂开分散形成鳞片状的微粒，产生分散迁移，损害储集层渗透率。伊利石膨胀比蒙脱石弱，但在某些情况下，如弱酸性的淋滤作用，吸附水也随之进入晶层间，导致晶层膨胀。因此，不同黏土矿物易造成的伤害机理是不同的(见图5-2)。

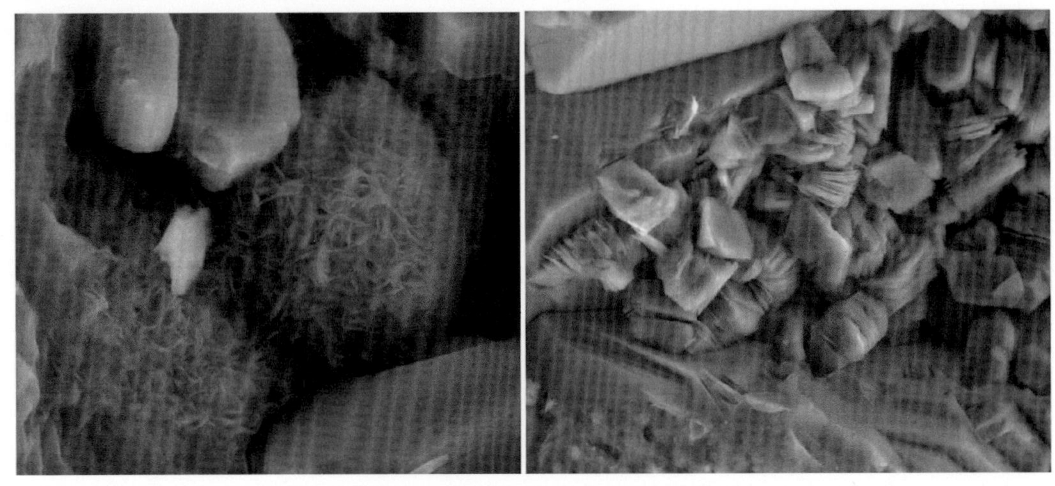

图5-2　蒙脱石(膨胀，左图)和高岭石(运移，右图)造成的地层污染

20世纪70年代开始，高分子阳离子聚合物开始被用于压裂中作为长效黏土稳定剂。阳离子聚季铵盐的出现为之后的压裂作业和黏土稳定剂应用提供了全新的选择。随着非常规油气资源的开发，在水敏地层中，高分子阳离子聚合物类的黏土稳定剂的应用受到了局限，由于这些物质相对分子质量较大，往往因滤过效应滞留在压裂缝面处，无法进入地层中。随着压裂技术向纳米尺度储层发展，黏土稳定剂的相对分子质量与孔喉尺寸的匹配问题也需要认真考虑。图5-3是一些地层中可能的物质的分子微观尺寸。用于页岩油气开发的黏土稳定剂不但要具备良好的离子交换能力，有效抑制黏土矿物的分散、膨胀，还应具有合适的分子尺寸($10^{-3}\sim10^{-1}$nm)，能够更有效地进入泥页岩中的微裂缝。

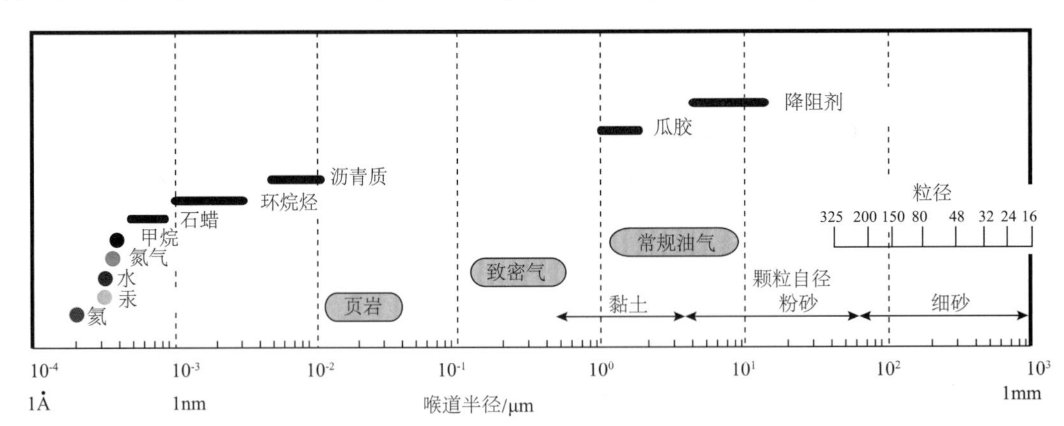

图5-3　不同物质的微观尺寸

2. 黏土稳定剂的主要类型

黏土稳定剂要达到防止黏土水合膨胀或者分散运移的效果，必须使得可交换离子尺寸

大小与黏土孔径大小相适应，有牢固地吸附于黏土表面的能力，有防止水进入黏土层间的能力。此外还应遵从与其他压裂助剂相配伍的原则。目前，页岩压裂中所使用的黏土稳定剂主要包括：

1）有机聚合物类黏土稳定剂

该类聚合物具有的多核或多基团能和黏土表面的各交换点联结，形成单层的聚合物吸附膜，达到稳定黏土的能力。阳离子聚合物在黏土表面吸附作用非常强而成为不可逆，具有长效性，同时也不存在润湿反转问题，因而是压裂液中较为广泛采用的黏土稳定剂类型。但是，由于阳离子聚合物分子链较长，吸附于地层黏土表面可能会产生孔隙喉道堵塞，因此对以泥页岩为代表的特低渗透率的地层，应慎用此类型的黏土稳定剂。常用的该类聚合物主要有聚*N*—羟甲基丙烯酰胺、聚异丙醇基二甲基氯化铵、丙烯酰胺与丙烯酸乙酯三甲基氯化钠的共聚物、丙稀酸钠与甲基丙烯酸乙酯三甲基硫酸铵的共聚物等。

2）无机盐类黏土稳定剂

无机盐类是运用最早和最成熟的黏土稳定剂，由于其效果好、价廉，至今仍普遍使用。其作用机理主要有以下几点：黏土离子交换受质量作用定律和离子价的支配，对相同条件下同种黏土而言，离子的价数越高，则吸引力越强，与黏土结合后不易离子化，微粒间相互排斥力弱，因而不易分散；黏土还受无机盐离子浓度效应的影响；另外，离子大小与黏土构造的适应性也是影响离子吸附牢固程度的重要因素。

硅氧四面体片可在平面上无限延伸，形成六方网格的连续结构，其内切圆半径0.144nm，硅氧四面体片厚度0.5nm，钾离子大小（半径0.133mm）与黏土构造孔径相适应，从而与黏土表面结合更加牢固。NaCl容易离子化，低浓度会促使黏土膨胀、分散、迁移；高浓度暂时有效但易被其他离子置换。$CaCl_2$、$MgCl_2$，虽然不易离子化，能对黏土起暂时稳定作用，在遇淡水后减效因而有效期短。此外提高无机盐的使用浓度，可提高抑制黏土的能力，但对压裂液中的其他添加剂的作用和性能影响较大，特别是对稠化剂的水溶增稠性能影响明显。

3）无机聚合物类黏土稳定剂

像铝离子、锆离子这类高价金属阳离子，能在水中电离、水合形成水合络离子，这种离子以羟基桥联结形成多核配合物，能产生+8、+12、+20甚至更高价的静电荷，仅从静电学考虑，多核阳离子几乎能立刻置换所有可交换的阳离子，并与黏土微粒结合得很牢固，而且大的多核聚合物可能吸附一个以上的黏土微粒，能防止微粒间互相排斥分散，从而起到稳定黏土的作用。无机聚合物类主要有羟基铝和氧氯化锆，使用条件必须是酸性或弱酸性，只有在这样的体系中，其核才能桥联成多核聚合物，与黏土的结合能力比单价或二价的离子强几万倍，可长期有效稳定黏土，因而不适用于碱性水基瓜胶压裂液体系。

4）阳离子表面活性剂类黏土稳定剂

阳离子活性剂类黏土稳定剂通过自身阳离子特性，与黏土中的阳离子发生离子交换，牢固地吸附于黏土表面，这种吸附不仅阻止了其他离子与黏土发生离子交换，还有效地阻止了水分子进入黏土晶层间。由于阳离子活性剂类存在导致储层润湿反转问题，虽然润湿反转不影响岩石的绝对渗透率，但由于润湿性是控制油藏流体在孔隙介质中的位置、流动和分布的一个主要因素，它对油（气）、水两相的相对（或有效）渗透率有直接影响。常用的阳离子表面活性剂有FC-3、FC-4、十二（十六）烷基三甲基氯（溴）化铵、十二烷基二甲基苄基氯(溴)化铵、十四(十六)二甲基苄基氯化铵等，其中含有苄基的季铵盐具有杀菌的功效，属于非氧化型杀菌剂，在压裂液体系中兼备杀菌和抑制黏土膨胀、润湿等多种功能。由于润湿性改变并产生油亲表面，阳离子表面活性剂作为黏土稳定剂的应用受到一定程度的限制。

5.1.2.3 助排剂

1. 作用机理

助排剂(表面活性剂)在油气井压裂、酸化等井下作业中，主要起降低表面张力(或界面张力)的作用，减小地层多孔介质的毛细管阻力，使工作液返排得更快、更彻底，从而有效地减少地层伤害。

助排剂的作用原理是通过降低处理液与储层流体间油水界面张力和表面张力，以及增大与岩石表面的接触角，而降低处理液在地层流动的毛管阻力，促使注入液体加快排液速度，以减少储层损害，提高压裂效果。

毛细管力按下式确定：

$$P_c = \frac{2\sigma\cos\theta}{r} \tag{5-3}$$

式中 P_c——毛细管压力，MPa；

σ——油水界面张力，mN/m；

θ——接触角，(°)；

r——毛细管半径，μm。

可见，在压裂液中，需要正确合理地使用表面活性剂，降低油水界面张力，增大接触角，可以减少毛管阻力加快压裂液返排。在压裂液配方助排剂的使用研究中，对于油层，进入地层的水基压裂液与原油接触，存在油水界面，因此应重点考察压裂液的界面张力而不是表面张力。对于气井，助排剂只要起到降低表面张力的作用就可以了。氟碳表面活性剂是目前发现最有效的降低表面张力的表面活性剂，但对于油水界面张力的降低，单纯的氟碳表面活性剂不如烃类表面活性剂更有效，这是由氟碳的憎油性引起的。加入醇作增效剂或多种表面活性剂复配使用会使助排剂的性能得到很大提高。同时，多种表面活性剂的复配，还能使助排剂的功能增加，具有助排和破乳多种功能。影响压裂液乳化和破乳效果的因素较多，主要有压裂液组分、破胶水化程度、温度和原油性质等，表面活性剂作为助排剂的使用应力求在降低表界面张力的同时避免乳化的再发生。多种表面活性剂的复配，使助排剂既具有助排又具有破乳功能的表面活性剂则是助排剂的发展方向。

2. 评价方法

润湿性是影响油藏流体力学的重要因素之一，润湿是固体表面或界面上一种流体(或水)取代另一种流体(如空气)的过程。常见的水滴在固体表面排替气体时，因表面性质的不同，大致会发生下述三种情况：①水滴在固体表面成球形(不润湿)；②水滴在固体表面成半球形(润湿)；③水滴在固体表面完全铺开(完全润湿)。

θ角是以固—液—气三相交点处作气—液界面切线，此切线与固—液交界线之间的夹角，称为接触角(见图5-4)。人们常把接触角作为衡量液体在固体表面上润湿与否的尺度。很显然，当$\theta>90°$时称为不润湿，当$\theta=180°$时称为完全不润湿，当$\theta<90°$时称为润湿，当$\theta=0°$时称为完全润湿。当一滴水被放在浸没油的表面上时，形成一个由0°变化

到180°的(0～3.14rad)接触角，平衡接触角与固—气、固—液、气—液界面自由能之间有如下关系：

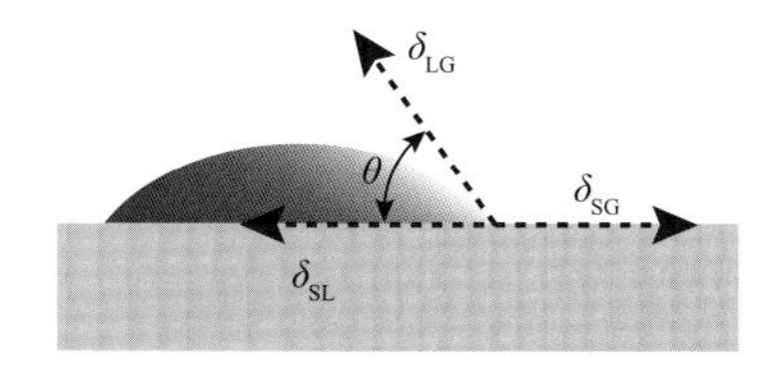

图5-4 接触角示意图

$$\delta_{SG}-\delta_{SL}=\delta_{LG}\cos\theta \tag{5-4}$$

式中 δ_{LG}——油水之间的界面能(界面张力)，mN/m；

δ_{SG}——油和固体之间的界面能，mN/m；

δ_{SL}——水和固体之间的界面能，mN/m；

θ——水、油和固体接触线的角，(°)。

此公式称为润湿方程或Young方程。接触角θ的大小，通过水来测量。界面能δ_{LG}等于δ即界面张力。当接触角小于90°时，表面偏向于水润湿，而当接触角大于90°时，表面偏向于油润湿。

对于纯流体和纯净岩石或磨光的晶体表面，油水和固体界面能可能使接触角θ为0。但化合物如原油吸附在岩石表面上时，这些界面能的变化是不均等的，这会改变接触角θ，即改变润湿性。当接触角θ介于60°～75°之间，系统定义为水润湿，θ介于120°或105°～180°之间，定义为油润湿。

由于岩心片的渗透性(有时可以用磨光石英片代替砂岩岩心，用磨光方解石片代替灰岩岩心，减少渗透影响)使接触角测定有一定难度，需要用Amott法(渗吸和强制驱替)和USBM法等三种方法之间结果相互验证，但得出的一般结论却是一样的，即地层岩心既有水润湿也有油润湿情况，同时表面活性剂如果使用不当而吸附到岩石上会造成润湿的反转。

从润湿性与水基压裂液排液和原油的产出关系来看，对表面活性剂的要求似乎是矛盾的。许多研究者坚持认为在强亲水条件下水驱油的原油采收率最高，即水润湿的岩石有利于水的延展和吸附，形成的水膜有利于油的产出，当然同时也就不利于水的排除。利用表面活性剂，无论是让岩石向亲油和亲水的改变，都会引起非常不利于排液或原油采出的因素。因此，最好是使用非吸附的表面活性剂，既能提高表面活性剂在压裂液中的效率，又能保证地层岩心原有的润湿性。

5.1.2.4 阻垢剂

1. 作用机理

阻垢剂作为油田常用的药剂在阻止结垢方面发挥着重要作用，目前主要的阻垢机理有螯合增溶作用、分散作用、阈值效应、晶格畸变作用等。油田结垢的类型主要有碳酸盐垢和硫酸盐垢，结垢机理比较复杂。

在油田水中，水垢的形成往往是一个混合结晶的过程，水中的悬浮粒子可以成为晶种，粗糙的表面或其他杂质离子都能强烈地促使结晶过程的发生。一般而言，下述三个步骤会影响晶体成长进而影响垢的生成：

第一步：形成过饱和溶液；

第二步：生成晶核；

第三步：晶核成长，形成晶体。

当溶液过饱和度足够大时，会产生结晶，最初的结晶或者溶液中的颗粒都可能成为晶核。晶核是结垢过程中重要的一步，有晶核的存在，结晶将迅速成长。但只有晶核还不足以造成结垢，溶液还必须与管道等表面有充分的接触时间，使得晶核在管道表面附着，生成表面晶核，表面晶核的生成意味着结垢过程的开始。

表面成核是由于管道表面比较粗糙，诱发溶液中晶核在管道的表面形成，进而引发结垢的发生。溶液成核是结晶在溶液中发生，并不断长大，但随着溶液的流动和沉淀作用，溶液中的晶核有可能生成沉淀，也有可能被管道表面捕捉，生成表面核，继续完成结垢过程。图5-5是管材内结垢照片。

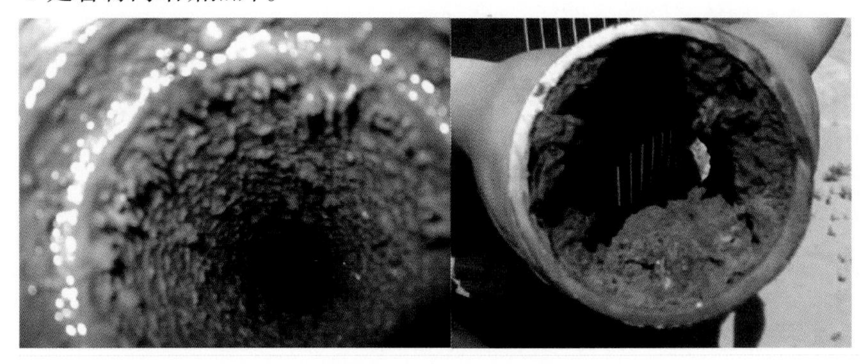

图5-5　管材内结垢

目前阻垢剂的作用机理归纳起来主要有以下几种。

(1)螯合增溶作用。是指阻垢剂与溶液中常见的成垢阳离子(Ca^{2+}、Mg^{2+}、Ba^{2+}等)螯合成稳定的络合物，从而使更多的成垢离子能稳定地存在于水中，相当于增加成垢离子的溶解度，使相应晶体的结晶动力减小，从而阻止垢的生成。

(2)分散作用。主要是阻垢剂吸附在微晶表面，从而阻止微晶的相互碰撞生成垢。分散性能的高低与阻垢剂相对分子质量(或聚合度)的大小密切相关。

(3)阈值效应。又称低剂量效应或溶限效应，即低剂量的阻垢剂就有很好的阻垢效果。当阻垢剂浓度大于一定值后，这种阻垢作用的增加就不明显了。

(4)晶格畸变作用。当水中产生结垢物的微小晶核时，阻垢剂会吸附在晶体的界面上，或掺杂在晶格的点阵当中，使得晶体不能严格按照晶格排列正常成长，晶体发生畸变、晶格扭曲，晶粒之间的聚集困难。

(5)再生—自解脱膜假说。聚丙烯酸类阻垢剂能在金属传热面上形成一种与无机晶体颗粒共同沉淀的膜，当这种膜增加到一定厚度后，在传热面上破裂，并带一定大小的垢层离开传热面。由于这种膜的不断形成和破裂、使垢层的生长受到抑制。

(6)双电层作用。阻垢剂在晶核生长附近的扩散边界层内富集，形成双电层并阻碍成垢离子或分子簇在金属表面的聚结，而且阻垢剂与晶核(或垢质分子簇)之间的结合是不稳定的。

2. 阻垢剂的主要类型

随着科学技术的发展，对结垢机理研究的深入，阻垢剂由无机到有机至聚合物，从含磷到无磷环境友好型发展。

(1)有机膦酸(盐)阻垢剂。有机膦酸盐是指磷原子直接与碳原子相连，膦酸中的C-P键牢固，因此有较高的化学稳定性和热稳定性。在高温、高pH值条件下也难水解，无毒或低毒，常用的有羟基亚乙基二磷酸(HEDP)、氨基三甲叉膦酸(ATMP)、2-膦酸丁烷-1，2，4-三羧酸(PBTCA)、乙二胺四亚甲基膦酸(EDTMP)等。

(2)聚合物阻垢剂。合成聚合物阻垢剂是以丙烯酸、甲基丙烯酸、马来酸(酐)、醋酸乙烯酯、丙烯酸羧烷酯、苯乙烯、磺化苯乙烯、丙烯酚胺等为原料合成的一元、二元或多元聚合物。

(3)绿色阻垢剂。20世纪90年代，随着人类环保意识的提高，有毒、有害物质及磷的排放受到限制，无毒、低磷或无磷配方、可生物降解的绿色阻垢剂成为油田水处理剂研制的主题。

5.1.2.5 杀菌剂

1. 作用机理

在石油完井、压裂等生产过程中，常常要添加有机处理剂，这些有机处理剂易于生物降解，若其他条件适宜，可造成多种危害，这些危害主要有：①使完井液、压裂液中的有机处理剂发生生物降解，从而影响完井液、压裂液的原有性能，进而影响完井作业和压裂作业的正常进行。②细菌生长繁殖过程中的代谢产物(如硫酸盐还原菌产生的硫化氢)具有较强的腐蚀性，可引起钻具、井下设备、压滤设备的严重腐蚀。③在生产过程中，污染细菌可随钻井液、完井液、压裂液进入地层，从而引起地层的细菌污染，进而引起油层酸化和堵塞，钻井液、完井液、压裂液遭受细菌污染，常常会表现出起泡、恶臭和发黑。

在压裂过程中，危害最大的细菌主要有两类，一类是腐生菌(TGB)，它们能生物降解各种有机处理剂，尤其是淀粉类、纤维素类、生物聚合物类，同时会产生大量菌体和黏性代谢产物，它们会影响压裂液的原有性能，使其变酸腐败甚至失效；同时产生的大量菌体和黏性代谢产物与机械杂质等一起进入地层，引起储层伤害。另一类是硫酸盐还原菌(SRB)，这是一类能将硫酸盐还原成硫化氢的细菌的总称，而硫化氢具有较强的腐蚀性、味臭且有毒性，会造成压裂设备的严重腐蚀，并影响操作者的身体健康；硫化氢还会与压裂液和管柱设备腐蚀后的铁离子反应生成黑色的硫化亚铁沉淀，造成地层堵塞。目前国内外普遍采用测定TGB、SRB的方法是细菌测试瓶法，此外还有培养一镜检法、改进测试瓶法、免疫学法等。

2. 杀菌剂的主要类型

目前，国内外完井液、压裂液杀菌技术主要有两种：一种是通过改变环境条件使细菌难以生存，如将完井液、压裂液基液的pH值提高到11~12或将含盐量提高到20%以上，这种方法具有一定的效果；但pH值和含盐量过高会使井眼稳定性降低，并加剧腐蚀，而且在生产过程中随着时间的延长，pH值和含盐量会降低，进而出现细菌污染与危害，因此通常情况下仍需添加杀菌剂。另一种即在完井液和压裂液中添加适宜的杀菌剂，以控制细菌的污染与危害。

适宜的完井液、压裂液杀菌剂应具备下列条件：①杀菌能力强、范围广，对TGB和SRB均有效；②无腐蚀性、无毒或低毒；③与完井液、压裂液各组分的配伍性好，要求不出现浑浊、沉淀及理化反应等现象；④原料来源广、价廉、使用方便。用于完井液、压裂液杀菌剂种类很多，常用的有醛类(如甲醛、多聚甲醛、戊二醛、丙烯醛等)、阳离子表面活性剂、无机碱类杀菌剂、异噻唑酮类等。

(1)无机碱类如氢氧化钠、氢氧化钙等仍然是控制完井液、压裂液细菌危害的主要杀菌剂，其主要作用机理是通过提高体系的 pH 值达到控制细菌危害的目的。

(2)传统的醛类杀菌剂如甲醛、多聚甲醛是除无机碱类以外的最常用杀菌剂，但这类杀菌剂毒性大，刺激性强，不易发生生物降解，其应用在国外已受到环境保护的限制。戊二醛是醛类杀菌剂中效果较好的杀菌剂，但其价格较贵。

(3)阳离子表面活性剂，虽然具有良好的杀菌作用，但往往与钻井液、完井液、压裂液中阴离子表面活性剂不配伍而影响其实际应用。

(4)目前国内还没有理想的钻井液、完井液和压裂液杀菌剂，新型杀菌剂研究势在必行，二硫代氨基甲酸酯、异噻唑啉是目前研究发展的重点方向。

5.1.2.6　稠化剂

稠化剂是水基压裂液中的最重要的添加剂。目前应用于页岩油气压裂改造的稠化剂可分为植物胶及其衍生物与合成聚合物两大类。

(1)植物胶及其衍生物。植物胶及其衍生物由于具有增稠能力强、易交联形成冻胶且性能稳定等优点而成为国内外压裂作业中使用最多的稠化剂品种，约占总使用量的90%(见图5-6)。其中，瓜胶在国内外使用最普遍，采用醚化的方法向瓜胶大分子引入水溶性基团，可获得多种低水不溶物的改性衍生物品种，如羟丙基瓜胶、羧甲基瓜胶、羟丁基瓜胶、羧甲基羟丙基瓜胶胶、阳离子胍胶等，其中在页岩油气压裂中以羟丙基瓜胶和羧甲基羟丙基瓜胶应用最广。

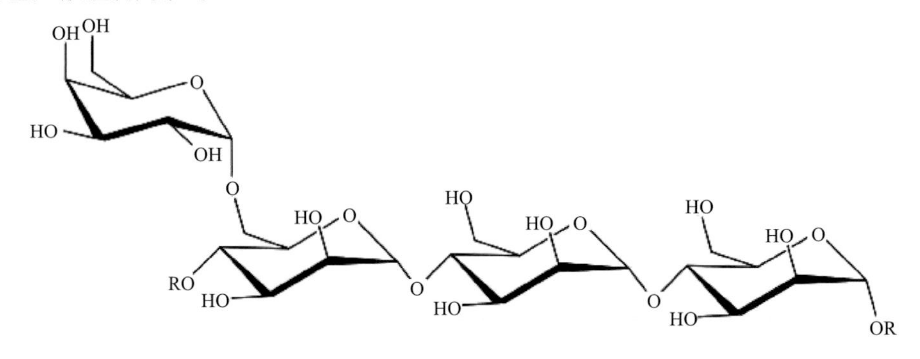

图5-6　植物胶类稠化剂

(2)合成聚合物。聚丙烯酰胺及其衍生物是常用的油田化学处理剂，其通过与有机钛、锆等金属交联剂反应形成冻胶压裂液，具有耐温耐剪切、黏弹性好、对地层伤害低的特点。

5.1.2.7　交联剂

交联剂是能通过交联离子(基团)将溶解于水中的高分子链上的活性基团以化学链连接起来形成三维网状冻胶的化学剂。聚合物水溶液因交联作用形成水基交联冻胶压裂液。交联剂的选用由聚合物可交联的官能团和聚合物水溶液的 pH 值决定。常用交联剂类型与品种有：

(1)两性金属(或非金属)含氧酸的盐。由两性金属(或两性非金属)组成的含氧酸根阴离子的盐如硼酸盐、铝酸盐、锑酸盐、钛酸盐等，一般为弱酸强碱盐。在水溶液中电离水合后溶液呈碱性。典型实例为硼砂，化学名称为十水合四硼酸钠，分子式为 $Na_2B_4O_7 \cdot 10H_2O$，是一种坚硬的结晶或颗粒。交联机理为硼砂在水中离解成硼酸和氢氧化钠，硼酸继续离解成四羟基合硼酸根离子与非离子型聚糖中临位顺式羟基络合形成冻胶(见图5－7)。

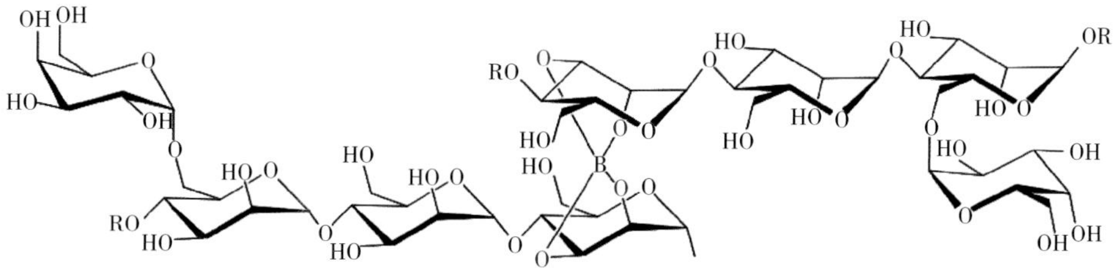

图5－7 硼交联植物胶的交联反应

(2)有机硼。有机硼是用特定有机络合基团(如乙二醛等)在一定条件下和硼酸盐作用的络合产物，是一种略带黄色的液体。无固定分子式，其交联机理与硼砂极为类似，但由于有机络合基团的引入，使四羟基合硼酸根离子有控制的缓慢生成，即具有延迟交联作用。同时，由于有机络合基团的引入可以在高温下缓慢释放需要的硼离子而使其具有耐高温特性。而引入的有机络合基团在长时间高温作用下可以转化为有机酸，使压裂液降解减少对地层的损害，因而具有自动内破胶机制。一般交联0.4%～0.1%的聚合物，有机硼的用量在0.5%以下。有机硼交联压裂液体系的延迟交联、耐高温和自动破胶三大特性，使其成为一种新型的优质低损害压裂液。

(3)无机酸酯(有机钛或锆)。无机酸分子中的氢原子被烃基取代生成无机酸酯。用作交联剂的无机酸酯主要是一些高价两性金属含氧酸酯，如钛酸酯、锆酸酯。对于非离子型植物胶来说，一般难以与溶解性较差的钛酸盐和锆酸盐直接发生交联反应。用钛盐、锆盐制取的钛酸酯、铬酸酯如三乙醇胺钛酸酯和三乙醇胺乳酸锆酯等(俗称有机钛和有机锆)则是植物胶理想的交联剂。无机酸酯类交联剂的耐温能力远高于硼交联剂，可达到180℃，且能够实现延迟交联。

5.1.2.8 破胶剂

破胶剂是一种能够对压裂液起到化学破坏作用的重要添加剂，其主要作用是使完成施工的聚合物或交联聚合物发生化学降解，由大分子变成小分子，有利于压后返排，减少储层损害。可以通过几种方法降低聚合物的相对分子质量：酸催化水解、氧化作用、酶作用和机械剪切降解。聚糖主链降解程度取决于酸的浓度、作用时间和温度，这个过程是井下压裂施工时植物胶压裂液黏度过早损失的机理之一。相对于植物胶糖苷键的酸敏感性，植物胶在碱中是稳定的。使用高pH值冻胶液是大多数高温压裂液的基础。而氧的作用如同氧化剂，同样使压裂液冻胶过早发生降解。氧化剂一般也通过破坏植物胶主链糖苷键降低相对分子质量，而降低溶液压裂液黏度。

水基交联冻胶压裂液常用的破胶剂包括酶、氧化剂和酸。常规酶破胶剂主要用于低温低pH值压裂液，是适用于21～54℃的低温破胶剂；一般氧化破胶体系适用于54～93℃，如过硫酸盐主要用于120℃以下的压裂液，由于过硫酸盐类氧化剂在60℃以上起作用才比较快，低于60℃分解得很缓慢，需要和带有还原性质的低温破胶活化剂配套使用；而有机酸或潜在的生酸类物质适用于93℃以上的破胶。

(1)强氧化剂破胶体系。氧化破胶剂在pH值为3~14之间均可使用。最常用的是过硫酸盐($S_2O_8^{2-}$)，如过硫酸钾、过硫酸钠、过硫酸胺均是无色或白色结晶粉末，用量在0.01~0.2g/L。双氧水和特丁基双氧水作压裂液破胶剂的用量在0.005~0.1g/L。

(2)酶破胶剂。压裂液用稠化剂几乎都可以在酶的催化作用下降解。一般对于酶破胶剂，pH值是影响酶破胶作用的重要因素之一，普通酶破胶剂最佳pH值为5.0，低于3.0或高于8.0时，酶的破胶活性将大大降低。近年来开发的碱性甘露聚糖酶也将酶应用的pH值范围从8扩大到了10以上。

(3)有机酸类破胶剂。某些化合物在水中可缓慢分解产生酸，酸可以破坏在碱性条件的交联，可以促进过硫酸盐分解，还可以使聚多糖水解。如三氯甲苯($C_6H_5CCl_3$)是无色或淡黄色液体，遇湿气和水会逐渐分解成苯甲酸和盐酸。

(4)胶囊包裹破胶剂。它是一种被防水材料包裹破胶剂。施工中要求压裂液维持较高黏度，施工结束后要求快速降解、彻底破胶是一对尖锐的矛盾。为此，利用流化床原理，国内外相继研制了胶囊包裹破胶剂，即延缓释放破胶剂。它是在常规破胶剂外表包裹一层特殊的半渗透材料，一般膜厚为20~30μm，占15%~20%，利用挤压或渗透作用释放破胶活性物质。胶囊破胶剂有两方面主要作用：①提高了破胶剂的使用范围，酶胶囊破胶剂可与碱性交联压裂液相配伍，pH值为9~13，同时也提高了温度使用范围；②可提高破胶剂的用量，对压裂液流变性能影响很小，使压后快速彻底破胶，加快压裂液返排成为可能。

5.2 支撑剂

支撑剂是一种压裂用的固体颗粒，由压裂液带入并支撑在压裂地层的裂缝中。使用支撑剂的目的是为了在停止泵注后，当井底压力下降至小于闭合压力时使裂缝依然保持张开状态，且形成一个具有高导流能力的流动通道，从而有效地将油气导入油气井。一般认为，支撑剂的类型及组成、支撑剂的物理性质、支撑剂在裂缝中的分布、压裂液对支撑裂缝的伤害、地层中细小微粒在裂缝中的移动和支撑剂长期破碎性能是控制裂缝导流能力的主要因素。因此，依据地层条件选择合适的支撑剂类型及在裂缝内铺置适宜浓度的支撑剂是保证水力压裂作业成功的关键。

页岩气压裂使用的压裂液主要是减阻水和线性胶，存在黏度低、携砂性能差、压开裂缝窄等问题，为满足压裂施工要求，目前主要使用高目数、低密度的石英砂、覆膜砂和陶粒作为支撑剂，施工砂比较常规油藏压裂要低很多。如涪陵页岩气田深度在2000m以深，主压裂段主要采用40/70目的覆膜砂和陶粒作为支撑剂，砂比一般为4%~16%。为了满足页岩压裂的技术需要，同时大幅度降低压裂材料的成本，近几年超低密度支撑剂逐步成为研究热点，越来越多种类的新型超低密度支撑剂逐渐进入市场。

5.2.1 支撑剂类型

目前国内外常用的支撑剂主要有天然石英砂、陶粒及覆膜砂等，根据不同压裂条件可以选择不同类型、不同粒径尺寸的支撑剂以满足设计要求的裂缝导流能力。通常条件下支撑剂类型选择主要受闭合压力控制，当闭合压力较低时，可选用石英砂作支撑剂；当闭合压力更高时，一般选用中强度陶粒甚至高强度陶粒。根据要求的裂缝导流能力和经济性选用压裂支撑剂。

5.2.1.1 石英砂

石英砂是一种天然的支撑剂，它分布较广，多产于沙漠、河滩或沿海地带，例如甘肃兰州、湖南岳阳、福建福州、江西永修和河北承德等是我国石英砂的主要产地。石英砂是一种稳定性矿物，具有油脂光泽、热稳定性好等特点。一般用于水力压裂的石英砂颗粒视密度为2.65g/cm^{3}左右，体积密度在1.60～1.65g/cm^{3}之间。石英砂作为支撑剂在低闭合压力的各类储层的压裂增产中已取得一定的效果。

石英砂有以下几个优点：

(1)100目的粉砂可作为压裂液的固体防滤添加剂，在裂缝延伸过程中可充填那些与主裂缝沟通的天然裂缝，一定程度上减小了压裂液的滤失，从而起到一定的增产作用；

(2)相对密度低，便于施工泵送；

(3)价格便宜，通常可就地取材。

但是，石英砂作为支撑剂也有缺点，例如：强度较低，石英砂开始破碎的压力约20MPa，且破碎后将使裂缝导流能力大大降低，因而不适合用于深井压裂。一般来说，石英砂比较适合用于浅井的水力压裂。

5.2.1.2 陶粒支撑剂

陶粒支撑剂在20世纪70年代后期由美国研制并逐步推广应用，它是用陶瓷原料(主要材料是铝矾土)通过粉末制粒、烧结而制成的球形颗粒，是一种人造的支撑剂。

通常人们习惯将粒径规格为850～425μm(20/40目)和600～300μm(30/50目)的陶粒支撑剂密度划分为三类，即低密度、中等密度和高密度。体积密度≤1.65g/cm^3、视密度≤3.00g/cm^{3}的陶粒称为低密度陶粒支撑剂；体积密度>1.65g/cm^{3}且≤1.80g/cm^3、视密度>3.00g/cm^{3}且≤3.35g/cm^{3}的陶粒称为中等密度陶粒支撑剂；体积密度>1.80g/cm^3、视密度>3.35g/cm^{3}的陶粒称为高密度陶粒支撑剂。陶粒支撑剂视采用的原料不同(Al_2O_3含量)，产品形成的晶相不同、密度不同、强度也不同。例如：低密度支撑剂Al_2O_3含量一般在50%～55%；而中密度和高密度支撑剂分别是72%～78%和80%～85%。

陶粒具有耐高温、耐高压、耐腐蚀、高强度、高导流能力、低密度、低破碎率等优点，主要用于深层低渗透油气层压裂，目前使用最为广泛。陶粒支撑剂的缺点主要是密度较大，所以对压裂液的黏度、流变性等性能及排量、设备功率等泵送条件的要求都较高，在滑溜水等低黏度压裂中沉降速度过快、无法到达裂缝深处，使得施工风险增高，压后形成的裂缝导流能力较低，因此限制了陶粒支撑剂在非常规油气藏压裂中的应用，并且相比于石英砂价格较贵，用量较大的情况下会较大幅度提升压裂成本。

5.2.1.3 覆膜支撑剂

20世纪末，为充分利用石英砂价格便宜、密度相对较低的优点，同时克服石英砂强度低、易破碎的缺点，出现了预固化树脂覆膜石英砂；为解决支撑剂回流及地层出砂，又研发了可固化树脂覆膜支撑剂。

预固化覆膜支撑剂是将支撑剂表面涂敷一层热固性树脂(如酚醛树脂、环氧树脂、呋喃树脂、聚氨酯等)，使每粒支撑剂均有一层坚韧的树脂外壳，在高闭合压力下，由于树脂涂层砂的特性改变了接触方式，增大了接触面积，支撑剂的外壳分散了作用在砂粒的压力，提高了砂粒的抗破碎能力。在高的闭合压力下，由于压碎支撑剂的碎屑包覆在树脂壳内，防止了碎屑、细粉砂的运移，从而提高了导流能力。

可固化覆膜支撑剂可分为两种，一种是单涂层，另一种是双涂层。单涂层可固化支撑剂是在支撑剂表面预先包裹一层与压裂目的层温度相匹配的树脂，并作为尾追支撑剂置于水力压裂的近井缝段，当裂缝闭合且地层温度恢复后，这种可固化的树脂涂层首先在地层温度下软化成玻璃状，在活化剂作用下开始反应，砂粒间键合在一起，同时与新的裂缝表面也缝合在一起，在裂缝深处与井筒地带形成一条有渗透能力的过滤层“屏障”，稳固了裂缝表面，这样起到防止缝内支撑剂返吐回流的作用。也可用于疏松岩层水力压裂，防止支撑剂嵌入达到压裂目的。双涂层支撑剂是预先涂敷一层预固化树脂层，然后再涂敷一层压裂目的层温度相匹配的有潜伏性固化剂树脂层，使之性能和质量更高于单涂层可固化支撑剂。

可固化树脂涂层是依据不同地层温度而特别制作的，可满足不同温度的地层需要。

覆膜支撑剂的优点在于：

(1)适用于中、高闭合压力的各类油气储层压裂使用。

(2)相对密度低，便于施工泵送。在施工中减少泵和设备以及施工管线、管柱在井口内和井口部位的磨蚀。

(3)提高支撑剂的强度，在高闭合压力下涂层砂破碎后由于树脂膜黏连并包住压碎的砂粒碎屑，减少了碎屑运移，提高了支撑剂导流能力。

(4)化学惰性好，能耐地层原油、酸和盐水的侵蚀。

(5)可控制水力压裂后的支撑剂回流，可防止疏松岩层支撑剂的镶嵌。

其缺点在于合成工艺复杂，耐温性能较差。

尽管覆膜石英砂的价格要比天然石英砂贵 2 ~3 倍，但其综合了石英砂和陶粒的优点，且价格低于陶粒支撑剂价格，密度较陶粒密度低较多，因此成为目前国内页岩气压裂主要使用的压裂支撑剂类型。天然石英砂、覆膜砂和陶粒支撑剂的外观如图 5－8 所示。

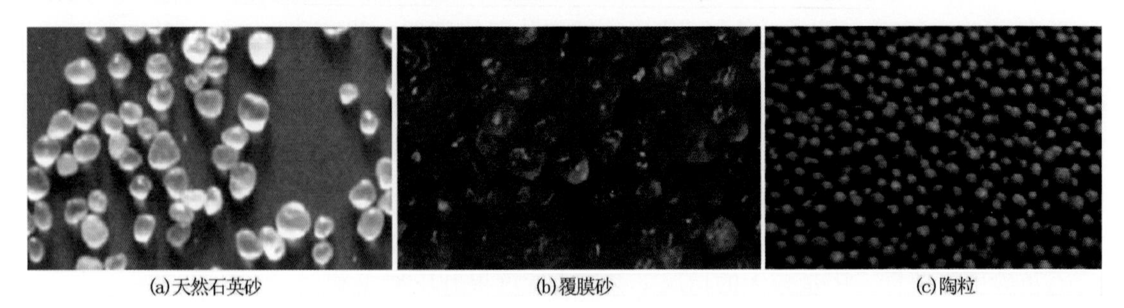
(a)天然石英砂　(b)覆膜砂　(c)陶粒

图 5－8　天然石英砂、覆膜砂和陶粒支撑剂的外观

5. 2. 2　支撑剂的物理性能及评价方法

支撑剂的物理性能包括：支撑剂的粒径分布组成、圆度和球度、酸溶解度、浊度、视密

度和体积密度及抗破碎能力。支撑剂的这些物理性能决定了支撑剂的质量及其在闭合压力下的导流能力。这些物理能力的具体评价标准可参考中国石油天然气行业标准 SY/T 5108—2006“压裂支撑剂性能测试推荐方法”。

一般要求支撑剂抗压强度大，颗粒密度低，粒径均匀，圆球度好，且不与储层流体发生化学反应。

5.2.2.1 粒径

粒径较大的支撑剂充填层渗透性好，渗透性随颗粒直径的平方增加而增加，但必须评价支撑剂充填层的地层情况以及在输送和铺置支撑剂方面增加的难度。含杂质的地层或受大量细小微粒运移影响的地层，不适宜用大粒径支撑剂。这些地层微粒易于侵入支撑剂充填层，造成局部堵塞，从而迅速降低充填层的渗透率。在这种情况下，适合选用能够抵御微粒入侵的小粒径支撑剂。虽然小粒径支撑剂的初始导流能力较低，但是在整个油井开采期间，其平均导流能力比大粒径支撑剂要高。在深井中也不适宜使用大粒径支撑剂。支撑剂粒径增大，强度下降，在高闭合应力作用下破碎的可能性越大。铺置大粒径支撑剂存在较多问题，大粒径支撑剂要求裂缝较宽，而且颗粒沉降速度随粒径增大而增加。

从粒径分布情况来看，如果在支撑裂缝内小粒径支撑剂的质量分数较高，那么支撑剂充填层的渗透率将下降，导流能力也会降至大约与小粒径支撑剂充填层一样。因此，对不同规格支撑剂粒径分布有着较严格的要求。

支撑剂的粒径分为11个规格，如表5-1所示。落在粒径规格内的样品质量应不低于样品总质量的90%，同时小于支撑剂粒径规格下限的样品质量应不超过样品总质量的2%，大于顶筛孔径的支撑剂样品质量应不超过样品总质量的0.1%，落在支撑剂粒径规格下限筛网上的样品质量应不超过总质量的10%。较为常用的筛目主要包括16/20目、20/40目和40/70目。

表5-1 支撑剂粒径规格

粒径规格/μm	3350/1700	2360/1180	1700/1000	1700/850	1180/850	1180/600	850/425	600/300	425/250	425/212	212/106
参考筛目	6/12	8/16	12/18	12/20	16/20	16/30	20/40	30/50	40/60	40/70	70/140

5.2.2.2 球度和圆度

支撑剂颗粒的球度和圆度对裂缝导流能力有很大的影响。支撑剂球度指支撑剂颗粒接近球形的程度。支撑剂的圆度指支撑剂颗粒棱角的锋利程度或颗粒的弯曲程度。如果颗粒呈圆形而且尺寸大致相等，作用在支撑剂上的应力分布就比较均匀，那么颗粒遭到破坏前可承受较高的负荷。有棱角的颗粒在低闭合应力下容易遭到破坏，因此形成的细小微粒会较大幅度地降低裂缝导流能力。

球度和圆度的实际测定可使用图版法，如图5-9所示。作为支撑剂，天然石英砂的球度、圆度应不低于0.60，陶粒的球度、圆度应不低于0.80。

5.2.2.3 酸溶解度

在规定的酸溶液及反应条件下，一定质量的支撑剂被酸溶解的质量与总支撑剂质量的

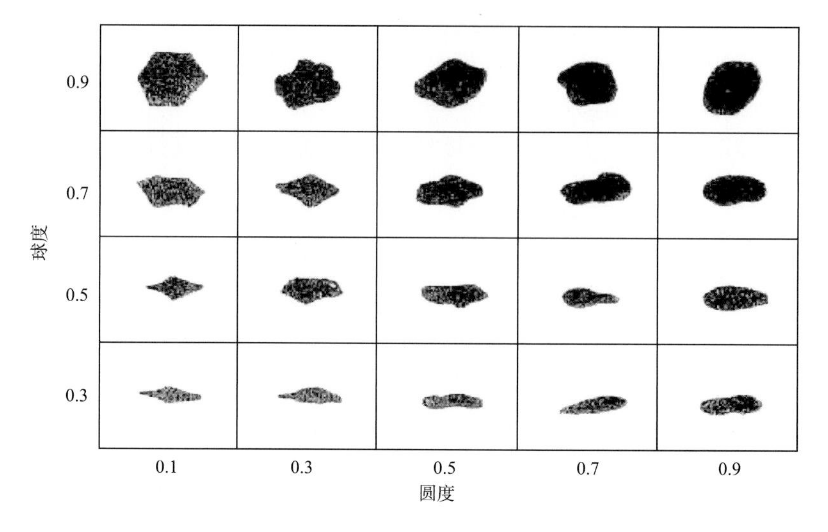

图5-9 支撑剂球度、圆度图版

百分比，这一量值称为酸溶解度。各种粒径规格支撑剂允许的酸溶解度值见表5-2。

表5-2 支撑剂酸溶解度指标

支撑剂粒径规格/μm	酸溶解度的允许值/%
3350～1700、2360～1180、1700～1000、1700～850、1180～850、1180～600、850～425、600～300	≤5.0
425～250、425～212、212～106	≤7.0

5.2.2.4 浊度

在规定体积的蒸馏水中加入一定质量的支撑剂，经摇动并放置一定时间后液体的浑浊程度称为支撑剂浊度。测量单位为福氏浊度单位(FTU)。支撑剂的浊度应不高于100FTU。

5.2.2.5 密度

支撑剂的密度分为视密度和体积密度。视密度指单位颗粒体积的支撑剂质量，体积密度指单位堆积体积的支撑剂质量。

支撑剂的密度是影响支撑剂输送的一个重要因素，因为支撑剂沉降速度随密度呈线性增长。高密度支撑剂更难于悬浮在压裂液中，因此也难于输送到裂缝顶部。为改善高密度支撑剂铺置质量，一种方法是提高压裂液黏度从而降低支撑剂沉降速度，另一种方法是提高注入速率缩短作业时间和支撑剂悬浮时间。此外，充填给定的裂缝体积需要更多质量的高密度支撑剂。

5.2.2.6 抗破碎能力

为了压开并延伸水力裂缝，必须克服地应力的影响。油井投产后，应力作用将使裂缝闭合，如果支撑剂的强度不够，闭合应力作用将使支撑剂破碎，从而导致支撑剂充填层的渗透率及导流能力下降。

对于一定体积的支撑剂，在额定压力下进行承压测试，确定的破碎率表征了支撑剂抗破碎的能力。破碎率高，抗破碎能力低；破碎率低，抗破碎能力高。

不同粒径规格天然石英砂在规定闭合压力下的破碎率指标见表 5－3。

表 5－3 石英砂支撑剂抗破碎指标

粒径规格/μm	闭合压力/MPa	破碎率/%
1180～850(16/20 目)	21	≤14.0
850～425(20/40 目)	28	≤12.0
600～300(30/50 目)	35	≤10.0
425～250(40/60 目) 425～212(40/70 目) 212～106(70/140 目)	35	≤8.0

对于不同密度的陶粒支撑剂破碎率的要求见表 5－4。

表 5－4 陶粒支撑剂抗破碎指标

粒径规格/μm	体积密度/视密度/(g/cm^3)	闭合压力/MPa	破碎率/%
3350～1700(6/12 目)	—	52	≤25.0
2360～1180(8/16 目)		52	≤25.0
1700～1000(12/18 目)		52	≤25.0
1700～850(12/20 目)		52	≤25.0
1180～850(16/20 目)		69	≤20.0
1180～600(16/30 目)		69	≤20.0
850～425(20/40 目)	≤1.65/≤3.00	52	≤9.0
	≤1.80/≤3.35	52	≤5.0
	>1.80/>3.35	69	≤5.0
600～300(30/50 目)	≤1.65/≤3.00	52	≤8.0
	≤1.80/≤3.35	69	≤6.0
	>1.80/>3.35	69	≤5.0
425～250(40/60 目) 425～212(40/70 目) 212～106(70/140 目)	—	86	≤10.0

几种不同类型支撑剂物理性能评价对比见表 5－5。

表 5－5 不同类型支撑剂物理性能评价对比表

指标名称 / 支撑剂	视密度/(g/cm^3)	体积密度/(g/cm^3)	酸溶解度/%	浊度	圆度	球度	破碎率/%		
							28MPa	40MPa	52MPa
20/40 目低密度陶粒	2.92	1.59	6.68	25.0	0.9	0.9	—	1.08	4.09
20/40 目石英砂	2.62	1.61	1.44	77.9	0.7	0.7	6.86	16.0	
覆膜石英砂	2.42	1.60	1.39	41.1	0.8	0.8	—	0.67	2.68

5.2.3 影响因素分析

5.2.3.1 裂缝的导流能力

裂缝的导流能力是指充填支撑剂的裂缝传导或输送储层流体的能力。定义为在储层闭合压力下，裂缝支撑剂充填层的渗透率(K_f)与裂缝支撑缝宽(W_f)的乘积$[KW]_f$，单位为$\mu m^2 \cdot cm$。裂缝导流能力和裂缝支撑缝长是控制压裂效果的两大要素。在储层特征与裂缝几何尺寸相同的条件下，压裂井的增产效果及其生产动态取决于裂缝的导流能力。

裂缝导流能力综合反映了支撑剂的各项物理性能，可利用该值作为评价和选择支撑剂的最终衡量指标。裂缝导流能力需要由实验室通过短期或长期导流能力实验获得。该实验需要在试样上加足够长时间的闭合压力以使支撑剂充填层达到半稳状态。在一定的闭合压力下使流体流过支撑剂充填层，测量支撑剂充填缝宽、压差和流量。计算出支撑剂充填层导流能力和渗透率。每个闭合压力下要进行几种流量实验，实验结果是几种流量实验的平均值。一种闭合压力下几种流量实验做完后，将闭合压力值增至另一个值，等候一定时间以使支撑剂充填层达到半稳态，再用几种不同的流量做实验，取得所需数据，确定在此条件下支撑剂充填层的导流能力。重复此程序直到设计的闭合压力和流量全部实验完毕。短期导流能力实验中闭合压力作用在导流室的时间为0.25~1.5h，长期导流能力实验中闭合压力作用时间不小于48h。

短期导流能力测定方法可参考中国石油天然气行业标准SYT6302—2009“压裂支撑剂充填层短期导流能力评价推荐方法”。长期导流能力国内目前尚无统一标准。

5.2.3.2 影响裂缝导流能力的因素

影响裂缝导流能力的主要因素包括储层条件、支撑剂物理性质、压裂工艺及压后生产四个方面。即裂缝导流能力实质上是支撑剂各项物理性质在储层条件与裂缝支撑状况下的综合反映。

1)储层条件

主要包括裂缝的闭合压力与储层岩石的软硬程度。压裂后形成的支撑带中的支撑剂承受着裂缝闭合压力，它是地层就地应力即最小主应力与地层孔隙压力之差，通常相当于地层破裂压力与井底流压之间的差值，尽管支撑剂种类不同，但它们的导流能力都随闭合压力的增加而减少。当裂缝闭合在支撑带上时，支撑剂颗粒将由裂缝缝壁嵌入岩层或被岩石压碎，这两者都将影响裂缝有效缝宽和渗透率，从而影响裂缝导流能力下降。岩石较硬时，压碎的的影响是主要的；地层松软时，主要是嵌入。

2)支撑剂的物理性质

主要包括支撑剂的类型、粒径尺寸及其均匀程度、抗压强度及圆度、球度。

在同一闭合压力下，人造陶粒支撑剂的导流能力远大于天然石英砂，覆膜砂的导流能力一般介于二者之间。

在低闭合压力下，同一类型大尺寸的支撑剂能产生更高的导流能力。在同一类型与同一粒径尺寸的支撑剂中，大颗粒所占的比例越高则提供的导流能力越大。当支撑剂中存在微粒、粉尘或其他杂质时，这些杂质在储层流体携带下，将会运移并堵塞支撑剂颗粒间的孔隙而降低导流能力。

圆度、球度高的支撑剂具有更高的导流能力。

3)压裂工艺

主要包括裂缝中支撑剂的铺置浓度及压裂液的伤害。

支撑剂的铺置浓度是指单位裂缝壁面上的支撑剂量，单位为 kg/m^2。裂缝导流能力随裂缝中支撑剂铺置浓度的增加而增加，多层铺置不仅可以降低支撑剂的破碎程度，而且可以提高裂缝的宽度。

压裂液返排后仍有部分破胶较差的压裂液及其残渣滞留在支撑带孔隙中，加上压裂液在裂缝壁面形成的滤饼等，都会导致裂缝导流能力的下降。目前国内外使用的压裂液种类很多，不同的压裂液对导流能力的保持程度不同。

4)有效地应力作用时间

支撑裂缝在地层有效地应力作用下取得与保持长期较高的导流能力是油井稳产的关键。实验结果表明，支撑裂缝在地应力的作用下50h内导流能力递减较快，50h后基本趋于稳定，但随着时间的推移，其导流能力逐渐降低。

5.2.4 新型超低密度支撑剂

近年来，压裂技术进展很快，极大地推动了致密储层和页岩油气的开发。但作为压裂关键技术之一的支撑剂技术进展缓慢，目前现场压裂施工常用的石英砂(视密度 $2.65g/cm^3$)、陶粒(视密度 $2.6\sim3.8g/cm^3$)、树脂包层砂(视密度 $2.6g/cm^3$左右)等支撑剂由于密度大，存在易沉降、在裂缝中分布不均匀、对压裂液性能及泵送条件要求高的缺点。低密度支撑剂由于具有潜在的提高支撑剂运移能力和在裂缝中分布效果的优势，相同施工条件下形成的有效支撑裂缝更长，波及范围更广。同时，低密度支撑剂对压裂液的黏度和密度要求较低，还可以降低压裂液成本，具有很大的发展前景。

目前，国外已开展了多种类型的低密度支撑剂研究，主要包括低密度天然支撑剂、低密度无机支撑剂和低密度有机支撑剂三大类。低密度天然支撑剂主要指坚果壳颗粒(如核桃壳等)，这类支撑剂圆球度低，强度低，性能较差。低密度无机支撑剂主要包括空心玻璃珠、多孔陶瓷、空心陶瓷球等，这类支撑剂大多具有脆性，抗破碎能力较差。低密度有机支撑剂有三种组成形式：第一种是完全由聚合物(一种或几种)合成，如苯乙烯—二乙烯苯共聚物支撑剂等；第二种是由聚合物(一种或几种)与单个填充颗粒组成，如树脂浸透并涂层的化学改性核桃壳等；第三种是由聚合物(一种或几种)与分散状的一种或几种填充物组成，如热塑性聚合物纳米复合材料支撑剂等。低密度有机支撑剂很可能具有密度很低、抗破碎强度较高等优势，是三类低密度支撑剂中发展前景最好的，也是近几年来研究得比较多的。

典型的三种低密度支撑剂产品，分别是LP-108(最新产品，也被称作ULW-1.05)、LP-125(也被称作ULW-1.25)、LP-175(也被称作ULW-1.75)。其性能如表5-6所示，外观如图5-10所示。

LP-108是一种经过热处理的热塑性纳米复合材料支撑剂，其最高适用温度为107℃，最高适用闭合压力为45MPa，视密度只有 $1.06g/cm^3$，可以在水中处于悬浮状态，具有在一定闭合压力下变形但不易破碎的性质，可变形性也使得其具有控制支撑剂回流的作用。该种支撑剂柔韧性好，抗腐蚀能力强，在混和、泵送的过程中以及在较高的地应力下不易被破坏。目前 LP-108 现场应用报道较少，由于单独以 LP-108 作为支撑剂很可能出现因其在闭合压力作用下变形而使裂缝导流能力大大下降的现象，而且 LP-108 成本很高，一般将其作为可变形支撑剂与其他常用支撑剂混合使用。例如，在某井的压裂施工中，采用 500t 砂和 15t LP-108 混合作为支撑剂，该井与未采用 LP-108 的其他四个类似的井相比，产量更高。

表 5－6　LP 系列低密度支撑剂性能

支撑剂型号	视密度/(g/cm³)	最大适用闭合压力/MPa	最高适用温度/℃	目数
LP-108	1.06	45	107	14/40、40/100
LP-125	1.25	35	107	8/12、16/25、14/30、20/40、45/65
LP-125 防回流	1.25	35	107	8/12、16/25、14/30、20/40、45/65
LP-175 高强度	1.9	55	135	20/45、20/25、25/40

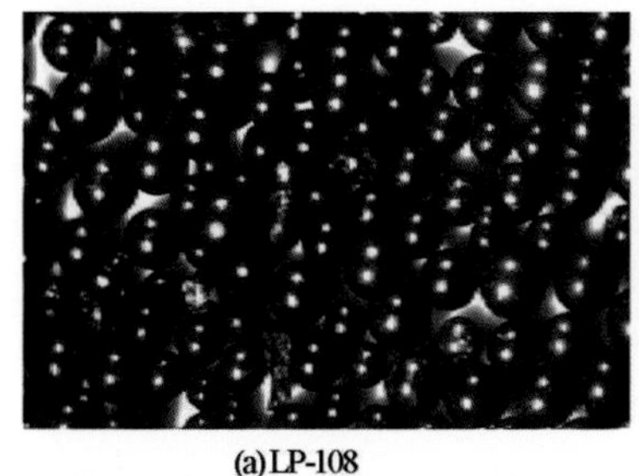
(a)LP-108

(b)LP-125

(c)LP-175

图 5－10　LP-108、LP-125、LP-175 外观

LP-125 是一种树脂浸透并涂层的化学改性核桃壳，其圆球度较低，最高适用温度为 107℃，最高适用闭合压力为 35MPa，视密度为 1.25g/cm³，是现场应用较多的一种低密度支撑剂。Appalachian 盆地的大部分 LP-125 压裂作业都被设计为间隙单层充填。Darin 和 Huitt 最早(1959)提出了间隙单层概念，低密度支撑剂技术的应用重新唤起了对这一早被遗忘概念的兴趣。所谓间隙单层支撑剂即指在裂缝宽度为一个支撑剂粒子尺寸的情况下，填充于其中的任何两个支撑剂粒子相互都不接触。这种单层支撑剂充填裂缝的导流能力高于多层支撑剂充填的裂缝(见图 5－10)。

截至 2004 年，全美范围内利用 LP-125 处理就超过 300 井次，应用范围包括 Appalachian、Barnett shale、Texas 西部二叠纪盆地等，其中 2003 年 7 月至 2004 年 7 月在美国东北部 Appalachian 盆地低渗砂岩气田处理超过 40 井次，主要使用淡水和低密度稠化水压裂液体系，应用地层包括 Upper Devonian(上泥盆纪)砂岩、Devonian 页岩和 Silurian Medina (志留纪麦迪纳统)砂岩，应用区域包括纽约州、宾夕法尼亚州、俄亥俄州、佛吉尼亚州。现场应用实例说明了 LP-125 压裂的短期和长期生产回报，证实了这种技术的应用可行性。其中一个使用 LP-125 和砂的泡沫压裂实例经示踪剂测井说明，砂沉降到了产层以下，而 LP-125 则充填在产层中。由于 LP-125 压裂大多设计为间隙单层充填，因此支撑剂浓度很低。LP-125 本身成本比砂高，但由于使用浓度很低，使整个 LP-125 压裂作业成本与普通砂压裂成本不相上下。LP-125压裂使用的液体包括氮气泡沫、低密度线性胶、滑溜水和地层盐水，在非常规页岩储层中成功改造了许多井。

LP-175是一种轻质陶粒覆膜支撑剂，视密度在1.75~1.90g/cm^{3}之间，最高适用温度为135℃，最高适用闭合压力为55MPa，现场应用报道较少。

总的来说，上述低密度支撑剂现场应用较为广泛(尤其是LP-125)，从2007到2008年度，全美47%以上的压裂井采用了该种低密度支撑剂。

另一种具有代表性的低密度支撑剂是由聚对苯二甲酸乙二醇酯(PET)及其同类物质的混合物和填料(如粉煤灰、空心玻璃微珠、炭黑等)充分混合后制成的支撑剂。PET的玻璃化温度为70℃，在1.82MPa条件下的热挠曲温度只有80℃，因此这种支撑剂在地层温度、压力条件下很可能出现显著的软化和变形，除非填料性能很好且协同作用强，能大大提高复合材料的耐温性能。之后，人们在PET低密度支撑剂的基础上又研发出了一种新型热塑合金(TPA)低密度支撑剂，它由具有优良的化学稳定性的结晶相和具有优良的强度及耐热性的非晶相组成。热塑合金支撑剂具有一定的刚性，密度与水相当，运移和分布效果比常规支撑剂好，抗破碎强度比石英砂大，也具有可变形的性质，即在一定的压力和温度条件下，支撑裂缝的宽度减小，但是支撑剂不会破碎。因该支撑剂粒径较大(直径2mm)，因此一般设计成间隙单层填充模式。该支撑剂曾现场应用于美国怀俄明州的Jonah油田的1口井和美国San Juan盆地的3口井。在Jonah油田应用时，采用交联液携带，与石英砂压裂对比井(3口)相比(液体用量341m^3，石英砂用量102t)，液体用量增加了14%，TPA支撑剂用量则只有石英砂的5%，24个月的累积气产量表明，TPA支撑剂压裂井产量略多于另外3口石英砂压裂井。在San Juan盆地应用时，采用交联氮气泡沫携带，与其他常规压裂井相比(液体用量435m^3，石英砂用量54t)，液体用量减小了50%，TPA支撑剂用量则只有石英砂的5%，无累积产气量对比。

除聚酯类低密度支撑剂外，人们还研制了一种聚氨酯低密度支撑剂，视密度为1.1~1.2g/cm^3，抗破碎能力超过28MPa。该支撑剂可完全由聚氨酯组成，也可由聚氨酯和填料制成，填料包括滑石粉、粉煤灰、玻璃微珠或沸石等，或者由纤维增强聚氨酯制成，支撑剂表面还可加上涂层。

另外，复合粒子低密度支撑剂由高强度微型泡和树脂粘结剂组成。该支撑剂视密度可以控制在0.8~1.2g/cm^3。其中，微型泡可以是玻璃做的，也可以用陶瓷、树脂或其他材料，只要能提供足够的物理性能以承受在使用中遇到的苛刻条件，包括破裂强度、水解稳定性、尺寸、密度以及与作为黏结剂的聚合物之间的兼容性。一般来说，微型泡(空心玻璃珠、中空陶瓷微球)密度在0.2~0.9g/cm^3，直径为10~800μm。黏结剂可能是一种热塑性或热固性聚合物。

在复合离子低密度支撑剂的基础上，人们又研发了一种热固性聚合物纳米复合粒子支撑剂，这种热固性聚合物可以是由苯乙烯、乙基苯乙烯、二乙烯苯组成的三元共聚物，碳黑用作纳米填充物，聚合模式选用悬浮聚合法。该种支撑剂密度接近水，可作为间隙单层支撑剂使用等。

此外，低密度支撑剂还包括芳香族聚合物支撑剂，其中聚合物的玻璃化温度应至少为120℃，该支撑剂以粉煤灰、炭黑等作为填料。

5.3 返排液处理技术

体积压裂是非常规储层增产作业的主要方式，其施工规模通常都较大，如美国 Barnett 页岩气藏一口水平井约需 9000m^3 压裂液；Marcellus 页岩气藏约需 15000m^3 压裂液；Haynesville 页岩气藏约需 11000m^3 压裂液；四川长宁—威远国家级页岩示范区直井约需 2000m^3 压裂液，水平井约需 20000m^3 压裂液。大规模的体积压裂作业需要大量的水源配制液体，由此会产生大量难处理的返排液。

我国非常规油气资源开发区块多处于丘陵地带，水资源短缺，难以满足大规模体积压裂所需的水源需求。同时，体积压裂后产生了大量返排液(返排率一般为 30%)。返排液中 COD 值高、色度高、悬浮物含量高，使得无害化处理难度大、费用高。将返排液回收再利用，不仅可以缓解体积压裂水资源短缺的问题，同时还可以减少废液排放，实现非常规油气田的环保、节能开发。

5.3.1 返排液处理分析

国外对压裂返排液的处理方法主要是重复利用。根据国外的技术资料显示，他们从水力压裂技术的生产成本和环境保护要求考虑，认为水资源的重复利用将是未来发展的趋势。因此提高现有水资源的重复利用率，从而减少对淡水资源的依赖性。这种方式不仅降低了处理压裂返排液的成本，而且还减少了相关污染物的排放。

美国是非常规油气商业开发最成功的国家，对于体积压裂返排液的处理主要有 3 种方式：回注、重复利用及外排进入市政污水处理厂，具体见表 5－7。

表 5－7 美国主要页岩盆地返排液处理方式

页岩盆地	水管理政策	可用性	备注
Barnett	Ⅱ级注入井重复利用	商业和非商业就地重复利用	在 Barnett 处理用于接下来的压裂作业
Fayetteville	Ⅱ级注入井重复利用	非商业就地重复利用	水被运输到两口处理井用于接下来的压裂
Haynesville	Ⅱ级注入井重复利用	商业和非商业	—
Marcellus	Ⅱ级注入井处理和排放、重复利用	商业和非商业 市政污水处理设施 就地重复利用	— 主要处理方式 用于接下来的压裂

国内对压裂返排液的处理方法主要是化学处理后排放或再利用及自然风干。自然风干是将部分压裂返排液储存在专门的返排液池中，采取自然蒸发的方法进行干化，最后直接填埋，这种方式不仅耗费大量时间，而且填埋后的污泥块可能会渗滤出油、重金属、醛、酚等污染物，存在二次污染。化学处理是将返排液集中进行加药絮凝、过滤等预处理，然后将返排液回注到地层中或作为压裂液的配水，这种方法的处理工艺流程复杂。

5.3.2 返排液处理技术

返排液处理后重复利用需通过物理分离、化学沉淀、过滤等方式除去返排液中的悬浮固体、杂质，使其水质满足配液水质要求；返排液处理后排放除了采用重复利用处理技术外，还需采用生物反应、膜分离、反渗透、离子交换、蒸馏等技术，进一步除去返排液中的溶解固体、有机物等，以满足外排水质标准。近年来，国外研究开发出一些压裂返排液处理的新技术，如MVR蒸馏技术、电絮凝技术和臭氧催化氧化技术。这些新技术能有效处理压裂返排液，去除石油类、悬浮物以及难降解有机物，无论从经济上还是从处理效果上，都能达到重复利用要求和排放标准，现针对这些新技术做进一步的阐述。

1. 絮凝沉降

絮凝沉降，即在压裂返排液中加入絮凝剂和助凝剂，使杂质、悬浮微粒沉降，实现固液分离，为目前水处理技术中重要的分离方法之一。絮凝剂按组成、性质可分为无机和有机两种类型。无机高分子絮凝剂能强烈吸附杂质、悬浮微粒，通过黏附、架桥和交联作用，促进胶体凝聚，使形成的颗粒逐渐增大，还能中和胶体微粒及悬浮物表面的电荷，降低zeta电位，使胶体粒子互相吸引，破坏胶团的稳定性，促进胶体微粒碰撞，形成絮状沉淀。

2. 氧化

氧化是指通过添加氧化剂使絮凝出的高分子降解的技术。据有关实验研究，次氯酸钠在偏酸性条件下的氧化效果较好，以压裂返排液混凝后出水为进水，加入次氯酸钠，反应2h后取上清液分析，次氯酸钠氧化的最佳条件为：进水pH值为4，每100mL废水中加入8~10mL次氯酸钠，COD去除率为30%~38%。氧化和活性炭吸附工艺流程组合的综合处理效果好于单一氧化处理效果。

3. 中和

中和主要指在酸化返排液中加入石灰中和其中的酸，调节pH值，使其适合Fe/C微电解，同时可将一部分杂质、悬浮物通过絮凝沉降除去。据有关实验研究，石灰的最佳加量浓度为12%，COD去除率达25%。

4. 活性炭吸附

活性炭具有比表面积大、微孔结构丰富和吸附容量高等特点，目前已广泛应用于分离、提纯和催化工艺。活性炭的吸附性能由其物理性质(比表面积和孔结构)和化学性质(表面化学性质)共同决定。比表面积和孔结构影响活性炭的吸附容量，而表面化学性质影响活性炭同极性或非极性吸附质之间的相互作用力。活性炭的表面化学性质很大程度上由表面官能团的类别和数量决定。最常见的官能团是含氧官能团，可影响活性炭的表面反应、表面行为、亲(疏)水性、催化性质和zeta电位和表面电荷等，进而影响活性炭的吸附行为。

5. MVR蒸馏技术

MVR(Mechanical Vapor Recompression)是指机械式蒸汽再压缩，该技术是重新利用自己产生的二次蒸汽能量，从而减少对外界能源需求的一项节能技术。MVR蒸馏由蒸发器、换热器、压缩机及离心机等部件构成，主要去除压裂返排液中的重金属离子，从而降低总矿化度。

6. 电絮凝技术

电絮凝技术是利用电能的作用，在反应过程中同时具有电凝聚、电气浮和电化学的协同作用，由电源、电絮凝反应器、过滤器等部件构成，主要去除压裂返排液中的悬浮物和重金属离子。具体工作原理是首先在电源的作用下，利用铁板或铝板作为电絮凝反应器的阳极，经过电解后阳极失去电子，发生氧化反应而产生铁、铝等离子。然后经过一系列水解、聚合及弧铁的氧化反应生成各种絮凝剂，如羟基终合物、多核羟基络合物以及氢氧化物，使污水中的胶体污染物、悬浮物在絮凝剂的作用下失去稳定性。最后脱稳后污染物与絮凝剂之间发生互相碰撞，生成肉眼可见的大絮体，从而达到分离目的。目前，美国 Halliburton 公司采用 CleanWave 技术，通过车载电絮凝装置破坏压裂返排液中胶状物质的稳定分散状态。当压裂返排液进入该装置时，阳极释放带正电的离子，并和胶状颗粒上带负电的离子相结合，产生凝聚。同时，在阴极产生气泡附着在凝结物上，使其漂浮到水面，再由分离器除去，而较重的絮凝物沉到水底而被排出。

第6章 页岩气压裂测试技术与压后评估方法

页岩气水平井的测试技术与压后评估技术是预测页岩气井生产动态变化情况的重要手段，是页岩气压裂改造措施的一项重要依据，在页岩气勘探开发中起着不可忽视的作用。本章主要阐述应用于页岩油气的生产测井、录井、裂缝监测及压后返排测试和综合评价等各种技术的发展、测试的分析解释方法、解释成果在页岩气开发中的应用等。

6.1 页岩储层测录井技术

压裂设计中一些关键参数来源于地层的测井解释，压裂施工完成后需要利用地层测试技术进行效果评价。测井技术能够为页岩气水平井钻完井过程中的地质导向、储层含气性评价和可压性评价提供评价参数。本节重点介绍页岩油气测井的常规技术、水平井随钻测井技术和水平井录井技术。

利用测井曲线形态和测井参数相对大小可以快速而直观地识别页岩气储集层。识别非常规天然气所需的常规测井方法主要是：自然伽马、井径、中子密度、声波时差、电阻率。通过测井解释资料可以定量分析储集层的岩性，确定储集层的基本评价参数，包括评价储集层物性的孔隙度和渗透率，评价储集层含气性的含气饱和度，含水饱和度与束缚水饱和度，储集层厚度等。

(1)页岩气有效储层评价技术：主要依托常规测井系列，可在一定程度上满足页岩气储层的孔隙度、渗透率、含气饱和度的评价需要。

(2)岩石力学参数评价技术：主要依托特殊测井系列与岩石物理实验，如全波列声波测井、偶极声波测井等，结合岩石物理分析，建立岩石力学计算模型，计算岩石力学参数，进行压裂优化设计与压裂效果分析等。

(3)页岩矿物成分和储层评价技术：主要依托常规测井、特殊测井组合系列及岩石物理实验，在岩石物理实验的基础上，利用岩心刻度测井技术，进行页岩矿物成分分析和裂缝评价，确定页岩矿物成分、裂缝类型，寻找高产稳产层。

6.1.1 测井技术

6.1.1.1 非常规油气测井采集技术特点

非常规油气勘探与常规油气的勘探手段有相似之处，所采用的地球物理测井方法和仪器基本是相同的。目前在油气勘探领域使用的测井技术大致可以分为以下几种类型。

(1)以探测地层的电性特征为主的测井方法：如普通电极系测井、侧向测井、感应测井、自然电位测井、介电测井等。

(2)以探测地层的放射性为主的方法：如自然伽马测井、能谱测井、中子测井、密度测井、元素测井等。

(3)以探测地层的声波传播特性和弹性参数为主的方法：如声波速度测井、声幅测井、声波全波测井等。

(4)以探测地层的孔、渗、饱物性为主的方法：如核磁成像测井等。

此外，磁测井、重力测井、温度测井等方法应用范围虽然不广泛，但对于解决一些特定的地质或者工程问题往往非常必要(见表6-1)。

表6-1 测井项目及解决的问题

项目	测井内容	解决问题
常规项目	自然电位、自然伽马、高分辨率阵列感应、补偿声波、中子、岩性密度、井径、微电极、4m梯度电阻率、2.5m梯度电阻率、井斜、井斜方位角、盐水泥浆及地层电阻率较高时应测双侧向	岩性识别、参数计算、烃源岩TOC计算以及页岩油气有利储集段划分
特殊项目	自然伽马能谱	计算有机碳含量TOC、热解生烃潜量
	电成像测井	解释泥页岩段裂缝发育和分布、地层特征、岩相、沉积相及微相
	元素测井	评价矿物组分和含量、辅助划分页岩油气有利储集段
	正交偶极子声波测井	裂缝分析、地层各向异性、岩石力学参数计算等、压裂选层
	核磁共振测井	计算总孔隙度、有效孔隙度、渗透率等地质参数

测井采集技术主要有：电阻率扫描成像、声波成像、阵列感应、核磁成像，ECS元素测井，数字岩心测井技术，各类随钻(成像、声波、电阻率、方位密度等)技术，井间监测新技术等。水平井测井数据采集多采用湿接头工艺或随钻测井，能够完成自然电位、自然伽马、双感应/八侧向(双侧向/微球聚焦)、补偿声波、补偿中子、岩性密度、井径、井斜

方位以及多极子阵列声波、电成像、核磁共振等项目测井。无电缆存储式水平井工艺 能够完成自然伽马、井径、井斜方位、深中浅侧向、阵列声波、补偿中子、岩性密度等项目测井，适合于小井眼、长井段水平井测井。

固井质量测井工艺主要有：管具输送法、连续油管输送法、爬行器输送法。固井质量测井仪器主要有：固井声幅测井仪、扇区水泥胶结测井仪、无电缆存储式固井声波测井仪。

6.1.1.2 非常规油气测井评价技术特点

常规油气藏测井评价的主要任务是对储层质量和含油性进行评价，为勘探开发提供孔、渗、饱等储层参数及流体性质评价成果。非常规油气藏，由于其赋存条件、产层条件、资源丰度等明显有别于常规油藏，对于非常规油气的测井评价必须将传统常规砂岩油层和油藏评价思路转换为对页岩油储集段和矿床的认识，用全新的观点展开测井评价技术研究，建立储层地质甜点和工程甜点的测井评价模式，为水平井部署、完井压裂设计等提供技术支持。

北美等国家页岩油气开发实践证明，成功进行页岩油气生产开发的要点：①评估油气储集段质量，包括岩层黏土和脆性矿物的成分及含量、孔隙度、渗透率，有机质的丰度、成熟度和类型，含油饱和度、含气量等表征储层岩性、物性、含油气性、地化特性等参数。②岩石力学参数，包括岩层的机械特性、各向异性、可压性等。为满足页岩气开采的需要，贝克休斯、斯伦贝谢、哈里伯顿等国外公司目前已形成了较完善的测录井采集技术系列，并在开展研究的基础上，形成了页岩气矿物成分和含量、孔隙度、渗透率、含气量、有机碳含量、岩石力学参数等测录井评价方法，能够定量评价储层质量和岩石力学参数。

6.1.1.3 非常规油气水平井测试工具的输送方法

主要有水力泵送法、连续油管输送法、爬行器输送法。

(1)水力泵送法是利用一定压力和排量的液体，在工具串前后形成局部压力差，推动测试工具串前进，送至预定位置。该方法经济、实用、时间短。

(2)爬行器输送技术是近两年发展起来的一种新型工艺技术，采用常规测井电缆下井模式完成测试工具输送。具有省时的优点，但受仪器串重量和水平井段长度的限制。

(3)连续油管输送法的井口安装时间较长。一般在水力泵送法困难的情况下才采用该方法。

6.1.1.4 与常规油气测井技术的差异性对比

非常规油气与常规油气相比其测井技术特点见表6-2。

表6-2 非常规油气藏测井技术特点

技术＼特征	油气藏类型			技术对比	
	常规油气	致密砂岩油气	页岩油气	相同技术	不同技术
测井数据采集方法	以采集三孔隙度、三电阻率和三辅助曲线等为主的常规测井方法	常规测井方法附加元素测井、声电成像测井、核磁测井和声电方面阵列测井	常规测井方法附加元素测井、声电成像测井、核磁测井和声电方面阵列测井	以三孔隙度、三电阻率和三辅助曲线为主	元素测井、声电成像测井、核磁测井和声电方面阵列测井等新方法

续表

技术＼特征	油气藏类型			技术对比	
	常规油气	致密砂岩油气	页岩油气	相同技术	不同技术
测井资料解释方法	对岩性、物性、含油性、电性进行分析，构建常规油气测井解释模型	对岩石组分与结构特性、物性、地化特性、含油气性、可压裂性、测井属性等进行分析，构建致密砂岩油气测井评价模型	对岩石组分与结构特性、物性、地化特性、含油气性、可压裂性、测井属性等进行分析，构建页岩油测井评价体积模型	岩性、物性、含油性、电性进行分析	增加地化特性、可压裂性等方面分析，建立新的测井评价体积模型

6.1.1.5　国外测井技术现状

采集技术方面，测井服务公司分别针对非常规油气藏评价提出了相应的参数系列以及测井系列，共同的特点是在常规测井的基础上辅助以新技术，用多种测井资料分析高度复杂页岩油气藏的综合岩石物理方法。常规测井技术基本相同：中子、密度、声波时差、双侧向电阻率、微球形聚焦电阻率、自然伽马、井径。特殊测井新技术包括：阵列感应、电成像(包括油基钻井液 OBMI 电成像)、阵列声波、核磁共振(二维核磁共振测井)、自然伽马能谱测井、元素俘获能谱测井。

测井评价技术方面，国内外测井服务公司已形成了较为完善的测井评价方法。一是页岩储集质量测井评价：包括岩相划分、矿物成分和含量计算、裂缝参数、TOC 等地化参数、含水饱和度与束缚水饱和度、含气量、含油饱和度、有效页岩厚度等参数；二是完井质量测井评价：各类岩石力学参数，判断岩层的可压性；对有利储集段进行定量综合分类评价，推荐优化压裂井段。

岩石力学参数计算及地应力分析：阵列声波测井、三维声波成像测井结合密度测井资料、矿物组分分析来进行岩石力学参数计算，可提供泊松比、体积弹性模量、杨氏模量、切变模量、脆性指数等岩石力学参数。对岩石进行可压裂性分析，利用阵列声波测井资料，进行页岩油气地层脆性分析、自由抗压强度、水力压裂的开启压力、闭合压力分析，确定压裂层段和压裂隔层段，为页岩油气开发井部署、确定钻井液密度水力安全窗口、压裂设计提供重要技术支持。

储层质量和选层技术评价目前也称为寻找“甜点”区。“甜点”是指好的储层质量以及好的完井质量的区域。综合各种尺度的数据，了解储层特性和完井质量，将储层质量 RQ 与完井质量 CQ 相结合，来寻找甜点是测井评价的首要任务。脆性矿物含量、孔隙度、裂缝发育情况、渗透率、TOC、含油气丰度等参数显示储层有效性，泊松比、杨氏模量、体积弹性模量、切变模量、压裂高度等参数指示好的完井性。

主要根据测井评价获得的页岩有效厚度、储层物性、脆性矿物含量、含油气性、力学性质等地质因素分析储层质量和完井质量，推荐压裂井段。

6.1.1.6　国内测井技术现状

国内非常规油气测井技术尚处于起步阶段，只是在常规的基础上更多运用了一些多极子阵列声波、声电成像、核磁共振等较新的技术。元素俘获测井、油基钻井液电成像、随钻地质导向等测井技术尚处于探索阶段，还未形成完善的系统的测井系列和评价技术体系。

根据非常规油气藏特点，国内开始研究建立非常规油气藏测井采集系列。探井采集的测井信息应满足：①能够建立评价页岩所需参数的解释模型和建立识别页岩油气有利储集段的解释标准；②能够建立利用多极子阵列声波测井资料评价岩层可压性的模型，为压裂方案设计和水平井部署提供技术支持。开发井采集的测井信息能够准确评价泥页岩所需的参数，识别页岩油气有利储集段，对岩层可压裂性进行分析，为完井分级压裂提供评价成果。我国针对页岩气勘探的地质特点，在测井系列优化及评价方法方面进行了积极探索，并取得阶段成果，如含气量、矿物组分等参数计算方法，多种井筒资料结合评价页岩气层的思路和方法。

6.1.2 随钻测井技术

随钻测井(LWD)技术是在钻井的同时用安装在钻铤上的测井仪器测量地层电、声、核等物理性质，并将测量结果实时地传送到地面或部分存储在井下存储器中的一种技术。该技术要求测井仪器应能够安装在钻铤内较小的空间里，并能够承受高温高压和钻井震动；安装仪器的专用钻铤应具有同实际钻井所用的钻铤同样的强度；还应具有用于深井的足够功率和使用时间的电源。

LWD是随钻测量技术的重要组成部分。随钻测量技术(MWD)除了提供LWD信息外，还提供井下方位信息(井斜、方位、仪器面方向)、钻井动态和钻头机械的监测信息。MWD探头组合了LWD探头、方位探头、电子/遥测探头，一般放在钻头后15～30m的范围内，一般来说，MWD探头越靠近钻头越好。LWD探头提供地层评价信息，用于识别层面、地层对比、评价地层岩石和流体性质。

目前的随钻测井技术已达到比较成熟的阶段，能进行电、声、核随钻测量的探头系列十分丰富，各种型号的适用于各种环境的随钻电阻率、密度、中子测井仪器进入MWD市场。PathFinder随钻测井系统包括自然伽马、电磁波电阻率、密度、中子孔隙度、井径和声波等。VISION475测井系统包括声波(SI)、电阻率(RAB)、阵列电磁波电阻率(ARC5)及密度中子(ADN)等。三组合测井系统包括SLIM PHASE4电阻率仪、SLIM稳定岩性密度仪及补偿热中子仪，还测量伽马射线。在地层评价的许多方面，LWD已经可以取代常规电缆测井。世界各地的MWD作业实践已经表明，随钻测井对于经济有效的测井评价，相对于常规电缆地层评价有明显优势。

6.1.2.1 随钻测井数据传输技术现状

随钻测井数据可以在液体(钻井液)侵入周围地层之前采集，因此数据质量相当于或优于常规电缆测井数据。同电缆测井数据相比，随钻测井数据的特点是：①随钻测井与时间有关，与深度无关；②数据采集是在动态的而不是静态的井眼环境中进行；③由于钻井速率是变化的，所以数据采样不规则。

这些深度间隔不规则的数据在定量(相关对比)和定性(确定岩性和流体饱和度)使用前经数据转换后，变成间隔规则的数据。随钻测井中所有的数据应该都可以从井下实时地传输到地面，但是受传输量和传输速率的限制，现场只将部分必须用于实时钻井决策和地层评价的数据进行实时传输，而将另一部分数据存储在井下存储器中。根据现场的实际情况，可以选择不同的实时传输数据。

提高有效数据传输率是随钻数据传输的重点。目前使用的数据传输方式有泥浆脉冲遥测和电磁波遥测，另外一种有发展前途的传输方式是声波遥测，正处于研制和开发阶段。

泥浆脉冲遥测是普遍使用的一种数据传输方式，主要是通过钻井液在井下传输信号，不需要电缆，因此它不受钻杆旋转的影响。数据传输被转换成一系列的压力脉冲。一般是仪器下井前，在仪器内部设定信号序列和传输速率。有些服务公司可以在泥浆脉冲装置中储存几个传输序列和程序，按连续次序用泥浆循环开始/停止来激活。泥浆脉冲遥测技术的数据传输率较低，为3～10bt/s，而电缆的传输率为550～660bt/s。预计通过提高信噪比和优化调制解调，新一代的泥浆脉冲遥测系统的传输率可望提高到50bt/s。

电磁波数据传输是将低频的EM信号从地下传到地面，它是双向传输的，可以在井中上下传输，不需要泥浆循环。数据传输能力与泥浆脉冲遥测相近。EM传输的最大优点是不需要机械接收装置，缺点是低的电磁波频率接近于地频率，从而使信号的探测和接收变得较困难，目前只能在1828m内的井眼中传输数据。EM遥测同小井眼随钻环空压力装置一起使用，成为近距离(60m)无电缆随钻测量装置中的数据传输部分，能传输靠近钻头的测量探头和井眼中的泥浆遥测探头之间的数据。

声波或地震信号通过钻杆传输是另外一种传输方法。声波遥测能显著提高数据传输率，使随钻数据传输率提高一个数量级，达到100bt/s。声波遥测和电磁波遥测一样，不需要泥浆循环，但是井眼产生的低强度信号和由钻井设备产生的声波噪声使探测信号非常困难。沿钻杆传输的声波遥测最早是20世纪40年代提出的，由于信号损失很大，研制中遇到了很大的困难。70年代，Sun石油公司也做过此类研究，因技术条件的限制未能成功。直到1994年，随着弹性波传播和磁致伸缩技术的发展，人们又开始研制声波遥测装置。1995年，用磁致伸缩材料制作井下发射器的声波遥测装置样机投入现场应用，并取得了初步成功。但是，样机还有待进一步完善，如缩小井下仪器的尺寸、降低井下仪器的电压、提高仪器的传播距离，以便能应用于井的延伸部分。

6.1.2.2 随钻电测井技术

随钻电阻率测井是80年代初期在大斜度井、水平井基础上发展起来的技术，广泛应用于钻井地质导向和复杂地层的岩石物理分析。随钻电阻率测井分为高频的电磁波传播电阻率测井和低频的侧向电阻率测井，它们分别与电缆感应测井和电缆侧向测井类似。高频的随钻测井仪测量电磁波的相位和幅度，测量结果中有对垂向电阻率敏感的相移电阻率和对水平电阻率敏感的衰减电阻率，因此能探测到电阻率各向异性，更适合水平井。低频的随钻电阻率测井仪采用了圆柱聚焦技术和测量钻头处的电阻率，能最及时地了解地层的真实信息，有利于钻井施工。

高频随钻电阻率测井仪与电缆感应测井仪都发射电磁波，在地层中感应出环行涡流，用一对接收器监测地层信号，都适合在导电和非导电泥浆井眼以及低至中等电阻率地层环境中工作。但高频随钻电阻率测井仪以2MHz频率工作，远高于电缆感应仪10～100kHz的频率，而且它安装在坚固的钻铤上，能适应钻井引起的剧烈震动；而电缆式感应仪基本上安装在绝缘性能好的玻璃钢圆棒上，不能适应如此恶劣的工作条件，不适合在随钻测井环境中应用。低频随钻测井也与电缆侧向测井类似，均测量地层的聚焦电阻率，都适合在导电泥浆、高阻地层和高阻侵入的环境中工作。

随钻电阻率测井仪主要是为水平井测井而设计的，这些仪器能充分探测到地层各向异性、地层倾角以及大斜度角等因素的影响，从而得到与实际地层一致的结论。随钻电阻率成像图是一种更直观、更有效的测量数据，它能覆盖100%的井周，能识别大的地质现象，并能进行时间推移测井，观察到泥浆侵入地层的过程。相比电缆电阻率测井，它具有及时性、准确性和全面性等优点。

随钻电阻率成像仪的发展将是一种趋势，采样率更高、分辨率更高的随钻电阻率图像将与高质量的电缆测井成像图不仅能识别大的地质构造，还能辨别微小的地质现象。现代数字信号处理和直接的数字合成技术不仅能给出准确的电阻率测量值，还能简化电路。随钻电阻率测井仪能识别地层边界和分析泥浆滤液对地层的侵入，因而能用于地质导向中，保证钻头导向产层，最终获得最大的油气产量。随钻电阻率仪在地质导向中的应用必将越来越重要。随钻电阻率测井仪比电缆测井仪更适合在大斜度井、定向井以及水平井中使用，这是因为随钻仪能处理各向异性对电阻率测量的影响，能识别被电缆测井仪漏掉的砂泥岩产层，提高储层的产量，所以它将在地层评价中发挥极大的作用。

总之，随钻电阻率测井正在代替水平井中的大部分电缆测井，但随钻电阻率测井在解释一些微小的地质现象以及完善测井成果方面还存在一些困难，它必须与电缆测井相结合才能获得最佳的地层评价结果。

6.1.2.3 随钻侧向测井技术

最早的侧向测井仪是短电位仪主要是使电流由源电极通过地层回到返回电极，测量电极间的电流和电压降，用欧姆定律求出地层电阻率。然而，对于复杂地层的准确岩石物理分析来说，需要更复杂的仪器测量地层的真电阻率。对短电位仪的改进是普遍使用了电缆测井中的侧向测井技术。这种聚焦电流电阻率仪在测量电极两侧分别排列了一个电流电极，从而产生了屏蔽电流，迫使主电流进入更深的地层，以测量真电阻率。

同时，某服务公司研究了另一种方法，它使用一个圆环线圈发射器在钻铤内产生电压差，导致轴向电流沿钻铤流动。在发射器下面，一部分电流径向地流入地层，另一部分电流在钻头处轴向流出。因此可测量两种电阻率：聚焦的侧向电阻率和钻头处的方位电阻率。钻铤上方任意点的电流大小取决于产生的电压和局部地层电阻率，由这种原理发展起来的测井仪是钻头电阻率仪(RAB)。

RAB是测量钻头处的电阻率以及多个聚焦电阻率的LWD钻头电阻率仪。该仪器不同于2MHz传播测井仪，它与电缆测井仪中的侧向电阻率仪相似，采用低频(1500Hz)发射，在侧向环境中测量地层电阻率，这样的环境具有中—高地层电阻率、盐水泥浆和低阻侵入带等特征。RAB仪能测量5种电阻率，其中3种是纽扣电极电阻率，1种是圆环电极电阻率，这4种聚焦电阻率是靠圆柱聚焦技术(CFT)实现的，通过软件综合上部和下部发射器产生的电流模式，在圆环监督电极处产生一个零轴向流动条件完成聚焦，确保圆环电流聚焦进入地层，而没有电流沿井眼流动。第5种电阻率测量按非聚焦方式提供钻头处地层电阻率。钻头处电阻率用于地质导向，便于及时了解钻头前的电阻率。3种纽扣电阻率的探测深度各不相同，因此称为深、中、浅纽扣电阻率，它们是通过仪器内部的磁力计来定向的。3个纽扣电极电阻率是方位电阻率，当仪器在井眼中旋转时，能产生电阻率剖面图。RAB在油田现场的应用中获得了很大的商业价值。3个纽扣电极产生的电阻率成像图是

100%覆盖面的全井眼成像图，能得到诸如裂缝、断层和地层倾角等大量的地质信息，在某些方面能与电缆成像图相媲美。该仪器的新系列是扩展电阻率测量范围，并改进了图像质量的地质视像电阻率仪(GVR)。

6.1.2.4　随钻电磁波传播电阻率测井技术

随钻电磁波传播电阻率测井的基本原理是：绕在钻铤上的发射线圈发射高频电磁波，电磁波在被钻铤上的2个接收线圈探测之前在井眼和地层中传播，2个接收器探测到的电磁波的相位差和幅度衰减与井眼附近地层的电阻率有关，测量点是2个接收器的中点。由相位差产生的电阻率称为相移电阻率 R_{ps}，幅度衰减产生的电阻率称为衰减电阻率 R_{ad}。相移电阻率对垂向电阻率很敏感，而衰减电阻率对水平电阻率很敏感，因而随钻电阻率测井能探测到电阻率各向异性，更适合于水平井；而电缆电阻率测井只能探测到水平电阻率，更适合于垂直井。

随钻电磁波电阻率仪器不同于电缆测井仪，它涉及几个矛盾因素。出于机械强度的考虑，仪器必须牢固地安装在由不锈钢(或高强度材料)制成的钻铤上；电子线路必须坚固，并能在温度变化的大井眼中保持稳定。另外，仪器要有好的探测深度，能在各种泥浆中使用，地层分辨率要好。感应仪能满足大部分所要求的性质，但是感应仪不能在剧烈的震动环境下工作，因而不能安装在钻铤上，这使得设计者只能选择接触技术或非常规技术。该技术就是EWR(Electromagnetic Wave Resistivity)，即电磁波电阻率。

随钻电磁波电阻率仪也不同于电位仪、感应仪以及介电仪。由电磁波谱显示出传导电阻率仪的工作频率是1kHz，感应仪的操作频率是20kHz，这两种仪器的共同特征是：其设计目的都是使波传播的影响最小。EWR在0.5～4MHz范围内有效；在15～100MHz范围内，能测量电阻率和介电常数；在300MHz～2GHz范围内，介电影响控制了电阻率影响，因而能直接测量介电常数；高于2GHz，探测深度很浅，不能测量到地层的电阻率。当频率增加时，介质的介电常数的影响很明显。尽管介电常数随频率增加而减小，但它对传播电阻率仪器的响应还是会产生一些影响，在高阻地层中，介电常数会导致视电阻率小于真电阻率。

随钻电磁波传播电阻率测井技术按仪器的类型分为单阵列LWD技术和多阵列LWD技术。

1. 单阵列LWD技术

1983年，首次推出了解决感应类环境的LWD仪——电磁波电阻率仪，并成为该行业的标准。该仪器有1个2MHz发射器和2个接收器，发射器与近接收器的距离为7.3m，2个接收器间距为1.8m，发射器在接收器的下面。接收器测量发射信号的相位移和幅度衰减，并通过电阻率转换产生相移电阻率。EWR仪一经推出，就在油田现场应用中发挥出了较好的作用

1986年底，推出了双传播电阻率仪(Dual Propagation Resistivity，DPR)，这是一种与EWR相似的随钻电阻率仪器。它也有1个发射器和2个接收器，其源距分别是0.70m和0.88m，接收器间距为0.18m。发射器发射2MHz电磁波进入地层，接收器测量电磁波的相移和衰减，并将之转化为相移电阻率 R_{ps} 和衰减电阻率 R_{ad}。DPR仪能探测到和发射器间距同等厚的地层。

由于短电位仪和电缆感应仪不能提供准确的电阻率测量，因而研制了DPR仪。短电

位仪尽管能探测薄层，但受到泥浆中的中—高浓度氯的影响，并且不能在油基泥浆中使用。电缆感应仪有时不能在大角度井、不规则井和不光滑的井中使用。而DPR仪能在油基、盐饱和泥浆中使用。相移电阻率的探测深度比衰减电阻率的探测深度要浅一些，但都能消除大部分井眼影响。对于典型地层，相移电阻率的探测深度为23~50in，衰减电阻率的探测深度为39~50in。尽管这两种电阻率测量的探测深度没有深感应仪探测的深，但它们是在钻后立即测量，能给出准确的地层真电阻率。DPR仪的接收器间距是7in，这使之能探测到6in的薄层，但地层太薄时不能得到准确的真电阻率，其影响因素是围岩的电阻率。

DPR仪基本上与EWR仪类似，其油田应用效果也与EWR仪相似，但其测量结果中有2条电阻率曲线，因而它还有一项独特应用，即利用2种电阻率曲线的重合和分离可以区分侵入和油气的影响。在泥岩层，2条曲线重合；而受到侵入影响时，2条曲线通常会分离。

1988年，推出了井眼补偿双电阻率仪(Compensated Dual Resistivity，CDR)。这种补偿双电阻率仪有2个发射器对称分布在接收器的两侧，每一发射器交替发射电磁波，测量接收器间电磁波的相移和衰减并平均。

这种仪器改进了EWR和DPR，它不仅能得到2种电阻率，还能利用2个对称分布的发射器完成井眼补偿。一般情况下，井眼影响取决于井壁是否光滑或凹凸不平。在平滑的井眼中，井眼直径和泥浆电阻率对视电阻率几乎没有影响；而在凹凸不平的井眼和导电的泥浆中，井眼影响则很大。上、下发射器分别单独地发射，并把向上行和向下行的电磁波的相移和幅度衰减进行平均。井眼补偿也抵消了探测器和电子线路的误差，改善了仪器的精度，并给出对称的纵向响应。

2. 多阵列/WD技术

选择多阵列的目的是为了能提供多个探测深度，来具体分析泥浆滤液侵入的动态变化，利用最深的探测深度确定地层真电阻率，并在大量侵入发生的情况下测量冲洗带的电阻率。另外，根据相移电阻率曲线和衰减电阻率曲线的重合和分离，以及随钻和钻后两种模式电阻率曲线的分离和重合可以定性分析油气类型和判断渗透率的变化，区分可动油和重油，以及改善薄层分析等。

1993年，推出了多阵列补偿型电阻率仪(Compensated Wave Resistivity，CWR)，它有4个发射器和2个接收器。它有2种源距(70in和40in)，能得到4条电阻率曲线，即深相移和中相移以及深衰减和中衰减电阻率曲线。深相移和中相移曲线的分辨率几乎相等，因此它们的分离能可靠地指示侵入，这一点是设计此仪器的关键。此外，深衰减曲线和中衰减曲线能作为辅助测量，它们在厚的渗透性地层中确定地层真电阻率有特殊的作用。该仪器的另一个重要特征是能解决所谓的孔洞影响，井眼补偿的主要优势是使井眼冲刷对电阻率的影响最小，其次是使仪器响应对称。用电磁波传播仪测量高阻地层通常很难，产生误差的原因是到达接收器的信号的相移和衰减很小，CWR通过高质量的电子线路以及井眼补偿技术使此问题得到解决。

比较深相移和中相移电阻率曲线能正确地指示侵入。当侵入存在时，较深的源距在LWD环境下能较好地估算出地层真电阻率。在厚地层，2个辅助的衰减电阻率可用于进一步改进地层电阻率评价，并确定钻井时的侵入带范围。围岩对高阻地层比对低阻地层的影响更明显，衰减电阻率比相移电阻率更容易受围岩影响。但有时相移和衰减电阻率的差异却能错误地指示侵入，在许多情况下，薄层响应的差异导致了它们的分离。除非地层至少有 15in 厚，并且电阻率反差不大时，它们之间的分离能作为侵入指示。

最早的小井眼随钻电阻率测井仪是由 Sperry Sun 公司 1993 年底推出的 SLIM PHASE 4 仪，该仪器长 6.85m，外径为 12.06cm，装有 EWR4 相位探测器，DGR(双伽马射线)探测器和 DDS(钻柱动态)探测器。仪器的最大旋转曲率为 14°/30m，最大的滑动曲率为 30°/30m。SLIM PHASE 4 保持了 EWR 4 相位仪的坚固性和可靠性，包括使用高强度合金钢、补偿耐磨带以及不锈钢天线棱和分离的井下处理器。但数据处理与 EWR4 却有些不同。电阻率曲线根据均质各向同性地层的非线性转换关系，由相移和相位幅度组合(CPA)计算得到，因而最终的测量结果中既有相移电阻率又组合的相位/幅度(CPA)电阻率，后面的探测深度略微比前面深。而 EWR4 相位仪的测量结果中没有相位/幅度(CPA)电阻率。

1995 年，也推出了小井眼多阵列补偿型电磁波电阻率仪(Slim Compensated Wave Resistivity，SCWR)，它是在 CWR 仪的基础上改进的，测量效果更佳。其标称直径是 4.75in，发射器和接收器的上下部分是 5in 直径的耐磨带，能在所有类型的泥浆中使用。SCWR 与 CWR 的最大区别是源距和接收器间距不同。源距选为 35in 和 15in。SCWR 的接收器间距定为 10in，略长于接收器间距为 6in 或 8in 的其他 2MHz 仪。仪器响应模拟显示，接收器间距由 6in 增加到 10in，轴向分辨率没有明显减弱，较长的接收器间距只在地层小于 0.3m 厚时才明显影响轴向分辨率。另外，选择 10in 的间距是因为它能使井眼凹凸不平对电阻率测量的影响减小到最小，从而获得更准确的电阻率测量值。

多阵列型小井眼测井仪还有多传播电阻率仪(MPR)。它也是一种补偿型电阻率仪，采用 2 种频率(2MHz 和 400kHz)发射，测量电磁波的相移和衰减，共有 8 种不同的探测深度。测量目的一是增大探测深度，二是提供多种探测深度的测量。它有 2 对发射器，对称分布在一对接收器的两侧，发射器到接收器中点的距离分别是 3in 和 23in。由于采用改进的数字信号处理技术，在频率远低于 2MHz 的条件下，能根据相位差和幅度比获得准确的电阻率。

在国内现有的技术条件下，开展大斜度井和水平井测井资料的可视化解释能在很大程度上提高测井解释识别地质目标的精度，通过实时解释、实时地质导向有助于提高钻井精度、降低钻井成本、及时发现油气层。未来的勘探地质目标将更加复杂，以地质导向为核心的定向钻井技术的应用会越来越多。伴随新的随钻测井仪器的出现，应该有新的高集成度的配套解释评价软件，以充分挖掘新的随钻测井资料中包含的信息，使测井资料的应用从目前的单井和多井评价发展为油气藏综合解释评价。因此，定向钻井技术的发展及钻井自动化程度的提高必将使随钻测井技术的应用领域更加关泛。

6.1.2.5 随钻成像测井技术

随钻成像测井系统已被应用于解决水平井测井存在的一些问题。应用该系统可以在整个井筒长度范围内进行电阻率成像和井筒地层倾角分析。成像测井提供构造信息、地层信息和力学特性信息，用于优化完井作业。成像能够将地层天然裂缝和钻井诱发裂缝进行比较，帮助作业者确定射孔和油井增产的最佳目标。利用测井得到的成像资料来识别地震资料无法识别的断层以及与之相关的从下伏喀斯特白云岩中产水的天然裂缝群。在进行加密钻井时，井眼成像有助于识别邻井中的水力裂缝，从而帮助作业者将注意力集中在储层中原先未被压裂部分的增产措施上。井中是否存在钻井诱发裂缝以及裂缝的方向如何，对确定整个水平井的应力变化及力学特性非常有用，而且在减轻页岩完井难度及降低相关费用方面也起到一定的作用。

6.1.3 录井技术

岩心(屑)录井是评价储层含油(气)性最直观、最重要的方法，对判断储层含油气情况有极其重要和不可替代的作用。泥页岩油气的勘探经验表明，油气主要集中在深灰色泥岩、深灰色页岩、黑色页岩及其粉砂质泥岩、泥质粉砂岩的夹层中，其石英或灰质含量高，脆性强。具有油气显示的泥页岩岩屑中均含有数量不等的脉状方解石晶体，表明存在一定数量的裂缝。显示段泥岩或者页岩砂质、灰质含量比较高，有时被描述为粉砂岩。总体来讲，泥页岩必须具备颜色深(有机质丰度高)、脆性矿物含量高和显微层理构造比较发育(利于裂缝产生和发育)等特征。

6.1.3.1 主要的录井技术

(1)钻速特征。钻时能够反映地层的可钻性，进一步反映储层的物性，但在实钻过程中，由于钻头的磨损、钻压、转盘转速等工程参数的变化，影响了利用钻时判断地层可钻性的准确性。应用各种影响因素对钻时进行校正和处理，原始钻时数据由钻压和转盘转数等钻井工程参数所带来的影响被消除，校正后的标准钻速能够更加清晰地反映泥页岩储集体的储集性，当其与气测参数和录井显示情况结合时，可以更好地对泥页岩储层的有效性进行评价。一般情况下，当钻压、转盘转数等参数稳定时，钻时越低，反映岩石的可钻性越好，即岩石物性越好，页岩裂缝、孔隙越发育。

(2)气测录井。气体组分分析表明，以生油为主的地区和层位，泥页岩油气甲烷含量一般比较低，通常低于85%，有些甚至低至20%，可能是成熟度较低导致；对于已经进入生气阶段的泥页岩油气而言，其组分特征符合气层特征，甲烷含量一般高于90%。气层厚度比(气测异常显示厚度/储集层厚度)一般大于1。

(3)钻井液录井。钻遇泥、页岩裂缝型油气层时，油气层的异常高压和裂缝型油气能量释放的高效、无阻性，引起钻井液性能的急剧变化，一般会出现密度大幅下降、黏度上升的特征，甚至出现井涌、溢流，密度下降幅度最大0.75g/cm^3，黏度变化幅度最大到滴流。

(4)槽面显示。泥页岩中烃类气体分子的扩散作用使泥页岩地层相对于上下围岩具有更高的地层压力，打开后，槽面油花、气泡显示很活跃。槽面出现星点状、条带状油花，米粒状气泡，大部分起下钻出现后效显示，取样点火可燃，多为蓝色火焰。钻遇较好泥页岩裂缝储层时，还会发生钻井液漏失、槽面升高、气浸明显、井涌甚至井喷等录井特征。可以说钻井过程中见到好的槽面显示是获得泥岩裂缝油气层的有利条件之一。

(5)地化录井。地化录井资料既可以评价生油岩又可以评价储集层，泥页岩既是生油岩又是储集层，因此，录井中开展地化录井项目是很必要的。通过岩石热解分析仪可以检测泥页岩中的吸附气，确定有机碳含量和成熟度。需要注意的是考虑自地层钻开到采样分析间的气损失，在使用岩屑和岩心做样时应该有不同的判别标准，另外在与国外地化数据对比时要考虑两者测定条件的差异不同条件产生的数值结果差异较大。

(6)显微图像录井。该项技术能够清晰地反映细小岩屑的形状、颜色、岩石结构、表面纹理等基本特征，对岩性和含油性的快速识别和评价具有比较好的效果。同时，这些岩屑的颗粒形状特征正是颗粒结构构造的表征，因此也能较好地反映泥页岩的页理发育特征。一般情况下，明场中泥页岩颜色比较深，以灰色、深灰色为主，颗粒主要呈板状，在页理发育的条件下，页理间存在颜色或光学性质上的差异；暗场条件下，由于页理缝或层间缝的存在，更利于层理的识别。

(7)X 射线录井。主要通过对岩石元素及含量的检测，获取连续系统的元素分析信息，并间接获得脆性矿物或岩性特征方面的资料，从而为脆性矿物和岩性研究提供研究方法和手段，为储层改造提供依据。利用元素组成及元素比值对砂泥岩及碳酸盐含量具有比较好的识别效果：钙元素对碳酸盐含量识别效果好，而硅元素及硅铝比对砂岩具有比较好的识别效果，铁、钾、钛及铁硅比值对泥岩识别效果比较好。大量研究证实，当页岩含有较少的膨胀性黏土矿物和较多的硅质或碳酸盐等矿物时(一般为 30% ~80%)，岩石脆性增强，产生裂缝的能力提高，裂缝网络比较容易产生。

(8)油基钻井液录井。由于油基钻井液价格昂贵，常规油气井使用甚少，但非常规水平井通常采用长位移水平井进行开发，页岩地层井壁容易失稳，为了钻井安全及钻井速度的提高，非常规储集层常采用油基钻井液钻井，严重影响了相关资料完整的录取与解释评价，这是非常规录井中首先面对的问题。目前，现场试验表明，通过岩屑清洗剂的攻关，可以解决岩屑的污染问题，为岩性描述及岩石热解、定量荧光、XRF、XRD 录井提供优质的分析样品，下步应解决的是岩屑清洗与处理过程中岩屑样品油气保护与污染清除之间的矛盾问题。油基钻井液除对以岩屑为分析对象的录井有影响外，对以钻井液为分析对象的气测录井影响更为严重，虽然为解决钻井液混油或加入有机添加剂对气测录井“污染”问题进行了长期攻关，并取得一定的成果，但“差分色谱法”、“差谱法”、基值扣除法等均没有从根本上有效解决消除“污染”的问题。因此，针对非常规油气储集层录井的特点，这方面的研究与攻关是实现该类储集层钻井液混油或加入有机添加剂条件下录井的重点。

(9)微岩心录井。目前，国际上已开发出随钻微取心技术，其方法是利用特殊钻头在常规钻进的同时进行取心，该微岩心通过钻头自身切割后随岩屑返出地面，在采集岩屑的同时获取微岩心，以便进行随钻分析。随钻微取心技术的开发，有助于在保证钻进速度的条件下解决岩屑代表性差的问题，可以克服非常规油气录井井型、钻头、钻井液对录井资料的影响，为分析化验提供可信的样品，进而实现快速微岩心数字成像技术、孔隙结构扫描技术、矿物分析技术、孔渗饱分析技术、伽马扫描技术在井场的实际应用，使实验室分析井场化成为现实，从而满足非常规油气勘探开发对资料的多样化需求。鉴于非常规油气水平井的特殊井身结构，微岩心可能会出现迟滞现象，在及时采集微岩心进行分析的同时，应结合随钻伽马和气测数据对微岩心进行归位，以便建立准确的岩性、物性、有机碳、含油性剖面。

6.1.3.2 国外录井技术

国外服务公司都有各自的录井商业化产品，如 ECSTM(Elemental Capture Spectroscopy)元素俘获能谱测井仪、GEMTM(Elemental Analysis Tool)地层元素测井仪和 LIBS(Laser-induced Breakdown Spectroscopy)激光诱导击穿光谱仪(LaserStrat® 井场化学地层服务)。

元素、矿物成分的检测与评价是页岩油气层的重要研究内容之一，在化学地层评价、沉积环境识别、应力环境描述、水平井地质导向、压裂改造选层等方面具有重要的作用(见表6-3)。

表6-3　国外录井技术公司的元素仪器输出参数

服务项目	输出参数
ECS™	Si、Ca、Fe、Al、S、Ti、Cl、Gd、Cr的百分含量； SO_2、Al_2O_3、K_2O、Na_2O、FeO、Fe_2O_3、$CaCO_3$、TO_2、$CaSO_4$、FeS的百分含量
GEM™	主曲线：Si、Ca、Fe、Al、S、Ti、Cl、Gd、H、C、O、Mg、K、Mn的产额； 次曲线：Mg、Al、Si、S、K、Ca、Ti、Mn、Fe、Gd的百分含量
LaserStrat®	微量元素：S、Cl、V、Cr、Co、Ni、Zn、Ga、As、Rb、Sr、Y、Zr、Nb、Mo、Sn、Cs、Ba、Hf、Ta、Th、U； 稀土元素：La、Ce、Pr、Nd、Sm、Eu、Gd、Tb、Dy、Ho、Yb、Lu； 主要元素氧化物：SO_2、Al_2O_3、TiO_2、Fe_2O_3、MnO、CaO、MgO、NaO_2、K_2O、P_2O_5
FLeX™	Si、Ca、Fe、Al、S、Ti、Cl、Gd、H、C、O、Mg、K、Mn的产额

页岩油储层的孔喉直径为30~400nm，页岩气储层的孔喉直径为5~200nm。如此低的孔隙需要较高分辨率的设备进行物性评价，目前常用的非常规储层实验分析技术见表6-4。可以看出，核磁共振设备具有较高的孔喉分辨率，且能评价孔喉分布。核磁共振的孔喉分辨率与磁场强度、表面弛豫率及CPMG序列的回波间隔TE密切相关。其中，TE越大，小孔隙的信息丢失越多，孔隙度的精度也就越差。目前的核磁共振测井仪器和核磁共振录井仪器的TE均为0.6ms，核磁共振测井从1ms开始反演，相当于735nm的孔隙；核磁共振录井从0.1ms开始反演，相当于73.5nm的孔隙。

表6-4　非常规储层实验分析技术

技术方法	测量范围	研究内容
核磁共振	8nm~80μm	孔喉大小、分布
气体吸附法	0.4~100nm	
压汞法	100nm~950μm	
普通显微镜	放大400倍	微米—毫米级孔喉大小、形态
钨丝扫描电镜	放大2×10^4倍	微米级孔喉大小、形态
小角散射	10nm~1μm	泥页岩微孔大小
场发射扫描电镜	放大20×10^4倍	纳米级微孔大小、分布
环境扫描电镜	放大20×10^4倍	原油赋存状态
Nano-CT	50nm	纳米级微孔形态、连通性
聚焦离子束	10nm	

先进的综合录井技术：①前端的定量采集，如FLEX定量脱气系统、EAGLE脱气系统、半透膜样品分离技术等实现了钻井液的定容定温脱气和恒压输送，实现了样品的精确采集。②后端的分析技术，如Flair技术、GC-TRACER™技术等均实现了从C_1~C_8，甚至C_{10}的检测，并具有在线质谱、在线同位素等分析技术。

6.1.3.3　国内录井技术

国内综合录井技术主要为随钻录井，能够直接监测钻井、钻井液、气体等多项参数，连续监测钻井施工的全过程，为钻井的安全优质高效钻进、为有效保护油气层提供服务，在常规和非常规油气勘探中会发挥同样重要的作用。综合录井仪与小型录井相比，检测参数多，检测精度高，功能齐全，在非常规油气勘探高要求的勘探开发条件下，在保障钻井施工安全和水平井地质导向方面能够发挥更大的作用。长期以来，安全钻井和优化钻井是钻探工程的重要课题之一，也是工程录井工作的重要内容。工程事故发生的可能随时都存在，易于造成资金和时间的巨大浪费，通过综合录井仪对于预防和控制事故，最大限度地减少损失具有重大意义。

水平井录井地质导向的应用：常规的方法可以通过入窗前地层对比，利用随钻测井、地质录井资料来指挥井身轨迹以合适的角度入窗；水平段的监控与跟踪是通过钻时、气测、岩性、随钻测井、井斜来监控钻头在要求的油层位置穿行。

泥页岩油气录井评价内容主要包括页岩厚度、页岩埋深、有机质丰度、成熟度、页岩含气量、页岩力学性质、物性及矿物成分8项关键因素，其核心是储层评价和含气量评价；钻井、开发技术主要采用水平井钻进和多级压裂技术。录井目前拥有现场快速评价储层物性的核磁共振录井技术及X射线元素分析技术，检测实物样品含油丰度的岩石热解地化、定量荧光、荧光薄片等录井技术，以及检测气体含量的气测、罐顶气录井技术，其在常规油气层的识别和评价发挥了重要作用。录井技术对页岩气勘探具体优势主要表现在以下方面。

(1)录井技术在识别评价油气层方面具有检测全面、快速高效的特点，在页岩气的勘探中可以快速发现和评价页岩气，为勘探决策及试油、试气方案的制定提供快速及时的参考依据。

(2)录井技术能够实现现场快速评价泥页岩有机质丰度、成熟度等地球化学参数，为页岩气勘探开发有利地区的选择提供重要的参考指标。

(3)录井技术能够实现现场快速评价储层物性、元素、矿物成分、微观结构等页岩气评价关键的岩石学参数，实现泥页岩有效储层的快速评价。

(4)录井技术能够连续监测页岩气钻井施工的全过程，及时提供事故预警，保障钻井安全；结合地下地层及构造特征进行随钻监控、层位对比，预测油层入窗点，对水平段进行监控跟踪，保障水平井钻探的顺利施工。

泥页岩油气录井技术具有检测全面、快速高效、低成本、高分辨率等特点，针对页岩气评价的关键因素具有相应的技术，在该类油气层评价方面具有自身的优势，因此有必要探索研究泥页岩有效储层录井判识和评价技术方法。

纳米级孔隙和非达西渗流是页岩油气层最根本的地质特征，油基钻井液和水平井钻完井是页岩油气层最主要的钻井特征，多级水力体积压裂是页岩油气层最常用的开采方式。围绕这三个方面的特征，录井所面临的主要难题包括：元素化学地层剖面的建立与应用、纳米级孔隙的储层物性和孔隙结构评价、油基钻井液条件下的页岩油气定量评价、页岩油气水平井地层压力随钻预监测等。

6.2 页岩气井压裂微地震监测技术

页岩气井实施压裂改造措施后，需用有效的方法确定压裂作业效果，获取压裂诱导裂缝导流能力、几何形态、复杂性及其方位等诸多信息，改善页岩气藏压裂增产作业效果以及气井产能。页岩气压裂的裂缝监测技术为分析压裂过程的施工状况、验证压裂设计参数、反馈施工质量、反演地层物性参数和岩石力学参数、研究正常的裂缝延伸规律和评价压裂效果等提供了必要的技术手段。其具体表现为：对于压裂施工本身，通过监测保证整个施工过程的安全，提高施工成功率；对于裂缝几何参数，则通过数据采集、反演、解释给出裂缝定量的分析结果，为改进压后采油采气生产制度和新井压裂设计参数提供技术数据；对于裂缝延伸过程，通过各个不同监测时间的裂缝延伸变化过程，研究裂缝延伸的规律，为相应的理论研究提供基本物理过程；对于监测技术本身，通过对实际压裂井的动态监测数据的分析，进一步改进裂缝监测技术的数据采集、解释方法，使技术本身更加完善。

1962年，微地震监测技术的概念被提出。1973年，微地震监测技术开始应用于地热开发行业。之后，微地震地面和井中监测开始进行试验研究。美国橡树岭国家实验室和桑地亚国家实验室分别在1976年和1978年尝试用地面地震观测方式记录水力压裂诱发微震，由于信噪比、处理方法的限制，微地震地面监测试验失败。与此同时，美国洛斯阿拉莫斯国家实验室开始了井下微震观测研究的现场工作，在热干岩中进行了3年现场试验，获得大量资料。1978年，成功地运用声发射技术进行地下水压裂裂缝的定位。1997年，在Cotton Valley进行了一次大规模综合微地震监测试验，本次试验对将微地震监测引入商业化轨道起了重要作用。2000年，微地震监测开始商业化，在美国Barnett油田进行了一次成功的水力压裂微地震监测，并对Barnett页岩层内裂缝进行了成像。2003年，微地震监测技术全面进入商业化运作阶段，直接推动了美国等国家的页岩气、致密气的勘探开发进程。

6.2.1 技术原理

在20世纪40年代，美国矿业局就开始提出应用微地震法来探测给地下矿井造成严重危害的冲击地压，但由于所需仪器价格昂贵且精度不高、监测结果不明显而未能引起人们的足够重视和推广。

微地震监测技术是通过观测、分析生产活动中所产生的微小地震事件来监测生产活动的影响、效果及地下状态的地球物理技术，其基础是声发射学和地震学。图6－1和图6－2分别为微地震压裂井下和井下微地震监测示意图，图6－3为地面微地震监测示意图。

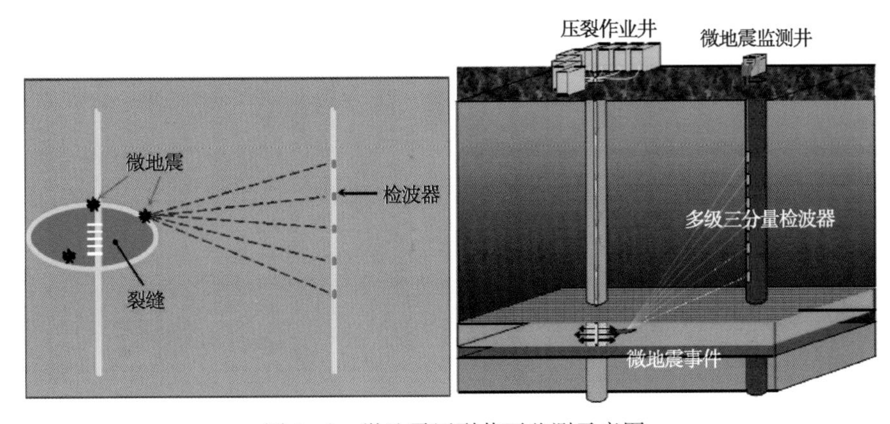

图6－1　微地震压裂井下监测示意图

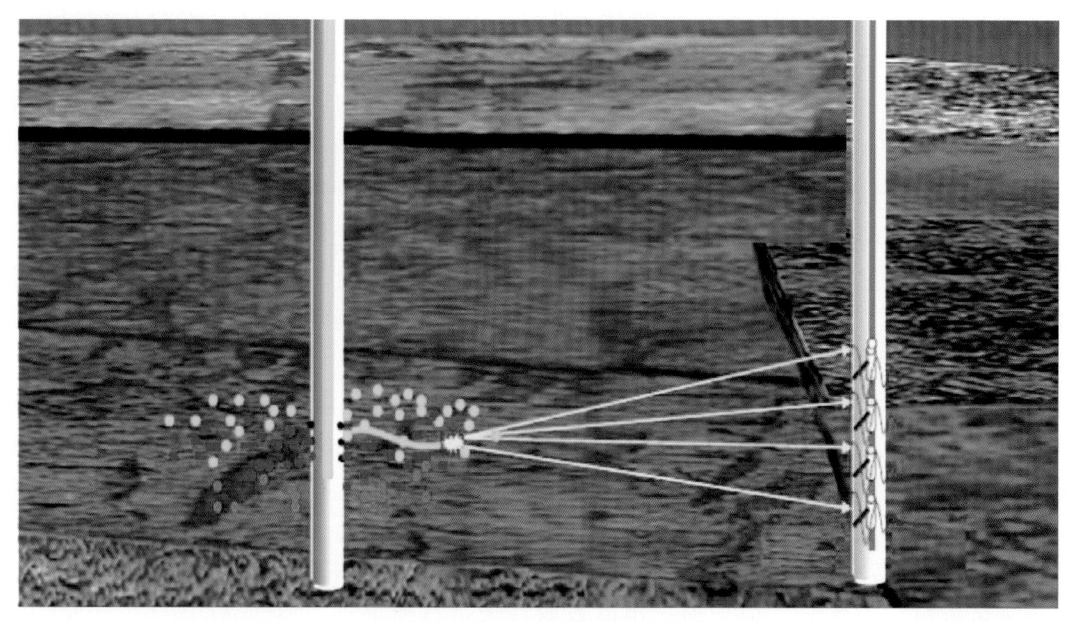

图6－2　井下微地震监测示意图

图6－3　地面微地震监测示意图

6.2.1.1 声发射

声发射是指材料内部应变能量快速释放而产生的瞬态弹性波现象。地下岩石因破裂而产生的声发射现象又称为微地震事件。Kaiser 效应是利用微地震监测技术估计地下岩层中地应力大小的理论基础。与地震勘探相反，微地震监测中震源的位置、发射时刻、震源强度都是未知的，确定这些因素恰恰是微地震监测的首要任务。完成这一首要任务的方法主要是借鉴天然地震学的方法和思路。当井底压力增加时，增加到超过岩石的抗张强度时，岩石就发生破裂，形成裂缝，岩石在破裂瞬间发射声波，检波器就是通过检测这种声波来对裂缝进行定位。压裂期间引发的微地震是相当复杂的，检测到微地震事件的数量不仅与检波器的灵敏度有关，还有压裂井和监测井之间的距离有关。

微地震事件普遍发生在裂隙之类的断面上，裂隙范围通常只有 1 ~ 10m。地层内地应力呈各向异性分布，剪切应力自然聚集在断面上。通常情况下这些断裂面是稳定的，然而当原来的应力受到生产活动干扰时，岩石中原来存在的或新产生的裂缝周围地区就会出现应力集中，应变能量增高；当外力增加到一定程度时，原有裂缝的缺陷地区就会发生微观屈服或变形，裂缝扩展，从而使应力松弛，储藏能量的一部分以弹性波(声波)的形式释放出来产生小的地震，即微地震。

微地震事件频谱比常规地震勘探频谱高得多，常规地震勘探频谱一般在 30 ~ 40Hz，但微地震事件一般在 200 ~ 1500Hz，有时会更高。持续时间小于 15s，能量通常介于里氏 -3 级到 +1 级。另外，施工区块井况条件、地质地层特征也会影响微地震信号接收效果，影响微地震震源空间分布。

6.2.1.2 无源地震

不用人工激发的震源观测方法，称为无源地震勘探。油气藏自身的一些活动可以产生微地震(震级一般在里氏 3 级的级别范围内)，如孔隙和裂隙内流体的流动、由于天然气的聚集和运移过程引起的周期性应力积累和释放、火驱采集过程中由加热诱发的岩石破裂、压裂裂隙形成过程中岩石的破裂、流体排出时地层的下沉或自喷井气体的流动等产生的震动。通过确定震源的位置并显示出位置图，可以描述地下渗流场状况，从而指导油气藏的开发。

6.2.1.3 摩尔—库伦理论

进行压裂或高压注水时，地层压力升高，根据摩尔—库伦准则，孔隙压力升高，必会产生微地震，记录这些微地震，并进行微地震源微空间分布定位，可以描述人工裂缝轮廓，描述地下渗流场。摩尔—库伦准则：

$$\tau \geqslant \tau_0 + \mu(S_1 + S_2 - 2P_0) + \mu(S_1 - S_2)\cos(2\phi)/2 \tag{6-1}$$

$$\tau = (S_1 - S_2)\sin(2\phi)/2 \tag{6-2}$$

式(6-1)表示若左侧不小于右侧时则发生微地震。

式中 τ——作用在裂缝面上的剪切应力，MPa；

τ_0——岩石的固有法向应力抗剪断强度，MPa；

μ——岩石内摩擦系数，无因次；

S_1——最大主应力，MPa；

S_2——最小主应力，MPa；

P_0——地层压力，MPa；

ϕ——最大主应力与裂缝面法向的夹角，(°)。

由式(6-1)可以看出：当地层压力 $P_0=0$ 时，微地震事件会发生，但是由于激励强度弱而导致微地震信号频度很低；当地层压力 P_0 增大时，微震易于沿已有裂缝面发生(此时 $\tau_0=0$)，这为观测注水、压裂裂缝提供了依据。

6.2.1.4 断裂力学准则

断裂力学准则认为，当应力强度因子大于断裂韧性时，裂缝发生扩展，即：

$$\left[(P_0-S_n)Y/\mathrm{sqr}(\pi)\right]\int_0^1 \mathrm{sqr}\left[(I+x)/(I-x)\right]\mathrm{d}x \geqslant k_{ic} \tag{6-3}$$

式中 P_0——井底注水压力，MPa；

S_n——裂缝面上的法向应力，MPa；

Y——裂缝形状因子，无因次；

I——裂缝长度，m；

x——自裂缝端点沿裂缝面走向的坐标，m。

当式(6-3)成立时，裂缝发生张性扩展。

式(6-3)左侧是应力强度因子，右侧 k_{ic} 是断裂韧性，$\mathrm{MPa\cdot m^{1/2}}$。

由以上破裂形成理论可知，注水会诱发微地震，这就为微地震压裂监测中的水驱前缘提供了理论依据。

6.2.1.5 震源定位

在微地震的应用中，需要反演产生微地震的准确位置。如何精确反演出震源位置坐标是微地震的一项关键技术。微地震反演可分为均匀介质和非均匀介质两种情况。对于均匀介质情况现在微地震震源坐标的确定大多都采用解析法求解。

目前，微地震震源定位的解析法主要有：纵横波时差法、同型波时差法、Geiger 修正法，其区别在于微地震资料初至速度的提取。当井压裂地层形成裂缝时，沿裂缝就会出现微地震，微地震震源的分布反映了地层裂缝的状况，微震震源定位公式为：

$$\begin{cases} t_1-t_0=\dfrac{1}{V_P}\sqrt{(x_1-x_0)^2+(y_1-y_0)^2+z^2} \\ t_2-t_0=\dfrac{1}{V_P}\sqrt{(x_2-x_0)^2+(y_2-y_0)^2+z^2} \\ \vdots \\ t_6-t_0=\dfrac{1}{V_P}\sqrt{(x_6-x_0)^2+(y_6-y_0)^2+z^2} \end{cases} \tag{6-4}$$

式中 t_1、t_2、t_6——各分站的 P 波到时；

t_0——发震时间；

V_P——P 波速度。

$(x_1, y_1, 0)$、$(x_2, y_2, 0)$、$(x_3, y_3, 0)$是各分站坐标；(x_0, y_0, z)是微地震震源空间坐标；t_0、x_0、y_0、z 是待求的未知数。当方程个数多于未知数的个数时，方程组是可解的。解出这 4 个未知数至少要 4 个分站，若 4 个分站有记录信号，便可以进行震源定位。

6.2.2 监测方法

微地震监测技术是以声发射学和地震学为基础的一种通过观测、分析生产活动中产生的微小地震事件来监测生产活动的影响、效果及储层状态的地球物理技术。与传统地震勘探不同，微地震监测中震源的位置、震源的强度和地震发生时刻都是未知的，确定这些未知因素正是微地震监测的首要任务，作为基于地球物理发展起来的一种可以对岩石微断裂发生位置进行有效监测的技术。

6.2.2.1 微地震监测采集技术

微地震波场特征、资料品质、定位精度与合理的微地震观测系统密切相关。微地震观测系统优化涉及震源产生机理、信号接收方式、压裂施工环境等多种因素。为此，研制了微地震监测可探测距离分析技术、微地震井中监测正演技术、微地震监测地面正演技术、微地震监测观测系统设计技术。通过应用上述技术，可以根据地质特征、物性参数、压裂参数、检波器灵敏度等数据，设计合理的微地震监测方式、采集参数、监测距离、观测系统等，从而保障微地震监测记录的品质。微地震监测可探测距离分析技术通过分析震级与监测距离的变化关系、分析不同探测距离能够监测到的震级大小，通过建立井中监测观测系统模拟井中三分量检波器接收的微地震记录，分析微地震井中监测观测系统的合理性，通过建立地面监测观测系统模拟地面检波接收的微地震记录，分析微地震地面监测观测系统的合理性。

检波器是采集微震数据的重要组成部分，检波器性能的好坏，直接影响着信号采集质量的好坏。频带的宽窄、灵敏度的高低和动态范围的大小是衡量检波器性能好坏的3个主要指标。用于微地震监测的检波器往往比常规地震所用的检波器要求要高，即用于微地震监测的检波器要求有宽频带、高灵敏度和较大的动态范围，这是由微地震的特征所决定的。如井下检波器，一般为三分量检波器，其采集的地震数据可用于地震事件的定位，也可用来计算事件的震级和一些另外的震源参数，检波器级数为8级(采用30m柔性连接)，前放增益：42DB，频带范围在100～1500Hz，动态范围：10^{-3}～10级之间。

在井中和地面所用的检波器也是有区别的。井中监测是把检波器放到压裂储层附近按一定距离垂直排列，由于没有低速层和风化带的影响，从震源到检波器，微地震的频率衰减较慢，所以井中检测到的一般是高频信号，而且检波器四周的围岩一般比较坚硬，可用加速度仪来作为检波器，因为加速度仪主要用于坚硬岩石环境中监测高频微震信号的。而地面监测信号受低速层和风化带的影响衰减很快而使微震信号极其微弱。随机噪声的干扰往往会淹没微震信号。地面检测到的微震信号的频率较低，其一般是通过排列的形式采集做叠加来增强信噪比，地面监测可用三分量检波器也可用单轴检波器。

6.2.2.2 微地震监测数据处理解释术

对微地震数据的解释即是对反演出的微地震事件点或微地震能量图的时间—空间域解释。由于微地震事件定位精度的限制以及微地震事件位置的不确定性，目前对微地震监测结果的解释已经从对单一微地震数据的解释扩展到微地震数据与其他不同类型数据集结合的综合解释，具体包括微地震与压裂施工曲线结合、微地震与三维地震结合，确定裂缝位置、裂缝网络的几何尺寸、裂缝带与断层关系、最大地应力方向、压裂体积、压裂导流能力，以及评估压裂方案等。

1. 微地震资料去噪技术

微地震事件能量弱，震级一般小于0级，易于被噪声掩盖，因而去噪技术尤为重要。根据微地震信号与噪声单道与多道特征（如振幅、统计特征、速度特征、相关性等）的差异，研发的微地震资料去噪技术能够实现增强微地震信号能量的目的。

2. 微地震事件识别技术

面对压裂监测需要较长时间（>24h）、不间断监测，有效微地震事件又需要快速识别和拾取等问题，结合微地震直达波与其他噪声在能量、偏振特性、走时等存在区别的特点，研发的多窗能量比法、基于AIC理论的初至自动拾取方法，能够快速对微地震事件进行有效识别。

3. 地震震源定位技术

微地震定位技术方法研究微地震定位技术有3种基本方法，它们分别是P波定位法、地震波射线法和P波射线传播方向交汇点法。由于在地震波中P波传播速度最快，并且其初至时间易于识别，因而在一般情况下宜于采用P波定位，采用P波定位法定位微地震时，假设P波的传播速度为已知，矿体是均匀速度模型，并同时要将监测台站布设在4个以上不同地点。根据各个监测台站坐标和P波到达台站的时刻列出方程组，并通过最小二乘法求解，即可得到震源的坐标和发生时刻。目前应用较为普遍的利用监测台站地表阵列来勘测微地震的，被称为发射断层扫描技术，最早应用于1991年，Kiselevitch等定义了一种通过将时移信号规范化为平均时间信号的方法，所用到的时移是阵列中地震台站间的旅行时间的差，也就是的P波定位法的最早应用。

在某些微地震监测过程中，微地震事件的监测台站可能会少于4个。当监测台站为单台站时，可通过地震波射线法得到震源位置，根据P波和S波的走时差和速度差求出监测台站与震源之间的距离，再根据台站所接收到的地震波，测出东西、南北、垂直3个方向的P波初动振幅，然后根据公式求得震源方位角，也可以形成对微地震震源的定位。当微地震监测台站数超过2个而少于4个时，可采用P波射线传播方向交汇点法进行定位。该法可对微地震事件震源做出快速有效的评估，这对于现场施工决策的有效制定有一定的帮助。P波射线传播方向交汇点法不仅能在监测台站少于4个的情况下迅速估计出震源的平面位置，同时可被用来对P波定位法的结果进行比对检验，首先求得每个监测台站的震源方位角，然后做出每个台站的P波射线传播方向。两个监测台站的P波射线就会交汇在一点，该点即是震源位置。

上述微震源反演方法都是从直达波初至的旅行时入手，依据记录上直达波同相轴旅行时反演出微震源的位置，然而由于微地震的能量微弱，要找到微地震的直达波初至并拾取旅行时很困难，因此反演误差较大且多解。基于三分量的微地震反演对于三维空间的每个格点，逐点计算直达纵波时距方程，再根据对任意时刻沿直达纵波初至后给定时窗内3个分量能量叠加的极大值，确定微震源位置与距离范围，因而无须检索同相轴与拾取初至时间，解决了因微地震能量微弱而导致的拾取旅行时困难的问题。此方法利用微地震直达纵波水平分量的坐标变换得到微震源纵波矢量方位角，结合震—检地理方位角，确定微震源分布的方位，克服了微震源反演的多解性问题。最终通过采用能量重心法和平均点距法等空间点集统计方法，确定微震源点的精确位置坐标。其优点在于解决了传统方法反演误差较大且存在多解的问题，其缺点在于适用范围较窄，相对误差受介质反演速度影响较大，一旦反演速度脱离某一特定值，相对误差就会增大。现已研制成功纵横波时差法、震源速度联合反演法、四维聚焦定位方法 4 种。通过模型正演和射孔定位的验证，上述方法定位的精度一般小于 10m。

6.2.2.3 微微地震监测解释技术

1. 微地震监测的人工裂缝解释

低渗油气藏中天然裂缝的存在将对压裂施工和压后效果产生重大影响。因此，分析与评价地层中天然裂缝的发育情况非常重要。目前，识别裂缝的方法主要为岩心观察描述和 FMI 成像测井、核磁测井或地层倾角测井等特殊测井方法。利用压裂施工过程中的压力响应也可定性判断天然裂缝的性质。一般来说，地层中存在潜在的天然裂缝，在地应力条件下处于闭合状态，一旦受到外界压力的作用，潜在缝会不同程度地张开：若井筒周围存在较发育的天然裂缝，在压裂过程中，由于注入压力的作用，导致潜在裂缝张开，则初始的压裂压力不会出现地层破裂的压力峰值；在地层不存在天然裂缝的情况下，裂缝起裂时，则在压裂压力曲线上将出现明显的破裂压力值。计算压裂裂缝长度、高度、宽度、方位、倾角以及 SRV(增产处理储集体)等参数，评估压裂效果，为压裂方案设计提供参考。

2. 微地震与三维地震结合

Norton 论述了利用三维地震属性(蚂蚁体)和三维地震叠前反演(泊松比)信息辅助解释微地震数据。对于微地震事件分布的异常情况，可通过三维地震几何属性如蚂蚁体和曲率属性所揭示的天然断层或裂缝的分布进行验证；同时，叠前反演参数泊松比指示储层脆度即可压裂性的大小，可检验具有较大震级的微地震事件的分布是否与岩性分布一致。另外，微地震事件点所代表的水力裂缝的分布与天然断层或裂缝的叠合显示可进一步揭示作为压裂屏障的天然断层或裂缝的存在，进一步解释水力裂缝延伸的动态过程和控制因素。解释工作除了提供裂缝的形态和发育规律之外，还需要结合本区地应力方向、断层发育规律、测井、地球物理参数、地震等一系列信息，对压裂效果进行评估，估算油气可动用体积，以及后续的油田井网布设提供依据。

6.2.3 案例分析

微地震压裂监测技术就是通过观测、分析由压裂过程中岩石破裂或错断所产生的微小地震事件来监测地下状态的地球物理技术。该技术有以下优点：①测量快速，方便现场应用；②实时确定微地震事件的位置；③确定裂缝的高度、长度、倾角及方位；④直接测量因裂缝间距超过裂缝长度而造成的裂缝网络；⑤评价压裂作业效果，实现页岩气藏管理的最佳化。

6.2.3.1 A 页岩气某井微地震监测技术应用

A 井以滨浅湖—浅湖沉积为主，泥页岩发育，沉积厚度一般为120～150m，其中优质暗色泥页岩厚度一般为 40～120m，且分布稳定。有机碳含量(TOC)一般为 1.0%～1.2%，有机质热演化程度(R_o)一般为 0.8%～1.5%，处于页岩气勘探较有利的地化指标范围之内。东岳庙段底部泥页岩 X 射线衍射全岩分析研究表明，脆性矿物石英、长石和碳酸盐岩平均含量分别为 55.95%、2.75% 和 18.81%，有利于页岩层段实施大型加砂压裂工艺的改造。

根据成像(SLG)固井质量测井结果，优选分段级数和桥塞位置。每段长度按 1.5 倍层厚的经验做法确定，该井水平井段长为 1022.52m，储层厚为 60m，设计压裂段数为 8 段。采用簇式射孔方式，优选射孔参数，以便产生更多的裂缝。在保证每簇排量至少为 3.2m^3/min，每孔流量为 0.4m^3/min，泵注能力达到 10m^3/min 的情况下，每级最多射 3 簇，每簇射 8 孔，共射 24 孔。射孔位置选择在脆性矿物含量高、裂缝较为发育、气测显示好、TOC 含量较高、固井质量好地应力差异较小的井段。该井脆性矿物(钙质、硅质)总量为 70%，采用减阻水压裂和高排量泵注。首先进行小型压裂测试，其次采用阶梯升排量、注入和阶梯降排量进行测试，得到裂缝延伸压力、闭合压力、液体效率等参数值，主压裂实际完成 7 段，如图 6-4 所示。

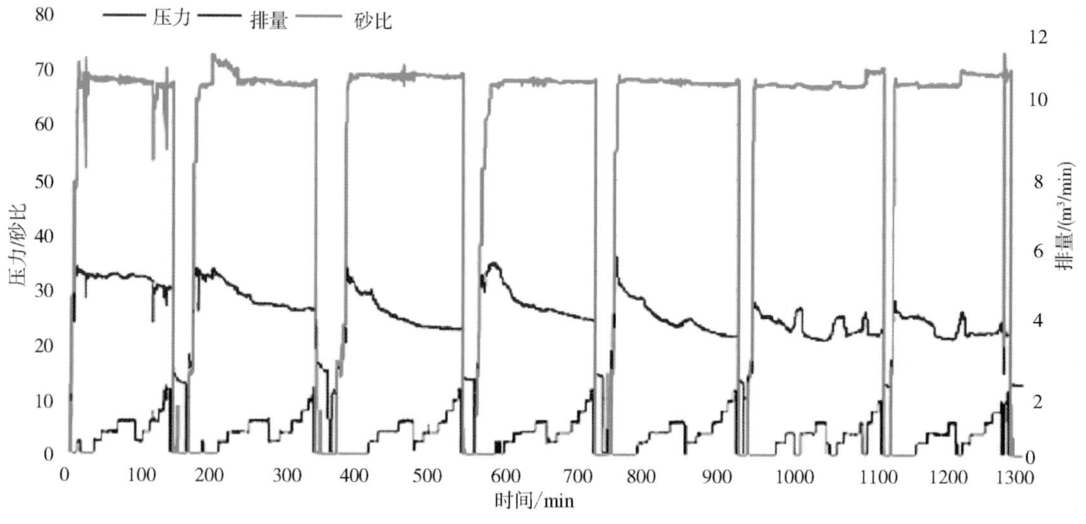

图 6-4　A 井压裂施工曲线

主压裂的施工分析以及净压力分析表明，破裂压力、曲线形态以及停泵均不同，说明 7 级压裂形成了相对独立的缝网系统，没有出现窜槽现象。在图 6-4 中，每段压裂都出现了压力下降现象，这可能是压裂缝在延伸过程中沟通了天然裂缝。第 1 段和第 2 段的破裂压力不明显，与该段天然裂缝发育有关，压裂液在天然裂缝中沟通并延伸，导致压裂液滤失速度快，造成破裂压力不明显。第 6 段和第 7 段压裂出现轻微砂堵迹象，由天然微裂缝发育造成高滤失导致。尽管工艺上取得了成功，但如图 6-5 所示的微地震监测成果表明，压裂并没有达到预期的目的。图中的同颜色小圆点代表与之对应井段在压裂时所监测到的地层破裂信号，信号越集中，地层破裂的程度越高。7 段压裂完成后，所有监测信号都相对集中在井筒右侧，且又集中于第 4~7 压裂井段，表明破碎带主要集中在井筒右侧和第 4~7压裂井段，而不是均匀分布在整个水平井段的两侧，说明压裂较差。分析其可能的原因，①在监测信号相对集中的这一侧可能有一个小地堑构造；②固井质量较差导致的压裂窜槽。

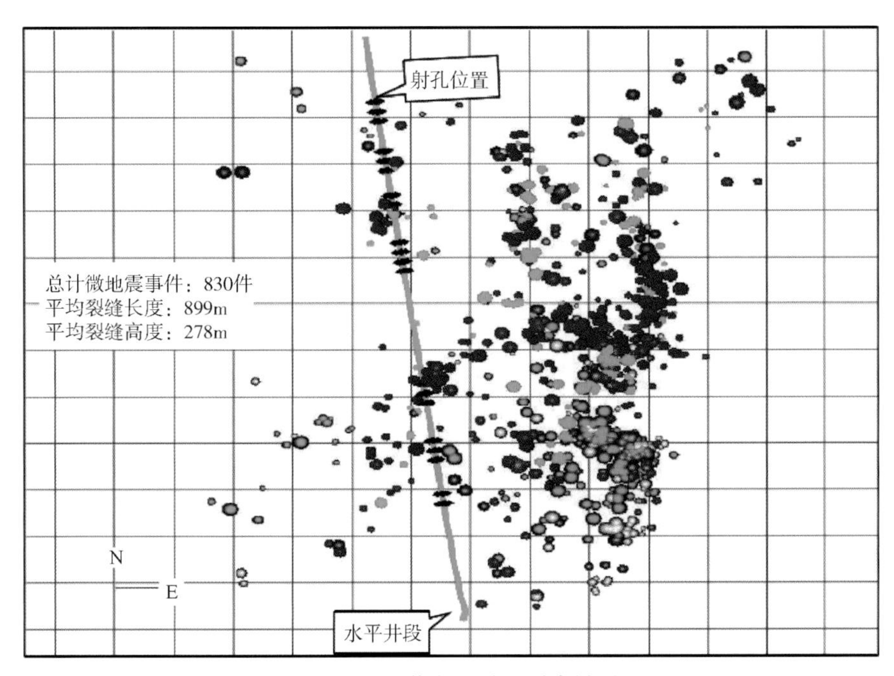

图6-5　A井微地震监测成果图

6.2.3.2　B井微地震监测技术应用

在泌阳凹陷深凹区，利用微地震监测技术对B井水平井分段压裂进行了现场实时监测。B井是针对凹陷核桃园组核三段的页岩油而部署的水平井，页岩水平层段靶点A的垂深为2446m，靶点B的垂深为2410m，在该井测量深度2700～3642m井段，分15级进行分段压裂。为了对本次大型压裂过程中造成的裂缝进行描述以及对压裂效果进行评价，在其东侧340m的AS1井2128～2458m井段放置12级三分量检波器进行微震监测，检波器间隔30m，图6-6是深凹区压裂井与监测井侧视图。

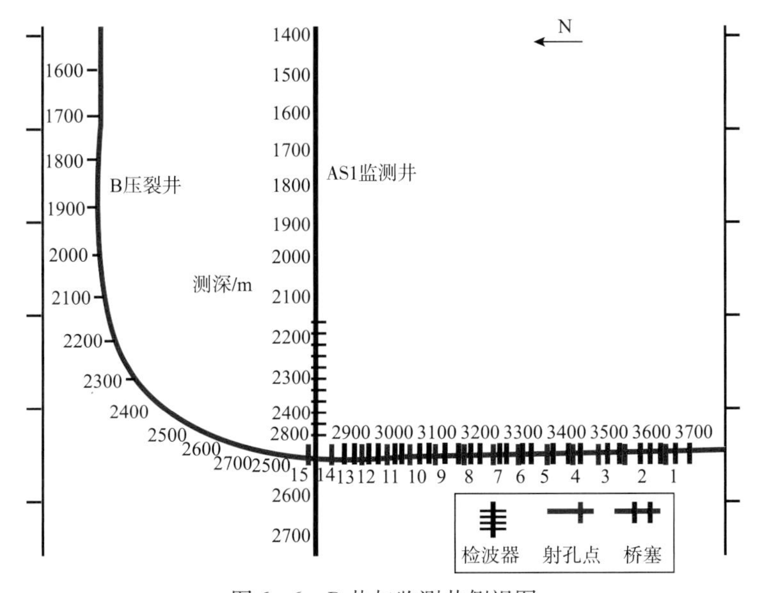

图6-6　B井与监测井侧视图

在压裂过程中，首先利用B井VSP测井及偶极子测井资料建立初始速度模型，并利用压裂井中的射孔炮对速度模型进行校正，使模型误差在10m以内。通过对现场压裂过程中微地震信号进行采集，获得50GB的微地震信息，共采集到微地震事件13912个，对采集到的观测信息通过分析其频率谱、幅度谱、拐点特征等参数，将有效信号与噪声进行分离。在去掉无效信号后，15级分级压裂过程中共得到有效微地震事件10774个。

从每级压裂的微地震监测结果看，由于前5级监测点与压裂点较远，前5级采集到的微地震事件较少，总计才70个。从第6级开始到第15级，采集到的事件数目逐渐增加，共计达到10704个。

对每组微地震事件数据进行处理和校正，得到各级段裂缝网络的走向、宽度和高度。从裂缝的缝宽、缝高来看，第1～15级观测结果没有明显的差异，这表明前5级的压裂也是有效的。最后对第1～15级的微地震事件进行精细校正和处理，把所有的微地震事件叠合显示，图6-7是第1～15级微地震事件立体显示图。从图可以清楚知道网状裂缝包络的空间形态。网状缝南北方向总长度约为907m，在东西方向的宽度约为431m，垂向上总高度约为185m。裂缝的总方位为北偏东34°，图6-8是第1～15级裂缝方位平面图。微地震裂缝方位参数与从成像测井得到的结果具有较高的吻合程度，其中第1～7级的微地震裂缝方位基本一致，为近东西向。从第8级开始到第15级，其方位开始往北偏移，集中在30°～50°。

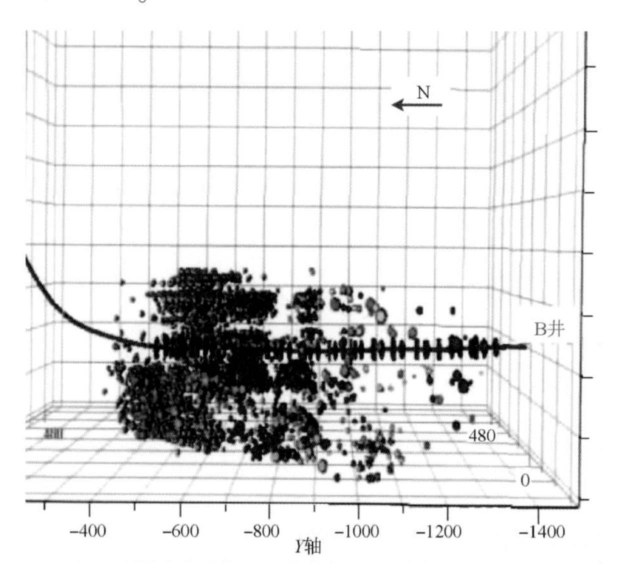

图6-7　微地震事件立体显示图

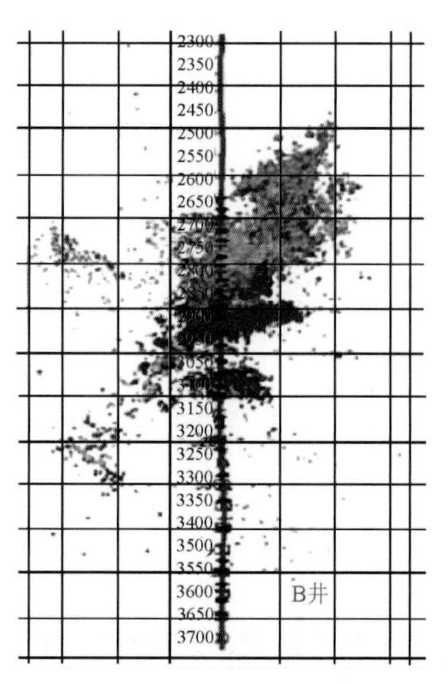

图6-8　裂缝方位平面图

通过对10774个微地震事件定位处理，预测有效压裂体积约为$2384\times10^4m^3$，裂缝总方位为北偏东34°，取得了很好的微地震监测效果。

6.2.3.3　C井的微地震监测

威远构造属于川中隆起的川西南低陡褶皱带，东及东北与安岳南江低褶皱带相邻，南界新店子向斜接自流井凹陷构造群，北西界金河向斜于龙泉山构造带相望，西南与寿保场构造鞍部相接，是四川盆地南部主要的页岩气富集区之一。C井为水平井，目的层为志留系龙马溪组，水平段长约1000m，水平段垂深约3500m。由于页岩气藏本身具有低孔、低渗的特征，须对该井进行水力压裂作业，旨在扩大裂缝网络，提高最终采收率。压裂作业采用复合桥塞 + 多簇射孔方式，设计压裂 12 段，由于可能存在天然断层，第 4 段跳过，实际压裂 11 段。此次地面微地震实际监测的主要任务是现场实时展示微地震事件结果，确定裂缝方位、高度、长度等空间展布特征及此次地面监测共计识别、定位事件2245个，各段裂缝长度从1480 ~ 1800m 不等，平均缝长 1730m，裂缝高度从 90 ~ 200m 不等，平均缝高 170m。基于监测结果，可以得出以下结论和认识：

(1)微地震事件主体发生在两个线性构造内：第一个位于井筒西侧大约距出靶点 100m处，宽约 200m，高约 170m。第二个位于第 7 和第 8 压裂段附近，宽约 100m，高约 110m。所有事件集中分布呈现近似南北走向，垂深范围为 3420 ~ 3620m，微地震事件主体发生在井筒下方(见图 6-9)。

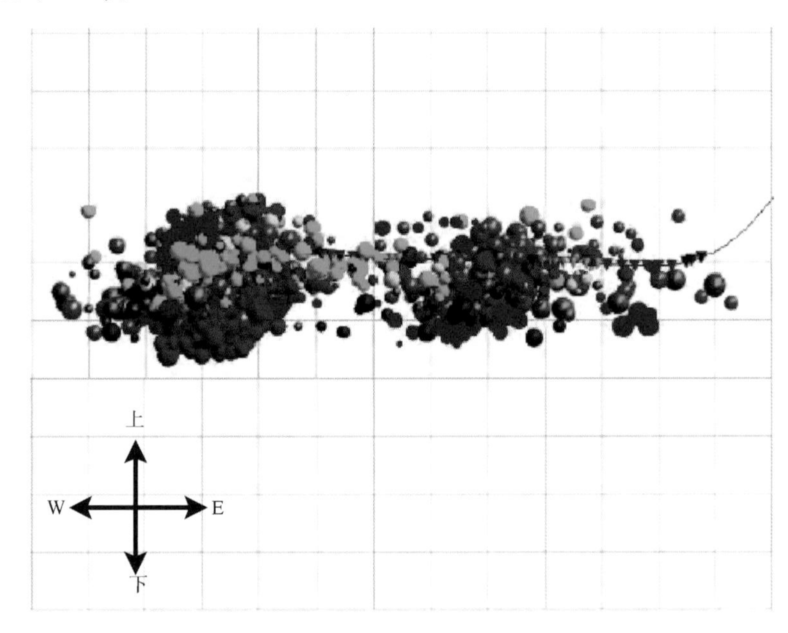

图 6-9　监测结果侧视图

(2)第 1 段到第 3 段的事件集中发生在第一个线性构造内，方位角从 N0°E 到 N5°E。第 5 段到第 12 段的事件除了发生在第一个线性构造内，其余部分集中分布在第二个线性构造内，与井筒斜交，方位角约 N0°E，并且第 5 段到第 12 段的事件在这两个区域的分布密度大体相当。

(3)第 3 段微地震事件数与压裂参数关系(见图 6-10)中，红色柱状显示代表微地震事件数。微地震活动贯穿整个压裂停泵后的时间段，因此这两个微地震活动倾向带解释认为是旧有的断层活动。

(4)仅观察到有少量的微地震事件发生在井筒周边的其他地方，这预示着所有压裂段的主要增产贡献集中于这两个断层带。建议将来的井完井时，使用高强度的凝胶集中压裂隔离地带，可以扩大增产表面积，从而使增产效果最大化。

(5)排除孤立的事件点，估算的累计压裂改造体积 M-SRV 为 $34.9 \times 10^6 m^3$，各段压裂改造体积之和为 $87 \times 10^6 m^3$，重叠率约为 60%。

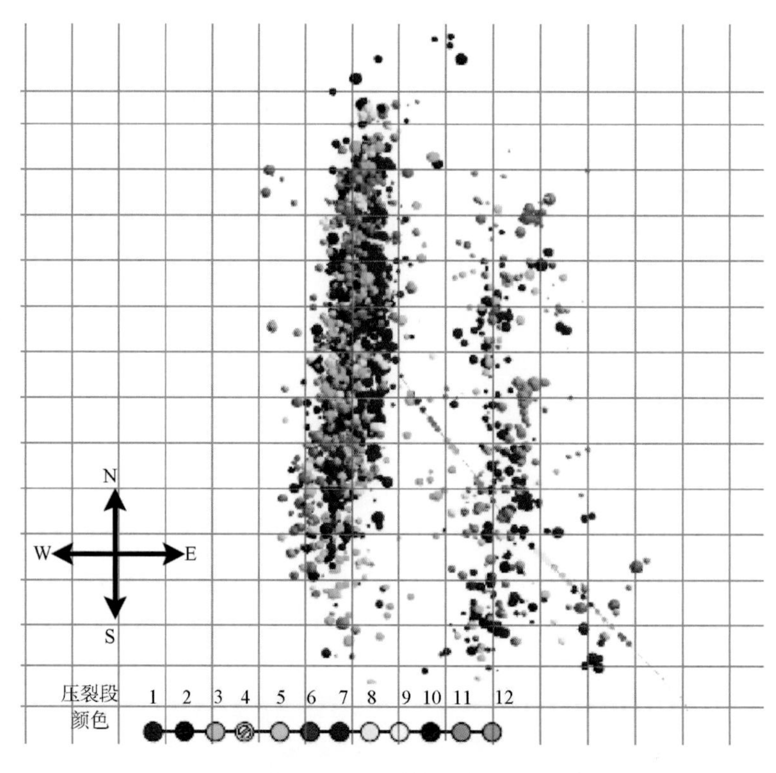

图 6-10　监测结果俯视图

总之，随着非常规油气勘探的不断深入，利用当前最新的压裂技术与微地震监测技术，不但能有效地改善储层的性能，让过去低产或无油气的地区实现工业油气的突破，并维持较高的油气生产当量，而且通过微地震技术的应用，能够及时准确地了解压裂后的储层特征、岩石物性，从而进行更加经济有效的开发。

6.3　页岩气水平井压后评估技术

本节所介绍的包括压后返排示踪剂监测技术、井筒分布式裂缝监测技术、水平井生产剖面测试方法、压后试井评价技术、压后生产动态分析技术是的页岩气水平井压后评价技术的重要技术手段，是水平井压裂施工动态监测技术的补充。

6.3.1　压后返排示踪剂监测技术

压后返排示踪剂监测技术是一种传统而又不断发展的油气井压后效果监测方法，是示踪剂油藏动态监测技术之一。在油藏工程动态分析方法中，追踪流体运移的手段是直接决定油藏非均质性的一个重要工具，放射性和化学示踪剂提供了获得此信息的能力。井间示踪测试是把(放射性)示踪剂注入到注入井中，随后在周围生产井中检测取样，确定示踪剂的产出情况，通过对示踪剂产出情况的分析，形成裂缝的形态和分布进行判断。

示踪剂是指能随流体流动指示流体的存在、运动方向和运动速度的化学药剂，油田注水示踪技术是现场生产测试技术之一，其原理是从注入井注入示踪剂，然后按一定的取样规定在周围产出井取样并监测其产出情况，从而对样品进行分析得出示踪剂产出曲线并进行拟合，反映注水开发过程中油水井的连通情况，掌握注入水的推进方向、驱替速度、波及面积以及储层非均质性和剩余油饱和度分布等。示踪监测技术目前也用于监测压裂效果方面，主要是使用示踪剂监测压裂返排液的研究，从使用单一的示踪剂评价单井单段压裂液的返排情况，发展到同时使用多种示踪剂多分层、多水平井段的评价。

1. 同位素示踪剂监测的基本原理

同位素测量的原理较为简单：将所述的用于监测多级压裂返排液的示踪剂分层段加入到实施多级压裂措施的油井中，在压裂液返排过程中，定期对压裂返排液进行取样，对所取样品中的多种示踪元素络合物的含量同时进行检测，根据检测到的各层段的示踪元素络合物的含量，实现对多级压裂返排液的监测，根据对压后排液情况的监测，而定量描述各段的返排液量和返排速度的情况，再结合前期压裂工艺、参数分析，可为本区块和相似油田下阶段的措施工艺改进提供学依据，指导后续开发。

2. 示踪剂的要求和分类

示踪剂可以按照不同的标准分类，按所指示的流体类型可分为气体示踪剂和液体示踪剂，其中液体示踪剂又可分为水示踪剂和油示踪剂；按在油水相中的分配分类可分为油溶性示踪剂、水溶性示踪剂和油水分配示踪剂；按原理可分为放射性示踪剂和化学示踪剂两类。由于油藏环境的限制，示踪剂必须满足化学稳定性、物理稳定性和生物稳定性等多个方面的要求。一种性能优良的示踪剂应满足在地层中的使用浓度低、在地层表面吸附量少、与地层矿物不发生反应、与所指示的流体配伍、具有化学稳定和生物稳定性、易检出、灵敏度高及无毒安全对测井无影响的要求，同时应尽量满足来源广和成本低的普遍性要求。

油田应用示踪剂的种类很多，根据其物理、化学性质可进行如下分类(见图 6－11)。

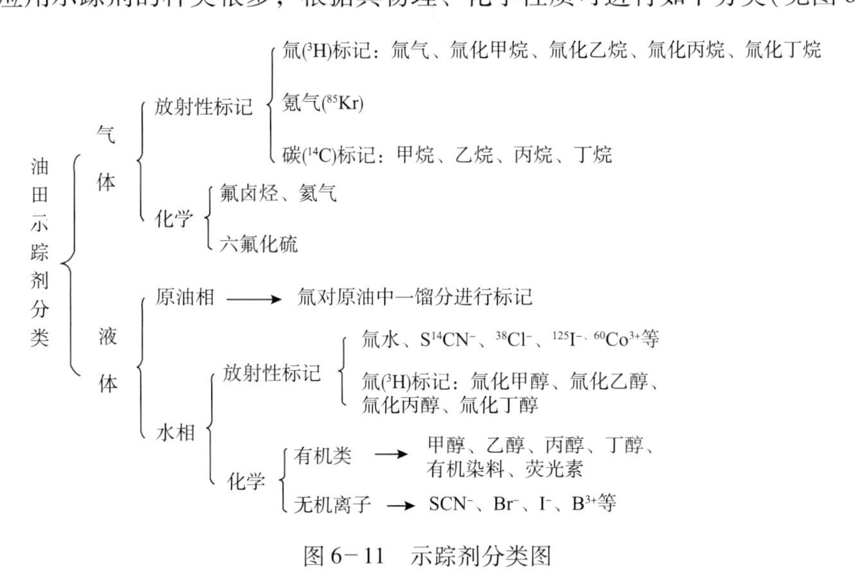

图 6－11　示踪剂分类图

3. 示踪剂压后返排的应用实例

本例中两口是位于得克萨斯州 EagleFord 致密油储层的两口水平井，分别为 Well－1 和 Well－2，两口井都是以套管固井完井，两口井间距为 300m，射孔簇间距 25m，每簇射孔数为 320 孔。Well－1 井分 18 级压裂，Well－2 井分 17 级压裂，在各级压裂加砂的第 1 段，将油溶性的示踪剂加入压裂液中，从而使得示踪剂与地层中的烃类尽可能地反应充分。

在 Well-1 井的第 1 ~ 16 段和第 18 段，Well-2 井的第 1 ~ 17 段分别通过如图 6-12 所示的泵吸式完成油溶性示踪剂的注入，同时开始在返排油嘴处收集返排液进行分析监测。

图 6-12 压裂施工过程中示踪剂的加入装置

在压后 10 天的返排阶段，通过示踪剂的检测，可以得到两口井压后各段的产量贡献率，如图 6-13、图 6-14 所示，各段之间产量贡献各异，非均质性明显。

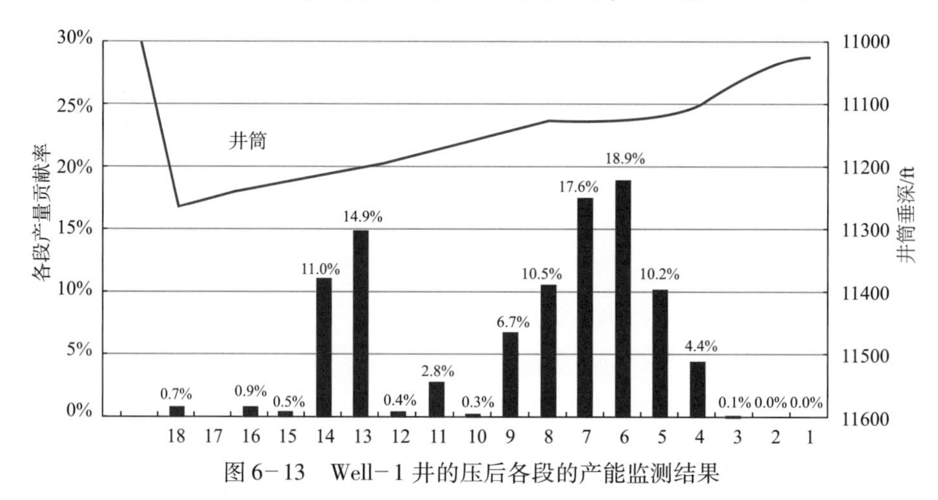

图 6-13 Well-1 井的压后各段的产能监测结果

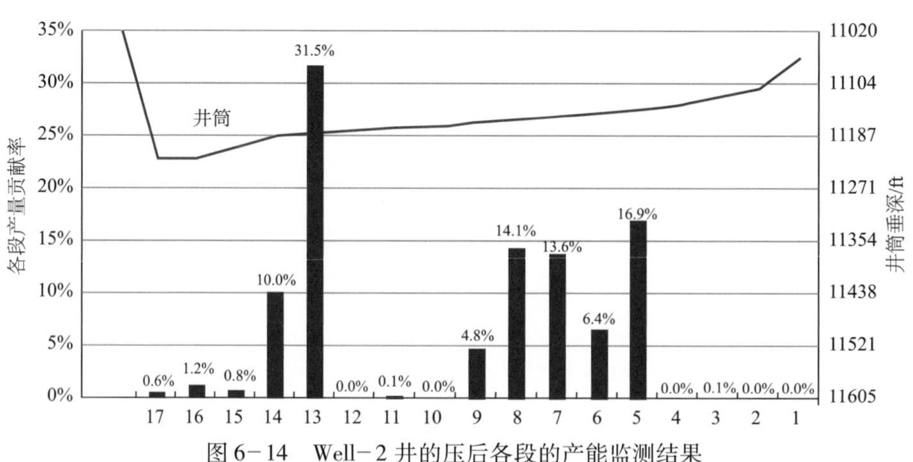

图 6-14 Well-2 井的压后各段的产能监测结果

通过实例分析可以看出，返排过程中的示踪剂监测方法对压后各段产量贡献率的评价有着很好的效果，解释结果本身也对水平井压裂的选井选层工作提出了问题，基于页岩储层特征，如压力、TOC、泊松比、杨氏模量、渗透率通常在水平井方向显示出非均质性的横向变化。

目前压后返排过程的示踪剂监测方法在国内也得到了发展和完善，中国石化江汉油田提出了一种油井分段压裂效果监测方法，其核心技术就是对示踪剂的利用。中国石油也开展用于监测多级压裂返排液的示踪剂及监测方法的研究，随着室内研究的完善和现场应用的成熟，该技术将对页岩水平井压裂的压后评价工作中发挥更大的作用。

6.3.2 井筒分布式裂缝监测技术

分布式声传感裂缝监测(DAS)方法是利用标准电信单模传感光纤作为声音信息的传感和传输介质，可以实时测量、识别和定位光纤沿线的声音分布情况。壳牌加拿大分公司于2009年2月首次将该技术应用于裂缝监测和诊断的现场试验，结果表明该技术可以有效地优化水力压裂的设计和施工，从而降低完井成本及提高井筒导流能力和最终采收率。

分布式声传感裂缝监测(DAS)系统将传感光纤沿井筒布置，采用相干光时域反射测定法(C-OTDR)，对沿光纤传输路径的空间分布和随时间变化的信息进行监测。该技术的主要原理是在传感光纤附近由于压裂液流的变化会引起声音的扰动，这些声音扰动信号会使光纤内瑞利背向散射光信号产生独特、可判断的变化。地面的数据处理系统通过分析这些光信号的变化，产生一系列沿着光纤单独、同步的声信号。

分布式光纤温度测试(FODTS)是一项近些年发展起来的新技术。由于光纤材料具有耐高温、抗压、防腐、防爆和抗电磁干扰等特点，非常适合高温、高压的井底条件，而它实时、全井段分布式的优点更是常规测试、测井方法难以达到的。自1996年FODTS技术首次应用于加利福尼亚州的West Coalinga油田蒸汽驱井组获得成功以来，这项技术已经在国外广泛应用于各种生产实际。Canahan等(1999)将它成功应用于早期蒸汽汽窜和油藏温度剖面的准确监测，Goiffon等(2006)应用该技术分析印度尼西亚Duri蒸汽驱区块中问题井的井况，Nath等(2006)研究了FODTS的最新应用，包括蒸汽驱油藏温度监测、电潜泵的浸没深度优化、微裂缝油藏中裂缝高度的增长实时监测及人工举升系统的流动剖面监测等。实践证明，FODTS能提高油井/油藏的管理水平。国内该项技术起步较晚，但目前随着开发稠油资源的强烈需求，FODTS在辽河油田已经研制完成并投入使用。

6.3.2.1 分布式光纤测试的技术原理及特点

光纤测温原理主要是依据光纤的光时域反射原理和后向拉曼散射温度效应。当光脉冲在光纤中传播时，每一点都产生反射，而反射点的强度越大，反射点的温度也就越高。若可以测出反射光的强度，则能计算出反射点的温度。光纤测温最重要的特点就是可以很容易地实现实时全井段测温，且无需在检测区域内来回移动，就能保证井内的温度平衡状态不受影响。此外，其环境适应性强，可以在高温、高压腐蚀地磁地电干扰下工作，而且精度和分辨率都较高。但是，在油井中的应用存在一定问题，如稳定性不够强、安装和生产工艺需要加强等。

目前，在很多场合下，温度已成为非常关键的因素，许多物理特性的变化都直接反映在温度的升降上，因此对温度监测的意义越来越大。随着光纤应用技术的发展，基于拉曼散射原理的分布式光纤测温系统是目前世界上最先进、最有效的连续分布式温度监测系统。

光纤温度测量技术基于拉曼散射的物理效应。光波导由搀杂的石英玻璃制成，石英玻璃由 SiO_2 分子组成，热使分子晶格产生振动，如果光照射在受热激发而振动的分子上，声子和这些分子的电子之间会发生相互作用。因此光在光波导中会发生散射，这种效应就是拉曼散射。OTDR 的测量过程是发射激光脉冲，通过检测光脉冲的发射和返回的时间差决定光的散射水平和位置。与瑞利光相比，拉曼散射光测量显示的背光信号只是千分之一左右，使用 OTDR 技术的分布式拉曼温度传感器使用高性能脉冲激光源和快速信号平均技术。

基于井筒分布式光纤的系统是一个相对较新的技术，但应用于水平井压裂的压后评价方面只是在最近几年。该技术主要基于压裂施工作业会由于压裂液进入地层而改变井筒中的局部位置的温度变化。因此，通过在井筒内放置一个定制的光纤电缆，从而能够对井筒内的温度实时变化进行测量，为工程人员提供一条动态的、连续的问题变化曲线，从而能够对所得的信息进行解释和压后评价。

6.3.2.2　分布式光纤测试的技术应用

根据光纤安装位置的不同，DTS 技术可以实测到 3 种温度剖面，即：①地层温度。油气藏的原始地层温度，与油气藏的地温梯度及热传导物性相关。②流入温度。油气藏流体在(流入井筒前)砂面处的温度，也可称其为油气藏砂面温度。由于压差使流体在多孔介质中流动产生黏滞耗散及热膨胀等热效应，因此，在流体流入的这一点的温度会与原始地层温度不相同。相反，如果地层中没有流体流动，那么此时 DTS 测量到的气藏流入温度就与气藏地层温度非常接近或相等。③井筒温度。流体从流入点流入井筒，与井筒流体混合后的温度。

在使用 DTS 测量油气井的温度剖面时可以发现，不同类型的井有着不同类型的井筒温度分布特征：在注入井中，由于通常注入流体的温度比地层温度低，因此井温梯度会比正常的地层温度梯度低；在产油层位中，由于液体性质，流体温度在产层处由于压力降低而升高；在产气层中，当气体由储层高压状态进入井筒低压状态时，气体分子扩散并膨胀吸热，会形成局部的温度降低。

2008 年，斯伦贝谢的 Huebsch 等用直径⅛in 的钢缆包裹光纤并将其下入直井气井中，测量出温度剖面，根据温度剖面会受流体流入或流出的影响而变化的原理，反演计算得出气井的流入剖面，并且与实际测试数据相吻合。2010 年，Li 等利用底水油藏中的 DTS 温度数据，反演得出沿水平段流入剖面，并建立带有井下流入控制阀的模型研究温度剖面与流入剖面的关系。在研究中，油井的生产制度为定井底流压生产，水平段被分为 10 个部分，每一段长约 90m，在 610m 附近有一个高渗带。DTS 温度数据及计算的流入剖面如图 6－15所示。

水平段 600m 附近的高渗带使此处的温度变化幅度增大，反演出的水平段流入剖面中也显示在 610m 处的流入量最大。除了可以实现分布式实时测量外，DTS 技术的另一大优势在于光纤既是信号的传播介质，又是温度的传感介质，这些功能均由一根普通的单模或多模光纤即可完成，大大地降低了温度测量的成本。

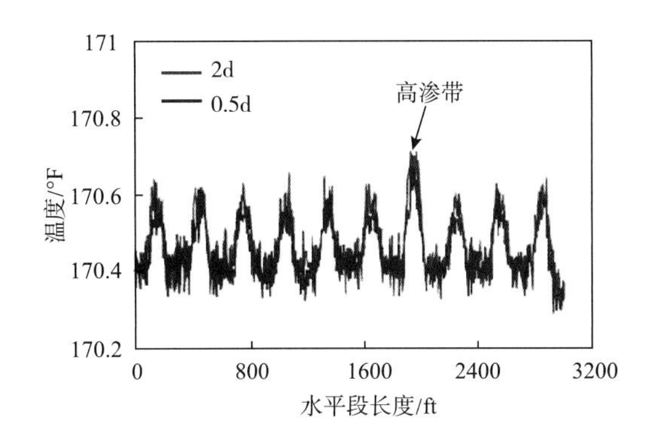

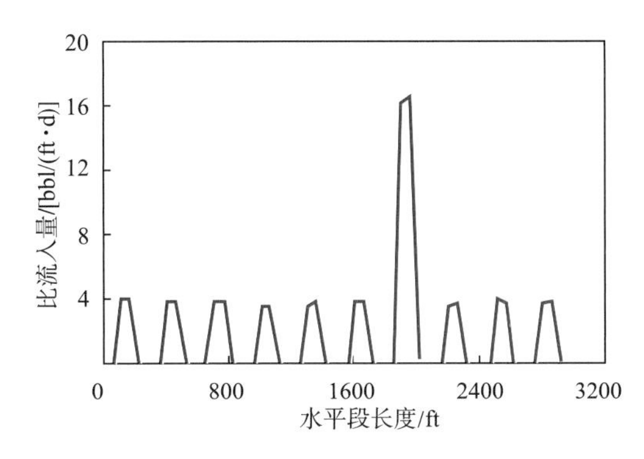

图6-15　DTS技术测量的水平段温度剖面

6.3.3　水平井生产剖面测试方法

随着水平井技术应用规模的快速扩大，对产液剖面测井的需求也日益迫切。产液剖面测试技术是水平井开发的重要配套技术之一，在开发中起着关键作用。产液剖面测井资料是优化注采方案、指导压裂、堵水等作业并评价其效果的不可缺少的依据。与垂直井相比，水平井产液剖面资料的价值更为重要。

6.3.3.1　水平井生产剖面测试

在水平井开发过程中，一旦发生局部水淹则会导致全井含水急剧上升，严重影响开发效果，甚至导致油井的废弃。而产液剖面测井可以了解是否有水突进、确定水的突进位置，对油井暴性水淹的防治起到重要作用。随着水平井应用规模的扩大，油水井的地质和工程问题也不断出现，产液剖面测井资料不完备对水平井高效开发的制约作用已日益突出。近年来，国外以斯伦贝谢、阿特拉斯和哈里伯顿等为代表的石油技术服务公司，相继发展了基于电容传感器阵列、电导传感器阵列、光纤传感器阵列、涡轮传感器阵列以及化学示踪法的水平井生产测井技术，已在北美、亚洲等地区的油田成功应用。

与垂直井相比，水平井产液剖面测井是一个挑战。首先，井下仪器无法依靠重力到达待测水平段，必须借助专用装置的驱动；其次，水平和近水平条件下井内流体的流动状态与垂直井截然不同，常规的用于直井的技术由于测井环境的改变和技术原因无法直接应用，使流量和各相组分的测量非常困难。同高产液量的自喷井相比，国内油田占绝对数量的中低产液机采水平井的测井难度进一步加大。因单井产量低，国内水平井普遍采用机采举升方式，对下井仪器输送的空间限制更为苛刻；低流速下油水相间的重力分异作用加剧，流型复杂多变，对井斜的微小变化非常敏感，流量和含水率的准确测量更难实现。

生产测井的目的是为油气藏工程分析提供基础信息，通常通过测量流动井段来辨别流入水或烃类的分布区域；还能够辅助辨别存在水窜、漏失、窜流、吸水段和边界效应等问题井段。水平井生产测井传感器组件(见图6-16)包含以下部分：伽马射线发射器——用以深度校正；套管接箍定位器——用以深度校正；压力(探头)——确定PTA分析用的——底压力和油藏压力；温度(探头)——测量流入或窜进液体或气的温度；流量计——测量井段之间的流量变化；流体辨别感应器应用于两相或三相流动条件下；流体电容(探头)——测量辨别水和烃类；流体密度(探头)——测量辨别水、液态烃和气态烃；持率测量(探头)——直接测量井筒横截面上的流体和烃类持率。

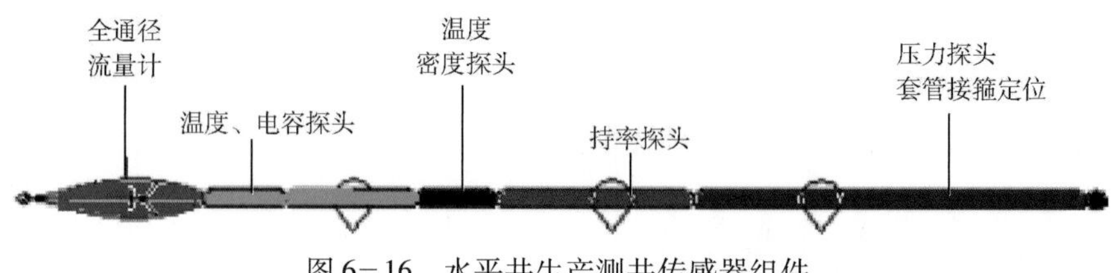

图 6－16 水平井生产测井传感器组件

6.3.3.2 连续油管输送测试方法

在不同井况条件下，使用连续油管输送测井工具是一种有效且多功能的方法。它将输送过程中可能出现的意外情况(斜井段聚集“意外的”砂岩和支撑剂的堵塞)都充分考虑到了。连续油管抽出来的流体或硝化流体可冲洗这些固态物，从而保证井眼中的仪器输送顺利进行。在水平井中，完成一次成功测井首先要满足的条件是测量仪器要到达理想的深度。在下井过程中，由于连续油管与套管之间摩擦力的存在，往往会阻碍生产测井工具到达理想深度。水平井中的连续油管和完井的操作状况。通常使用的连续油管输送生产井测井仪器下入井中，这比大口径的连续油管循环会产生更少的疲劳。环绕模拟中推荐使用较大口径的连续油管，来预测在达到最大理想测井深度之前局部钻具组合是否会摩擦锁死井，因此通常选择较长的水平段或较短的垂直段。在较短的垂直段，油管中与摩擦力相反的连续油管悬重力较小。较大口径的套管(1¾in 和 2in)每米质量相对较大，因此有更大的推力。

目前，美国页岩气藏的水平井开采中，多数井连续油管输送测井在不同井况条件下，使用连续油管输送测井工具是一种有效且多功能的方法。它将输送过程中可能出现支撑剂堵塞等意外情况都充分考虑到了。连续油管抽出来的流体或硝化流体可冲洗这些固态物，从而保证井眼中的仪器输送顺利进行。

6.3.3.3 过油管牵引输送的生产测井

过油管牵引输送的生产测井方法优点在于：该方法很少受阻塞或受井内流体流动干扰的影响。这意味着在生产测井同时，井实际上处于正常生产状态，因此测得的数据更能反映储层实际情况。井牵引通过电子电缆输送，生产测井传感器安装在井牵引器的下面。一旦牵引器离开油管底部进入套管，可通过连接地面的电缆来执行牵引卷轴臂和轮的启动命令。仅需要控制牵引的电压，就可使牵引输送穿过横截面。用于校正的测井传感器可安装在电缆上(实时记录数据模式)或在存储模式中程序化。在一口标准的页岩气井中，这种输送方法需使用修井机牵引现有的生产油管，下仪器到趾部洗井，然后使用生产油管替代油管。尤其要注意残留在井中的碎屑物质和井趾段角度的影响。同连续油管输送的测井方式一样，在生产测井开始之前要安装一个合适的气流率和水流率的测量系统。牵引行动像运行在井中的开关，为了防止牵引在井中运行时井停喷，在输送阶段要留意。一旦牵引和生产测井组件移出油管，应等待一段时间，让井恢复到稳定流量后再开始测量。通过横截面目标点的测量，可得到横截面上相对流速剖面、持率图、密度、容量和温度的变化情况。

图 6－17 为带井牵引的水平井生产测井曲线图。采用油管和套管，水窜槽改变产气量至 $850\times10^4 m^3/d$ 和产水 $159 m^3/d$ 。操作人员多次尝试用连续油管输送的测井方法来确定

见水层位，但连续油管的阻塞效应使井内无流体流动，需5~7天的抽吸作业使井恢复运行。带井牵引器输送的水平井生产测井系统，使得井内流体在测井同时以自然速率流动，从而避免了油管阻塞现象。

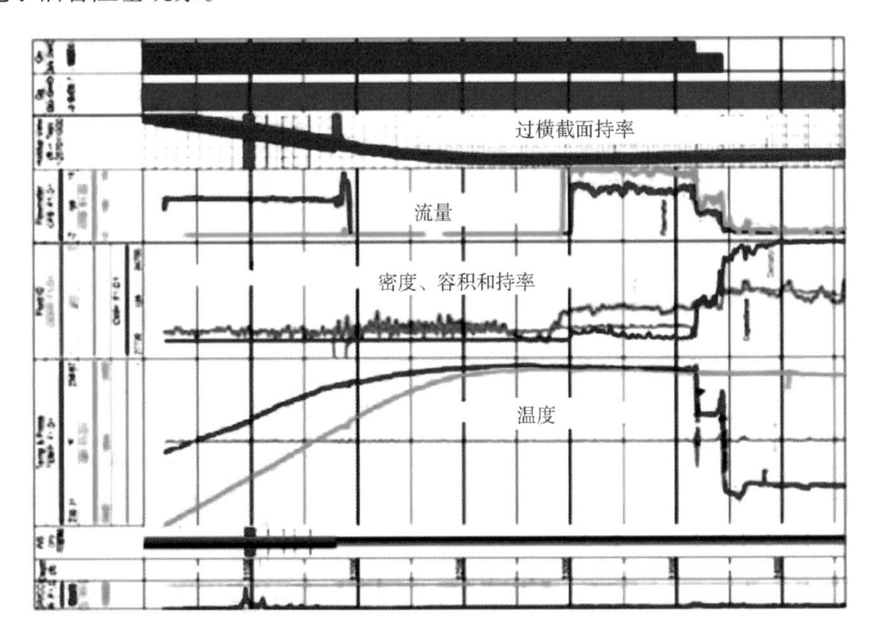

图6-17　牵引输送生产测井曲线图

但对于国内占绝对多数的中低产液机采水平井，国外已有的输送工艺和测试仪器不适应。国内水平井生产测井技术研究处于探索阶段，尚无可行的测试技术，中低产液的机采井的产液剖面测井已成为亟待解决的课题。

大庆油田测试技术服务分公司、中海油测井公司引进了Sondex公司牵引器，配接垂直井测井的国产组合仪开展了试验，成功地进行了多口井的产液剖面测井。采用电容传感器、电导传感器、涡轮流量计和相关流量计在多相流实验装置上进行了初步实验，取得的结果令人乐观。

6.3.3.4　D井产气剖面测试

FSI流动扫描成像仪通过沿井筒截面分布的5个微转子和6对持水率和持气率探针，能准确获取每个深度的流体分布和流速，综合解释得到总的产液剖面和分层贡献，该测量方法消除了因井斜变化而流态变化的影响。

根据生产测井所获得原始数据，首先是进行深度校正，然后进行质量控制，质量控制的内容包括各个测井速度下上测和下测的温度、压力、微转子转动、FloView持水率测量、GHOST持气率测量以及PVT数据，利用质量合格的数据进行分析。在质量控制的基础上，计算出每个相的持率以及流体的视速度(Vapp)，应用校正后的流体压缩系数、采用相应的水平井滑脱模型以及流速校正因子，利用MPT多传感器处理模块，从而计算出油相和水相的在每个深度的产量。

为获取D井产气产液剖面，得到各射孔簇产气产液贡献，评价各级压裂效果，应用斯伦贝谢FSI生产测井，对D井进行产气剖面测试。其FSI工具及测井解释结果分别见图6-18和图6-19。

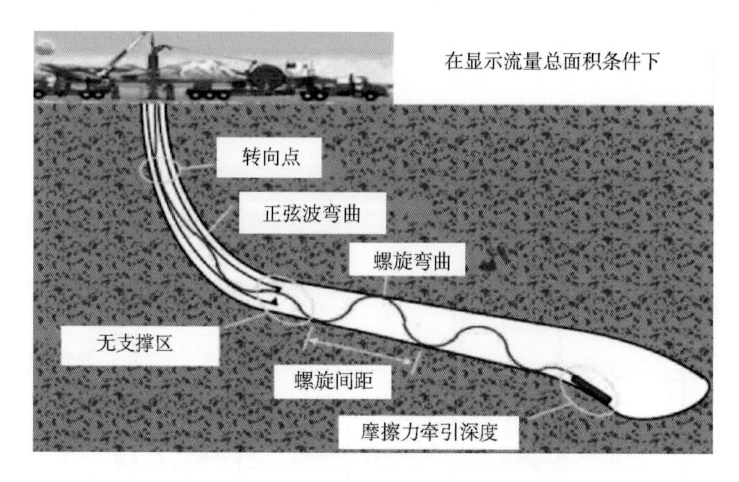

图 6-18 斯伦贝谢 FSI 工具示意图

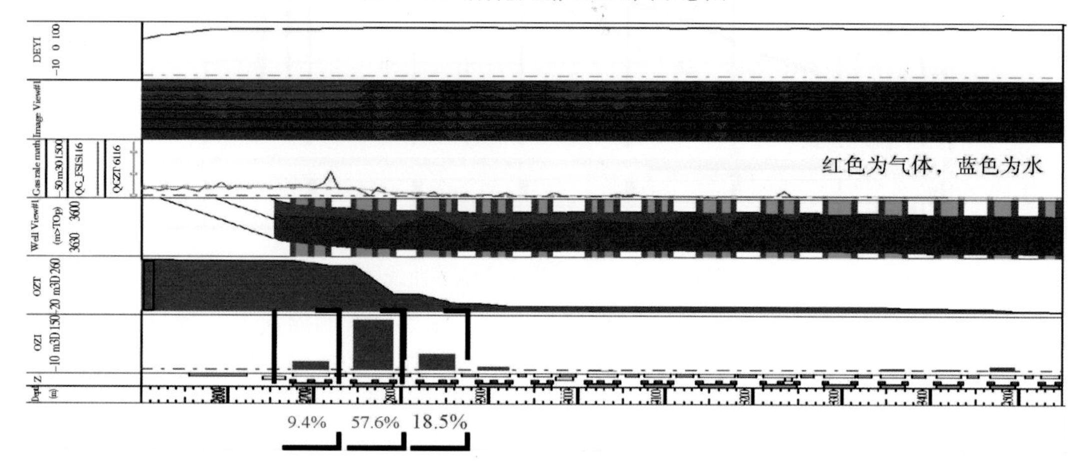

图 6-19 斯伦贝谢 FSI 测井解释结果截取图

在地面计量产量为气 $6\times10^4m^3/d$ 生产制度下，水平井剖面测试过程中，仪器受井下复杂条件影响较大，基于取得的资料解释结果如下：

(1) 从产气剖面解释结果来看，主要贡献层段是第 12～15 级，占总产气量 90%，第 2～11级产气贡献小，仅占 10%。分析可能与储层物性、完井质量以及残屑堆积和积液有关，另外在目前生产压差下多段合采部分层段不能动用。

(2) 地面产水微量，在井下斜井段发现有水回流现象，水平段积液较多。

(3) 测试结果显示：产能主要贡献是第 12～15 级，占总产气量 90%，36 个射孔簇，13 个没有产量，有效率 64%(见图 6-20)。

江汉油田采油院开发的“连续油管 + 存储式测试仪器”页岩气水平井测试新工艺成功应用于涪陵页岩气开发。该工艺将连续油管工艺引入水平井生产测试领域，解决了常规工艺无法下入水平井段的难题，同时简化了测试工艺，降低了施工成本。该项技术首次在涪陵现场成功应用，测试人员在完成仪器组装、调试、自检、地面管线试压、井口装置试压等一系列准备工序后，同时将三支自主研发的仪器推送至井下测试层段，成功录取到了全井段的温度、压力、磁定位剖面数据，初步了解了长水平井段的各小层的产气情况，实现了水平井产气剖面的定性测试。

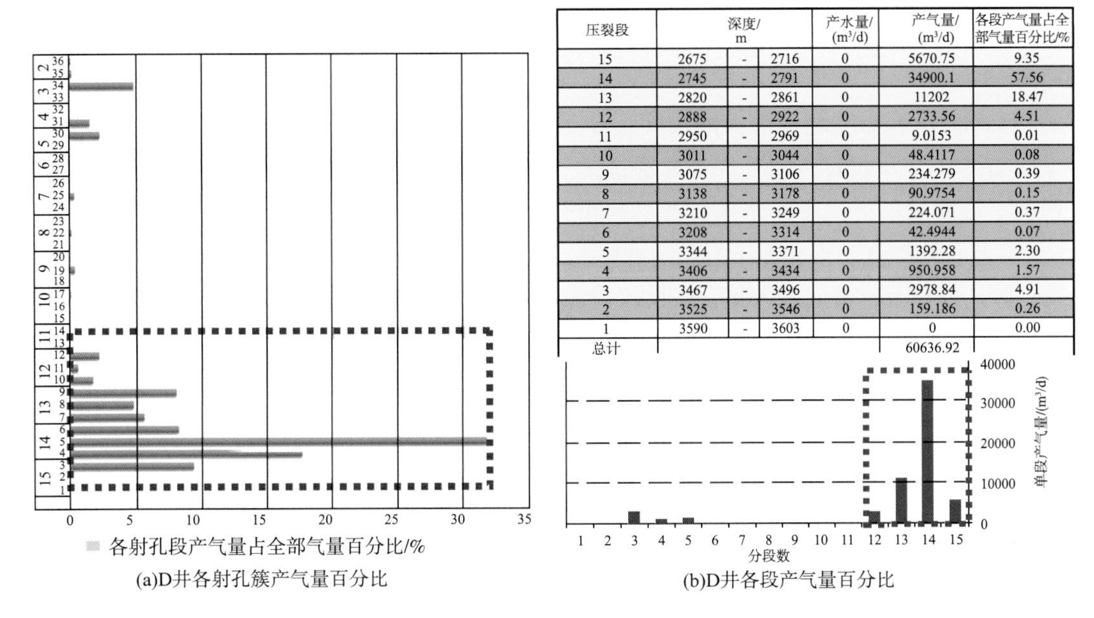

压裂段	深度/m			产水量/(m^3/d)	产气量/(m^3/d)	各段产气量占全部气量百分比/%
15	2675	-	2716	0	5670.75	9.35
14	2745	-	2791	0	34900.1	57.56
13	2820	-	2861	0	11202	18.47
12	2888	-	2922	0	2733.56	4.51
11	2950	-	2969	0	9.0153	0.01
10	3011	-	3044	0	48.4117	0.08
9	3075	-	3106	0	234.279	0.39
8	3138	-	3178	0	90.9754	0.15
7	3210	-	3249	0	224.071	0.37
6	3208	-	3314	0	42.4944	0.07
5	3344	-	3371	0	1392.28	2.30
4	3406	-	3434	0	950.958	1.57
3	3467	-	3496	0	2978.84	4.91
2	3525	-	3546	0	159.186	0.26
1	3590	-	3603	0	0	0.00
总计					60636.92	

(a)D井各射孔簇产气量百分比 (b)D井各段产气量百分比

图6-20 斯伦贝谢FSI测井解释各射孔簇和各段产量贡献比例

6.3.4 压后试井评价技术

试井是油气藏动态描述及动态监测的重要手段之一，已成为油气勘探开发工作的一个重要组成部分。通过试井可以确定测试井的产能、储层孔隙结构、地下流通类型和判断边界性质等。页岩气压裂水平井试井技术能帮助更好地认清页岩气水平井压后的渗流特征，为页岩气藏工程研究和压裂设计优化提供科学依据。目前，国内外关于页岩气分段压裂水平井渗流机理的研究基本上是在理论模型的基础上开展的，未能结合页岩气井的生产实际情况。国内页岩气井生产期较短，压力恢复试井是研究页岩气井渗流特征最主要的手段之一。

Song Bo等(2011)假设页岩气储层为裂缝孔隙型双重介质，基质和裂缝内均存在自由气，并且基质以线性不稳定流方式向裂缝窜流，对多段压裂水平井的压力变化特征进行了研究。研究认为，页岩气多段压裂水平井在生产中理论上存在早期线性流、假拟稳态流、中期复合线性流和晚期边界控制流。图6-21是页岩气多段压裂水平井潜在流型示意图。

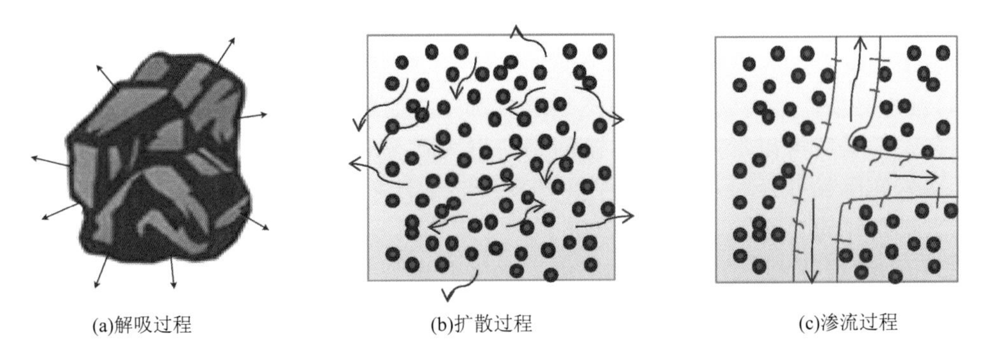

(a)解吸过程 (b)扩散过程 (c)渗流过程

图6-21 页岩气多段压裂水平井潜在流型示意图

(1)早期线性流。该阶段主要以气体从页岩向压裂裂缝的垂直线性渗流为主，由于页岩渗透率是纳达西范围，因此可以认为裂缝为无限导流能力，在双对数图上压力导数成1/2斜率的直线。

(2)假拟稳态流。随着生产的继续，压力波及范围扩大，直到相邻压裂裂缝之间开始产生压力干扰，在双对数图上压力导数曲线开始向上弯曲斜率接近于1，每个压裂裂缝从由相邻干扰裂缝构成的半封闭压裂改造区供气。

(3)复合线性流。当相邻压裂裂缝发生压力干扰后，整个体积压裂范围内都会出现压力干扰，并向外波及，此时进入复合线性流阶段。流线以垂直线性方式流入压裂裂缝，外围以垂直线性方式流入体积压裂区。在双对数图上此阶段的压力导数将会再次呈现1/2斜率。

(4)拟径向流。在此阶段，外围流线以径向方式流入体积压裂区，在双对数图上压力导数曲线的斜率为0。

(5)边界控制流。随着生产时间的延长，压力将波及到边界，进入边界控制流阶段。根据页岩气储层边界类型可能会出现3类流动形态，其中封闭边界页岩气储层在双对数图上压力和压力导数斜率为1。

对于纳达西渗透率的页岩储层来说，需要经过非常长时间的生产才能达到拟稳态生产阶段，因此这种流动阶段很难出现。事实上，线性流可能是页岩气多段压裂水平井中可以观察到的主要渗流形式。

页岩气储层的吸附气解吸扩散对压力导数双对数图版的形状不会产生影响，只是各个渗流阶段出现的时间向后推迟，推迟的幅度与等温吸附参数及体积压裂有关。

6.3.5 压后生产动态分析技术

与常规油气井类似，页岩油气井的产量递减速度通常用递减率来表示，即单位时间的产量变化率，或单位时间内产量递减的百分数。页岩油气井产量递减规律可以分为直线递减、双曲递减、调和递减和指数递减等。

6.3.5.1 页岩气井产能影响因素

Fred P Wang(2010)指出影响页岩气井产能的关键因素包括开发井型、压裂改造技术、天然裂缝发育状况、总有机质碳含量与热成熟度、含气量、地层压力梯度及脆性矿物含量等。

(1)天然裂缝发育状况。天然充填裂缝在储层压裂时有助于形成体积压裂，能改善储层的导流能力，而异常裂缝和断层可能导致压裂液进入无效通道，使井与地质危害区连通，影响压裂效果。

(2)开发井型。页岩储层中的自然裂缝大都是垂直缝，水平井可以钻遇更多的垂直裂缝，配合人工压裂可以形成人工裂缝网络，增大渗流面积及动用储量，提高单井产能。Barnett页岩实际钻井经验表明，水平井开发最终估计采收率大约是直井的3~8倍，而费用只相当于直井的2倍(Waters G，2006)。

(3)压裂改造技术。在页岩气储层中，水平井压裂会形成大规模的交叉裂缝群，增大压裂改造体积，提高单井产能及累产。压裂规模、裂缝导流能力对气井产能影响较大。

(4)总有机质碳含量与热成熟度。有机质碳含量一般在1%~3%，以大于2%为好。有机质成熟度一般在0.7%~2.5%，以1.2%左右为好。

(5)含气量。页岩中的游离气含量会影响单井产能，吸附气含量会影响气井累积产量。美国已开发的页岩气储层含气量范围在 0.4 ~ 9.9m^3/t，吸附气占比在 20% ~ 50%。其中，Barnett 页岩含气量约为 8.5 ~ 9.9m^3/t，吸附气占比为 20%(李玉喜，2010)。

(6)地层压力梯度。高压力梯度能提高页岩气储层的品质，主要体现在孔隙度和渗透率的改善、吸附气及含气量的提高、有效应力的降低、水力压裂效果的提高。

(7)脆性矿物含量。页岩储层中脆性矿物含量越高，对压裂液的要求越简单，使用的支撑剂数量及压裂级数越低，更容易形成复杂裂缝系统。

6.3.5.2 页岩气井产量压力变化特征

页岩气井生产初期的产气主要以裂隙游离气为主，随着储层压力的降低，基质吸附气逐渐解吸附并通过扩散和渗流方式进入微裂缝，此时基质气是主要产气来源。因此，页岩气井压裂投产初期产量高，递减快，此后经历漫长的低产稳产阶段。

国外对页岩气的产能分析方法有解析法和数值模拟法，其中解析法包括稳定产能分析和不稳定产能分析。2009 年 4 月，M. Tabatabaei 等对美国 Bakken 盆地致密多层页岩气藏压裂水平井的流动进行了分析，基于基质到裂缝再到井筒的流动过程提出了一个精确的产能评价公式。2010 年 6 月，F. Medeiros 等提出一个考虑了油藏非均质性、水力压裂和井筒流动特征的半解析模型，并用它表示基于不稳定产能指数的产量递减特征。2010 年 10 月，A. Aboaba 等在以线性流动为主的研究基础上，提出了在生产早期估算基质渗透率和裂缝半长的方法。

国内对页岩气产能分析研究还处于起步阶段，而对页岩气的水平井产能评价的研究几乎是一片空白。2010 年，王晓东等在分析了多孔介质油藏中的稳定渗流后，根据到井筒的汇流提出了计算等效半径和表皮系数的模型。根据压降过程叠加原理，建立了一个评价含有限导流裂缝的水平井产能的新方法。2010 年 10 月，段永刚等从页岩气渗流机理入手，以点源函数方法为基础，应用菲克拟稳态扩散模型，研究了页岩气在基质和裂缝中的单相流动，建立了页岩气藏无限导流压裂井评价模型，讨论了吸附系数、裂缝储容系数和窜流系数等参数对压力动态的影响，分析了页岩气藏压裂井动态特征及部分参数估计方法，解决了无法确定页岩气藏动态参数的难题，首次绘制了页岩气藏压裂井典型曲线。2011 年 4 月，段永刚等利用 Langmuir 等温吸附方程描述页岩气的吸附解析现象，点源函数及质量守恒法，结合页岩气渗流特征建立双重介质压裂井渗流数学模型，通过数值反演及计算机编程绘制了产能递减曲线图版，分析了 Langmuir 体积、Langmuir 压力、弹性储容比、窜流系数、边界、裂缝长度等因素对页岩气井产能的影响。2011 年 4 月，李建秋等在研究页岩气藏特征及渗流规律的基础上，建立了考虑解析作用的页岩气井渗流微分方程，求解了定生产压力圆形封闭地层中心一口垂直页岩气井的无因次 Laplace 空间流量解，并通过 Stehfest 数值反演绘制了页岩气井无因次的产能递减曲线。2011 年 4 月，高树生等在物理模拟研究滑脱效应的基础上，根据页岩气开发特征，建立了考虑人工压裂和气体滑脱效应的气井产能公式，研究了不同储层压力条件下滑脱系数对于气井产能和生产压差的影响程度。2011 年 5 月，孙海成等以四川盆地志留系含气页岩气层为基础，利用数值模拟手段分析了页岩气储层的基质渗透率、裂缝连通性、裂缝密度(改造体积)、页岩气储层主裂缝与次裂缝对产量的影响，并对页岩气井的压后产量递减规律进行了分析。2011 年 10 月，李晓强等提出了一个考虑页岩基质中达西流和扩散流的双重流动机理模型，得出了模型的无因次 Laplace 空间解。2011 年 12 月，张士诚等在总结分析了页岩气压裂的特点基础上，探讨了网状裂缝形成的主控因素及裂缝扩展模型、产能预测模型的类型以及优缺点。2012 年 2 月，周登洪等分析了页岩气产能的影响因素，阐述页岩气的渗流机理，介绍页岩气产能动态分析方法，并利用实例分析证明随水锁启动压力的增大，气井产能逐渐减小。

6.3.5.3 页岩气产量递减典型曲线

目前用于页岩气藏产能动态分析的方法主要分为解析法、常规产能递减分析法（以 Arps 递减分析为主）、Backward 方法、Ilk 方法、FolarinAdekoya 提出的 Backward&Ilk 方法以及数值模拟方法。分析发现与常规产能递减分析法相比，Backward 方法和 Ilk 方法可以更加准确地预测气藏储量和生产动态，而 Backward&Ilk 方法拟合预测效果最好。Arps 递减分析油气藏生产实践表明：致密气藏中由于不稳定渗流的长期性和层间的不同渗流机理的影响，通常异常递减规律即递减指数 $b>1$，造成产能动态预测结果偏差很大。而页岩气渗透率极低导致达到拟稳定流需要很长时间并且往往进行过压裂，使得渗流极其复杂；常规的 Arps 递减适用于油气藏生产达到稳定的条件下，因此用于页岩气产能分析误差很大。Y. Cheng 等提出了利用非稳定生产数据对致密气进行动态分析的方法：首先由公式估算稳定渗流递减指数；然后固定递减指数，以逆向方式拟合求解初始产量和初始递减率，从而获得 Arps 递减方程。解析法：多级压裂水平井页岩气藏中渗流过程分为不稳定线性流、双线性流、不考虑裂缝的基质线性流、由基质向裂缝的不稳定线性流、边界流。

启动压力梯度对页岩气井产能的影响分析：在进行考虑启动压力梯度的气井产能公式推导之前先作如下假设：①在气井近井带 $r_w \sim r_L$ 半径内压裂液滞留影响形成了水锁堵塞，由于水锁启动压力梯度 λ_s 随含水饱和度增加而增大，所以水锁半径内的 λ_s 从 $r_w \sim r_L$ 是逐渐减小的。②地层内 $r_L \sim r_e$ 存在常规启动压力梯度 λ_c。储容系数决定页岩气压力导数曲线过渡段下凹的宽度和深度：ω 越小，过渡段越长，凹子就越宽并且越深。吸附系数决定页岩气压力导数曲线过渡段下凹深度及出现时间：σ 越大，过渡段越长，凹子就越宽并且越深，过渡段出现的时间也就越早，串流阶段出现的时间也越早。串流系数决定页岩气压力导数曲线过渡段出现的早晚：λ 越小，凹子越靠左边，过渡段出现时间越早，基质系统向裂缝系统的串流出现时间越早。目前现有的各种动态分析方法对产量以及可采储量的预测偏差较大。主要原因在于：①考虑吸附气量存在不确定性；②页岩气藏独特的渗流机理决定了其具有初期产量递减快，开发时间长的特点，因此目前能够获取的动态数据非常有限；③裂缝描述的复杂性。

由于页岩气藏的产能一般都基于裂缝存在的前提，所以目前绝大多数井都需要进行压裂，现今对裂缝进行描述主要依靠成像测井和压裂过程中的微地震测绘。随水锁启动压力增大，气井产能逐渐减小，且在水锁形成以后，气井开井后不再是一有压差就有产量，而是具有一定的启动压差，生产压差必须大于启动压差后，气井才有产量，这较好地体现了水锁气井开井恢复生产时需要启动压差的客观事实。页岩气在页岩中有其特殊的赋存运移机理，页岩气流入生产井筒需要经历解析、扩散、渗流 3 个过程，在考虑扩散影响的情况下，以点源函数为基础建立了页岩气藏压裂井渗流数学模型。分别比较了储容系数，吸附系数及串流系数对页岩气藏压裂井双对数曲线的影响。储容系数决定过渡段下凹的宽度和深度；吸附系数决定过渡段下凹深度及出现时间；串流系数决定了过渡段出现的早晚。以常规试井分析方法为基础，讨论了井筒储集系数、裂缝半长、地层渗透率等参数的估计方法。页岩气藏自身的独特性决定了页岩气藏产能的影响因素的复杂多样性。储层非均质性将产生特殊的运移和动力效应，从而阻止天然气从基质上的解吸附，降低天然气的最终采收率。在页岩气生产早期阶段，地质力学效应对气藏生产动态没有明显影响，当产量下降稳定以后影响就很明显，当渗流处于边界流时，地质力学效应又开始表现得不明显。天然裂缝对页岩气藏产能产生正面或者负面的影响，人工裂缝的好坏由无因次裂缝导流能力来表征。压裂液滞留会引起储层水锁或者水堵，从而降低产能。随水锁启动压力增大，气井产能逐渐减小。

压裂级数对产能递减典型曲线的影响：页岩气井多级压裂是页岩气有效开发的重要手段之一。压裂级数对产量递减典型曲线也有较大影响。对于同一个平台上的井而言，压裂级数一般相差不大，因为一个平台上的井比较集中，相距较近，地质条件相差不大，因此其水平段长度、压裂级数等参数较为相近。但在不同区块内，由于地质条件不同，水平段长度及压裂级数会有所变化。同时，随着技术的进步，水平段长度和压裂级数也会逐渐增加。目前现场作业的压裂级数可多达30～40级，相比于Barnett页岩开发而言，压裂级数及水平段长度大大增加。因此，在采用典型井数据进行典型曲线分析时，要充分考虑到压裂级数的影响。

6.3.5.4 页岩气井产量递减分析方法

页岩气井在生产初期的产气主要来源于体积压裂裂缝中的自由气，在投产初期的1～1.5年内的递减率达到30%～80%，此后进入漫长的低产稳产阶段，年递减率一般在2%～5%，这个阶段基质中的自由气和解吸气是主要产气来源。

目前，页岩油气井产量递减一般采用递减分析方法来评价。页岩气井产量递减分析方法主要有Arps递减法、幂律指数递减法（D. Ilk，2008）、扩展指数递减法（Valko，W. J. Lee，2010）以及现代递减分析法等。本节对这几种方法做以简单介绍。

1. Arps递减法

Arps递减模型有双曲、指数和调和3种递减类型，其一般形式为：

$$q_g(t)=\frac{q_{gi}}{(1+bD_it)^{1/b}} \tag{6-5}$$

式中 q_{gi}——初始产气量，m^3/d；

D_i——初始递减率，d^{-1}；

b——递减指数，$0\leqslant b\leqslant 1$；

t——时间，d。

双曲递减是页岩气井产量Arps递减分析中使用最多的递减类型，但该方法预测的结果具有较大的不确定性。例如，当用Arps模型拟合页岩气井的产量数据时，经常会出现最佳拟合对应的$b>1$，预测的产气量和储量偏高。这是由于页岩气基质渗透率极低，即使经过几年的生产也很难达到拟稳态流动阶段，这与Arps方法要求的拟稳态流动条件不符。Arps方法拟合的页岩气井递减指数b是随着时间变化的，只有生产时间足够长，b值才会渐趋于1，此时预测的产量及储量渐趋可靠（W. J. Lee，2010）。

2. 幂律指数递减法

幂律指数递减法最初由D. Ilk等（2008）提出，并且由Mattar（2008）、R. Mcneil

(2009)、Johnson(2009)及 S. M. Currie(2010)等人用来预测页岩气井产量递减。该方法可以在不稳定流、过渡流及拟稳态流阶段对产量数据进行拟合，幂律指数递减法能够根据早中期的生产数据进行产量拟合和递减预测，能在不稳定渗流生产阶段快速确定井控动态储量(EUR)的上、下限值。随着开发时间延长，这两者之间的差异越来越小，预测的结果比 Arps 方法更为可靠。

3. 现代递减分析法

由于页岩气储层中一般没有自由水，在平衡解吸(即在储层压力变化时基质吸附气能瞬时达到平衡)的假设条件下，可以通过引入解吸压缩系数来考虑页岩吸附气的解吸扩散，将页岩气储层渗流微分方程整理成与常规气藏类似的形式(Gerami，2007)。为了内容简化起见，此处将页岩简化为均质储层(该假设适合于自然裂缝和基质孔隙渗流达到系统径向流阶段)：

$$\frac{1}{r}\left[\frac{\partial}{\partial r}\left(r\frac{\partial \Psi}{\partial r}\right)\right]=\frac{\phi\mu_{\mathrm{i}}C_{\mathrm{ti}}^{*}}{k}\frac{\partial \Psi}{\partial t_{\mathrm{a}}^{*}} \tag{6-6}$$

式中　t_{a}^{*}——归整化拟时间，定义为：

$$t_{\mathrm{a}}^{*}(\bar{p})=\mu_{\mathrm{i}}C_{\mathrm{ti}}^{*}\int_{0}^{t}\frac{\mathrm{d}t}{(\mu C_{\mathrm{t}}^{*})_{\bar{p}}} \tag{6-7}$$

C_{t}^{*} 为综合压缩系数，$C_{\mathrm{t}}^{*}=C_{\mathrm{f}}+C_{\mathrm{g}}+C_{\mathrm{d}}$，其中 C_{d} 为解吸压缩系数，该参数由 Bumb，Mckee(1988)首次提出：

$$C_{\mathrm{d}}=\frac{p_{\mathrm{sc}}TV_{\mathrm{L}}p_{\mathrm{L}}Z}{T_{\mathrm{sc}}\phi p(p+p_{\mathrm{L}})^{2}} \tag{6-8}$$

式中　V_{L}——兰氏体积，m^3/t；

p_{L}——兰氏压力，MPa；

p_{sc}——标准大气压力，MPa；

T_{sc}——标准状态下的温度，K；

Z——气体偏差因子；

p——气藏压力，MPa；

ϕ——孔隙度,%；

T——气藏温度，K。

微分方程式的形式与常规气藏渗流微分方程完全相同，因此可以利用常规气藏的现代递减分析法来对页岩气井的产气量进行分析，获取储层动态参数及单井控制储量。

第7章 页岩油气压裂新技术

页岩气压裂技术经历了多年的探索和创新，伴随着压裂相关的技术、设备、材料的不断更新和创新，页岩压裂开发也从最早的直井压裂发展到水平井压裂；从小规模探索性试验压裂发展到大规模体积压裂；从纯清水压裂发展到目前的多种压裂液组合压裂；从小型压裂泵车发展到大功率作业。基于设计理念、压裂管柱、支撑剂与压裂液材料以及压裂设备能力等不同条件，多种新型压裂工艺与技术正被推出和现场试验，逐渐推动和引领页岩气压裂技术的不断进步。本章通过对相关的国内外页岩气压裂新技术的介绍，为中国页岩气压裂开发提供借鉴。

7.1 “井工厂”压裂技术

“井工厂”压裂技术就是基于上述页岩油气压裂开发特点形成的一项具有针对性的技术，其作用模式是基于工厂流水线作业和管理程序模式。这种操作模式是建立在“准时制生产/适时反应战略”的管理理念基础上的，是一种力求消除一切浪费和不断提高生产率基础上的一种生产理念。典型的“井工厂”作业井场如图7-1所示。

页岩油气水平井压裂设计理念与常规油气水平井压裂设计理念存在较大的差别。主要可以归纳为以下3个方面：

(1)页岩油气水平井压裂规模大。页岩油气水平井压裂时单井施工规模可达到“万方液、千方砂”的规模，施工排量一般在$10m^3/min$以上，这要求施工准备液体、支撑剂和压裂设备都要高于常规的压裂作业。

(2)页岩岩石力学性质不同于常规储层。页岩岩石脆性更强，在压裂过程中则反映为压裂裂缝时受剪切力大，易产生缝网，这与常规压裂形成单一裂缝形态不同。

(3)页岩气压裂裂缝形成过程存在明显的相互影响现象。由于在页岩水平井压裂形成缝网过程中，水力裂缝达到范围更大，因此裂缝之间已产生应力叠加效应，从而裂缝之间的扩展产生相互影响。

图7－1　典型的“井工厂”作业井场图

根据现场条件和设计理念的不同，“井工厂”压裂方式可分为水平井单井顺序压裂作业、多井“拉链式”压裂作业和多井同步压裂作业等多种顺序(见图7－2)。

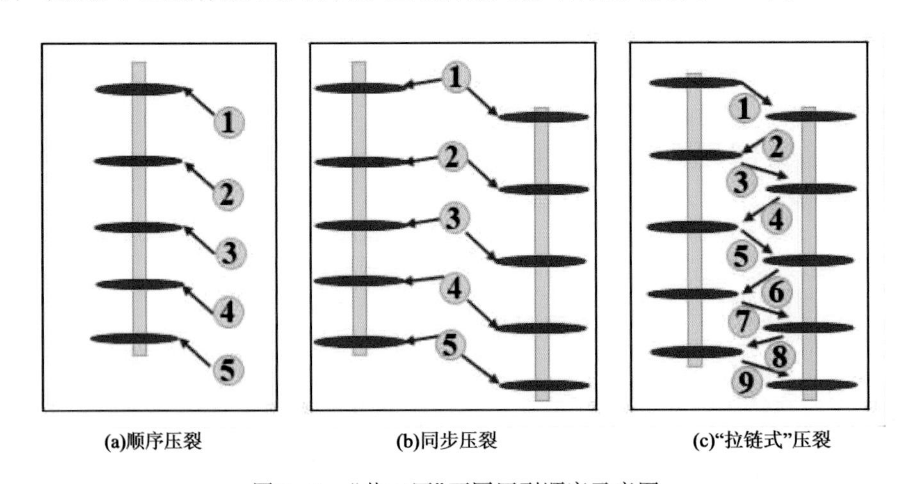

图7－2　“井工厂”不同压裂顺序示意图

7.1.1　“井工厂”技术特征

“井工厂”压裂技术按其作业模式具有以下几项技术特点：

(1)流水线的作业模式。“井工厂”压裂技术作业作为工厂化开发页岩油气的一个重要环节，紧密衔接钻完井、试油试气投产等作业环节，因此，“井工厂”压裂作业须按照工厂流水生产线作业模式，快速、规律地进行压裂作业，从而保障整个井场合理有效地开展工作。

(2)材料供应和配送具有严格要求。“井工厂”压裂材料供应需要做到快速配置、快速供给。由于井场上需要在较短时间内进行流水式压裂多井，压裂用材料数量大，因此需要在场地供应等条件上进行严格设计和安排。同时，由于井场可能存在多个环节同时作业，在压裂期间，配送压裂用材料的车辆和人员的进出场路线和摆放位置设计需要更加严格。

(3)压裂设备要求高。由于页岩油气压裂作业的规模大、排量大的特征需求，且在“井工厂”压裂模式下，压裂设备的大规模作业能力、持续作业能力的要求更高。同时，由于“井工厂”压裂作业按照流水模式进行，压裂设备在井场上的合理布局摆放和快速移动都要求更高。

“井工厂”压裂技术是一种基于规模化、流水线化的压裂作业技术，因此其技术应用应满足以下几个条件：

(1)工厂化的管理模式。工厂化、流水线型的压裂管理模式是“井工厂”压裂技术能够开展应用的先决条件。

(2)压裂作业配套设施和设计的高效协调配合。“井工厂”压裂作业需要大量的压裂液，同步压裂时需要在井场上合理布局摆放两套及以上的车组，因此良好的压裂配套设施、合理的设计等是“井工厂”压裂成功的必备条件。

(3)钻井、完井设备能力和作业能力的紧密配合。在一个井工厂作业平台上存在多种作业环节，因此只有合理地设计钻井、完井速度和质量，有效地衔接每个环节，才能真正意义上在页岩油气水平井上实现“井工厂”压裂开发。

(4)深化压前认识和优化压裂设计。

图 7－3 是“井工厂”压裂监测和井间干扰测试曲线。

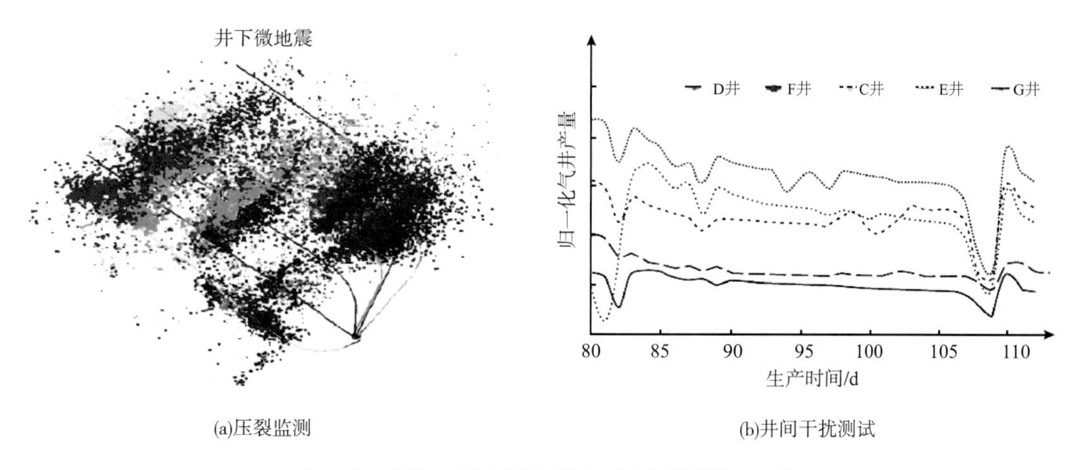

图 7－3 “井工厂”压裂监测和井间干扰测试曲线

7.1.2 “井工厂”压裂设备组成

“井工厂”压裂设备组成主要分为 6 个部分：

(1)连续泵注系统。该系统包括压裂泵车、混砂车、仪表车、高低压管汇、各种高压控制阀门、低压软管、井口控制闸门组及控制箱。

(2)连续供砂系统。主要由巨型砂罐、大型输砂器、密闭运砂车、除尘器组成。巨型砂罐由托车拉到现场，它的容量大，适用于大型压裂；实现大规模连续输砂，自动化程度高。双输送带，独立发动机。

(3)连续配液系统。该系统由水化车等主要设备，液体添加剂车、液体胍胶罐车、化学剂运输车、酸运输车等辅助设备构成。水化车用于将液体胍胶（LGC）或减阻剂及其他各种液体添加剂稀释溶解成压裂液的设备。其体积庞大，自带发动机，吸入排量大，可实现连续配液，适用于大型压裂。其他辅助设备把压裂液所需各种化学药剂泵送到水化车的搅拌罐中。

(4)连续供水系统。由水源、供水泵、污水处理机等主要设备及输水管线、水分配器、水管线过桥等辅助设备构成。水源可以利用周围河流或湖泊的水直接送到井场的水罐中或者在井场附近打水井做水源，挖大水池来蓄水。对于多个丛式井组可以用水池，压裂后放喷的水直接排入水池，经过处理后重复利用。水泵把水送到井场的水罐中，污水处理机用来净化压裂放喷出来的残液水，主要是利用臭氧进行处理沉淀后重复利用。

(5)工具下入系统。主要由电缆射孔车、井口密封系统(防喷管、电缆放喷盒等)、吊车、泵车、井下工具串(射孔枪、桥塞等)、水罐组成。该系统工作过程是：井下工具串连接并放入井口密封系统中，将放喷管与井口连接好，打开井口闸门，工具串依靠重力进入直井段，启动泵车用KCl水溶液把桥塞等工具串送到井底。

(6)施工组织保障系统。主要有燃料罐车、润滑油罐车、配件卡车、餐车、野营房车、发电照明系统、卫星传输、生活及工业垃圾回收车。

7.1.3 技术发展前景

“井工厂”压裂技术已经在北美页岩气开发过程中发挥了有效的作用。特别是“井工厂”压裂技术中的同步压裂模式和“拉链式”压裂模式可大幅度提高初始产量和最终采收率；减少作业时间和设备动迁次数，降低施工成本。因此，“井工厂”压裂技术必将应用到国内页岩气压裂现场；同时它需要高效的作业管理、优良的设备等因素帮助实现。“井工厂”压裂技术在国内页岩油气开发上具有一个广阔的应用前景，也需要在不断应用过程中提升设备作业能力和作业协调管理能力。

7.2 同步压裂技术

同步压裂相邻2口或2口以上的配对井进行同时压裂。同步压裂采用使压裂液和支撑剂在高压下从一口井向另一口井运移距离最短的方法，来增加水力压裂裂缝网络的密度和表面积，利用井间连通的优势来增大工作区裂缝的程度和强度，最大限度地连通天然裂缝。

同步压裂最初是2口互相接近且深度大致相同的水平井间的同时压裂，逐渐已发展成3口，甚至4口井同时压裂。同步压裂对页岩气井短期内增产非常明显，而且对工作区环境影响小，完井速度快，节省压裂成本，是页岩气开发中后期比较常用的压裂技术。

7.2.1 技术应用特征

同步压裂的技术应用特征具有以下几点：

(1)应力叠加效应。大量的数值模拟计算表明，压裂裂缝在扩展过程中，靠近地层孔隙受裂缝内的压力抬高影响，孔隙压力升高，并以裂缝为中心向外逐渐降低，但由于同步扩展的 2 条或 2 条以上裂缝扩展，地层孔隙压力抬升区域出现重叠，这样就出现应力叠加现象，如图 7-4 所示。叠加区域的孔隙压力值进一步抬升。应力叠加效应将有利于区域内页岩的破裂，从而进一步增大水力压裂改造的效果。同时，在现场同步压裂过程的微地震监测显示，同步压裂的裂缝间的中部区域信号强烈，这与单裂缝扩展获得的信号有着明显不同，也证实了应力叠加效应的存在，如图 7-5 所示。

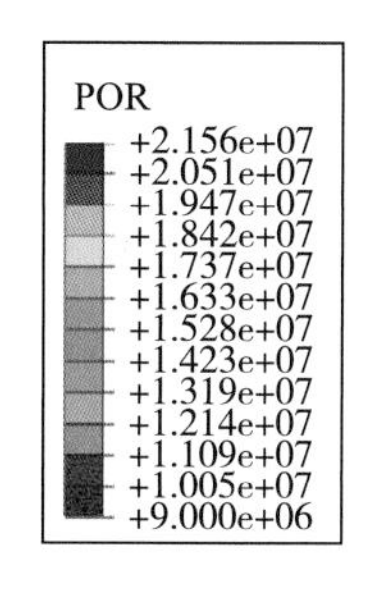

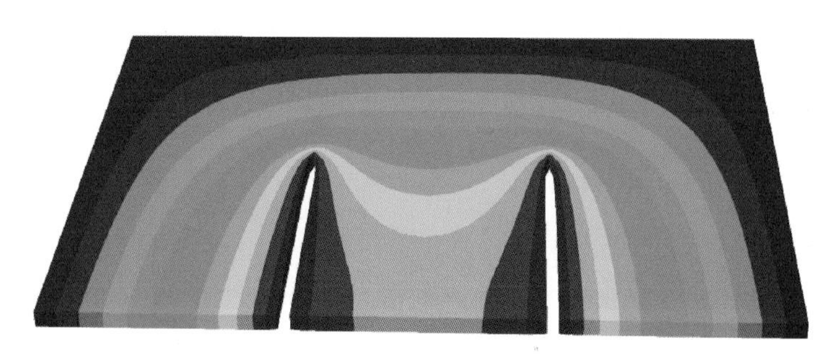

图 7-4　同步压裂裂缝扩展时应力叠加效应模拟结果

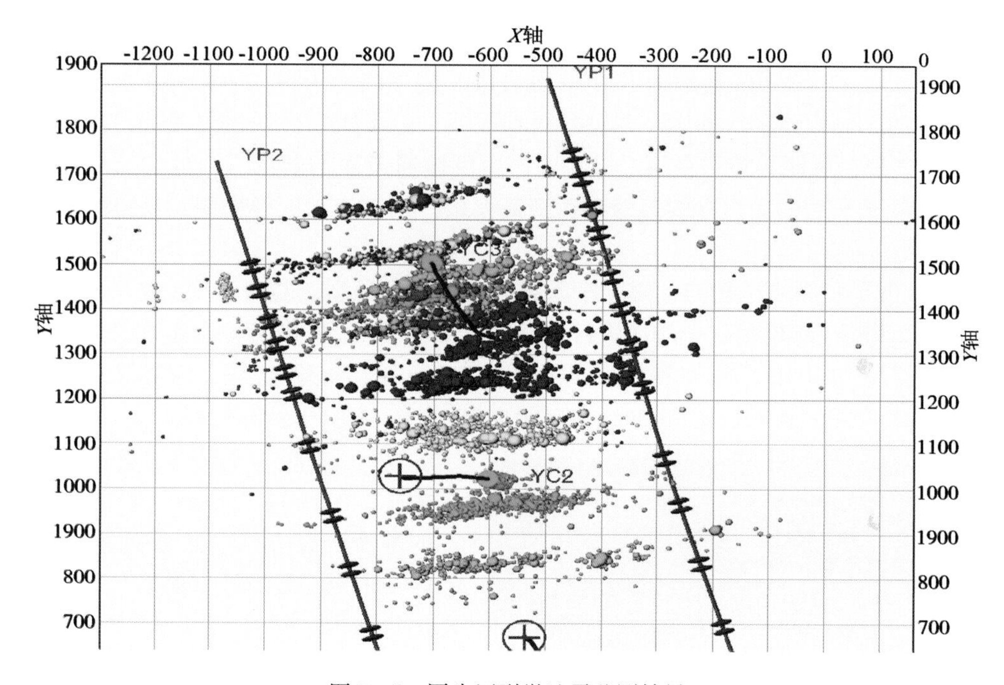

图 7-5　同步压裂微地震监测结果

(2) 多套压裂设备同步作业。同步压裂为 2 口或 2 口以上水平井同时进行压裂作业，这样的施工要求现场的压裂设备、管线等均布置对应井数。因此，多套压裂的布局摆放和施工指挥需要做到统一配置和指挥。图 7-6 为 2 口相邻水平井同步压裂作业的布局，2 套压裂设备分别布局，压裂液罐平行布置，并将 2 套压裂设备分别隔开。仪表车分别坐落于施工井的较好观察位置，2 套设备统一指挥作业。

(3) 快速配液作业和配套运输系统。由于同步压裂作业特点，压裂用液量为单井的 2 倍及以上，因此，现场对连续配液及围绕配液所需的输送、现场检测等配套系统的技术要求比单井高。

图 7-6　同步压裂设备地面布置

7.2.2　现场试验情况

美国首次在 Ft. Worth 盆地的 Barnett 页岩中实施了同步压裂。作业者在水平井段相隔 152 ~ 305m 的 2 口大致平行的水平井进行同步压裂。由于压裂井的位置接近，如果依次对 2 口井进行压裂，可能导致只在第二口井中产生流体通道而切断第一口井的流体通道。同步压裂能够让被压裂的 2 口井的裂缝都达到最大化，相对依次压裂来说，获得收益的速度更快。

图 7-7 展示了同步压裂与常规顺序压裂的一个现场压裂试验对比的井位关系图。井 A 水平长度约 670m，从单独一个场地进行钻井，井 B 和井 C 两井在一个场地上钻井，水平长度分别约 579 和 609m。井 A 和井 C 跟部距离 579m，趾部相距最短，约 152m。井 D，第四口单独的水平井，水平长度 731m，井口距离 B、C 井场北边不到 400m。

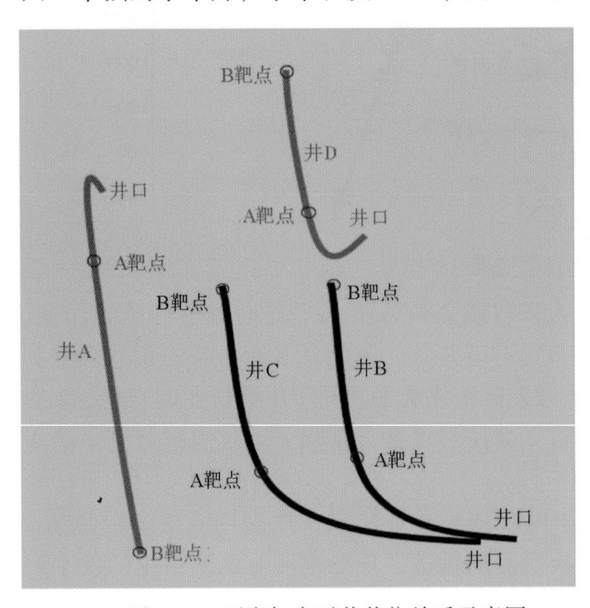

图 7-7　页岩气水平井井位关系示意图

4 口井进行了基本一样的压裂改造措施，但压裂方式上，井 D 采用常规的顺序压裂方式，井 A 前 5 级先进行常规的顺序压裂。1 周后与井 B、井 C 进行同步压裂。

图 7-8 显示前 6 个月 4 口井的生产情况。3 口同步/顺序压裂井的初始产量(9.34 ~ 9.91) $\times 10^4 m^3/d$，第一个月的平均产量为(5.95 ~ 8.21) $\times 10^4 m^3/d$。单独压裂的井 D 产量明显偏低，初产 $6.51 \times 10^4 m^3/d$，第一个月平均产量 $3.40 \times 10^4 m^3/d$。结果可以说明，相邻的同步压裂井在同步/顺序压裂时形成更为复杂的裂缝网络，这些有助于提高压后的生产能力。

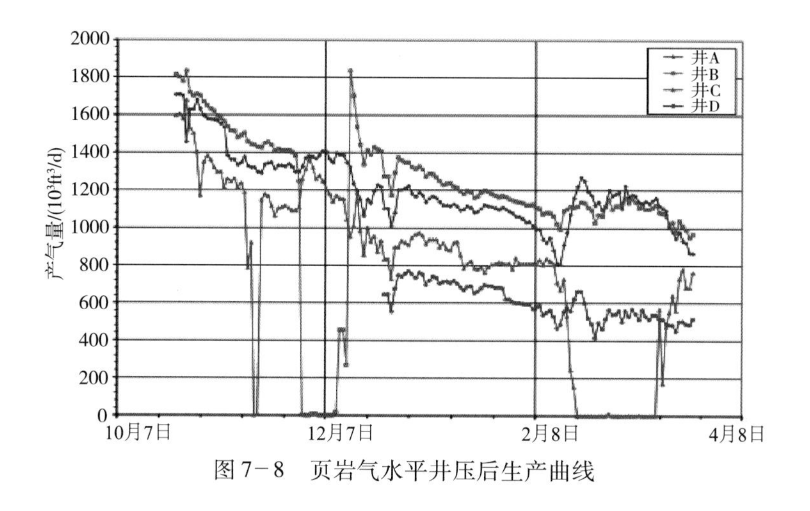

图7－8　页岩气水平井压后生产曲线

7.2.3　技术发展前景

同步压裂作为"井工厂"压裂技术发展出来的一种新颖的水平井压裂方式，其通过应力叠加效应提升的压裂效果已经在理论模拟计算和现场实践中得到验证，因此同步压裂技术将会在页岩油气的水平井压裂增产作业中进一步得到实践和提升。同时，同步压裂作业所需的井场条件、压裂设备条件、配液能力等方面的配套要求对现场的相关作业能力提出了更高的要求。

7.3　"拉链式"压裂技术

"拉链式"压裂技术作为"井工厂"压裂开发下应用的一种新型压裂方式。"拉链式"压裂将两口平行、距离较近的水平井井口连接，共用一套压裂车组不间断地交替分段压裂。"拉链式"压裂地面管线连接方式如图7－9所示。这种压裂方式不仅可以极大地提高人员、设备和压裂车组的效率，同时还可以使地层生成的裂缝网络更加复杂，生产效果比单井压裂更好。

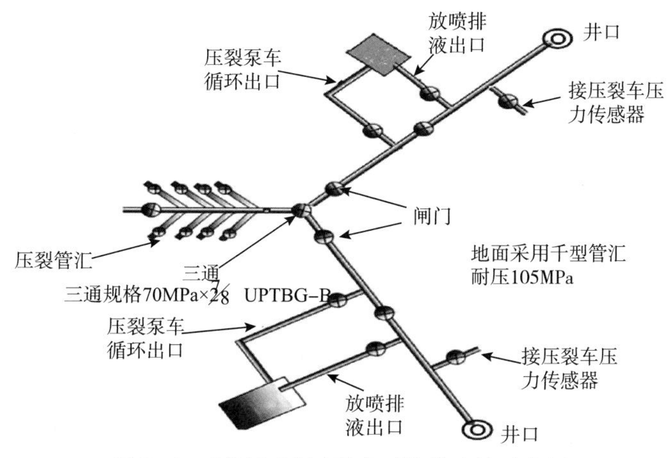

图7－9　"拉链式"压裂地面管线连接示意图

7.3.1 技术应用特征

“拉链式”压裂技术应用具有以下几点特征：

（1）不间断的作业方式。“拉链式”压裂在对两口水平井进行作业时，采用共用一套压裂车组交替作业形式进行。因此，当一口井的一段压裂结束时，马上转入另一口井的施工。同时，刚结束一段压裂的水平井则开展下一段作业的准备工作，如此循环直到两口“拉链式”压裂水平井施工完成。

（2）较低的场地要求和较高的持续作业要求。相对同步压裂的作业要求，“拉链式”压裂由于采用一套施工设备进行施工作业，其对场地的要求较小，几乎与单井压裂作业的场地要求相同。同时，虽然在总的作业时间上大大缩短，但要求两口水平井持续压裂作业，从而对压裂设备和施工人员都提出很高的要求。

（3）应力叠加效应不同。不同于同步压裂过程裂缝同步扩展，应力叠加是相互作用，“拉链式”压裂时的应力叠加则是后压裂裂缝在扩展过程中受先压裂裂缝的影响，在已改变的地层环境下进行裂缝扩展，因此后压裂裂缝形态更加复杂。图 7－10 给出了“拉链式”压裂裂缝扩展过程中应力叠加效应的形成。

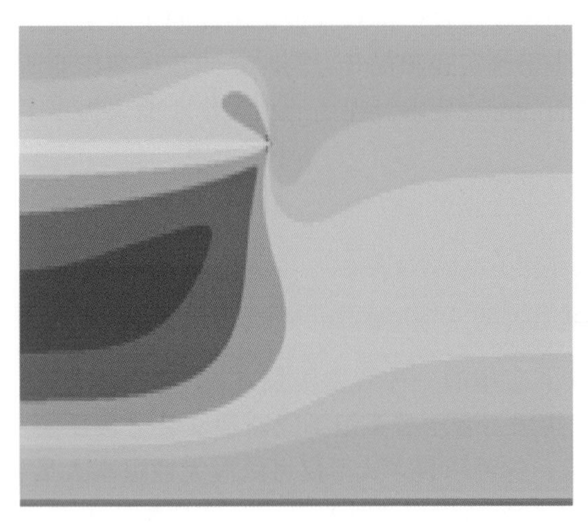
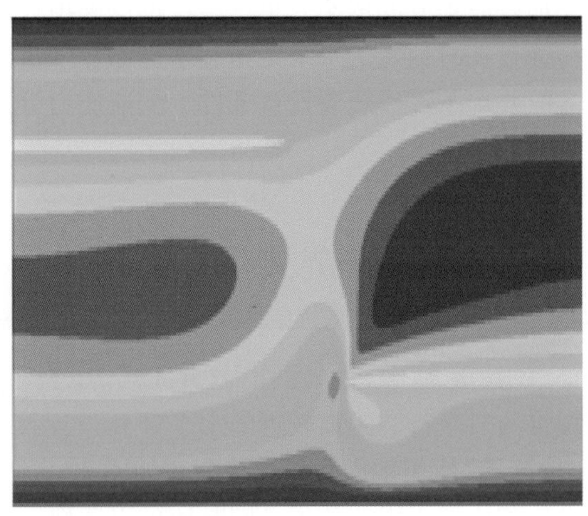

图 7－10 “拉链式”压裂裂缝扩展应力叠加效应模拟结果
（左：裂缝 1 扩展，右：裂缝 2 扩展）

7.3.2 现场试验情况

N－P1 井、N－P2 井两口水平井基本平行。其位置关系及裂缝布局如图 7－11 所示。N－P1井水平段长 586m，钻遇砂岩 274m，N－P2 井水平段长 485m，钻遇砂岩 291m，均采用固井完井。两口井应用双封单卡压裂工艺开展同平台“拉链式”压裂。通过优化设计、交替压裂，促使裂缝尖端产生干扰形成复杂的缝网，优化两口井分段压裂各 10 段，优化裂缝半长 110～150m。

现场两口井交替施工共压裂 19 层段，加砂 $386m^3$，用液 $5280m^3$，最大排量 $3.3m^3/min$。施工过程总体顺利。通过“拉链式”压裂施工，缩短双封单卡压裂过程中等待扩散压力、上提管柱的时间，累计缩短施工时间 1 天，提高压裂效率 20%（见图 7－12、图 7－13）。

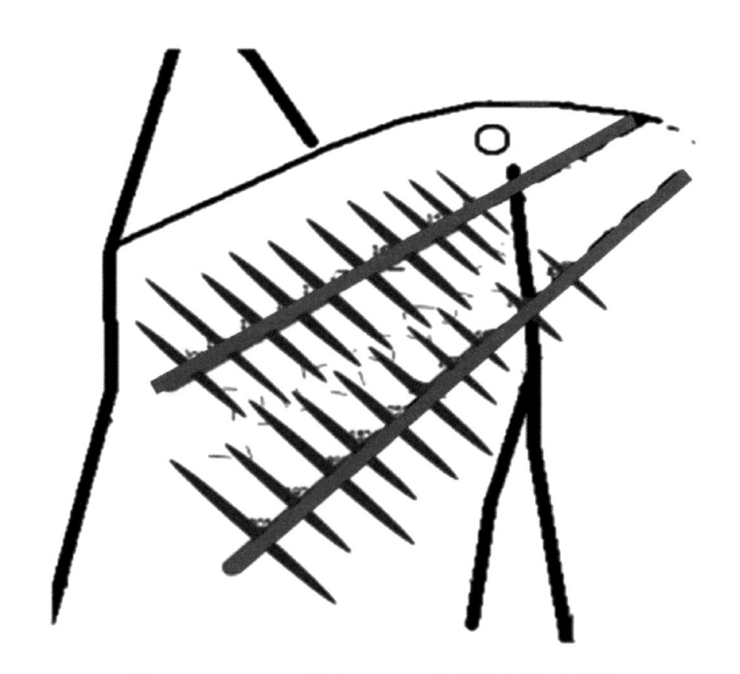

图7－11　N－P1井与N－P2井裂缝布局示意图

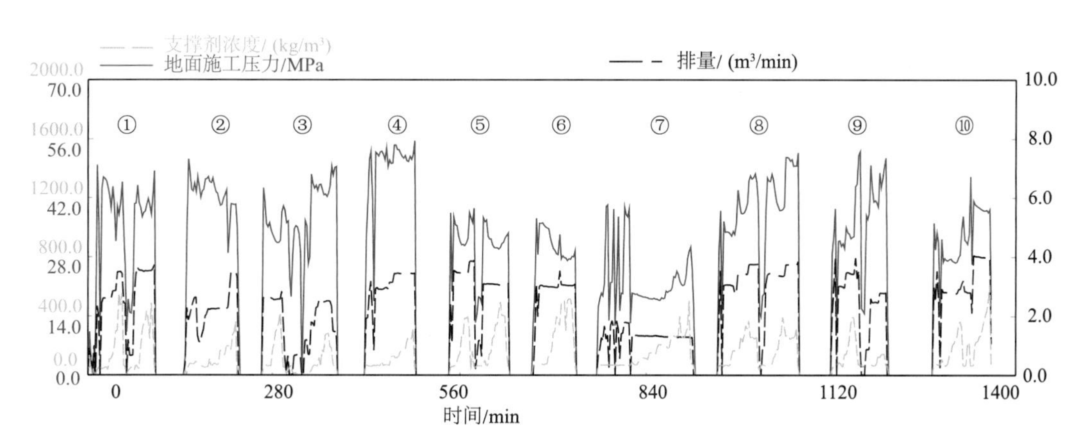

图7－12　N－P1井压裂施工曲线

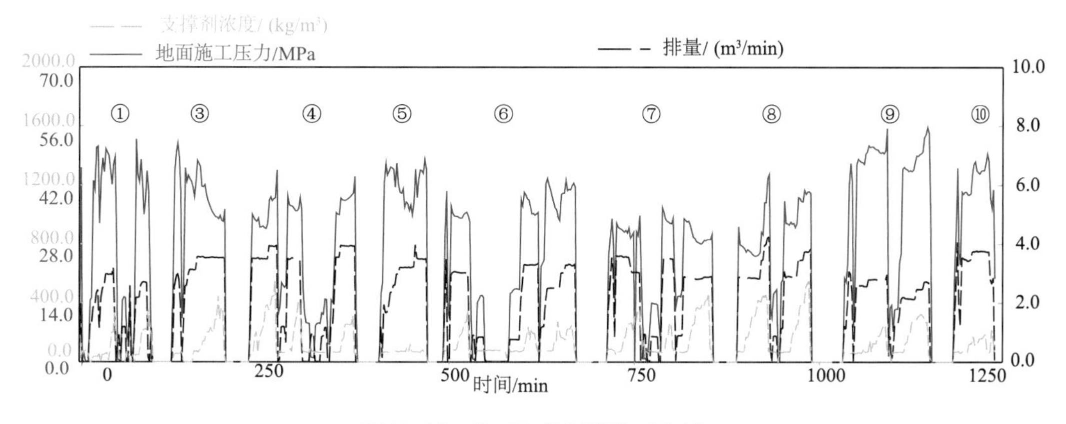

图7－13　N－P2井压裂施工曲线

N－P1 井压前产液为 1.1m^3/d，压后初期为 4.8m^3/d，为压前的 4.4 倍，N－P2 井压前产液为 1.8m^3/d，压后初期为 10.7m^3/d，为压前的 5.9 倍。应用井下微地震进行监测(见图 7－14)，微地震信号在两井之间形成 650m×850m 的微地震事件带，实现了两口井井筒控制储层的有效改造。

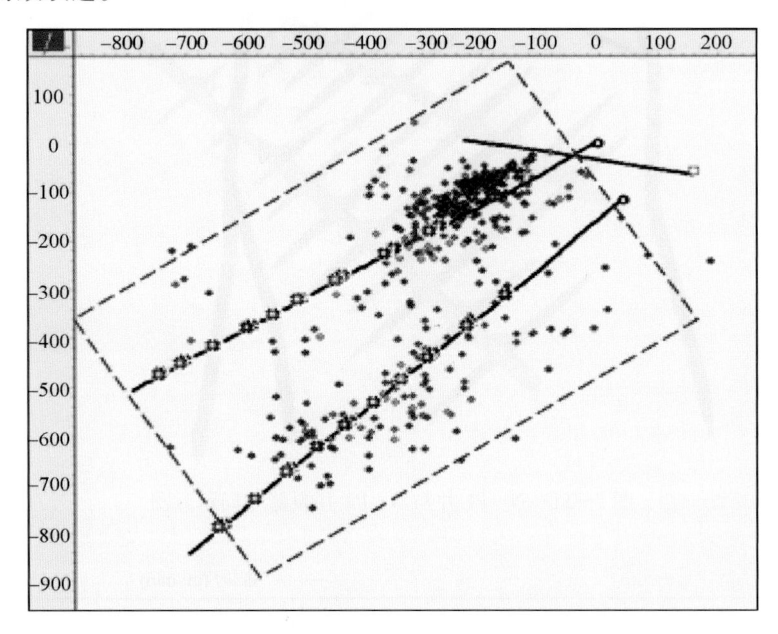

图 7－14　N－P1 井与 N－P2 井下微地震监测结果俯视图

7.3.3　技术发展前景

“拉链式”压裂技术因其与单井压裂几乎一样的场地要求，且现场应用效果明显，在现场压裂实践中取得了较好的试验效果，有效地提升了压裂效率，缩短了作业时间。因此，针对页岩油气压裂大规模作业的特征，“拉链式”压裂技术将有可能成为页岩油气压裂改造的一项常用技术。

7.4　爆燃压裂技术

爆燃压裂是利用火药或火箭推进剂等高含能材料在目的层段进行有控制的燃烧，产生高温、高压气体并以弹性波的形式传播至压裂地层，使井筒周围的地层发生破裂形成不受地应力控制的多条径向辐射状裂缝，消除油水层污染及堵塞物，有效地降低表皮系数，达到油气井增产的目的(见图 7－15)。

7.4.1　技术特征

大量的理论研究和现场实验表明：岩石在遭受外力破坏时，当地层内压力上升时间大于 10^{-2}s 时，地层将沿垂直于最小主应力方向产生一条对称裂缝；当压力上升时间小于 10^{-3}s 时，地层将产生多条径向裂缝；但当压力上升时间小于 10^{-7}s 时，井筒周围的地层将遭受粉碎性破坏或产生压实圈，所以爆燃压裂技术关键是控制压力上升时间。

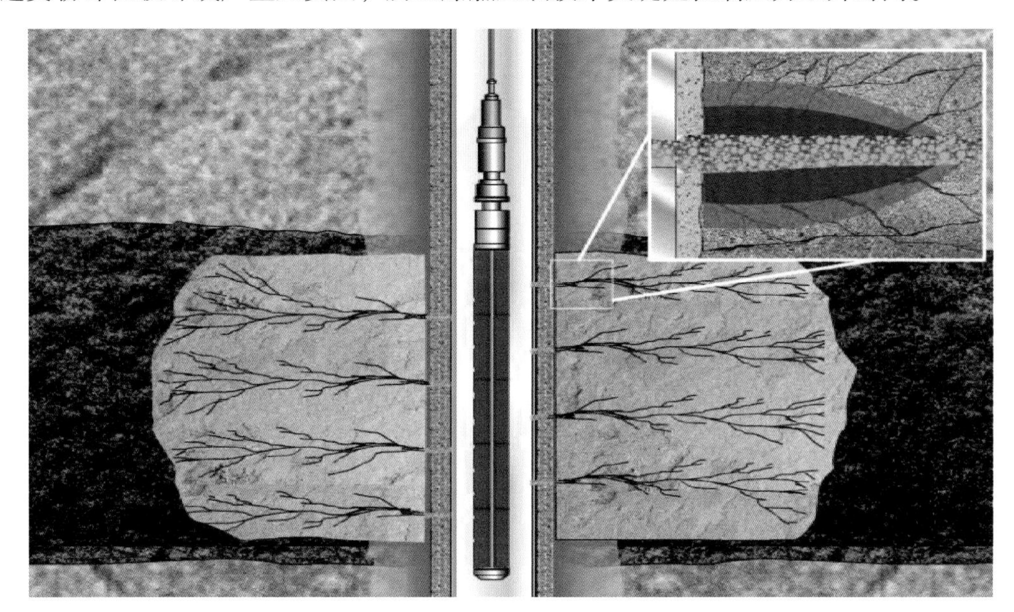

图 7－15　爆燃压裂示意图

爆燃压裂对储层的改造主要包括：①机械作用：爆燃压裂过程中压力增加速度快，高能气体瞬间产生的各项冲力大于地层破裂压力值，使裂缝扩展方向不受地应力控制，在近井地带造缝机会均等。②高温高压气体的热效应：产生高温高压气体，能清除近井地带的沥青质、胶质、蜡质堵塞，达到解堵的效果。③酸化作用：燃烧产生的气体中 CO、HCl、NO_2、H_2S 遇水形成酸液对岩层作用。④水力振动作用：伴随井中液体震荡以及压力波传播、反射、叠加所造成的压力脉动，对地层产生水力振动作用。爆燃压裂技术存在两个不足：①裂缝长度较小；②作用效果单一。

为克服不足，产生了层间爆炸技术：利用水力压裂技术将炸药压入油气储层裂缝或水平井眼中(见图 7－16、图 7－17)，并采取相应的技术措施引爆，从而在主裂缝(水平井筒)周围产生大量裂缝，并在地下形成复杂缝网，达到体积改造的目的。

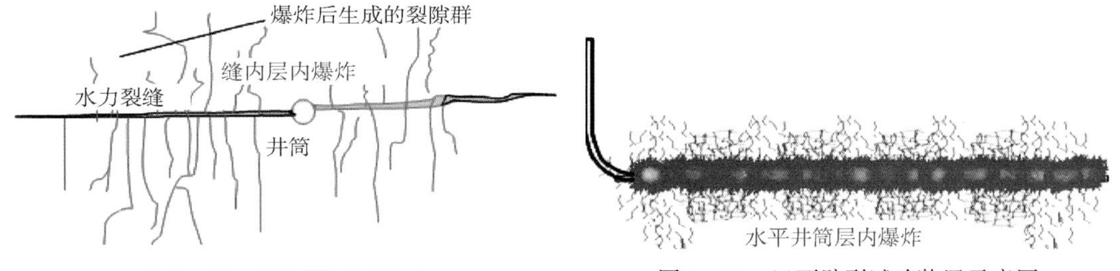

图 7－16　连续刻划试验及刀片受力示意图

图 7－17　巴西劈裂试验装置示意图

7.4.2　技术发展历程

层内爆炸应用的液体炸药经历了以下发展阶段：

(1)硝化甘油液体炸药(20 世纪 50 ~ 60 年代)。硝化甘油外观为无色或淡黄色液体，本身是一种猛炸药，极为敏感，可在0.8mm的裂缝内起爆，冲击感度2kg落锤在10次试验中至少有一次爆炸的最低高度为15cm，摩擦感度100%，因为感度高，运输危险，几乎不可能推广。

（2）硝化甘油为基的液体炸药（70年代）。EL-389-B是一种由硝化甘油、二硝基甲苯，TNT和降低冲击感度添加剂组成的混合炸药。美国科学家用它在聚甲基丙烯酸酯模型上进行了试验。试验表明，裂缝的大小和形状影响炸药的爆速和爆炸效率。例如：在0.6m×0.8m的直角模型中，平均爆速为5.3km/s；而在0.3m×2.4m的模型中，则为1.55km/s。而当裂缝改变为三角形时，爆速则降低了8.5%。

（3）水基稠化液体炸药（80年代）。大不列颠专利NO.1286646提出了以水基悬浮粒状硝基化合物稠化的液态爆炸混合物，如环三次甲基三硝胺、环四甲撑四硝胺。炸药颗粒直径小于0.8mm，便于进入地层裂缝。悬浮炸药占总质量的25%～75%。

（4）硝基烷烃为基的液体炸药（90年代初）。该液态炸药是在硝基烷烃化合物其中溶解一定量高性能炸药，敏感性高，在孔隙孔道平均半径为2.2～2.9μm，孔隙度为28%及以上时能稳定引爆。可加入超细的金属粉以增加炸药的威力，加入稠化剂可以保持未溶的炸药固体处于稳定、均匀悬浮状态。

7.4.3 现场应用情况

自1860年美国Dennis首先利用黑火药爆炸实现油井增产以来，现场应用已超过1×10^4口井（裸眼井和套管井），其中最深的井达到4268m。从事研究的知名机构有美国国家能源部（DOE）、桑迪亚实验室（SANDIA）、内华达试验场（NTS）、芝加哥气体科学研究院（GRI）、马里兰大学、丹佛大学丹佛研究院、美国伺服动力公司等。20世纪70～90年代，美国、加拿大等已在油气田现场进行了实际运用，产量平均增产5.6倍，其中油井增产1.5～7.0倍，气井增产1.5～14倍。实验结果证明，层内爆炸能有效提高油气井产量。

国内层内爆燃技术也是从高能气体压裂的基础上发展而来。我国自80年代开始试验高能气体压裂。由于施工简单、所需经费少以及结果可控，已在国内一些油田得到应用，取得较好增产效果。国内西安近代化学研究所于1986年3月和西安石油学院合作，在延长油矿进行了第一口裸眼井高能气体压裂；同年6月开始研制中深套管井高能气体压裂。1987年在江苏油田和玉门油田首次试验成功。

但高能气体压裂作用范围有限。仅在井筒周围产生多条辐射状径向裂缝，对低渗透油气藏的改造范围有限。而水力压裂技术在开发低渗透油气藏时因储层极低的渗透率使得远离主裂缝的油气仍难被采出。因此，20世纪末国内开展了将二者结合的层内爆炸技术相关研究。目前主要处于室内实验阶段，相关理论研究刚刚起步。中科院力学所建立了小尺度（200mm）模拟实验装置。在200mm模拟裂缝上实现特种火药的挤注、点火和爆燃试验，峰值压力约100MPa。在实验基础上建立了薄层爆燃火药流体力学模型并进行求解，从理论上证实层内爆炸的可行性。西安石油大学高能气体压裂研究中心在固体火药基础上研制了液体火药配方，并利用室内实验装置模拟液态炸药输送技术、点火技术、临界尺寸2～5mm模拟裂缝的稳定爆炸技术。在室内实验基础上，应用研制的液态炸药配方在大庆油田2口侧钻水平井上进行了现场工艺试验，取得成功，增产效果明显。

7.4.4 技术发展前景

目前，对于低渗、特低渗油藏的开发大多采取水平井分段压裂技术，在提高产量的同时也存在很多低产、低效水平井的重复改造问题。比起水力压裂，爆燃压裂不受地应力控制，更易形成缝网，高能材料在预设位置不仅可开启原有的水力裂缝，而且可形成多条新的裂缝，提高低效水平井产能；另外，水平井高能重复改造具有成本低、节约用水、利于储层保护与环保等优点，是值得尝试的新工艺，具有广泛的应用前景。利用火药装药的爆燃压裂在国内外油田垂直井或斜井的主产层得到广泛使用，但是适用于水平井、大斜度井实施全产层长井段改造的爆燃压裂技术目前国内外还没有成熟技术，国内有关单位已开展相应研究，但进展缓慢。通过岩石力学、爆炸力学、火药学等多学科理论的综合运用，2012年，孙志宇等采用有限元数值模拟中的单元消除方法，建立爆燃压裂冲击能量与岩石变形的动力学响应(缝网形成)控制模型，评估不同火药类型、组合和不同装药量、峰值压力、升压速率、持压时间等施工参数对储层二次改造程度，并以最优产能为目标，结合储层特点，采用水力压裂井高能重复改造产能计算模型，对层内复杂裂缝网形状、范围、导流能力等裂缝参数进行优化，形成水平井长井段层内高能改造网络裂缝控制技术，指导压裂优化设计。

对于层内爆炸压裂技术，长期以来国内外的研究者进行了侧重点不同的研究工作，但研究内容主要集中在实验室模拟和评价技术研究上。对于该项技术的核心之一的液体火炸药的综合性能及工程应用，还需要进行专门深入的研究。主要需要在以下四个方面展开研究：①层内爆炸液体药配方，液体药的滤失或因漏水产生稀释的作用都会影响火药点火性能，因此要求液体火药具有良好的可靠性；②液体药输送技术，即将液体火药安全准确的输送到指定的水平井层段；③层内爆炸液体药点火方法，实现成功点火与火药传爆；④层内爆炸技术工艺优化，包括火药对岩石的强动载破碎和渗流强化评估，与储层岩性参数匹配的压裂裂缝模型设计及装药量控制等研究。对这些问题的解决有利于层内爆炸压裂技术在低渗透、非常规油气资源开发的推广。

7.5 气枪技术

气枪技术是一种基于美军专有弹道导弹技术，用于改善储层的固体推进装置。其技术主要是采用逐渐燃烧的推进剂进行有效地造缝，并提高储层渗透率。

7.5.1 技术特征

气枪技术具有以下技术特征：

(1)气枪可产生持续的高压能量。气枪产生高压力气体的速率与水力压裂或炸药均有很大区别。气枪产生高压力气体较常规水力压力要大，压力释放时间较爆破压力释放时间要长，如图7-18所示，气枪可在10ms内产生137MPa压力能量。这样可以产生有利于裂缝扩展所需的持续高压能量。

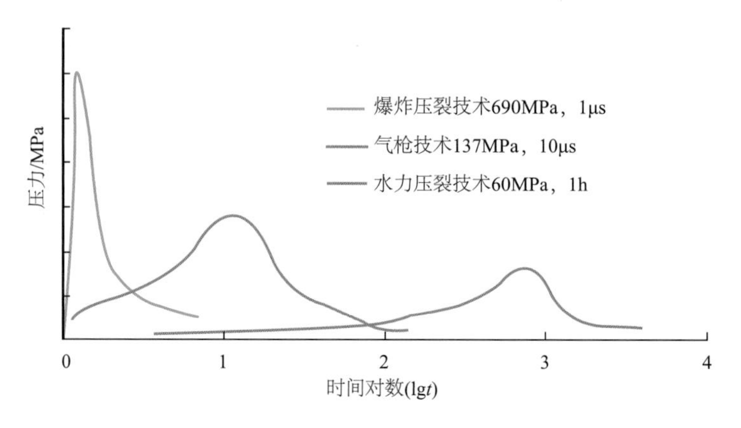

图 7－18　气枪与爆破、常规水力压裂的能量释放对比

（2）气枪可产生多个径向裂缝。如图 7－19 所示，不同于常规水力压裂产生的单条裂缝和爆破产生的洞穴。气枪可产生多个径向裂缝，从井筒起延伸至 15.24m。

图 7－19　气枪与常规水力压裂、爆破改造效果对比示意图

（3）可避免裂缝窜层。水力压裂由于在垂直方向上无法很好控制裂缝延伸，因此经常出现压窜水层造成大量出水的问题。而使用气枪生成裂缝仅在几个毫秒之间完成，可以控制垂直方向上的裂缝延伸，防止窜层。地下实验结果显示，如图 7－20 和图 7－21 所示，气枪压裂能够有效地控制裂缝缝高的延伸。

图 7－20　气枪技术矿场试验效果

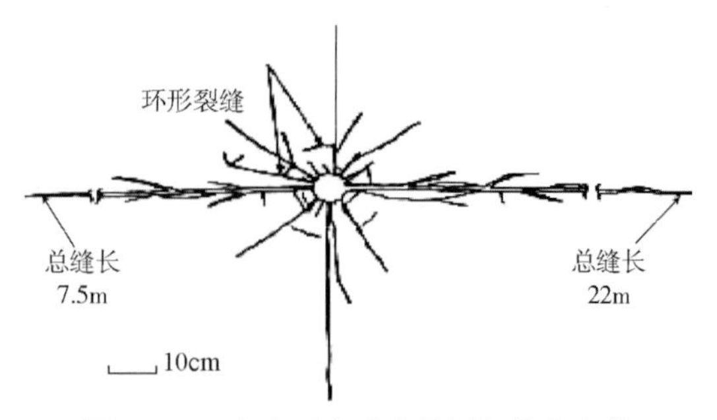

图 7－21　在地下实验中使用气枪产生的典型裂缝形式

(4)作业设备简单，可操作性强。如图7-22所示，气枪作业的设备简单，可操作性强，具体的设备尺寸直径3⅜in，设备长度在0.3~3m之间，最大作业温度为138℃。

图7-22 气枪技术矿场试验效果图

7.5.2 现场应用情况

气枪技术早期在美国阿巴拉契亚州和伊利诺伊州盆地使用，气枪为其在整个美国和国际市场的广泛使用提供了强大动力，在过去10年中其使用次数超过5000次。具体的区域增产效果对比见表7-1。

表7-1 气枪作业增产效果统计

序号	地理位置	层位	深度/m	类型	气枪尺寸/m	作业前产量/BOPD	改造后产量/BOPD
1	Grand County Oklahcma	Misener standstone	1812.34	套管	1.22	2.5	134
2	Barton county Kansas	Arbuckle dolomite	1046.38	套管	1.83	1	6
3	Caddo county Oklahoma	Fortuna sandstone	622.4	套管	1.22	8	40
4	Creek County Oklahoma	Bartellsville sandstone	704.09	套管	0.61	3	15
5	Hodgeman County Kansas	Mississippi chert	1302.72	套管	1.83	1.7	17
6	White county Illinois	Aux Vase sandstones	975.36	裸眼	1.22	0	1000
7	Clark County Illinois	Trenton limestone	722.38			1.5	22
8	Pittsburg County Oklahoma	McAlester coal	193.85	套管	1.22	2MCF/D	20MCF/D
9	Osage County Oklahoma	Cleveland sandstone	392.58	套管	3.05	3	16

7.5.3 技术发展前景

气枪技术正因其作业设备简单、可操作性强和显著的效果，逐渐在北美占据了一定的市场。同时，通过设备的发展，气枪技术不仅在增产方面发挥能量，同时也进入了注入井注入、储层评价和储气井作业等多个领域。气枪技术尚无在国内应用的案例，因此气枪技术在国内应用效果有待现场实践和评价。

7.6 液态二氧化碳压裂技术

液态二氧化碳加砂压裂是以液态二氧化碳作为工作介质，通过密闭加压混砂仪器与支撑剂混合后，携带支撑剂进入目的层位进行压裂施工。混砂仪器在一定的压力下将液态二氧化碳和支撑剂混合，利用液态二氧化碳起到携砂和造缝的作用。二氧化碳压裂可以有效避免液体滞留地层，从而消除滞留液体对产出气流的阻碍作用。

7.6.1 技术特征

液态二氧化碳压裂相对于传统压裂措施而言，具有以下特征：

(1)具有良好的储层保护性能，对储层伤害小。CO_2 是一种非极性分子，与地层岩石、流体配伍性好。无水相、无残渣，对裂缝壁面和导流层无固相伤害，消除了水锁及水敏；同时，当地层中温度超过 31.1℃时，液态 CO_2 气化变成气体，无残留，完全避免了对裂缝导流能力的损害。

(2)容易形成缝网。液态 CO_2 黏度低，较冻胶压裂液更容易进入微小裂缝，进而增加缝网的形成。同时，压裂后具有较高的基质渗透率恢复值和较高的导流能力，储层基质、裂缝端面及人工裂缝渗透性好。

(3)对原油具有溶解降黏效果。CO_2 溶于原油，显著降低原油黏度，有利于原油流动。此外，CO_2 溶于水，生成弱酸性碳酸，能抑制黏土膨胀。对吸附天然气具有置换功能，促进煤层气和页岩气的解析。

(4)返排迅速彻底。当温度升高后，液态 CO_2 在地层中气化膨胀，增加地层能量，可以完全不依靠地层压力，增能效果好，返排速度快，在 2 ~ 4d 内实现迅速彻底的返排，从而缩短投产周期。

(5)综合作业成本低，经济效益好。实施液态 CO_2 压裂技术时，需要的化学添加剂少，压裂后没有压裂废液，既避免了环境污染，又节约了生产成本。此外，与常规压裂措施井相比，使用液态 CO_2 压裂技术的油气产量高且稳产期长，因而经济效益好。

(6)节约淡水资源，且实现温室气体封存。

7.6.2 应用特征

液态二氧化碳压裂技术应用具有以下特征：

(1)二氧化碳在储存和运输时，必须满足一定温度和压力条件。一般要求压力大于 2MPa，温度在 -20℃以下。

（2）压裂设计需考虑多方面的影响。①压裂设备。液态二氧化碳压裂需要配套的混合砂浆和高压泵注设备。②井深影响。液态二氧化碳的泵注摩阻大于常规压裂液。在深度大于2200m时，通常需要使用较大的油管来降低摩阻。③排量的影响。液态二氧化碳黏度较小，无造壁能力，滤失较大，压裂施工的成败与泵注排量密切相关。④支撑剂粒径和浓度的影响。液态二氧化碳的黏度低于常规压裂液，其携砂性能相对较弱。因此，在较深地层（如深度大于2000m时），而液态二氧化碳压裂应使用粒径较小、较轻的支撑剂。同时，为了防止出现轻微的脱砂现象，必须对砂浓度进行精确控制。⑤管柱的影响。压裂设计时必须考虑油管、套管和封隔器的热收缩和拉应力等因素对二氧化碳相态产生的影响。

（3）施工操作过程的控制。压裂现场操作时，为了有效携砂造缝，二氧化碳在井底的状态必须保持液态。因此，井底温度需要保持在二氧化碳的临界温度（31.1℃）以下，这就需要以大排量注入大量的液态二氧化碳。

7.6.3　现场应用情况

液态二氧化碳压裂技术起源于加拿大，1981年7月16日，在Glauconite的砂岩地层进行了第一次压裂施工。随后，液态二氧化碳压裂技术和操作程序都得到了极大的发展和改进。对于二氧化碳加砂压裂的最早文献记载是在1982年，此项技术最早在气井的应用非常成功。接着对支撑剂和流变特性进行了室内评价。

1982年，40多次二氧化碳现场施工所用支撑剂量介于5625~54000kg之间，液态二氧化碳用量88~339m^3，泵注速度1.3~6.4m^3/min。压后产量数据表明，液态二氧化碳压裂产能较常规压裂好，估算产能比邻井大1.5倍。表7-2是液态二氧化碳压裂部分井的施工情况。

表7-2　液态二氧化碳压裂部分井的施工情况

地层	深度/m	支撑剂量/kg	支撑剂粒径/目	压前产量/(m^3/d)	压后产量/(m^3/d)
Pictured Cliffs	770	26100	30/50	1415	25470
Booch	903	9675	20/40	6141	24678
Codell	2438	33750	20/40	142	2830
Cleveland	2601	33750	40/60	142	11320
Red Fork	4455	30600	40/60	14150	339600

Alllen. T. Lillies等还对施工过程中的温度和压力变化进行了研究，如图7-23所示。

1983年，美国能源部的Mangantown能源技术中心发起了研究和发展二氧化碳加砂压裂的项目，主要是针对气井进行试验。1983年1月，第一次试验在东肯塔基州的Big Sandy气田进行。之所以选择泥盆纪页岩层作为目标层位，有以下几个方面的考虑：①利用单纯氮气压裂的效果要比氮气泡沫的压裂效果好；②利用氮气压裂时无支撑剂，而携带支撑剂的二氧化碳加砂压裂就为提高气体产量增加了较大的可能性。第一批5口泥盆纪页岩井有3口位于Perry县，2口位于Pike县。结果显示，二氧化碳加砂压裂后的产量比氮气压裂和氮气泡沫压裂的产量都大。通过分析9个月的生产资料表明，二氧化碳加砂压裂

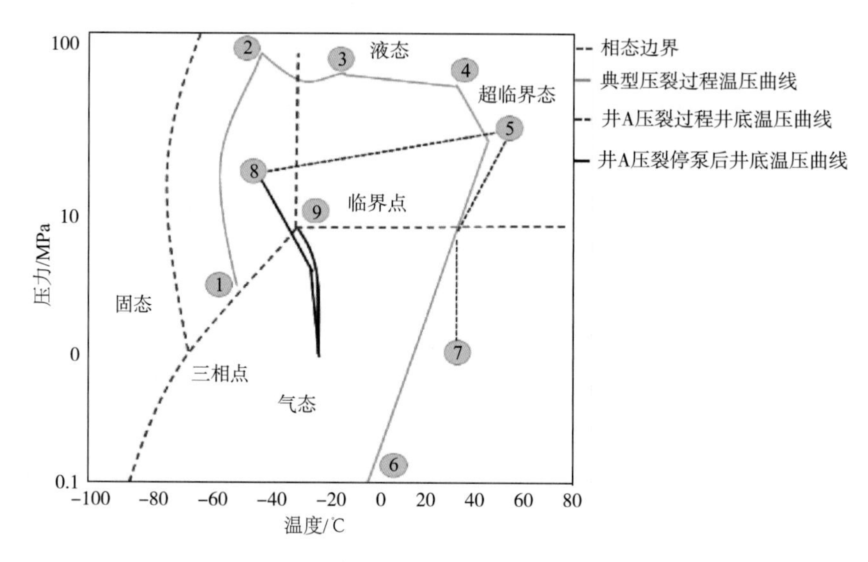

图 7－23　液态二氧化碳压裂施工过程中温度和压力变化图

单井产量分别比氮气压裂和氮气泡沫压裂高 $38.228\times10^4m^3$ 和 $62.8637\times10^4m^3$。氮气施工、氮气泡沫压裂和二氧化碳加砂压裂的施工特点对比如下：

(1)氮气压裂：一般每层需要 $2.84\times10^4m^3$ 氮气，泵注速率为 $2831.7m^3/min$。

(2)氮气泡沫压裂：干度约 75%，一般选用 $2.25\times10^4\sim57.825\times10^4kg$，20/40 目砂子。特殊情况下，支撑剂用量可以改变，如前期某井施工只用 4050kg。

(3)二氧化碳加砂压裂一般选用 120t 液体二氧化碳，$1.35\times10^4\sim2.07\times10^4kg$，20/40 目的支撑剂。前期某井因为地质原因，处理的两个层位只泵注 2520kg 和 1.341×10^4kg 支撑剂。

通过对三种压裂方式施工的 21 口井的 5 年的累计产量进行分析，结果如下(假设每口井只有 1 个层位)：

(1)氮气泡沫处理 5 口井，累计产量介于 $15.2912\times10^4\sim48.4221\times10^4m^3$，平均为 $29.7329\times10^4m^3$。

(2)氮气压裂 9 口井，累计产量介于 $21.2378\times10^4\sim130.8245\times10^4m^3$，平均为 $64.8459\times10^4m^3$。

(3)二氧化碳加砂压裂处理 7 口井，累计产量介于 $25.7685\times10^4\sim492.999\times10^4m^3$ 之间，平均为 $193.4051\times10^4m^3$。

表 7－3 是液态二氧化碳压裂与氮气压裂以及氮气泡沫压裂的收益对比。

表 7－3　液态二氧化碳压裂与氮气压裂以及氮气泡沫压裂的收益对比

类　型	5 年收益比	5 年增加产量/10^4m^3
二氧化碳压裂与氮气压裂	3	127.4265
二氧化碳压裂与氮气泡沫压裂	6.5	161.4069

1984 年进行了液态二氧化碳技术的数值模拟，以便能更好地对生产动态进行预测，提高压后效果拟合的精确度。在 1986 年，Lancaster 和 Sinal 等对此项技术的优点和局限性进

行了总结。到 1987 年，对二氧化碳性质和稠化系统的研究还在继续进行。至此，加拿大已经利用此项技术进行了 450 多次现场施工，随后被现场广泛接受。其中，95% 是气井、5% 为油井。压裂最大井深达 3100m，最大的支撑剂用量为 44t。95% 的施工都在 2200m 以内，支撑剂用量 22t 左右。因为液态二氧化碳的黏度很小，砂浓度随着泵速和井深发生改变，一般介于 400 ~ 600kg/m^3，最大可达 1100kg/m^3。泵速可达 7.5m^3/min，处理压力达 70MPa。表 7-4 ~ 表 7-6 是施工的一些地区、规模与深度情况统计。结果表明，液态二氧化碳压裂技术具有较广泛的适应性。

表 7-4　液态二氧化碳压裂支撑剂用量统计

支撑剂量/t	施工数量	所占百分比/%
<10	195	46.3
11 ~ 22	221	52.5
22 ~ 44	5	1.2

表 7-5　液态二氧化碳压裂施工井深统计

深度/m	施工数量	所占百分比/%
<500	95	24.5
501 ~ 1000	89	23
1001 ~ 1500	72	18.6
1501 ~ 2000	40	10.3
2001 ~ 2500	71	16.4
2501 ~ 3000	15	3.9
>3000	5	1.3

表 7-6　液态二氧化碳压裂施工地层统计

地层	数量	地层	数量	地层	数量	地层	数量
Basal Colorado	1	Hackett	9	Basal Quartz	49	Halfway	1
Bearpaw	35	Mannville	4	Belly River	96	Luscar	1
Bluesky	12	Medicine Hat	9	Bow Island	5	Milk River	6
Cadomin	6	Nikanassin	1	Cardium	16	Niton	1
Colony	6	Nordegg	1	Dalhousie	2	Notlkewin	1
Detrital	4	Ostracod	12	Doig	2	Peklsko	1
Edmonton	1	Rock Creek	11	Gething	9	Sunburst	1
Falher	2	Spearflsh	4	Glauconite	59	Viking	45

Lancaster 和 Sinal、King 证明了液态二氧化碳压裂在低渗致密气层中是有效的，同时也说明了此项技术适用于 Belly River、Ostracod、Glauconite 和其他地层。值得注意的是，Falher、Cadomin 和 Paddy 等相对渗透率中等偏高的地层也可以用此项技术进行施工。与 Batch Fracs 和 Skin Fracs 相似，这些高渗地层的施工通常选用较少的支撑剂，在近井地带形成一条短裂缝。一般而言，支撑剂少于 6t。

1986 年，为了对比液态二氧化碳压裂和常规压裂(聚乙酸乙烯酯乳液、胶凝油、水基压裂液)的效果，M. L. Sinal 等对不同地区的压裂井进行了对比研究，时间为施工后的 6 个月。位于加拿大埃德蒙顿以南 115km 的 Bashaw 和 Nevis 油田，上白垩纪，Brazrau 组的 Belly River 和 Bearpaw 地层。岩性为低渗浅层砂岩。Bearpaw 的 6 口气井压前产量为 $2.7\times10^3m^3/d$，压后产量为 $7.8\times10^3m^3/d$。对 Lower Mannville Glauconite 地层的 20 口井也进行了施工对比，该地层的特点是细一中等粒度砂岩，石英含量丰富，含有一定量的海绿石。因此，在压裂设计时必须考虑黏土的敏感性。表 7－7 是该地区不同压裂方法施工产量对比。

表 7－7　不同压裂方法施工产量对比

地层	施工方法	6 个月平均产量/(m^3/d)
14－19－26－17W4M	液态二氧化碳	33500
07－05－26－17W4M	凝胶	25000
16－10－27－18W4M	液态二氧化碳	52600
06－35－26－18W4M	凝胶	24600
11－18－26－17W4M	凝胶	3200

液态二氧化碳压裂在该地区的产量要明显高于常规液体压裂。利用液态二氧化碳压裂的平均产量为 $43.1\times10^3m^3/d$，而通过常规压裂的产量平均为 $28.7\times10^3m^3/d$。

加拿大亚伯达的 Willesden Green 地区的 Ostracod 地层为产气层，分别通过液态二氧化碳和常规液体进行压裂。液态二氧化碳压裂后的表皮系数为 -4.8，平均无阻流量 $23.37\times10^3m^3/d$，用常规压裂处理的临井的平均无阻流量为 $11.29\times10^3m^3/d$。表 7－8 是该地区不同压裂方法施工产量对比。

表 7－8　不同压裂方法施工产量对比

地层	施工方法	稳定无阻流量/(m^3/d)
09－20－39－05W5M	液态二氧化碳	60930
01－36－39－06W5M	液态二氧化碳	21220
04－33－39－05W5M	液态二氧化碳	15510
13－32－39－05W5M	液态二氧化碳	7060
02－14－38－05W5M	凝胶	3040
11－20－41－04W5M	凝胶	20530

Hackett 砂岩地层经过液态二氧化碳压裂后，同样有着较高的产能。表7-9是该地层不同压裂方法施工产量对比。

表7-9 不同压裂方法施工产量对比

地层	施工方法	压后产量/(m^3/d)
01-01-36-16W4M	液态二氧化碳	10000
16-29-36-16W4M	液态二氧化碳	40000
06-26-34-17W4M	液态二氧化碳	25000
14-13-34-17W4M	液态二氧化碳	140000
16-23-34-17W4M	液态二氧化碳	50000

1993年，在Kentucky州的泥盆纪进行了5次施工，结果显示此项技术比其他技术更有优势。

1999年，伯灵顿能源公司在新墨西哥州圣胡安盆地的Lewis页岩地层开展了液态二氧化碳加砂压裂可行性研究，对利用液态二氧化碳压裂液和水基压裂液施工的压后产量进行了对比。其中，16口井利用液态二氧化碳压裂，其余46口井利用氮气泡沫水基压裂液。液态二氧化碳压裂的16口井产量介于5436.9~50940m^3/d，平均为18338m^3/d；氮气泡沫压裂的产量介于3339~33960m^3/d，平均为9848m^3/d。

国内方面，2013年，在鄂尔多斯盆地进行CO_2压裂先导试验，试验井井深3240m，渗透率0.4×10^{-3}~$1.2\times10^{-3}\mu m^2$，孔隙度9%~13.9%。施工工加入CO_2压裂液254m^3，加砂2.8m^3，施工排量2-4m^3/min，平均砂比3.48%，最高砂比9%，施工压力28~46MPa，其压裂施工曲线见图7-24。

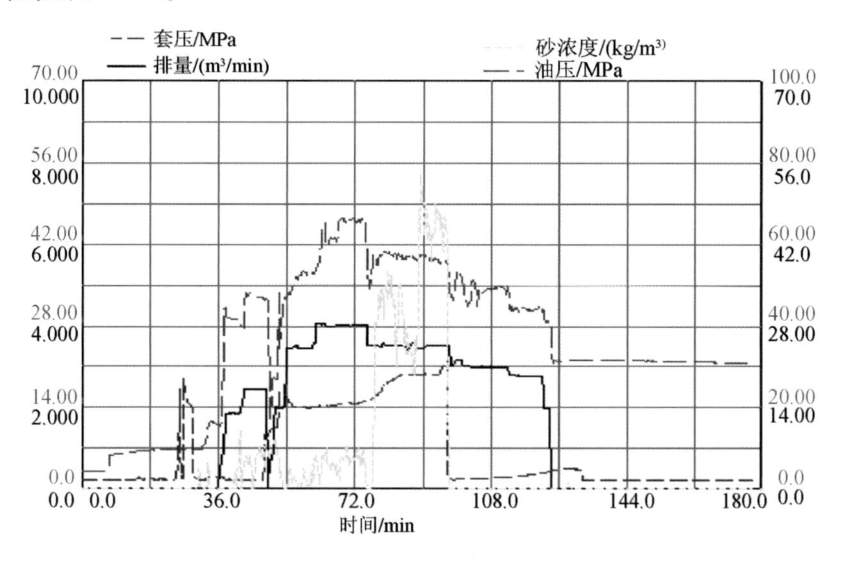

图7-24 CO_2压裂施工曲线

该井经CO_2干法压裂后，关井23h返排，48h后点火。求产测试结果，无阻流量达到2-7×10^4m^3/d，与邻井相比取得了明显的增产效果。

7.6.4 技术发展前景

液态二氧化碳压裂技术以液态二氧化碳为压裂液，应用热应力进行造缝，利用湍流效应携带支撑剂。该技术可大幅降低清水用量，储层伤害小，地面施工泵压相对低，后期生产时返排回收容易。但应用时需配置特殊的压裂设备。二氧化碳压裂技术在美国和加拿大页岩气藏试验性应用效果良好，在页岩储层中的应用尚处于室内评价阶段，矿场试验缺乏系统性研究，在部分关键技术方面虽取得了突破，但在增产机理、压裂液性能评价、不同类型储层压裂工艺、配套工具、压后评价技术等方面缺乏系统性的研究，还未形成成熟的工艺模式。因此，需要在 CO_2 无水压裂增产机理、优化设计模型、携砂能力、液态 CO_2 压裂专用设备等多个方面进行攻关研究，并进行现场应用验证效果。

7.7 高速通道压裂技术

高速通道压裂技术是一种水力压裂同步技术，主要是以较高频率间歇性地泵送支撑剂携砂液和支撑剂凝胶液来促进支撑剂在地层中的异构放置，从而在支撑剂内部创造一个开放性的流动通道，使整个支撑剂填充区形成高速通道网络，将裂缝的导流能力提高几个数量级。

7.7.1 技术特征

该技术与常规压裂技术相比，具有以下特征：

(1)高速通道压裂技术设计采用特定的工艺方式。高速通道压裂技术通过特定的射孔设计、脉冲式泵注形成通道，并添加专有纤维保持通道稳定。

(2)缝内支撑剂非均匀铺置形态。与常规压裂设计支撑剂均匀铺置不同，高速通道压裂设计缝内支撑剂为非均匀铺置(见图 7－25)。实验室内，模拟支撑剂非均匀铺置状态，验证该状态对导流能力大小的影响。图 7－26 是 20/40 目石英砂、陶粒在均匀和非均匀铺砂状态下测得的渗透率，在不同闭合应力下，非均匀铺砂的渗透率是传统均匀铺砂的 25 ~ 100 倍，裂缝导流能力得到显著提高。

图 7－25 清水压裂(左)和高速通道压裂(右)支撑剂铺置对比

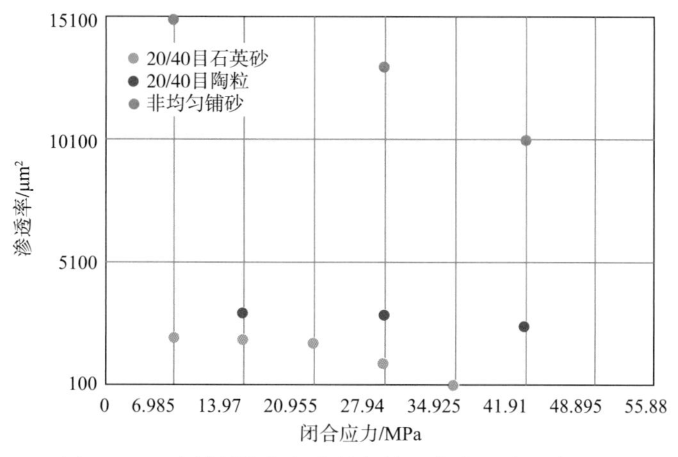

图7－26 支撑剂均匀与非均匀铺置状态下渗透率对比

(3)支撑剂用量减少，压裂液回收高效，材料成本下降。根据高速通道压裂设计，高速通道压裂单井支撑剂用量比常规单井压裂支撑剂用量减少40%～47%。同时，由于支撑剂用量的减小，压裂液性能要求和用量要求相应得到调整，减少了返排时间，压裂液的回收和循环利用得到加强。因此，材料整体的用量和成本明显下降。

7.7.2 技术实施方法

7.7.2.1 适用地层选择

高速通道压裂可行性的判断标准是杨氏模量和闭合压力的比值。在高闭合压力和低杨氏模量的地层，很容易造成支撑剂形成的“支柱”坍塌，从而导致通道堵塞，裂缝导流能力极度下降，严重影响了产量。通过室内实验及现场经验最终可以将杨氏模量和闭合压力之比350作为判断的界限值。表7－10是杨氏模量与闭合压力之比对施工情况的影响。

表7－10 杨氏模量与闭合压力之比对施工情况的影响

施工情况	裂缝稳定性差	稳定的网络通道	实施条件较好
杨氏模量与闭合压力之比	<350	350～500	>500

综上所述，在一个地区施工之前，首先应该测定该施工区域的杨氏模量和闭合压力的大小，然后再通过实验研究，验证该地区是否真正适合高速通道压裂方法，从而编制相应的标准来指导施工。

7.7.2.2 射孔工艺

常规压裂一般对目的层段进行连续大段射孔，但高速通道压裂则采用限流压裂的多簇射孔工艺，在一长段内进行均匀的多簇射孔，相位和孔密度与常规射孔相同。如图7－27所示中的例子，高速通道压裂在25.9m井段内分9簇射孔，每簇射开1.52m，孔密度为18孔/m，一共射270孔；常规压裂全部射开15.24m，射孔数为300孔。多簇射孔的目的是在套管上形成多段且较短的进液口，达到筛子的作用，当油管中的液体携带支撑剂段塞高速注入时，在套管上自然地出现分流效果，形成多股独立的液流注入地层，便于支撑剂在缝内形成一个个独立的支撑“柱子”，且在裂缝高度上分布更加均匀，通道的几何形状更规则。

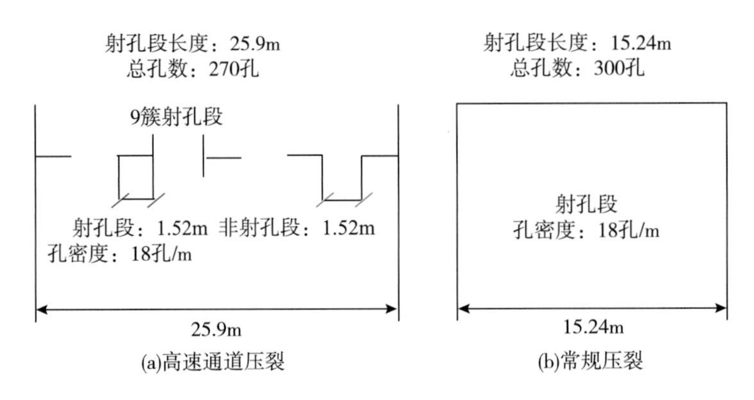

图 7－27　高速通道压裂和常规压裂的射孔对比

7.7.2.3　泵注工艺

高速通道压裂前置液注入与常规压裂工艺一致，主要区别在于携砂液阶段支撑剂以脉冲段塞形式注入，一段支撑剂、一段纯液体交替进行，支撑剂浓度逐级升高。前置液阶段可以泵注冻胶液或者滑溜水，支撑剂段塞阶段采用冻胶混合纤维注入，确保获得稳定的支撑"柱子"。在施工末期，需要尾追一个连续支撑剂段塞，使缝口位置有稳定而均匀的支撑剂充填层。段塞式泵注工艺有利于在裂缝中形成"通道"，纯液体把前一段支撑剂推入地层，形成一段支撑剂"支柱"带，由于中间纯液体的隔离，使各"支柱"间留有一定空间的支撑剂真空带，液体破胶返排后便形成众多的通道网络。

7.7.3　现场应用情况

压裂首次应用于美国洛基山地区 Lance 组地层致密气的开采。随后，该技术的应用扩展到南得克萨斯 Eagle Ford 页岩地层的水平井多级压裂。许多情况下，用该技术取代滑溜水压裂能够有效降低水资源的消耗。截至 2012 年 6 月数据统计，该技术已在非常规油气藏的开发中进行了 4000 多次作业。高速通道压裂技术显著减少对水和支撑剂的用量，从而有效降低了成本，并消除了由水资源限制及支撑剂输送过程中的技术瓶颈，由此有效缩短了完井作业时间，并且减少了对作业地区淡水资源的需求及交通运输的压力，同时还达到了预期的生产水平。

经过高速通道压裂技术处理过的井，和使用常规增产方法的邻井相比，初期产量提高了 53%。常规增产井的初始产量为 $15.29\times10^4m^3/d$，使用高速通道压裂技术的井初期产量为 $23.22\times10^4m^3/d$，收集 2 年的数据显示，在接下来的 10 年中，单井的油气采收率预期可以提高 15%，平均每井生产 $28.32\times10^6m^3/d$ 天然气。

7.7.4　技术发展前景

高速通道压裂作为一种新的工艺措施，近两年在国外应用较多，增产效果较常规压裂好，且不易造成砂堵，高速通道压裂技术实施的关键在于在适用地层采用限流压裂式多簇射孔工艺、支撑剂脉冲段塞式泵注和纤维伴注工艺等，使支撑剂在注入地层后分散形成众多独立的基团，并最终支撑裂缝。国内页岩油气压裂尚未采用该项压裂技术进行现场试验。基于高速通道压裂良好的压裂效果和成本方面的优势，可进行高速通道压裂的研究与试验，做好射孔参数、泵注段数、裂缝参数、纤维比例等优化设计，形成一种适应国内页岩油气田压裂的新工艺。

7.8 液化石油气(LPG)压裂技术

液化石油气(LPG)压裂技术是以液化丙烷或丁烷为介质的冻胶体系(LPG压裂液)作为支撑剂携带流体进行压裂作业。液化石油气无水压裂技术主要包括LPG压裂液技术、防止泄漏的压裂泵车和高压砂罐等设备、远控自动化施工技术、压裂液泄漏监测技术和LPG回收再利用技术等。

7.8.1 LPG压裂液组成和性能

7.8.1.1 LPG的相图

LPG压裂液以液化石油气为介质。当储层温度低于96℃时，使用的液化石油气主要为工业丙烷。温度高于96℃时则主要使用丁烷混合丙烷，100%的丁烷的临界温度为151.9℃，临界压力为3.79MPa，可以应用到温度为150℃。按照改造储层的温度差异，对LPG的液体配方进行优化设计。对于含有丙烷混合相的液体，参考丙烷的相图(见图7-28)。由图可知，在常温、2MPa压力下为液体，因此为了确保与砂混合后液态和砂能从密闭砂罐进入管线，砂罐内压需用氮气维持在2MPa压力以上。

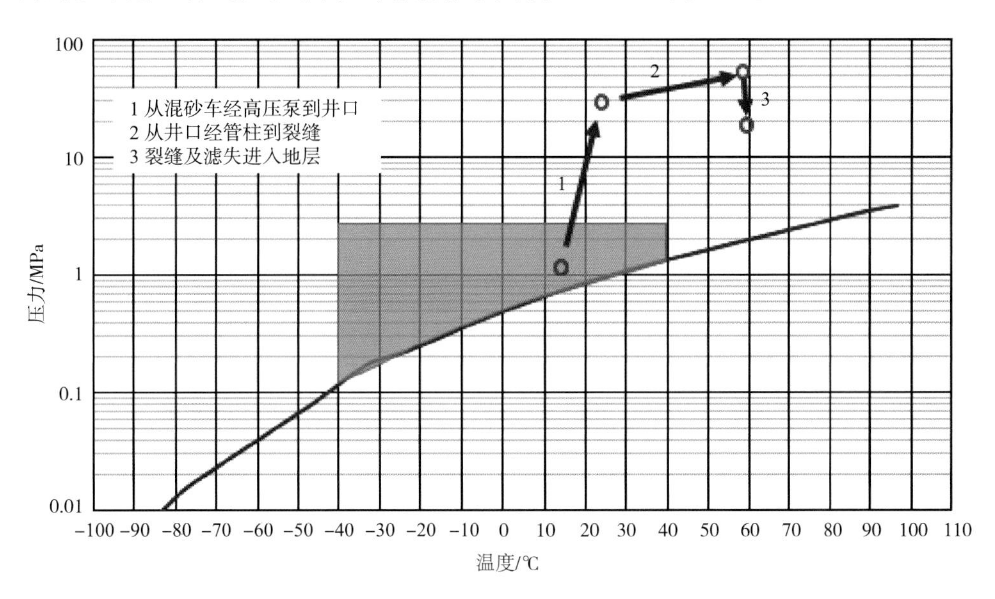

图7-28 丙烷相图(左上为液态区，右下为气态区，曲线为泡点曲线)

7.8.1.2 LPG的理化性质

丙烷相对分子质量44.10，沸点-42.1℃。常压室温下为无色气体，相对空气密度1.56。纯品无臭。微溶于水，溶于乙醇和乙醚等。有单纯性窒息及麻醉作用。人短暂接触1%丙烷，不引起症状；10%以下的浓度，只引起轻度头晕；高浓度时可出现麻醉状态、意识丧失；极高浓度时可致窒息。

LPG 为易燃气体。与空气混合能形成爆炸性混合物，遇热源和明火有燃烧爆炸的危险。与氧化剂接触会猛烈反应。气体比空气重，能在较低处扩散到相当远的地方，遇明火会引着回燃。

LPG 需储存于阴凉、通风的库房。远离火种、热源。库温不宜超过 30℃。应与氧化剂分开存放，切忌混储。储区应备有泄漏应急处理设备。

LPG 一旦泄露，应迅速撤离泄漏污染区人员至上风处，并隔离直至气体散尽，切断火源。建议应急处理人员配戴自给式呼吸器，穿防静电消防防护服。切断气源，用喷雾状水稀释、溶解，抽排(室内)或强力通风(室外)。如有可能，将漏出气用防爆排风机送至空旷地方或装设适当喷头烧掉。也可以将漏气的容器移至空旷处，注意通风。漏气容器不能再用，且要经过技术处理以清除可能剩下的气体。

使用 LPG 时，一般不需要特殊防护，但建议在特殊情况下，配戴自吸过滤式防毒面具(半面罩)。对于眼睛一般不需要特别防护，高浓度接触时可戴安全防护眼镜。工作现场严禁吸烟。避免长期反复接触。

一旦吸入 LPG，需迅速离开现场至空气新鲜处。保持呼吸道通畅。如呼吸困难，给予输氧。如呼吸停止，立即进行人工呼吸和就医。

7.8.1.3 LPG 压裂液的流变性能

LPG 压裂液需加入稠化剂、交联剂、活化剂和破胶剂等。这些添加剂的组成和配方为该公司的核心技术，未见公开报道。稠化剂为 6gpt，活化剂为 6gpt，破胶剂为 1gpt 的压裂液冻胶黏温曲线见图 7－29，由图可知，交联比较均匀。在加入破胶剂后，90min 内，黏度仍大于 100mPa·s，160min 后彻底破胶。据公司介绍，黏度可在 50 ~ 1000mPa·s 之间进行调节，破胶时间也可根据施工要求进行调节，破胶液的黏度为 0.1 ~ 0.2mPa·s，远低于水基压裂液(水基压裂液破胶后年度要求小于 5mPa·s)，即使为纯水，黏度也为 1mPa·s。因此，LPG 在储层和裂缝中的流动阻力将大幅度降低，有助于返排。

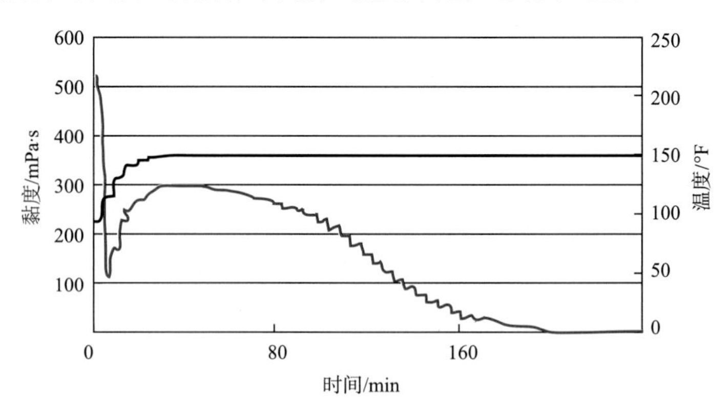

图 7－29 LPG 冻胶的黏温曲线

7.8.1.4 LPG 压裂液的其他性能

LPG 压裂液及其他体系的表面张力、黏度及密度见表 7－11。由表 7－11 可知 LPG 压裂液的密度 0.51g/cm^3；表面张力 7.6mN/m；返排液黏度 0.083mPa·s；优于常规压裂液，有助于降低地层伤害和返排。

表7-11 不同压裂液的介质的物性

流体	表面张力(20℃)/ (10^{-3}N/m)	黏度(40℃)/ mPa·s	密度/ (g/cm^3)
水	72.8	0.657	1.0
裂解油	25.2	1.93	0.82
40%甲醇一水	40.1	—	0.95
甲醇	22.7	1.09	0.79
丁烷	12.4	0.397	0.58
丙烷	7.6	0.083	0.51
天然气	0	0.0116	—

上述数据表明，以丙烷作为介质的LPG压裂液表面张力、黏度、密度等特性均较为突出，能够满足高效返排、降低压裂伤害的需求。LPG低密度的特性减少了静液柱的压力，有利于后期的返排，并可减少施工时的管柱摩阻。LPG压裂液在压裂过程中(相对低温、高压)保持液态，而在压裂结束后地层条件下和井筒中(高温、相对低压)恢复为气态，其返排效率远远高于水基压裂液(返排率往往低于50%)；同时基于LPG液体与油气完全互溶、不与黏土反应、不发生“贾敏效应”，其对地层伤害也远小于水基压裂液，从而可以实现最佳的压裂效果，大幅度增加人工裂缝的有效长度，大大提高储层改造效果(见图7-30)。

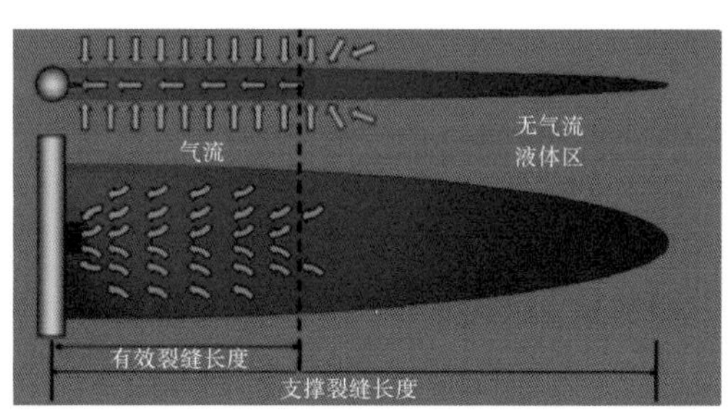

(a)常规压裂

(b)LPG压裂

图7-30 LPG压裂与常规压裂造缝长度和有效缝长关系比较

7.8.1.5 LPG压裂液回收再利用

水基压裂液返排后的液体需要进行处理后外排和回用，而LPG无需特别的返排作业过程，其返排物质能够直接进入油田生产系统并回收(气相加压液化分离)，实现循环使用(见图7-31)。

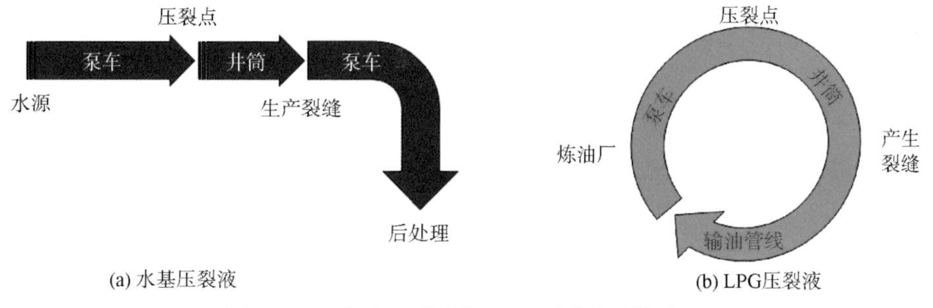

(a) 水基压裂液

(b) LPG压裂液

图7-31 水基压裂液与LPG压裂液返排处理

7.8.2 LPG 压裂施工技术

7.8.2.1 施工设备

LPG 压裂实行全自动化施工模式，施工场景见图 7－32。设备主要包括压裂车、添加剂运载和泵送系统、LPG 罐车、液氮罐车、砂罐、管汇车、仪表车等。不需要混砂车，支撑剂和液体在低压管线中混合输送。

图 7－32 LPG 压裂施工场景

1. 压裂泵车

据介绍，LPG 压裂用压裂车是对所购置的水基压裂用压裂车的泵注系统的密封原件进行了改进，以提高耐磨能力，并确保密封性(见图 7－33)。

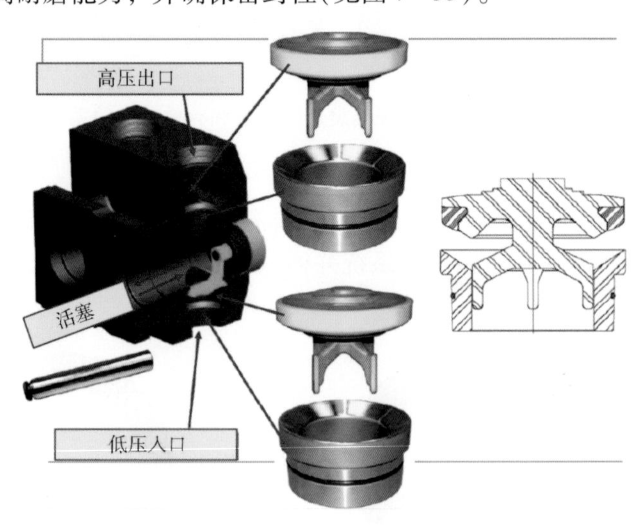

图 7－33 高压泵注系统改进的部分

2. 砂罐与液罐

砂罐为高压密闭系统，目前的砂罐可装 100t 陶粒。在下部安装 2 个绞龙，与低压管线连接。通过控制绞龙转速调整加砂砂比。砂罐和运载系统见图 7－34。

LPG 液罐通过密封管汇组合连接至砂罐下的绞龙，形成供液系统（见图 7－35）。

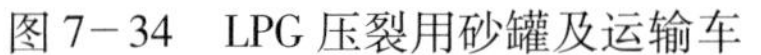

图 7－34　LPG 压裂用砂罐及运输车

图 7－35　LPG 压裂液罐及运输车

3. 添加剂运载和泵送系统

添加剂运载和泵送系统中分类储存各种添加剂，通过比例泵泵出，连接至供液系统中，泵出控制系统与仪表车相连，由仪表车直接控制。

7.8.2.2　施工安全监测

由于 LPG 为易燃液体，易挥发，是易燃易爆气体。现场压裂施工时，LPG 的量也较多，同时施工为高压施工，对施工的安全监测和控制尤为重要。LPG 压裂专用仪表车内的一半空间用于监测井场的温度、气体泄漏等情况，这在水基压裂的仪表指挥车里是不需要的。

1. 施工警戒区域划分

在施工准备期间，按照井场进行合理摆放，并严格划定警戒区域，该警戒区域主要为热感区域及泄露区，须有明显警戒标志。施工期间，警戒区域内禁止任何人员进入。

2. 压裂车低压吸入口压力监测

LPG 在任何位置泄露都将造成严重后果。每台 LPG 压裂车都在低压吸入口安装压力传感器，该传感器一旦监测有泄漏，须立即停止所有设备的运转，进行整改。

3. LPG 浓度监测

LPG 的浓度达到一定值时，在一定温度下将发生爆炸，同时压裂车的发动机在施工时都在工作，更增加了爆炸的风险，因此应在多个位置放置 LPG 浓度监测设备（见图 7－36）。浓度测定感应器一般在 20 个以上。

图 7－36　液化石油气泄漏监测装置（电池供电）

4. 温度测定

为进一步确保施工安全，还应进行红外温度监测，液体泄露会使其周围温度降低。机器运转使自身温度上升，为了便于与环境温度和机器运转正常温度相比较，应采用灵敏度很高的温度感应摄像头进行监测(见图7-37)。设备运转前后温度对比监测效果见图7-38，由图可知监测设备灵敏，同时显示直观。

图7-37　红外成像采集监测器

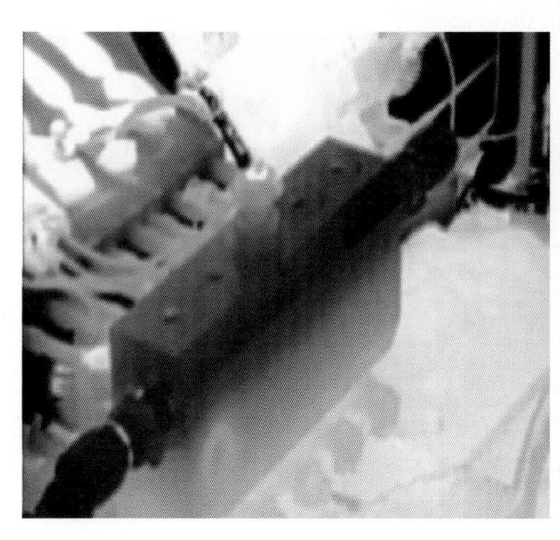
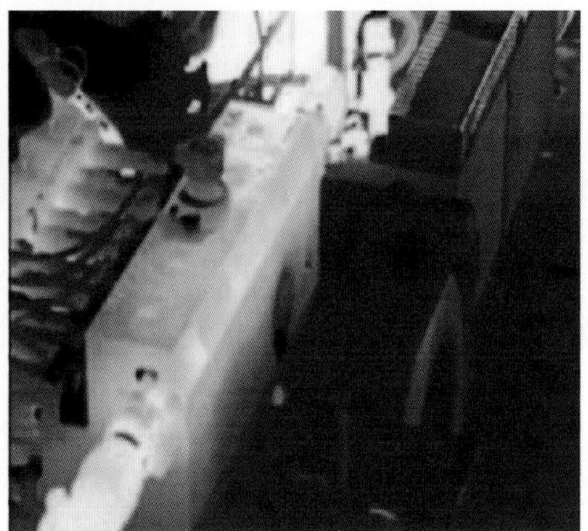

图7-38　设备运转前后温度对比监测效果图

为确保施工设备、施工人员以及井等的安全，LPG压裂施工除了遵守水基压裂的施工规章制度外，还需建立符合自身特点的规章制度。

首先是与LPG压裂相关的已存在的工业推荐方法，包括：试井及液体处置(IRP4)、易燃流体的泵送(IRP8)、基础安全常识(IRP9)、推荐安全行为准则(IRP16)、易燃流体处置(5IRP18)。

由于目前LPG施工以丙烷为主，施工还需按照LPG/丙烷工业的相关要求，如：丙烷教育和研究委员会的相关要求、加拿大石油服务协会的要求、加拿大石油生产协会的要求、加拿大丙烷气生产协会的要求。

另外，施工设备设计、操作程序、安全检查规范都必须实行危险与可操作性分析（Hazard and Operability Analysis，简写为 HAZOP）第三方评估。

7.8.3 现场试验情况

截至2012年9月，LPG压裂技术在北美应用超过1580井次，部分施工井的分布见图7－39。已施工的储层主要包含 Base fish scale、Niobara、Marcellus、Wilrich 等页岩储层。

图7－39 部分LPG压裂施工井分布图（红圈代表施工井）

目前，LPG压裂应用温度范围为12～150℃，已施工井最大深度为4000m，施工排量可达$8m^3/min$，加砂浓度达$1000kg/m^3$，最高施工压力90MPa，与常规压裂液相近，技术指标可适应低渗页岩储层改造需求。截至目前最大规模施工是在一口水平段长为4000m的水平井中进行的14级压裂，该井共加砂453t。

以同一油田应用的LPG压裂液压裂效果与水基压裂液压裂效果进行对比（见图7－40），由图可以看出，采用LPG压裂的效果远远好于采用水基压裂液压裂的井，由此也说明LPG压裂技术具有较好的增产效果。

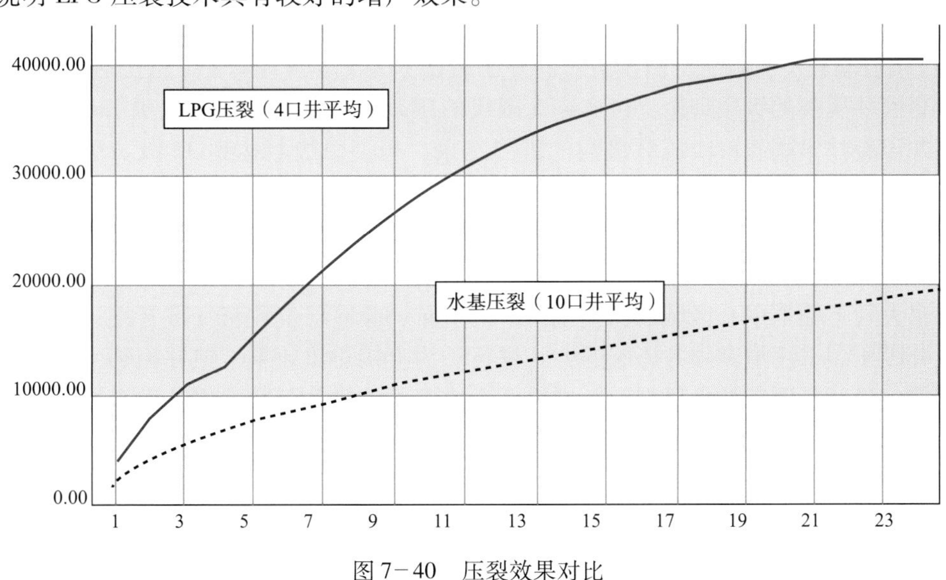

图7－40 压裂效果对比

7.9 多级滑套固井压裂技术

水平井滑套固井压裂技术的提出，主要是针对从固井完井工艺，减少射孔措施。该技术由可开关式滑套固井选择性放置在油层位置，固井完成后，利用钻杆、油管或连续油管带开关工具将滑套打开，然后用同一套管柱进行压裂作业。

7.9.1 技术特征

滑套固井压裂技术较常规压裂技术具有以下特征：

(1)定点起裂。滑套固井压裂技术将滑套预置在套管上，随套管固井时下入井段，因此在压裂时，起裂点沿预置套管点位置起裂，实现压裂的起裂点可控。

(2)全通径作业，有效降低施工压力。如图7-41所示，滑套固井压裂技术将滑套预置在套管上，因此在压裂注入过程中套管内可实现全通径管柱注入。这样可以直接降低压裂摩阻，提高施工安全性能。同时，全通径的作业方式，为水平井后期的改造作业提供了便利的井筒条件。

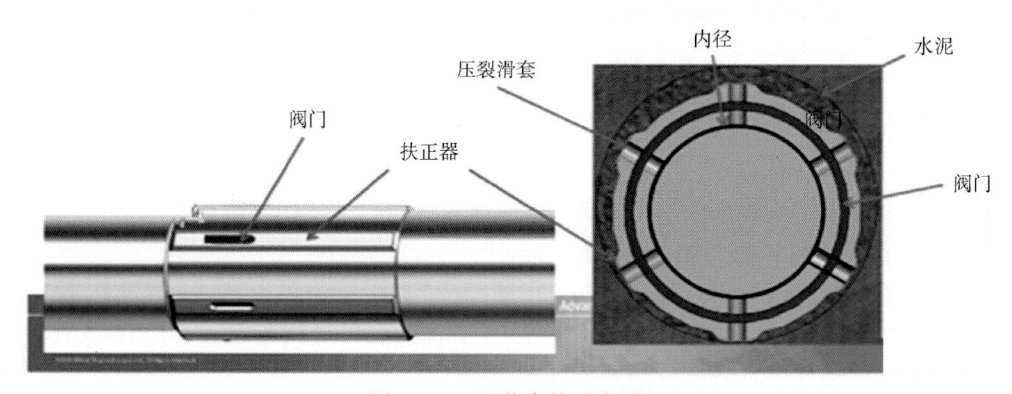

图7-41 固井套管示意图

(3)压裂级数不受限制。由于滑套固井压裂技术为滑套预置套管，且全通径注入施工，因此滑套固井压裂的级数理论上可实现无限级的压裂作业。2014年，美国Eagle Ford采用滑套固井压裂技术刷新单次压裂级数的世界纪录，压裂总级数达到92级。压裂施工操作高效，大部分段压裂施工时间少于1h，加入支撑剂总量达2.72×10^6kg。

7.9.2 现场试验情况

加拿大阿尔伯塔中心区域的白垩纪时期的Glauconitic层位致密气藏开发过程中有一个水平井分段压裂采用滑套固井压裂的方式进行。为直接对比效果，该井相邻水平井采用裸眼封隔器+投球打滑套技术压裂。区域内两个垂直井提供井下微地震技术来直接检验两口相邻的水平井水力压裂裂缝扩展情况。

水平井与监测直井位置关系如图7-42所示。套管滑套固井完井水平井压裂4段，裸眼完井压裂8段。施工排量均在$3m^3/min$左右，泵注程序一致。井下微地震监测的结果显示如图7-43所示，监测解释的裂缝尺寸见表7-12。通过图表分析可发现，滑套固井压裂技术可以有效地避免在裸眼完井条件下的压裂裂缝延伸重叠等问题，从而扩展储层有效改造的体积。同时，通过对比两口水平井的裂缝高度发现，固井完井条件下的平均压裂裂缝高度在29m左右，远低于裸眼完井条件下的86m高度，滑套固井压裂可以在促进裂缝延伸的同时，没有在缝高方向出现失控，这也进一步说明滑套固井压裂的有效性。

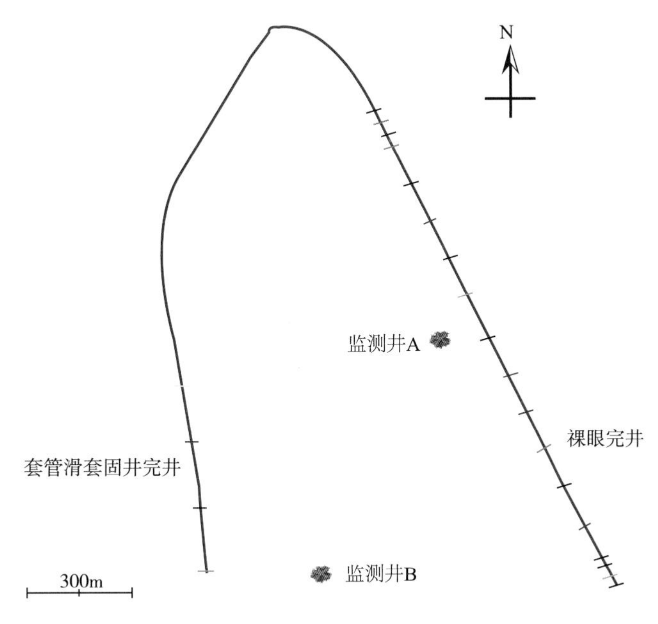

图7－42　水平井组位置示意图

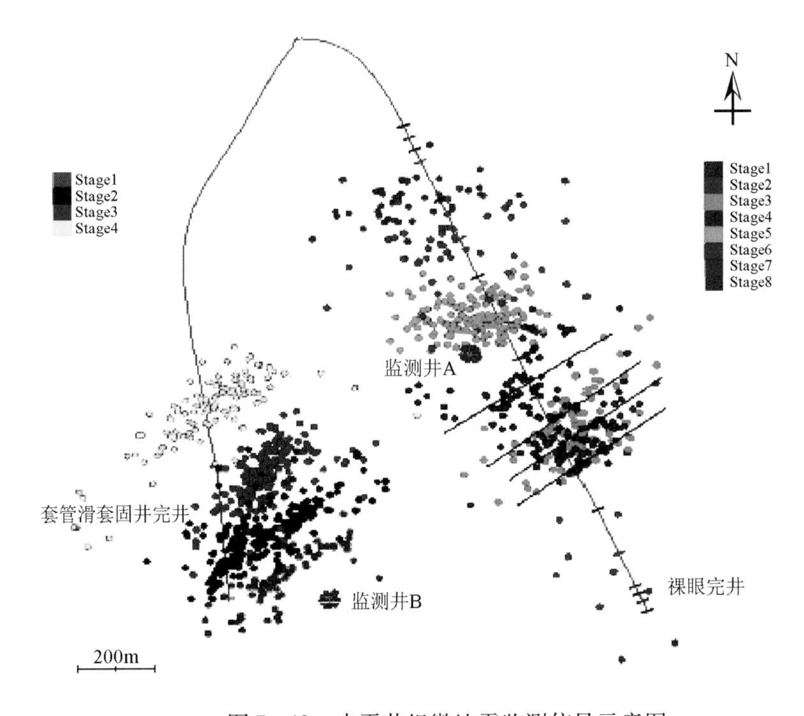

图7－43　水平井组微地震监测信号示意图

表 7-12　水平井组井下微地震监测裂缝解释数据对比

序号	套管完井压裂裂缝数据					裸眼完井压裂裂缝尺寸				
	压裂段	方位/(°)	半长/m	高度/m	响应宽度/m	压裂段	方位/(°)	半长/m	高度/m	响应宽度/m
1	1	NE46	176	28	52	3	NE44	116	96	108
2	2	NE46	198	33	84	4	NE46	114	90	222
3	3	NE45	174	34	86	5	NE46	118	88	133
4	4	NE45	160	21	74	6	NE46	111	78	96
5						7	NE45	99	76	86
平均			177	29	74	平均		112	86	129

两井压裂生产数据见表 7-13。由表中数据可以看出，滑套固井压裂的单条裂缝压后产量具有明显的优势，分析认为滑套固井有效地控制储层的裂缝高度延伸，保障裂缝长度方向上的有力扩展，增大了压裂裂缝对储层的控制，从而使得单条裂缝的产量更高。

表 7-13　水平井组压后生产数据对比

序号	对比项/($10^3m^3/d$)	单井		单条裂缝	
		滑套固井	裸眼滑套	滑套固井	裸眼滑套
1	前 21 天	55	85	13.75	10.625
2	22 天日产量	60	90	15	11.25
3	105 天日产量	25	37	6.25	4.625
4	130 天累产量	4782	7551	1195.5	943.875

7.9.3　技术发展前景

水平井滑套固井压裂技术可以有效保障压裂起裂点的可控性，避免相邻裂缝扩展重叠，降低施工压力，实现对压裂目标层位充分改造。国内针对页岩油气的滑套固井压裂技术现场应用尚属于起步阶段，因此开展滑套固井压裂技术在国内的现场试验应用，将是该项技术在国内页岩油气发展的关键。

第8章 实例分析

本章以国内外页岩油气开发成功实施的单井或区块为例，选取了中国焦石坝区块、泌阳盆地 BY1 井区、威远页岩区块、美国吉丁斯(Giddings)页岩、巴肯(Bakken)页岩、马塞勒斯(Marcellus)页岩和巴内特(Barrnet)页岩，分别从概况、地质特征、钻完井情况、压裂改造方案、施工简况和开发效果评价等方面总结分析这些页岩油气水平井分段压裂工艺技术的现场应用情况。

8.1 四川盆地涪陵地区 JY1 井

8.1.1 概况

涪陵地区区域构造位于四川盆地川东南构造区川东高陡褶皱带万县复向斜包鸾—JSB 背斜带中的 JSB 背斜，构造呈北东向展布。川东高陡褶皱带是四川盆地川东南构造区最重要的二级构造单元，也是四川盆地的重要产气区。西侧以华蓥山深大断裂为界与川中构造区相接，东侧以齐西深大断裂为界与湘鄂西断褶带相邻，北侧与秦岭褶皱带相接。JY1 井位于重庆市涪陵区焦石镇，处于川东南地区川东高陡褶皱带包鸾－JSB 背斜带 JSB 构造高部位。JY1 井是一口评价井，后又侧钻水平井。目的页岩气层 L 层沉积了较厚的暗色富含有机质的泥(页)岩段，地质录井钻遇 L 层黑色泥页岩段厚度 89. 5m。JY1 井采用的是三级井身结构，压裂设计采用电缆泵送桥塞分段压裂联作的工艺。该井在川东南地区下古生界页岩气水平井钻探及试气工艺试验取得了良好效果。

8.1.2 地质特征

涪陵 JSB 及邻区在晚奥陶世五峰组—早志留世龙马溪组，发育了大套的深灰色、灰黑色泥岩、碳质泥岩夹薄层的泥质粉砂岩，属浅海陆棚相沉积。纵向上，依据其岩性、岩相及生物特征等的变化，又可进一步将 JSB 地区浅海陆棚相细分为深水陆棚亚相和浅水陆棚亚相。

涪陵页岩气田JSB区块的区域构造隶属于川东褶皱带，位于万县复向斜的南部与方斗山背斜带西侧的交汇区域。JSB断背斜总体为北东向走向，上奥陶统五峰组底圈闭面积266.3km^2，构造高点位于靠近大耳山西断层的三维区东北部，高点海拔-1640m，构造幅度960m。

涪陵JSB地区JY1井L层共钻遇1272.8m/14层不同级别的油气显示，为深水陆棚相沉积，且沉积水体从下到上逐渐变浅，岩性为灰黑色碳质泥岩、灰黑色粉砂质泥岩、灰黑色泥岩。岩心化验分析黏土矿物含量最小16.6%，最大62.8%，平均值40.9%。黏土矿物以伊蒙混层为主，占54.4%，其次为伊利石39.4%。脆性矿物含量最小33.9%，最大80.3%，平均值56.5%，以石英为主，占37.3%，其次是长石9.3%，方解石3.8%。孔隙度最小1.17%，最大7.98%，平均值4.6%；渗透率最小0.0015×$10^{-3}$$\mu m^2$，最大335.2092×$10^{-3}$$\mu m^2$，平均值21.94×$10^{-3}$$\mu m^2$；岩石密度最小2.44$g/cm^3$，最大2.82$g/cm^3$，平均值2.58$g/cm^3$。

通过对JY1井L层进行地应力分析，根据实验测试结果，2380m位置最大主应力为63.50MPa，最小主应力为47.39MPa，水平地应力差异系数为34%。FMI成像测井资料显示的井壁崩落方位，JY1井L层页岩气层段的最大主应力方向为近东西向。

JY1井现场录井解释微含气层14m/3层，泥(页)岩微含气层14m/2层，泥(页)岩含气层742.99m/6层，泥(页)岩气层501.78m/3层。L层总有机碳测试样品173个，岩性主要为灰黑色粉砂质泥岩、灰黑色泥岩、灰黑色碳质泥岩。有机碳含量最小值0.55%，最大值5.89%，平均值2.54%。镜质体反射率测试样品共9个，岩性为灰黑色泥岩、灰黑色碳质泥岩，镜质体发射率R_o最小值2.20%，最大值3.13%，平均值2.65%。有机质热演化程度适中，处于裂解气阶段。根据导眼井岩心描述和FMI成像测井资料显示(见图8-1)：高导缝在L层中、上部较发育，且主要发育在黏土矿物含量高的泥岩中，集中发育在2137~2320m井段。常规测井资料显示，除碳质泥岩外，一般泥岩层裂缝发育不明显。地层温度64℃，原始地层压力系数1.25~1.50。

8.1.3 钻完井情况

JY1井在2020.0m左右处侧钻，用ϕ311.2mm钻头钻至井深2499.9m，因井下情况复杂，提前中完，下入ϕ244.5mm套管至井深2496.03m。三开采用ϕ215.9mm钻头钻至井深3653.99m完钻，下入ϕ139.7mm套管完井。JY1井采用的是三级井身结构(见表8-1、表8-2、图8-2)。录井气测全烃含量介于0.36%~30.95%，其中甲烷介于0.289%~30.114%、乙烷介于0~0.149%、二氧化碳介于0.23%~0.74%。甲烷和乙烷之和占总气量的80.27%~97.78%，总含气量约1.13~8.50m^3/t，平均值4.64m^3/t。储层含气以烃类气体为主，此外气体组分中不含硫化氢、二氧化硫等有毒、有害气体。

表8-1 JY1井实钻井身数据表

套管程序	钻头程序/(mm×m)	套管程序/(mm×m)	水泥返高/m
导管	ϕ660.4×33.33	ϕ476.25×33.33	地面
表层套管	ϕ444.5×764.89	ϕ339.5×763.57	地面
技术套管	ϕ311.2×2499.78	ϕ244.5×2496.03	地面
生产套管	ϕ215.9×3653.99	ϕ146.1×719.95+ϕ139.7×3650.30	地面

表8-2 套管性能数据表

外径/mm	钢级	壁厚/mm	扣型	每米质量/(kg/m)	接箍外径/mm	抗拉强度/kN	抗挤强度/MPa	抗内压强度/MPa
244.5	P110	11.99	TP-CQ	70.71	269.88	6643	36.54	65.10
146.1	TP125S	12.34	TP-FJ	40.7	146.1	2462	133.4	101.9
139.7	TP110T	12.34	TP-CQ	38.76	157	3332	128	117.3

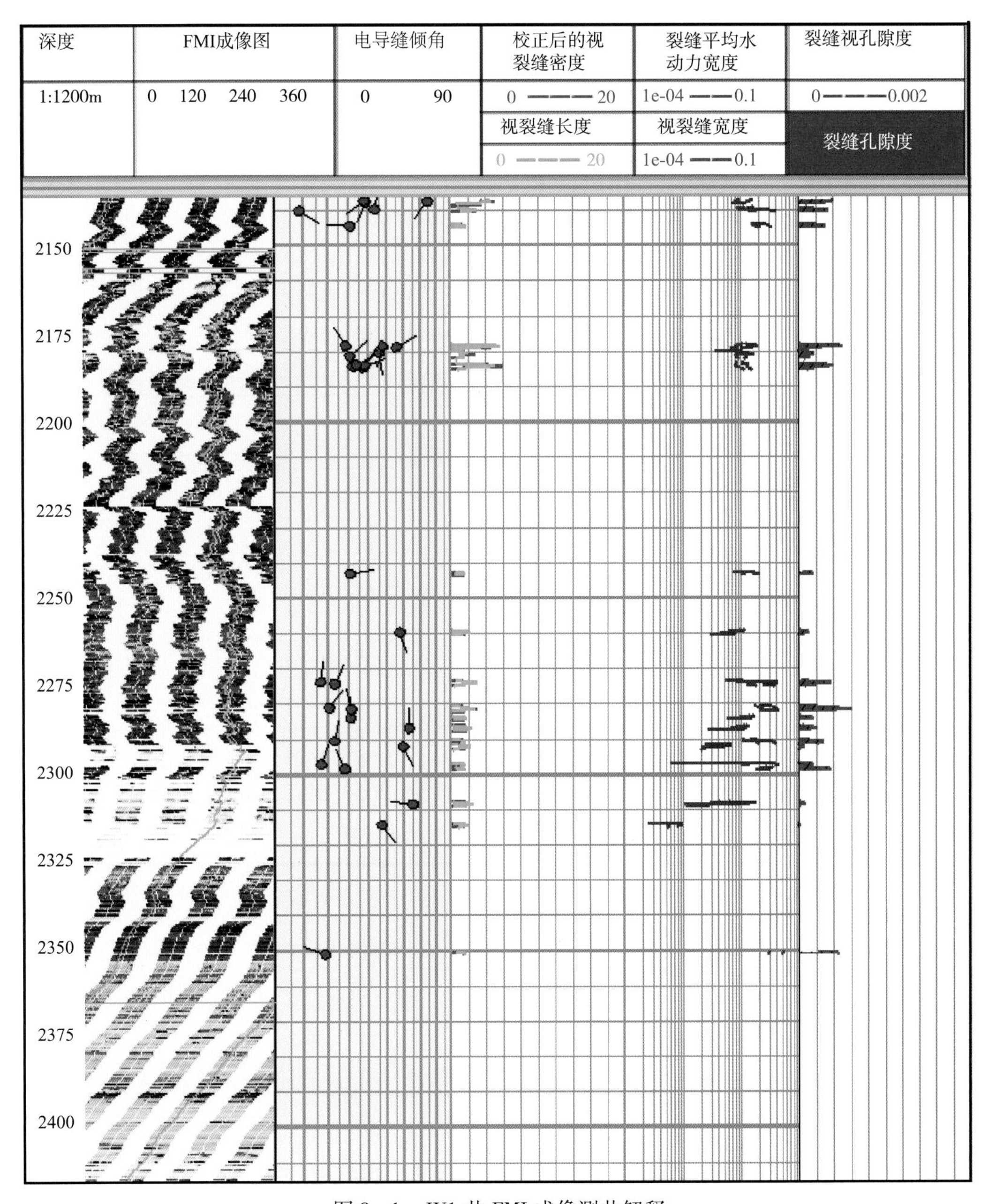

图8-1 JY1井FMI成像测井解释

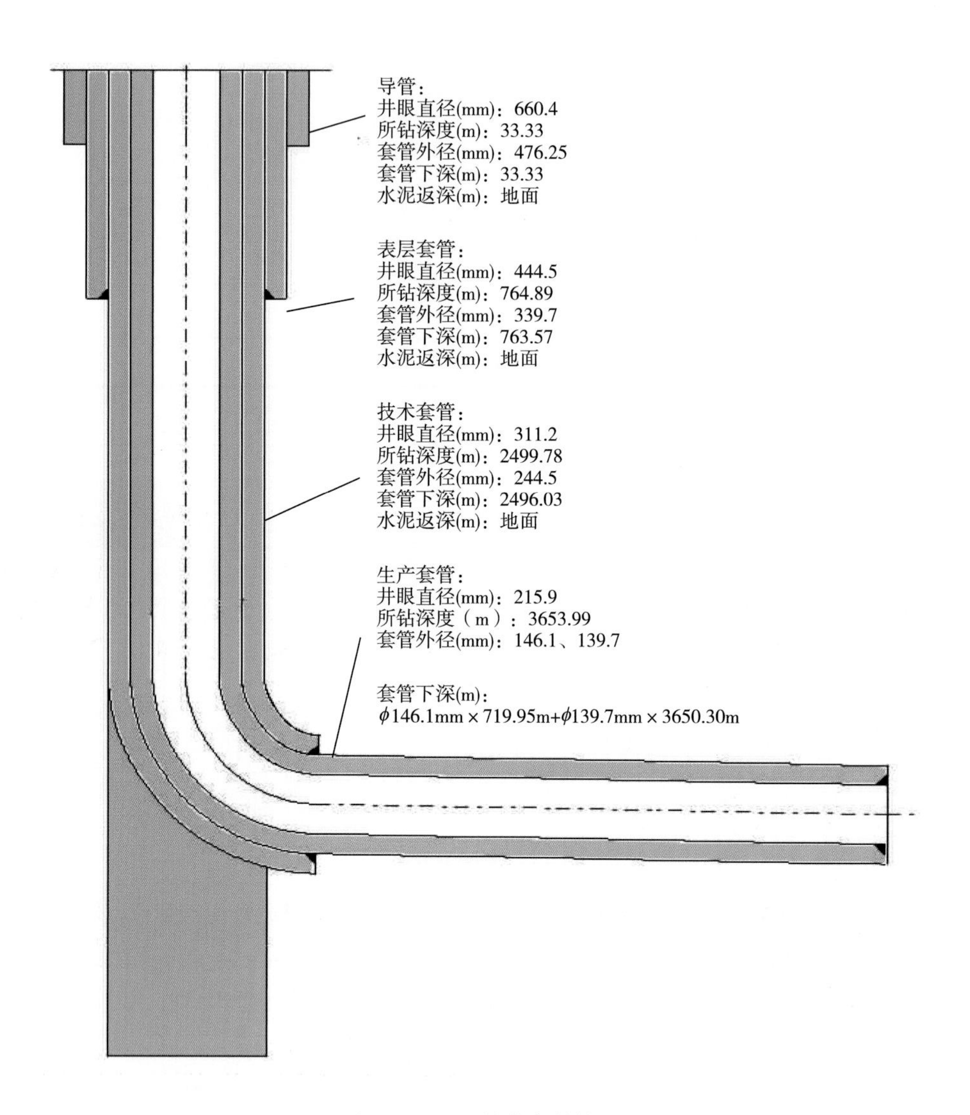

图 8-2　JY1 井井身结构图

JY1 井地面海拔 743.334m，补心高 8m，完钻测深 3653.99m，垂深 2416.64m，A 靶点测深 2646.09m，垂深 2408.36m，B 靶点测深 3646.09m，垂深 2416.64m，水平段长 1007.9m。

8.1.4　射孔-桥塞联作分段压裂工艺技术

JY1 井设计采用电缆泵送桥塞分段压裂联作的工艺，分段压裂工具选用球笼式可钻式复合压裂桥塞，考虑油层套管 139.7mm，钢级 TP110T，壁厚为 12.34mm。因此选用 104.8mm 外径的复合压裂桥塞(空心桥塞)，桥塞上下双向耐压 70MPa，耐温≥120℃。该桥塞一般采用 E-4™ 电缆坐封工具组合，或通过钻杆，或连续油管连接 J™ 型坐封工具实现坐封；可以通过传统的磨铣工作迅速磨掉，并在欠平衡状况下通过一趟管柱来钻除。桥塞具体性能参数及结构见表 8-3 和图 8-3。

表 8-3　分段改造桥塞作业工具技术参数

名称	尺寸			工作压力/MPa	工作温度/℃
	长度/m	外径/mm	内径/mm		
可钻桥塞	0．438	104．8	36	70	≥120

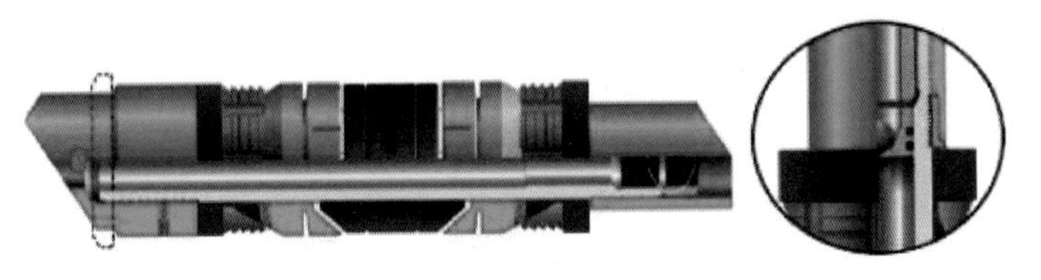

图 8-3　可钻桥塞结构示意图

施工排量设计为 10 ~ 12m³/min，按施工压力 80MPa 计算，总共需要 22100 水功率，施工准备 12 套 2500 型压裂设备。应力差异系数较大为 34%，压裂过程中形成单一长缝的可能性较大，且储层裂缝不发育，张开天然裂缝所需净压力极大，所产生的诱导应力场距离较短，需增加水平段压裂级数、增加射孔簇数、增加裂缝长度，提高导流能力，设计分 15 级压裂，每级射孔 3 簇。压裂液采用滑溜水 + 线性胶的设计思路，适当增加滑溜水和线性胶比例，增加支撑剂量，提高裂缝导流能力；水敏感指数为中偏强水敏，需要提高滑溜水等入井液防膨等效果，减少地层污染。在压裂设计中，考虑作业安全和该低渗储层所需的裂缝导流能力相对较低，选择 100 目粉陶在前置液阶段做段塞，封堵天然裂缝，减低滤失，同时打磨炮眼和近井筒摩阻。为避免施工中发生砂堵，中期携砂液选择 40/70 目陶粒，降低砂堵风险。后期为了增加裂缝导流能力，采用 30/50 目陶粒阶梯加砂，采用段塞阶梯加砂工艺。表 8-4 给出了 JY1 井压裂测试分段、桥塞位置及射孔位置表，表 8-5 给出了 JY1 井压裂设计主要参数。

表 8-4　JY1 井压裂测试分段、桥塞位置及射孔位置表

分段	顶深/m	底深/m	桥塞位置/m	射孔簇位置(顶深)/m
1	3565	3653. 99		3601. 5 ~ 3603. 0
				3590. 0 ~ 3591. 5
2	3510	3565	3509. 2	3545 ~ 3546
				3525 ~ 3527
3	3458	3510	3450	3467 ~ 3468
4	3395	3458	3391	3433 ~ 3434
5	3320	3395	3325	3370 ~ 3371
				3344 ~ 3345
6	3260	3320	3256	3313 ~ 3314
				3280 ~ 3281
7	3195	3260	3190	3248 ~ 3249
				3230 ~ 3231
				3210 ~ 3211

续表

分段	顶深/m	底深/m	桥塞位置/m	射孔簇位置(顶深)/m
8	3125	3195	3123	3177～3178
				3160～3161
				3138～3139
9	3060	3125	3049	3105～3106
				3090～3091
				3075～3076
10	2975	3060	2993	3043～3044
				3025～3026
				3011～3012
11	2931	2975	2930	2968～2969
				2950～2951
12	2870	2931	2870	2921～2922
				2904～2905
				2888～2889
13	2796	2870	2804	2860～2861
				2846～2847
				2820～2821
14	2730	2796	2710	2790～2791
				2769～2770
				2745～2746
15	2660	2730	未下	2715～2716
				2695～2696
				2675～2676

表 8-5　JY1 井压裂设计主要参数

井段	簇数	孔数	总液量/m^3	15%酸/m^3	SRF1/m^3	SRF2/m^3	100 目/t	40/70 目/t	30/50 目/t	总砂量/t
第 1 段	2	48	1373	8	800	565	7. 5	93. 4	8. 75	109. 7
第 2 段	3	48	1243	8	705	530	7. 5	88. 7	5. 25	101. 5
第 3 段	3	48	1243	8	705	530	7. 5	88. 7	5. 25	101. 5
第 4 段	2	48	1243	8	705	530	7. 5	88. 7	5. 25	101. 5
第 5 段	3	48	1243	8	705	530	7. 5	88. 7	5. 25	101. 5
第 6 段	3	48	1243	8	705	530	7. 5	88. 7	5. 25	101. 5
第 7 段	3	48	1243	8	705	530	7. 5	88. 7	5. 25	101. 5
第 8 段	3	48	1373	8	800	565	7. 5	93. 40	8. 75	109. 55
第 9 段	3	48	1243	8	705	530	7. 5	88. 7	5. 25	101. 5
第 10 段	3	48	1243	8	705	530	7. 5	88. 7	5. 25	101. 5
第 11 段	2	48	1243	8	705	530	7. 5	88. 7	5. 25	101. 5

续表

井段	簇数	孔数	总液量/m^3	15%酸/m^3	SRF1/m^3	SRF2/m^3	100目/t	40~70目/t	30~50目/t	总砂量/t
第12段	3	48	1243	8	705	530	7.5	88.7	5.25	101.5
第13段	3	48	1243	8	705	530	7.5	88.7	5.25	101.5
第14段	3	48	1243	8	705	530	7.5	88.7	5.25	101.5
第15段	3	48	1381	8	800	565	7.5	88.7	5.25	101.5
合计	42		19043	120	10860	8055	113	1345	89.3	1547.7

JY1井施工主要包含正式加砂施工和泵送桥塞施工，压裂施工15段，整个施工工程总用液量19972.3m^3（含小型测试压裂204.6m^3），其中土酸120m^3、滑溜水13663.2m^3、线性胶6189.1m^3，总加砂量965.82m^3，其中单段最大加砂量113.3m^3。破裂压裂为57.2~88.3MPa，单段平均砂比为2.80%~16.68%。图8-4给出了JY1井测试压裂施工的曲线。

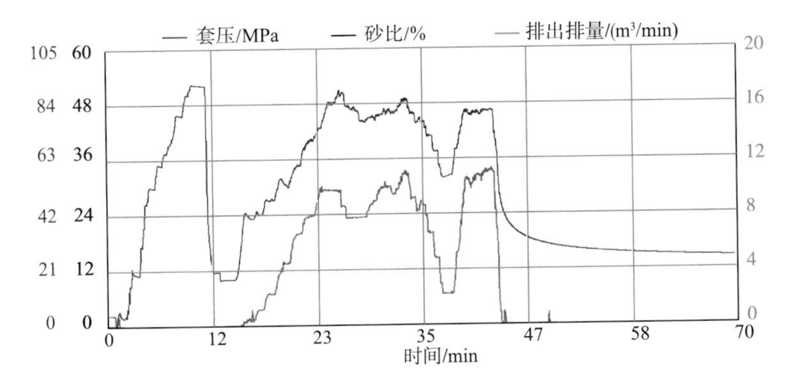

图8-4　JY1井测试压裂施工曲线

施工前对3601.5~3603.0m、3590.0~3591.5m进行了测试压裂，无明显破压显示，最高泵压87MPa，施工排量2~11m^3/min，泵压42~87MPa，泵送液体204m^3。停泵压力46.3MPa。通过降排量测试分析，该井井底闭合压力52.53MPa，闭合时间31min，净压力15.89MPa，人工裂缝近井摩阻23.6MPa。图8-5和图8-6分别给出了第4段和第15段的压裂施工曲线。

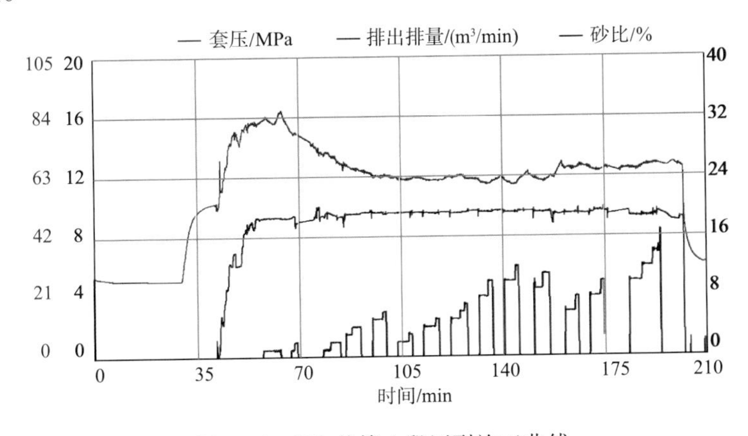

图8-5　JY1井第4段压裂施工曲线

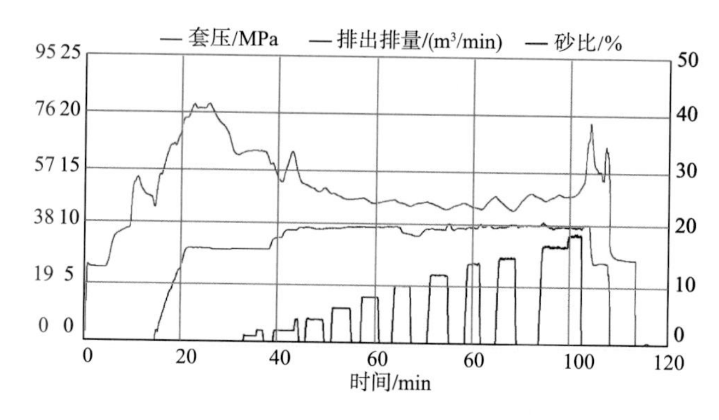

图 8-6　JY1 井第 15 段压裂曲线

本段近井污染严重，施工前期压力高。酸液以及之后的粉砂进入地层后，降低了近井摩阻和弯曲摩阻，泵压渐趋稳定，只有高砂比阶段泵压略微上涨。最终完成加砂，施工顺利。

8.1.5　压后效果评价分析

JY1 井压裂施工 15 段，压裂施工曲线如图 8-7 所示。L 层地层脆性不够，裂缝发育，滤失量大，近井摩阻高，压裂造成的缝宽不够，施工难度大。针对地层“能进液，不吃砂”的特点，可将线性胶稀释成滑溜水，注入 2000m³ 以上，靠大液量造缝，而不追求高砂比，这样也可以形成缝网结构；前置液阶段使用线性胶和滑溜水交替注入的方式，胶加砂，水造缝。前置酸效果要达到理想效果，出现较大压降，页岩气水平井压裂需增加前置酸量和酸反应时间。页岩裂缝性储层非均质性强，裂缝延伸困难，裂缝缝口窄，地层对支撑剂敏感性很强。对于泥质含量高的地层，应使用黏度较高的液体，少打滑溜水；多加粉陶，少加粗陶；排量按台阶提升；增加前置酸量和反应时间，降低施工难度。

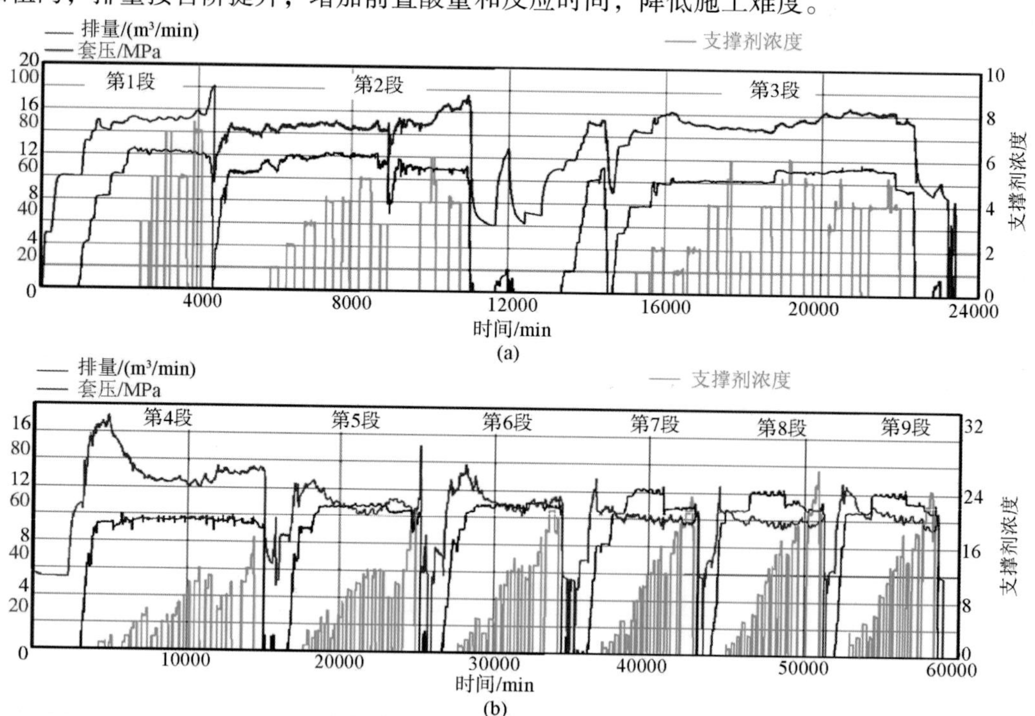

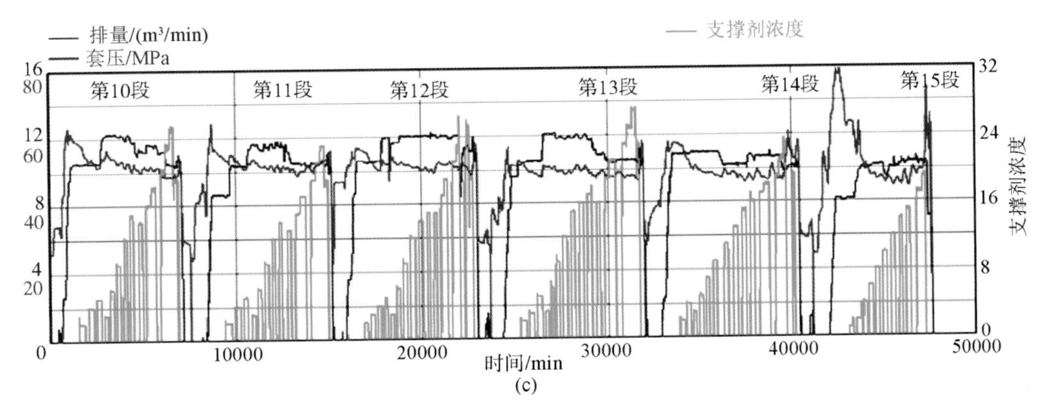

图 8－7　JY1 井 15 段压裂施工曲线

由图 8－8 和图 8－9 可知，JY1 井第 2 段压裂裂缝呈网络裂缝特征，改造体积 786m^3。通过对其他 14 段类似的模拟分析，可以得到 JY1 井总的改造体积约为 $7.6\times10^7 m^3$。该井取得了良好的产能，生产曲线如图 8－10 所示。

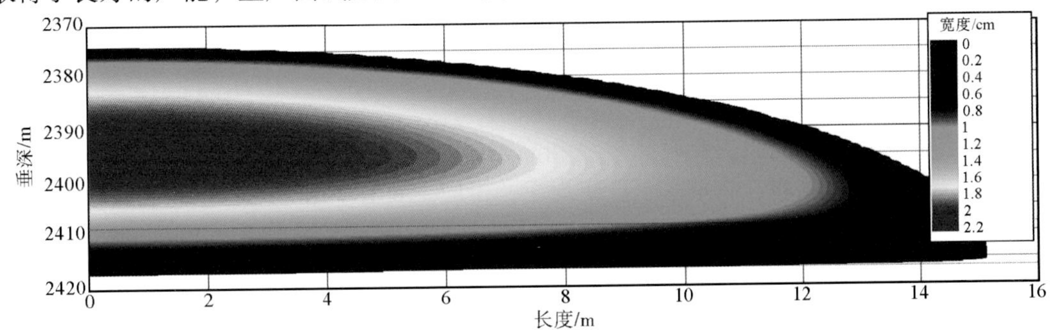

图 8－8　JY1 井第 2 段压裂拟合反演裂缝剖面图

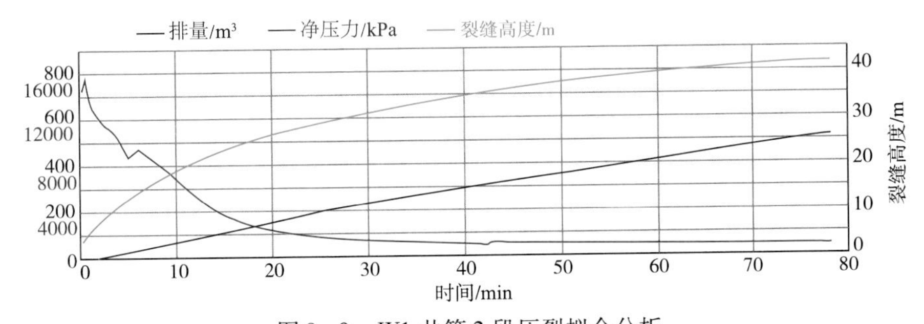

图 8－9　JY1 井第 2 段压裂拟合分析

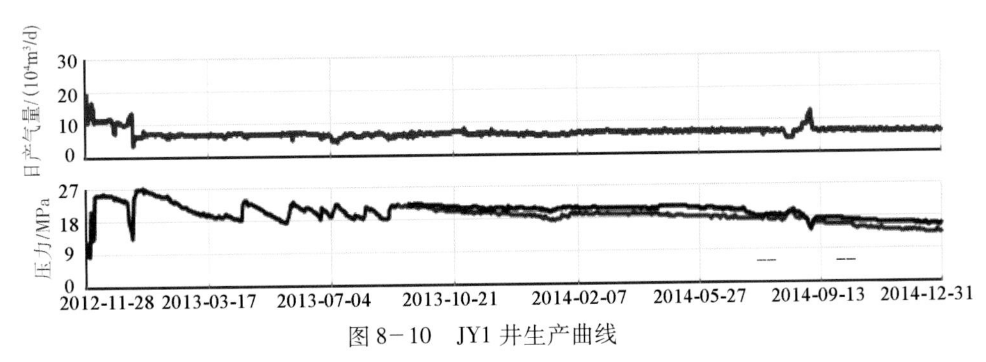

图 8－10　JY1 井生产曲线

JY1 井于 2012 年 11 月 28 日开始试采，试气无阻流量 $15.8\times10^4m^3/d$。40d 后按 $6\times10^4m^3/d$配产，截至 2014 年 12 月底，累产气 $4911.6\times10^4m^3$。通过数值模拟历史拟合，预计生产 40 年后累产气可达 $80\times10^8m^3$。

8.2 泌阳盆地 BY1 井

8.2.1 概况

泌阳凹陷页岩主要发育在古近系核二段—核三段上部，平面上主要分布在深凹区，与较深—深湖相吻合，面积近 $400km^2$，具有纵向上厚度较大、横向分布较稳定的特征。泌阳凹陷为新生界断陷湖盆，仅经历廖庄末期构造抬升运动，构造破坏作用相对较弱，加之泌阳凹陷页岩主要发育地区为深凹区，断层极不发育，有利于页岩气的保存。泌阳油田 BY1 井位于泌阳凹陷深凹区，主要是评价探井出油层水平井油气产能及含油气规模，同时探索长水平段水平井及分段压裂技术在泌阳凹陷陆相页岩油勘探中的适应性。

8.2.2 地质特征

BY1 井发育的裂缝类型主要有高导缝和高阻缝。对高导缝的发育产状进行分段统计，倾向较为杂乱，以北北西、北东东、近南为主；走向主要有 2 组方向：以北北西—南南东、北东东—南西西为主，倾角分布在 30°~80°，以中低角度为主，主频为 40°。统计高阻缝的发育产状，倾向以北、南南西为主；走向主要有 2 组方向：以近北—南、东—西为主，倾角分布在 30°~60°，主频为 50°。井周最大水平主应力方向为北东东—南西西向，泌阳 BY1 井中走向为北东东—南西西方向的一组裂缝与现今最大主应力的方向近平行，因此现今最大水平主应力有利于保持这组高导缝的开启。BY1 井 FMI 测井解释裂缝产状见图8-11。

通过泌阳 BY1 井页岩岩心核磁共振实验，目的层有效孔隙度一般在 2.73% ~12.5%，均值为 5.78%。渗透率采用脉冲基质法进行测试，平均为 $3.508\times10^{-6}\mu m^2$。含油饱和度介于 16% ~41%，平均值为 27%。脆性矿物含量为 66%。

表 8-6 为泌阳 BY1 井页岩油气测井评价成果表，本井测井共评价了有价值的页岩油气层段 4 段，累计厚度 147.2m，单层厚度分布在 18 ~55.2m，平均厚度为 36.8m。

表 8-6 泌阳油田 BY1 井导眼井页岩油气测井评价统计表

层号	深度/m	厚度/m	伽马能谱+核磁			ECS 参数		岩性
			孔隙度/%	泥质含量/%	渗透率/$10^{-3}\mu m^2$	有机碳/%	脆性矿物(V/V)/%	
1	2182 ~2226	37	5.5	30	0.0032	2.7	60	页岩
2	2240 ~2270	16	4.9	35	0.008	2.4	56	页岩
3	2330 ~2348	12	5	30	0.0029	2.3	58	页岩
4	2385 ~2441	56	5.3	27.2	0.0025	4.2	70	页岩

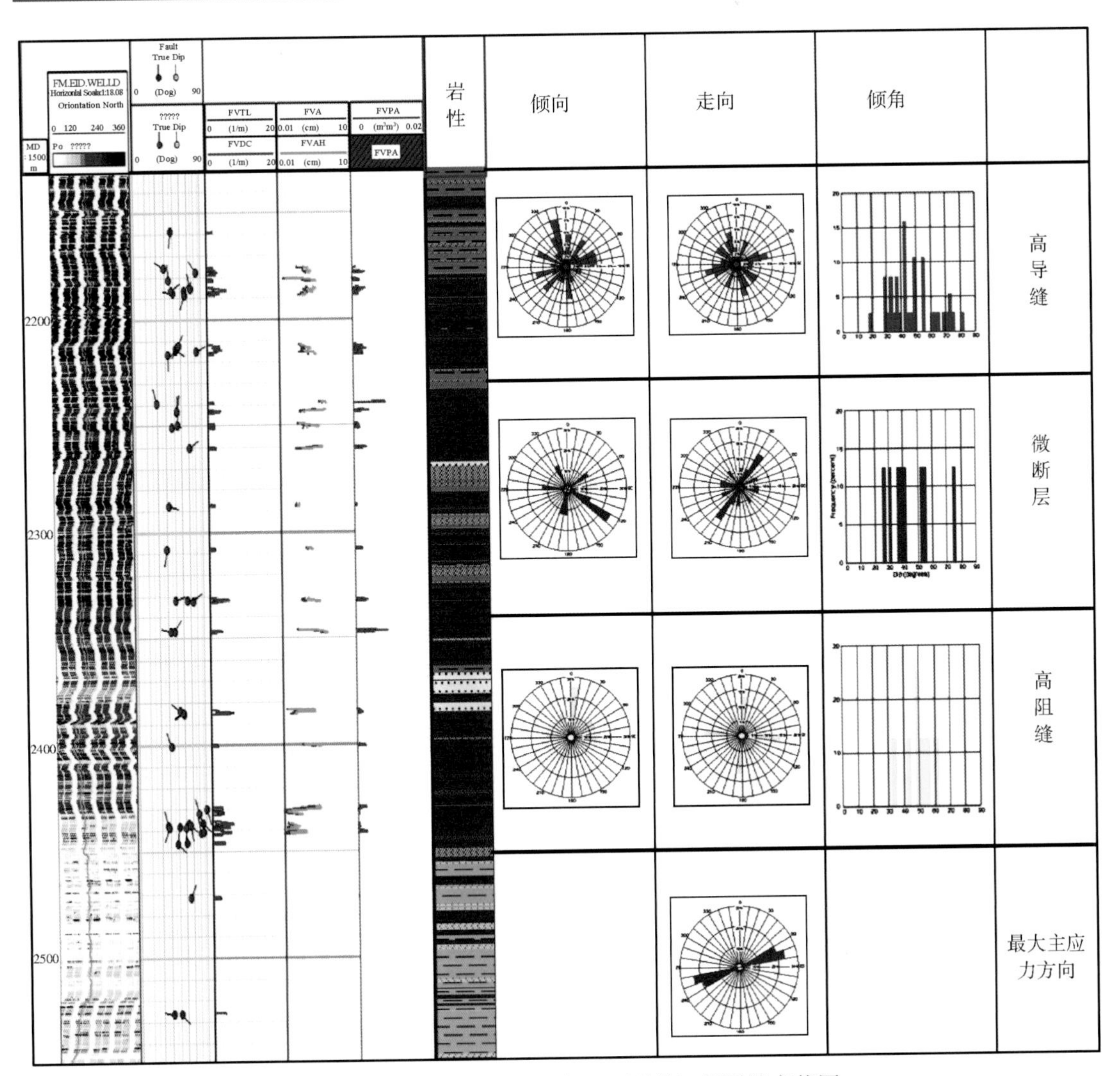

图8－11　泌阳油田BY1井FMI测井解释裂缝产状图

8.2.3　钻完井情况

BY1井完钻井深3722m，水平段长度1044m，目的层钻遇率高达98%，全角变化率控制在1.68°/30m以内，图8－12给出了BY1井井身结构示意图。测量结果表明垂向主应力梯度为0.0244MPa/m，水平最小主应力梯度为0.015～0.0175MPa/m，平均为0.0160MPa/m，水平最大主应力梯度为0.0179～0.0200MPa/m，平均为0.0197MPa/m，三个主应力梯度中垂向主应力梯度最大。

图8－13给出了BY1井全岩X衍射直方图，表8－7给出了BY1井与美国美国Haynesville地区岩石成分比较，陆相页岩脆性矿物含量较高，与美国海相盆地脆性矿物含量相似，具有较好的可压性，具备储层压裂改造的条件。经计算，水平两向应力差异系数5.3%，页岩压裂有利于裂缝缝网形成。陆相页岩脆性矿物含量较高，与美国海相盆地脆性矿物含量相似，具有较好的可压性，具备储层压裂改造的条件。水平两向应力差异系数5.3%，页岩压裂有利于裂缝缝网形成。

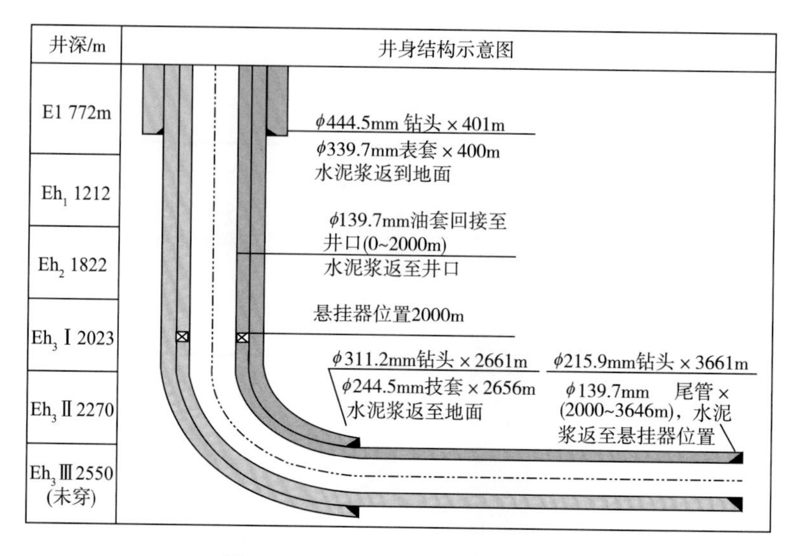

图 8－12　BY1 井井身结构示意图

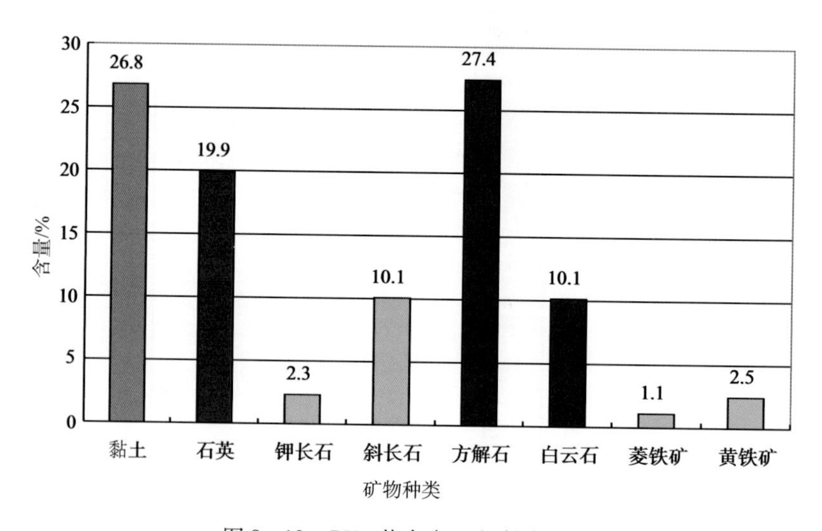

图 8－13　BY1 井全岩 X 衍射直方图

表 8－7　BY1 井与美国 Haynesville 地区岩石成分比较

区域	石英/%	长石/%	碳酸岩/%	黏土/%	脆性矿物含量/%
泌阳凹陷 C 井	19.5	18.8	27.4	29.3	65.7
美国 Haynesville	25～35	—	20～40	30～40	60～70

8.2.4　射孔—桥塞联作分段压裂工艺技术

泌阳 BY1 井压裂设计共分为 15 段，每段间距 68～125m，除第一段压裂射孔 2 簇外，其余分段每段射孔 3 簇，全井共射孔 29 簇，每簇间距 15.8～57.4m。选用快钻射孔—桥塞联作分段压裂工艺技术。图 8－14 是 BY1 井射孔—桥塞联作分段压裂位置示意图。

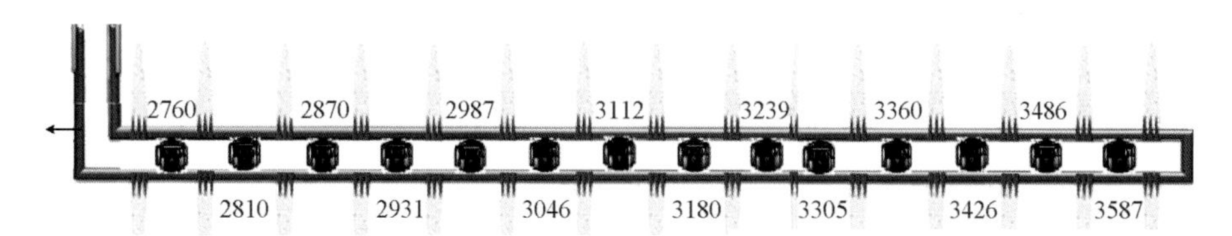

图 8-14 南阳油田 BY1 井射孔—桥塞联作分段压裂图(15 段)

BY1 井 15 级压裂施工累计射孔 33 簇，共注入地层压裂液 22138m^3，加砂 800t，施工压力 46.5~65.7MPa，排量 10.1~13.6m^3/min。压裂过程中采取高排量的滑溜水携带 100 目粉陶；采取一定黏度的线性胶携带 40/70 目陶粒，使天然裂缝和井筒间建立一定导流能力主通道，形成高导流裂缝。

8.2.5 压后效果评价分析

裂缝监测图(见图 8-15)显示该井分段压裂已经形成体积缝网裂缝系统。BY1 井分段压裂共监测 10631 个事件点，缝长 200~540m，通过初步计算网状缝体积为 $3883\times10^4m^3$，井控储量 75×10^4t。事件点较分散，有形成缝网裂缝的可能。

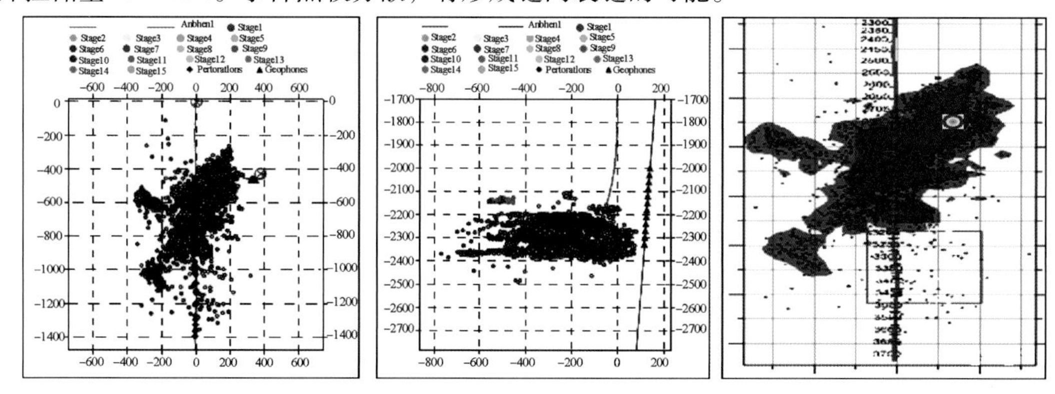

图 8-15 泌阳盆地 BY1 井压裂裂缝监测图

泌阳 BY1 井原油密度为 0.8639g/cm^3，黏度 13.6mPa·s(70℃)，含蜡量 27.2%，含胶质沥青为 21.37%，凝固点为 40℃，说明原油性质为为稀油，天然气组分中甲烷占 66%，利于抽汲开采。BY1 井压后最高产油 23.6m^3/d，天然气 1000m^3/d；稳定产油 2~3m^3/d，产气 300m^3/d。

图 8-16 为 BY1 井压后生产曲线。

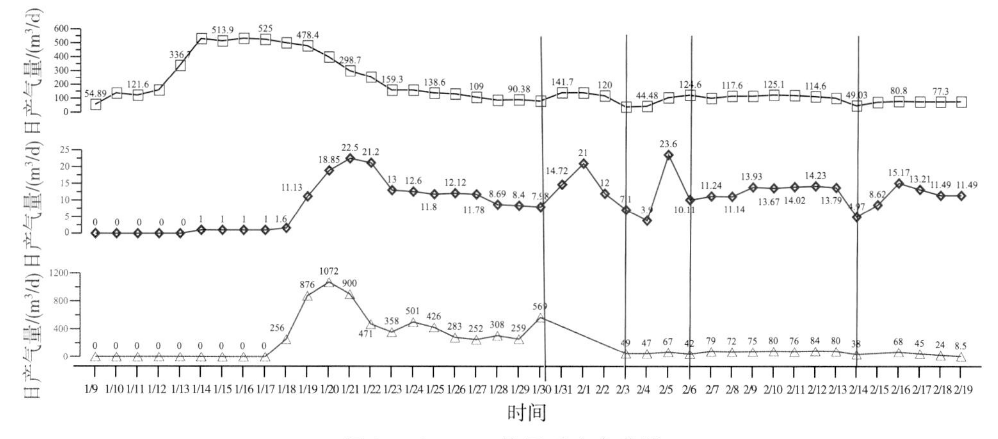

图 8-16 BY1 井压后生产曲线

8.3 威远页岩区块 WY1 井

8.3.1 概况

威远构造钻探始于1938年(威1井，栖霞组，产水)，至2013年12月底，威远构造共钻深井163口，其中震旦系井113口、寒武系井16口、奥陶系5口，志留系8口、茅口组井21口，发现了震旦系、寒武系、奥陶系、志留系、茅口组和嘉陵江组6个含气单元。志留系页岩气勘探始于2009年，截至2014年12月已钻探完成5口水平井。实钻表明，志留系龙马溪组页岩厚度大、含气性好、横向分布稳定，因此下古生界志留系龙马溪组页岩气具有良好的勘探开发前景。

8.3.2 地质特征

威远构造属于川中隆起区的川西南低陡褶带，东及东北与安岳南江低褶皱带相邻，南界新店子向斜接自流井凹陷构造群，北西界金河向斜与龙泉山构造带相望，西南与寿保场构造鞍部相接，威远构造核部出露最老地层为三叠系中统嘉四地层(顶部区多为须家河组，沟谷多为雷口坡组地层，外围分布侏罗系上部地层)。由钻井资料可知，从地表至基底，地层层序依次为三叠系须家河组、雷口坡组、嘉陵江组、飞仙关组，二叠系乐平统、阳新统，志留系下统龙马溪组，奥陶系五峰组、宝塔组、大乘寺组、罗汉坡组，寒武系洗象池组、遇仙寺组、沧浪铺、筇竹寺和震旦系上统灯影组、喇叭岗组。图8-17给出了四川盆地震旦系—下古生界不同天然气类型分布模式图(邹才能等，2014年)。

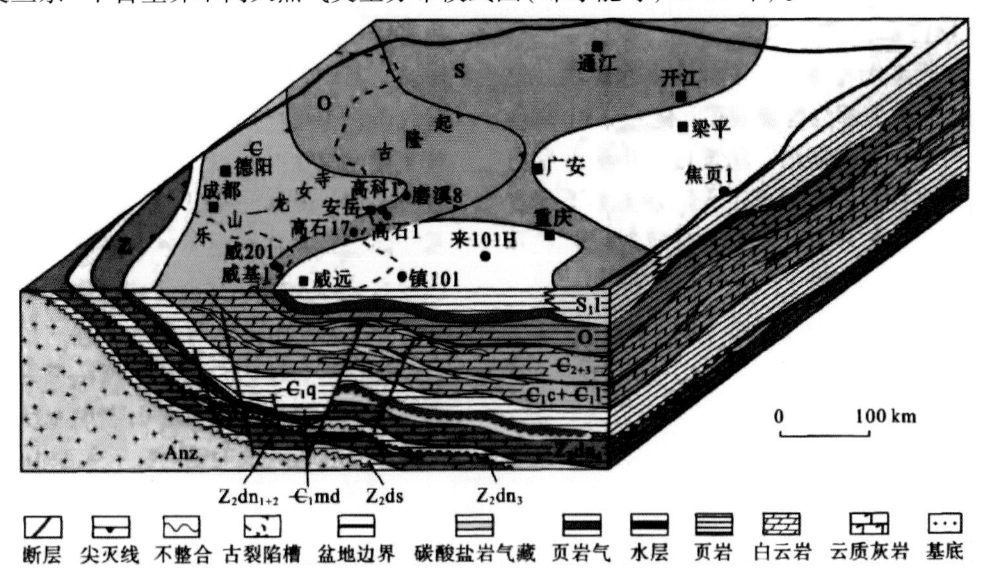

图8-17 四川盆地震旦系—下古生界不同天然气类型分布模式图

S_1l—志留系龙马溪组；O—奥陶系；Є$_{2+3}$—中上寒武统；Є1c—沧浪铺组；Є$_1$l—龙五庙组；Є$_1$q—筇竹寺组；Є$_1$md—麦地坪组；Z_2dn_4—灯四段；Z_2dn_3—灯三段；Z_2dn_{1+2}—灯一段+灯二段；Z_2ds—陡山陀组；Anz—前震旦系基底

图 8－18 中 WY1 井取心结果表明，龙马溪组 1、2 亚段以网状缝和高角度缝为主，主要充填方解石，黄铁矿，以及少量石英。

图 8－18　WY1 井龙马溪组岩心发育网状缝和高角度缝

图 8－19 给出了威远地区龙马溪组脆性矿物及黏土矿物组成，威远地区高伽马页岩总孔隙度龙一段 4.65% ~7.65%，龙二段 2.54% ~6.30%，充气孔隙度 2.09% ~4.41%；渗透率龙一段渗透率(41.3 ~379) $\times 10^{-9}\mu m^2$，龙二段 $111 \times 10^{-9}\mu m^2$，龙一段渗透率高于龙二段。威远地区龙马溪脆性矿物及黏土矿物组成见图 8－19。

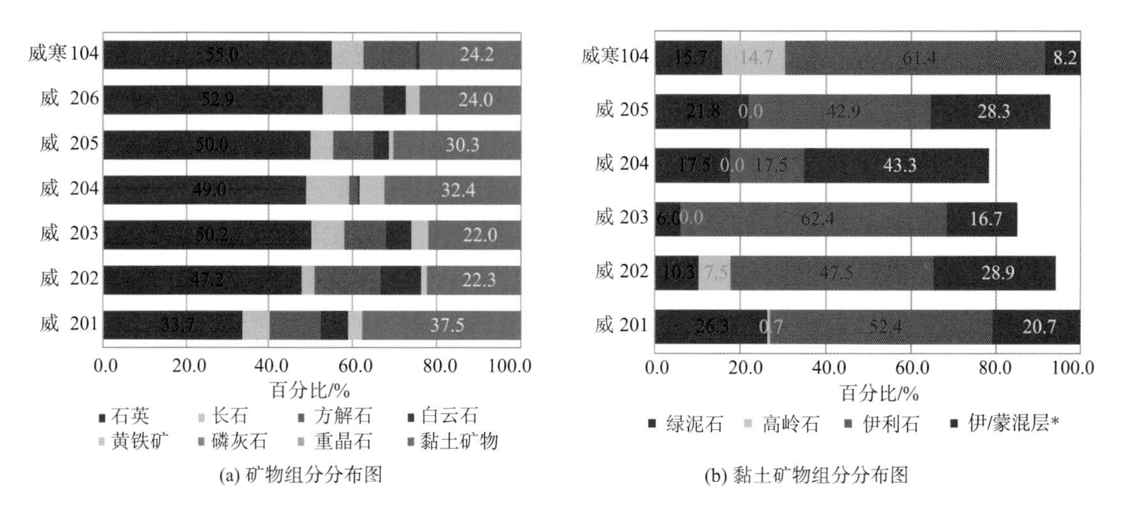

(a) 矿物组分分布图　　(b) 黏土矿物组分分布图

图 8－19　威远地区龙马溪组脆性矿物及黏土矿物组成

8.3.3　钻完井情况

天然裂缝系统发育程度是影响页岩气开采效果的直接因素。因此，页岩气水平井井位应选择在裂缝发育程度高的页岩地区及层位，特别是垂直裂缝发育的地方。在作业过程中，一般水平井选择与主要裂缝网络系统大致平行的方位钻井，就能够生成众多横向诱导裂缝，使天然或诱导裂缝网络彼此连通，沿垂直最大水平应力方向钻井，增加井筒与裂缝相交的可能性，增大气体渗流面积，提高页岩气的采收率。通常情况下，页岩气井的水平段越长，初始开采速度和最终采收率就会越高，据资料统计，页若气井最有效的造斜及水平段总长度一般为 914 ~1219m。井身结构设计是页岩气水平井开采的关键环节。由于页岩吸附气解吸、扩散速度慢，使得生产周期变长，页岩气井寿命一般大于 25 年，而页岩气井都需要进行压裂才有商业价值。所以，页岩气水平井井身结构设计要满足多次压裂和长达30~50年生产周期的要求。WY1井是四川油气田威远构造的第一口龙马溪页岩气水平井，其井身结构如图8-20所示。

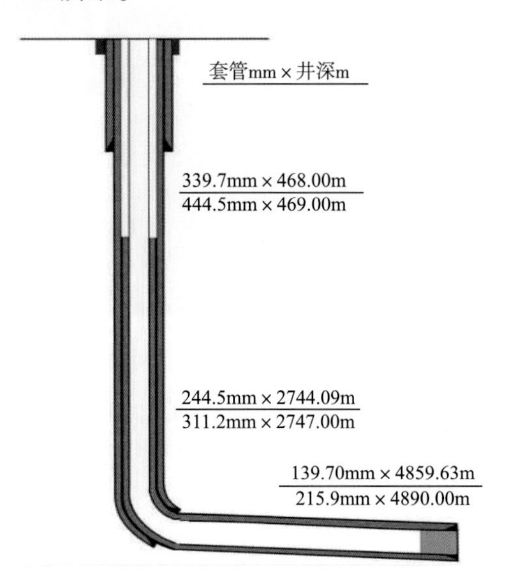

图8-20 WY1井井身结构剖面图

8.3.4 压裂工艺技术

WY1井以水平段地层岩性特征、岩石矿物组成、油气显示、电性特征为基础，结合岩石力学参数、固井质量，结合水平段井眼穿行情况、射孔段间距及簇间距要求进行综合压裂分段设计。WY1井压裂段(2534. 0~2574. 0m)岩性组分主要以石英矿物、黏土矿物及碳酸盐岩为主，其中石英类矿物含量平均45%；碳酸盐岩含量平均29%；黏土矿物绝对含量平均21.8%；黄铁矿含量平均1.6%。

计算得到，压裂段岩石可压指数为50~60之间，储层脆性较龙马溪组高，但较筇竹寺组略低(见图8-21、图8-22)，储层总体评价为脆性岩石，有利于通过体积压裂形成缝网。

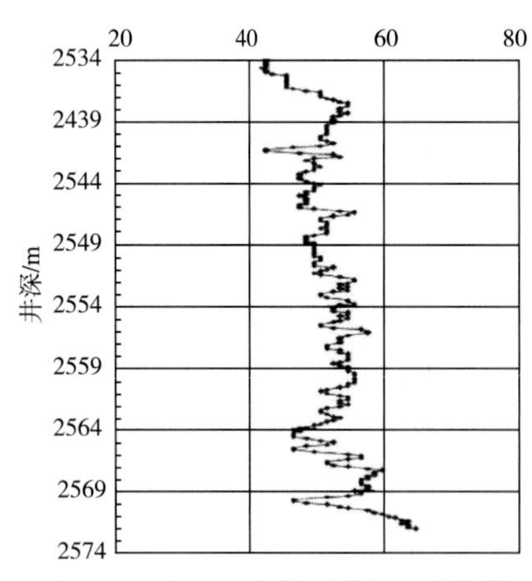

图8-21 WY1井龙马溪组可压指数

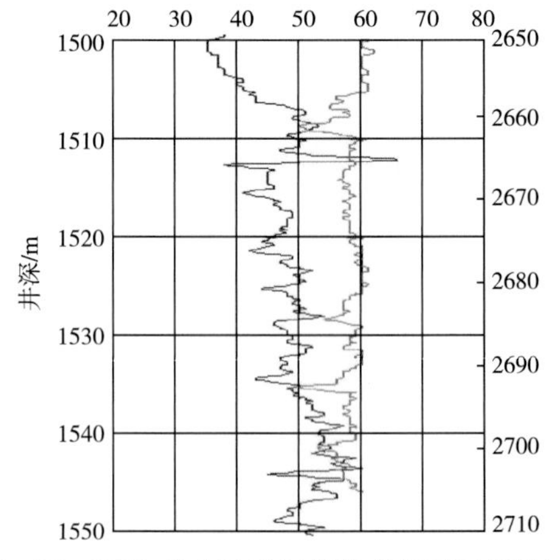

图8-22 WY1井龙马溪与筇竹寺组可压指数比较

威远地区水平最大主应力方向为近东西向，WY1 井区最大水平主应力方向 105°。WY1 井优质页岩井段 2534.0 ~ 2574.0m，杨氏模量平均 17422.7MPa，泊松比 0.19，水平应力差 9.17MPa，水平应力差异系数 0.154。解释结果表明，优质页岩段地应力小于上下隔层地应力，有利于缝高的控制，优质页岩段可压性较隔层好，有利于压裂改造。WY1 井水平段水平应力差 11.09MPa，应力差异系数 0.147，抗张强度 6.28MPa，杨氏模量 24612.6MPa，泊松比 0.230，弹性模量 15322.6MPa。

全程采用滑溜水体系（每段顶替阶段用少量活性胶液清理井筒），携带 100 目粉陶 + 40/70 目低密度陶粒 + 30/50 目低密度陶粒组合支撑剂，段塞式加砂工艺，裂缝导流能力按照微缝 0.02 ~ 0.05μm·cm + 支缝 3 ~ 5μm·cm + 主缝 15 ~ 20μm·cm 阶梯设计。采用前置盐酸预处理地层，降低破裂压力和施工压力。采用滑溜水前置造缝，加 100 目粉陶打磨、暂堵、降滤，并支撑微裂缝；采用滑溜水携带 40/70 目支撑剂进入地层深部，利用暂堵、转向、支撑作用形成复杂裂缝，后期加 30/50 目支撑剂形成主导缝。整体考虑井间干扰，大规模施工段错开布缝。WY1 井采用大通径桥塞分段，水力泵送射孔桥塞联作，每段均 3 簇射孔。

WY1 井单段长 60 ~ 75m，簇间距 20 ~ 25m，每段 3 簇射孔；以水平段岩性特征、岩石矿物组成、油气显示、电性特征为基础，结合岩石力学参数、三向应力状态、破裂压力剖面、固井质量进行分段。

为改善优质页岩层段储层物性及沟通更大的地层体积，水平段采用簇式射孔，按照以下原则确定射孔位置：录井气测显示好，TOC 含量较高（主要参照密度），天然裂缝发育部位，破裂压力差异较小且低地应力部位，高弹性模量低泊松比，测井解释孔隙度较高（主要参照声波），固井质量好，避开接箍位置。根据实际情况，每段可适当调整射孔簇数，以减少近井的裂缝扭曲摩阻：单段射开 3 簇，每簇 1m，孔密 16 孔/m。每簇为减少孔眼摩阻，采用大孔径深穿透射孔，孔径要求≥10mm，60°相位角。

施工规模设计主要考虑用液量和加砂规模对裂缝半长、改造体积等参数的影响。为了确保改造效果，应考虑在小规模断层、井筒容积、施工限压等因素的影响，优化施工规模。

受井距影响，支撑裂缝半长控制在 200m 以内。以 3 簇进行模拟，选取如下压裂液用量：1600m^3、1800m^3、2000m^3、2200m^3、2400m^3 和 2600m^3，支撑剂规模分别为 50m^3、60m^3、70m^3、80m^3、90m^3 和 100m^3，则不同压裂液用量对裂缝参数、SRV、导流能力的影响如图 8-23 ~ 图 8-26 所示，单位面积支撑剂铺置浓度 2.5 ~ 5.0kg/m^2。

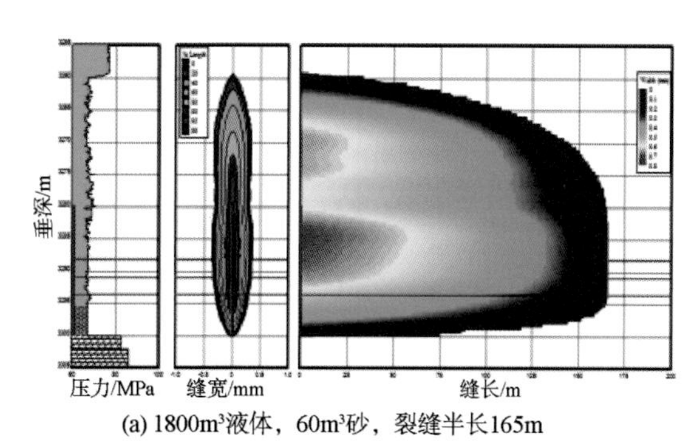

(a) 1800m^3液体，60m^3砂，裂缝半长165m

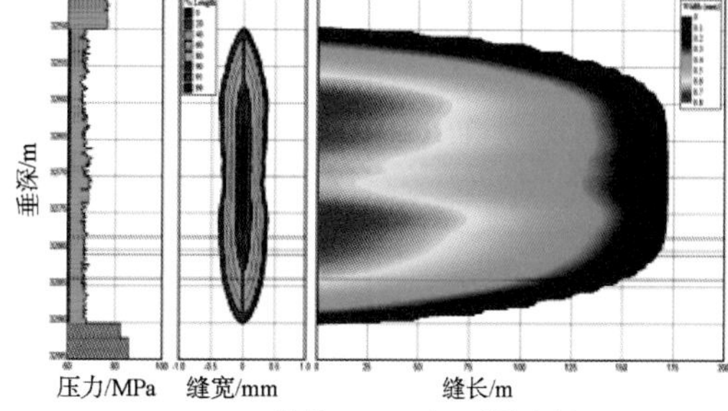

(b) 1900m^3液体，65m^3砂，裂缝半长170m

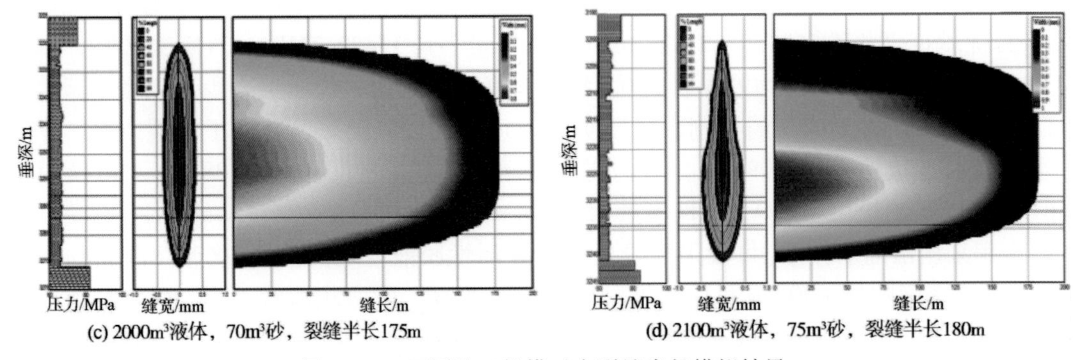

图 8-23　不同施工规模对应裂缝半长模拟结果

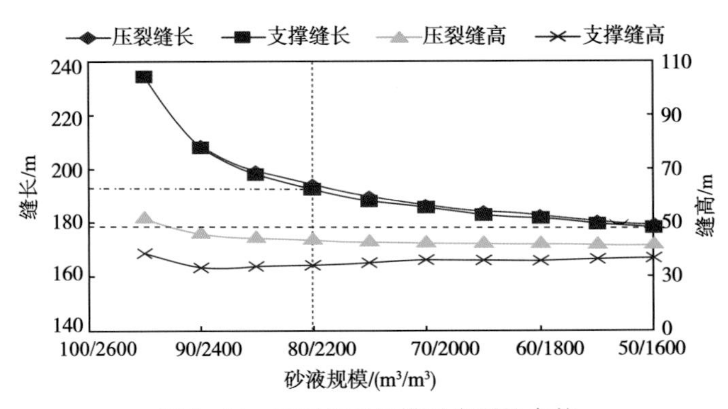

图 8-24　不同施工规模对应裂缝参数

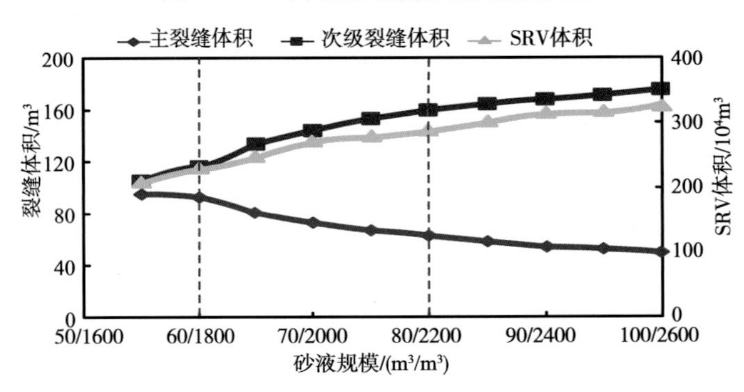

图 8-25　不同施工规模对应 SRV

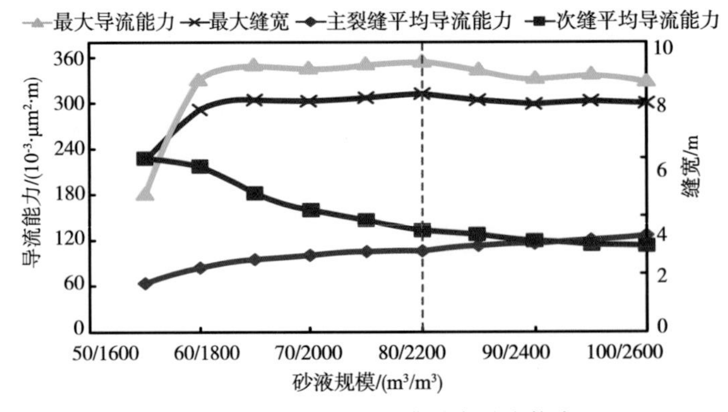

图 8-26　不同施工规模对应导流能力

结合实际施工情况，考虑前3段压裂可能受到水平段局部堆积污染、裂缝发育滤失、近井摩阻高等影响，引起施工压力高、加砂困难等问题，规模适当进行控制；同时，考虑到布缝对产能的有利影响，设计规模按照一般规模和加大规模进行，施工中可根据具体情况调整，表8-8列出了WY1井分段压裂施工规模数据。

表8-8 WY1井分段压裂施工规模设计表

段号	前置酸量/m^3	滑溜水/m^3	活性胶液/m^3	总液量/m^3	100目粉陶/m^3	40/70目低密度陶粒/m^3	30/50目低密度陶粒/m^3	支撑剂总量/m^3
测试压裂	277.5		277.5					
1	20	1600	20	1640	11.05	34.03	5.5	50.58
2	20	1915	20	1955	11.05	48.7	5.5	65.25
3	20	2015	20	2055	11.05	53.49	5.5	70.04
4	20	2015	20	2055	11.05	53.49	5.5	70.04
5	20	1915	20	1955	11.05	48.7	5.5	65.25
6	20	2080	20	2120	11.05	58.67	5.5	75.22
7	20	2075	20	2115	11.05	58.67	5.5	75.22
8	20	1935	20	1975	11.05	53.49	5.5	70.04
9	20	1935	20	1975	11.05	53.49	5.5	70.04
10	20	1825	20	1865	11.05	48.7	5.5	65.25
11	20	2020	20	2060	11.05	58.67	5.5	75.22
12	20	1875	20	1915	11.05	53.49	5.5	70.04
13	20	1875	20	1915	11.05	53.49	5.5	70.04
14	20	1740	20	1780	11.05	48.7	5.5	65.25
15	20	1740	20	1780	11.05	58.67	5.5	75.22
16	20	1850	20	1890	11.05	53.49	5.5	70.04
17	20	1820	20	1860	11.05	53.49	5.5	70.04
18	20	1780	20	1820	11.05	53.49	5.5	70.04
19	20	1570	0	1590	11.05	44.04	5.5	60.59
设计量	380	35580	360	36320	209.95	988.96	104.5	1303.41
准备量	380	38000	500	38880	250	1150	120	1520

WY1井生产套管为$\phi 139.7\times 12.7$BJ125V管材，抗内压强度137.1MPa。考虑套管材质、施工安全限压、压力安全窗口影响，按照减阻率75%计算，设计施工排量为10~14m^3/min，预计施工压力为75~95MPa，施工限压95MPa，试压95MPa。WY1井为套管完

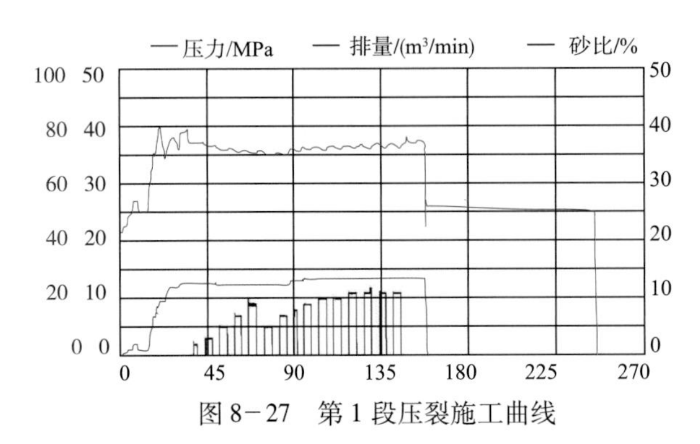

图 8-27　第 1 段压裂施工曲线

井，分段压裂工具选用大通径桥塞分段，水力泵送方式下入桥塞，防喷管承压为 105MPa。图 8-27 给出了第 1 段压裂施工曲线。

8.3.5　压后效果

威远构造页岩气井已完钻 16 口井，完成压裂试气 12 口井，直井日产量 $0.2\times10^4\sim3\times10^4m^3$，水平井日产量 $1\times10^4\sim16\times10^4m^3$。

8.4　美国吉丁斯(Giddings)页岩

奥斯汀灰岩(Austin Chalk)地层的开发进程一直依赖于水平井钻井与压裂技术的发展。对于大多数井来说，为了最大程度地挖掘其潜能，天然裂缝和液压诱导裂缝的组合是必需的。地震和水平井技术使得井眼能够到达最有利于生产的层位。近期，多级压裂技术的发展为进一步提高采收率创造了契机。

8.4.1　地质构造和地层学

吉丁斯油田位于奥斯汀灰岩地层的中心，纵向延伸约 144.8km，横向约 48.3km。如图 8-28 所示，奥斯汀灰岩为上白垩世地层，位于美国墨西哥湾地区。奥斯汀灰岩沉积于一个全球性海平面高水位时期(Vail 等，1977)。跨越现在的得州，碳酸盐沉积发生在古水

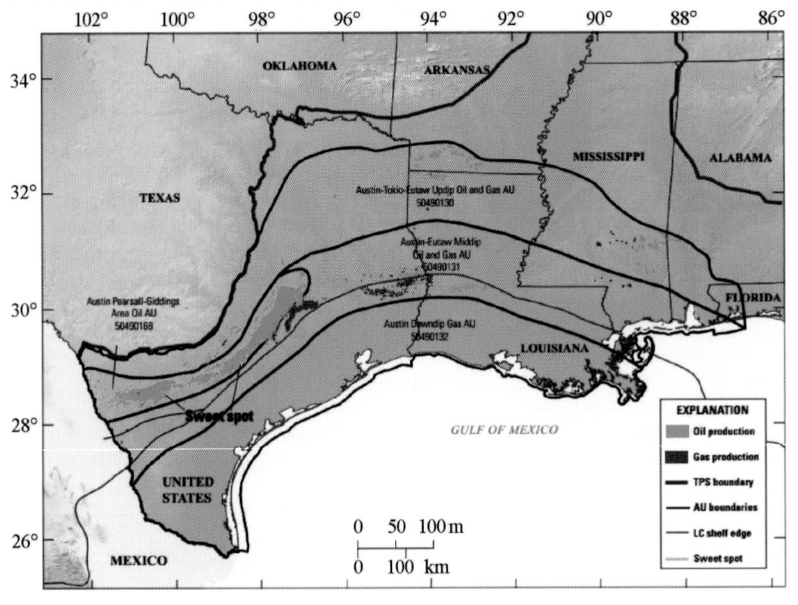

图 8-28　奥斯汀灰岩的位置(Pearson，2012)

深深度为 9. 14 ~91. 44m 的浅海环境，认为沉积低于正常波击面，发生在从内大陆架至中大陆架以及深水环境(Dravis，1979)。古水深可能向南部和东部沿着早白垩陆架边缘盆地方向加深。遗迹化石组合显示海水盐度正常，沉积发生在一个开放的海洋环境。

在碳酸盐岩陆棚广泛分布的这套灰岩，只有在得州发现了几个主要岩相的横向渐变。然而，在部分东得州盆地、路易斯安那北部、阿肯色州南部以及阿拉巴马州南部，来自于河流系统并在北部的密西西比湾沉积的砂岩是主要的岩相。砂质岩相在东得州，路易斯安那以及西阿拉巴马州的东京和尤托地层与这套砂质岩是同一套地层。这些地层向盆地方向档次成碳酸盐时间当量单位，尤其是奥斯汀灰岩下段和塞尔玛组(Clark，1995；Liu，2005)。研究区域包括奥斯汀灰岩沉积区以及东部同时代的碎屑岩沉积区域区域。

奥斯汀灰岩组厚度范围 45. 72 ~243. 84m，被细分为很多单元。然而从更广泛和更具区域适应性的角度，它被分成 3 个主要单元：奥斯汀下段、奥斯汀中段以及奥斯汀上段(见图 8-29)。奥斯汀上段和下段包含较少的泥质，从而更易于发生破碎产生较多的裂缝，成为较好的油藏(Hovorka 等，1994)。奥斯汀下段包含一系列的岩相，包括灰岩与泥灰岩交替，其中泥灰岩较厚；中段泥灰岩包含交替和周期性分布的钻孔灰岩和浅色泥灰岩；上段灰岩和泥岩的周期性分布变得模糊而且无规律。

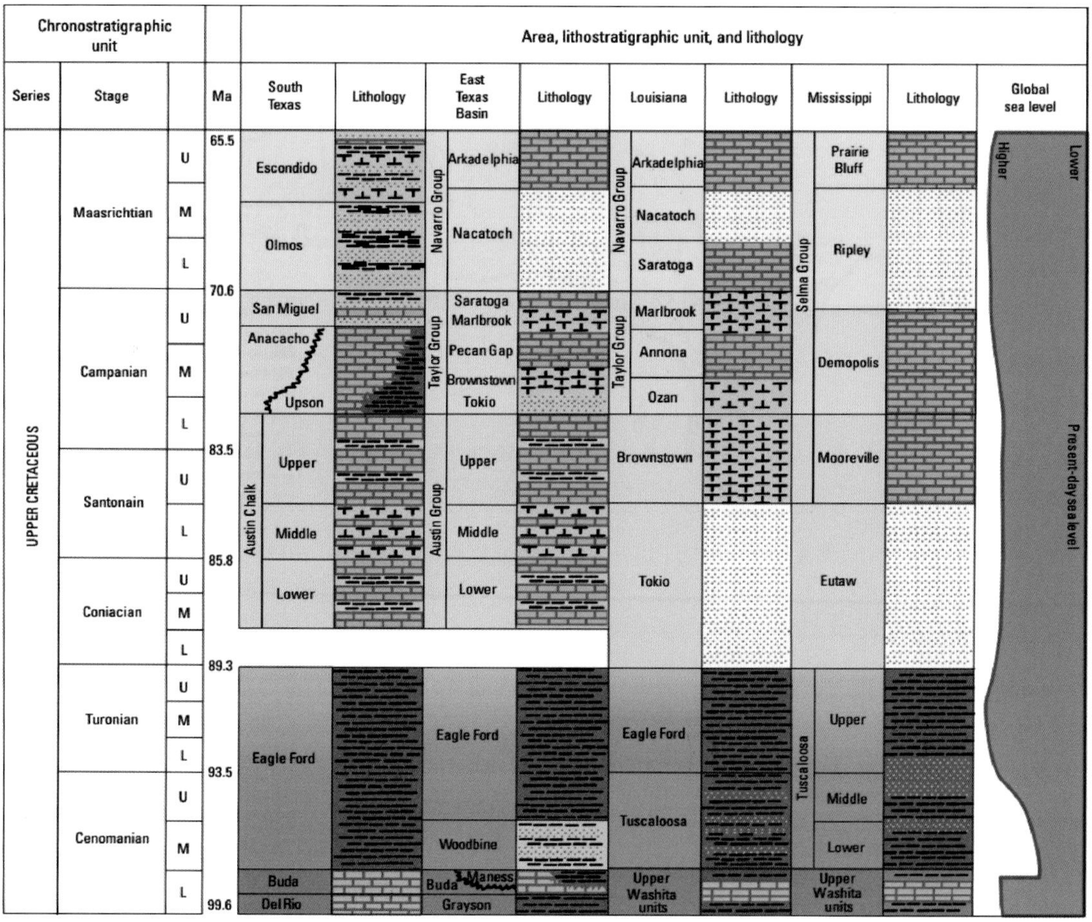

图 8-29　上白垩组地层柱状图(Pearson，2010)

8.4.2 储层物性

奥斯汀灰岩是一种低孔隙度、低渗透率、具双重孔隙结构的灰岩。基质具有从5~7μm不等的微孔，裂缝系统连通良好。基质的孔隙度通常在3%~10%，一般随深度增加而减小。同时，渗透率也随深度增加而降低，一般接近$0.5\times10^{-3}\mu m^2$，局部为$0.1\times10^{-3}\mu m^2$左右。由于非常小的孔隙度和渗透率，生产很大程度上依赖于裂缝的孔隙度和渗透率。油藏含水饱和度通常较高，在45%~80%。剩余油饱和度在5%~10%。原油的重度从低于20API到高于60API不等。吉丁斯奥斯丁灰岩的地层温度在93.3℃(2286m)~176.7℃(4267.2m)。

构造裂缝使得奥斯汀灰岩局部渗透率大于$2000\times10^{-3}\mu m^2$。然而，裂缝的密度和连通性高度变化取决于距断层的距离、矿物变化、地层厚度以及造缝裂缝胶结物的分布。在岩心中观察到有的裂缝的密度大于66条/m。裂缝宽度为0.1~0.4mm的近垂直裂缝在研究区很发育。奥斯汀灰岩裂缝的产生与墨西哥湾盆地的下挠作用及相关的断层和区域性隆起作用有关(见图8-30)，使得岩石单元区域走向一致。

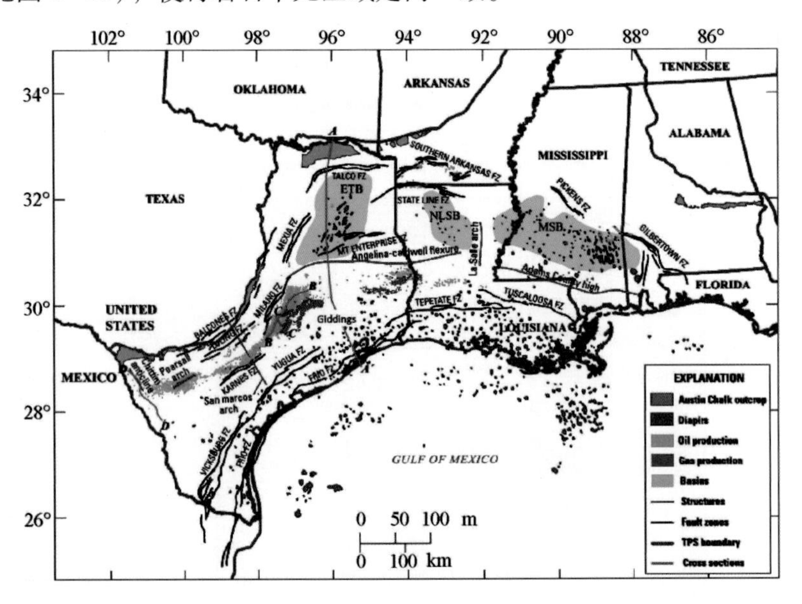

图8-30 奥斯汀灰岩地区主要地质构成(Pearson, 2012)

8.4.3 压裂设计

吉丁斯奥斯汀灰岩油田发现于1960年，然而直至1977年，随着技术的有效应用，具有经济价值的垂直井才开始出现。首先，二维地震被用于定位较大规模天然裂缝。其次，传统水力压裂作为一种水力增产措施的应用，确保垂直井与天然裂缝连通。为了进一步提高水力增产措施的效率，人们开始研究其作用机理。通常认为，传统水力压裂增产措施的作用范围仅局限于有限的水平井筒内。对于大部分压裂液只作用于井筒的最前端由于流体动力特征或漏失到第一个钻遇的天然裂缝，而大多数地层都没有被触及。因此，人们设想在奥斯汀灰岩地区可以使用多级完井工具，从而有可能更有效地将增产措施应用到整个地层，以提高最终原油采收率。

8.4.3.1　压裂层的选取

早期的挑战是如何确定多级压裂增产技术在吉丁斯油田的最佳应用位置。工作人员专注于那些具有良好的天然裂缝以及在传统压裂措施下效果显著的地区。理论上而言，微裂缝与有限大范围天然裂缝的组合是最有可能受益于多级压裂增产措施的，这是因为有限的地层与井筒之间的天然裂缝使得大部分地层没有充分波及。通过对水平井和直井的井史和泥浆测井资料的详细研究，从而能够对油田范围内的天然裂缝进行准确描述。然后在传统增产措施效果的基础上对这些区域进行筛选，确定一些具备开发潜质的区域。这些区域通常被认为是“致密的”地层，并且在其开发历史上水力增产措施效果明显。

8.4.3.2　压裂前的模拟

在尝试多级完井压裂方式之前，需使用单井模型进行一系列的概念模拟工作。这项工作的主要目的是确定多级完井方式的潜在产能范围。通过有针对性地设计产能的范围，以及采用相对基础的天然裂缝研究方法，模拟工作能够为压裂技术团队提供有益的指导。

基于两口已经存在并且使用过传统水力增产措施的水平井，模拟任务从建立模型开始。通过对比水力多级压裂前后油藏性质的变化以及大量的敏感性分析试验，增产项目最终确定最优的完井方案包括完井方式、裂缝级数及特征等参数。模拟优化的工作对首批试验井的水力多级压裂的实施具有重要的指导意义。

8.4.3.3　压裂工具和工艺设计

对于油田中较致密区域已存在的井和新井同时采取多级压裂增产措施。根据EnerVest公司在吉丁斯油田的生产经验，先导试验被分为两种：二次钻井项目和新井项目。其中，二次钻井项目包括6口测试井，新井项目包括4口测试井。如图8－31所示，将带有裸眼封隔器和短节的衬管下入目的层位。利用滑套工具打开封隔器上的弹性元件从而将井筒和地层连通。在多级水力压裂中，有两种类型的封隔器：水力封隔器和膨胀型封隔器。在钻井作业过程中，旋转作用会使得两种封隔器的效果大打折扣。在试验中，采用了水力封隔器。由于水力封隔器不能够承受旋转作用，使得对试验项目中的油井的选择和设计有了更高的要求。

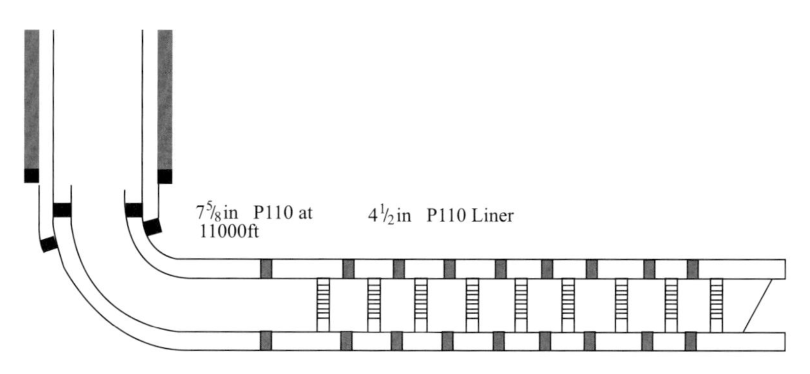

图8－31　多级水力压裂的示意图(Callarotti 等，2012)

(1)二次钻采试验项目。在奥斯汀灰岩地区传统的油井中，由于施工难度，4½in的衬管只下到井筒的弯曲转向段。总的来说，如果不旋转衬管串而将其下到目的层要求井筒必须足够平滑。为了尽可能地完成项目预期，二次钻采试验项目中的测试井必须满足：①不存在大的断层；②在初次钻井时，没有出现大的施工问题；③在弯曲段，狗腿度小于66°/100m。

(2)新井测试项目。在新井测试项目中，为了尽可能地将多级完井工具下入预期深度，并且使其能够承受高流速、高压的压裂液产生的应力，发明了一种新型一体化的井筒设计。与传统的井相比，设计上存在几点改进：①使用7⅝in，P110型号技术套管；②单级水平段；③将技术套管的套管鞋造斜角设计为约20°，从而使得弯曲转向段的曲率小于33°/100m；④尽可能缩短狗腿段的长度；⑤在新井位置，天然裂缝的数量必须有限。

在考虑工艺条件和单级裂缝效率的基础上，根据储层条件、水平段长度、水平段与储层主应力方位关系等因素进行分段，确定相应井下工具的具体位置。以二次钻采项目的一口井为例，压裂水平段分为16级。但在实际压裂过程中，只有第1~11级完成压裂，第12~16级由于施工问题而被放弃。整个压裂过程中的压裂参数如表8-9所示。表8-10列出了第一级压裂过程中压裂液的类型和使用量。

表8-9　压裂参数

项目	参数	项目	参数
总压裂液使用量/m^3	9247.92	总支撑剂使用量/kg	241916.7
平均泵速/(m^3/min)	10.18	最大泵速/(m^3/min)	13.04
平均压力/MPa	48.08	最大压力/MPa	57.88

表8-10　入井材料类型及使用量

压裂液名称	压裂液液体类型	总液量/m^3	支撑剂浓度/(g/cm^3)	压裂液累积使用量/m^3	支撑剂累积使用量/kg
隔离液	滑溜水	79.50	0	79.50	0
酸液	10%盐酸	39.75	0	119.25	0
胶液	滑溜水	238.50	0	357.75	0
胶液	胶液	120.60	0.03	478.27	3572.04
胶液	胶液	121.95	0.06	600.23	10716.12
胶液	胶液	123.30	0.09	723.61	21432.24
冲洗液	滑溜水	119.25	0	842.86	21432.24
丢球作业	滑溜水	39.75	0	882.61	21432.24

8.4.4　油田应用进展

近几年来，水平井多级压裂技术在吉丁斯油田得到了广泛应用，达到了增产的预期。2011年，水平多级压裂井有23口，如图8-32所示。随着水平多级压裂技术的不断成熟，水平井的数量增加速度越来越快。与此同时，水平多级压裂井的发展受到原油价格、国家环保政策等因素的影响。

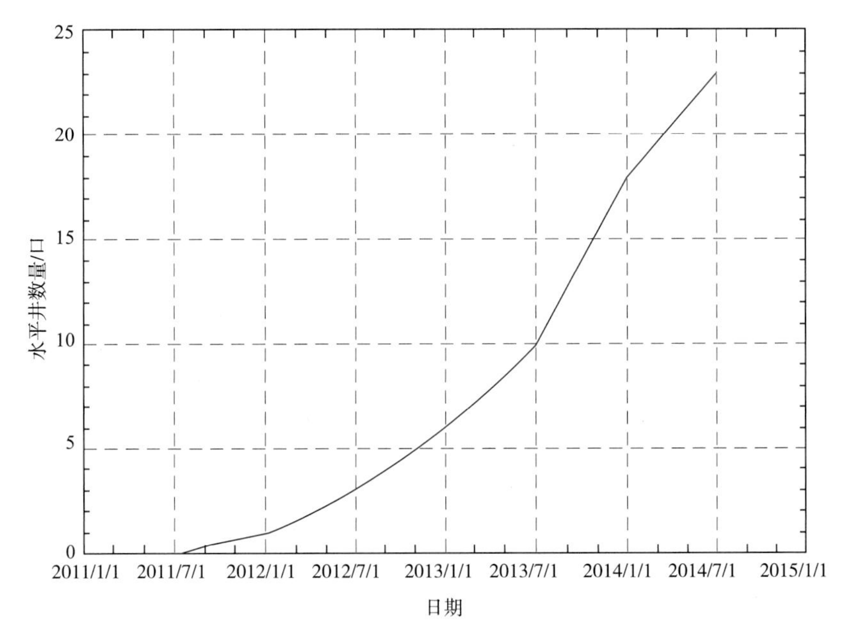

图 8-32　吉丁斯油田多级压裂水平井数量的发展(数据来源：FracFocus)

8.4.5　压裂效果评估

从图 8-33 中可以看出，吉丁斯油田的一口生产井经过水力压裂增产措施之后，产量显著提高。

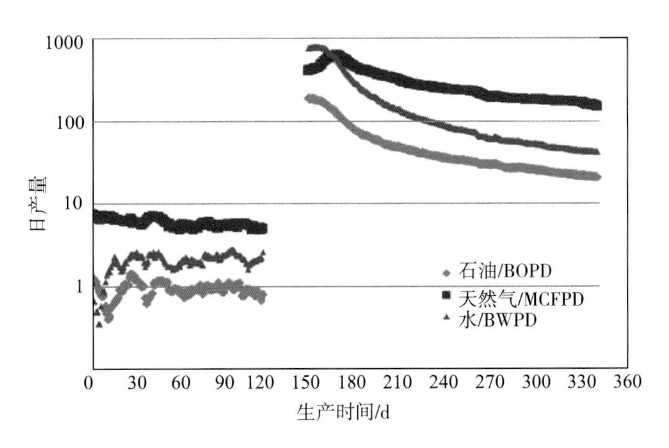

图 8-33　二次钻采油井的生产曲线(Callarotti 等，2012)

8.5　美国巴肯(Bakken)页岩

巴肯地层位于威利斯顿(Williston)盆地内，如图 8-34 所示，总面积达 $51.8\times10^4 km^2$。自 1951 年发现油气以来，巴肯地层的开发面临诸多技术挑战。2008 年 4 月，美国地质调查局(USGS)的一项评估报告显示，截至2007年底，巴肯地层的可采储量达(4.77~6.84)×10^8m^3，平均为5.80×10^8m^3。

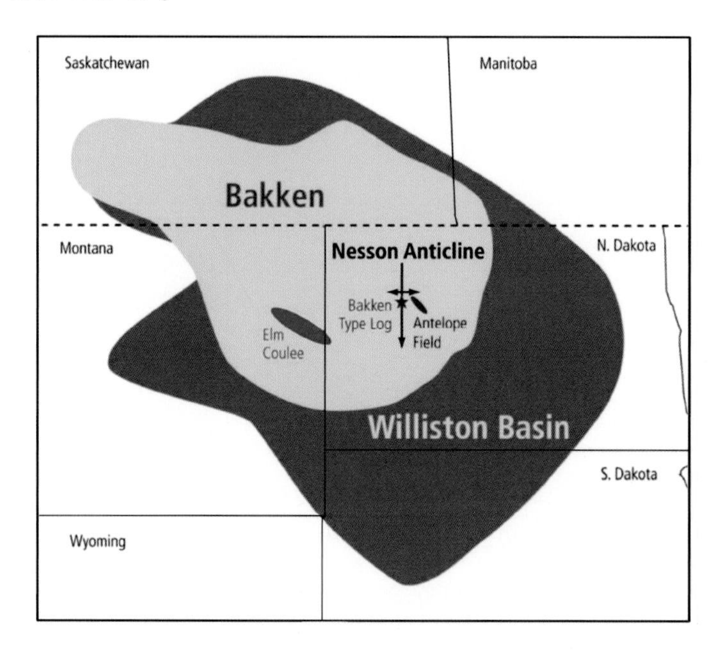

图8-34 巴肯地层的地理位置(Powell等，2007)

自20世纪50年代发现以来，针对巴肯地层的开发经历了几个钻井和完井阶段。1987年，在美国蒙大拿州(Montana)南部的比林斯县(Billings County)，采用预先打孔的衬管完成第一口水平井。90年代，水平井到达上巴肯页岩层位；随着钻井技术的进步，从2000年开始，对位于蒙大拿州里奇兰县(Richland County)的埃尔姆古力(Elm Coulee)油田对中巴肯页岩进行商业开发。在过去的几年中，钻井完井理念的革新使得巴肯页岩油气井的生产能力有了大幅度提高。

8.5.1 地质概况与地层学

威利斯顿(Williston)盆地是个克拉通内盆地，构造和沉积覆盖下部的苏必利尔克拉通，跨哈德森造山带、美国和加拿大的怀俄明克拉通。盆地横跨美国的北达科他州、南达科他州、蒙大纳州、加拿大的萨斯喀彻温省和曼尼托巴省。

威利斯顿(Williston)盆地晚二叠和早密西西比系的巴肯组是有机质含量高的硅质碎屑岩地层，仅在盆地的中心和深层位置发育。巴肯地层被密西西比系的洛奇波尔(Lodgepole)灰岩覆盖，下覆泥盆系的斯里福克斯(Three Forks)地层(见图8-35)。位于加拿大曼尼托巴省和萨斯喀彻温省的巴肯地层与阿尔伯塔(Alberta)省Exshaw地层黑色页岩和灰色粉砂岩整合接触。位于美国境内的巴肯地层厚度最高达到48.77m。

美国地质调查局(USGS)资料显示，巴肯地层分为3段：下部的页岩段、中部的砂岩段和上部的页岩段。上部和下部的页岩都是富含有机质的黑色海相泥岩，岩性一致，是巴肯地层的烃源岩。中部砂岩的厚度、岩性和岩相在整个盆地中都有变化；岩性有砂岩、粉砂岩、灰岩和泥岩。这3段地层在整个盆地中连续分布，总厚度在美国北达科他州的盆地中心和奈森(Nesson)背斜的右翼达到最大。由于沉积超覆和剥蚀的影响，地层沿着盆地的北部、南部和东部边缘逐渐变薄。根据地球物理测井曲线，尤其是伽马曲线和电阻率曲线，这3段地层很容易划分，如图8-36所示。

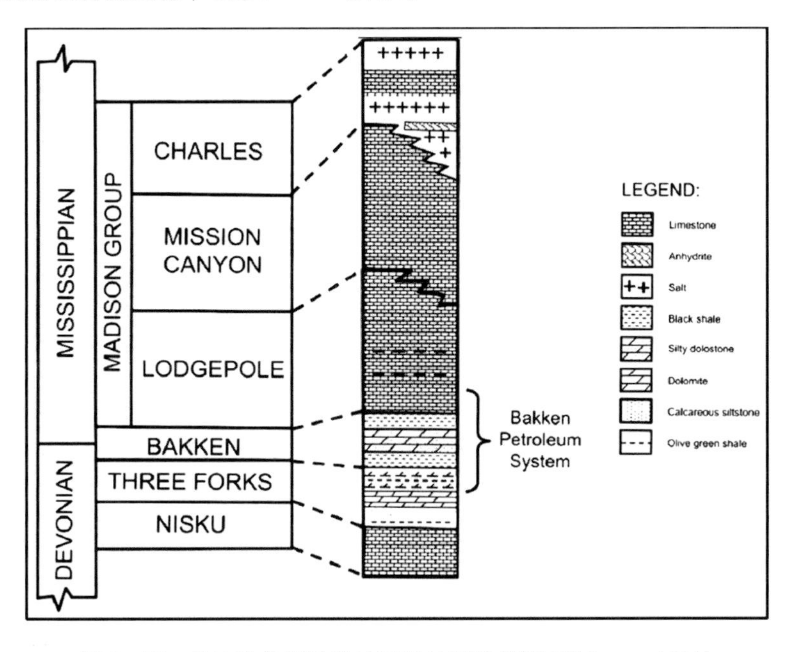

图8-35　北达科他州巴肯地层的地层柱状图(Webster，1984)

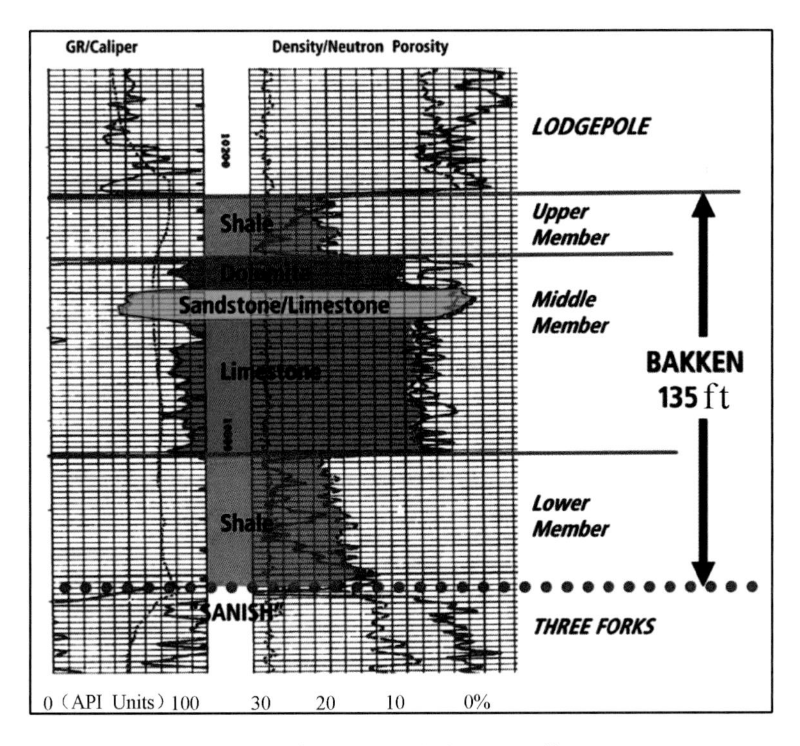

图8-36　巴肯地层测井曲线(Powell等，2007)

下段的页岩覆盖范围最小，沉积中心沿着奈森背斜的右翼。美国麦肯齐县(McKenzie County)厚的下段页岩与Heart River断层同期，沿沉积边缘圆形区域异常的地层厚度共同表明断层和盐岩活动控制了下段页岩的沉积。下部页岩呈暗棕色到黑色，富含石英、化石，有机质含量高，最大厚度达17.07m，平均有有机碳含量(TOC)为10%。在地层的底部局部发育薄层的粉砂岩、灰岩和砂岩，局部有滞留沉积。

巴肯中段砂岩最厚，厚度达到27.43m，相比下段和上段，它的岩性更加复杂。中部的砂岩又叫中段巴肯，在巴肯地层的开发中受到广泛重视。从2001年以来，巴肯地层高产石油的发现确定了中部砂岩段发育局部高的孔隙度。特别是在埃尔姆古力(Elm Coulee)、巴谢尔(Parshall)及桑尼仕(Sanish)油田地区发现了好的砂岩和灰岩。

上段页岩段有机质丰富(TOC达到35%)，为细粒薄层或厚层。基底滞留沉积中含有牙形石、鱼骨和牙齿以及磷酸盐颗粒。等厚图显示上段地层沉积中心发育不明显，厚度小于9.14m，在沉积边缘，尤其沿着威利斯顿(Williston)和美国北达科他州麦肯齐县(McKenzie County)边界，发育厚的(18.29m)孤立分布的页岩。这些大致呈圆形分布且异常厚的上段页岩的形成也许与下覆泥盆的Prairie蒸发盐造运动和溶解有关。例如，在美国塔斯克县(Stark County)、北达科他州(North Dakota)、迪金森(Dickinson)、洛奇波尔(Lodgepole)灰岩发育地区的附近，上段页岩局部最大厚度达到18.29m。

8.5.2 储层物性

巴肯组上段和下段为页岩地层，厚度在0.15~1.83m，为中巴肯地层提供油气供给并起到圈闭的作用，其渗透率在$(0.01\sim0.03)\times10^{-3}\mu m^2$范围内。

巴肯组中段位于威利斯顿(Williston)盆地较深的位置，深度约为3048m，是油气开发的重要地层之一。其岩心孔隙度较低，为1%~16%，平均孔隙度为5%。孔隙度在不同岩相中具有轻微的变化。实验室测得巴肯组中段渗透率在$0\sim20\times10^{-3}\mu m^2$，平均渗透率只有$0.04\times10^{-3}\mu m^2$，是典型的低渗透油藏。在不同的深度，砂岩的渗透率变化非常明显并与页岩源热成熟度有关。地层的压力梯度在15~17kPa/m。

巴肯组是一个超压地层，初始孔隙压力梯度为11kPa/m。巴肯地层的润湿特性一般为油湿，原油的重度约为41API。在巴肯地层，裂缝的分布和发育形态跟烃源岩的厚度、成熟度、排烃范围以及距烃源岩距离有关。此外，裂缝的发育与油藏中岩相变化有关。如果相邻烃源岩的成熟度不高，那么砂岩和泥砂岩中裂缝发育常为水平方向。然而，裂缝的密度以及垂直裂缝在储层中的发育程度随着烃源岩在生油窗口不断加深而显著增加。具有发育最好、分布最广泛的裂缝系统的油藏毗邻处于生油阶段的成熟至过成熟烃源岩。

8.5.3 压裂设计

8.5.3.1 完井方式

在巴谢尔(Parshall)油田，对于多级水力增产措施来说有两种主要的完井方式：套管固井多级压裂和裸眼完井多级压裂。套管固井多级压裂是早期页岩开发最常用的一种方式。完井通过先对水平井筒内的套管注水泥，然后实施“桥塞+射孔”多级压裂。这种方法的缺点是每一级压裂都要使用连续油管、射孔枪和压裂设备进行作业，生产费用非常高，而且作业效率低、费时。另外，由于固井水泥可能会封堵许多天然裂缝和节理，影响地层与井筒的天然连通。

裸眼完井多级压裂是一种新型的完井方式。裸眼多级压裂系统采用水力坐封的套管外封隔器代替水泥固井来隔离各层段。封隔器通常采用弹性元件密封，生产时不需起出或钻铣，同时利用滑套工具打开封隔器间的井筒上的通道，来代替套管射孔。裸眼多级压裂有效地提高了压裂时间效率，降低了作业成本。在天然裂缝发育的巴肯地区，采用裸眼完井多级压裂方式能够充分地利用天然裂缝所形成的地层与井筒之间形成的通道，最大程度地进行油藏开发。

如图8－37所示，对同一地区的3口采用水泥固井多级压裂和13口采用裸眼完井多级压裂的生产井的累积产油量对比发现，与水泥固井多级压裂的方式相比，裸眼完井多级压裂的增产方式效果更好。

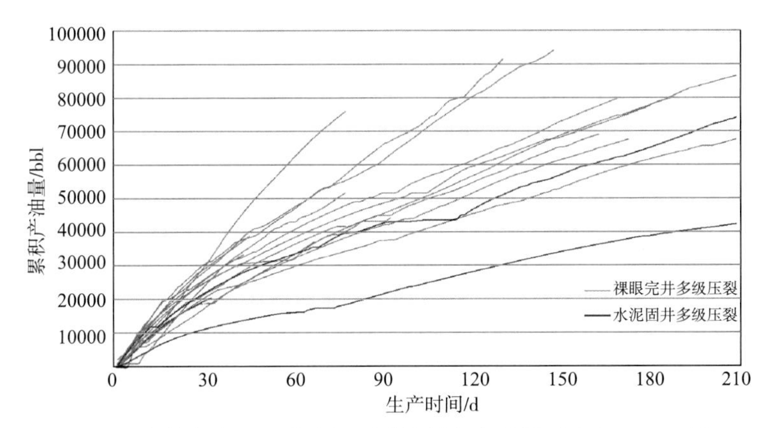

图8－37　裸眼完井与水泥固井多级压裂的累积产油量对比(Houston等，2012)

8.5.3.2　裂缝设计

研究表明，水平井多级压裂的增产效果受裂缝的间距、长度及其位置等因素影响。针对巴肯地层进行的水平井多级水力压裂数值模拟实验结果显示(Chen等，2012)，与裂缝长度相比，裂缝的间距与数量对原油采收率的影响较大。对于相同的压裂体积(压裂液和支撑剂的使用量相同)的裂缝，在裂缝长而数量少与裂缝短而数量多的两种情况下，原油增产效果没有太大差异。在威利斯顿(Williston)盆地的水平多级压裂井中，单级裂缝的长度由最初的约213.36m(2008年)逐渐缩短约为91.44m(2012年)；而裂缝的平均数量却由小于10条增长为30条，如图8－38和图8－39所示。

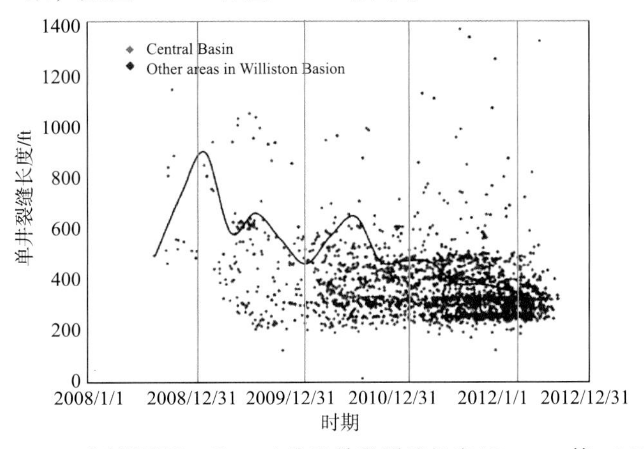

图8－38　威利斯顿(Williston)盆地单段裂缝长度(Pearson等，2013)

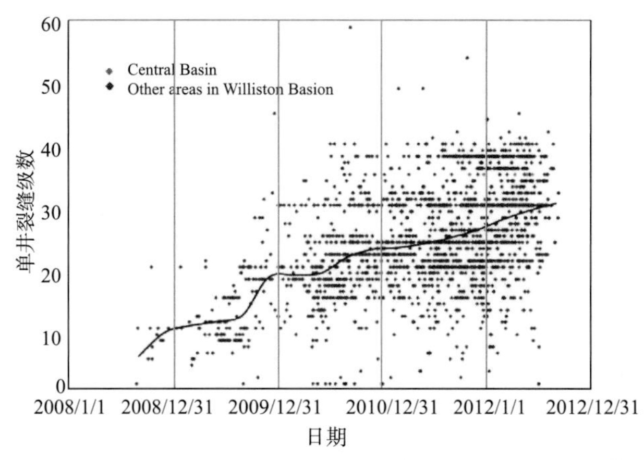

图 8-39　威利斯顿(Williston)盆地多级压裂井单井裂缝级数(Pearson 等，2013)

8.5.3.3　压裂工艺

在水平井多级水力压裂作业中，压裂液的选择至关重要。对压裂液的性能要求包括：黏度高、润滑性好、滤失小、低摩阻、易返排等。在巴谢尔(Parshall)油田水力多级压裂作业中使用的压裂液主要为水基压裂液。通过添加瓜尔豆胶(Guar gum)聚合物来提高压裂液的携砂能力。加入作为交联剂的过硼酸钠，提高了压裂液黏度，降低了聚合物使用浓度和压裂液成本，破胶后留在缝内的残渣也相应减少。使用的支撑剂主要包括烧结铝矾土支撑剂、石英石、方晶石等。表 8-11 中列出了巴肯地区 Williams 油田一口水平井在水力多级压裂中使用的压裂液的组成。

表 8-11　Williams 油田某水平井压裂液组成(数据来自 FracFocus)

材　料	名　称	化学组分
淡水	基液	淡水
陶粒支撑剂	支撑剂	烧结铝矾土
高强度砂	支撑剂	石英砂
LoSurf-300D	非离子型表面活性剂	乙醇、重芳香石脑油、$\alpha-\omega$-羟基支链聚乙烯、萘、三甲基苯
FR-66	减阻剂	氢化处理的原油蒸馏物
WG-36 凝胶剂	凝胶剂	瓜尔豆胶
OptiKleen-WFTM	浓缩剂	过硼酸钠四水合物
CL-22 UC	交联剂	甲酸钾
MO-67	pH 值控制剂	氢氧化钠
VICON NF	破胶剂	氯化钠、亚氯酸
CL-31 交联剂	交联剂	偏硼酸钾、氢氧化钾
CAT-3 活性剂	活性剂	乙醇胺酮
甲醇	溶剂	甲醇

近几年来，单井支撑剂的使用量增长显著，从 2008 年的 0.45×10^6kg 增长为 2012 年的 1.35×10^6kg。起初支撑剂的类型基本上为石英砂，陶瓷支撑剂的使用比例已由 10% 增

长为 40%。压裂作业中，压裂液的泵入速度平均为 4.77 ~ 6.36m^3/min，然而对于单纯注减阻水型压裂液来说，为了保证压裂液的携砂能力，因此泵入速度较高，一般为 11.13m^3/min。单井的压裂液使用量随着时间逐渐增长，从 3.80m^3（2008 年）增长为 9540m^3（2012 年）。而纯减阻水性压裂液的单井使用量却明显的比较高，一般约为 $36.57 \times 10^3 m^3$。

8.5.4 油田应用进展

巴谢尔(Parshall)油田的发展直接受益于水力多级压裂技术的进步。随着 2007 年第一口多级压裂水平井实施以来，该技术在巴谢尔(Parshall)油田迅速发展。截至 2014 年 5 月，在 FracFocus 网站注册的水平多级压裂井数量就多达 1045 口，水平井随时间的变化及地理分布分别如图 8-40 和图 8-41 所示。水力多级压裂增产措施在巴谢尔(Parshall)油田的成功应用使得该技术推广到了威利斯顿(Williston)盆地的其他油田。如图 8-39 所示，截至 2013 年，威利斯顿(Williston)盆地单井的平均裂缝级数已经达到约 30 条/口(Pearson 等，2013)。

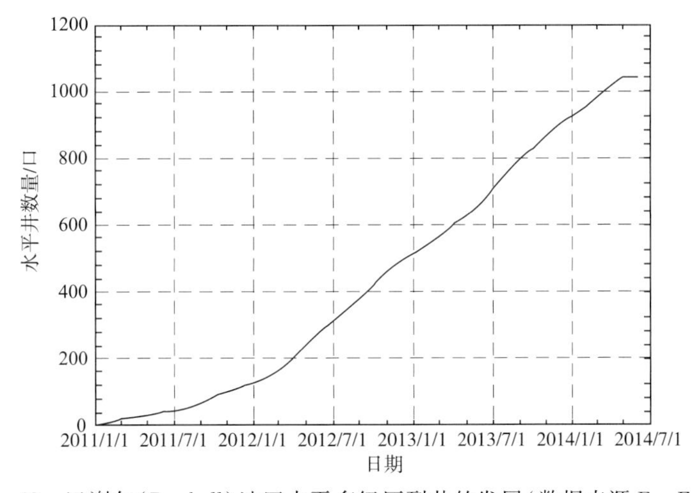

图 8-40 巴谢尔(Parshall)油田水平多级压裂井的发展(数据来源 FracFocus)

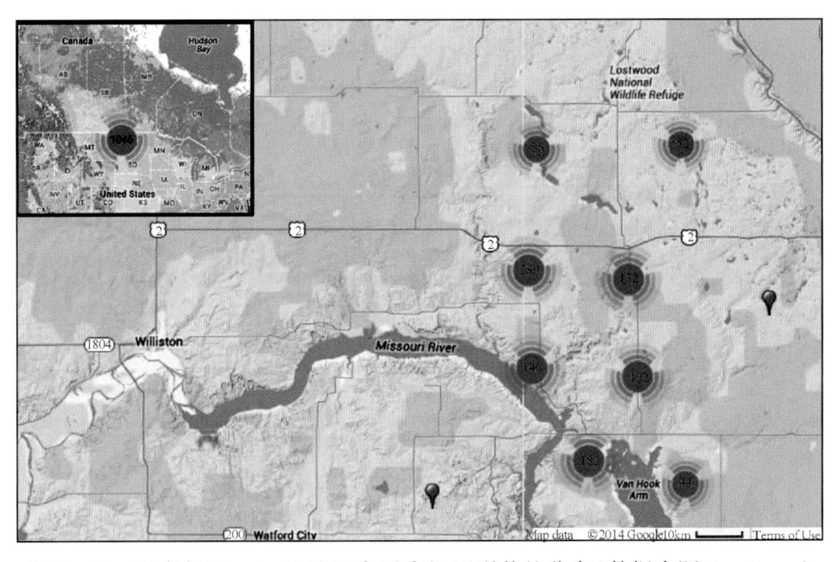

图 8-41 巴谢尔(Parshall)油田水平多级压裂井的分布(数据来源 FracFocus)

8.5.5 压裂效果评估

对威利斯顿(Williston)盆地的13口水平井的累积产油量对比可以发现，实施水力多级压裂增产措施明显地提高了原油产量，从原来的小于3180m^3提高到超过15900m^3(见图8-42)。

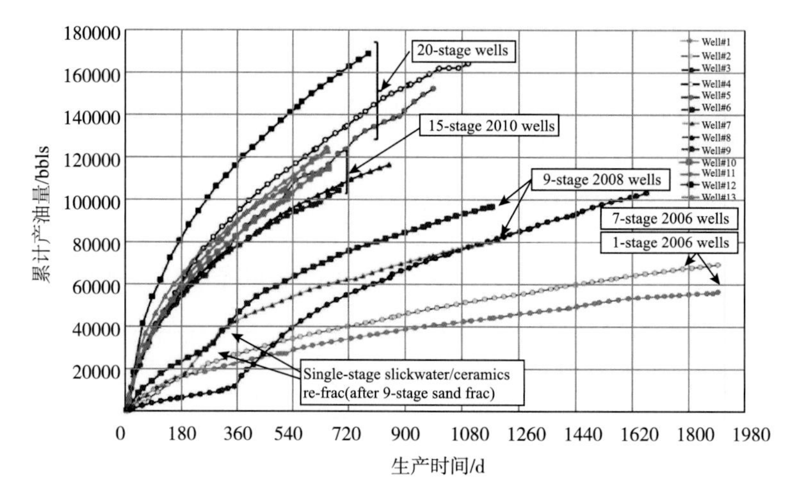

图8-42 水平井多级压裂前后累积产油量(Pearson等，2013)

随着水力多级压裂增产技术的推广，巴肯地层的原油产量逐年升高。如图8-43所示，北达科他州的原油产量自2008年起增长迅猛。

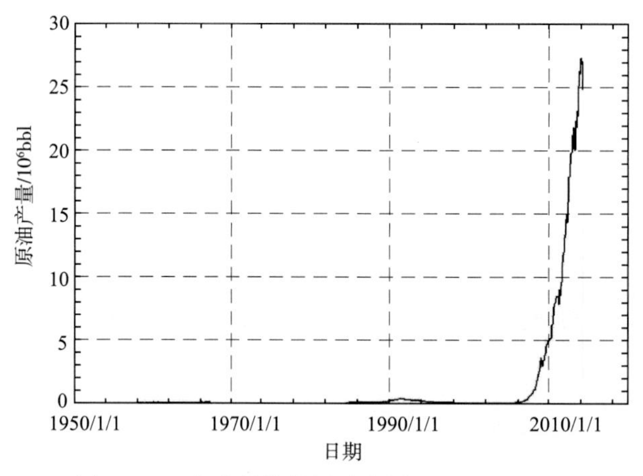

图8-43 北达科他州原油产量(NDIC，2014)

8.6 美国马塞勒斯(Marcellus)页岩

马塞勒斯(Marcellus)页岩是美国最大的页岩地层之一，位于宾尼法利亚州的中北部。该地区的天然气储量达$14.16\times10^{12}m^3$，目前已成为北美极具开发前景的非常规气藏之一。水力压裂与水平钻井技术的发展使页岩勘探开发成为可能。

8.6.1 地质背景与地层学

马塞勒斯页岩是一个典型的沉积型地层，位于现今美国东部阿巴拉契亚山脉一带，距今已有 350×10^4 年。如图8-44所示，马塞勒斯页岩自纽约州南部开始，横跨宾尼法利亚州，延伸至马利兰州西部、西佛吉尼亚州及俄亥俄州东部，构成了阿巴拉契亚盆地的底部较厚的沉积岩地层。该沉积为古河流三角洲沉积，其残留物形成了现今纽约州的卡兹基尔山脉(Catskill Mountains)。受沉积物的重力挤压作用，马塞勒斯页岩呈楔形沉积，东部较厚，西部较薄，如图8-45所示。东部较厚的沉积地层主要由砂岩、泥岩及页岩组成，而西部较薄的地层则由较细并且富含有机质的页岩组成(贫有机质灰页岩夹层交替分布)。

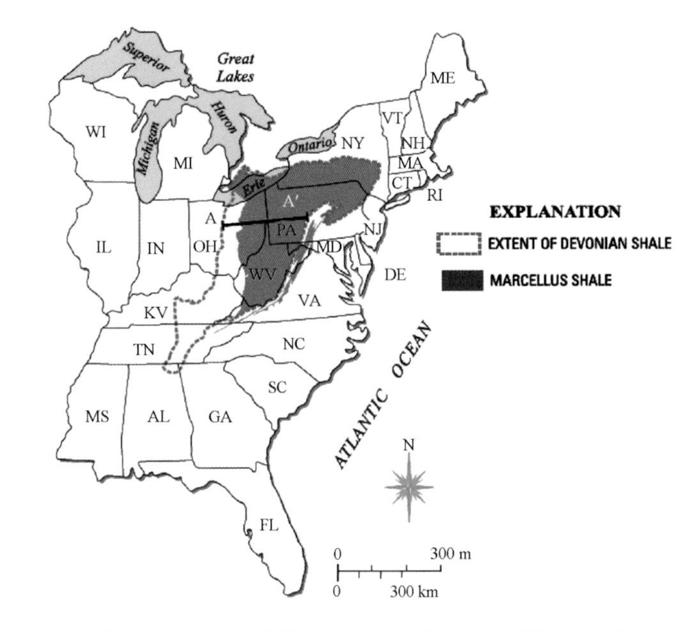

图8-44 马塞勒斯页岩地理位置(Soeder 等，2009)

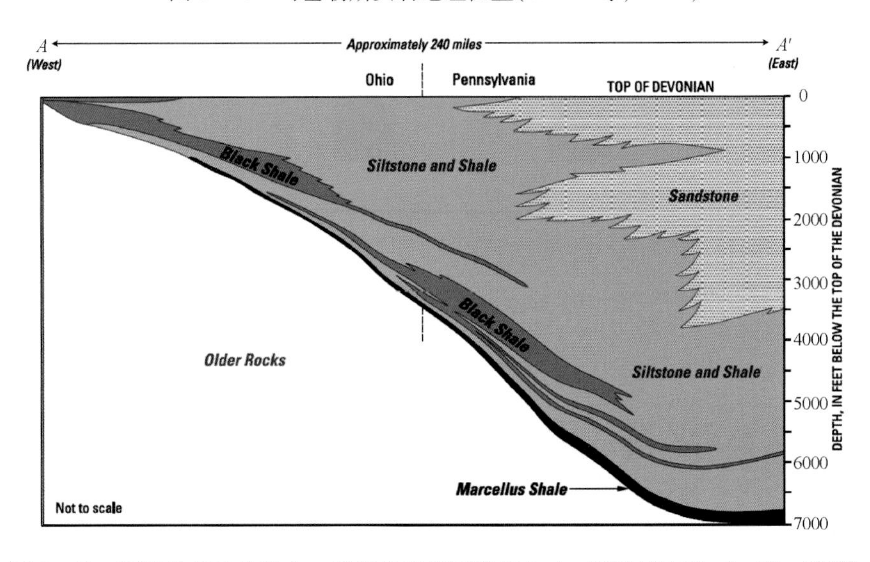

图8-45 阿巴拉契亚盆地中、晚泥盆世岩石西东向 $A-A'$ 剖面图(Soeder 等，2009)

根据有机碳值(TOC)分析显示，马塞勒斯页岩有机质丰度从纽约州向南至西佛吉尼亚州呈递减趋势。有机物沉积后，经过地质挤压作用和热力作用，形成油气如天然气。天然气分布于天然裂缝和孔隙中，并且附着于页岩中的有机质上。

8.6.2 储层物性

马塞勒斯页岩的最大厚度在12.2～270.1m。富含有机质的岩层厚度从宾尼法利亚州西部，沿与俄亥俄州的边界向东北部方向，厚度由小于3m变为76.2m。马塞勒斯页岩埋深1219.2～2590.8m，平均油藏温度在37.8～48.9℃范围内(Jayakumar，2014)。地层孔隙度在0.5%～5%。由于基质孔隙连通较差，导致地层岩石渗透率最低达$1\times10^{-9}\mu m^2$，最高约$0.1\times10^{-3}\mu m^2$。

8.6.3 压裂设计

如前文所述，水平井多级压裂的设计参数包括完井方式、裂缝的长度、压裂级数、压裂液与支撑剂等。压裂参数需根据油藏的特性进行筛选。

8.6.3.1 完井方式

对于完井方式的选择来说，裸眼完井多级压裂(OHMS)比水泥固井套管射孔多级压裂方式能更有效地提高采收率。Snyder等(2012)对宾尼法利亚州西南部一油田的8口裸眼完井水平井和132口水泥固井水平井的生产数据对比发现，前者的平均产油能力明显高于后者(见图8-46)。

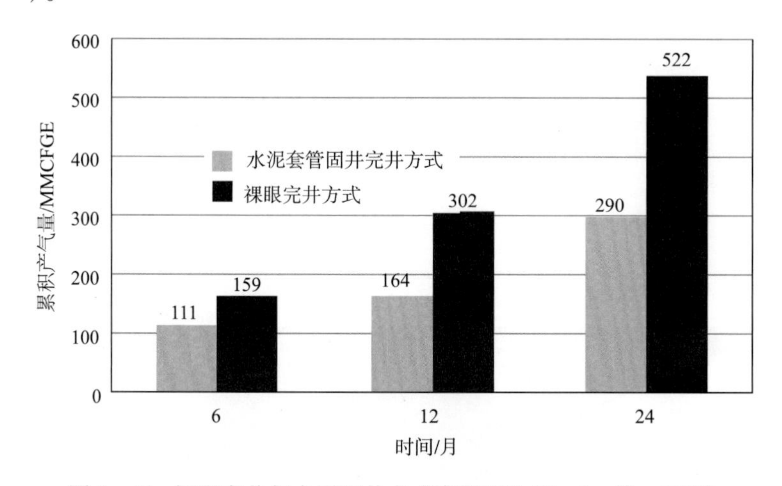

图8-46 裸眼完井与水泥固井方式产量对比(Snyder等，2012)

8.6.3.2 压裂液与支撑剂

对压裂液的要求主要是摩阻小、配伍性高以及对环境污染小等。在马塞勒斯页岩地区使用的压裂液基本上是减阻水压裂液。支撑剂主要以石英砂为主。表8-12列出了该地区一口水力多级压裂井作业时使用的压裂液和支撑剂。

马塞勒斯页岩地区某水平井多级压裂作业时，使用了$1558.2m^3$减阻水，平均作业压力和注入速率分别为19.64MPa和$13.36m^3/min$；支撑剂的使用总量为135.102×10^3kg(Myers等，2008)。

表8-12　马塞勒斯页岩地区某水平井压裂材料组成(数据来源FracFocus，2012)

材　料	名　称	化学组分
淡水、回注水	携砂液	淡水
Ottawa砂	支撑剂	晶体硅(石英砂、氧化硅)
砂(100目)	支撑剂	晶体硅(石英砂、氧化硅)
盐酸	酸	盐酸、水
L058	离子控制剂	异抗坏血酸钠
A264	缓蚀剂	甲醇、脂肪酸、脂肪醇、丙炔醇
J609	减阻剂	脂肪族胺聚合物、硫酸铵
SC30W	除垢剂	甲醇、强氧化钠、聚丙烯酸钠
MO-67	杀菌剂	戊二醇、二癸基二甲基氯化铵、乙醇

8.6.3.3　裂缝设计

在马塞勒斯页岩地区对水平井进行的水力多级压裂作业中，作业者一般使用几何射孔设计的方法进行压裂。这种射孔设计将射孔点均匀地分布于水平段。然而，通过分析微地震监测数据得出结论，这种射孔方式产生的裂缝不均匀。这种现象是由于地层岩石应力分布差异造成的，裂缝通常发生在最小应力的井段，造成大量射孔段没有被压裂或者压裂效果很差。为了提高压裂效果，Walker等(2012)提出了一种工程化的射孔设计方法。该方法采用一种声波扫描工具获得水平射孔段的岩石力学特性。确定关键参数(包括地层应力、岩性、杨氏模量及泊松比等)，能够帮助工程师对压裂工艺进行优化设计，进而提高压裂效果。如表8-13所示，通过生产数据的对比发现，采用工程化的射孔压裂设计方法能够有效地提高产气量。4~6号井在多级压裂时，经过了工程化裂缝设计，其30天累积产气量效率明显高于1~3号井。

表8-13　普通裂缝设计与工程化裂缝设计效果对比

井号	水平段长度/m	裂缝级数	30天累积产气量/10^3m^3	每米水平段30天平均产气量/(10^3m^3/m)	每级裂缝30天平均产气量/(10^3m^3/级)
1	1028.7	14	1789.5	1.74	127.82
2	704.7	7	1200.5	1.70	171.50
3	652.3	7	1841.7	2.82	263.10
4	1371.6	12	6021	4.39	501.75
5	1204	12	4605.8	3.83	383.82
6	1196.3	12	5109.4	4.27	425.78

8.6.4　油田应用进展

作为美国最大的天然气藏之一，马塞勒斯页岩气的开发与钻井技术的发展密切相关。

截至2014年5月，该地区水力压裂水平井的数量超过5000口，其中3968口位于宾尼法利亚州、646口位于西佛吉尼亚州、533口位于俄亥俄州。

8.6.5 压裂效果评估

如图8-47所示，自2008年以来，随着水平井与水力多级压裂技术的逐渐推广应用，马塞勒斯页岩气的产量增长迅速，目前日产气量已超过$3.40\times10^8m^3$。

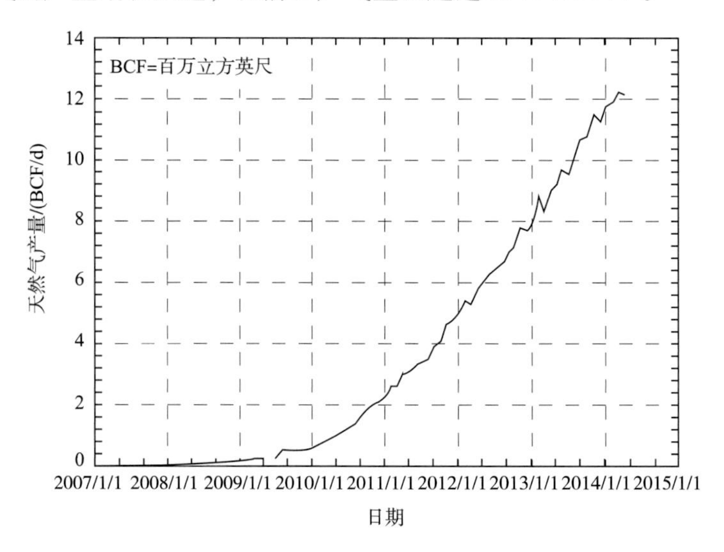

图8-47 马塞勒斯页岩气的产量(数据来自DrillingInfo，2014)

8.7 美国巴内特(Barnet)页岩

8.7.1 概况

Fort Worth盆地位于美国Texas州北部，面积约38100 km^2，为古生代晚期Ouachita造山运动形成的前陆盆地。Barnet页岩气是自生、自储、自盖式的整装性质的非常规天然气(Montgomery等，2007)。早在20世纪50年代，美国Fort Worth盆地密西西比系巴内特页岩就见到良好气显示。80年代10年间Barnet气田开发较为缓慢，仅有100口井。1997～2006年间，共有超过5829口气井投入生产，且不断有新井投产(Martineau，2005)。气田被分为两个区域：初始核心区，这里Barnet页岩位于Viola灰岩之上；延伸区，其中Barnet页岩位于Ellenberger群之上(Martineau，2007)。2002年之前，垂直井是主要的钻井方法。Devon能源公司在核心区和延伸区内钻了7口实验水平井，取得了巨大的成功，这促使大量的作业者将钻井方式由垂直井转变为水平井，且推广到延伸区。2007年，Fort Worth盆地近8500口Barnet页岩气生产井的年产量为$305.6\times10^8m^3$。自1982年投产以来累计产气$1018.8\times10^8m^3$，平均地质储量丰度$3.8\times10^8m^3/km^2$。现在，Barnet页岩是世界上开发最成功的页岩气田。它代表了页岩气开发的最新进展，是页岩气开发可参考的较好例子。

8.7.2 地质特征

Barrnet 页岩为缺氧环境和上升洋流发育的正常盐度下的海相深水沉积。产气的黑色页岩矿物中，石英约45%，黏土(主要是伊利石，含少量蒙脱石)占27%，方解石和白云石占8%，长石占7%，有机质占5%，黄铁矿占5%，菱铁矿3%，还有微量天然铜和磷酸盐矿物。根据矿物、结构、生物和构造等，Barrnet 页岩的岩相主要划分为层状硅质泥岩、薄片状灰泥和含生物碎屑的泥粒灰岩3种类型。Barrnet 页岩的主要测井响应特征为低电阻率、高自然伽马。

与石英和方解石相比，由于黏土矿物有较多的微孔隙和较大的表面积，因此对气体有较强的吸附能力，但是当水饱和的情况下，吸附能力要大大降低。石英含量的增加将提高岩石的脆性。Fort Worth 盆地的 Barrnet 页岩之所以能产出大量的天然气，其原因在于它的脆性及其对增产措施的良好响应，这种脆性与矿物成分有关，Barrnet 页岩的石英含量可达45%。石英和碳酸盐矿物含量的增加，将降低页岩的孔隙，使游离气的储集空间减少，特别是方解石在埋藏过程的胶结作用，将进一步减少孔隙，因此对页岩气储层的评价，必须在黏土矿物、含水饱和度、石英、碳酸盐矿物含量之间寻找一种平衡。由于页岩相对孔隙度和渗透率较低，有利目标的选择必须考虑储层的潜力(游离气+吸附气)与易压裂性的匹配关系，因此，必须对页岩的无机矿物组成和成岩作用开展深入的研究。

Barrnet 页岩气储层厚度为1981~2591m，总厚度为61~91m，有效厚度为15~60m，井底温度为93.3℃，无定型有机质占95%~100%，TOC 为4.5%，R_o 在1.0%~1.3%之间，总孔隙度为4%~5%，充气孔隙度为2.5%，充水孔隙度为1.9%，含气量为8.5~9.91m^3/t，吸附气含量为20%，储层压力为20.6~27.6MPa，天然气地质储量(0.33~0.44)×$10^9m^3/km^2$。开发井距为0.32~0.64km^2，单井控制储量为(14.16~42.48)×10^6m^3，采收率为8%~15%。

在 Barrnet 页岩气的勘探中，地质学家认识到 Barrnet 页岩中天然裂缝数量较多，后来由于成岩胶结而被封堵。因胶结而封闭的裂缝是力学上的薄弱环节，它增加了压裂的有效性。由于巴内特(Barrnet)页岩石英含量很高，岩层脆性大，微裂缝极为发育，它们是天然气聚集和运移的主要空间。

8.7.3 钻完井情况

在20世纪80年代以前，Fort worth 盆地的巴内特页岩并不是勘探目的层。但是巴内特页岩中丰富的天然气显示和小规模生产研究工作评估了该区的天然气地质储量，从而坚定了页岩层中非常规天然气的开发信心。开始的气井产量大多数不具有经济价值，在1981~1990年期间仅完钻了100口井，到1998年在完井技术上取得了重大突破，用水基液压裂代替了凝胶压裂，对该气田较老的 Barrnet 页岩气井(特别是1990年底以前完成的气井)重新实施了增产措施，极大地提高了产量，增幅有时可达2倍或更高，在很多情况下对老井重新采取重复压裂可使产量超过初始产量，增产措施在某些不具经济价值的井也获得了成功。目前所有的巴内特(Barrnet)气井在生产几年后都要进行例行的重新处理，多次重新完井的情况也很普遍。

2002年，Barrnet 开始钻探试验水平井。此后几年，水平井技术得到广泛应用，页岩气产量稳步快速增长。2008 年，开始实验同步压裂模式，即井距 1000m 左右的 2 口水平井同时进行压裂来提高单井产量。

8.7.4 同步压裂工艺技术

同步压裂指对两口及两口以上的有一定距离的井进行同时压裂。最早在美国 Ft. Worth 盆地的巴内特页岩中实施，在水平井段相隔 150～305m 的两口大致平行的水平井之间进行同步压裂，得到了很好的效果。巴内特页岩气田 X1、X2 压裂井段距离 1000m，上下遮挡层均能提供 5～8MPa 应力遮挡，具备大规模缝网体积压裂条件，测井解释及岩石力学参数等对比见表 8－14、表 8－15。

表 8－14 测井解释及天然裂缝发育情况

井号	射孔井段/m	解释厚度/m	岩 性	孔隙度/%	渗透率/$10^{-3}\mu m^2$	密度/(g/cm^3)	解释结果	裂缝类型	发育程度
X1	3765.0～3772.0	59.8	砂砾岩	8.1	2.68	2.43	气层	网状缝	极发育
X2	3760.0～3769.0	57.8	砂砾岩	7.8	2.51	2.46	气层	网状缝	极发育

表 8－15 岩石力学参数及地应力参数解释结果

井号	解释井段	最小水平主应力/MPa	弹性模量/MPa	水平应力差异系数	泊松比	抗拉强度/MPa	断裂韧性/$MPa \cdot m^{1/2}$
X1	3765.0～3772.0	69.59	84079.8	0.15	0.09	10.21	0.69
X2	3760.0～3769.0	69.77	73842.0	0.13	0.08	9.46	0.58

根据模拟器模拟计算结果，当注入速度超过 $2.1m^3/min$，累积注入量超过 $1\times10^4m^3$，X1、X2 井注入诱导应力将会引起应力重定向，应力衰竭有效距离 50m，注入水为地层水，X1、X2 井同步注入。X1 井实际注入量 $12069m^3$，实际注入速度 $2.27m^3/min$，X2 井实际注入量 $10143m^3$，实际注入速度 $3273.5m^3/d$，模拟计算的 X1→X2 井孔隙压力梯度为 4.5MPa/1000m。考虑水力裂缝诱导应力作用距离较远，以及保证井间裂缝网络连通所需要的孔隙压力梯度，模拟器计算的 X1 井水力裂缝长度达到 800m 时，其水力裂缝诱导应力和注入诱导应力叠加应力能够引起 X2 井应力二次重定向。X1、X2 井应力重定向后同时进行体积压裂，更容易形成非平面网络裂缝。

X1 井交联冻胶不加砂压裂施工曲线见图 8－48，一次防喷结束后立即进行体积压裂施工（X1、X2 井同时按体积压裂泵注程序施工），施工曲线见图 8－49，第一个支撑剂段塞之前为无降阻清水，其余阶段为降阻清水。

从图 8－50 中 G 函数反映，X1 井体积压裂在近井筒周围形成了多裂缝，压裂后期有多裂缝形成现象，形成了两套多裂缝系统。

X2 井体积压裂施工曲线见图 8－51，全部采用降阻清水。

从图 8－52 中 G 函数反映，X2 井体积压裂阶段在压裂中前期形成了两套网络裂缝，且网络裂缝规模大。

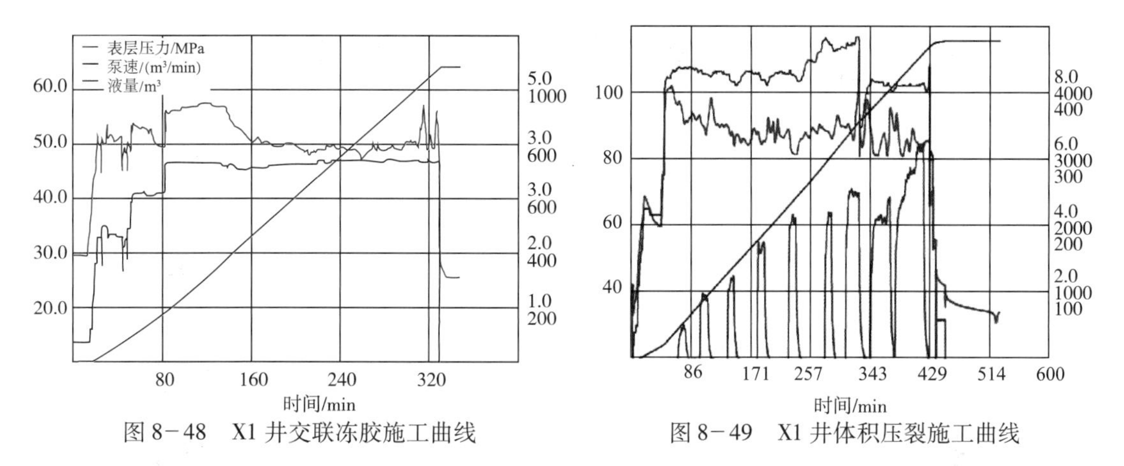

图 8-48 X1 井交联冻胶施工曲线

图 8-49 X1 井体积压裂施工曲线

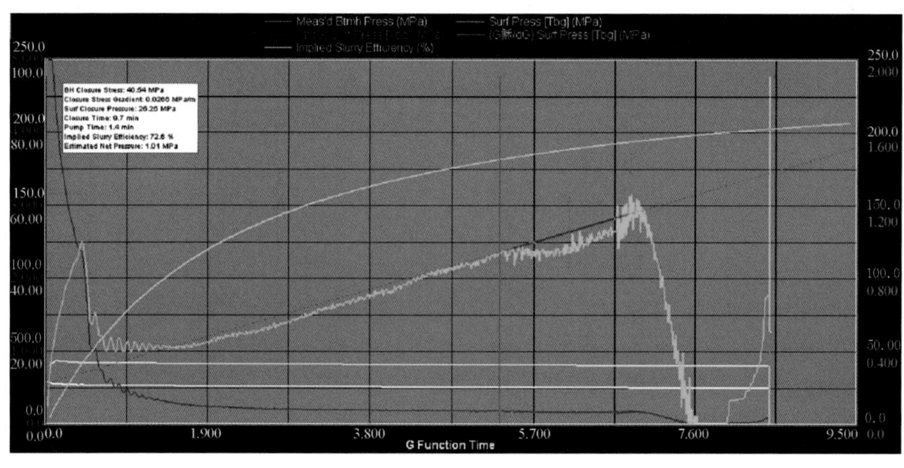

图 8-50 X1 井压降 G 函数曲线

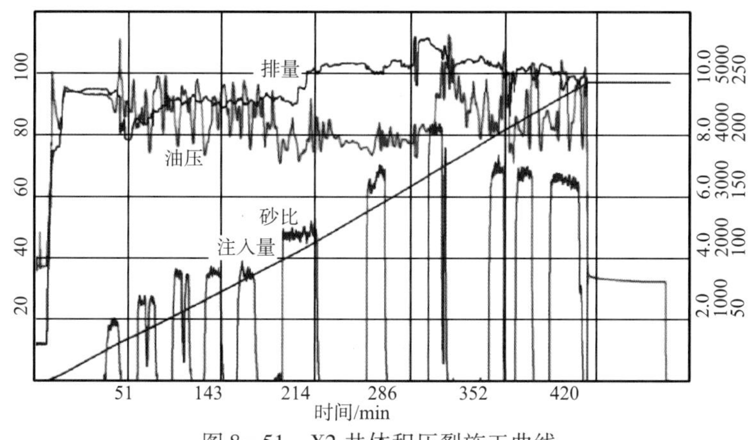

图 8-51 X2 井体积压裂施工曲线

8.7.5 压后效果评价分析

图 8-53 为 X1、X2 井压后产量曲线，图中显示，生产 200 天，X1、X2 井实际产量分别达到了 $50\times10^4m^3/d$ 和 $75\times10^4m^3/d$，为相同区块其他井产量的 2 ~ 3 倍，同步压裂取得了良好的效果。

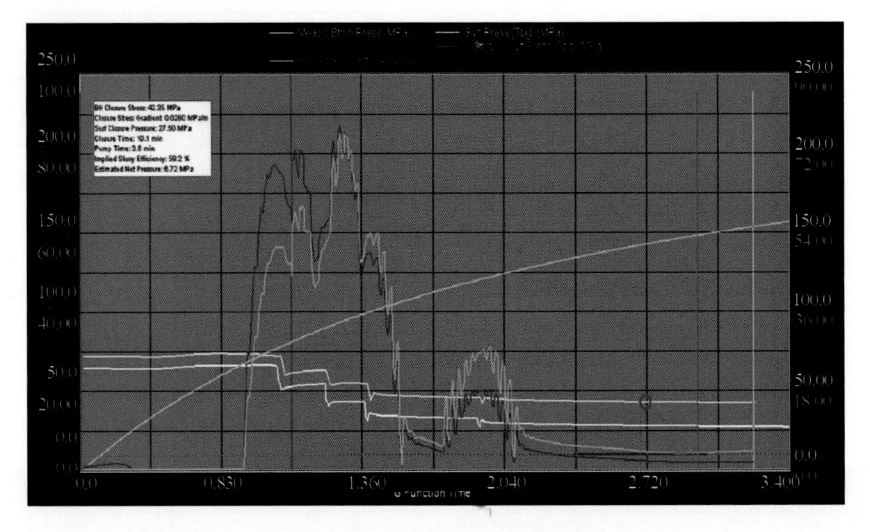

图 8-52　X2 井压降 G 函数曲线

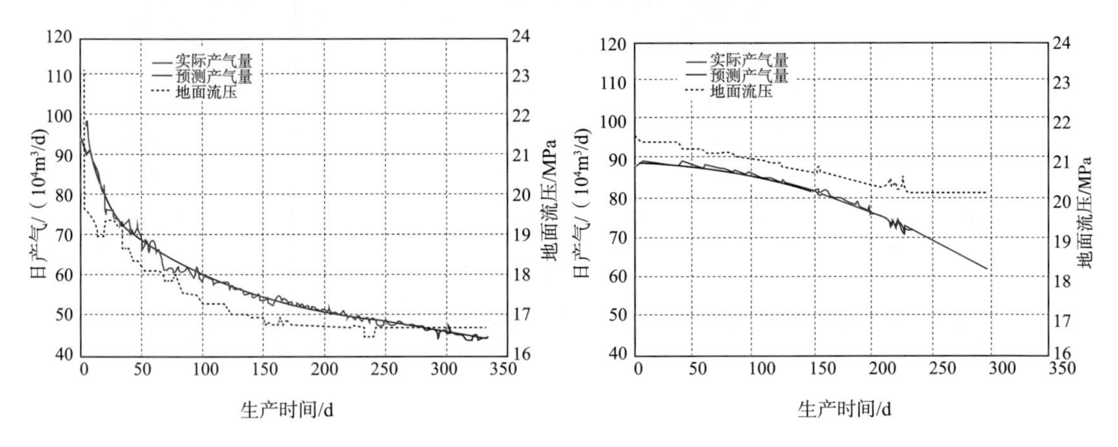

图 8-53　X1 井、X2 井压后产量曲线

8.8　美国威利斯顿盆地巴肯(Bakken)页岩

8.8.1　概况

威利斯顿盆地位于美国西北部，横跨美国三个州(蒙大拿州、北达科他州和南达科他州)和加拿大的两个省份(萨斯喀彻温省和曼尼托巴省)，其沉积地层总厚度达 4572m，巴肯(Bakken)组页岩是主要的产油气层，地层最厚处可达 45.7m，但在盆地内大部分地区，其厚度比较薄，巴肯组油层的顶部深度由加拿大境内的数百米到北达科达州境内的上千米。

2008 年 6 月，美国地质勘探局(USGS)发表了一项官方研究报告，指出预计在巴肯页岩蕴藏巨大的油气储量，可采储量可达 $0.58\times10^8m^3$ 石油当量的原油。该报告与 1995 年的预测结果比较，可采储量增长了 25 倍。

同时，北达科他州也发布了一份报告，估计在其境内的巴肯油层有 $0.33\times10^8m^3$ 可采石油储量，这些数据包含常规(巴肯组中段)和非常规油气藏(巴肯组上、下段页岩油藏)。

8.8.2 地质特征

威利斯顿盆地为近似于圆形的、次级构造较少的盆地。这个地区的地层倾角通常小于0.5°，局部可以达到1.5°。盆地中部的巴肯页岩埋藏深度为2895.6～3352.8m。整个盆地构造变化较小，主要是位于北达科他州西北部、南北走向的奈森(Nesson)背斜和蒙大拿东部的北西—南东走向的雪松河(Cedar Creek)背斜。此外，还有南北走向的比林斯鼻状构造以及小刀(Little Knife)背斜。

羚羊背斜为北西—南东走向，位于奈森背斜南端，是当地最重要的构造。羚羊背斜东北部地层倾角较大，具有很强的非对称性，这与西南方的雪松河背斜对比鲜明。斯海帕德(Shepard，1990)认为可能是拉腊米造山运动造成地块下降，使得构造的几何形态呈现右旋转动。

威利斯顿盆地是一个大型克拉通内沉积盆地，盆地最初可能起源于克拉通边缘，在科迪勒拉造山作用过程中演化成为一个克拉通内盆地(Gerhard 等，1990)。在显生宙(寒武纪到第四纪)的大部分时间都有沉积作用，沉积地层的厚度大约为4880m。在地层剖面上识别出多个不整合面，但显生宙期间的所有沉积地层可以划分为以下几种沉积类型：古生界主要由旋回性碳酸盐岩组成；而中生界和新生界以硅质碎屑岩为主。在晚泥盆世和密西西比纪初，这个盆地是北美大陆西缘宽阔陆架区域内的活动沉降区。威利斯顿盆地的原型盆地是加拿大泥盆纪埃尔克波因特(Elk Point)拉张盆地。

巴肯地层全部隐伏于地下。研究区内巴肯组上页岩段顶部埋藏深度从该区东南部1600m到东部及西北部70m内变化，或按地下深度来说，分别从2340～527m变化。巴肯地层主要位于威利斯顿盆地中北部地区(见图8-54)，厚度一般在6.1～30.5m之间。

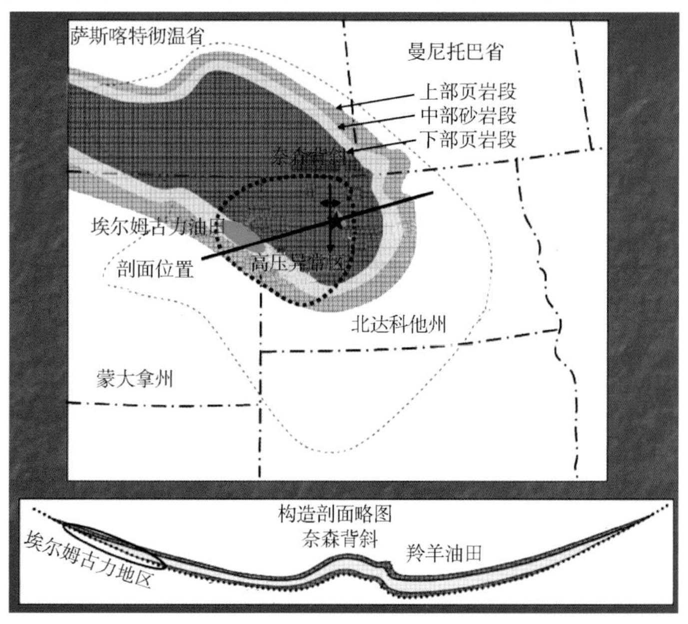

图8-54　威利斯顿盆地巴肯组分布图

巴肯地层明显分为三段，即上、下段为具放射性的、富含有机质的黑色页岩；中段为钙质灰色粉砂岩—砂岩（见图 8-55）。上下两段页岩显然是在近海缺氧环境下，并受海洋洋流循环影响的沉积产物。推测有机质是随处可见的地表水中的浮游藻类衍生而成的。

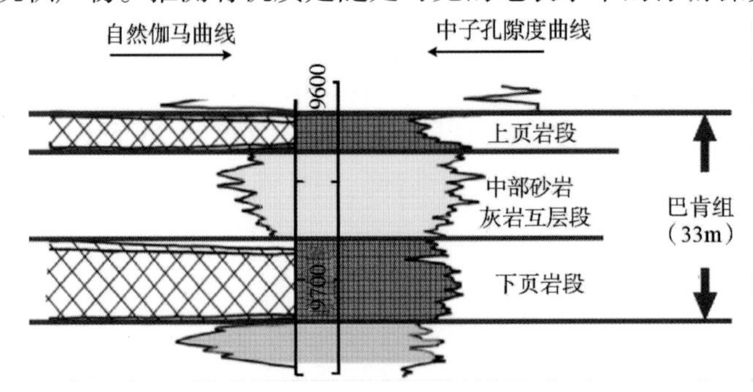

图 8-55　巴肯组内部结构特征

巴肯地层普遍被 Lodgepole 石灰岩所覆盖，并从盆地西部的不整合接触向研究区大部分地区的整合接触变化。Webster 从而推论，巴肯地层上部页岩与上覆 Lodgepole 地层以整合接触为主。

巴肯组各段的沉积环境分别是有氧（中段）、低氧（下段）和缺氧（上段）的陆架环境。缺氧条件是由层状水文流态造成的，其存在的证据包括缺乏底栖生物群、缺乏掘穴生物遗迹以及高 TOC 含量（Meissner，1978；Price 等，1984；Webster，1984；Price 和 LeFever，1994；Pitman 等，2001）。

巴肯组中段的沉积模式为海相碳酸盐岩浅滩复合体。该段岩相构成说明其沉积环境为陆架到较浅的前滨环境。碳酸盐岩沉积物（经成岩作用转变为白云石）可能具有外源的性质，也可能是内源的。外源沉积物可能来自盆地南部出露并遭剥蚀的区域（较老地层例如斯里福克斯组的剥蚀产物）。白云石化作用模糊了原生颗粒组构，从而使人们难于就碳酸盐岩的成因给出明确的答案。巴肯组中段丰富的硅质碎屑物质很可能源自威利斯顿盆地以北的区域（Webster，1984）（见图 8-56）。在盆地的北部，巴肯组中段的含砂量总体上增多。粉砂和极细粒砂可能通过风暴事件中的悬浮水流或者通过风成沉积作用向盆地方向搬运。

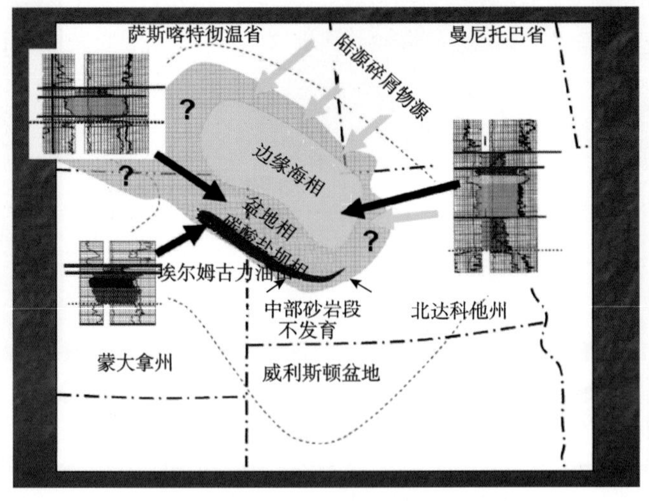

图 8-56　巴肯组沉积时期古地理图

下段页岩厚度一般小于12m，由均匀、无钙、含炭—沥青、易破裂的厚层页岩组成，但有些地区则由呈平行致密薄层状、蜡状、质硬、含黄铁矿、具放射性的暗棕—黑色页岩组合。页岩含丰富的有机质(有机碳平均含量12%)且在薄条状纹理中常富含丰富的黄铁矿。

裂缝产状一般近平行或近垂直于层理面，裂缝表面充填有白色方解石和浸染状黄铁矿。Christopher将这些裂缝解释为挤压式泥裂。在基底滞留沉积中含有黄铁矿化碎屑、化石碎屑、石英砂及粉砂和磷酸盐的颗粒。

巴肯组中段砂岩层与下伏巴肯组下段页岩层为区域不整合，其底部存在砾石和风化面，而盆地边缘地区，下段页岩超覆于Torguay地层之上。

巴肯组中段砂岩层厚度为15m，主要由含少量页岩和石灰岩的互层状粉砂岩和砂岩组成，其颜色主要是浅灰—中暗灰色，但在某些地区由于饱含油而使颜色模糊不清。该层中的页岩常是粉砂质的，呈绿灰色；石灰岩为砂屑石灰岩透镜体。该层中化石含量丰富，主要为腕足类，并含有少量痕迹化石。在埃尔姆古力油田，这段地层是一套白云石化的碳酸盐沙坝复合体，孔隙度为8%~10%，渗透率为$0.05\times10^{-3}\mu m^2$。

巴肯组高压产区有效厚度为1.83~4.57m。孔隙度平均在8%~12%，渗透率在0.05×10^{-3}~$0.5\times10^{-3}\mu m^2$，盆地大部分地层都分布有高压产区。

但也有报道认为，巴肯组的页岩具有双孔隙度系统，在油藏压力条件下，岩石基质孔隙度只有2%~3%(Burrus等，1992)，其中微裂缝占1/10(裂缝孔隙度0.2%~0.3%)(Breit等，1992)。巴肯页岩岩心样本显示，其基质渗透率为0.02×10^{3}~$0.05\times10^{-3}\mu m^2$，但是并没有说明这些渗透率是水平还是垂向上的(Reisz，1992)。由于微裂缝的出现，巴肯页岩的有效渗透率大约是$0.6\times10^{-3}\mu m^2$(Breit等，1992)。

巴肯页岩中构造应力造成的张性裂缝一般为垂向的，并且通常间隔数十厘米(见图8-57)，但是这类裂缝的第一手观测资料非常少。比林斯鼻状构造区域的压力恢复试井一般体现不出这类裂缝的影响，因而储层均质性较高。尽管如此，薄片中可见大量水平的、垂直的、倾斜的、部分胶结的微裂缝(Cramer，1986)。与此相似的，通过在埃尔克霍思兰奇油田的水平井模拟实验发现，巴肯页岩包含的微裂缝的间距只有2cm(Breit等，1992)。这些微裂缝的开度随着页岩中流体压力的增大而减小。

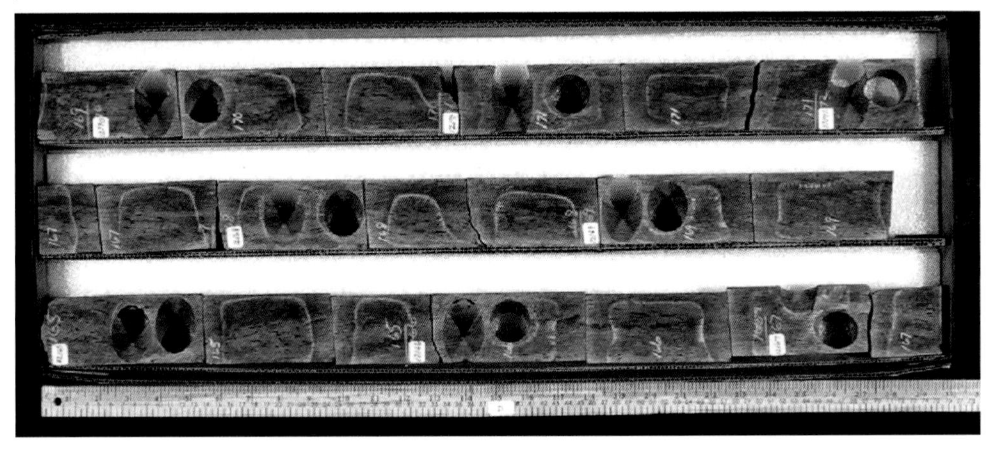

图8-57　巴肯组中段砂岩、灰岩互层段裂缝发育特征(水平井取心)

巴肯页岩中的裂缝组系较简单，在埃尔克霍思兰奇油田，对水平井进行的生产和干扰测试发现渗透率各向异性为4:1，主要的裂缝走向是东西向的(Breit 等，1992)。人造裂缝走向一般与天然裂缝平行。

就目前资料而言，天然裂缝在巴肯页岩西南部最为密集。这个地区的上部单元更容易产生裂缝，因为这个单元岩性更脆、更易断裂(Leibman，1990)。

巴肯组储层没有明显的边底水存在，目前投入生产的油藏主要受裂缝发育程度的控制。因此，对于巴肯组储层，只要储集性能好，就可以形成具有工业价值的油气聚集。

据 Balcron44－24VariJY1 井的压力恢复中途测试(DST)资料可知，巴肯组略显超压，压力梯度为0.02kPa/m。井底温度平均为115℃左右。采出的石油在15.5℃条件下的相对密度为0.82g/cm^3，气油比为8.81×10^{4}m^3/m^3，在油田西部上倾方向上，气油比增加到12.58×10^4～13.84×10^{4}m^3/m^3。该油田的驱动机理是溶解气驱。

2000年以后，由于页岩内油气逐渐受到石油部门的重视，从巴肯组页岩获得的油气储量不断增加。2008年，美国地质调查局对巴肯—Lodgepole 总含油气系统(TPS)重新进行资源评估。评估内容包括：①源岩分布、厚度、有机质丰度、有机质成熟度、石油生成和运移；②储层岩石类型、分布和储集性能；③关于石油生成、运移、圈闭特性和地层年代，还考虑了勘探历史和生产分析以及详细的地层学和构造地质学框架。

美国地质调查局估计，在威利斯顿盆地巴肯组总平均技术可采资源量(可采资源的50%)为5.8×10^{8}m^{3}石油，这个结果与1995年的预测结果比较，可采储量增长了25倍。其中，埃尔姆古力—比林斯鼻状构造评价单元0.65×10^{8}m^{3}待发现可采储量，盆地中部—白杨穹隆评价单元有0.77×10^{8}m^3，奈森—小刀构造评价单元有1.45×10^{8}m^3，东部排烃门限评价单元有1.55×10^{8}m^3，西北排烃门限评价单元有1.38×10^{8}m^3，传统的中段砂岩评价单元有63.59×10^{4}m^3。平均情况在一个高值(5%的概率，6.84×10^{8}m^{3}和一个低值(95%的概率，4.77×10^{8}m^3)之间。

8.8.3 水平井开发技术

8.8.3.1 水平井布井原则及井网

水平井技术的发展是巴肯组油层成功开发的最主要原因，可以说没有水平井技术的进步就没有巴肯油层的今天。目前，各石油公司已尝试了各种技术，最成功的技术当属一口垂直井多达3个分枝的水平钻井，巴肯组的开发井约有95%是水平井。巴肯的水平井每口井累积产量可达6.36×10^4～11.92×10^{4}m^{3}原油，多数油井日产原油47.69～127.19m^3，有的甚至超过158.98m^3/d。

在威利斯顿盆地，水平井的布井是以优化油藏开采为原则的，确保水平井尽可能多地钻入巴肯“甜点”油层。布大多采取“先稀后密”的布井方式。水平井段长度为914.4～3048m，垂直深度可达3048m。初期单井产量为31.8～302.1m^3/d。

水平井钻进方向的选择十分重要。由于水力压裂诱导的裂缝大都沿最大主应力的方向发育，因此应选择与最大主应力平行的方向钻水平井，以便随后的压裂作业能形成高产的纵向裂缝。如果与最大主应力方向呈现一定的角度钻水平井，那么随后的压裂作业就会形成横向裂缝。一般来说，这样的水平井需要开展高强度的压裂作业才能得到比较高的产能。

2000 年以后，参与威利斯顿盆油田开发的大多数石油公司都在利用各种不同井筒结构的水平井开发巴肯组油层。利用水平井开发巴肯组最为典型的是蒙大拿州的埃尔姆古力油田，该区被等面积划分为若干区块，大致为每个区块(约 2.59km^2)一口井(见图 8-58)。迄今，该油田的 580 多口水平井已经产出了 1.1×10^7m^3 石油，其中一口典型的油井最终可采 7950m^3 石油，这个面积为 500km^2 的油田有可能采出 4.77×10^7m^3 以上的石油。

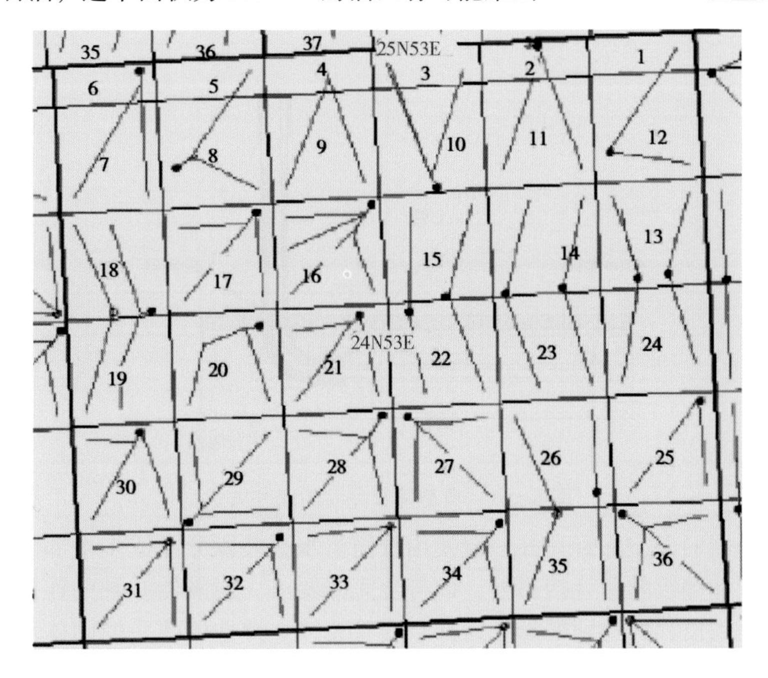

图 8-58 埃尔姆古力油田水平井分布图

水平井可以是单分支的，也可高达 4 个分支。但是，就效果而言，一般越简单的完井方式，生产井的效果越好。因此，一般认为单分支水平井的效果较好。

8.8.3.2 水平井造斜方式

尽管许多分支井可以在没有任何机械分隔的情况下同时实施增产措施，但是人们还是用几项技术分隔分支井筒，单个实施增产措施。在蒙大拿州，一般都是先钻一口垂直井，然后在垂直段开窗造斜打水平分支井(见图 8-59)。但是，在北达科他州，这项技术并不适用，北达科他州越来越流行从水平井段造斜钻其他分支井(见图 8-60)。

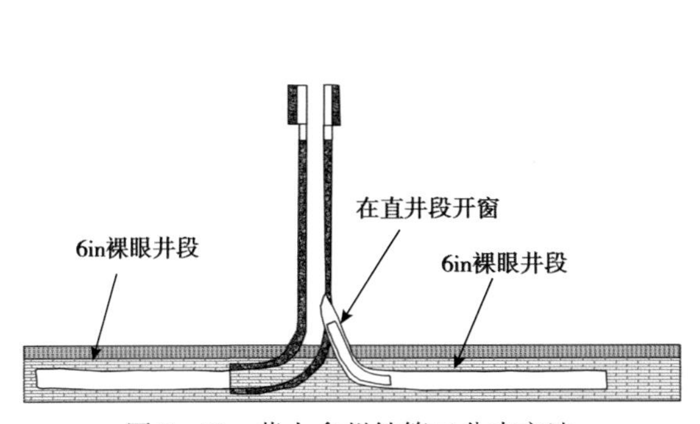

图 8-59 蒙大拿州钻第二分支方法

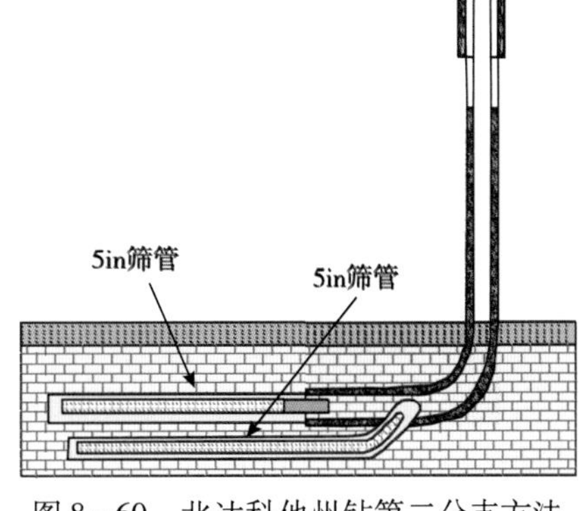

图 8-60 北达科他州钻第二分支方法

8.8.3.3 水平井完井方式

目前在巴肯组开发中，常用的完井类型包括：裸眼完井、筛管固井完井、环空筛管完井(无环形封隔和有环形封隔)等多种类型。

筛管完井是较常用的完井类型之一(见图8-61)。此方法在压裂设计中需要用到液流转向技术。4种液流转向技术包括：射孔封堵球、大型网孔支撑剂段塞、高密度支撑剂段塞和短纤维。

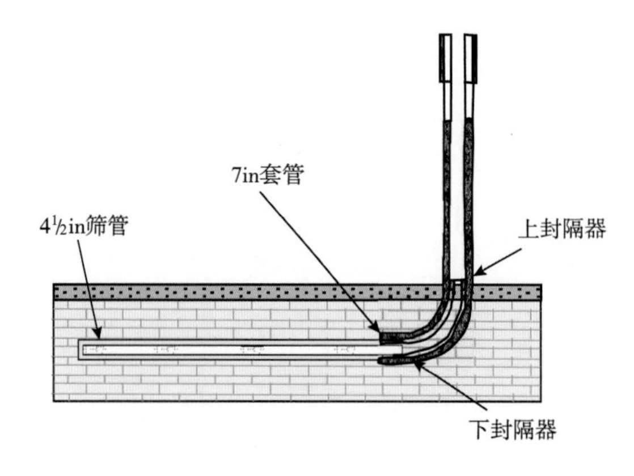

图8-61 典型筛管完井的完井方式

有环形封隔器的环空筛管完井一般使用胶筒将水平井段分隔成多个部分。封隔器位于相同大小、质量和等级的套管接头处，以符合完井要求。封隔器心轴的连接处被切割。膨胀弹性体被包裹到设计所达到的外径，并与套管相接。弹性体两头的固体环可起到保护弹性体的作用并起到防喷作用(由于存在压差)(见图8-62)。目前有两种基本类型的弹性体，一种是油气膨胀型，另一种是水膨胀型。

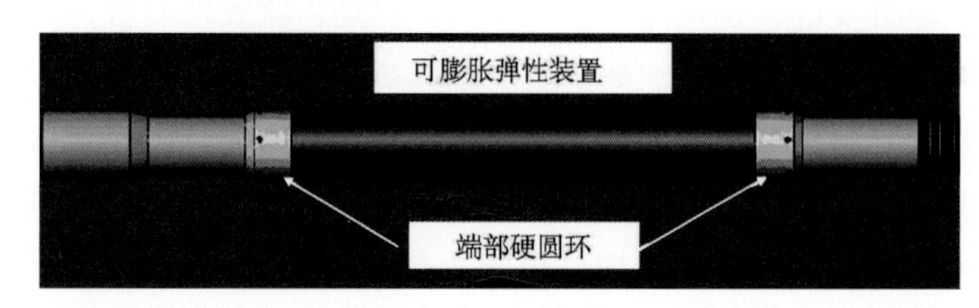

图8-62 胶筒

当胶筒与流体接触时，流体吸入弹性体中，弹性体扩张到一定的外径直到封隔器与井筒壁相接触。在整个圆周壁接触后膨胀继续进行，产生一个膨胀压力面(当施加压差时出现)。

封隔器的大小由完井和压裂设计来决定。对于水平井完井来说，封隔器越集中越好。封隔器内部产生的膨胀压力不会自发地集中。一般使用有支架的叶片扶正器。扶正器可以降低封隔器的偏移(减少膨胀和封堵的时间)，并保证较长水平段整个深度的完井作业。

春天湖/榆树古力区块位于巴肯油田中部，蒙大拿州里奇兰县境内，面积约1295km²。其孔隙度变化较大，东北方向逐渐减递，西南方向则呈尖灭式减递。20世纪80年代后期，在里奇兰县东部的上巴肯页岩层内，水平井开发取得了一定成效。巴肯油藏处于威利斯顿盆地下。它包含以下3个独立的产层，几乎均覆盖整个工区：密西西比系—巴肯油藏上部页岩层高水位期）、泥盆系/密西西比系—巴肯油藏中部（低水位期）、泥盆系—巴肯油藏底部页岩层高水位期）。

中巴肯储层厚度基本在 1.83 ~ 4.57m，深度约在 3048m。破裂压力梯度在 15.60 ~ 17.41kPa/m。储层流体性质是：油 API 重度 420，气 API 重度为 0.950，初始油气比为 27.28m^3/m^3。储层初始孔隙压力梯度为 11.30kPa/m，显示出弱高压状态，井底静态温度为 115.6℃。渗透率为(0.05 ~ 0.5) $\times 10^{-3} \mu m^3$ 孔隙度为 8% ~ 12%。

在该区中，中巴肯油藏的云岩主要运用长水平段的水平井进行开发，使得超低渗油藏的开发能够尽量达到最大经济生产效率。但天然裂缝所形成的运移通道无法满足生产的需要。

目前有超过 10 支作业队伍在此区块进行作业。一些作业者运用各自配置部署完成了一些多分支井，以优化控制井距单位内的井壁接触。相反地，在该区进行过深入研究的作业者已经部署连续的单水平段定向井，其中一些水平段长度超过 2743.2m，以实现对储层有最大化的效改造。

作业者最初在 $2.6 \times 10^6 m^2$ 的区块内钻了 17 口水平井，均使用单水平段方式来对该区进行开发。为了促进垂直裂缝的延伸，水平段是平行于最大主应力方向钻进的，这些水平井基本都有 914.4m 的水平段，且进行射孔完井。基于对限流射孔将帮助施工过程中裂缝转向的认识，大多数初始压裂施工均采用传统的单机泵注程序方式。初始初始压裂施工平均规模都在 $1.36 \times 10^5 kg$ 的 20/40 目树脂包裹的支撑剂，其中 3 次超过了 $2.72 \times 10^5 kg$。

在完井过程中，多采用大间距限流射孔方式以改善水平段端部的压裂效果。推测认为，水力压裂过程中由于水平段根部的摩阻损耗小，井筒压力达到最大，所以会优先对水平段根部进行改造。大多数首次施工井采用同位素标记的支持剂，采用光谱伽马射线仪进行测井以展示支撑剂在泵注过程的前、中、后 3 个阶段的铺置效果。测井结果表明，与预想的相反，水平井段的端部和中部的铺砂效果好于根部，并且在许多施工过程中表现为铺砂效果由端部到根部逐渐改善。总之，示踪剂测井显示支撑剂在初次施工井中的分布是不规则的，并且在有些井中，重要的产层根本没有支撑剂铺置。

目前新井常用的几种方法包括：裸眼完井、压裂过程中扩大线性加砂的规模、应用孔眼封堵球和段塞促使裂缝转向以及加大施工规模。

8.8.3.4 选井方法

尽管示踪测井提供了含有未改造产层的井特征，但曲线的定性评价大于定量评价。最初的重复压裂候选井均来自那些最早进行射孔完井而且水平段经示踪测井显示无支撑剂进入的井。这些井根据示踪测井显示的问题大小进行排列。初次压裂的时间不作为考虑的因素，因而初次压裂和重复压裂时间差别跨度很大。有些老井在两年内就进行重复压裂，而有些井则在 3.5 年以后才进行重复压裂。重复压裂前的累计产量也不是最主要的考虑因素。比如早期的几口井重复压裂后的累积产量为 6360 ~ 11130m^3，而稍后重复压裂井的累积产量已经超过了 2383m^3。

随着对测井特征认识的不断深入，重复压裂的效益也不断体现出来。最终，所有采用射孔完井的井均被列入重复压裂的计划中。

8.8.4 重复压裂工艺技术

为了增大井身与储层的接触面，提升重复压裂效果，已选水平段在已完成的限流射孔基础上，进行了喷砂射孔。与早期的大间隔射孔相比，该水平的射孔密度在喷砂射孔后增加了1~2个孔集。射孔间隔由先前的213.36m降低到91.44m甚至更低。射孔过程中，用3个喷嘴以120°相位进行喷射。在每一个孔集处，7.57m^3的压裂液携带0.12×10^3kg/m^3、20~40目的支撑剂。在泵注过程中，以20.67MPa的压降经过喷嘴。在喷砂射孔后，井筒几次进行了循环洗井，并提出了施工油管。

最新的重复压裂设计将前置液和携砂液以多个泵注阶段按顺序逐步注入。前5口井在施工过程中，采用的都是三级泵注阶段的注入方式，而其余井采用的是四级泵注阶段的方式。由于施工十分顺利，因此很少考虑砂堵问题。而前置液用量不需要为克服近井滤失而大量增加，延续初次压裂时的施工排量7.63~8.75m^3/min即可满足要求。所有的重裂支撑剂规模设计约为272.6kg的20~40目陶粒。四泵注阶段程序中的压裂液用的是一种3.6×10^6kg/m^3交联的羧甲基—羟丙基瓜尔胶体系CMHPG)，添加具有很强承载属性的氯基破乳剂。

按照新的施工设计，每个支撑剂的尾追注入阶段(最后一个泵注阶段尾追除外)均采用1.2×10^3kg/m^3的高砂浓度，以促使施工作业面沿水平段转向进入新的储层段造新缝。并且，孔眼封堵球在前2个泵注阶段的后期投入，改善裂缝的转向效果。

在压裂施工结束后，以1m^3/min的实际速度返排。在返排结束进行洗井作业后，示踪测井仪被下入油管。而后生产装备、抽油杆、抽油泵陆续开始在井下工作，进行投产。

8.8.5 压后效果评价分析

最初的重复压裂方案是17口井，其中16口井顺利完成了重复压裂施工，而1口井在施工过程中遇到了机械问题。在16口已施工井中，有1口井在加砂至1/3规模时发生了砂堵。这口井在重复压裂前就已经产出超过3.657×$10^4$$m^3$油，是17口井中产能最好的。而那口遇到机械问题的井在重复压裂后没有了产量。

尽管在大多数施工过程中没有出现问题，但是压前产能对重复压裂的影响也相当明显。从表8-16可以看出，重复压裂后的平均瞬时停泵压力仅16.14MPa(如果考虑压力梯度，初次压裂时为16.72kPa/m，而重复压裂时为14.92kPa/m)。和预测的一样，初次压裂的压降更明显。重复压裂的平均施工压力也明显降低。在两次施工规模相当情况下，重复压裂的净压力比初次压裂增大了50%。

表8-16 初次压裂与重复压裂施工参数对比

施工类型	起始破裂压力梯度/(kPa/m)	平均起始瞬时停泵压力/MPa	平均最终瞬时停泵压力/MPa	净压力增长/MPa
初次压裂	16.72	20.75	26.29	5.43
重复压裂	14.92	140.16	24.47	8.12

绘制重复压裂破裂压力梯度与压前累积产量的关系图8-63，由图可知：压前累产越多，破裂压力梯度越低。运用单轴应变方程推算，可看出和预期的一样，累产越多，孔隙压力越低，破裂压力梯度也越低。

当将首次施工时的原始破裂压力梯度加入一起绘图时，也发现了相同的趋势，即破裂压力越高，初次压裂压后累积产量越多。对于重复压裂前的低破压梯度与压前累产量的相

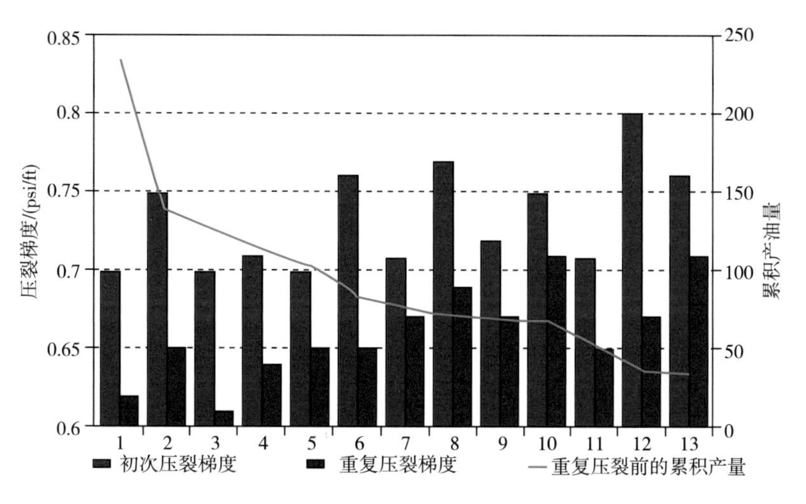

图8-63 初次压裂和重复压裂的破裂压力梯度对比

关性，很有可能是因为储层以纵向裂缝为主。在水平段造缝位置，纵向缝促使了储层压力降低。并且，当重复压裂施工开始进行时，裂缝转向，残余诱导应力净压力的增长，迫使施工作用转入未作用储层。在重复压裂施工前，压力则不会发生聚集。

图8-64是LTS36-2-H井初次压裂时的施工曲线图。这口井于2001年12月进行了初次压裂施工，共加入272609kg的20~40目陶粒。初始瞬时停泵压力在起破后为23.10MPa，在23min后下降了2.22MPa。施工排量在7.95m^3/min时，净压力有3.25MPa的增加。施工尾声的压力递减和储层被压开后的压力递减情况相似。LTS362H重复压裂施工于2004年4月进行。重复压裂前，该井已累积生产原油13467.3m^3，保持着8.59m^3/d的产量。重复压裂的规模设计为270753kg的20~40目陶粒。从图中可以看出，初次瞬时停泵压力在起破后为15.23MPa，10min后下降了8.04MPa。施工排量仍然为7.95m^3/d，净压力上升了11.75MPa。最终的瞬时停泵压力比初次压裂时高0.62MPa。

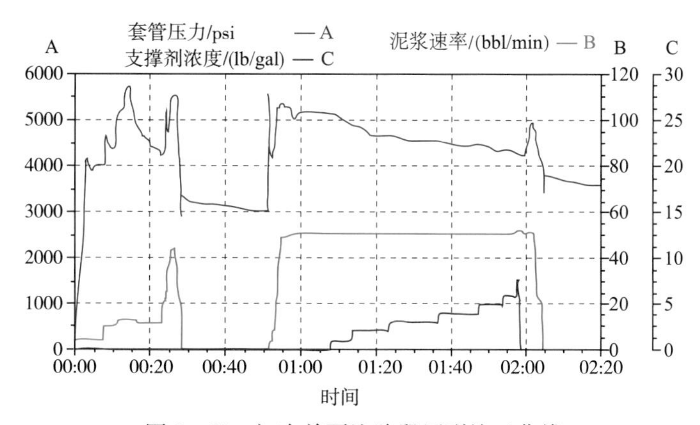

图8-64 初次单泵注阶段压裂施工曲线

从重复压裂施工曲线图8-65中可以看出，当第一泵注阶段中以1.81×10^3kg/m^3的砂浓度进行加砂时，随着静液柱压力的增加，井口压力并没有减少。反应了井底施工压力有所增加，这可能和早期新缝发生转向进入相对低渗的储层有关。在该阶段的支撑剂顶替过程中，尽管静液柱压力降低，施工压力却急剧上升了3.45MPa，同样反应早期新缝转向进入储层高应力区。这样的施工异常现象在第二、第三泵注阶段也有所表现。

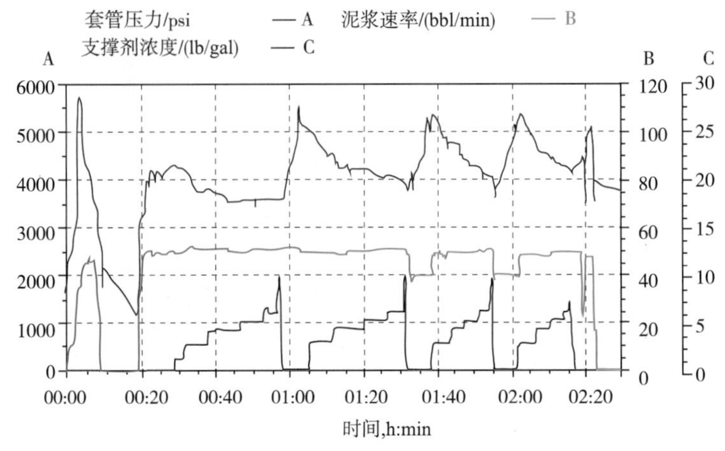

图 8－65　重复多泵注阶段压裂施工曲线

图 8－66 是 LTS36－2－H 井的示踪测井曲线对比图。初次压裂时的示踪测井曲线成果位于下部，重复压裂后的位于上部。施工中加入了 3 种同位素进行监测：第一阶段加入 Sb－124蓝色，顶部），第二阶段和第三阶段加入了 Ir－192 红色，中部），第四阶段加入了 Sc－46 黄色，底部）。从对比图中可以看出，重复压裂使得更多的储层被压开，增加了裂缝的覆盖范围和缝长，并从示踪同位素的分布发现各次注入的支撑剂均延水平段分布。重复压裂后的示踪测井结果显示，转向技术很可能引导支撑剂优先进入初次施工后的经示踪测井解释的无支撑剂裂隙，而不是先前所认为的最佳铺砂位置。很显然，深入研究测井技术对施工工艺的有效改进具有很大帮助。

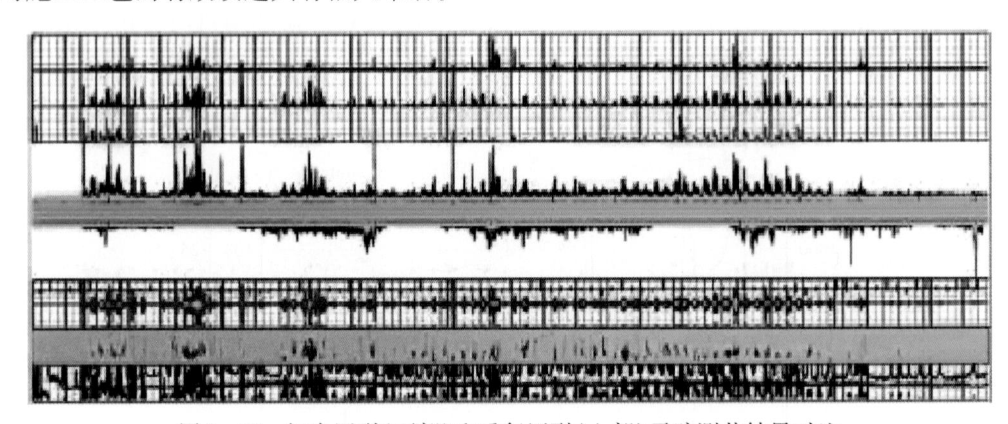

图 8－66　初次压裂（下部）和重复压裂（上部）示踪测井结果对比

这些井在初次压裂后 30 天平均产量为 31. 8m^3/d，而重复压裂后 30 天的平均产量为 24. 65m^3/d。尽管如此，重复压裂使得数以万计的原油储量得到动用。类似地，这些井的平均气油比从 162. 96m^3/m^3 降到了 92. 61m^3/m^3。气油比和生产压差在重复压裂后的下降显示之前未被开发的基质改造，并且新的储量得到了持续动用。从 LTS362H 井生产曲线（见图 8－67）可以看出重复压裂后气油比的降低与产能的关系。前期估算的该井的单井可采储量为 4. 79 × 10^{4}m^3；而在重复压裂后，单井可采储量增加了 1. 09 × 10^{4}m^3。对 15 口射孔完井的重复压裂改造井进行统计发现，重复压裂使单井可采储量平均增加了 32%，约为

$1.42\times10^4m^3$。表8-17展示了15口井重复压裂前后产量和储量的变化情况。

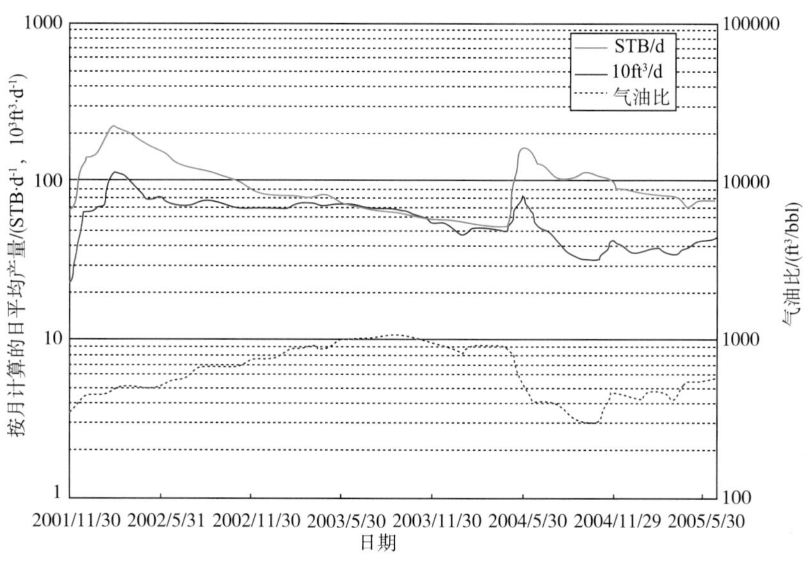

图8-67 Bakken地层LTS 36-2-H井生产曲线图

表8-17 重复压裂前后产量对比表

井	重复压裂前累计产量/10^3m^3	30天平均产量		增产量/(m^3/d)	增产比例/%	增加可采储量/10^3m^3
		重复压裂前/m^3	重复压裂后/m^3			
1	37.32	6.68	3.34	12.56	188	4.15
2	19.94	6.84	21.47	14.63	214	9.68
3	18.06	9.86	24.01	14.15	144	30.51
4	16.62	10.50	22.42	11.93	114	22.16
5	13.47	8.51	25.27	16.76	197	10.88
6	12.05	6.31	29.76	23.45	372	23.27
7	11.29	4.45	17.01	12.56	282	12.56
8	11.15	5.93	25.17	19.24	324	15.15
9	10.92	7.20	25.20	18.00	250	18.97
10	10.56	6.04	23.39	17.35	287	12.27
11	10.54	6.20	15.45	9.25	149	5.91
12	8.17	6.09	33.44	37.35	449	11.27
13	6.84	7.72	34.15	26.43	342	7.20
14	5.68	6.60	22.09	15.49	235	12.27
15	5.26	5.82	31.08	25.27	434	15.12
合计		104.75	369.15	264.40	252	211.52
平均		6.98	24.61	17.63	252	14.10

从此次重复压裂的效果可以看出重复压裂对于水平井的改造具有重要意义。研究表明，重复压裂使得初次压裂中遗漏的纵向产层得到有效改造。此次成功不仅仅源于水平段

的喷砂射孔技术，更多的是裂缝转向技术的应用。示踪测井显示早期和晚期注入地层的支撑剂分别位于水平段中的不同位置，充分说明了裂缝转向的重要性。尽管最初的方案仅是造垂直缝，但从示踪测井结果和邻井施工的情况可以看出仍然生成了许多有效横向缝。重复压裂应用成功使得预估可采储量增加了30%，说明井周围的裂缝网络通过后续压裂能够充分扩大。

和预测的一样，重复压裂中破裂压力和施工压力均低于初次压裂的。尽管储层破裂后的液体滤失明显高于初次压裂，但并不影响压裂施工。施工中更高的净压力也说明了与新储层的有效接触。

此次对巴肯油田16口井的重复压裂是成功的。从施工结果中得出以下结论：

(1)射孔完井的水平井可以进行重复压裂施工。

(2)在巴肯油田，由于生产优先，并没有对施工中的滤失和复杂性进行充分研究。

(3)可应用增加射孔和裂缝转向技术对初次压裂中未被改造的水平段储层充分改造；喷砂射孔和裂缝转向技术的应用使得裂缝网络有效扩大，以进入新的储层。

参考文献

[1]Kuuskraa V A. Unconventional Natural Gas Industry Savoir or Bridge[R]. EIA Energy Outlook and Modeling Conference，2006.

[2](美)格雷戈里·祖克曼．页岩革命[M]．艾博译．北京：中国人民大学出版社，2014.

[3]Bowker K A. Barnett Shale gas production，Fort Worth Basin：Issues and discussion[J]. AAPG Bulletin，2007，91(4)：523~533.

[4]Daniel J K R，Bustin R M. Characterizing the shale gas resource potential of Devonian Mississippian strata in the Western Canada sedimentary basin：Application of an integrated formation evaluation[J]. AAPG Bulletin，2008，92(1)：87~125.

[5]Canadian Society for Unconventional Resources. Unconventional resources technology creating opportunities and challenges[R]. Albert Government Workshop，2012.

[6]张抗．页岩气革命改写传统油气地质勘探学理论[J]．中国石化，2013(01)：21~23.

[7]张卫东，郭敏，杨延辉．页岩气钻采技术综述[J]．中外能源，2010(06)：35~40.

[8]Zargari S，Mohaghegh S D. Field development strategies for Bakken shale formation[R]. SPE139032，2010.

[9]Cipolla C L，Lolon E P，Dzubin B. Evaluating stimulation effectiveness in unconventional gas reservoirs[C]. SPE 124843，2009.

[10]吴奇，胥云，刘玉章，等．美国页岩气体积改造技术现状及对我国的启示[J]．石油钻采工艺，2011(02)：1~7.

[11]李小刚，苏洲，杨兆中，等．页岩气储层体积缝网压裂技术新进展[J]．石油天然气学报，2014(07)：154~159.

[12]陈作，薛承瑾，蒋廷学，等．页岩气井体积压裂技术在我国的应用建议[J]．天然气工业，2010，10：30~32+116~117.

[13]李宗田，李凤霞，黄志文．水力压裂在油气田勘探开发中的关键作用[J]．油气地质与采收率，2010(05)：76~79.

[14]王素兵．清水压裂工艺技术综述[J]．天然气勘探与开发，2005(04)：39~42.

[15]Daniel A，Brain B，Bobbi J C，et al. Evaluation implication of hydraulic fracturing in shale gas reservoirs[C]. SPE121038，2009.

[16]Zander D，Czehura M，Snyder D J，et al. Horizontal drilling and well completion optimization in a North Dakota Bakken Oilfield[C]. SPE 135195，2010.

[17]曾凡辉，郭建春，刘恒，等．北美页岩气高效压裂经验及对中国的启示[J]．西南石油大学学报(自然科学版)，2013(06)：90~98.

[18]李少明，王辉，邓晗，等．水平井分段压裂工艺技术综述[J]．中国石油和化工，2013(10)：56~59.

[19]许冬进，尤艳荣，王生亮，等．致密油气藏水平井分段压裂技术现状和进展[J]．中外能源，2013(04)：36~41.

[20]S. C. Maxwell，C. K. Waltman，N. R. Warpinski，et al. Imaging Seismic Deformation Induced by Hydraulic Fracture Complexity[C]. SPE102801，2010.

[21]Neil Buffington，Justin Kellner，James G. King，J G. New technology in the baken play increase the number of stages in packer/sleeve completions[R]. SPE 133540，2010.

[22]Kent A Bowker, George Moretti, Lee Utley. Fayetteville Maturing[R]. Oil and Gas Invester, 2007.
[23]李宗田．连续油管技术手册[M]．北京：石油工业出版社，2003.
[24]葛洪魁，王小琼，张义．大幅度降低页岩气开发成本的技术途径[J]．石油钻探技术，2013(06)：1～5.
[25]张然，李根生，杨林，等．页岩气增产技术现状及前景展望[J]．石油机械，2011(S1)：117～120.
[26]Soliman M Y. Fracturing design aimed at enhancing fracture complexity[C]. SPE 130043, 2010.
[27]Schein G W, Weiss S. Simultaneous fracturing takes off: Enormous multiwall fracs maximize exposure to shale reservoirs, achieving more production sooner[J]. E&P, 2008, 81(3): 55～58.
[28]Fisher M K, Wright C A, Davidson B M, et al. Integrating fracture mapping technologies to optimize stimulations in the Barnett shale[R]. SPE 77441, 2002
[29]Curtis B. C., and S. L. Montgomery. Recoverable natural gas resource of the United States: Summary of recent estimates[J]. AAPG Bulletin, 2002, 86(10): 1671～1678.
[30]Curtis J. B.. Fractured shale gas system. AAPG Bulletin, 2002, 86(11): 1921～1938.
[31]Scott A. R.. Composition and origin of coalbed gases from selected basins in the United States. International coalbed methane symposium proceedings, 1993, 207～222.
[32]James W. S.. Resource-assessment perspective unconventional gas systems. AAPG Bulletin, 2002, 86(11): 1993～1999.
[33]Kevenvolden, K. A.. Methane hydrate——A major reservoir of carbon in the shallow geospheres. Chemical Geology, 1988(7).
[34]Knutson, C. F.. Developments in oil shale in 1989. AAPG Bulletin, 1990, 74: 372～379.
[35]Pollastro, R. M., and P. A. Seholle. Exploration and development of hydrocarbons from low-permeability chalks——An example from the Upper Cretaceous Niobrara Formation, Rocky mountain region. AAPG Studies in geology, 1986, 24: 129～142.
[36]高波，马玉贞，陶明信，等．煤层气富集高产的主控因素[J]．沉积学报，2003，21(2)：345～348
[37]关德师．煤层甲烷的特征与富集[J]．新疆石油地质，1996，17(1)：80～84.
[38]关德师，牛嘉玉，郭丽娜，等．中国非常规油气地质[J]．北京：石油工业出版社，1995.
[39]金枫．非常规石油资源的开发和利用前景[J]．中国石油和化工经济分析，2007，(6)：48～54.
[40]雷小乔．煤层气成分影响因素分析[J]．中国煤田地质，2002，14(4)：25～27.
[41]刘成林，李景明，李剑，等．中国天然气资源研究[J]．西南石油学院学报，2004，26(1)：9～12.
[42]牛嘉玉，洪峰．我国非常规油气资源的勘探远景[J]．石油勘探与开发，2002，29(5)：5～7.
[43]钱伯章，朱建芳．世界非常规天然气资源及其利用概况[J]．天然气经济，2006，(4)：20～23.
[44]宋岩，秦胜飞，赵孟军．中国煤层气成藏的两大关键地质因素[J]．天然气地球科学，2007，18(4)：545～553.
[45]宋岩，徐永昌．天然气成因类型及其鉴别[J]．石油勘探与开发，2005，32(4)：24～29.
[46]宋岩．中国天然气资源分布特征与勘探方向[J]．天然气工业，2003，23(1)：1～4.
[47]苏现波，陈江峰，孙俊民，等．煤层气地质学与勘探开发[M]．北京：科学出版社，2001.
[48]孙茂远，朱超．国外煤层气开发的特点及鼓励政策[J]．世界煤炭，2007，27(2)：55～58.
[49]唐玄，张金川．鄂尔多斯盆地上古生界天然气成藏序列[J]．中南大学学报(自然科学版)，2006，37(增刊)：97～102.
[50]王涛．中国深盆气田[M]．北京：石油工业出版社，2002.
[51]翟光明，王建君．论油气分布的有序性[J]．石油学报，2000，21(1)：1～10.
[52]翟光明．关于非常规油气资源勘探开发的几点思考[J]．天然气工业，2008，28(12)：1～3.
[53]张金川，金之钧，袁明生．页岩气成藏机理和分布[J]．天然气工业，2004，24(7)：15～18.
[54]张金川，金之钧．深盆气成藏机理及分布预测[M]．北京：石油工业出版社，2005.

[55]张金川，刘丽芳，张杰，等．根缘气(深盆气)成藏异常压力属性实验分析[J]．石油勘探与开发，2004，31(1)，119～123.

[56]张金川．深盆气成藏机理及其应用研究[D]．石油大学(北京)博士论文，1999.

[57]张金川．深盆气成藏及分布预测[D]．中国地质大学(北京)博士后论文，2001.

[58]张绍海，宋岩，陈明霜，等．美国天然气勘探[M]．北京：石油工业出版社，1995.

[59]Vello Kuuskraa，Scott Stevens，Tyler Van Leeuwen. World Shale Gas Resources：An Initial Assessment of 14 Regions Outside the United States. Research Report of U. S. Energy Information Administration，2011.

[60]H H. Rogner. An Assessment of World Hydrocarbon Resources. Annu. Rev. Energy Environment. 1997. 22：217～62

[61]John B. Curtis. Fractured Shale Gas Systems[J]. AAPG Bulletin，2002，86(11)：1921～1938.

[62]Raymond L J，Thomas F，David J. C. 2002. Improving results of coalbed methane development strategies by integrating geomechanics and hydraulic fracturing technologies. SPE 77824，2002.

[63]Bakken Shale：The Play Book[M]. Hart Energy Publishing，2008.

[64]J. Mullen. Petrophysical Characterization of the Eagle Ford Shale in South Texas. CSUG/SPE 138145，2010.

[65]Realizing the Potential of North America's Abundant Natural Gas and Oil Resources NPC Resource Study September 15，2.

[66]Warpinski N R，Teufel L W. Influence of geologic discontinuities on hydraulic fracture propagation[J]. JPT，1987，39(2)：209～220.

[67]Warpinski N R，Lorenz J C，Sandia N，et al. Examination of a cored hydraulic fracture in a deep gas well [J]. SPE Production & Facilities，1993，8(3)：150～158.

[68]Blanton T L. An experimental study of interaction between hydraulically induced and pre-existing fractures [C]. SPE10847，1982.

[69]陈勉，周健，金衍，等．随机裂缝性储层压裂特征实验研究[J]．石油学报，2008，29(3)：431～434.

[70]Beugelsdijk L J L，de Pater C J，Sato K. Experimental hydraulic fracture propagation in multi-fractured medium[C]. SPE 59419，2000.

[71]Mahrer K D. A review and perspective on far-field hydraulic fracture geometry studies[J]. Journal of Petroleum Science and Engineering，1999，24(1)：13～28.

[72]Fisher M K，Wright C A，Davidson B M，et al. Integrating fracture mapping technologies to optimize stimulations in the Barnett shale[C]. SPE 77441，2002.

[73]Fisher M K，Heinze J R，Harris C D，et al. Optimizing horizontal completion techniques in the Barnett shale using microseismic fracture mapping[C]. SPE 90051，2004.

[74]Urbancic T I，Maxwell S C. Microseismic imaging of fracture behavior in naturally fractured reservoirs [C]. SPE78229，2002.

[75]Mayerhofer M J，Lolon E P，Youngblood J E，et al. Integration of microseismic fracture mapping results with numerical fracture network production modeling in the Barnett shale[C]. SPE 102103，2006.

[76]沈琛，梁北援，等．微破裂向量扫描技术原理[J]．石油学报，2009，302(5).

[77]Warpinski N R，TEUFEL L W. Influence of geologic discontinuities on hydraulic fracture propagation[C]. SPE 13224，1987.

[78]Rickman R，Mullen M，Petre E et al. A practical use of shale petrophysics for stimulation design optimization：all shale plays are not clones of the barnett shale[C]. SPE 115258，2008.

[79]kentaboeker. Barnett shale gas production，fort worth basin issue and discussion[J]. AAPG Bulletin，2007，91(4)：523～533.

[80]P Kaufman，G Spenny，J Paktinat. Critical evaluations of additives used in shale Slick water Fracs [C].

SPE119900, 2008.

[81]Warpinski N R, Mayerhofer M J, Vincent M C, et al. Stimulating unconventional reservoirs: maximizing network growth while optimizing fracture conductivity[C]. SPE 114173, 2008.

[82]赵金洲，任岚，胡永全页岩储层压裂缝成网延伸的受控因素分析[J]. 西南石油大学学报，2013，35(1).

[83]JULIAFWGALE ROBERTMREED, JONHOLDER. Natural fractures in the Barnett shale and their importance for hydraulic fracture treatment[J]. JULIAFWGALE. AAPGBulletin, 2007, 91(4): 603 ~ 622.

[84]Olson J E, Taleghani A D. Modeling simultaneous growth of multiple hydraulic fractures and their interaction with natural fractures[C]. SPE 119739, 2009.

[85]任岚. 裂缝性油气藏缝网压裂机理研究[D]. 成都：西南石油大学，2011.

[86]Crank J. The mathematics of diffusion[M]. Oxford: Oxford University Press, 1975.

[87]Cipolla C L, Jensen L, Ginty W, et al. Complex hydraulic fracture behavior in horizontal wells, south Arne Field, Danish North Sea[C]. SPE 62888, 2000.

[88]Cipolla C L, Hansen K K, Ginty W R, et al. Fracture treatment design and execution in low-porosity Chalk reservoirs[J]. SPE Production & Operations, 2007, 22(1): 94 ~ 106.

[89]Cipolla C L, Lolon E P, Dzubin B. Evaluating stimulation effectiveness in unconventional gas reservoirs [C]. SPE 124843, 2009.

[90]Warpinski N R, Kramm R C, Heinze J R, et al. Comparison of single and dual-array microseismic mapping techniques in the Barnett shale[C]. SPE 95568, 2005.

[91]Cipolla C L, Lolon E P, Ceramics C, et al. Fracture design considerations in horizontal wells drilled in unconventional gas reservoirs[C]. SPE 119366, 2009.

[92]李树良，等. ULw-1. 05 超低密度支撑剂评价及应用[J]. 油气田地面工程，2013，32(9).

[93]孙海成，汤达祯，等. 页岩气储层压裂改造技术[J]. 油气地质与采收率，2011，18(4).

[94]翁定为，雷群，等. 缝网压裂技术及其现场应用[J]. 石油学报，2011，32(2).

[95]Maxwell S C, Urbancic T J, Steinsberger N, et a1. Micro-seismic imaging of hydraulic fracture complexity in theBarnett shale[C]. SPE 77440, 2002.

[96]FisherM K, W rightC A, DavidsonB M, et al. Integrating fracture mapping technologies to optimize stimulations in the Barnett shale[C]. SPE 77441, 2002.

[97]FisherM K, HeinzeJ R, HarrisC D, et a1. Optimizing horizontal completion techniques in the Barnett shale using micro-seismic fracture mapping[C]. SPE 90051, 2004.

[98]Mayerhofer M J, Lolon E P, Warpinski N R, et a1. What is stimulated reservoir volume[C]. SPE 119890, 2008.

[99]Rickman R, Mullen M , Petere E, et a1. A practical use of shale petrophysics for stimulation design optimization: All shale plays are not clones of the Barnett shale[C]. SPE115258, 2010.

[100]Warpinski N R. Teufel L W. Influence of geologic discontinuities on hydraulic fracture propagation [J]. Journal of Petroleum Technology, 1987, 39(2): 209 ~ 220.

[101]Warpinski N R. Hydraulic fracturing in tight, fissured media[J]. Journal of Petroleum Technology, 1991, 43(2): 146 ~ 151.

[102]Anderson G D. Effects of friction on hydraulic fracture growth near unbonder interfaces in rocks[C]. SPE 8347, 1981.

[103]Blanton T L. Propagation of hydraulically and dynamically induced fractures in naturally fractured reservoirs [C]. SPE 15261, 1986.

[104]Sharm A, Chen H Y, Teufel L W. Flow-induced stress distribution in a multi-rate and multi-well reservoir [C]. SPE39914, 1998.

[105]Cipolla C L, W arpinski N R , M ayerhofer M J, et a1. The relationship between fracture complexity, reservoir properties, and fracture treatment design[C]. SPE 115769, 2008.

[106]Gale, Julia F. W. , Robert M. Reed, and Jon Holder. Natural Fractures in the Barnett Shale and their Importance for Hydraulic Fracture treatments[J]. AAPG Bulletin, 2007, 91. 603 ~ 622.

[107]Montgomery, Scot L , Daniel M. Jarvie, et a1. Mississippian Barnet Shale, Fort Worth Basin, North-Central Texas: Gas-Shale Play with Multi-Trillion Cubic Foot Potential[J]. AAPG Bulletin, 2005, 89(2): 155 ~ 175.

[108]Lane, H. S. , A. T. Watson, S. A. Holditch& Assocs, et al. Identifying and Estimating Desorption from Devonian Shale Gas Production Data[C]. SPE, 1989.

[109]Hazlett, W. G. , W. J. Lee, G. M. Nahara, and J. M. Gatens. Production Data Analysis Type Curves for the DevonianShales. [C]. //paper 15934 presented at the SPE EasternRegional Meeting, 12 ~ 14 November1986, Columbus.

[110]Sawyer W k A. simulation-based spread sheet program for history matching and forecasting shale gas production[J]. SPE57439. 1999, 8(1): 67 ~ 72.

[111]Li Fan, Fan g Luo. The Botom-Line of Horizontal Well Production Decline in the Barnett Shale[C]. //paper 141263-MS presented at the SPE Production and Operations Symposium, 2011.

[112]Carlson Erie S, James C Mercer. Devonian shale gas production Mechanisms and simple models [R]. SPE. 134830 ~ MS, 2009.

[113]J. H. Frantz, J. R. Williamson. Evaluating Barnett Shale Production Performance Using an Integrated Approach[C]. SPE96917, 2005.

[114]Bustin A M M, Bustin R M, Cui X. Importance of fabric on the production of gas shale[R]. SPE 114167, 2008.

[115]Wu Yushu, George Moridis Bai Baojun. A multi-continuum method for gas production in tight fracture reservoirs[S]. SPE l18944. 2009.

[116]CM Freeman, G Moridis, Ilk D, eta1. A numerical study of transport and storage effects for tight gas and shale gas resetvoirs. [R]. SPE 124961, 2009.

[117]SCHEPERS K, GONZALEZ R, KOPERNA G, eta1. Reservoirmodeling in support of shale gas exploration [C]. SPE, 2009.

[118]CarlsorL E. S. Charaeterization of Devonian Shale Gas Reservoirs Using Cordinated Single Well Analytical Models[C]. //paper 29199-MS presented at SPE Eastern Regional Meetingheld in Charleston, 1994.

[119]M. K Fisher, C. A. W right, et a1. Integrating Fracture Mapping Technologies to Optimize Stimulations in the Barnett Shale[C]. //paper 77441-MS presented at SPE Annumechnical Conference and Exhibition , 2002.

[120]吴奇，胥云，王腾飞，等．增产改造理念的重大变革——体积改造技术概论[J]．天然气工业，2011，31(4)：7 ~ 12.

[121]薛承瑾．页岩气压裂技术现状及发展建议[J]．石油钻探技术，2011(03)：24 ~ 29.

[122]吴奇，等，美国页岩气体积改造技术现状及对我国的启示[J]．石油钻采工艺，2011，33(2).

[123]吴奇，等，非常规油气藏体积改造技术——内涵、优化设计与实现[J]．石油勘探与开发，2012，39(3).

[124]周德华，等．JY1 HF 页岩气水平井大型分段压裂技术[J]．石油钻探技术，2014，42(1).

[125]辜涛，等．页岩气水平井固井技术研究进展[J]．钻井液与完井液，2013，30(4).

[126]李旭成，李晓平，等．页岩气产能分析理论及方法研究综述[J]．天然气勘探与开发，2014，37(1).

[127]李武广，鲍方，曲成，等．翁氏模型在页岩气井产能预测中的应用[J]．大庆石油地质与开发，2012，31(2)：98 ~ 101.

[128]白玉湖，杨皓，陈桂华，等．页岩气产量递减典型曲线中关键参数的确定方法[J]．特种油气藏，2013(02).
[129]段永刚，魏明强，李建秋，等．页岩气藏渗流机理及压裂井产能评价[J]．重庆大学学报，2011，34(4)：63～66.
[130]李建秋，曹建红，段永刚，等．页岩气井渗流机理及产能递减分析[J]．天然气勘探与开发，2011，34(2)：33～37.
[131]李晓强，周志宇，冯光，等．页岩基质扩散流动对页岩气井产能的影响[J]．油气藏评价与开发，2011，1(5)：67～70.
[132]高树生，于兴河，刘华勋．滑脱效应对页岩气井产能影响的分析[J]．天然气工业，2011，31(4)：55～58.
[133]谢维杨，李晓平．水力压裂缝导流的页岩气藏水平井稳产能力研究[J]．天然气地球科学，2012，4(23)：387～392.
[134]王坤，张烈辉，陈飞飞，等．页岩气藏中两条互相垂直裂缝井产能分析[J]．特种油气藏，2012，19(4)：130～133.
[135]任俊杰，郭平，王德龙，等．页岩气藏压裂水平井产能模型及影响因素[J]．东北石油大学学报，2012，36(6)：76～81.
[136]孙海成，汤达祯，蒋廷学，等．页岩气储层裂缝系统影响产量的数值模拟研究[J]．石油钻探技术，2011，39(5)：63～67.
[137]钱旭瑞，刘广忠，唐佳，等．页岩气井产能影响因素分析[J]．特种油气藏，2012，19(3)：81～83.
[138]程远方，董丙响，时贤，等．页岩气藏三孔双渗模型的渗流机理[J]．天然气工业，2012.32(9)：44～47.
[139]李宗田，等．水平井压裂裂缝形成机理初探与应用[J]．石油天然气学报(江汉石油学院学报)，2008.
[140]庄照锋，张世城，李宗田，等．压裂液伤害程度表示方法探讨[J]．油气地质与采收率，2010.
[141]Jody R Augustine. How Do We Achieve Sub-Interval Fracturing[J]. SPE147179, 2011.
[142]MattMckeon. Horizontal Fracturing in Shale Plays[R]. Hulliburton, 2011.
[143]Dan Themig. New Technologies Enhance Efficiency of Horizontal, Multis-tage Fracturing [J]. JPT, April 2011.
[144]GeorgeWaters. Technology Enhancements in the Hydraulic Fracturing of Horizontal wells [R]. Schlumberger, 2011.
[145]Simon Chipper Field. Hydraulic Fracturing[J]. JPT, March 2010.
[146]DanThemig. Advance of Multi-stage Fracturing Systems——A Return to Good Frac-Treatment Practices[J]. JPT, 2010.
[147]何艳青，张焕芝．未来全球油气技术展望[J]．石油科技论坛，2010，29(3)：1～14.
[148]杨金华，朱桂清，张焕芝，等．值得关注的国际石油工程前沿技术(Ⅰ)[J]．石油科技论坛，2012，31(4)：43～50.
[149]杨金华，朱桂清，张焕芝，等．值得关注的国际石油工程前沿技术(Ⅱ)[J]．石油科技论坛，2012，31(5)：36～44，58.
[150]朱玉杰，郭朝辉，魏辽，等．套管固井分段压裂滑套关键技术分析[J]．石油机械，2013，41(8).
[151]钱斌，朱炬辉，李建忠，等．连续油管喷砂射孔套管分段压裂新技术的现场应用[J]．天然气工业，2011，31(5)：67～69.
[152]荣莽，罗君．页岩气藏水平井分段压裂管柱技术探讨[J]．石油机械，2010，38(9)：65～67.
[153]柴国兴．水平井分段压裂管柱及工具关键技术研究[D]．中国石油大学博士论文，2010

[154]周文军，吴学升，黄占盈，等．套管滑套完井固井胶塞研制与应用[J]．石油矿场机械，2012，41(12)：48～51.

[155]裴楚洲．连续油管拖动酸化技术应用研究[D]．西南石油大学硕士论文，2009.

[156]王瑶，冯强，刘欣，王治华，等．适用于连续油管的封隔器管串结构及原理分析[J]．石油矿场机械，2013，42(1)：83～86.

[157]马德成．水平井压裂压裂管柱力学分析[D]．东北石油大学工程硕士论文，2009.

[158]邹皓．水力喷射压裂关键技术分析[J]．石油机械，2010，38(6)：69～72.

[159]李长印，李冬毅，蒋济成．连续油管在作业过程中的受力分析[J]．内蒙古石油化工，2009，16：54～55.

[160]程元林，韦海防，吴学升，等．苏里格气田首口分支水平井钻完井技术．石油钻采工艺[J]．2013，35(2)：31～35.

[161](美)迈克尔 R. 钱伯斯．多分支井技术[M]．孙怀远译．北京：石油工业出版社，2006.

[162]S. R. Darin and J. R. Huitt. Effect of a Partial Monolayer of Proppant on Fracture Flow Capacity[C]. SPE1291-G，1959.

[163]A. R. Rickards，H. D. Brannon，W. D. Wood et al. High strength，ultra-lightweight proppant lends new dimensions to hydraulic fracturing applications[C]. SPE 84308，2003.

[164] W. D. Wood，H. D. Brannon，A. R. Rickards，C. Stephenson. Ultra-Lightweight Proppant Development Yields Exciting New Opportunities in Hydraulic Fracturing Design. BJ Services Company，SPE84309，2003.

[165]G. W. Schein，P. A. Canan，R. Richey. Ultra light weight proppants：their use and application in the Barnett shale[C]. SPE90838，2004.

[166]R. Myers，J. Potratz，M. Moody. Field Application of New Lightweight Proppant in Appalachian Tight Gas Sandstons[C]. SPE91469，2004.

[167]J. M. Terracina，J. M. Tumer，D. H. Collins，and S. E. Spillars. Proppant Selection and its Effect on the Results of Fracturing Treatments Performed in Shale Formations[C]. SPE135502，2010.

[168]M. Kulkarni and O. Ochoa. Compression and Flowback in Polydisperse Composite Granular Packs[C]. 18th International Conference on Composite Materials，2011.

[169]P. Kulkarni. An Unconventional Play with Conventional E&P Constraints[J]. World Oil，93～98，2011.

[170]M. A. Parker，K. Ramurthy，and P. W. Sanchez. New Proppant for Hydraulic Fracturing Improves Well Performance and Decreases Environmental Impact of Hydraulic Fracturing Operations[C]. SPE161344，2012.

[171]US5531274，Lightweight proppants and their use in hydraulic fracturing，L. Raymond，Jr Bienvenu，1996.

[172]US6582819，Low Density Composite Proppant，Filtration Media，Gravel Packing Media，and Sports Field Media，and Methods for Making and Using same. R. R. McDaniel，J. A. Geraedts，Borden Chemical，Inc. 2003.

[173]US6772838，Light weight particulate materials and uses there for. J. C. Dawson，A. R. Rickards，BJ Services Company，2004.

[174] US7322411，Method of Stimulating Oil and Gas Wells Using Deformatable Proppants. H. D. Brannon，A. R. Rickards，C. J. Stephenson，R. L. Maharidge，BJ Services Company，2008.

[175]US7735556，Method of Isolating Open Perforations in Horizontal Wellbores Using an Ultra Lightweight Proppant. J. G. Misselbrook，R. Meyer，D. A. Schultz，et al. BJ Services Company，2010.

[176] US7772163，Well Treating Composite Containing Organic Lightweight Material and Weight Modifying Agent. H. D. Brannon，A. R. Rickards，C. J. Stephenson，BJ Services Company，2010.

[177]US7803741，Thermoset Nanocomposite Particles，Processing for Their Production，and Their Use in Oil and

Natural Gas Drilling Applications. J. Bicerano, R. L. Albright, Sun Drilling Products Corporation, 2010.

[178] US7845409, Low density proppant particles and use thereof, 3M Innovative Properties Company, US, 2010.

[179] US8276664, Well Treatment Operations Using Spherical Cellulosic Particulates. D. V. S. Gupta, Baker Hughes Incorporated, 2012.

[180] US20060260811, Lightweight composite particulates and methods of using such particulates in subterranean applications. Philip Nguyen, Lewis Norman, Halliburton Energy Services, Inc.

[181] US20070172654, Core for Proppant and Process for its Production. L. Leidolph, U. Weitz, T. Rensch, Hexion Specialty Chemicals, INC.

[182] US20070204992, Polyurethane proppant particle and use thereof, Diversified Industries LTD. Sidney (CA).

[183] US20100204070, Low density composite propping agents. Gilles Orange, Jean-Francois Estur, Didier Tupinier. FR.

[184] US20130022816, Composition and Method for Making a Proppant. R. J. Smith, et al. Oxane Materials, INC.

[185] US20130068469, Pressurized polymer beads as proppants. Baojiu Lin, Abdel Wadood M. El-Rabaa, Richard S. Polizzotti. US.

[186] US20130045901, Method for the Fracture Stimulation of a Subterranean Formation Having a Wellbore by Using Impact modified Thermoset Polymer Nanocomposite Particles as Proppant. J. Bicerano, Sun Drilling Products Corporation.

[187] US20130112409, Proppant particulates and methods of using such particulates in subterranean applications. Solvay Specialty Polymers USA, LLC, US.

[188] US20130126177, Method for Improving Isolation of Flow to Completed Perforated Intervals. H. D. Brannon, H. G. Hudson.

[189] 罗英俊，万仁溥．采油技术手册(第三版)[M]．北京：石油工业出版社，2005.

[190] 米卡尔 J. 埃克诺米德斯，肯尼斯 G. 诺尔特．油藏增产措施(第三版)[M]．张保平译．北京：石油工业出版社，2002.

[191] 张作清，孙建孟．页岩气测井评价进展[J]．石油天然气学报，2013，03：90~95+166.

[192] 李庆辉，陈勉，金衍，等．压裂参数对水平页岩气井经济效果的影响[J]．特种油气藏，2013，01：146~150+158.

[193] 谭新民．井间示踪剂监测技术的研究应用[J]．科技与企业，2013，08：284.

[194] 袁俊亮，邓金根，张定宇，等．页岩气储层可压裂性评价技术[J]．石油学报，2013，03：523~527.

[195] 胡嘉，姚猛．页岩气水平井多段压裂产能影响因素数值模拟研究[J]．石油化工应用，2013，05：34~39.

[196] 欧焕农，袁雯玉，卢娜．四川盆地页岩气地质录井技术初探[J]．内江科技，2013，07：47~48.

[197] 刘建中，唐春华，左建军．微地震监测技术发展方向及应用[J]．中国工程科学，2013，10：54~58.

[198] 段银鹿，李倩，姚韦萍．水力压裂微地震裂缝监测技术及其应用[J]．断块油气田，2013，05：644~648.

[199] 潘仁芳，赵明清，伍媛．页岩气测井技术的应用[J]．中国科技信息，2010，07：16~18.

[200] 中石油第一口页岩气井——威 201 井完成加砂压裂施工[J]．天然气工业，2010，08：54.

[201] 平义，周文兵，李志文，等．示踪剂监测井间动态技术研究及应用[J]．内蒙古石油化工，2010，18：11~12.

[202] 段永刚，李建秋．页岩气无限导流压裂井压力动态分析[J]．天然气工业，2010，10：26~29+116.

[203] 陈作，薛承瑾，蒋廷学，等．页岩气井体积压裂技术在我国的应用建议[J]．天然气工业，2010，10：30~32+116~117.

[204]唐颖，张金川，张琴，等．页岩气井水力压裂技术及其应用分析[J]．天然气工业，2010，10：33～38+117.
[205]李关访，张浩，于洋，等．非常规压裂技术在川东页岩气开发中的应用[J]．钻采工艺，2014，01：57～60+13.
[206]宋永芳，廖碧朝，张辉，等．桥塞射孔分段压裂工艺在页岩气井——JY8-2HF井中的应用[J]．石油化工应用，2014，03：33～35+39.
[207]贾长贵，卞晓冰．高温高压高应力页岩气井丁页2HF井成功压裂[J]．石油钻探技术，2014，01：25.
[208]周德华，焦方正，贾长贵，等．JY1HF页岩气水平井大型分段压裂技术[J]．石油钻探技术，2014，01：75～80.
[209]余永进，王胜华，等．基于常规测井信息的页岩气评价技术综述[J]．陕西煤炭，2014，02：1～5.
[210]丁志文，赵超，雷刚，等．多段压裂页岩气水平井不稳定线性流分析[J]．科学技术与工程，2014，14：38～43+48.
[211]廖强，倪杰，陈青，等．页岩气试井技术在分段压裂水平井中的应用[J]．科学技术与工程，2014，14：171～174.
[212]贾长贵，路保平，蒋廷学，等．DY2HF深层页岩气水平井分段压裂技术[J]．石油钻探技术，2014，02：85～90.
[213]李军，路菁，李争，等．页岩气储层"四孔隙"模型建立及测井定量表征方法[J]．石油与天然气地质，2014，02：266～271.
[214]邓长生，文凯，郭良良，等．页岩气储层体积压裂的可行性分析——以习页1井龙马溪组页岩气储层为例[J]．科技信息，2014，15：29～34.
[215]白玉湖，杨皓，陈桂华，等．压裂参数对页岩气井产量递减典型曲线影响分析[J]．天然气与石油，2014，04：34～38+9.
[216]周成香，周玉仓，李双明，等．川东南页岩气井压裂降压技术[J]．石油钻探技术，2014，04：42～47.
[217]杨炳祥，杨英涛，李榕，等．井下微地震裂缝监测技术在水平井分段压裂中的应用[J]．钻采工艺，2014，04：48～50+3～4.
[218]王志刚．涪陵焦石坝地区页岩气水平井压裂改造实践与认识[J]．石油与天然气地质，2014，03：425～430.
[219]汪成芳，陈晓茹，毛琳，等．页岩气水平井固井质量测井评价方法及应用[J]．天然气勘探与开发，2014，03：33～36+4～5.
[220]刘荣，张成．页岩气储层录井技术研究[J]．化工管理，2014，18：82.
[221]朱海波，杨心超，王瑜，等．水力压裂微地震监测的震源机制反演方法应用研究[J]．石油物探，2014，05：556～561.
[222]陈云金，张明军，李微，等．体积压裂与常规压裂投资与效益的对比分析——以川南地区及长宁-威远页岩气示范区为例[J]．天然气工业，2014，10：128～132.
[223]卢云霄，郭建春．段塞式加砂技术在页岩气缝网压裂中的应用[J]．油气井测试，2014，05：67～69+78.
[224]王海涛．页岩气探井测试压裂方案设计与评价[J]．石油钻探技术，2012，01：12～16.
[225]南风．页岩气开发中的录井技术[J]．复杂油气藏，2012，01：37.
[226]贾利春，陈勉，金衍．国外页岩气井水力压裂裂缝监测技术进展[J]．天然气与石油，2012，01：44～47+101～102.

[227]张培先．页岩气测井评价研究——以川东南海相地层为例[J]．特种油气藏，2012，02：12～15+135.
[228]李雪，赵志红，荣军委．水力压裂裂缝微地震监测测试技术与应用[J]．油气井测试，2012，03：43～45+77.
[229]万金彬，李庆华，白松涛．页岩气储层测井评价及进展[J]．测井技术，2012，05：441～447.
[230]戴长林，石文睿，程俊，等．基于随钻录井资料确定页岩气储层参数[J]．天然气工业，2012，12：17～21+124～125.
[231]李欣，段胜楷，侯大力，等．多级压裂页岩气水平井的不稳定生产数据分析[J]．天然气工业，2012，12：44～48+127.
[232]刘振武，撒利明，巫芙蓉，等．中国石油集团非常规油气微地震监测技术现状及发展方向[J]．石油地球物理勘探，2013，05：843～853+676+854.
[233]李启翠，楼一珊，史文专，等．FMI成像测井在四川盆地页岩气地层中的应用[J]．石油地质与工程，2013，06：58～60+150.
[234]蒋廷学，卞晓冰，王海涛，等．页岩气水平井分段压裂排采规律研究[J]．石油钻探技术，2013，05：21～25.
[235]张永华，陈祥，杨道庆，等．微地震监测技术在水平井压裂中的应用[J]．物探与化探，2013，06：1080～1084.
[236]郭建春，梁豪，赵志红，等．页岩气水平井分段压裂优化设计方法——以川西页岩气藏某水平井为例[J]．天然气工业，2013，12：82～86.
[237]钟尉，朱思宇．地面微地震监测技术在川南页岩气井压裂中的应用[J]．油气藏评价与开发，2014，06：71～74.
[238]李一超．川西陆相页岩气录井综合评价[J]．四川地质学报，2014，04：555～557.
[239]唐瑞江，王玮，王勇军，等．元坝气田HF-1陆相深层页岩气井分段压裂技术及效果[J]．天然气工业，2014，12：76～80.
[240]谢维扬，李晓平，张烈辉，等．页岩气多级压裂水平井不稳定产量递减探讨[J]．天然气地球科学，2015，02：384～390.
[241]王濡岳，丁文龙，王哲，等．页岩气储层地球物理测井评价研究现状[J]．地球物理学进展，2015，01：228～241.
[242]李红梅．微地震监测技术在非常规油气藏压裂效果综合评估中的应用[J]．油气地质与采收率，2015，03：129～134.
[243]赵晨阳，杜禹，蔡振东，等．国外页岩气储层测井评价技术综述[J]．辽宁化工，2015，04：473～478.
[244]许强，杜磊．页岩气开发中的录井技术分析[J]．科技风，2015，12：160.
[245]杨炳祥，邹一锋．水平井分段压裂井下微地震裂缝监测技术应用[J]．油气井测试，2015，03：59～61+78.
[246]赵红燕，崔启亮，石文睿，等．涪陵页岩气录井解释评价关键技术[J]．江汉石油职工大学学报，2015，03：28～31.
[247]石文睿，张超谟，张占松，等．涪陵页岩气田焦石坝页岩气储层含气量测井评价[J]．测井技术，2015，03：357～362.
[248]金成志．水平井分段改造示踪剂监测产量评价技术及应用[J]．油气井测试，2015，04：38～39+42+76～77.
[249]杨加祥，邹顺良，张寅，等．页岩气多级压裂水平井生产动态分析[J]．江汉石油职工大学学报，2015，04：19～22.

[250]温庆志，刘华，李海鹏，等．油气井压裂微地震裂缝监测技术研究与应用[J]．特种油气藏，2015，05：1～6.
[251]刘斌，吴惠梅，翟晓鹏．涪陵页岩气井压裂后返排及生产特征研究[J]．辽宁化工，2015，10：1237～1239.
[252]唐士跃，樊仓栓，李志军，等．同位素示踪剂井间监测技术在七个泉油田的应用[J]．石油工业技术监督，2006，11：52～56.
[253]王治中，邓金根，赵振峰，等．井下微地震裂缝监测设计及压裂效果评价[J]．大庆石油地质与开发，2006，06：76～78＋124.
[254]徐大书，胥中义．应用示踪剂监测技术评价油藏井组动态变化[J]．石油天然气学报(江汉石油学院学报)，2006，04：286～288.
[255]王力刚．利用井间示踪剂监测技术研究储层注水特征[J]．中国西部科技，2005，07：22～58.
[256]刘建安，马红星，慕立俊，等．井下微地震裂缝测试技术在长庆油田的应用[J]．油气井测试，2005，02：54～56＋77.
[257]杜娟，杨树敏．井间微地震监测技术现场应用效果分析[J]．大庆石油地质与开发，2007，04：120～122.
[258]陈月明，姜汉桥，李淑霞．井间示踪剂监测技术在油藏非均质性描述中的应用[J]．石油大学学报(自然科学版)，1994，S1：1～7.
[259]王史文，刘东亮，刘艳波，等．应用多种示踪剂监测火烧油层动态特征[J]．石油钻采工艺，2003，06：75～77＋88.
[260]白钢，马红梅，衣春霞，等．利用放射性同位素示踪剂进行井间监测及剩余油分布研究[J]．同位素，2002，04：213～218.
[261]莫修文，李舟波，潘保芝．页岩气测井地层评价的方法与进展[J]．地质通报，2011，Z1：400～405.
[262]王文霞，李治平，黄志文．页岩气藏压裂技术及我国适应性分析[J]．天然气与石油，2011，01：38～41＋7.
[263]吴庆红，李晓波，刘洪林，等．页岩气测井解释和岩心测试技术——以四川盆地页岩气勘探开发为例[J]．石油学报，2011，03：484～488.
[264]屈斌学．示踪剂监测在低渗透油田的试用研究[J]．硅谷，2011，08：151～152.
[265]罗蓉，李青．页岩气测井评价及地震预测、监测技术探讨[J]．天然气工业，2011，04：34～39＋125.
[266]刘双莲，陆黄生．页岩气测井评价技术特点及评价方法探讨[J]．测井技术，2011，02：112～116.
[267]韩永刚，濮瑞，陈述良，等．页岩气录井技术要点及对外合作启示[J]．录井工程，2011，03：17～21＋90～91.
[268]詹松．页岩气开发中的录井技术[J]．中国石化，2011，11：32～33.
[269]王林，等，北美页岩气工厂化压裂技术[J]．钻采工艺，2012，35(6)：48～50.
[270]刘晓旭，等．页岩气“体积压裂”技术与应用[J]．天然气勘探与开发，2013.10.
[271]贺甲元，等，致密砂岩水平井井组压裂裂缝扩展研究[C]．中石化第8届油气开采论坛，2013.
[272]刘长印，孙志宇，张汝生，等．水平井层内爆炸裂缝体模拟研究[J]．油气井测试，2014，23(6)：4～8.
[273]杨金华，等，值得关注的国际石油工程前沿技术(Ⅱ)[J]．环球石油，2014.4.11.
[274]Mutalik，Bob Gibson Tulsa. Case history of sequential and simultaneous fracturing of the Barnett Shale in Parker County [C]. SPE Annual Technical Conference and Exhibition. Denver，Colorado：SPE，2008.
[275] N. R. Warpinski，M. J. Mayerhofer，K. Agarwal，Pinnacle-Hydraulic-Fractrure Geomechanics and Micro-

seismic-Source Mechanisms, A Halliburton Service and J. Du, Total E&P Research and Technology [J]. SPE Journal , 2013.

[276]唐颖，唐玄，王广源，等．页岩气开发水力压裂技术综述[J]．地质通报．2011(Z1)：393～399.

[277]贺甲元，李凤霞，黄志文，等．裸眼水平井压裂裂缝高度确定方法[J]．科学技术与工程，2013，13(30)：9029～9031.

[278]李丹琼，张士诚，张遂安，等．考虑启动压力的整体压裂优化设计及应用[J]．科学技术与工程，2013，13(1)：43～47.

[279]David F Martineau. History of the Newark East Field and the Barnett Shale as a gas reservoir[J]. AAPG Bulletin，2007，91(4)：399～403.

[280]Gary W Schein，Stephanie Weiss. Simultaneous fracturing takes off：enormous multiwell fracs maxmize exposure to shale reservoirs ，achieving more production sooner[J]．E&P. 2008：81(3)：55～58.

[281]Warpinski N. R，Mayerhofer M. J，Vincent M. C，et al. Stimulating unconventional reservoirs：maximizing network growth while optimizing fracture conductivity[R]. SPE 114173，2008.

[282]Waters G，Dean B，Downie R，et al. Simultaneous hydraulic fracturing of adjacent horizontal wells in the Woodford shale[R]．SPE 119635，2009.

[283]吴奇．水平井压裂酸化改造技术[M]．石油工业出版社，2011.

[284]贺甲元，何青，张汝生，等．压裂裂缝监测数据分析与应用[C]．油气藏监测与管理国际会议，2012.

[285]MRafiee，M. Y. Soliman，E. Pirayesh，Hydraulic Fractring Design and Optimization：A Modification to Zipper Frac[R]. SPE Eastern Reginal Meeting，3～5 October 2012.

[286]李静嘉，彭继，宋子秋，等．水平井多段压裂布缝方式探讨[J]．中国石油和化工，2013，09：52～54.

[287]沈琛，梁北援，李宗田．微破裂向量扫描技术原理[J]．石油学报，2009，30(5)：744～748.

[288]李宗田．水平井压裂技术现状与展望[J]．石油钻采工艺，2009，31(6)：13～18.

[289]Watson S C ，Benson G R. Liquid Propellant Stimulation of Shallow Appalachian Basin wells[C]. SPE 13376，1984.

[290]丁雁生，陈力，陈夔，等．低渗透油气田”层内爆炸”增产技术研究[[J]．石油勘探与开发，2001.

[291]MingyueCui，WenwenShan，Liang Jin，etc. In-Fracture Explosive Hydraulic Fracturing Fluid and Its Rheological Study[C]. SPE 103807，2006.

[292]李传乐，王安仕，李文魁．国外油气井层内爆炸增产技术概述及分析[J]．石油钻采工艺，2001.

[293]林英松，刘兆年．层内爆炸后储层裂缝分析方法研究[[J]．断块油气田，2006.

[294]赵志红，郭建春．层内爆炸压裂技术原理及分析[J]．石油天然气学报(江汉石油学院学报)，2008.

[295]孙志宇，李宗田，苏建政，等．地层参数对爆燃气体压裂裂缝扩展形态影响分析[J]．油气地质与采收率，2011，18(1)：101～105.

[296]王强，贺甲元．基于 ABAQUS 的压裂裂缝扩展模拟研究[J]．油气藏评价与开发，2014，4(5)：48～51.

[297]MARY LOU SINAL and GREG LANCASTER Canadian Fracmaster Ltd，Liquid CO_2 fracturing：advantages and limitations[J]. The Journal of Canadian Petroleum Technology 1987.

[298]张焕芝，何艳青，刘嘉，等．国外水平井分段压裂技术发展现状与趋势[J]．石油科技论坛．2012(06)：47～52.

[299]芦逍遥．高速通道压裂技术及其现场应用实例[J]．中国石油和化工标准与质量，2013，21：53.

[300]钟森，任山，黄禹忠，林立世．高速通道压裂技术在国外的研究与应用[J]．中外能源，2012，06：39～42.

[301]李宗田，贺甲元．非常规气储层改造新技术[J]．天然气开发技术，专刊：1～7.

[302]Optimizing production of gas wells by revolutionizing hydraulic fracturing[C]S P E, Annual 73rd EAGEC Conference&Exhibition, 2011.

[303] A new approach to generating fracture conductivity [C]. SPE Annual Technical Conference and Exhibition, 2010.

[304]Benefits of thenovel fiber-laden lowviscosity fluid system in fracturing low permeability tight gas formations [C] SPE Annual Technical, Conference and Exhibition, 2006.

[305]Fracturing design aimed at enhancing fracture complexity[C]. SPE EUROPEC/ EAGE Annual Conference and Exhibition, 2010.

[306]GILLARD M, MEDVEDEV O, MEDVEDEV A, et al. A new approach to generating fracture conductivity [C]SPE Annual Technical Conference and Exhibition, 2010.

[307]SOLIMAN M Y, AUGUSTINE J. Fracturing design aimed at enhancing fracture complexity[C]SPE EUROPEC/EAGE Annual Conference and Exhibition, 2010.

[308]Rhein, T., Loayza, M., et al. Channel fracturing in horizontal wellbores: the new edge of stimulation techniques in the Eagle Ford formation[C]. SPE Annual Technical Conference and Exhibition 30 October-2 November 2011, Denver, Colorado, USA.

[309]朱玉洁，郭朝辉，魏辽，等．套管固井分段压裂滑套关键技术分析[J]．石油机械，2013：102～106.

[310]孙志宇，刘长印，苏建政，等．射孔水平井爆燃气体压裂裂缝起裂研究[J]．石油天然气学报(江汉石油学院学报)，2010，32(4)：124～129.

[311]孙志宇，刘长印，苏建政，等．多级脉冲高能气体压裂裂缝动态扩展分析[J]．西南石油大学学报(自然科学版)，2010，32(6)：121～124.

[312]王益维，张士诚，李宗田，等．深层低渗透储层压裂裂缝处理技术[J]．特种油气藏，2010，17(3)：87～89.

[313]周德华，焦方正，郭旭升，等．川东南涪陵地区下侏罗统页岩油气地质特征[J].油与天然气地质．2013.08，34(4)：450～454

[314]罗志立，孙玮，代寒松，等．王睿婧四川盆地基准井勘探历程回顾及地质效果分析[J].地质勘探．2012.4，32(4)：9～12

[315]李宗田．深层低渗透储层压裂裂缝处理技术[J]．特种油气藏，2010.

[316]Fisher, M. K. et al. Integrating Fracture Mapping Technologies to Optimize Stimulations in the Barnett Shale [C]. SPE 77441, 2002.

[317]Daniels, J., Delay, K., Waters, G., et al. Contacting More of the Barnett Shale Through an Integrationof Real-Time Microseismic Monitoring, Petrophysics and Hydraulic Fracture Design[C]. SPE 110562, 2007.

[318]Fisher, M. K. et al. Optimizing Horizontal CompletionTechniques in the Barnett Shale Using Microseismic-Fracture Mapping[C]. SPE 90051 , 2015.

[319]Soliman, M. Y., East, L. and Adams, D. GeoMechanics Aspects of multiple Fracturing of Horizontal and Vertical Wells[C]. SPE 86992, 2008.

[320]Sneddon, I. N. and Elliott, H. A. The Opening of aGriffith Crack under Internal Pressure[C]. SPE 90891, 1946.

[321]Cipolla, C. L., Warpinski, N. R., Mayerhofer, M. J., Lolon, E. P., Vincent, M. C. The Relationship Between Fracture Complexity, Reservoir Properties, and Fracture Treatment Design [C]. SPE 115769, 2010.

[322]Fisher, M. K., Heinze, J. R., Harris, C. D., et al Optimizing Horizontal Completion Techniquesin the Barnett Shale Using Microseismic Fracture Mapping[C]. SPE 90051, 2004.

[323]Fehler, M. C. Stress Control of Seismicity Patterns Observed During Hydraulic Fracturing Experiments at the Fenton Hill Hot Dry Rock Geothermal Energy Site. New Mexico. Int. J RockMech. , Min. Sci & Geomech Abstr. 26: 211 ~219.

[324]Ketter, A. A. , Daniels, J"Heinze, J. R. , Waters, G. A Field Study Optimizing Completion Strategies for Fracture Initiation inBarnett Shale Horizontal Wells[C]. SPE 103232-MS , 2006.

[325]Frantz, J. H. , Williamson, J. R. , Sawyer, W. K. , et al. Evaluating Barnett Shale Production Performance Using an Integrated Approach. SPE 96917, 2005.

[326]李宗田．延长组陆相页岩孔隙类型划分方案及其油气地质意义[J]．石油与天然气地质，2015.4.

[327]刘树根．四川盆地东部地区下志留统龙马溪组页岩储层特征[J]．岩石学报，2011，027(08).

[328]胡进科，李皋，孟英峰．页岩气钻井过程中的储层保护[J]．天然气工业，2012，32(12).

[329]贺甲元，黄志文，李凤霞，等．水平井分段压裂缝间应力分布数值模拟研究[C]．中国石化油气开采技术论坛，2014.

[330]王金磊，等．页岩气钻完井工程技术现状[J]．钻采工艺，2012，35(5).

[331]孙赞东，贾承造，李相方，等．非常规油气勘探与开发(下)[M]．北京：石油工业出版社，2011：1067 ~1079.

[332]刘秉谦，张遂安，李宗田，等．压裂新技术在非常规油气开发中的应用[J]．非常规油气，2015，2(2)：78 ~86.

[333]杨科峰，李凤霞，刘长印，等．Analysis on Factors Effecting Horizontal Well Multi-stage Fracturing Productivity of Low Permeable Reservoir[M]. 2013 ICRSM.

[334]邹才能，杜金虎，徐春春，等．四川盆地震旦系-寒武系特大型气田形成分布、资源潜力及勘探发现．[J]石油勘探与开发，2014.6，41(3).

[335]杨科峰，李凤霞，刘长印，等．致密砂岩油藏水平井不同完井方式适应性分析[M]．中国石化油气开采技术论坛论文集，2014.

[336]Ayers, K. L. , Aminian, K. , and Ameri, S. , 2012. The Impact of Multistage Fracturing on the Production Performance of the Horizontal Wells in Shale Formation. Paper SPE 161347, presented at the SPE Eastern Regional Meeting, Lexington, KY, 3 ~5 October.

[337]Callarotti, G. F. , and Millican, S. F. , 2012. Openhole Multistage Hydraulic Fracturing Systems Expand the Potential of the Giddings Austin Chalk Field. Paper SPE 152402, presented at the SPE Hydraulic Fracturing Technology Conference, Woodlands, TX, 6 ~8 February.

[338]Clark, W. J. , 1995. Depositional Environments, Diagenesis, and Porosity of Upper Cretaceous Volcanic rich Tokio Sandstone Reservoirs, Haynesville Field, Claiborne Parish Louisiana. Gulf Coast Association of Geological Societies Transactions, 45, 137 ~134.

[339]Dravis, J. J. , 1979. Sedimentology and Diagenesis of Upper Cretaceous Austin Chalk Formation, South Texas and Northern Mexico. PhD Dissertation Rice University, Houston, TX.

[340]Fry, J. , and Paterniti, M. , 2014. Production Comparison of Hydraulic Fracturing Fluids in the Bakken and Three Forks Formations of North Dakota. Paper SPE 169034, presented at the SPE Western North American and Rocky Mountain Joint Regional Meeting, Denver, CO, 16 ~18 April.

[341]Houston, M. , McCallister, M. , Jany, J. , and Audet, J. , 2010. Next Generation Multi-stage Completion Technology and Risk Sharing Accelerates Development of Bakken Play. SPE 135584, presented at the SPE Annual Technical Conference and Exhibition, Florence, Italy, 19 ~22 September.

[342]Hovorka, S. D. , and Nance, H. S. , 1994. Dynamic Depositional and Early Diagenetic Processes in A Deep-Water Shelf Setting, Upper Cretaceous Austin Chalk, North Texas. Gulf Coast Association of Geological Societies, 44, 269 ~276.

[343]Jayakumar, R. and Rai, R. , 2014. Impact of Uncertainty in Estimation of Shale ~ Gas ~ Reservoir and Completion Properties on EUR Forecast and Optimal Development Planning: A Marcellus Case Study. SPE Reservoir Evaluation &Engineering, 17(1), 60 ~ 73.

[344]Liu, K. , 2005. Facies Changes of the Eutaw Formation (Coniacian ~ Santonian), Onshore to Offshore, Northeastern Gulf of Mexico Area. Gulf Coast Association of Geological Societies Transactions, 55, 431 ~ 441.

[345]Morsy, S. , Gomma, A. , and Sheng, J. J. , 2014. Imbibition Characteristics of Marcellus Shale Formation. Paper SPE 169034, presented at the SPE Improved Oil Recovery Symposium, Tulsa, OK, 12 ~ 16 April.

[346]Rankin, R. , Thibodeau, M. , Vincent, M. C. , and Palisch, T. T. , 2010. Improved Production and Profitability Achieved With Superior Completions in Horizontal Wells: A Bakken/Three Forks Case History. Paper SPE 134595, presented at the SPE Annual Technical Conference and Exhibition, Florence, Italy, 19 ~ 22 September.

[347]Pearson, K. , 2012. Geologic Models and Evaluation of Undiscovered Conventional and Continuous Oil and Gas Resources ~ Upper Cretaceous Austin Chalk, U. S. Gulf Coast. U. S. Geological Survey Scientific Investigations Report, 2012 ~ 5159.

[348]Zander, D. , Czehura, M. , Snyder, D. J. , and Seale R. , 2010. Well Completion Optimization in a North Dakota Bakken Oilfield. Paper SPE 135227, presented at the IADC/SPE Asia Pacific Drilling Technique Conference and Exhibition, Ho Chi Minh City, Vietnam, 1 ~ 3 November.

[349]Pearson, C. M. , Griffin, L. , Wright, C. A. , and Weijers, L. , 2013. Breaking Up is Hard to Do: Creating Hydraulic Fracture Complexity in the Bakken Central Basin. SPE 163827, presented at the SPE Hydraulic Fracturing Technology Conference, Woodlands, TX, 4? 6 February.

[350]Powell, A. , Bustos, O. , Kordziel, W. , Olsen, T. , Sobemheim, D. , and Vizurraga, T. , 2007. Fiber-Laden Fracturing Fluid Improves Production in the Bakken Shale Multilateral Play. Paper SPE 113487, presented at CIPC/SPE Gas Technology Symposium, Calgary, AB, 16 ~ 19 June.

[351]Snyder, D. , and Seale, R. , 2012. Comparison of Production Results from Openhole and Cemented Multistage Completions in the Marcellus Shale. Paper SPE 155095, presented at the Americas Unconventional Resources Conference, Pittsburgh, PA, 5 ~ 7 June.

[352]Webster, R. L. , 1984. Petroleum Source Rocks and Stratigraphy of the Bakken Formation in North Dakota. Rocky Mountain Association of Geologists, 57 ~ 81.

[353]Soeder, D. J. , and Kappel, W. M. , 2009. Water Resources and Natural Gas Production from the Marcellus Shale. U. S. Geological Survey, Fact Sheet, 2009 ~ 3032.

[354]Vail, P. R. , Mitchum, R. M. , Jr. , and Thompson, Sam III, 1977. Seismic Stratigraphy and Global Changes of Sea Level, Part 4: Global Cycles of Relative Changes of Seal Level, in Payton, C. E. , ed. , Seismic Stratigraphy-Applications to Hydrocarbon Exploration: Tulsa, OK. American Association of Petroleum Geologists Memoir, 26, 83 ~ 97.

[355]Walker, K. , Wutherich, K. , Terry, J. , Shreves, J. , and Caplan, J. , 2012. Improving Production in the Marcellus Shale Using an Engineered Completion Design: A Case Study. Paper SPE 159666, presented at the SPE Annual Technical Conference and Exhibition, San Antonio, TX, 8 ~ 10 October.